D1722461

Peter Grassmann · Fritz Widmer · Hansjörg Sinn

Einführung in die thermische Verfahrenstechnik

Peter Grassmann · Fritz Widmer · Hansjörg Sinn

Einführung in die thermische Verfahrenstechnik

3., vollständig überarbeitete Auflage

Herausgegeben von
Fritz Widmer und Hansjörg Sinn

unter Mitarbeit von
Hans Günther Hirschberg, Peter Kaiser,
Artur Ruf und Raoul Waldburger

Walter de Gruyter · Berlin · New York 1997

Herausgeber

Professor Dr. Fritz Widmer
Eidgenössische Technische Hochschule Zürich
Institut für Verfahrens- und Kältetechnik
ETH-Zentrum
Rämistraße 101
CH-8092 Zürich

Professor Dr. Hansjörg Sinn
Institut für Technische und Makromolekulare
Chemie
Universität Hamburg
Bundesstraße 45
D-20146 Hamburg

Autoren

Professor Dr. Hans Günther Hirschberg
Honorarprofessor der Universität Stuttgart
Haldenstraße 38
CH-8422 Pfungen

Dr. Arthur Ruf
Bühler AG
Maschinenfabrik
CH-9240 Uzwil

Dr. Peter Kaiser
Eidgenössische Technische Hochschule Zürich
Institut für Verfahrens- und Kältetechnik
ETH-Zentrum
Rämistraße 101
CH-8092 Zürich

Dr. Raoul Waldburger
F. Hoffmann La Roche AG
Division Pharma Ing. Wesen
CH-4070 Basel

Das Buch enthält 299 Abbildungen und 15 Tabellen.

♾ Gedruckt auf säurefreiem Papier, das die US-ANSI-Norm über Haltbarkeit erfüllt.

CIP-Kurztitelaufnahme der Deutschen Bibliothek

Einführung in die thermische Verfahrenstechnik / Peter Grassmann ;
Fritz Widmer ; Hansjörg Sinn. Hrsg. von Fritz Widmer und
Hansjörg Sinn. Unter Mitarb. von Hans Günther Hirschberg ... −
3., vollst. überarb. Aufl. − Berlin ; New York : de Gruyter, 1997
    Früher u. d. T.: Grassmann, Peter: Einführung in die ther-
    mische Verfahrenstechnik
    ISBN 3-11-010787-2
NE: Grassmann, Peter; Widmer, Fritz

Satz und Druck: Arthur Collignon GmbH, Berlin. − Buchbinderische Verarbeitung: Mikolai
GmbH, Berlin. − Einbandentwurf: Hansbernd Lindemann, Berlin.

Vorwort zur dritten, vollständig überarbeiteten Auflage

Nach mehrfachem Nachdruck der zweiten, im Jahre 1974 erschienenen Auflage wurde diese unter dem neu ergänzten Herausgeberteam vollständig überarbeitet, ergänzt und dem heutigen Stand der Wissenschaft und Literatur angepaßt. Die Herausgeber konnten sich dabei auf die wesentliche Mitarbeit von vier in den von ihnen bearbeiteten Kapiteln erfahrenen Fachleuten abstützen (Prof. Dr. Hans Günther Hirschberg, Dr. Peter Kaiser, Dr. Arthur Ruf, Dr. Raoul Waldburger).

Vollständig neu gestaltet wurden im Rahmen der dritten Auflage die Kapitel Membrantrennverfahren, Kristallisation, Chemisches Gleichgewicht und Reaktionskinetik. Neben Anpassungen erfuhren zudem die folgenden Kapitel wesentliche Ergänzungen: Wärmeaustauscher (mit Wirbelschichtverfahren), Grundlagen der Trennverfahren (mit Stoffwertberechnungen), Rektifikation (mit neuen Trennkolonnen), Absorption und Gaswaschung (mit chemischer Absorption), Extraktion (mit überkritischer Extraktion), Adsorption und Ionenaustausch (mit neuen Adsorptionsverfahren).

Bei der Darstellung des weitverzweigten Gebietes beschränkten wir uns bewußt wie in den früheren Auflagen auf das Grundsätzliche und die Grundlagen und ließen nur eine kleine umfangmäßige Erweiterung des Textes zu, was die Straffung verschiedener Abschnitte zur Folge hatte. Für eine vertiefte Behandlung wird auf die umfassenden Nachschlagewerke und die aktuelle Spezialliteratur, wie sie auf den Seiten 513 und 514 im Literaturverzeichnis aufgeführt sind, verwiesen. Damit hoffen wir unser Ziel erreicht zu haben, dem Leser einen Überblick über die thermischen Grundverfahren, ihre Analogien und die Beziehungen zur chemischen Reaktionstechnik und den Membranverfahren in konzentrierter Form vermitteln zu können.

Prof. Dr. F. Widmer, Zürich
Prof. Dr. H. J. Sinn, Hamburg

August 1996

Inhaltsübersicht

3 Verdampfer und Kondensatoren   53

Peter Kaiser, Fritz Widmer

4 Grundlagen der Trennprozesse   77

Fritz Widmer, Raoul Waldburger

5 Zerlegung von Gemischen durch Verdampfer 97

Hans Günther Hirschberg

6 Rektifikation 115

Hans Günther Hirschberg

7 Absorption und Gaswäsche 169

Hans Günther Hirschberg, Fritz Widmer

8 Extraktion/Hochdruckextraktion ... 213

Fritz Widmer, Raoul Waldburger

9 Adsorption und Ionenaustausch 265

Hans Günther Hirschberg

10 Trocknung fester Stoffe 281

Peter Kaiser

Hans Günther Hirschberg

Arthur Ruf, Raoul Waldburger

13 Verweilzeit und Verweilzeitspektrum 361

Fritz Widmer

14 Das chemische Gleichgewicht 375

Hansjörg Sinn

15 Reaktionskinetik 395

Hansjörg Sinn

16 Reaktoren   461

Hansjörg Sinn

Häufig benutzte Formelzeichen

A. Lateinisches Alphabet

Symbol	Bezeichnung	Kohärente SI-Einheiten
A	Arbeit	$J \equiv W\,s \equiv kg\ m^2\ s^{-2}$
a	Temperaturleitfähigkeit $\equiv \lambda / \rho c_p$	$m^2\ s-1$
a, S	Oberfläche pro Volumen	$m^2\ m^{-3} \equiv m^{-1}$
a_i	Aktivität der Komponente i	—
$\mathscr{C}_p$	Molare Wärmekapazität bei konstantem Druck	$J\ kmol^{-1}\ K^{-1}$
c_p	Spezifische Wärmekapazität bei konstantem Druck	$J\ kg^{-1}\ K^{-1} \equiv m^2\ s^{-2}\ K^{-1}$
c_i	Stoffmengenkonzentration der Komponente i	$kmol\ m^{-3}$
D	Diffusionskoeffizient	$m^2\ s^{-1}$
D, d	Durchmesser	m
F	Faraday-Konstante	$9,649 \cdot 10^4\ A\ s\ mol^{-1}$
F	Fläche	m^2
f	Spezifische Oberfläche	$m^2\ kg^{-1}$
G	Freie Enthalpie	$J \equiv W\,s \equiv kg\ m^2\ s^{-2}$
g	Spezifische Freie Enthalpie	$J\ kg^{-1} \equiv W\ s\ kg^{-1} \equiv m^2\ s^{-2}$
g	Örtliche Schwerebeschleunigung	$m\ s^{-2}$
H	Höhe	m
H	Enthalpie	$J \equiv W\,s \equiv kg\ m^2\ s^{-2}$
h	Spezifische Enthalpie	$J\ kg^{-1} \equiv W\ s\ kg^{-1} \equiv m^2\ s^2$
K	Gleichgewichtskonstante	—
K_C	Carman-Kozeny-Konstante	—
k	Wärmedurchgangskoeffizient	$W\ m^{-2}\ K^{-1}$
k	Boltzmann-Konstante	$1,381 \cdot 10^{-23}\ J\ K^{-1}$
L	Membrandicke	m
$\mathscr{M}$	Molare Masse	$kg\ kmol^{-1}$
M	Masse	kg
M^*	Massenstrom	$kg\ s^{-1}$
m^*	Massenstromdichte $\equiv M^*/F$	$kg\ m^{-2}\ s^{-1}$
m	Steigung der Gleichgewichtslinie	—
N, n	Stoffmenge	$kmol$
N^*	Stoffmengenstrom	$kmol\ s^{-1}$
n^*	Stoffmengenstromdichte	$kmol\ m^{-2}\ s^{-1}$
n	Porenzahl pro Fläche	m^{-2}
n	Zahl	—
P	Sättigungsdruck	$Pa \equiv N\ m^{-2} \equiv kg\ m^{-1}\ s^{-2}$

p	Gesamtdruck	$\mathrm{Pa} \equiv \mathrm{N\,m^{-2}} \equiv \mathrm{kg\,m^{-1}\,s^{-2}}$
p_i	Partialdruck der Komponente i	$\mathrm{Pa} \equiv \mathrm{N\,m^{-2}} \equiv \mathrm{kg\,m^{-1}\,s^{-2}}$
Q	Wärmemenge	$\mathrm{J} \equiv \mathrm{W\,s} \equiv \mathrm{kg\,m^2\,s^{-2}}$
q	Spezifische Wärmemenge	$\mathrm{J\,kg^{-1}} \equiv \mathrm{W\,s\,kg^{-1}} \equiv \mathrm{m^2\,s^{-2}}$
Q^*	Wärmestrom	$\mathrm{W} \equiv \mathrm{J\,s^{-1}} \equiv \mathrm{kg\,m^2\,s^{-3}}$
q^*	Wärmestromdichte $\equiv Q^*/F$	$\mathrm{W\,m^{-2}} \equiv \mathrm{J\,m^{-2}\,s^{-1}} \equiv \mathrm{kg\,s^{-3}}$
$\mathscr{R}$	Universelle Gaskonstante	$8314\ \mathrm{J\,kmol^{-1}\,K^{-1}}$
R	Rückhaltevermögen	$-$
r	Verdampfungsenthalpie	$\mathrm{J\,kg^{-1}} \equiv \mathrm{W\,s\,kg^{-1}} \equiv \mathrm{m^2\,s^{-2}}$
r	Radius	m
S	Entropie	$\mathrm{J\,K^{-1}} \equiv \mathrm{kg\,m^2\,s^{-2}\,K^{-1}}$
s	Spezifische Entropie	$\mathrm{J\,kg^{-1}\,K^{-1}} \equiv \mathrm{m^2\,s^{-2}\,K^{-1}}$
T	Absolute Temperatur	K
t	Zeit	s
U	Innere Energie	$\mathrm{J} \equiv \mathrm{W\,s} \equiv \mathrm{kg\,m^2\,s^{-2}}$
u	Spezifische Innere Energie	$\mathrm{J\,kg^{-1}} \equiv \mathrm{W\,s\,kg^{-1}} \equiv \mathrm{m^2\,s^{-2}}$
u, υ	Geschwindigkeit	$\mathrm{m\,s^{-1}}$
V	Volumen	$\mathrm{m^3}$
w	Massenanteil	$-$
X	(Massen- bzw. Stoffmengen)-Beladung	$-$
x	Diffusionsweg bzw. Membrandicke	m
x	Stoffmengenanteil, besonders in der Flüssigkeit	$-$
Y	Ausbeute	$-$
y	Stoffmengenanteil im Dampf	$-$
z	Längenkoordinate	m
Z	Elektrochemische Wertigkeit	$-$
z_i	Kritischer Realfaktor	$-$

B. Griechisches Alphabet

α	Wärmeübergangskoeffizient	$\mathrm{W\,m^{-2}\,K^{-1}}$
α	Dissoziationsgrad	$-$
β	Stoffübergangskoeffizient	$\mathrm{m\,s^{-1}}$
δ	Schichtdicke	m
ε	Porosität ($=$ Leervolumenanteil)	$-$
η	Dynamische Viskosität	$\mathrm{kg\,m^{-1}\,s^{-1}}$
η	Elektrochemisches Potential	$\mathrm{J\,kmol^{-1}}$
φ	Elektrisches Potential	$\mathrm{J\,kmol^{-1}}$
λ	Wärmeleitfähigkeit	$\mathrm{W\,m^{-1}\,K^{-1}}$
μ	Chemisches Potential	$\mathrm{J\,kmol^{-1}}$
ν	Kinematische Viskosität $\equiv \eta/\rho$	$\mathrm{m^2\,s^{-1}}$
ν	Stöchiometrischer Faktor	$-$
v_i	Molares Volumen	$\mathrm{m^3\,kmol^{-1}}$
π	Osmotischer Druck	$\mathrm{Pa} \equiv \mathrm{N\,m^{-2}} \equiv \mathrm{kg\,m^{-1}\,s^{-2}}$
ρ	Dichte	$\mathrm{kg\,m^{-3}}$
σ	Oberflächenspannung	$\mathrm{N\,m^{-1}} \equiv \mathrm{kg\,s^{-2}}$
θ	Temperatur	$^{\circ}\mathrm{C}$
ω	Azentrischer Faktor	$-$

C. Indizes

c	Kritisch (Dichte, Druck, Temperatur usw.) bzw. kontinuierliche Phase
d	Disperse Phase
e	Gleichgewicht („equilibrium")
F	Feed
i	Komponente
Lsm, LM	Lösungsmittel
m	Mischung
o	Standardbedingungen
P	Packung, Poren bzw. Permeat
p	Konstanter Druck
R	Retentat
r	Reduziert (Dichte, Druck, Temperatur, …)
rev	Reversibel
S	Scheinbares Rückhaltevermögen bzw. Gelöstes
th	Theoretisch
v	Konstantes Volumen
W	Wahres Rückhaltevermögen bzw. Wand
α	Anfangszustand
ω	Endzustand
$''$	Dampfphase bzw. Phase mit kleinerer Dichte
$'$	Flüssigphase bzw. Phase mit höherer Dichte
*	Auf Zeiteinheit bezogene Größe

D. Mathematische Zeichen

$\equiv$	Identisch gleich bzw. Definitionsgleichung
$\approx$	Ungefähr gleich
$\sim$	Proportional
$\neq$	Nicht gleich
Σ	Summe
Δ	Differenz
ln	Natürlicher Logarithmus
lg	Dekadischer Logarithmus
exp	Natürlicher Exponent

E. Abkürzungen

Gewichtsanteil in %	Gew.%
Massenanteil in %	Mass.%

1 Allgemeine Grundlagen

Peter Grassmann, Fritz Widmer

1.1 Mechanische und thermische Verfahrenstechnik

Verfahrenstechnik wird als diejenige Ingenieurdisziplin bezeichnet, die sich in Forschung, Entwicklung, konstruktiver Gestaltung und Betrieb mit der technischen Durchführung der Prozesse befaßt, die Stoffe hinsichtlich ihrer Art, Eigenschaften und Zusammensetzung verändern. Sie wird darum oft auch als *Stoffwandlungstechnik* bezeichnet. Die Hauptaufgaben der Verfahrenstechnik gliedern sich in die

- Verfahrensentwicklung, d. h. die Analyse und Optimierung des zweckmäßigsten Verfahrensweges und der Grundverfahren,
- Entwicklung, Konstruktion und Dimensionierung der verfahrenstechnischen Apparate und Anlageteile für die einzelnen Grundverfahren und in die
- Projektierung und Realisierung von verfahrenstechnischen und chemischen Anlagen.

Das Ziel dieser Aufgaben und damit der Verfahrenstechnik ist es, Verfahren im industriellen Maßstab durchzuführen, die eine Änderung der *inneren Struktur* und/ oder der *physikalischen* und *chemischen Eigenschaften* (Zusammensetzung, Art) der behandelten Stoffe zur Folge haben. Während es sich beim großen Gebiet der mechanischen Bearbeitung von Werkstücken darum handelt, einem festen Stoff die dem jeweiligen Zweck angepaßte *äußere Form* − z. B. die einer Schraube − aufzuzwingen, steht bei der Verfahrenstechnik die Veränderung der inneren Struktur im Vordergrund. Ein verfahrenstechnisches Problem liegt beispielsweise vor, wenn ein aus ganz unterschiedlichen Körnern bestehendes Gekörn in Fraktionen zerlegt werden soll, in denen sich jeweils nur Körner befinden, die sich hinsichtlich irgendeiner Eigenschaft weitgehend ähneln. Diese Eigenschaft kann z. B. ihr mittlerer Durchmesser oder ihre Dichte sein. Eine solche Trennung läßt sich durch Sieben, Windsichten, Sedimentieren oder Zentrifugieren durchführen. Aufgaben dieser Art gehören in das Gebiet der *mechanischen Verfahrenstechnik*. Soll dagegen ein Gasgemisch oder eine Salzlösung in ihre Komponenten zerlegt werden, so versagen diese mechanischen Verfahren. Wir sind dann fast immer auf *thermische Verfahren*, z. B. Eindampfen, Destillieren oder Rektifizieren, angewiesen. Dieser Unterschied zwischen mechanischen und thermischen Verfahren sei im folgenden erläutert.

Die Mechanik behandelt die Bewegung einzelner Körper. Dabei ist der Bewegungsablauf zumindest bei vergleichsweise großen Körpern vollständig bestimmt, wenn die Anfangsbedingungen und die wirkenden Kräfte gegeben sind. In der mechanischen Verfahrenstechnik hat man es aber häufig – z. B. bei der Sedimentation – mit der Bewegung vieler Einzelteilchen zu tun. Es interessiert dann nicht so sehr das Verhalten einzelner Teilchen, sondern wir begnügen uns damit, die Bewegung dieser Vielheit – des *Teilchenkollektivs* – durch passende Mittelwerte zu beschreiben. Unterscheiden sich die Teilchen stark hinsichtlich ihrer Größe, Form oder Dichte, so ist es meist zweckmäßig, das Gesamtkollektiv in einzelne *Teilkollektive* mit entsprechend engeren Grenzen der genannten Parameter zu zerlegen und die Bewegungsgesetze jedes Teilkollektivs zu untersuchen. Aber auch dabei begnügt man sich mit der Angabe entsprechender Mittelwerte. Schon hierbei muß man also statistische Betrachtungen heranziehen.

thermische Molekular-bewegung

Werden die einzelnen Teilchen noch kleiner, so wird ihre *Brownsche Bewegung* merklich. Sie ist, vom Standpunkt der Thermodynamik aus betrachtet, identisch mit der thermischen Molekularbewegung, durch die z. B. die Eigenschaften der Gase auf Grund der kinetischen Gastheorie abgeleitet werden können. Wie für die gaskinetische Geschwindigkeit, ist auch für die Brownsche Molekularbewegung die Wurzel aus dem mittleren Geschwindigkeitsquadrat maßgebend. Sie ist gegeben durch (Grassmann [A. 5] § 5.5)

$$\sqrt{\overline{w^2}} = \sqrt{3\,k\,T/M} = \sqrt{3\,\mathscr{R}\,T/\mathscr{M}}\,; \tag{1.1}$$

k = $\mathscr{R}/\mathscr{N}_A = 8314/(6{,}02 \cdot 10^{26}) = 1{,}38 \cdot 10^{-23}$ J/K = Boltzmann-Konstante, d. h. die auf das einzelne Molekül bezogene Gaskonstante, $\mathscr{R}$ ($\mathscr{R} = 8314$ J K^{-1} kmol^{-1})

$\mathscr{N}_A$ = $6{,}02 \cdot 10^{26}$/kmol = Avogadro-Konstante, d. h. die Zahl der Moleküle/kmol (wurde früher auch als Loschmidtsche Zahl bezeichnet)

T = absolute Temperatur K

M = Masse des Teilchens kg

$\mathscr{M}$ = Masse des Kilomols kg/kmol (= molare Masse)

Beispielsweise folgt für ein Sauerstoffmolekül mit $M = \mathscr{M}/\mathscr{N}_A = 32/(6{,}02 \cdot 10^{26})$ = $5{,}3 \cdot 10^{-26}$ kg für $T = 293$ K, d. h. für Umgebungstemperatur

$$\sqrt{\overline{w^2}} = \sqrt{3 \cdot 1{,}38 \cdot 10^{-23} \cdot 293/(5{,}3 \cdot 10^{-26})} = 479\;\text{m/s}\,.$$

Dagegen ergibt sich für einen Wassertropfen von 1 μm Durchmesser ($M = 5{,}24 \cdot 10^{-16}$ kg) nur noch 4,82 mm/s. Setzen wir $M = 10^{-3}$ kg, so wird $\sqrt{\overline{w^2}} = 3{,}48 \cdot 10^{-6}$ mm/s. Diese Geschwindigkeit spielt neben den durch äußere Kräfte, z. B. die Schwerkraft erzeugten Geschwindigkeiten, keine Rolle mehr. Vernachlässigen wir sie vollständig, so heißt dies, daß wir nur noch die Gesetze der Mechanik berücksichtigen. Dagegen ist für den thermischen Vorgang gerade diese ungeordnete Molekularbewegung bestimmend. Dementsprechend sind die für die Thermodynamik charakteristischen Größen, wie Temperatur, innere Energie und Entropie, aufs engste mit dieser ungeordneten Bewegung verknüpft.

Wenn wir uns im folgenden auf die thermischen Verfahren beschränken, so heißt dies also, daß wir Vorgänge betrachten, bei denen *einzelne* Moleküle gegeneinander bewegt werden, beispielsweise gelöste Moleküle aus einem Lösungsmittel entfernt werden müssen. Da hier die thermische Molekularbewegung eine ausschlaggebende Rolle spielt, benötigen wir die Gesetze der Thermodynamik, und zwar in zweifacher Hinsicht: Einerseits die Gesetze der auf den Hauptsätzen aufbauenden *reversiblen Thermodynamik,* um die *Gleichgewichte* zu berechnen, denen die Systeme zustreben, wenn wir sie sich selbst überlassen, andererseits die Gesetze der noch wenig entwickelten *irreversiblen Thermodynamik*, um die Schnelligkeit zu berechnen, mit der unter gegebener Bedingung das System sich auf den Gleichgewichtszustand zubewegt. Zusammenfassend ist also zu sagen, daß die Masse der bewegten Teilchen darüber entscheidet, ob ein Vorgang nach den Gesetzen der Mechanik oder Thermodynamik zu berechnen ist (s. auch [1.1]).

Wenn auch bei der Mehrzahl der thermischen Verfahren Wärme − und zwar meist in sehr beachtlicher Menge − umgesetzt wird, so darf doch Zu- oder Abfuhr von Wärme nicht als Kennzeichen eines thermischen Verfahrens betrachtet werden. Beispielsweise gehört die Extraktion (s. Kap. 8) zu den thermischen Trennverfahren, obwohl bei ihr nur vernachlässigbar kleine Wärmemengen umgesetzt werden. Trotzdem benötigt man aber die Gesetze der Thermodynamik, um den Extraktionsvorgang zu berechnen.

Allerdings müssen auch bei Berechnung thermischer Verfahren immer wieder die Gesetze der Mechanik herangezogen werden. Um beispielsweise die für die meisten Verfahren erforderliche Austauschfläche zwischen einem Gas und einer Flüssigkeit herzustellen, muß entweder das Gas in einzelne Blasen oder die Flüssigkeit in einzelne Tropfen zerteilt werden. Auch müssen häufig diese beiden Phasen in bestimmter Weise − z. B. im Gegenstrom − aneinander vorbeigeführt werden. Das alles sind Aufgaben, die in den Bereich der Mechanik fallen. Soweit jeweils erforderlich, werden sie aber im folgenden mit behandelt.

Um nicht jeweils von „Gas oder Flüssigkeit" sprechen zu müssen, verwenden wir als übergeordneten Begriff für beide das Wort „das *Fluid*".

1.2 Erhaltungssätze und Bilanzgleichungen

Literatur: Grassmann [A. 5], Kap. 3, Hougen-Watson [1.2], [1.3]

Für viele physikalische Quantitäten gelten bekanntlich *Erhaltungssätze*, so z. B. für die Energie, für die Masse und für die elektrische Ladung. (Die Sätze von der Erhaltung der Masse und der Energie wurden von der Relativitätstheorie zu einem einzigen Satz verschmolzen. Davon wollen wir aber im folgenden absehen, da dies für die Verfahrenstechnik nur ausnahmsweise Bedeutung besitzt.) Da die Masse letzten Endes als Masse der Atome der nahezu 100 verschiedenen Elemente vorliegt, und wir von Atomumwandlungen absehen wollen, spaltet sich der Satz von der Erhaltung der Gesamtmasse in ebenso viele Erhaltungssätze auf, als Atomarten für den betreffenden Vorgang von Interesse sind. Wir verwenden diese Erhaltungssätze z. B. bei der Prüfung stöchiometrischer Gleichungen, bei denen bekanntlich die Summe der Atome jeder Gattung rechts und links gleich groß sein muß.

In vielen Fällen dürfen jedoch nicht nur die Atome, sondern auch die aus ihnen gebildeten Moleküle als unveränderlich betrachtet werden, d. h. mit anderen Worten, es können chemische Reaktionen ausgeschlossen werden. Dann gilt für jede Molekülgattung ein Erhaltungssatz.

Komponenten sind die Bestandteile, aus denen die in einem Prozeß auftretenden Stoffe zusammengesetzt werden können, und die sich während des Prozesses nicht ändern. Bei einer chemischen Reaktion sind als Komponenten also die verschiedenen Atomarten (eventuell auch bestimmte Atomgruppen, d. h. Radikale), bei einem physikalischen Prozeß meist die Moleküle zu betrachten. Um die Rechnung nicht durch überflüssige Gleichungen zu komplizieren, zerlegen wir jedes System in die *kleinstmögliche* Zahl von Komponenten. Bei einer Lufttrocknungsanlage wird man dementsprechend als Komponenten Luft und Wasser einführen. Obwohl in der Luft keine chemische Verbindung vorliegt, hätte es keinen Sinn, als Komponenten O_2, N_2, Ar und H_2O zu wählen. Durch die Trocknung wird nämlich das Mengenverhältnis von $O_2 : N_2 : Ar$ in der Gasphase praktisch nicht verändert, d. h. die Gasphase ist und bleibt Luft der gegebenen Zusammensetzung. Die Erhaltungssätze für die drei Bestandteile O_2, N_2 und Ar werden damit identisch. Dagegen müssen wir bei einer Luftzerlegungsanlage, deren Zweck es ja gerade ist, eine O_2-reiche, eine N_2-reiche und eventuell auch eine Ar-reiche *Fraktion* zu liefern, O_2, N_2 und Ar als Komponenten einführen.

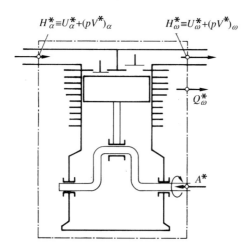

Abb. 1.1   Zur Aufstellung der Bilanzgleichung für einen Kompressor.

Um vom Erhaltungssatz zu einer *Bilanzgleichung* zu gelangen, denken wir uns ein passend gewähltes Raumgebiet derart von der Umgebung abgegrenzt, daß wir die eintretenden und austretenden Ströme messen können. (In der Thermodynamik würde man von einem *System* sprechen.) Je nach Zweckmäßigkeit wählen wir als *Bilanzgebiet* ein infinitesimales Volumen-‚element‘ dV, einen Rohrabschnitt mit der Länge dL, einen ganzen Apparat, oder unter Umständen sogar eine ganze Fabrik. Bei den genannten Strömen kann es sich sowohl um *Massenströme* (gemessen in kg/s) wie um *Energieströme* (gemessen in W), wie auch um Ströme elektrischer Ladungen handeln. Jeder Erhaltungssatz auf ein solches Bilanzgebiet angewandt, ergibt dann eine Gleichung der Form (Grassmann [A. 5], § 3.1; Hougen-Watson [1.2]; Cremer-Davies [1], Vol. I):

eintretender Strom = austretender Strom + Zunahme der betreffenden Quanti-
tät im Bilanzgebiet,
 oder auf unsere Finanzen angewandt, Einnahmen = Ausgaben + Ersparnisse.

Um *Ströme* zu kennzeichnen, versehen wir das entsprechende Buchstabensymbol
mit einem * und bezeichnen den eintretenden Strom mit dem Index α, den austretenden mit dem Index ω. Die Bilanz für die Gesamtmasse erscheint damit in der
Form

$$M_\alpha^* = M_\omega^* + \frac{\mathrm{d}M}{\mathrm{d}t}.$$
 (1.2) *Massenbilanz*

Für *stationäre Prozesse* verschwinden alle zeitlichen Ableitungen. Für sie ist des-
halb $\mathrm{d}M/\mathrm{d}t$ und auch $\mathrm{d}M_\alpha^*/\mathrm{d}t = 0$. Für diese technisch wichtige Klasse von Prozessen folgt damit

$$M_\alpha^* = M_\omega^*,$$
 (1.3) *stat. Prozesse*

d. h. die zufließende Menge ist gleich der abfließenden. Im allgemeinen wird dem
Bilanzgebiet aus mehreren Leitungen Masse zuströmen und auch durch mehrere
abströmen. Gl. (1.3) ist dann zu ersetzen durch

$$\sum M_{i\alpha}^* = \sum M_{i\omega}^*.$$
 (1.4) *bei mehreren Massen-strömen*

Die Summation ist dabei über alle die Bilanzgrenze schneidenden Leitungen zu
erstrecken. Damit kein Strang vergessen wird, ist die Bilanzgrenze klar in das Fließbild einzuzeichnen.
 Da für jede der j Komponenten ein Erhaltungssatz gilt, läßt sich Gl. (1.2) auf-
spalten in die j Einzelgleichungen

$$M_{i\alpha}^* = M_{i\omega}^* + \frac{\mathrm{d}M_i}{\mathrm{d}t} \quad i = 1, 2, 3 \ldots . j.$$
 (1.5) *Komponentenbilanz*

Sie sind voneinander unabhängig, wenn entsprechend den obigen Ausführungen
die Zahl der Komponenten so klein wie möglich gewählt wird.
 Beim Ansetzen der *Energiebilanz* sind im Prinzip *alle* Energieformen zu berück- *Energiebilanz*
sichtigen. Es zeigt sich aber, daß bei den meisten thermischen Verfahren die *potenti-* *häufig vernachlässigb.*
elle und *kinetische Energie*, ferner in vielen Fällen auch die elektrischen und magne- *Energien*
tischen Energien vernachlässigt werden dürfen. Als <u>wichtigste</u> Energieformen bleiben dann: <u>*Arbeit*</u>, <u>*innere Energie*</u> und <u>*Wärme*</u>. Die Arbeit kann z. B. über eine rotierende Welle, aber auch als *Einschubarbeit p V* zugeführt werden. Damit ergeben sich
zwei Möglichkeiten der Berechnung:

1. Man faßt die *innere Energie U* mit der *Einschubarbeit p V* zusammen und erhält
daraus die *Enthalpie H $\equiv$ U + p V*. Rechnet man dementsprechend mit den
Enthalpien der zu- und abgeführten Materieströme, so dürfen die Einschubarbeiten natürlich nicht nochmals im Glied für die zugeführte Arbeit berücksichtigt werden. Diese reduziert sich dann auf die zugeführte *technische Arbeit*, die
auch *Kompressorarbeit* genannt wird. Es ist dies die z. B. durch die Kompressorwelle zugeführte Arbeit. Für die verlustlose Kompression ist sie gegeben durch

$$A = \int V \,\mathrm{d}p.$$
 (1.6)

2. Man fast im Glied für die Arbeit *alle* zugeführten Arbeitsbeträge, also auch die Einschubarbeiten, zusammen. Bei den zu- und abgeführten Materieströmen darf dann natürlich nur noch die innere Energie U eingesetzt werden (Baehr [1.4]; Schmidt [1.5])

Bei stationären Vorgängen ist es meist zweckmäßig, alle zugeführten Energien auf die Zeiteinheit zu beziehen. Das bedeutet, daß wir nicht mit Arbeiten, sondern mit *Leistungen*, nicht mit Wärmemengen, sondern mit *Wärmeströmen* rechnen.

Es ist meist zweckmäßig, die Energien oder Energieströme aufzuspalten in das Produkt einer Masse bzw. eines Massenstromes und einer *spezifischen Energie*. Man setzt also z. B. für die Enthalpie

$$H = M h \quad \text{bzw.} \quad H^* = M^* h. \tag{1.7}$$

Bei chemisch wohldefinierten Substanzen kann man statt dessen auch schreiben

$$H = N \mathscr{H} \quad \text{bzw.} \quad \mathscr{U}^* = N^* \mathscr{U}. \tag{1.8}$$

Dabei ist $\mathscr{U} = \mathscr{M} u$ die auf das kmol bezogene innere Energie in J/kmol, N die Stoffmenge in kmol und N^* der Stoffmengenstrom in kmol s^{-1}. Da die spezifischen Energien und auch die Entropie fast immer aus *Zustandsdiagrammen* (Grassmann [A. 5], § 7.6; Planck [1.6]) entnommen werden und diese fast immer die spezifischen Größen, d. h. die auf das kg bezogenen Größen darstellen, wird die Schreibweise nach Gl. (1.7) bevorzugt.

Der *Nullpunkt* der Skala für die innere Energie und die Enthalpie ist physikalisch bedeutungslos. Alle Energiebilanzen müssen sich deshalb so schreiben lassen, daß nur *Differenzen* der Werte der spezifischen inneren Energie bzw. der spezifischen Enthalpie auftreten, da sich nur dann ein additives Glied heraushebt. Diese Tatsache kann für die Überprüfung von Energiebilanzen von Nutzen sein. Gleiches gilt jedoch nicht für die Entropie, denn nach dem *Nernstschen Wärmesatz* ist es physikalisch sinnvoll, die Entropie am absoluten Nullpunkt gleich Null zu setzen.

Die *Energiebilanz* für den in Abb. 1.1 dargestellten stationär betriebenen Kompressor läßt sich also schreiben

$$U_\alpha + [A] = Q_\omega + U_\omega \quad \text{oder} \quad H_\alpha + A = Q_\omega + H_\omega \tag{1.9}$$

mit der *Kompressionsarbeit* $[A]$, die für den reversiblen Prozeß gegeben ist durch

$$[A] = - \int\limits_\alpha^\omega p \, dV = - (p V)_\omega + (p V)_\alpha + \int\limits_\alpha^\omega V \, dp = - (p V)_\omega + (p V)_\alpha + A. \tag{1.10}$$

Die *Leistungsbilanz* erhält man, wenn man alle Größen auf die Zeiteinheit bezieht:

$$U_\alpha^* + [A^*] = Q_\omega^* + U_\omega^* \quad \text{oder} \quad H_\alpha^* + A^* = Q_\omega^* + H_\omega. \tag{1.11}$$

Dabei ist A^* die durch die Kompressorwelle zugeführte *Kompressorleistung*. Für den verlustlosen Prozeß ist sie gegeben durch

$$A^* = \int V^* \, dp. \tag{1.12}$$

Eine weitere Folgerung aus den Erhaltungssätzen, das Hebelgesetz, werden wir in Abschn. 4.6.1 kennenlernen.

1.3 Exergiebilanzen

In den Wärmebilanzen kommt die Wertigkeit der verschiedenen Energieformen nicht zum Ausdruck. Sowohl für die Durchführung wie für die Wirtschaftlichkeit eines Verfahrens ist es aber von maßgebendem Einfluß, ob eine vorgegebene Energiemenge in Form von Wärme oder in Form von Arbeit, z. B. als elektrische Energie, zugeführt wird. Mit Hilfe der *Exergie* läßt sich eine solche Wertung thermodynamisch einwandfrei durchführen.

Definitionsgemäß ist die Exergie E eines Körpers die Arbeit, die erforderlich ist, um ihn reversibel vom Umgebungszustand in den betreffenden Zustand zu überführen. Dabei darf Wärme nur bei der Temperatur T_U der Umgebung ausgetauscht werden. Diese Einschränkung hat folgende Bedeutung: In der Umgebung steht uns ein Wärmereservoir von einer riesigen Kapazität zur Verfügung, mit dem theoretisch beliebige Wärmemengen ohne Arbeitsaufwand ausgetauscht werden können. Dagegen erfordert die Bereitstellung von Wärme $T > T_u$ eine Heizung, d. h. es wird Brennstoff verbraucht, die Abfuhr von Wärme bei $T < T_U$ den Betrieb einer Kälteanlage.

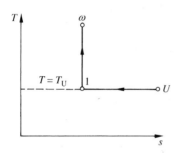

Abb. 1.2   Zur Ableitung des Exergiebegriffes.

An Hand des T, s-Diagrammes nach Abb. 1.2 sei diese Größe für einen stationären offenen Prozeß hergeleitet[1]. Der Zustand des Körpers sei durch den Punkt ω, der Umgebungszustand durch den Punkt U gegeben. Dieser ist auf jeden Fall durch $T = T_U$ und $p = p_U$ gegeben. Wieweit auch die Partialdrücke denjenigen der Umgebung angeglichen werden sollen, hängt von dem zu behandelnden Problem ab, bzw. ist durch Definition festzulegen.

Aus den beiden Bedingungen „reversibel" und „Wärmeaustausch nur bei $T = T_U$" folgt d$s = 0$ für $T \neq T_U$. Damit bleibt als möglicher Weg nur $U \to 1 \to \omega$. Dabei ist 1 bestimmt durch $s_1 = s_\omega$ und $T_1 = T_U$.

Nach dem ersten Hauptsatz der Thermodynamik gilt für den Weg $U \to 1$

$$A_{U \to 1} + Q_{U \to 1} = M(h_1 - h_U). \tag{1.13}$$

---

[1] Von einigen Autoren wird der Begriff der Exergie auch auf geschlossene Prozesse angewandt (z. B. [1.7], S. 5/20).

Aus der Bedingung der Reversibilität $dQ_{rev} = T \, dS$ folgt

$$Q_{U \to 1} = M \, T_U (s_1 - s_U) = M \, T_U (s_\omega - s_U).$$ (1.14)

Da nach Voraussetzung $Q_{1 \to \omega} = 0$ ist, folgt für das adiabate Wegstück $1 - \omega$ aus dem 1. Hauptsatz

$$A_{1 \to \omega} = M (h_\omega - h_1).$$ (1.15)

Aus diesen drei Gleichungen ergibt sich die wichtige Beziehung

$$E_\omega = A_{U \to 1} + A_{1 \to \omega} = M [h_\omega - h_U - T_U (s_\omega - s_U)].$$ (1.16)

Der in Klammer stehende Ausdruck stellt dabei die spezifische Exergie e des Körpers im Zustand ω dar.

Liegt der Zustand ω auch auf der Isobaren $p = p_\omega$ und darf die spezifische Wärme als konstant vorausgesetzt werden, so ist

$$s_\omega - s_U = \int_U^\omega ds = \int dq/T = c_p \int dT/T = c_p \ln (T_\omega/T_U),$$ (1.17)

$$h_\omega - h_U = \int_U^\omega dq = c_p (T_\omega - T_U).$$ (1.18)

Für $T_\omega - T_U = \Delta T \ll T_U$ folgt damit

$$
\begin{aligned}
e \equiv \frac{E}{M} &= c_p [(T_\omega - T_U) - T_U \ln (T_\omega/T_U)] \\
&= c_p \left[\Delta T - T_U \ln \left(1 + \frac{\Delta T}{T_U} \right) \right] \\
&= c_p \left[\Delta T - T_U \left(\frac{\Delta T}{T_U} - \frac{1}{2} \left(\frac{\Delta T}{T_U} \right)^2 + \dots \right) \right] \approx \frac{c_p}{2} \frac{\Delta T^2}{T_U}.
\end{aligned}
$$ (1.19)

Die Exergie ist also sowohl für $T > T_U$ wie für $T < T_U$ positiv! Da Gl. (1.16) nur mit Hilfe der beiden Hauptsätze abgeleitet wurde, gilt sie ganz allgemein, also z. B. auch für Stoffgemische, deren Zusammensetzung während des Prozesses geändert wird, für Phasenübergänge und chemische Reaktionen. Bei der Anwendung auf chemische Reaktionen sind aber die absoluten Entropiewerte ([A. 8] Bd. II.4; [A. 12]) und die unter Berücksichtigung der Bildungsenthalpien aus den Elementen berechneten Enthalpien einzusetzen, (vgl. Baehr [1.4], [1.7], S. 33/38).

Mit Hilfe von Gl. (1.16) läßt sich auch leicht die reversible Arbeit berechnen, die erforderlich ist, um einen Körper von einem beliebigen Zustand α in einen beliebigen Endzustand ω zu überführen, unter der Bedingung, daß Wärme nur bei $T = T_U$ mit der Umgebung ausgetauscht werden darf. Es kann nämlich der Körper zunächst vom Zustand α in den Zustand U und von dort in den Zustand ω überführt werden. Da auf dem Weg $\alpha \to U$ die Arbeit $A_{\alpha \to U} = E_\alpha$ gewonnen, auf dem Weg $U \to \omega$ die Arbeit $A_{U \to \omega} = E_\omega$ benötigt wird, ergibt sich für die gesamte aufzuwendende reversible Arbeit

$$A_{\alpha \to \omega} = E_\omega - E_\alpha = M [h_\omega - h_\alpha - T_U (s_\omega - s_\alpha)].$$ (1.20)

Dieser Ausdruck ist nicht gleich der Differenz der freien Enthalpien $G = H - TS$ der beiden Zustände, denn diese wäre gegeben durch

$$\Delta G = M(h_\omega - h_\alpha - T_\omega s_\omega + T_\alpha s_\alpha).$$

Einer Wärmemenge Q, die bei der Temperatur T zur Verfügung steht, ist die Exergie

$$E_Q = Q(T - T_U)/T \qquad (1.21)$$

zuzuordnen. Sie ist also durch die Arbeit gegeben, die bei reversibler Ausnützung dieser Wärmemenge, d. h. durch einen zwischen T und T_U spielenden Carnot-Prozeß, gewonnen werden kann. Wie man erkennt, entspricht eine Wärmezufuhr bei $T > T_U$ wie auch eine Wärmeabfuhr ($Q < 0$) bei $T < T_U$ einer *Exergiezufuhr*. Bei Energieformen, die sich restlos in Arbeit verwandeln lassen, ist

$$\text{Energie} = \text{Exergie}. \qquad (1.22)$$

Das gilt z. B. für die potentielle und kinetische Energie sowie vor allem auch für elektrische Energie.

Es läßt sich zeigen, daß bei reversiblen stationären Prozessen die Summe der in ein Bilanzgebiet eintretenden Exergieströme gleich der Summe aller austretenden Exergieströme sein muß. Bei realen, d. h. irreversiblen Prozessen treten jedoch thermodynamische Verluste auf, z. B. durch Reibung, Wärmeübergang über endliche Temperaturdifferenzen, Diffusion oder Vermischung von Materieströmen unterschiedlicher Konzentration. Alle diese Verluste führen zu einer Exergievernichtung. Das betreffende Raumgebiet stellt also eine Exergiesenke dar. Jeder thermodynamische Verlust muß durch einen Mehraufwand an Arbeit wieder aufgewogen werden. Diese Mehrarbeit ist durch die *Gouy-Stodola-Gleichung*

$$\Delta A = T_U \Delta S \qquad (1.23)$$

gegeben. Dabei ist ΔS die durch die thermodynamischen Verluste bedingte Entropiezunahme.

Um einen Überblick über die in den einzelnen Teilen einer Apparatur auftretenden Verluste zu gewinnen, sind Exergiebilanzen aufzustellen. Dazu benötigt man allerdings die Enthalpie- und Entropiewerte aller beteiligten Stoffe für alle auftretenden Temperaturen, Drücke und − bei Mischungen − für die betreffenden Konzentrationen. Leider liegen diese Werte häufig nicht vor. Die thermodynamische Verbesserung der Apparatur sollte dann vor allem dort einsetzen, wo die folgenschwersten Exergieverluste eintreten. Das müssen nicht immer die größten Verluste sein. Häufig zieht ein Verlust an einer Stelle Verluste an anderer Stelle nach sich. Der Druckverlust an einer Rohrleitung hat z. B. zur Folge, daß der Kompressor auf höheren Druck fördern muß, also auch dort die Verluste zunehmen.

Die Ergebnisse solcher Exergiebilanzen lassen sich als *Exergieflußbilder* darstellen. Abb. 1.3 zeigt ein solches Flußbild für einen Hochofen. Die Streifenbreite ist proportional dem Exergiefluß an der jeweiligen Stelle. Die Exergie des Kokses − bezogen auf CO_2 − und die viel kleinere des Heißwindes werden durch die beiden oben eintretenden Streifen dargestellt. Von diesen zweigen die Exergieverluste ab. Man erkennt vor allem, daß ein großer Teil der zugeführten Exergie mit dem Nebenprodukt, den Gichtgasen, entweicht, während nur ein kleiner Teil mit dem reduzierten flüssigen Eisen den Hochofen verläßt.

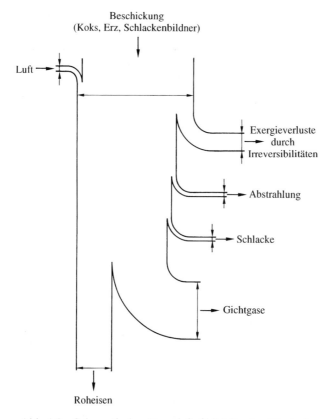

Abb. 1.3   Schematisches Exergieflußbild für den Hochofenprozeß.

Ein solches Exergiediagramm deckt die wahren Verluste an Arbeitsvermögen auf, während das *Sankey-Diagramm*, in dem die Streifenbreite proportional zum jeweiligen Energiestrom aufgetragen ist, oft ein falsches Bild gibt. Die Exergiefluß-bilder komplizierter Prozesse mit Rückführungen und starker Vernetzung einzelner Teilprozesse werden allerdings oft unübersichtlich. Für nähere Angaben sei auf [A. 5], § 7.1 und § 3.12 verwiesen.

Die Exergie ist ein sehr wichtiger Begriff für das Wirtschaftsleben, stellt sie doch das dar, was man in der Umgangssprache mit „Energie", d. h. mit der „Fähigkeit, Arbeit zu leisten", bezeichnet. So müßte man eigentlich nicht von der „Energie-", sondern von der Exergieversorgung eines Landes sprechen.

1.4 Konzentrationsmaße

Es würde zu komplizierten Gleichungen führen, wollte man die Zusammensetzung eines Gemisches immer konsequent in der gleichen Weise angeben. Deshalb sollte man sich zunächst bei jeder neuen Aufgabe überlegen, welches Konzentrationsmaß zu den einfachsten Ansätzen führt. In erster Linie kommen die in Tab. 1.1 angeführten Maße in Frage (s. S. 12). Dabei ist jeweils in der ersten Spalte die Definitionsgleichung des betreffenden Maßes angegeben. Es folgt dann nach rechts anschließend dieses Konzentrationsmaß, ausgedrückt durch das jeweils am Kopf der Spalte angegebene Maß. Beispielsweise entnehmen wir aus der ersten Zeile, daß der *Massenanteil* w_i, der häufig auch mit „Gewichtsanteil" bezeichnet wird, der Komponente i definiert ist durch $w_i \equiv M_i / \sum M_j$, d. h. durch die Masse M_i der betreffenden Komponente dividiert durch die Gesamtmasse $\sum M_j$. Gehen wir in derselben Zeile weiter nach rechts, so lesen wir unter Stoffmengenanteil die Beziehung $w_i = x_i \mathcal{M}_i / \mathcal{M}_m$ ab.

Entsprechend der üblichen Definition der Dichte $\rho \equiv M/V$ ist die *Partialdichte* bzw. die *Partialkonzentration* bei Flüssigkeiten definiert durch $\rho_i \equiv M_i / V$, d. h. durch die Masse M_i der Komponente i durch Volumen. Zu den Bezeichnungen *Beladung* X_i und *Partialvolumen* V_i vgl. Abschn. 4.1. Daneben wäre noch die *Stoffmengenkonzentration* zu erwähnen, die durch die Zahl der Mole des gelösten Stoffes durch Liter Lösung definiert ist. Zahlenmäßig fast der gleiche Wert ergibt sich für die Stoffmenge in kmol/m^3 (1 l = 1 dm^3).

Wie man sieht, benötigt man für fast alle Umrechnungen die molare Masse $\mathcal{M}$, die nur bei chemisch wohldefinierten Substanzen bekannt ist. Bei chemisch schlecht definierten Stoffen muß man also entweder eine fiktive molare Masse einführen oder bei *dem* Konzentrationsmaß stehenbleiben, durch das die Zusammensetzung primär gegeben ist. Bei der gravimetrischen Analyse oder bei der Mischung eines Stoffstromes aus Teilströmen, deren Masse bekannt ist, ist dies der Massenanteil, bei einer Gasanalyse mit dem Orsat-Apparat dagegen der Stoffmengenanteil.

Es ist zu empfehlen, die Konzentrationsangabe jeweils auf diejenige Menge zu beziehen, die während des betrachteten Prozesses wenigstens näherungsweise konstant bleibt. Deshalb verwendet man z. B. bei der Adsorption (Kapitel 9) die Beladung, da die Menge des Adsorbens − z. B. der Aktivkohle − konstant bleibt, während sich die Gesamtmenge durch die Aufnahme des Adsorptivs vergrößert bzw. bei Desorption wieder verringert. Bei der Rektifikation (Kapitel 6) rechnet man dagegen meist in Stoffmengenanteilen, da der Stoffmengenstrom, wie in Abschn. 6.4 gezeigt werden wird, über die Kolonnenhöhe näherungsweise konstant bleibt.

Für die Beladung, ausgedrückt durch die Stoffmengenanteile und die molaren Massen, ergeben sich folgende Ausdrücke:

$$X_{i, \text{mol}} = \frac{M_i}{M_1} = \frac{M_i}{M - \sum M_j} = \frac{x_i \mathcal{M}_i}{\mathcal{M}_m - \sum x_j \mathcal{M}_j}$$

$$= \frac{x_i \mathcal{M}_i}{x_1 \mathcal{M}_1} = \frac{\mathcal{M}_i}{\mathcal{M}_1} \cdot \frac{x_i}{1 - \sum x_j}. \tag{1.24}$$

Dabei ist die Summation über alle Komponenten mit Ausschluß der Bezugskomponente 1 zu erstrecken.

Es sei ferner noch die Formel für die mittlere molare Masse angeführt:

$$\mathcal{M}_m = x_1 \mathcal{M}_1 + x_2 \mathcal{M}_2 + \ldots = \frac{1}{\sum N_j} \sum N_j \mathcal{M}_j = \sum \frac{N_j \mathcal{M}_j}{N} = \sum x_j \mathcal{M}_j. \tag{1.25}$$

Tab. 1.1   Umrechnung von Konzentrationsmassen.

		Massenanteil	Stoffmengenanteil	Partialkonzentration[2]	Beladung[1]
Massenanteil (= Gewichtsanteil) w_i $\quad w_i \equiv \dfrac{M_i}{\sum_j M_j}$	= allgemein	w_i	$\dfrac{\mathcal{M}_i}{\mathcal{M}_m} = \dfrac{x_i \mathcal{M}_i}{\sum_j x_j \mathcal{M}_j}$	$\dfrac{\rho_i}{\rho}$	$\dfrac{X_i}{1+\sum X_j}$
	= für ideale Gase	$\dfrac{\mathcal{M}_i p_i}{\mathcal{M}_m p} = \dfrac{\mathcal{M}_i V_i}{\mathcal{M}_m V}$	$\dfrac{\mathcal{M}_i}{\mathcal{M}_m} = x_i \dfrac{R_m}{R_i}$	$= \dfrac{\mathcal{M}_i N_i}{\mathcal{M}_m \sum_j N_j} = \dfrac{\rho_i}{\rho}$	$= X_i \dfrac{\mathcal{M}_i p_1}{\mathcal{M}_m p} = X_i \dfrac{R_m p_1}{R_1 p}$
Stoffmengenanteil x_i $\quad x_i \equiv \dfrac{N_i}{\sum_j N_j}$	= allgemein	$\dfrac{w_i/\mathcal{M}_i}{\sum_j w_j/\mathcal{M}_j} = w_i \dfrac{\mathcal{M}_m}{\mathcal{M}_i}$	x_i	$\dfrac{\rho_i/\mathcal{M}_i}{\rho/\mathcal{M}_m} = \dfrac{\rho_i/\mathcal{M}_i}{\sum_j \rho_j/\mathcal{M}_j}$	$\dfrac{X_i/\mathcal{M}_i}{1/\mathcal{M}_1 + \sum_j X_j/\mathcal{M}_j}$
	= für ideale Gase	$w_i \dfrac{R_i}{R_m}$	$\dfrac{p_i}{p} = \dfrac{V_i}{V}$	$\dfrac{\rho_i R_i}{\rho_m R_m} = \dfrac{\rho_i R_i T}{p}$	$X_i \dfrac{p_1 \mathcal{M}_1}{p \mathcal{M}_i} = X_i \dfrac{p_1 R_i}{p R_1}$
Partialdichte/Partialkonzentration[2] ρ_i $\quad \rho_i \equiv \dfrac{M_i}{V}$	= allgemein	$w_i \rho$	$\dfrac{x_i \mathcal{M}_i}{\mathcal{M}_m/\rho}$	ρ_i	$\dfrac{X_i \rho}{(1+\sum X_j)}$
	= für ideale Gase	$w_i \dfrac{p}{R_m T}$	$x_i \rho \dfrac{R_m}{R_i} = x_i \dfrac{p}{R_i T}$	$\dfrac{p_i}{R_i T}$	$\dfrac{X_i}{1+\sum X_j} \cdot \dfrac{p}{R_m T}$
Beladung[1] X_i $\quad X_i \equiv \dfrac{M_i}{M_1}$	= allgemein	$\dfrac{w_i}{1-\sum_j w_j}$	$\dfrac{x_i \mathcal{M}_i}{x_1 \mathcal{M}_1} = \dfrac{x_i \mathcal{M}_i}{\mathcal{M}_m - \sum_j x_j \mathcal{M}_j}$	$\dfrac{\rho_i}{\rho_1} = \dfrac{\rho_i}{\rho - \sum_j \rho_j}$	X_i
	= für ideale Gase	$w_i \dfrac{\mathcal{M}_m p}{\mathcal{M}_1 p_1}$	$\dfrac{p_i \mathcal{M}_i}{p_1 \mathcal{M}_1} = x_i \dfrac{p R_1}{p_1 R_i}$	$\dfrac{p_i R_1}{p_1 R_i} = \dfrac{p_i \mathcal{M}_i}{p_1 \mathcal{M}_1}$	$= \dfrac{p_i \mathcal{M}_i}{\mathcal{M}_1 (p - \sum_j p_j)}$

Der Index i bezeichnet jeweils die gerade interessierende Komponente, der Index j dient dagegen als Summationsindex.

Anmerkungen: [1] Bei den in dieser Zeile bzw. Spalte stehenden Ausdrücken ist unter $\sum$ über alle Komponenten, mit Ausnahme der Bezugskomponente, zu summieren.

[2] Die angegebenen Formeln beziehen sich auf ein Einheitensystem mit Masse als Grundeinheit, z. B. SI. Im technischen Maßsystem entsprechen die angegebenen Größen dem Gewicht durch Volumen, also der Wichte.

Für die mittlere Gaskonstante gilt

$$R_m = \mathcal{R}/\mathcal{M}_m = w_1 R_1 + w_2 R_2 + \ldots = \sum w_j R_j. \tag{1.26}$$

Besonders sei darauf hingewiesen, daß Beziehungen der Form

$$M_i/M = M_i^*/M^* \quad \text{oder} \quad N_i/N = N_i^*/N^* \tag{1.27}$$

nur gelten, wenn alle Komponenten sich mit den *gleichen* Geschwindigkeiten bewegen. Dies trifft für homogene Gemische meist mit guter Näherung zu, da die z. B. durch Diffusion bedingte Relativgeschwindigkeit einer Komponente gegenüber den anderen meist klein ist im Vergleich zur Geschwindigkeit des Fluids. Dagegen muß man bei strömenden inhomogenen und ganz besonders bei mehrphasigen Gemischen, z. B. bei Mischungen von Dampf und Flüssigkeit, vorsichtig sein. Es ist dann nämlich

$$M_i/M \neq M_i^*/M^* \quad \text{und} \quad N_i/N \neq N_i^*/N^*. \tag{1.28}$$

Dabei beziehen sich die nicht mit einem Stern versehenen Größen auf Mengen, die sich in einem gewissen Raum *befinden*, die gesternten Größen dagegen auf Mengenströme, die *durch* einen vorgegebenen Querschnitt *hindurchtreten*. Ungleichung (1.28) sei an einem Beispiel erläutert: In einem Rohrabschnitt befinde sich die Masse M_1 der Komponente 1 als ruhende Flüssigkeit, über die sich als Gas die Komponente 2 hinwegbewege. Es ist also $M_1^* = 0$ aber $M_2^* \neq 0$. Danach gilt für die *im* Rohr befindliche Mischung $w_1 \equiv M_1/(M_1 + M_2) \neq 0$. Für den einen Rohrquerschnitt durchsetzenden Strom M^* gilt dagegen $w_1^* \equiv M_1^*/(M_1^* + M_2^*) = 0/(0 + M_2^*) = 0$.

Wir müßten also eigentlich den in der Tabelle angeführten und den durch die Gl. (1.24) und (1.25) gegebenen Größen jeweils noch die entsprechenden auf den Stoffstrom bezogenen Größen w_i^*, ρ_i^*, x_i^*, X_i^*, M_m^* und R_m^* gegenüberstellen (zur Umrechnung der einen in die andere Größenart vgl. [A. 5], § 9.2; [1.8]). Da wir es im folgenden meist mit homogenen Stoffströmen zu tun haben, sehen wir von dieser Komplikation jedoch ab. Bei Mehrphasenströmungen mit meist unterschiedlichen Geschwindigkeiten der einzelnen Phasen (sog. Schlupf zwischen den Phasen) muß jedoch unbedingt zwischen auf den Raum bezogenen Größen und den Größen, die auf die durch einen Querschnitt hindurchtretenden Mengenstrom bezogen sind (Transportgrößen, gesternte Größen), unterschieden werden.

1.5 Absatzweiser und kontinuierlicher Betrieb

Man unterscheidet grundsätzlich zwischen *chargenweiser* (absatzweiser) und *kontinuierlicher* Betriebsweise eines Grundverfahrens bzw. eines Verfahrens, wobei beide Betriebsarten in einem Verfahren auch kombiniert werden können.

Der *diskontinuierliche, chargenweise* Betrieb ist dadurch gekennzeichnet, daß zu Beginn eines Vorganges die erforderlichen Substanzmengen in einen Apparat eingefüllt und dort anschließend einer oder nacheinander mehreren verfahrenstechnischen Operationen (Erwärmen, chemische Reaktion, Abkühlen usw.) im gleichen

Apparat unterzogen werden. Nach Erreichen des erwünschten Verarbeitungsgrades wird der Vorgang abgebrochen und das Produkt (die Charge) entnommen. Der chargenweise Betrieb weist den Vorteil auf, daß es relativ einfach ist, die Spezifikation des Produktes zu ändern und daß der Vorgang durch Steuerung der Bedingungen über Prozeßcomputer genau definiert abläuft. Dagegen sind meist große Zwischenbehälter für die Lagerung der Eingangs-, Zwischen- und Endprodukte nötig. Beim chargenweisen Betrieb sind alle Zustandsgrößen der zu verarbeitenden Produkte von der Zeit abhängig, es handelt sich somit um instationäre Abläufe. Der Chargenbetrieb ist wirtschaftlich u. a. dann vorzuziehen, wenn

- die Umwandlungen sehr langsam erfolgen (lange Verweilzeiten),
- nur kleine Produktmengen nötig sind und
- die Anlage für verschiedene Herstellungsverfahren benützbar sein muß (Mehrzweckanlage).

Nachteilig sind die auftretenden Betriebsunterbrüche beim Füllen und Entleeren, die höhere Energie- und Apparatebelastungen infolge der periodischen Temperatur- und Druckänderungen sowie die unterschiedliche Produktqualität zwischen einzelnen Chargen.

Beim *kontinuierlichen Betrieb* fließen die zu verarbeitenden Produkte stetig durch eine Verfahrensstufe (Apparat) und werden in der Regel nur einem bestimmten Verfahrensschritt unterzogen. Die Mengen- und Energieströme, die Zustandsgrößen, und die Zusammensetzungen der Produkte sind für jeden Ort der Verfahrensstufe unabhängig von der Zeit und ändern sich nur als Funktion der Ortes, d. h. alle zeitlichen Ableitungen dM^*/dt, dH/dt, dT/dt, dp/dt usw. sind Null und verschwinden. Dies erleichtert die Berechnung und Regelung solcher stationärer Verfahren, die vor allem bezüglich gleichbleibender Produktqualität, Arbeits- und Energieaufwand und Sicherheit (kleinere Stoffmengen in den Apparaten) für größere Produktionsmengen wirtschaftlich vorteilhaft sind. Trotz dieser Vorteile des stationären Betriebes führt man heute noch viele Prozesse auch für größere Stoffdurchsätze noch absatzweise durch, da die entsprechenden kontinuierlichen Verfahren noch nicht völlig entwickelt sind bzw. sich noch nicht durchsetzen konnten. Kontinuierlich betriebene Verfahrensstufen und Anlagen sind zudem meist auf ein bestimmtes Produkt ausgerichtet, d. h. es sind sog. *Einzweckanlagen.*

Kontinuierlich und absatzweise betriebene Verfahrensstufen können auch in einer Anlage kombiniert werden. In der Regel sind dann Zwischenlager erforderlich, um die Übergänge zwischen kontinuierlich und chargenweise betriebenen Verfahrensstufen zu gewährleisten. Diese Kombination findet man auch bei einzelnen Grundverfahren. So läuft beispielsweise bei der Filtration die Flüssigkeit meist kontinuierlich durch das Filtertuch, während der sich bildende Kuchen absatzweise entfernt wird. Oder bei der Adsorption einer verunreinigten Flüssigkeit mittels eines Aktivkohlefilters wird die Flüssigkeit kontinuierlich zugeführt, das nach einer gewissen Zeit beladene Aktivkohlebett jedoch absatzweise ausgetauscht (vgl. Abschn. 9.23).

1.6 Sicherheitsbetrachtungen

Literatur: Wells [1.9], Blass [1.10], [1.11], Crowl [1.19]

Bei der Planung verfahrenstechnischer Anlagen kommt den Sicherheitsaspekten in allen Planungsphasen große Bedeutung zu. Die Sicherheit wird beeinflußt u. a. durch die

- Verfahrenswahl (Ausgangsstoffe, Hilfsstoffe),
- Betriebsweise (kontinuierlicher Betrieb ist meist mit geringerem Gefährdungspotential verbunden),
- Regelung und Steuerung der Verfahrensstufen,
- Konstruktion von Apparaten und Anlagenteilen (beispielsweise die Druckfestigkeit) und durch die
- speziellen sicherheitstechnischen Maßnahmen und Anordnungen.

Beeinflussung durch:

Die in Anlagen nötigen Sicherheitsmaßnahmen sind durch verschiedene Vorschriften geregelt (Störfallverordnung in Deutschland und in der Schweiz, Auslegungsvorschriften und Normen für Druckbehälter usw. [1.13], [1.12]).

Nach Definition ist das Risiko abhängig von der Tragweite eines möglichen Störfalles (Gefährdungspotential) und von dessen Eintrittswahrscheinlichkeit. Die Grundlage für die Abschätzung des Risikos bildet dabei die sog. *Risikoanalyse* [1.14], Heft 4. In diese gehen ein:

Risiko

1. Die chemischen und physikalischen Eigenschaften der beteiligten Stoffe (Flammpunkt, Zündtemperatur, Explosionsgrenzen, Toxizität, max. Arbeitsplatzkonzentration usw.) und das Reaktionsverhalten (Instabilitäten, Exothermie [1.11], [1.15], [1.16]) der zu wandelnden Stoffe. Mit diesen Grundlagen kann der Bereich der „sicheren" Betriebsbedingungen abgegrenzt werden.
2. Die Gefahrenerkennung. Dazu dienen verschiedene Methoden wie Hazop (Hazard and Operability Study), das PAAG-Verfahren (Prognose, Auffinden der Ursachen, Abschätzen der Auswirkungen, Gegenmaßnahmen), Fehlerbaumanalysen usw. [1.10], [1.14], Heft 4).
3. Die Bewertung der Gefahren bezüglich Tragweite und Eintrittswahrscheinlichkeit und Abschätzung des Risikos.

Risikoanalyse

Ist dieses Risiko größer als das zulässige Restrisiko, sind zusätzliche Maßnahmen vorzusehen. Bei den Maßnahmen unterscheidet man einerseits zwischen technischen, personellen und organisatorischen und andererseits zwischen Maßnahmen, die

Maßnahmen

- unmittelbar die Sicherheit erhöhen (vor allem technische Maßnahmen wie Verzicht auf gefährliche Stoffe, Reduktion der Stoffmengen, um das Gefährdungspotential zu verkleinern, geeignete Wahl der Betriebsmittel und der Betriebsbedingungen usw.),
- mittelbar zur Sicherheit beitragen (technische Maßnahmen wie Schutzsysteme für die Drucksicherheit, Brandabschnitte, Systeme zur Explosionsunterdrük-

kung, Meß- und Regeltechnische Absicherung, Vorkehrungen für den Geräte-
und Anlagenausfall, usw.) und die
- auf die Sicherheit hinweisen (vor allem personelle und organisatorische Maßnahmen wie Schulung, Planung von Notfallmaßnahmen usw.), vgl. dazu auch
[1.17].

Schwerpunkte bei
Sicherheit therm. Verf.:

Bei den thermischen Verfahren, die in den folgenden Kapiteln behandelt werden,
sind neben der Drucksicherheit der Apparate und Anlagenteile vor allem die
Brand- und Explosionseigenschaften (Flammpunkt, Zündtemperatur, Explosionsgrenzen) der meist in gasförmiger und flüssiger Form auftretenden Stoffe von Bedeutung. Diese Bedingungen können beispielsweise die Druckwahl und den Temperaturbereich der Verfahrensschritte maßgebend beeinflussen.

1.7 Einige Hinweise für die Literatursuche

Die heutigen modernen Bibliotheks- und Dokumentationssysteme mit direktem
Zugriff über die elektronischen Medien und der dabei möglichen interaktiven Literatursuche über Stichwörter bzw. Autorennamen öffnen alle Möglichkeiten, um
gezielt entsprechende Bücher oder Zeitschriftenartikel zu finden. Für eine voran-
gängige Information über die wesentliche Literatur auf einem Spezialgebiet und
für die zusammenfassenden Darstellungen der Verfahrenstechnik ist es jedoch vorteilhaft, sich auf die wichtigsten Standardwerke abzustützen. Diese erleichtern
meist einen Einstieg in die Literatursuche.

Eine erste zusammenfassende Darstellung hat das gesamte Gebiet der Verfahrenstechnik in dem heute leider teilweise veralteten zwölfbändigen Werk von
Eucken-Jakob [2] erfahren. Dieses wird heute im wesentlichen ergänzt und teilweise
ersetzt durch umfassende Nachschlagwerke wie Ullmann [A. 10], Kirk-Othmer [3],
McKetta [4] und Perry [A. 9], sowie durch die über 12 Bände der „Grundlagen der
chemischen Technik" [5]. Auch auf die übrigen auf S. 513 unter [A. 1] bis [A. 12]
erwähnten Werke sei verwiesen.

Jährlich wird in [6] und im Abstand von einigen Jahren in [7] über die wichtigen
Fortschritte auf allen oder einer Auswahl von Teilgebieten berichtet. Kurze Refe-
rate oder zumindest Angaben des Titels nahezu aller für die Verfahrenstechnik
wichtigen Aufsätze und Veröffentlichungen in den wissenschaftlichen Zeitschriften
finden sich nach Sachgebieten geordnet in [8]. Ferner sei verwiesen auf folgende
wissenschaftliche Zeitschriften, die nahezu ausschließlich der Verfahrenstechnik gewidmet sind:

AIChE-Journal (American Institute of Chemical Engineers), Chemical Engineering Science (Pergamon Press), Chemie-Ingenieur-Technik (VCH Verlagsgesellschaft mbH, Weinheim D), Chemical & Engineering Technology (VCH Verlagsgesellschaft mbH, Weinheim D), Chemical Engineering Research and Design
(The Institution of Chem. Engineers, Rugby GB), Chemical Engineering and
Processing (Elsevier Sequoia Lausanne CH).

Aufgaben zu Kapitel 1

1.1 (zu 1.2) Eine Luftzerlegungsanlage soll eine O_2-Fraktion von 120 m^3/h mit einer Reinheit von 99,5 Vol.% liefern. Die anfallende N_2-Fraktion enthält 96 Vol.% N_2 (Rest O_2). Welche Luftmenge muß verarbeitet werden, wenn die Luft als Gemisch von 79 Vol.% N_2 und 21 Vol.% O_2 betrachtet wird? (Alle Volumenströme werden bei gleichem p und T gemessen.)

1.2 (zu 1.2) Ein Behälter mit einem Volumen von 0,8 m^3 wird durch eine Pumpe mit einem Ansaugvolumen von 0,04 m^3/s evakuiert. Wie ändert sich der Druck im Behälter als Funktion der Zeit t, wenn der Vorgang als isotherm betrachtet wird?

1.3 (zu 1.4) Eine bei 20°C gesättigte Zuckerlösung besteht aus 204 g Rohrzucker ($C_{12}H_{22}O_{11}$) und 100 g Wasser. Wie groß ist der Massen- und der Stoffmengenanteil des Rohrzuckers und wie groß die (Massen-)beladung des Wassers mit Zucker?

2 Wärmeaustauscher

Peter Kaiser

2.1 Einleitung

Der Wärmeaustauscher zählt zu den wichtigen „Organen" einer chemischen oder verfahrenstechnischen Anlage. Seine Aufgabe besteht darin, den Übergang von Wärme von einem warmen Stoffstrom M_1^* an einen kälteren Stoffstrom M_2^* zu ermöglichen. Eine solche Wärmeübertragung ist in der Chemie-Ingenieur-Technik aus zwei Gründen (einem prinzipiellen und einem wirtschaftlichen) notwendig:

Damit ein Prozeß in gewünschter Weise einsetzt, müssen die daran beteiligten Stoffe oft erst auf eine bestimmte Temperatur gebracht (meist aufgeheizt) werden. Wird dann weiter während der anschließenden Reaktion Wärme frei (exotherme Reaktion), so würde die Temperatur des Reaktionsgemisches ansteigen; wird umgekehrt Wärme verbraucht (endotherme Reaktion), so würde sie absinken. Eine erhöhte Temperatur wäre jedoch aus folgenden Gründen unerwünscht: Einmal könnten die Reaktionsteilnehmer unzulässig hoch erhitzt werden, so daß sie Schaden nähmen (zerfallen, sich zersetzen). Ferner stiege mit zunehmender Temperatur die Reaktionsgeschwindigkeit rasch an (s. Abschn. 15.4), so daß die Reaktion durchbrennen oder gar zu einer Explosion führen würde. Und schließlich können bei zu hohen Temperaturen Nebenreaktionen einsetzen, die die Ausbeute am gewünschten Produkt herabsetzen. – Bei zu tiefer Temperatur verliefe die Reaktion unwirtschaftlich langsam (auch 15.4). Es ist daher oft nötig, während der Reaktion Wärme zu- oder abzuführen, um eine konstante Temperatur zu gewährleisten.

Viele Stoffe treten mit hoher Temperatur aus den durchlaufenen Prozessen aus. Anstatt ihre „gespeicherte Wärme"[1] ungenutzt an die Umgebung abfließen zu lassen, trachtet man danach, sie weiter auszunützen, indem man sie einem andern, aufzuheizenden Stoff zuführt. Dadurch wird der energetische Wirkungsgrad der Anlage verbessert und die Wärmebelastung der Umwelt verringert.

In den meisten Wärmeaustauschern werden der warme und der kalte Stoffstrom – durch feste Wände voneinander getrennt – kontinuierlich aneinander vorbeigeführt, wobei die Wärme vom heißeren Stoffstrom durch die Trennwand hindurch an den kälteren übergeht.

---

[1] Eigentlich müßte man von *innerer Energie* und nicht von „*gespeicherter Wärme*" sprechen; Baehr [2.1], S. 38 oder auch Baehr [2.2].

Nach einem anderen Prinzip arbeiten die *Regeneratoren*, die jedoch fast nur in der Hütten- und Tieftemperaturtechnik zur Wärmeübertragung zwischen Gasen verwendet werden. Ein Regenerator ist ein mit einer *wärmespeichernden Schüttung* aufgefüllter Turm, durch den der warme und der kalte Gasstrom abwechselnd hindurchgeleitet wird. Die Wärme geht dabei zuerst vom heißen Gasstrom an die Speichermasse über und wird von dieser nach dem Umschalten an den kalten Gasstrom abgegeben. Eine ausführliche Theorie der Regeneratoren findet der Leser bei Hausen [2.3], 3. Abschnitt.

2.2 Bilanzgleichungen für Gleich-, Gegen- und Kreuzstrom

Für den in Abb. 2.1 schematisch dargestellten Wärmeaustauscher lautet die Energiebilanz:

$$M_1^* h_{1,\alpha} + M_2^* h_{2,\alpha} + Q_V^* = M_1^* h_{1,\omega} + M_{2,\omega}^* h_{2,\omega}; \tag{2.1}$$

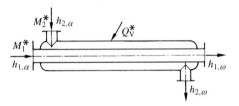

Abb. 2.1   Schema eines Gleichstrom-Wärmeaustauschers. M_1^*, M_2^*: heißer und kalter Stoffstrom in kg/s; h: spezifische Enthalpie in J/kg; Q_V^*: Verlustwärmestrom in W.

Q_V^* ist der aus der Umgebung in den Wärmeaustauscher einfallende Wärmestrom. Er ist positiv ($Q_V^* > 0$), wenn die Temperatur der Außenwand unter der Umgebungstemperatur liegt, andernfalls negativ. Der Wärmeaustausch mit der Umgebung kann jedoch meist vernachlässigt werden, da Wärmeaustauscher, die bei hohen oder tiefen Temperaturen arbeiten, thermisch isoliert sind. Mit $Q_V^* = 0$ lautet Gl. (2.1)

$$M_1^* (h_{1,\alpha} - h_{1,\omega}) = M_2^* (h_{2,\omega} - h_{2,\alpha}). \tag{2.2}$$

Führt man die mittleren spezifischen Wärmekapazitäten $\bar{c}_{p,1}$ und $\bar{c}_{p,2}$ der beiden Stoffströme ein, so schreibt sich Gl. (2.2) in der Form

$$M_1^* \bar{c}_{p,1} (T_{1,\alpha} - T_{1,\omega}) = M_2^* \bar{c}_{p,2} (T_{2,\omega} - T_{2,\alpha}). \tag{2.3}$$

Kennzeichnet man die Größen der eintretenden Ströme konsequent mit dem Index α und die der austretenden mit ω, so gilt Gl. (2.3) unverändert sowohl für Gleich-, Gegen- und Kreuzstrom.

Man beachte, daß Gl. (2.3) nichts anderes ausdrückt, als daß der von M_1^* abgegebene Wärmestrom gleich dem von M_2^* aufgenommenen ist; die linke und die rechte Seite stellen nämlich beide den im Wärmeaustauscher übertragenen Wärmestrom Q_{12}^* dar.

2.3 Wärmeübergang und Wärmedurchgang

Literatur:: Brown [2.4], S. 415/447; Coulson/Richardson [A. 3], I, S. 312/369; Eckert [2.5], S. 1/185; Fishenden/Saunders [2.6], S. 1/161; Gregorig [2.7], S. 71/173 und 426/458; Groeber/Erk/Grigull [2.8]; Hausen [2.3]; Hofmann [2.9]; Jakob [2.10]; McAdams [2.11], S. 1/281; Michejew [2.12]; Rohsenow/Choi [2.13], S. 85/210; Schack [2.14], S. 3/148; VDI-Wärmeatlas [2.15]; Kern [2.20]; Weiss [2.16].

In einem Wärmeaustauscher muß die Wärme erst vom warmen Stoffstrom an die Trennwand übertragen, dann durch diese hindurchgeleitet und schließlich auf der anderen Seite an den kalten Stoffstrom abgegeben werden. Der Wärmedurchgang setzt sich also aus den folgenden drei Teilvorgängen zusammen (Abb. 2.2): Wärmeübergang – Wärmeleitung – Wärmeübergang.

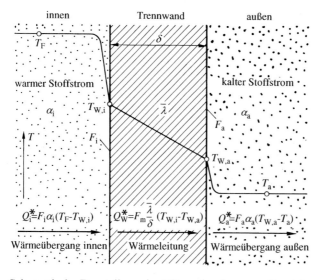

Abb. 2.2   Schematische Darstellung des Wärmedurchganges; Bezeichnungen im Text

Der von einem Fluid der Temperatur T_F durch die Fläche F an eine feste Wand der Temperatur T_W übertragene Wärmestrom Q^* wird allgemein durch folgende Gleichung dargestellt:

$$Q^* = \alpha F (T_F - T_W)$$

(2.4)

Die Wärmestromdichte q^* ist dann:

$$q^* \equiv Q^*/F = \alpha(T_\mathrm{F} - T_\mathrm{W}). \tag{2.5}$$

Wärmestromdichte

Durch diese Gleichung (die man lange Zeit fälschlicherweise als Naturgesetz angesehen hat) ist der sogenannte *Wärmeübergangskoeffizient*[2] α definiert. Seine Dimension ergibt sich zu $\mathrm{W}/(\mathrm{m}^2\,\mathrm{K})$. In Abschn. 2.4 werden wir ausführlicher auf ihn zu sprechen kommen. T_W ist die Oberflächentemperatur der Wand und T_F die in genügender Entfernung von der Wand gemessene Flüssigkeitstemperatur (Abb. 2.2). Bei seitlich begrenzten Strömungskanälen wie Rohren benutzt man als T_F besser die experimentell leicht bestimmbare *Mitteltemperatur über den Strömungskanal*[3]:

für seitlich begrenzte Strömungskanäle

$$\bar{T}_\mathrm{F} = \frac{\int\limits_f T\,\rho\,c_p\,w\,\mathrm{d}f}{\int\limits_f \rho\,c_p\,w\,\mathrm{d}f}; \tag{2.6}$$

T = örtliche Temperatur des Stromes in K;
ρ = Dichte des Fluids in kg/m^3;
c_p = spezifische Wärme des Fluids in J/(kg K);
w = örtliche Strömungsgeschwindigkeit in m/s;
f = Querschnitt des Kanals in m^2.

T_F ist demnach die Temperatur, die die Flüssigkeit annähme, wenn man sie nach dem betrachteten Querschnitt adiabat durchmischte[4]. Bezogen auf den Ein- oder Austrittsquerschnitt eines Strömungskanals (z. B. eines Rohres oder eines Wärmeaustauschers) sind $T_{\mathrm{F},\alpha}$ und $T_{\mathrm{F},\omega}$ also nichts anderes als das, was man gemeinhin als Ein- bzw. Austrittstemperatur bezeichnet.

Für die stationäre Wärmeleitung durch eine ebene Wand der Dicke δ gilt folgende Gleichung (Abb. 2.2):

stationäre Wärmeleitung

$$Q_\mathrm{W}^* = F(\lambda/\delta)(T_{\mathrm{W},i} - T_{\mathrm{W},a}). \tag{2.7}$$

Dadurch ist der *mittlere Wärmeleitkoeffizient* (oder die mittlere Wärmeleitfähigkeit) λ definiert, der die Dimension $\mathrm{W}/(\mathrm{m\,K})$ hat.

Ist die Wand gekrümmt, so ist die Fläche F in Gl. (2.7) durch eine geeignete mittlere Fläche F_m zu ersetzen (Gröber/Erk/Grigull [2.8], S. 115). Für einen Hohlzylinder (Rohr) der Länge L, dem inneren Durchmesser d_i und dem äußeren Durchmesser d_a ist

mittlere Fläche eines Hohlzylinders

$$F_\mathrm{m} = (F_\mathrm{a} - F_\mathrm{i})/\ln(F_\mathrm{a}/F_\mathrm{i}) = \pi L(d_\mathrm{a} - d_\mathrm{i})/\ln(d_\mathrm{a}/d_\mathrm{i}). \tag{2.8}$$

---

[2] α wird oft auch Wärmeübergangs*zahl* genannt. Da es sich dabei aber nicht um eine (reine) Zahl, sondern um eine dimensionsbehaftete Größe handelt, wollen wir von dieser Bezeichnung absehen. Dasselbe gilt für den Wärmeleitkoeffizienten λ (Gl. (2.7)) und den Wärmedurchgangskoeffizienten k (Gl. 9).

[3] Weitere Definitionen von Mitteltemperaturen, Gröber/Erk/Grigull [2.8], S. 154. Auch Grassmann [A.5], S. 498.

[4] Eine solche Mischvorrichtung beschreibt Kraussold [2.17].

Bei stationärem Wärmedurchgang durch ein Rohr lautet die Kontinuitätsgleichung für die Wärme ohne Berücksichtigung der meist vernachlässigbaren Längsleitung in der Rohrwand (Abb. 2.2)

$$Q_i^* = Q_W^* = Q_a^* = Q^*. \tag{2.9}$$

Kontinuitätsglg. f. die Wärme

Daraus ergibt sich unter Beachtung der Gl. (2.5) und (2.7)

$$Q^* \left(\frac{1}{F_i \, \alpha_i} + \frac{\delta}{F_m \, \lambda} + \frac{1}{F_a \, \alpha_a} \right) = T_i - T_a. \tag{2.10}$$

Die Klammer links können wir in Anlehnung an die entsprechenden Gleichungen der Elektrizitätslehre als *Wärmeleitwiderstand* (Jakob [2.18], [2.19]) bezeichnen und setzen (auch Hausen [2.42]):

$$\frac{1}{k \, F} \equiv \frac{1}{F_i \, \alpha_i} + \frac{\delta}{F_m \, \lambda} + \frac{1}{F_a \, \alpha_a}. \tag{2.11}$$

Damit hat Gl. (2.10) denselben Aufbau wie die Grundgl. (2.5) und (2.7), nämlich

$$\boxed{Q^* = F k \, (T_1 - T_2);} \tag{2.12}$$

k nennt man *Wärmedurchgangskoeffizient*; seine Dimension ist $W/(m^2 \, K)$.

Für dünnwandige Rohre darf man setzen:

$F_1 \approx F_2 \approx F_m = F$, womit sich Gl. (2.11) zu

$$\frac{1}{k} \equiv \frac{1}{\alpha_i} + \frac{\delta}{\lambda} + \frac{1}{\alpha_a} \tag{2.13}$$

vereinfacht.

In Gl. (2.3) wird der im Wärmeaustauscher von M_1^* an M_2^* übertragene Wärmestrom Q_{12}^* durch die Mengenströme, ihre mittleren spezifischen Wärmekapazitäten und ihre Temperaturdifferenzen zwischen Ein- und Austritt ausgedrückt. Durch Einführen einer geeigneten mittleren Temperaturdifferenz ΔT_m läßt sich der Wärmestrom auch in der Form

$$Q_{12}^* = k \, F \, \Delta T_m \tag{2.14}$$

schreiben. Für den Gleich- und Gegenstromwärmeaustauscher berechnet sich ΔT_m zu[5]

Gleich- u. Gegenstrom-wärmeaustausche.

$$\Delta T_m = \frac{\Delta T_\alpha - \Delta T_\omega}{\ln (\Delta T_\alpha / \Delta T_\omega)}; \tag{2.15}$$

ΔT_α und ΔT_ω sind die aus Abb. 2.3 ersichtlichen Temperaturdifferenzen der Mengenströme an den beiden Enden des Wärmeaustauschers. Dabei ist es nicht von Belang, welches Ende man mit α und welches mit ω indiziert! Beachte: Die größere Temperaturdifferenz befindet sich bei Gleich- und Gegenstrom dort, wo der Strom mit der kleineren Wärmekapazität $M^* \, \bar{c}_p$ eintritt (Grassmann [A. 5], S. 121). Sind ΔT_α und ΔT_ω etwa gleich, so darf für ΔT_m vereinfachend das geometrische Mittel $\Delta T_m = \sqrt{\Delta T_\alpha \Delta T_\omega}$ oder sogar das arithmetische Mittel $\Delta T_m = 0,5 \, (\Delta T_\alpha + \Delta T_\omega)$ gesetzt werden. Ausdrücke für die mittlere Temperaturdifferenz ΔT_m bei Kreuz-

---

[5] Herleitung etwa: Grassmann [A. 5], S. 709; Hausen [2.3], oder Kassatkin [A. 7/I], S. 388/391.

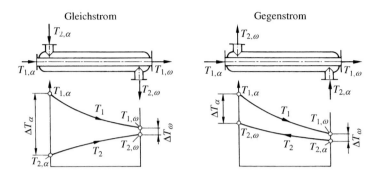

Abb. 2.3   Temperaturverlauf über einen Gleich- und einen Gegenstrom-Wärmeaustauscher (schematisch)

und Mischstrom[6] finden sich in: Gregorig [2.7], S. 431/448; Kassatkin [A. 7/I], S. 392/401; VDI-Wärmeatlas [2.15], S. Ca 1/Ca 39.

Dank der über den ganzen Wärmeaustauscher verhältnismäßig großen örtlichen Temperaturdifferenzen $T_1 - T_2$ (Abb. 2.3), werden nach Gl. (2.12) bei Gegenstrom größere Wärmestromdichten als bei Gleichstrom erreicht.

2.4 Einführung dimensionsloser Kennzahlen

Literatur: Grassmann [A. 5], Kap. 2 (mit weiteren Literaturangaben); Gröber/Erk/Grigull [2.8], S. 158/177; Kassatkin [A. 7/I], S. 68/84; Schack [2.14], S. 62/78, Kern [2.20], S. 30/41; [A. 12], F 277.

Zur Auslegung und Dimensionierung eines Wärmeaustauschers benötigt man den durch Gl. (2.5) definierten Wärmeübergangskoeffizienten α. Dieser ist eine kompliziert aufgebaute Funktion, die für den Wärmeübergang ohne Phasenänderung von folgenden Größen abhängt:

1. von den Stoffgrößen des Fluids: Dichte ρ, spezifische Wärmekapazität bei konstantem Druck c_p, Wärmeleitfähigkeit λ, Viskosität η und thermischer Ausdehnungskoeffizient β. (Besteht ein großer Temperaturunterschied zwischen Wand und Fluid, so muß auch die Änderung dieser Stoffgrößen mit der Temperatur berücksichtigt werden.)
2. vom Strömungszustand (laminar, turbulent) des Fluids, namentlich von seiner Geschwindigkeit w;
3. von der durch die Längen L_c, L_1, L_2, ... charakterisierten Geometrie der Wand. Dabei ist L_c eine charakteristische Länge, z. B. der Rohrdurchmesser, L_1, L_2, ... sind weitere Abmessungen;

---

[6] Als *Mischstrom* bezeichnet man Kombinationen der Idealfälle Gleich-, Gegen- und Kreuzstrom.

4. von den Temperaturen T_W und T_F;
5. von der Erdbeschleunigung g.

Es ist also

$$\alpha = \alpha(\rho, c_p, \lambda, \eta, \beta, w, g, T_W, T_F, L_1, L_2, \ldots). \tag{2.16}$$

Angesichts dieser Fülle von Parametern ist es verständlich, wenn es bis heute nicht gelungen ist, den Wärmeübergang auch für scheinbar einfache Fälle wie die turbulente Rohrströmung theoretisch zu berechnen. Aber dank der bahnbrechenden Arbeiten von Reynolds und später von Nusselt über die *Modelltheorie* und die *Ähnlichkeitslehre* wurde es möglich, die Gesetze der Wärmeübertragung wenigstens durch empirische und halbempirische Gleichungen darzustellen. Wenn dies auch vom theoretisch-physikalischen Standpunkt aus unbefriedigend erscheinen mag, so stellt es doch einen ungeheuren Fortschritt dar und leistet in der Praxis unschätzbare Dienste. Es ist nicht möglich, hier näher auf die Ähnlichkeitslehre einzugehen; der Leser sei auf die oben angeführte Literatur verwiesen. Wir müssen uns hier mit dem Hauptergebnis begnügen: Man faßt die am Wärmeübergang beteiligten Größen, wie sie in Gl. 2.16 angegeben sind, zu dimensionslosen Gruppen − sogenannten *Kennzahlen* − zusammen und drückt die Gesetze des Wärmeüberganges als Beziehungen zwischen diesen Kennzahlen aus. Die einzelnen Kennzahlen findet man mit Hilfe der Ähnlichkeitslehre oder der *Dimensionsanalyse*. Für den Wärmeübergang ohne Phasenänderung lauten sie:

Reynolds-Zahl:	$Re \equiv w L_c \rho / \eta \equiv w L_c / \nu$,	ν = kinematische Zähigkeit;
Prandtl-Zahl:	$Pr \equiv \eta c_p / \lambda \equiv \nu \rho c_p / \lambda \equiv \nu / a$,	a = Temperaturleitfähigkeit;
Nusselt-Zahl:	$Nu \equiv \alpha L_c / \lambda$,	
Grashof-Zahl:	$Gr \equiv g \beta L_c^3 (T_W - T_F)/\nu^2$.	

In diesen vier Kennzahlen sind abgesehen von den die Geometrie kennzeichnenden Längenverhältnissen L_1/L_c, L_2/L_c, ... alle für den Wärmeübergang bei nicht zu großem Temperaturunterschied und ohne Phasenänderung wesentlichen Größen enthalten.

Auch Kombinationen obiger Kennzahlen werden verwendet, doch bringen sie nichts Neues:

Péclet-Zahl:	$Pe \equiv Re \cdot Pr \equiv w L_c / a$
Stanton-Zahl:	$St \equiv Nu/Pe \equiv Nu/(Re \cdot Pr) \equiv \alpha / w \rho c_p$

Der Wärmeübergang ohne Phasenänderung läßt sich dann allgemein in folgender Form darstellen:

$$\Phi(Nu, Re, Pr, Gr, L_1/L_c, L_2/L_c, \ldots) = 0 \tag{2.17}$$

Die Aufgabe lautet jetzt dahin, für die verschiedenen Fälle des Wärmeüberganges (laminare und turbulente Rohrströmung, Rohrbündel, horizontale und vertikale Platte usw.) die Funktion Φ zu bestimmen. Ihre Form erhält man teilweise durch theoretische Überlegungen, die endgültigen Gleichungen mit allen Konstanten und Exponenten liefert jedoch − wenn auch die Temperaturabhängigkeit der Stoffgrößen berücksichtigt werden soll − ausschließlich das Experiment.

2.5 Gebrauchsformeln und Diagramme für den Wärmeübergang und den Druckverlust

Literatur: Gregorig [2.7]; Gröber/Erk/Grigull [2.8]; Hausen [2.3]; Hofmann [2.9]; VDI-Wärmeatlas [2.15]; Kern [2.20]; Weiss [2.16].

Da wir in erster Linie am Wärmeübergangskoeffizienten α interessiert sind, schreiben wir Gl. (2.17) zweckmäßig in der Form:

$$\mathrm{Nu} \equiv \frac{\alpha L_c}{\lambda} = \Phi\left(\mathrm{Re},\,\mathrm{Pr},\,\mathrm{Gr},\,\frac{L_1}{L_c},\,\frac{L_2}{L_c},\,\ldots\ldots\right) \tag{2.18}$$

Bei bekannter Funktion Φ erhält man daraus unmittelbar den gesuchten Koeffizienten α. Für spezielle Fälle läßt sich Gl. (2.18) vereinfachen; so darf bei der natürlichen Konvektion die Reynolds-Zahl, bei der erzwungenen Konvektion meist die Grashof-Zahl vernachlässigt werden.

Versuche haben gezeigt, daß die Gesetze des Wärmeüberganges oft in *Potenzform* dargestellt werden können. Damit folgt als allgemeine Form für die

$$\textit{freie Konvektion: } \mathrm{Nu} = \mathrm{const}\ \mathrm{Gr}^m\,\mathrm{Pr}^n \tag{2.19}$$

und für die

$$\textit{erzwungene Konvektion: } \mathrm{Nu} = \mathrm{const}\ \mathrm{Re}^m\,\mathrm{Pr}^n \tag{2.20}$$

wobei der Wert der Exponenten m und n von Fall zu Fall wechselt.

Ohne näher darauf einzugehen, wollen wir einfach einige solcher Wärmeübergangsgleichungen angeben.

In allen Gleichungen ist:

d_a, d_i = äußerer, innerer Rohrdurchmesser in m; (wenn nichts anderes bemerkt ist, soll darunter immer ein Rohr von kreisförmigem Querschnitt verstanden sein),

L = Rohrlänge in m,

η_F = Viskosität in kg/ms des Fluids bei der jeweiligen Bezugstemperatur T_B,

η_W = auf die Wandtemperatur T_W bezogene Viskosität des Fluids.

1. Der Wärmeübergang bei der laminaren Strömung im Rohr

Sieder und Tate [2.21] fanden:

$$\mathrm{Nu} \equiv \frac{\alpha d_i}{\lambda} = 1{,}86\,[\mathrm{Re}\,\mathrm{Pr}\,(d_i/L)]^{1/3}\left(\frac{\eta_F}{\eta_W}\right)^{0{,}14} \tag{2.21}$$

Gültigkeitsbereich: für Flüssigkeiten und Gase,

$[\mathrm{Re}\,\mathrm{Pr}\,(d_i/L)] > 10$; $0{,}004 < \eta_F/\eta_W < 14$; für das beheizte Rohr ist bei Flüssigkeiten $\eta_F/\eta_W > 1$, für das gekühlte $\eta_F/\eta_W < 1$.

Als Bezugstemperatur T_B für die Stoffwerte ist die mittlere Flüssigkeitstemperatur $T_B = 0{,}5\,(T_{F,a} + T_{F,\omega})$ zu benutzen. $T_{F,a}$ und $T_{F,\omega}$ sind die auf den Ein- und Austrittsquerschnitt bezogenen Mitteltemperaturen nach Gl. (2.6)

2. Der Wärmeübergang bei der turbulenten Strömung im Rohr

Kraussold [2.22] gibt für den Wärmeübergang bei vollausgebildeter, turbulenter Rohrströmung den folgenden Ausdruck an:

$$\mathrm{Nu} \equiv \alpha\, d_i/\lambda = 0{,}032\,\mathrm{Re}^{0{,}8}\,\mathrm{Pr}^n\,(d_i/L)^{0{,}054} \tag{2.22}$$

gilt für verhältnismäßig lange Rohre

Wü bei vollausgebildeter turbulenter Rohrströmg.

Gültigkeitsbereich: für Flüssigkeiten und Gase,

  Pr = 0,7 bis 300; für Öl ist Gl. (2.22) für Re = 10'000 bis 90'000, für Wasser für Re = 10'000 bis 500'000 experimentell bestätigt.

  n = 0,37 bei Heizung, n = 0,30 bei Kühlung.

Für die Wärmeübertragung bei turbulenter Rohrströmung, einschließlich des Übergangsgebietes, gilt nach Gnielinski (siehe VDI-Wärmeatlas [2.15], S. Gb7) die Gleichung

$$\mathrm{Nu} = \frac{\xi/8\,(\mathrm{Re}-1000)\,\mathrm{Pr}}{1+12{,}7\,\sqrt{\xi/8}\,(\mathrm{Pr}^{2/3}-1)}\left[1+\left(\frac{d_i}{L}\right)^{2/3}\right], \tag{2.23}$$

Wü bei turbulenter Rohrströmg. einschl. Übergangsgebiet

wobei

$$\xi = (1{,}82\,\lg\mathrm{Re} - 1{,}64)^{-2}.$$

3. Der Wärmeübergang an den querangeströmten Zylinder

Für die Berechnung der mittleren Nu-Zahl bei querangeströmten Rohren gelten die gleichen Beziehungen wie für die überströmte ebene Platte, wenn als charakteristische Länge bei Nu-Zahl und Re-Zahl die Überströmlänge l eingesetzt wird. Für querangeströmte Rohre ist $l = \pi/2\,d$. Nach Gnielinski (s. VDI-Wärmeatlas [2.15], S. Ge 1) kann die mittlere Nu-Zahl für querangeströmte Rohre in technischen Anordnungen mit folgender Gleichung berechnet werden:

$$\mathrm{Nu}_{l,0} = 0{,}3 + \sqrt{\mathrm{Nu}_{l,\mathrm{lam}}^2 + \mathrm{Nu}_{l,\mathrm{turb}}^2} \tag{2.24}$$

mittlere Nu-Zahl für querangeströmte Rohre in techn. Anordnungen

mit

$$\mathrm{Nu}_{l,\mathrm{lam}} = 0{,}664\,\sqrt{\mathrm{Re}_l}\,\sqrt[3]{\mathrm{Pr}} \tag{2.25}$$

und

$$\mathrm{Nu}_{l,\mathrm{turb}} = \frac{0{,}037\,\mathrm{Re}_l^{0{,}8}\,\mathrm{Pr}}{1+2{,}443\,\mathrm{Re}_l^{-0{,}1}\,(\mathrm{Pr}^{2/3}-1)}. \tag{2.26}$$

Gültigkeitsbereich: $10 < \mathrm{Re}_l < 10^7$, $0{,}6 < \mathrm{Pr} < 1000$.

  Als Bezugstemperatur T_B für die Stoffwerte ist die mittlere Flüssigkeitstemperatur wie in Gl. (2.21) einzusetzen.

  Die Gl. (2.21) und (2.22) gelten nur für verhältnismäßig lange Rohre. Bei kurzen Rohren macht sich die *Wirkung der Einlaufströmung* bemerkbar. Dank der hohen Turbulenz, die entsteht, wenn die Flüssigkeit um scharfe Ecken umbiegend in das Rohr eintritt, wird der Wärmeübergang erhöht. Diese verbessernde Wirkung einer Anlaufströmung hat man sich bei der Konstruktion der Wärmetauscher in mannigfaltiger Weise zunutze gemacht (s. Abschn. 2.7). Allerdings muß man sich den günstigeren Wärmeübergang durch einen höheren Druckverlust erkaufen.

Einfluß kurzer Rohre

4. Der Wärmeübergang an das querangeströmte Rohrbündel

Die Wärmeübertragung an das *querangeströmte Rohrbündel* kann mit Hilfe der Gleichungen für das querangeströmte Einzelrohr berechnet werden. Dabei muß die Berechnung der mittleren Nu-Zahl des Einzelrohres mit einer Re-Zahl, die als Geschwindigkeit die mittlere Strömungsgeschwindigkeit im Hohlraum einer Rohrreihe enthält, erfolgen:

$$\boxed{\text{Nu}_{0,\,\text{Bündel}} = f_A\,\text{Nu}_{1,0}}. \tag{2.27}$$

Darin sind

$$\boxed{\text{Nu}_{0,\,\text{Bündel}} = \frac{\alpha\,l}{\lambda}}, \quad \boxed{\text{Re} = \frac{w\,l}{\psi\,v}}.$$

Gültigkeitsbereich: $10 < \text{Re} < 10^6$, $0,6 < \text{Pr} < 1000$.

l = $\pi/2\,d$ Überströmlänge des Einzelrohres;
w = Strömungsgeschwindigkeit im freien Querschnitt vor dem Rohrbündel;
f_A = ein Faktor, der von der Rohranordnung abhängt (näheres s. VDI-Wärmeatlas [2.15], S. Gf2);
ψ = Hohlraumanteil (näheres s. VDI-Wärmeatlas [2.15], S. Gf1);

Die Stoffgrößen sind auf die mittlere Flüssigkeitstemperatur gemäß Gl. (2.21) zu beziehen.

Zum Wärmeübergang im *Außenraum von Rohrbündelwärmeaustauschern* s. z. B. Kassatkin [A. 7/I], S. 366/371 und VDI-Wärmeatlas [2.15], Blatt Gg 1/Gg 6

5. Die Druckverluste im Rohrbündelwärmeaustauscher

Der Druckabfall eines mit der Geschwindigkeit w durch ein gerades Rohr der Länge ΔL strömenden Fluids ist durch die bekannte Gleichung

$$\boxed{\Delta p = \zeta\left(Re,\,\frac{\varepsilon}{d_i}\right)\frac{\rho}{2}\,w^2\,\frac{\Delta L}{d_t}} \tag{2.28}$$

gegeben. Wie darin angedeutet, ist der *Reibungskoeffizient* ζ eine Funktion der Reynolds-Zahl und der *relativen Rauhigkeit* ε/d_i des Rohres. Bezüglich der Reynolds-Zahl kann man drei Bereiche von ζ unterscheiden:

$\text{Re} < \text{Re}_{\text{krit}}$: ζ ist eine Funktion der Reynolds-Zahl allein. Da nämlich die Strömung laminar ist, können die Wandunebenheiten nicht über eine laminare Grenzschicht hinaus in einen turbulenten Kern hineinragen. Rauhe und glatte Rohre verhalten sich gleich, und nach Hagen-Poiseuille ist $\zeta = 64/\text{Re}$. An diesen Bereich schließt sich ein Übergangsgebiet an, in dem ζ sowohl eine Funktion der Reynolds-Zahl als auch der relativen Rauhigkeit[7] ist, und schließlich folgt bei entsprechend hohen Reynolds-Zahlen der Bereich, in dem ζ nur noch von der relativen Rauhigkeit abhängt. Besonders in der Verfahrenstechnik ist es oft nützlich, sich diese drei Abschnitte vor Augen zu halten.

---

[7] Tabellen für absolute Rauhigkeiten ε finden sich bei Gregorig [2.7], S. 362, bei Kaufmann [2.24], S. 90 und im VDI-Wärmeatlas [2.15], S. Lb. 2.

Zum Druckabfall im geraden Wärmeaustauscherrohr kommen noch der Einlauf-druckabfall $\Delta p_\alpha = \zeta_\alpha (\rho/2)\, w^2$, den das Medium beim Eintritt ins Rohr erleidet, der Druckabfall der Anlaufströmung $\Delta p_A = \zeta_A (\rho/2)\, w^2$, bedingt durch die Beschleunigung der Flüssigkeit sowie der Austrittsdruckabfall $\Delta p_\omega = \zeta_\omega (\rho/2)\, w^2$ hinzu. Je nach Ausbildung der Eintrittskante liegt ζ_α zwischen 0,06 und 0,5; $\zeta_A = 1,16$ bei laminarer und $\zeta_A = 0,065$ bei turbulenter Strömung; $\zeta_\omega = 1$.

Der gesamte Druckabfall beträgt somit

$$\boxed{\begin{aligned} \Delta p_{\text{ges}} &= \Delta p + \Delta p_\alpha + \Delta p_A + \Delta p_\omega \\ &= \frac{\rho}{2}\, w^2 \left(\zeta \frac{\Delta L}{d_i} + \zeta_\alpha + \zeta_A + \zeta_\omega \right). \end{aligned}} \qquad (2.29)$$

gesamter Druckabfall

Wegen der kleinen Widerstandsbeiwerte ζ_α und ζ_A dürfen Δp_α und Δp_A bei der turbulenten Strömung praktisch immer vernachlässigt werden.

Neben dem Druckabfall im Rohrinnern benötigt man zur wirtschaftlichen Dimensionierung der Wärmeaustauscher auch den Druckabfall, den das Fluid im Rohraußenraum erleidet.

Druckabfall des Fluids im Rohraußenraum

Strömt dieses Fluid (turbulent) parallel zu den Rohren, so gilt dieselbe Formel wie für das Rohrinnere [Gl. (2.29)], falls die Querschnitte keine feinen Verästelungen aufweisen, d. h. ihre Breite nicht mit der Dicke der hydrodynamischen Grenzschicht vergleichbar wird. An Stelle des Rohrinnendurchmessers d_i ist lediglich der hydraulische Durchmesser $d_{\text{hyd}} = 4f/U$ zu setzen.

Um den Druckabfall beim Durchströmen eines n-reihigen Rohrbündels im Querstrom zu erfassen, eignet sich eine Gleichung von ähnlicher Form:

$$\boxed{\Delta p = n\, \zeta (\rho/2)\, w^2}; \qquad (2.30)$$

ζ ist nunmehr eine Funktion der Reynolds-Zahl und der Rohranordnung (fluchtend, versetzt usw.)[8].

2.6 Wirtschaftlichkeit

Es ist nicht einfach, einen Wärmeaustauscher wirtschaftlich optimal auszulegen, denn es gehen sehr viele Größen, die zudem fast alle voneinander abhängen, in die Rechnung ein.

wirtschaftlich optimale Auslegung

Eine Optimierung erfordert die Kenntnis der nötigen Berechnungsunterlagen wie Herstellungskosten, Materialpreise, Energiekosten, Betriebszeit usw., die von Betrieb zu Betrieb und erst recht von Land zu Land sehr verschieden sind. Insbesondere spielt der Verwendungszweck des Wärmeaustauschers eine entscheidende Rolle. So wird man beispielsweise bei einem Wärmeaustauscher, der aus sehr teurem Material hergestellt werden muß, möglichst hohe Wärmedurchgangskoeffizienten zu erreichen suchen und dafür einen großen Druckabfall in Kauf nehmen; im Kondensator einer Dampfkraftanlage dagegen ist in erster Linie der Druckabfall

Optimierg.

---

[8] Näheres Gregorig [2.7], S. 358/368; VDI-Wärmeatlas [2.15], S. Lc und Ld.

möglichst klein zu halten. Trotzdem soll hier versucht werden, einige allgemeine Hinweise zur Berechnung von Wärmeaustauschern zu geben.

Als erstes wird man die Art des Wärmeaustauschers [Rohrbündel (Abb. 2.4), Spiralen (Abb. 2.10), Platten (Abb. 2.11 u. 2.12) usw.], dann die Art der Medienführung (Parallelstrom, Kreuzstrom, gemischte Schaltungen) und die Materialien (Stahl, Kupfer, Silber, Graphit usw.) festlegen. Nicht selten sind maximal zulässiger Druckabfall, höchste mittlere Temperaturdifferenz oder höchste örtliche Temperaturen und ähnliches vorgeschrieben. Besonders in der Nahrungs- und Genußmittelindustrie, aber auch in der Kunststoffindustrie ist man bei der Wahl der Temperaturen meistens beschränkt, da die wärmetauschenden Stoffe fast ausnahmslos temperaturempfindlich sind.

Bei Röhrenwärmeaustauschern muß überdies die Strömungsgeschwindigkeit der Flüssigkeiten innerhalb ziemlich enger Grenzen gehalten werden, denn zu kleine Geschwindigkeiten führen zu laminarer Strömung und damit zu kleinen Wärmeübergangskoeffizienten, zu große ergeben unwirtschaftlich hohe Druckverluste.

Für die Kostenberechnung hat man zu berücksichtigen:

Fixe Kosten: Materialkosten, Fertigungskosten; (Herstellungskosten)

Laufende Kosten: Unterhalt, Reinigung; Betriebsmittelkosten (Kühlwasser, Heizdampf); Energiekosten (Pumpenleistungen) zur Deckung der Druckverluste; Exergiekosten, bedingt durch die Temperaturdifferenz bei der Wärmeübertragung.

Die *Materialkosten* sind in der chemischen Industrie oft entscheidend, müssen doch mit Rücksicht auf die Korrosionsbeständigkeit häufig teure und teuerste Werkstoffe, wie hochedle Stähle, Tantal oder gar Silber verwendet werden.

Besondere Aufmerksamkeit verlangt die *Reinigungsmöglichkeit*. Bildet sich nämlich durch Ablagerung an den Übertragungsflächen eine Schmutzschicht (die mit der Zeit immer dicker wird), so muß der Wärmeaustauscher periodisch gereinigt werden. Es sind dann die effektiven Reinigungskosten (Löhne, Reinigungsmittel), aber auch die Kosten, die durch die Betriebsunterbrechung entstehen, in Rechnung zu setzen. Muß ein Wärmeaustauscher oft gereinigt werden, so lohnt es sich, einen Reservewärmeaustauscher bereitzuhalten oder sogar zwei Wärmeaustauscher parallel zu schalten, so daß durch Umschalten von Ventilen ein kontinuierlicher Betrieb aufrechterhalten werden kann. Oft − besonders in der Nahrungsmittelindustrie − ist eine einwandfreie Reinigungsmöglichkeit unerläßlich.

Der Exergieverlust, der durch die endliche Temperaturdifferenz der Wärmeübertragung bedingt ist, spielt in der chemischen Industrie meist keine große Rolle; er fällt eher bei Wärmeaustauschern in energieerzeugenden Anlagen und vor allem bei solchen der Tieftemperaturtechnik ins Gewicht.

Hingegen sind die *Energiekosten*, die zur Deckung des Druckverlustes nötig sind, zu berücksichtigen. Baut man doch nicht selten vor Wärmeaustauschern Pumpen ein, um diese Druckverluste zu kompensieren. Dies ist namentlich dann erforderlich, wenn sehr teurer Werkstoff eine gedrängte Bauweise verlangt, die einen großen Druckabfall zur Folge hat.

2.7 Konstruktives und Sonderbauarten

Literatur: Fraas/Ozisik [2.23]; Kern [2.20].

2.7.1 Rohrbündelwärmeaustauscher

Der einfache Rohrbündelwärmeaustauscher besteht aus einer Anzahl gerader Rohre gleicher Länge, die an ihren Enden in zwei gelochte Platten, die sogenannten Rohrböden, eingesetzt sind (Abb. 2.4). Das eine Medium strömt, auf alle Rohre möglichst gleichmäßig verteilt, einmal durch das Rohrbündel hindurch, das andere umspült die Rohre von außen. Da die Rohre nur auf Zug, nicht aber auf Druck beansprucht werden sollten, ist − wenn keine anderen Gesichtspunkte zu beachten sind − das Medium mit höherem Druck im Außenraum, dasjenige mit geringerem Druck in den Rohren zu führen. Durch Einsetzen von *Umlenkblechen* (Schikane-bleche, Abb. 2.4), wird der Strömungsweg sowie die Geschwindigkeit und damit der Wärmeübergangskoeffizient (aber auch der Druckabfall!) des äußeren Stoffstro-mes erhöht. Die gleiche Wirkung kann auch für den inneren Stoffstrom erreicht werden, wenn er derart geleitet wird, daß er den Wärmeaustauscher mehrmals in Längsrichtung durchfließt (*Mehrwegwärmeaustauscher*, Abb. 2.4).

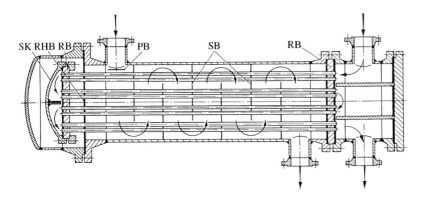

Abb. 2.4   Vierweg-Wärmeaustauscher mit schwimmendem Kopf SK. PB: Prallblech, RB: Rohrboden, RHB: Rohrhalteblech, SB: segmentförmige Schikanebleche.

Die Rohre werden derart angeordnet, daß jedes Rohr von jedem benachbarten denselben Abstand t hat, den man *Teilung* nennt (Abb. 2.5). Sie beträgt: $t = (1,25$ bis $1,5) d_a$ oder mindestens $t = d_a + (3$ bis $4)s$, wenn d_a der Außendurchmesser und s die Wandstärke der Rohre sind. Die Rohre werden heute auf drei Arten mit den Böden verbunden[9]: Durch Einwalzen, Einschweißen und Einschrauben.

[9] Ausführlichere Darstellungen: Gregorig [2.7], S. 659/678; Kassatkin [A. 7/I], S. 418; Titze [2.25], S. 191 ff. und VDI-Wärmeatlas [2.15], S. Ob 1/13.

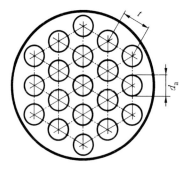

Abb. 2.5   Rohranordnung in einem Bündelwärmeaustauscher. d_a: Rohraußendurchmesser, t: Teilung.

Das *Einwalzen* hat den Vorteil, daß es dank der kurzen Arbeitszeit das billigste Verfahren ist. Bei höheren Temperaturen läßt jedoch die bleibende Spannung der Kaltverformung nach, so daß sich die Verbindung bei höheren Drücken zu lösen vermag.

Überall dort, wo absolute Dichtheit verlangt wird und hohe Drücke herrschen, müssen die Rohre *eingeschweißt* werden.

Sollen die Rohre schnell und leicht ausgewechselt werden können, werden sie lösbar mit Hilfe einer *Überwurfmutter* befestigt.

Da die Rohre des Bündels und der umhüllende Mantel verschiedene Temperaturen annehmen und meist auch verschiedene Ausdehnungskoeffizienten besitzen, entstehen unerwünschte Wärmespannungen. Man kennt heute mehrere Maßnahmen, um ihnen nötigenfalls zu begegnen, aber alle verteuern die Herstellungskosten.

Am weitesten verbreitet sind der *Dehnwulst* (Abb. 2.6) und der *schwimmende Kopf* (Abb. 2.4). Bei *Haarnadel-* sowie bei *Doppel-* (*Field-*) *Rohrwärmeaustauschern* können sich die Rohre frei dehnen, so daß ein Dehnungsausgleich im Mantel nicht nötig ist.

Zur Verbesserung des Wärmeüberganges und zur Vergrößerung der Oberfläche verwendet man *Rippenrohre*[10] (Abb. 2.7). Die Rippen sind dabei stets auf der Seite

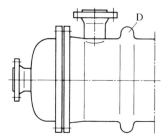

Abb. 2.6   Kopf eines Wärmeaustauschers mit Dehnwulst D zum Ausgleich der Wärmespannungen.

[10] Weitere Ausführungen von Rippenrohren, Gregorig [2.7], S. 650/659.

mit dem kleineren Wärmeübergangskoeffizienten anzubringen. Die Anordnung der Rippen erfolgt entweder axial (Längsrippenrohre) oder radial (Querrippenrohre). Bevorzugt werden Berippungen auf der Rohraußenseite, jedoch sind in Spezialfällen auch Innenberippungen, meist als Längsrippen vorteilhaft. Zur Gewichtseinsparung bei hochwertigen Wärmetauschermaterialien oder bei extrem kleinen Wärmetauscherabmessungen (Kompaktwärmetauscher, Luftkühler im Flugzeugbau) wendet man Verrippung auf der Rohraußen- und Rohrinnenseite an.

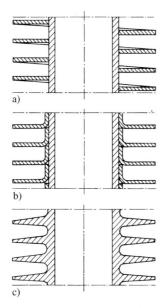

Abb. 2.7   Beispiele von Rippenrohren: a) in rotwarmen Zustand aufgewickeltes Band (eventuell nachträglich verzinkt); b) aufgeschobene Tellerrippen; c) gegossenes Rippenrohr.

Bei der Herstellung von Rippenrohren ist besonders darauf zu achten, daß eine innige Verbindung zwischen den aufgebrachten Rippen und dem Rohrgrundmaterial besteht und somit Wärmeübergangswiderstände durch Spalten vermieden werden. Als Kernrohre kommen kreisrunde und elliptische Rohre, oder sogenannte Flachrohre zum Einsatz, letztere vor allem, um ein günstiges Strömungsverhalten bei hohen Durchströmgeschwindigkeiten (z. B. Fahrzeugkühler) zu gewährleisten.

Mit Rippenrohren ausgerüstet werden beispielsweise luftgekühlte Wärmeaustauscher und luftgekühlte Kondensatoren. Diese lassen sich vorteilhaft in genormten Einheiten herstellen und nach dem Baukastenprinzip zu Gruppen zusammenfügen. Die Anordnung der einzelnen Einheiten geschieht raumsparend oder aus schalltechnischen Gründen in verschiedenen Konfigurationen. Man unterscheidet dabei *saugende* oder *drückende* Anordnung des Gebläses (Abb. 2.8). Die Regelung der Kühlleistung erfolgt durch Abschalten einzelner Gebläse bei mehreren

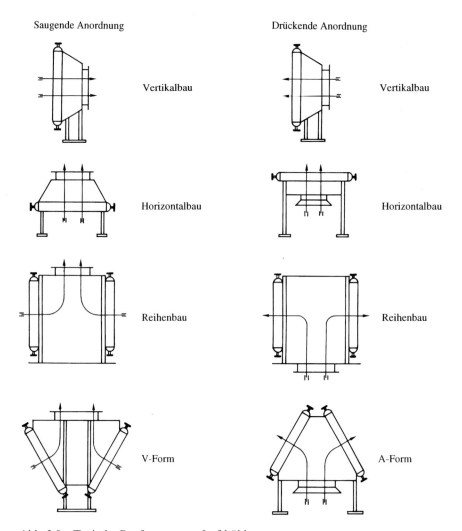

Abb. 2.8   Typische Bauformen von Luftkühlern.

Einheiten, durch Drosseln mittels Jalousien oder durch Drehzahlregelung der Gebläse.

In Hochdruckanlagen, Schwerwasserreaktoren und überall dort, wo nur kleine Flüssigkeitsmengen zur Verfügung stehen, kann man *Verdrängerrohre* ([2.26], Abb. 2.9) einbauen.

Besonders in der *Tieftemperaturtechnik* werden vorzugsweise „gewickelte" Wärme*austauscher* (Kreuzgegenströmer) verwendet. Bei ihrer Herstellung werden die Rohre aus duktilem Material mit Hilfe geeigneter Vorrichtungen auf einen Kern aufgewickelt. Sie zeichnen sich durch große Übertragungsflächen bei kleinem Raumbedarf aus.

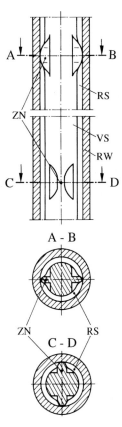

Abb. 2.9   Verdrängerrohr nach [2.26]. Die Flüssigkeit strömt im engen Ringspalt RS, der durch die Rohrwand RW und den Verdrängerstab VS gebildet wird. ZN: Zentriernocken des Verdrängerstabes.

2.7.2 Sonderbauarten (ohne Rohrbündel)

Der *Spiralwärmeaustauscher* (Abb. 2.10) besteht aus zwei spiralförmig aufgerollten Blechen, deren Stirnflächen durch zwei ebene Platten abgeschlossen werden, so daß zwei Spiralkanäle von rechteckigem Querschnitt entstehen. Eine solche Bauart ergibt große Austauschflächen (80 m^2/m^3) und hohe Wärmedurchgangskoeffizienten [Flüssigkeit gegen Flüssigkeit: k = 600 bis 2000 W/(m^2 K)]. Spiralwärmeaustauscher haben sich besonders in der Lebensmittelindustrie (zum Kühlen von Milch, Bier und Fruchtsäften) gut bewährt, denn sie sind leicht zu demontieren und gut zu reinigen. Noch günstiger in dieser Hinsicht ist der *Plattenwärmeaustauscher* ([2.27], Abb. 2.11 und 2.12). Er besteht aus vielen parallelen, gerieften Platten, in deren Ecken sich Öffnungen für den Flüssigkeitsdurchtritt befinden. Unter Zwischenlage von Dichtungen werden sie in ein geeignetes Gestell eingehängt und durch Zuganker zusammengezogen. Durch Hinzufügen weiterer Platten

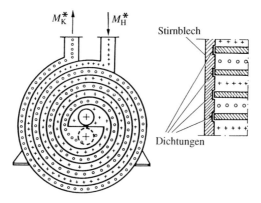

Abb. 2.10   Demontierbarer Spiralwärmeaustauscher. M_H^*, M_K^*: heißer und kalter Stoffstrom.

läßt sich ein solcher Austauscher leicht vergrößern. Da der Preis pro m² Austauschfläche niedrig ist, können auch kleine Temperaturdifferenzen noch wirtschaftlich
ausgenutzt werden. Plattenwärmeaustauscher eignen sich auch gut für solche nicht-
Newtonsche Flüssigkeiten, bei denen durch große Scherspannungen die effektive
Viskosität des Mediums verringert wird [2.27].

Die konstruktive Gestaltung der *Plattenprofile* ist unterschiedlich. Neben quer- oder
schrägliegenden Wellen werden auch überlagerte Wellen, Pyramiden oder Kalotten
verwendet. Die Wahl des Profils und des Plattenabstandes führt zu den verschiedensten
Strömungsquerschnitten. Wegen der starken Querschnitts- und Richtungsänderungen
kann schon bei kleinen Strömungsgeschwindigkeiten eine hohe Turbulenz auftreten.
Auch wird dadurch die Ausbildung eines bestimmten Temperatur- und Geschwindig-
keitsprofiles über einen längeren Strömungsweg verhindert. Die Strömung in den Ka-
nälen sollte turbulent sein, wobei Turbulenz bereits bei Re > 100 auftreten kann.

Plattenwärmetauscher ermöglichen sehr kurze Verweilzeiten der wärmetauschenden Medien. Wegen der kompakten Bauweise lassen sich 10–100 m² Wärmeübertra-
gungsfläche/m³ installieren. Dadurch sind die Wärmeverluste an die Umgebung
stark eingeschränkt. Zudem gestattet der Aufbau nach dem Baukastenprinzip die
Anpassung an veränderliche Bedingungen ohne großen Aufwand. Die Austauschflächen lassen sich einfach kontrollieren und bei Produktwechsel gründlich reinigen.

Der Einsatz hochviskoser Stoffe ist in Plattenwärmetauschern nur bedingt möglich, denn in diesen Fällen wird die Übertragungsfläche nicht voll wirksam. Ebenfalls begrenzend wirkt die Temperaturbeständigkeit des Dichtungsmaterials zwischen den Platten (bei Gummiwerkstoff ca. 140°C).

Im Druckbetrieb sind Plattenwärmetauscher ungünstig. Es existieren jedoch
Sonderausführungen mit Drücken bis 20 bar. Nachteilig ist auch die Verstopfungs-
gefahr der engen Plattenzwischenräume bei groben Verunreinigungen.

Die Medien können durch geeignetes Schließen oder Öffnen der Durchtrittsöff-
nungen an den Platten durch mehrere Plattenzwischenräume parallel oder nacheinander geführt werden, s. [2.17]. Auch kann ein Gestell mehrere Wärmeübertra-
gungsabteilungen aufnehmen, die unterschiedliche Aufgaben erfüllen. Zur Ein- und
Ausspeisung werden dann spezielle Anschlußplatten verwendet.

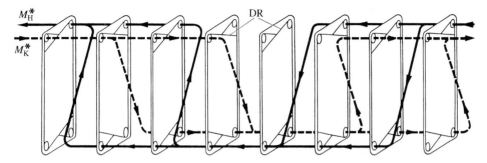

Abb. 2.11   Schematische Darstellung eines Plattenwärmeaustauschers. DR: Dichtungsrie-
fen; M_H^*, M_K^*: heißer und kalter Flüssigkeitsstrom.

Abb. 2.12   Plattenwärmetauscher.

Speziell für schlammige Flüssigkeiten eignet sich der *Doppelrohrwärmeaustauscher* (Abb. 2.13); denn er weist keine Ecken und Toträume im Strömungsweg auf. Die einzelnen Elemente können zu Registern jeder Größe zusammengebaut werden.

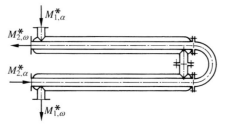

Abb. 2.13   Element eines Doppelrohrwärmetauschers.

Graphitwärmeaustauscher (Brünig [2.29]): Für viele korrosive Flüssigkeiten wie anorganische Säuren und Laugen hoher Konzentration sucht man vergeblich nach geeigneten metallischen Werkstoffen. Die Lücke konnte teilweise durch Kunstkohle, vor allem aber durch Elektrographit, der mit Kunstharzen imprägniert sein muß, ausgefüllt werden. Neben seiner Korrosionsbeständigkeit sind als weitere günstige Eigenschaften des Graphits zu erwähnen:

1. Seine gute Wärmeleitfähigkeit: λ = 105 bis 145 W/(m K); sie ist also 10mal höher als die Wärmeleitfähigkeit von rostfreiem Stahl oder 20- bis 30mal so groß wie diejenige von Email und Keramik.
2. Seine geringe Dichte: ρ = 1850 kg/m^3.
3. Sein kleiner Temperaturausdehnungskoeffizient:
   $\beta = (3,5 \text{ bis } 4,0) \, 10^{-6} \, \text{K}^{-1}$.

Nachteilig wirkt sich jedoch seine kleine Zugfestigkeit von 10 bis 12 · 10^6 Pa ($\approx$ 100 bis 120 kp/cm^2) aus; die Druckfestigkeit dagegen ist gut. Dem ist beim Konstruieren Rechnung zu tragen. Dies geschieht weitgehend in den vielen Varianten der *Blockwärmeaustauscher* (Abb. 2.14)

Von der Firma Du Pont sind in neuester Zeit korrosionsfeste Rohrbündel-Wärmeaustauscher aus *Teflon* entwickelt worden (Minor [2.30]).

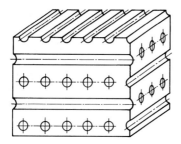

Abb. 2.14   Wärmetauscher aus Graphit. In einen Graphitblock werden kreuzweise Lochreihen gebohrt. (Der Deutlichkeit wegen wurde der Block auf den drei sichtbaren Seiten geschnitten.) Mehrere Blöcke vereinigt ergeben einen Polyblock-Wärmetauscher.

2.7.3 Einige allgemeine Richtlinien zur Konstruktion von Wärmeaustauschern

Bei der Konstruktion von Wärmeaustauschern ist zu beachten:

1. An der höchsten Stelle ist ein Ventil zur Entlüftung anzubringen.
2. Bei stehenden Wärmeaustauschern soll bei Strömung von oben nach unten eine nachgeschaltete S-Schlange den Flüssigkeitsstand sichern.
3. Liegende Wärmeaustauscher werden etwa 3° geneigt, damit sich die Rohre bei Stillstand entleeren können.
4. Der Auslauf soll derart angebracht werden, daß man den Wärmeaustauscher vollständig entleeren kann.
5. Die Flansche an den Deckeln sind so anzubringen, daß der Deckel ohne Demontage der Rohre entfernt werden kann.

2.8 Beheizte Gefäße

2.8.1 Wasserdampf als Heizmittel

Literatur: Kassatkin [A. 7/I], S. 405/415, Tietze [2.25], S. 215/219 und Ullmann [A. 10], sowie VDI-Wärmeatlas [2.15], wo man Gleichungen und Diagramme für den Wärmeübergang findet.

Am einfachsten kann man mit Wasserdampf heizen, wenn man ihn unmittelbar in das aufzuwärmende Gefäß einbläst (Abb. 2.15 a). Dadurch vermischt sich natürlich das Kondensat mit dem Behälterinhalt. Wo dies unerwünscht ist, führt man den

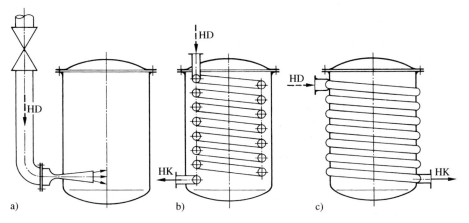

Abb. 2.15 Wasserdampfbeheizte Behälter. HD: Heizdampf; HK: kondensierter Heizdampf. a) Der Dampf wird unmittelbar in das Gefäß eingeblasen; b) Heizgefäß mit eingehängter Rohrschlange; c) außen aufgeschweißte Schlange aus Halbrohren.

Dampf in *Rohrschlangen*, die entweder in den Behälter eingehängt (Abb. 2.15 b) oder außen aufgeschweißt sind (Abb. 2.15 c). Die letztgenannte Ausführung eignet sich besonders für *Rührgefäße* und Behälter, die leicht zu reinigen sein müssen.

2.8.2 Induktionsheizung

Literatur: Cable [2.28], Grassmann [A. 5], S. 217, Kassatkin [A. 7/I], S. 463 und Walter [2.31].

Der zu erhitzende, aus einem elektrisch leitenden Material gebaute Behälter wird mit einer Wicklung von kleinem ohmschen Widerstand versehen, in der ein Wechselstrom fließt (Abb. 2.16). Dadurch entsteht im Innern der Wicklung ein magnetisches Wechselfeld, das in der Gefäßwand einen elektrischen Strom induziert, dessen Energie sich in „Wärme verwandelt" und so die Gefäßwand erhitzt. Ist der Behälterinhalt selbst ein Leiter, so „entsteht die Wärme" ([2.1, 2.2]) zumindest teilweise unmittelbar dort, wo sie benötigt wird. Bei einem elektrisch gut leitenden Behälterinhalt, z. B. bei Metallschmelzen, kann auch die in ihm erzeugte Joulesche Wärme zur Aufheizung dienen. Durch die Wechselwirkung dieser induzierten mit den induzierenden Strömen in der Wicklung W wird das Bad gleichzeitig wirkungsvoll umgerührt.

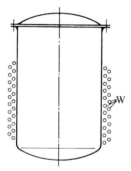

Abb. 2.16   Schema eines Behälters mit Induktionsheizung.

2.8.3 Dielektrische Heizung

Literatur: Kassatkin [A. 7/I], S. 463/466.

Bringt man ein Dielektrikum in ein elektrisches Feld, so richten sich seine Dipole nach den Feldlinien aus. Ändert sich die Richtung der Feldlinien, so drehen sich die Dipole mit. Legt man also an ein Dielektrikum ein hochfrequentes Wechselfeld ($\nu = 0,5$ bis 100 MHz), so werden die Moleküle zu Schwingungen derselben Frequenz angeregt, wodurch sich das Dielektrikum erwärmt. Diese Art der Beheizung bietet folgende Vorteile:

(1) Es lassen sich sehr rasch hohe Temperaturen erreichen. (2) Homogenes Material wird gleichmäßig erwärmt. (3) Bei bezüglich der Dielektrizitätskonstante inhomogenem Material ist eine selektive Beheizung einzelner Bezirke möglich. Eine Anwendung hiervon ist etwa das Abtöten von Würmern und Maden in Mehl. Bringt man nämlich das Mehl ins Wechselfeld eines Plattenkondensators, dann erhitzen sich die Würmer dank ihrer hohen Dielektrizitätskonstante (Wassergehalt!) sehr schnell und sterben dadurch ab, während das Mehl selbst kalt bleibt.

2.9 Wärmeübertragungsmedien

Literatur: Wärmeübertragungsanlagen [2.32].

Als Wärmeträger werden in der chemischen Industrie vornehmlich kondensierende Dämpfe und Flüssigkeiten, seltener Gase, verwendet.

Die Beheizung mittels eines kondensierenden Dampfes bietet folgende Vorteile:

1. Auf der Dampfseite ergeben sich hohe Wärmeübergangskoeffizienten α (s. Abschn. 3.3).
2. Die Temperatur ist über die ganze wärmeübertragende Fläche nahezu konstant.
3. Die bei der Kondensation frei werdende Verdampfungsenthalpie beträgt ein Vielfaches der Wärme, die bei der Beheizung durch Flüssigkeiten verfügbar ist.
4. Die Temperatur im Heizraum läßt sich durch eine Druckregelung leicht auf einem gewünschten Wert halten.
5. Die Kondensatmengen sind verhältnismäßig klein.

Das in der chemischen Industrie am häufigsten verwendete *Heizmedium* ist Wasserdampf. Er wird zweckmäßig in zwei Netzen geführt. Das eine mit einem Druck von 1,5 bis 3 bar (110 bis 135°C) reicht für den Großteil der Verbraucher aus. Ein zweites mit 15 bis 20 bar (200 bis 215°C) versorgt die Apparate, in denen höhere Temperaturen benötigt werden. Hochdruckdampfnetze mit Drücken bis zu 60 bar (275°C) sind teuer und daher selten anzutreffen. Man verwendet besser Dämpfe anderer Stoffe, deren Drücke auch bei hohen Temperaturen noch gut beherrscht werden können. Für Temperaturen bis 400°C hat *Dowtherm A* (in Deutschland „*Diphyl*" genannt), ein eutektisches Gemisch aus 26,5 Gew.% Diphenyl und 73,5 Gew.% Diphenyloxid, große Bedeutung erlangt.

Neben kondensierenden Dämpfen werden auch häufig umlaufende Flüssigkeiten als Heizmedien verwendet. Von Raumtemperatur bis zu seinem normalen Siedepunkt bei 257,5°C eignet sich ebenfalls Dowtherm A. Besser geeignet sind jedoch Mineralöle wie *Mobiltherm 600* und *Mobiltherm light* von Mobil sowie die isomeren Dibenzylbenzole *Marlotherm S* und *Marlotherm L* von Hüls (Tab. 2.1). Siliconöle kommen wegen ihres hohen Preises für größere Anlagen kaum in Betracht. Für höhere Temperaturen von 200 bis 600°C wird oft eine Mischung anorganischer Salze, z. B. das sogenannte HTS (Heat Transfer Salt) verwendet [2.33]. Dieses hat allerdings den Nachteil eines hohen Schmelzpunktes (142°C), so daß es bei Raumtemperatur bereits fest ist.

Tab. 2.1   Verschiedene Wärmeübertragungsmittel für hohe Temperaturen. Weitere Wärmeträger und Angaben von Stoffwerten siehe Ullmann [A 10/I] und Voznick/Uhl [2.33].

Medium	Anwendungsbereich in °C	Schmelzpunkt $p \approx 1$ bar in °C	Siedepunkt $p \approx 1$ bar in °C	spez. Wärmekapazität bei 320°C in kJ/(kg K)	Verdampfungsenthalpie bei $p \approx 1$ bar in kJ/kg
Wasser	0−215	0	100	4,187[1]	2260
Marlotherm L	−40−300	−70[2]	280	2,760	290
Dowtherm A	20−400	12	257,5	2,760	285
HTS	200−600	142	−	1,560	−
Na−K (44 Gew% K)	40−700	18,3	825	1,000	−
Quecksilber	370−540	−39	357	0,134	296
Blei	370−930	327	1620	0,163	−

[1] Die spezifische Wärme von Wasser ist für 15°C angegeben.
[2] Stockpunkt.

Zur *Kühlung* bei Temperaturen über 0°C kommt vor allem Wasser in Frage. Bei tieferen Temperaturen werden hauptsächlich sogenannte *Solen* verwendet. Das sind wäßrige Salzlösungen aus Kochsalz, Calcium- oder Magnesiumchlorid. Daneben eignen sich auch inhibierte *Ethylenglycol-Wasser*-Mischungen oder das bereits erwähnte Marlotherm L sehr gut zum Kühlen. Lösungen, die mit Wasser verdünnt werden dürfen, können durch Einwerfen von Wassereis gekühlt werden.

2.10 Wärmeübertragung in der Wirbelschicht

Literatur: VDI-Wärmeatlas [2.15]; Weiss [2.16]; Kunii/Levenspiel [2.34]; Geldart [2.35]; Michel [2.36]; Ullmann [A. 10], 4. Aufl., Bd. 3, S. 433.

2.10.1 Einleitung

Strömt eine Flüssigkeit oder ein Gas mit ausreichender Geschwindigkeit durch eine Schüttung von feinkörnigem Feststoff, so wird das Haufwerk aufgelockert und die Feststoffpartikel bewegen sich gegeneinander. Solche Wirbelschichten verhalten sich ähnlich wie Flüssigkeiten und werden daher auch Fließbetten genannt. Die Wirbelschicht nimmt abhängig von der Strömungsgeschwindigkeit des Fluids verschiedene, charakteristische Zustände an. Die Lockerungsgeschwindigkeit als untere Grenzgeschwindigkeit und die Austragsgeschwindigkeit als obere Grenzgeschwindigkeit definieren dabei das Gebiet dieser verschiedenen Wirbelschichtzustände (Abb. 2.17).

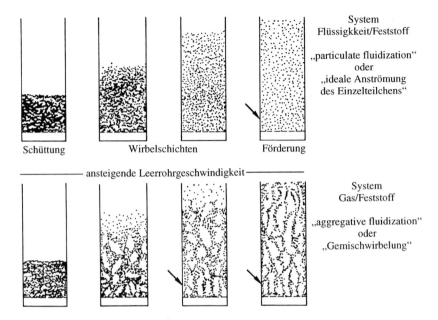

Abb. 2.17   Erscheinungsformen von Wirbelschichten.

Flüssigkeit/Feststoff-Wirbelschichten expandieren meist gleichmäßig und homogen, da wegen hoher Auftriebskräfte bereits niedrige Geschwindigkeiten zur Erzielung der Wirbelschicht ausreichend sind. Gas/Feststoff-Wirbelschichten zeigen dagegen ein stark aggregatives Verhalten mit Blasenbildung bei niedriger Schichtausdehnung und Strähnenbildung im Bereich hoher Schichtausdehnung.

Die untere Grenze des Existenzbereichs einer Wirbelschicht, die Lockerungsgeschwindigkeit, kann nach verschiedenen Methoden berechnet werden[11]. Für kugelförmige, gleichkörnige Teilchen gilt:

$$\mathrm{Re_L} = 42{,}9\,(1 - \varepsilon_L) \left[\sqrt{1 + \frac{\varepsilon_L^3}{(1 - \varepsilon_L)^2}\,\frac{\mathrm{Ar}}{3214}} - 1 \right]. \tag{2.31}$$

Erläuterungen und Gültigkeitsbereich:

$$\mathrm{Re_L} = \frac{u_L d}{v}, \quad \mathrm{Ar} = \frac{d^3 g\,(\rho_K - \rho_G)}{v^2 \rho_G}, \quad \mathrm{Ar: Archimedes\text{-}Zahl},$$

u_L = Lockerungsgeschwindigkeit in m/s;

d = Teilchendurchmesser;

ε_L = Porosität am Lockerungspunkt ($0{,}4 < \varepsilon_L < 0{,}7$; Näheres siehe VDI-Wärmeatlas [2.15], S. Lf 2);

v = kinematische Zähigkeit des Gases;

ρ_G = Dichte des Gases;

ρ_K = Dichte des Feststoffkorns.

---

[11] Ausführliche Darstellungen: Kunii/Levenspiel [2.34], S. 68; Geldart [2.35], S. 21 und VDI-Wärmeatlas [2.15], S. Lf.

Die Austragungsgeschwindigkeit bildet die obere Grenze des Existenzbereichs einer Wirbelschicht. Für homogene Fluidisierung entspricht die Austragungsgeschwindigkeit der Sinkgeschwindigkeit des Einzelteilchens[12]:

$$\mathrm{Re_S} = 18 \left(\sqrt{1 + \frac{1}{9} \sqrt{Ar}} - 1 \right)^2 . \tag{2.32}$$

Bei hohen Schichtausdehnungen und kleinen Feststoffteilchen tritt durch Untereinanderanordnung der Partikel eine Widerstandserniedrigung auf, wodurch der Wirbelschichtbereich weit über die Sinkgeschwindigkeit eines einzelnen Teilchens ausgeweitet wird. Nach Reh [2.37] gilt dann

$$\mathrm{Re_A} \approx \sqrt{\frac{4}{3} Ar} . \tag{2.33}$$

Die Ausdehnung einer Wirbelschicht, die durch die Porosität ε beschrieben wird, läßt sich bei homogener Fluidisierung, wie sie beispielsweise bei Flüssigkeits/Feststoff-Wirbelschichten auftritt, näherungsweise berechnen[13]. Bei heterogenen Wirbelschichten ist eine sichere Vorausberechnung der Schichtausdehnung nicht möglich. Näherungsweise kann das Expansionsverhalten von inhomogenen Wirbelschichten jedoch beschrieben werden[14]. Besonders geeignet für die strömungstechnische Auslegung von Wirbelschichten sind die sogenannten *Zustandsdiagramme*. Zur Charakterisierung von Wirbelschichten mit Hilfe solcher Zustandsdiagramme s. z. B. Reh [2.38] und Kunii/Levenspiel [2.34], S. 88.

2.10.2 Wärmeübertragung zwischen Fluid und Partikeln in der Wirbelschicht

Die Wärmeübergangszahlen für die Wärmeübertragung zwischen Gas und Partikel sind besonders bei feinkörnigen Feststoffteilchen schwierig zu ermitteln. Bei feinkörnigen Teilchen erfolgen wegen der großen Austauschflächen und der kleinen Diffusionswege die Ausgleichsvorgänge so schnell, daß die gemessenen Temperaturdifferenzen und die damit ermittelten Wärmeübergangskoeffizienten mit großen Fehlern behaftet sind. Für den Wärmeübergang an das Einzelteilchen gilt über dem gesamten Bereich der möglichen Re-Zahlen folgende Beziehung:

$$\mathrm{Nu_{Einzelkugel}} = 2 + 0{,}6 \, \mathrm{Re}^{0{,}5} \, \mathrm{Pr}^{0{,}33} . \tag{2.34}$$

Etwas komplizierter ist die Methode von Gnielinski (s. VDI-Wärmeatlas [2.15], S. Mf 2):

$$\mathrm{Nu_{Einzelkugel}} = 2 + \sqrt{\mathrm{Nu_{lam}^2} + \mathrm{Nu_{turb}^2}} , \tag{2.35}$$

$$\mathrm{Nu_{lam}} = 0{,}664 \sqrt[3]{\mathrm{Pr}} \sqrt{\mathrm{Re}_\varepsilon} , \tag{2.36}$$

---

[12] Weitere Ausführungen siehe: Kunii/Levenspiel [2.34], S. 80; Geldart [2.35], S. 127 und VDI-Wärmeatlas [2.15], S. Mf.
[13] Näheres VDI-Wärmeatlas [2.15], S. Lf und Mf.
[14] Vergleiche dazu VDI-Wärmeatlas [2.15], S. Lf und Michel [2.36], S. 27.

$$\mathrm{Nu_{turb}} = \frac{0,037\,\mathrm{Re}_\varepsilon^{0.8}\,\mathrm{Pr}}{1 + 2,443\,\mathrm{Re}_\varepsilon^{-0,1}\,(\mathrm{Pr}^{0,66} - 1)}, \tag{2.37}$$

mit

$$\mathrm{Re}_\varepsilon = \frac{\mathrm{Re}}{\varepsilon} = \frac{u\,d}{v\,\varepsilon}.$$

Für das durchströmte Festbett gilt:

$$\mathrm{Nu_{Festbett}} = 2 + 1,8\,\mathrm{Re}^{0,5}\,\mathrm{Pr}^{0,33}, \tag{2.38}$$

oder in der Darstellung von Gnielinski (s. VDI-Wärmeatlas [2.15], S. Mf 2)

$$\mathrm{Nu_{Festbett}} = [1 + 1,5\,(1 - \varepsilon)]\,\mathrm{Nu_{Einzelkugel}}. \tag{2.39}$$

Abhängig von der Schichtausdehnung einer Wirbelschicht, die durch die Porosität ε charakterisiert ist, liegen die Wärmeübergangszahlen der Wirbelschicht zwischen derjenigen des Festbettes und der der Einzelkugel.

Bei niedrigen Re-Zahlen (Re < 80) fallen, wie Messungen vieler Forscher zeigen, die Wärmeübergangszahlen für Festbett und Wirbelschicht stark ab (Abb. 2.18). Die Nu-Zahlen in diesem Bereich lassen sich näherungsweise durch folgende Beziehung wiedergeben:

$$\mathrm{Nu} = 0,3\,\mathrm{Re}^{1,3}; \quad \text{für Re} < 80. \tag{2.40}$$

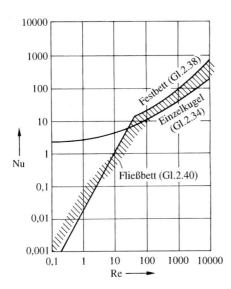

Abb. 2.18   Wärmeübergang für Festbett, Wirbelschicht (Fließbett) und Einzelteilchen.

Die Ursache für den Abfall der Nu-Zahlen unter den Minimalwert Nu = 2 für die Einzelkugel im Bereich niedriger Re-Zahlen kann durch die bestehenden Wärmeübertragungsmodelle bisher nur unzureichend erklärt werden, vgl. [2,15] S. Mf 2.

Im Bereich hochexpandierter Wirbelschichten ($\varepsilon > 0{,}85$) wird empfohlen, im Gebiet Re < 80 die Wärmeübergangszahlen angenähert mit der für das Einzelteilchen gültigen Gl. (2.34) oder Gl. (2.35) zu berechnen.

2.10.3 Wärmeübertragung zwischen Gas/Feststoff-Wirbelschichten und Einbauten

Während bei der einphasigen Gasströmung der Wärmeübergangskoeffizient mit zunehmender Gasgeschwindigkeit langsam ansteigt, steigt dieser bei Wirbelschichten bei Gasgeschwindigkeiten unmittelbar über der Lockerungsgeschwindigkeit stark an, erreicht einen Maximalwert und fällt danach mit zunehmender Gasgeschwindigkeit langsam wieder ab ([2.39], Abb. 2.19). Die Lage des Maximums ist dabei von verschiedenen Parametern, wie z. B. Partikelmaterial und -durchmesser abhängig. Der steile Anstieg des Wärmeübergangskoeffizienten für Gasgeschwindigkeiten knapp über der Lockerungsgeschwindigkeit wird durch den mit der Partikelbewegung verbundenen Wärmetransport (partikelkonvektiver Wärmetransport) verursacht. Neben diesem durch die Partikelbewegung verursachten Wärmetransport erfolgt zwischen Einbauten und Wirbelschicht auch ein Wärmeaustausch *durch Strahlung* und ein *konvektiver* Wärmeübergang von der Heizfläche an das Gas.

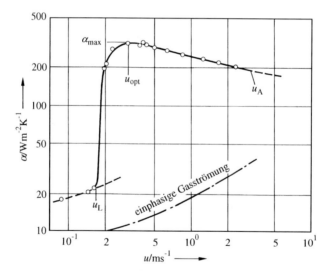

Abb. 2.19 Wärmeübergangskoeffizient zwischen Heizfläche und Wirbelschicht in Abhängigkeit von der Gasgeschwindigkeit.

Zur Berechnung des Wärmeübergangskoeffizienten wird vorausgesetzt, daß die erwähnten Wärmetransportmechanismen unabhängig voneinander sind[15]. Es gilt

$$\alpha = \alpha_{\text{Partikel}} + \alpha_{\text{Gaskonvektion}} + \alpha_{\text{Strahlung}}. \tag{2.41}$$

---

[15] Näheres s. Geldart [2.35], S. 223 und VDI-Wärmeatlas [2.15], S. Mf 5.

1. Partikelkonvektiver Wärmeübergang

Beim Kontakt mit der Heizfläche nehmen die Partikel Wärme auf und transportieren diese durch ihre Bewegung ins Innere der Wirbelschicht. Eine Analogie zur kinetischen Gastheorie führt Martin [2.43] zu folgender Gleichung für den Wärmetransport durch Partikelkonvektion:

$$\mathrm{Nu_P} = \frac{\alpha_P\, d}{\lambda_G} = (1 - \varepsilon)\, Z\, (1 - \mathrm{e}^{-N}) \tag{2.42}$$

mit

$$Z = \frac{(\rho\, c_p)_P}{6\, \lambda_G} \sqrt{\frac{g\, d^3\, (\varepsilon - \varepsilon_L)}{5\, (1 - \varepsilon_L)(1 - \varepsilon)}}\,, \tag{2.43}$$

$$N = \frac{\mathrm{Nu_{WP(max)}}}{C_K\, Z}\,; \quad C_K = 2{,}6\,. \tag{2.44}$$

Die Wärmeübertragung zwischen Heizfläche und Feststoffpartikel läßt sich nach Schlünder [2.40] für punktförmige Berührung und sehr kurze Kontaktzeiten auf der Grundlage der Wärmeleitung im Gasspalt zwischen Wand und Feststoffteilchen berechnen:

$$\mathrm{Nu_{WP(max)}} = 4\left[\left(1 + \frac{2\,l}{d}\right)\ln\left(1 + \frac{d}{2\,l}\right) - 1\right] \tag{2.45}$$

mit

$$l = 2\, \Lambda\left(\frac{2 - \gamma}{\gamma}\right). \tag{2.46}$$

Λ = mittlere freie Weglänge der Gasmoleküle (näheres s. VDI-Wärmeatlas [2.15], S. Mf 5).
γ = Akkomodationskoeffizient. Der Akkomodationskoeffizient ist ein Maß für die Vollständigkeit des Energieaustausches zwischen Wand und Gasmolekül. Bei vollständigem Wärmeaustausch zwischen Molekül und Wand nimmt das Molekül Wandtemperatur an und der Akkomodationskoeffizient wird gleich 1. Für Zahlenwerte s. VDI-Wärmeatlas [2.15], S. Mf 5.

2. Wärmeübertragung durch Gaskonvektion

Der Anteil der durch das Gas konvektiv übertragenen Wärme läßt sich nach Baskakov [2.41] berechnen:

$$\mathrm{Nu_G} = 0{,}009\, \mathrm{Pr}^{1/3} \sqrt{\mathrm{Ar}}\,. \tag{2.47}$$

3. Wärmeübertragung durch Strahlung

Gemäß VDI-Wärmeatlas [2.15], S. Mf 5 kann der Wärmeübergang durch Strahlung näherungsweise wie folgt berechnet werden:

$$\alpha_R \approx 4\, \varepsilon_R\, c_S\, T_m^3\,. \tag{2.48}$$

c_s = Stefan-Boltzmann-Konstante; c_s hat den Wert $5,67 \cdot 10^{-8}$ W/m^2 K^4;

T_m = arithmetisches Mittel zwischen Heizflächen- und Wirbelschichttemperatur;

ε_R = effektive Emissionszahl. Bei der Bestimmung der effektiven Emissionszahl ist die Richtung des Wärmetransportes zu beachten. Bei der Wärmeübertragung von einer Wand an die Wirbelschicht ist die Emissionszahl des Wandwerkstoffes einzusetzen. Erfolgt der Wärmetransport von der Wirbelschicht an die Wand so gilt für die Emissionszahl nach Michel [2.36], S. 58: $\varepsilon_R = (\varepsilon_{Gas} + \varepsilon_{Schüttgut})/2$.

Die Wärmeübergangskoeffizienten α_P sind für verschiedene Teilchendurchmesser in Abb. 2.20 als Funktion der Porosität ε dargestellt. Die jeweiligen Maximalwerte sind in die Ebene bei $\varepsilon = 1$ projiziert, und die Wärmeübergangskoeffizienten α_R und α_G überlagert. Daraus wird ersichtlich, daß die Wärmeübertragung durch Gaskonvektion und Strahlung erst bei großen Teilchendurchmessern einen wesentlichen Beitrag liefert.

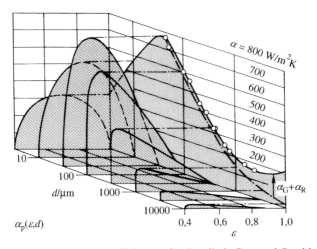

Abb. 2.20   Wärmeübergangskoeffizienten für Partikel, Gas und Strahlung.

2.10.4 Wirbelschicht-Wärmeüberträger

Wirbelschichtapparate ermöglichen durch die Vermischung des Feststoffes in allen Richtungen eine homogene Temperaturverteilung im Schüttgut. Die Temperatur der Wirbelschicht ist über die Wärmeabfuhr bzw. Wärmezufuhr einfach zu regeln. Zudem läßt sich über die Regulierung des Gasdurchsatzes eine schnelle Prozeßregelung ausführen. Wirbelschichtapparate gestatten auch ein rasches Anfahren und Abstellen. Zur Feststoffabscheidung werden vielfach Zyklone nachgeschaltet.

Zwischen Festbett und pneumatischer Förderung können sich verschiedene Wirbelschichttypen ausbilden (Abb. 2.21):

Typ A)   Die Wirbelschicht vom Typ A zeichnet sich durch eine definierte Oberfläche, eine mäßige Bettbewegung und durch geringen Feststoffaustrag mit dem Gas aus. Dabei bilden sich auch Gasblasen, die eine Bypasswirkung für den Stoff- und Wärmeaustausch zwischen Gas und Schüttgut nach sich ziehen.

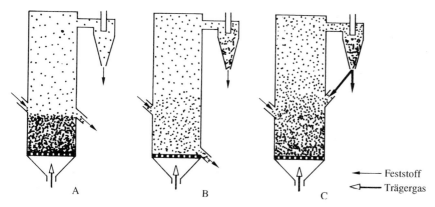

Feststoff
Trägergas

Abb. 2.21   Wirbelschichttypen.

Typ B)   Bei stark expandierten Wirbelschichten vom Typ B ergibt sich eine starke
Feststoffbewegung. Der Feststoff wird überwiegend oder vollständig am
Gasaustritt ausgetragen. Die Partikel können Feststoffsträhnen bilden, die
die Homogenität der Gas/Feststoff-Strömung beeinflussen.

Typ C)   Die zirkulierende Wirbelschicht vom Typ C ist durch starke Bewegung
der Feststoffteilchen mit vollständigem Feststoffaustrag am Gasaustritt
gekennzeichnet. Die Homogenität wird auch durch die sich bildenden
Teilchensträhnen beeinflußt.

Sind die Stoffwerte, wie Dichte der Partikel, Dichte und Viskosität des Fluids bei
Betriebstemperatur vorgegeben, so ist der Wirbelschichttyp weitgehend durch die
Gasgeschwindigkeit und die Korngröße bestimmt.

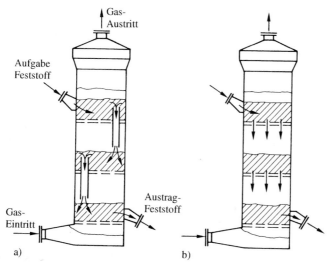

Gas-
Austritt

Aufgabe
Feststoff

Gas-
Eintritt

Austrag-
Feststoff

a)

b)

Abb. 2.22   Mehrstufige Wirbelschichtapparate (Gegenstrom). a) mit Fallrohren; b) mit Rie-
selboden.

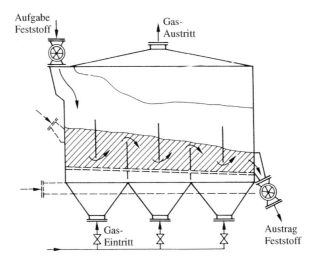

Abb. 2.23   Mehrstufiger Wirbelschichtapparat in Rinnenform (Kreuzstrom).

Beim Auslegen von Wirbelschichtapparaten sind sowohl die Gasverweilzeit als auch die Feststoffverweilzeit von Bedeutung[16]. Aus thermischen und fördertechnischen Gründen ist bei großtechnischen Apparaten der Batch-Betrieb nachteilig. Um enge Verweilzeitverteilungen zu verwirklichen, werden mehrstufige Wirbelschichtapparate eingesetzt (Abb. 2.22 und 2.23).

Aufgaben zu Kapitel 2

2.1 (zu 2.2) In einer Anlage zur Verflüssigung von Aethylen sind in einem Wärmeaustauscher durch Verdampfen von Propylen stündlich 14 200 kg Aethylen zu kondensieren. Der Aethylendampf, der unter einem Druck von 14,8 bar steht, tritt als überhitzter Dampf ($T = -12°C$) mit einer spezifischen Enthalpie von 286 kJ/kg in den Wärmeaustauscher ein und verläßt ihn als unterkühlte Flüssigkeit ($T = -40°C$) mit einer spez. Enthalpie von -116 kJ/kg.
Wie viele kg Propylen sind pro Stunde zu verdampfen, wenn die Verdampfungsenthalpie von Propylen 433 kJ/kg beträgt ($p = 1,17$ bar, $T = -45°C$)?

2.2 (zu 2.3) Bei einem Wärmeaustauscher betragen die Temperaturdifferenzen der Mengenströme am Ein- und Austritt $\Delta T_\alpha = 25°C$ und $\Delta T_\omega = 10°C$. Man berechne den Fehler, der gemacht wird, wenn an Stelle der logarithmischen Mitteltemperatur nach Gl. (2.15) die geometrische oder die arithmetische Mitteltemperatur benützt wird.

2.3 (zu 2.5) In einem Zweiweg-Kondensator (vgl. Abb. 2.4) mit horizontalem Rohrbündel (Rohrdimensionen $d_a \times s = 20 \times 2$ mm) sind stündlich 10 000 kg praktisch reiner Propylalkoholdampf, der als Kopfprodukt von einer Rektifi-

16 Siehe Ullmann [A. 10], 4. Aufl., Bd. 3, S. 448.

kationskolonne kommt (vgl. Kap. 6), zu kondensieren. Die Kondensationstemperatur von Propanol beträgt bei dem angenommenen Druck von $p = 2$ bar $T_s = 118°C$ und die Verdampfungsenthalpie $r = 663$ kJ/kg. Als Kühlmedium stehe Wasser von 25°C zur Verfügung, das auf höchstens 50°C erwärmt werden darf und dessen Strömungsgeschwindigkeit in den Rohren auf $w = 1$ m/s festgelegt sei.

Um den Kondensator vollständig auszulegen, fehlen uns noch die Grundlagen über das Kondensieren. Sie werden später in Abschn. 3.3 besprochen. Es soll deshalb zunächst lediglich der übertragene Wärmestrom, der benötigte Kühlwasserstrom, die mittlere Temperaturdifferenz, die ungefähre Austauschfläche mit Rohrzahl und Rohrlänge sowie der kühlwasserseitige Wärmeübergangskoeffizient α_i ermittelt werden. (Die Stoffgrößen von Wasser betragen bei der Bezugstemperatur $T_B = 0{,}5 \, (25 + 50) = 37{,}5°C$:

$\eta = 0{,}68 \cdot 10^{-3}$ kg/(m s); $\lambda = 0{,}625$ W/(m K); $\rho = 993$ kg/m³;

$c_p = 4187$ J/(kg K).

(Anleitung: Man bestimme die ungefähre Austauschfläche mit Hilfe eines überschlägigen Wärmedurchgangskoeffizienten $k = 800$ W/(m² K)).

3 Verdampfer und Kondensatoren

Peter Kaiser, Fritz Widmer

Literatur: Brown [3.1], S. 453/456; Rohsenow/Choi [3.2], S. 211/236; Coulson/Richardson [A. 3], I, S. 383/395; Fishenden/Saunders [3.3], S. 174/188; Fraas/Ozisik [2.23]; Gregorig [3.4], S. 188/226; Gröber/Erk/Grigull [3.5], S. 311/341; Hartnett [3.6], S. 318/352; Ibele [3.7], S. 85/158; Jakob [3.8], S. 614/657; McAdams [3.9], S. 294/339; VDI-Wärmeatlas [3.10], Teil H (mit 547 Literaturangaben), Kern [3.11], S. 375/452; Tong [3.12].

3.1 Der Wärmeübergang beim Verdampfen

Wie zu Beginn in Kap. 2, Abschn. 2.4 erwähnt, ist es bis jetzt noch nicht gelungen, den Wärmeübergang von einer festen Wand an eine nicht siedende Flüssigkeit theoretisch zu berechnen. Noch viel weniger war es möglich, den Wärmeübergang an eine siedende Flüssigkeit − also bei Phasenänderung − rein theoretisch zu behandeln und in allgemein gültigen Gleichungen zu erfassen. Unzählige theoretische und experimentelle Arbeiten führten auch hier lediglich zu empirischen und halbempirischen Gleichungen mit beschränktem Gültigkeitsbereich. Es können hier nur einige Grundprobleme des Verdampfens gestreift werden; für eingehendere Behandlungen sei der Leser auf die unten angegebene Speziallliteratur verwiesen.

Nach den bisher vorliegenden Beobachtungen verdampft unter technischen Bedingungen eine Flüssigkeit nur an einer Grenzfläche zwischen Flüssigkeit und Dampf; z. B. an einem freien Flüssigkeitsspiegel, an einer bereits vorhandenen Dampfblase oder an der Grenzfläche zwischen einem Dampffilm (Filmverdampfung, S. 55) und der Flüssigkeit. Damit stellt sich sofort die Frage, wie eine Dampfblase überhaupt entstehen kann. Man ist heute allgemein der Ansicht, daß ein winzig kleiner Gaseinschluß in der Flüssigkeit als *Keim* für das Entstehen einer Blase vorhanden sein muß. Diese Hypothese wird vornehmlich durch folgende Beobachtungen untermauert:

Blasen entstehen an einer festen Oberfläche nur an ganz bestimmten Stellen, die sich bei näherer Untersuchung als feine Risse oder mikroskopische Vertiefungen erweisen. Darin ist eine kleine Menge Gas (z. B. Luft) eingeschlossen, die als Keim wirkt. Mit steigender Temperatur T_W der Wand nimmt die Anzahl der Stellen, wo sich Blasen bilden, etwa mit $T_W - T_{F,S}$[1] zu [3.13]. Dies erklärt sich dadurch, daß

[1] $T_{F,S}$ = Siedetemperatur der Flüssigkeit.

bei höherer Wandtemperatur Unebenheiten aktiv werden, die bei tieferer noch nicht wirksam waren.

Auf einer rauhen Oberfläche liegen die Blasenbildungsstellen viel dichter als auf einer glatten. An einer sehr sauber polierten, sorgfältig entgasten Oberfläche können in einer reinen, gasfreien Flüssigkeit keine Dampfblasen entstehen, auch wenn die Flüssigkeit weit (100°C!) über ihren Siedepunkt hinaus überhitzt wird (*Siedeverzug*). Bildet sich dann durch eine Störung aber doch eine Blase, so wird die in der überhitzten Flüssigkeit gespeicherte Energie fast schlagartig zur Dampfbildung verbraucht, was zur Zerstörung der Apparatur führen kann. Um dies zu vermeiden, legt man oft poröse Körperchen (Siedesteinchen), deren Gaseinschlüsse als Keime wirken, in die Flüssigkeit oder leitet noch besser ein Gas in die Flüssigkeit ein.

Nach der äußeren Erscheinung unterscheiden wir mehrere Arten der Verdampfung, die im wesentlichen durch die Differenz zwischen Wand- und Flüssigkeitstemperatur bestimmt werden.

Liegt die mittlere Flüssigkeitstemperatur noch unter dem Siedepunkt, so bilden sich an der heißen Wand in der dort örtlich erhitzten Flüssigkeit Blasen, die dann aber rasch kondensieren, sobald sie in die kalte Flüssigkeit gelangen (*subcooled boiling*). Wichtiger für uns ist aber das Verdampfen einer auf Siedetemperatur erhitzten Flüssigkeit. Nach Abb. 3.1 können wir vier Gebiete unterscheiden:

A–B: Verdampfung an einer freien Flüssigkeitsoberfläche

Da sich bei kleinen Temperaturdifferenzen an der Heizfläche keine Blasen bilden, und folglich auch ihre Rührwirkung fehlt, liegt noch nichts anderes als ein Wärmeübergang an eine Flüssigkeit ohne Phasenänderung bei freier Konvektion vor. Es gelten deshalb im Bereich A–B dieselben Gleichungen, wie sie für die freie Konvektion gefunden wurden (Ibele [3.7], S. 94):

$$Nu = \text{const} (Gr \cdot Pr)^m . \tag{3.1}$$

Wie immer bei freier Konvektion spielt auch hier die geometrische Form der Oberfläche des Heizkörpers eine entscheidende Rolle.

B–C: Blasenverdampfung (nucleate boiling)

Auf der Heizfläche bilden sich viele Blasen. Der Wärmeübergangskoeffizient α und mit ihm die Heizflächenbelastung q^* steigen mit wachsender Temperaturdifferenz $T_W - T_{F,S}$ rasch an. Dies ist der technisch wichtige Bereich, in dem praktisch alle Verdampfer betrieben werden. Bei verhältnismäßig kleinen Temperaturdifferenzen (10–30°C) erhält man beachtlich hohe Wärmestromdichten (100 bis 1000 kW/m²!).

C–D: Übergangsgebiet (transition boiling)

[Das gestrichelt eingezeichnete Kurvenstück C–D hat eher hypothetischen Charakter (s. unten).]

Die Zahl der Keimstellen ist jetzt so groß, und die Blasen wachsen derart rasch, daß die Heizfläche teilweise mit einem instabilen, isolierenden Dampffilm bedeckt ist.

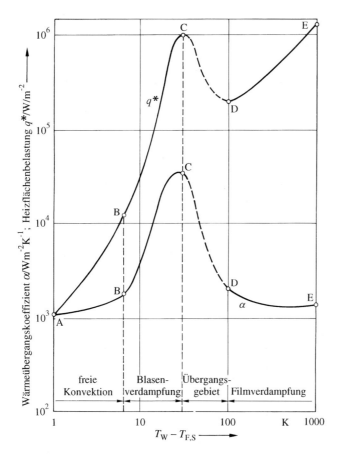

Abb. 3.1 Wärmeübergangskoeffizient α und Heizflächenbelastung q* als Funktion der Temperaturdifferenz $T_W - T_{F,S}$ beim Sieden von Wasser unter Atmosphärendruck. T_W = Wandtemperatur: $T_{F,S}$ = Siedetemperatur der Flüssigkeit (Wasser) $\approx 100\,°C$.

D–E: Filmverdampfung (film boiling)

Die Heizfläche ist vollständig mit einem nunmehr stabilen, *isolierenden Dampffilm* überdeckt, wodurch der Wärmeübergangskoeffizient *α* wieder auf kleine Werte absinkt. Wegen der großen Temperaturdifferenz $T_W - T_{F,S}$ ist auch die *Wärmestrahlung* von der Heizfläche durch den Film an die Flüssigkeit am Wärmetransport maßgebend beteiligt.

Man unterscheidet zweckmäßig zwei Arten der Beheizung:

1. Beheizung bei aufgezwungener Heizflächenbelastung *q** (z. B. elektrische oder nukleare Beheizung):
   Befindet man sich in der Nähe des Punktes C (Abb. 3.2), so bewirkt eine kleine Erhöhung der Heizflächenbelastung *q** den Umschlag von Blasen- zu Filmverdampfung (C→F) und damit einen gefährlichen Anstieg der Heizflächentempe-

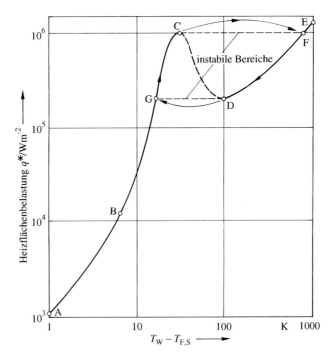

Abb. 3.2 Verlauf der Heizflächenbelastung bei elektrischer oder nuklearer Beheizung.

ratur. Diese liegt unter Umständen über dem Schmelzpunkt des Heizmaterials, so daß der Heizkörper zerstört wird (*burn out*). Das Kurvenstück C−D−F der Abb. 3.2 wird also nicht realisiert. Die Heizflächenbelastung hat vielmehr den Verlauf einer Hysteresisschleife, bei der aber die Stücke C−F und D−G nicht „durchlaufen", sondern übersprungen werden.

2. Beheizung bei aufgezwungener Temperaturdifferenz (Heizung durch kondensierenden Dampf):
Dies ist in der Verfahrenstechnik die verbreitetste Art der Beheizung. Für jede Temperaturdifferenz stellt sich genau eine Heizflächenbelastung ein; die Gefahr eines „burn out" besteht hier also nicht. (Es gelingt damit auch − im Gegensatz zur elektrischen Heizung − das Kurvenstück C−D der Abb. 3.1 zu messen.)

Forschungsziel im Bereich der Blasenverdampfung: Das Ziel der Forschung ist, zumindest für den wichtigen Bereich der Blasenverdampfung, eine allgemeingültige Gleichung für den Wärmeübergang aufzustellen. Daß dies bis jetzt nicht gelungen ist, erstaunt nicht, wenn man bedenkt, von wie vielen Parametern α abhängt: Zu den auf den Seiten 25 und in Gl. 2.16 aufgeführten Größen kommen jetzt noch hinzu:

zusätzliche Abh. v. α für die Blasenverdampf: von der siedenden Flüssigkeit: die Verdampfungsenthalpie r,
die Oberflächenspannung σ
und vom Dampf: ρ'', c_p'', λ'', η''.

Daneben spielen aber auch das Material der Wand, ihre Porosität an der Oberfläche und die Zeit (s. Gröber/Erk/Grigull [3.5], S. 319/320) eine Rolle. Bonilla und Perry [3.14] haben die von Jakob und Linke [3.15] für das Blasensieden unter Atmosphärendruck angegebene, dimensionslose Gleichung an ihre Versuchsergebnisse mit Wasser, Äthanol, Butanol, Azeton und einige Zweistoffgemische angepaßt und für von Atmosphärendruck abweichende Drücke erweitert[2]:

$$\frac{\alpha b}{\lambda} = 31{,}6 \frac{v'_a}{v'} \left(\frac{\rho'_a}{\rho'} \frac{\sigma}{\sigma_a} \frac{q^*}{\rho''_a r_a w_a} \right)^{0{,}73} \mathrm{Pr}^{0{,}5};$$

(3.2)

Pr bezieht sich auf die Flüssigkeit im Siedezustand;

b = Laplace-Konstante = $\sqrt{2\,\sigma/[g\,(\rho' - \rho'')]}$ in m;

w = empirische Größe von der Dimension einer Geschwindigkeit. Sie drückt die ungefähre Konstanz des Produktes (Blasenabreißfrequenz · Blasenabreißdurchmesser) aus. Für Wasser und Tetrachlorkohlenstoff benutzen die Verfasser den Wert $w_a = 0{,}078$ m/s.

Die mit a indizierten Größen beziehen sich auf Atmosphärendruck.

Es soll hier nicht näher auf andere, kompliziertere Gleichungen eingegangen werden. Die oben angeführte zeigt deutlich genug, wie viele Stoffgrößen bekannt sein müssen und auch wie wenig sich solche analytischen Ausdrücke aus diesem Grund für die Praxis eignen.

Bedeutend einfacher sind die empirischen Gleichungen von der Form

$$\alpha = \mathrm{const}\; q^{*m}$$

(3.3)

Mit $q^* = \alpha \Delta T_{W,F}$ läßt sich daraus sofort

$$\alpha = \mathrm{const}\; \Delta T_{W,F}^{\frac{m}{1-m}}$$

(3.4)

herleiten.

In der Praxis bedient man sich heute wohl am besten der Diagramme, wie sie im VDI-Wärmeatlas [3.10] auf den Seiten Ha 1 bis Hbd 17 zusammengestellt sind.

Von besonderem Interesse in der Verfahrenstechnik ist der Wärmeübergang (bei Blasenverdampfung) in senkrechten, außenbeheizten Rohren. Dieser Vorgang ist jedoch noch viel komplizierter als die Verdampfung an einer ebenen Fläche; denn dadurch, daß das verdampfende Medium in ein Rohr eingeschlossen ist, wird der Siedeablauf ganz entscheidend beeinflußt. Durch die aufsteigenden Blasen wird nämlich die Flüssigkeit wie in einer Mammutpumpe (Grassmann [A. 5], S. 672) durch die Rohre hinaufgefördert, wodurch im ganzen Verdampfer ein sogenannter *freier Umlauf* erzeugt wird (Abb. 3.8). Ist eine zusätzliche Pumpe eingebaut, die gestattet, die zirkulierende Menge noch künstlich zu vergrößern, so spricht man von *erzwungenem Umlauf* (Abb. 3.9 u. 3.10). Für die Berechnung des Wärmeüberganges geht dadurch ein weiterer, theoretisch noch schwieriger zu erfassender Parameter in das ohnehin schon verwickelte Problem ein.

---

[2] Nach Angaben von Cichelli und Bonilla [3.13] enthält der Zahlenfaktor von Gl. (3.2) in der Originalarbeit einen Druckfehler, der hier berichtigt ist. Außerdem ist zu beachten, daß die Verfasser eine Laplace-Konstante $b_1 = b\sqrt{2} = \sqrt{\sigma/[g\,(\rho' - \rho'')]}$ verwenden, zitiert nach Gröber/Erk/Grigull [3.5], Fußnote S. 321.

Beschreibung der Vorgänge in Abb. 3.3.

Die noch unterkühlte Flüssigkeit tritt am unteren Ende bei Ⓐ (Abb. 3.3) unge-fähr mit der Siedetemperatur T_C des Dampfraumes C in das Rohr ein (Abb. 3.8 bis 3.10) Wegen des dort herrschenden höheren Druckes p_A kann sie nicht verdampfen, sondern muß erst in der *Aufheizstrecke* auf die dem höheren Druck entsprechende Siedetemperatur aufgeheizt werden. Obwohl in der Aufheizstrecke die mittlere Flüssigkeitstemperatur noch unterhalb der Siedetemperatur liegt, können sich an der heißen Rohrwand bereits Blasen bilden. Diese kondensieren dann allerdings im kühleren Flüssigkeitskern wieder. Dieser Vorgang wird unterkühltes Sieden (*sub-cooled boiling*) genannt. Die entstehenden Blasen und ihre Störung der laminaren Unterschicht erhöhen den Wärmeübergangskoeffizienten um 100 bis 300% gegen-über den Werten, die man nach Kraussold [Gl. (2.22)] für den Wärmeübergang ohne Phasenänderung erhält.

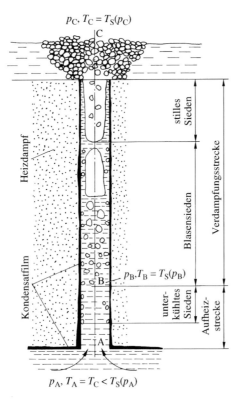

Abb. 3.3   Verdampfung einer anfänglich unterkühlten Flüssigkeit in einem dampfbeheizten, vertikalen Rohr. $T_S(p_i)$: dem Druck p_i zugeordnete Siedetemperatur.

Bei Ⓑ (Abb. 3.3) hat die mittlere Flüssigkeitstemperatur die zu p_B gehörende Siedetemperatur erreicht, und die eigentliche Verdampfung setzt ein. Infolge des Druckgradienten wachsen die Blasen beim Aufsteigen. Zudem bilden sie Schwärme, die zu großen Pfropfen zusammenfallen. Wegen des zunehmenden

Dampfanteils und der Expansion des Dampfes wird das Zweiphasengemisch beschleunigt. Der damit verbundene Druckabfall kann bei großen Wärmestromdichten erheblich größer sein als der Reibungsdruckverlust. Entlang des Rohres erfährt der Dampf wegen seiner geringeren Dichte eine höhere Beschleunigung als die Flüssigkeit. Die Dampfblasen strömen daher mit höherer Geschwindigkeit durch das Rohr. Das Geschwindigkeitsverhältnis der beiden Phasen wird als *Schlupf* bezeichnet. Steigt der Dampfanteil weiter, so treffen auch die Dampfpfropfen zusammen und bilden einen zusammenhängenden Kern. Die Flüssigkeit wird an die Wand gedrängt, und die beiden Phasen werden nahezu vollständig getrennt (*Ringströmung*). In diesem Flüssigkeitsfilm entstehen noch solange Dampfblasen, bis dieser so dünn ist, daß die Wärme allein durch Konvektion und Leitung transportiert wird. Die Verdampfung findet dann an der freien Grenzfläche zwischen Flüssigkeitsfilm und Dampfkern statt (*stilles Sieden*). Die Schubkräfte des schneller strömenden Dampfes erzeugen an der Oberfläche des Flüssigkeitsfilmes Wellen und reißen vereinzelt Tropfen mit in den Dampfkern. Die als Tropfen mittransportierte Flüssigkeit (*Entrainment*) kann dabei einen erheblichen Anteil des Gesamtmassenstromes betragen. Die Dicke des Filmes verringert sich zusehends entlang des Strömungsweges. Schließlich trocknet die Wand aus. Die zugeführte Wärme wird hier konvektiv von der Wand an den Dampf übertragen und von diesem erst an die Flüssigkeitstropfen abgegeben.

Unterkühltes Sieden[3]. Erreicht die Wandtemperatur denjenigen Wert, der zur Aktivierung der Siedekeime notwendig ist, so bilden sich die ersten Dampfblasen. Die Bildung der Dampfblasen ist abhängig vom Temperaturprofil in der Flüssigkeit. Zu Beginn ist die Unterkühlung groß genug, um die Blasen, noch bevor sie sich von der Wand ablösen, zu kondensieren. Der Dampfgehalt ist hier sehr klein und auf die unmittelbare Nähe der Wand beschränkt. Mit steigender mittlerer Flüssigkeitstemperatur bilden sich größere Dampfblasen. An einem bestimmten Punkt erreichen sie den zu ihrer Ablösung notwendigen Durchmesser. Die Blasen werden dann von der Strömung mitgerissen und gelangen in den noch immer unterkühlten Flüssigkeitskern, wo sie wieder kondensieren. In diesem Bereich steigt der Dampfgehalt deutlich an und beeinflußt den Druckverlust und den Wärmeübergang wesentlich.

Sieden gesättigter Flüssigkeiten. Der Sättigungszustand ist erreicht, wenn die mittlere Flüssigkeitstemperatur der zum lokal herrschenden Druck zugehörigen Siedetemperatur entspricht. Abhängig von der Wärmestromdichte, dem Druck, der Massenstromdichte, dem Strömungsdampfgehalt und dem Rohrinnendurchmesser kann Blasensieden oder konvektives Sieden (stilles Sieden) auftreten. Zudem können sich verschiedene Strömungszustände einstellen (Abb. 3.4).

Abgesehen von der Nebelströmung konnte bisher bei senkrechten Verdampferrohren kein Einfluß der Strömungsform auf den Wärmeübergang festgestellt wer-

---

[3] Für die Berechnung von Dampfanteil, Druckverlust und Wärmeübergang beim unterkühlten Sieden sei auf die Literatur Mayinger [3.16] und VDI-Wärmeatlas [3.10], S. Hba verwiesen.

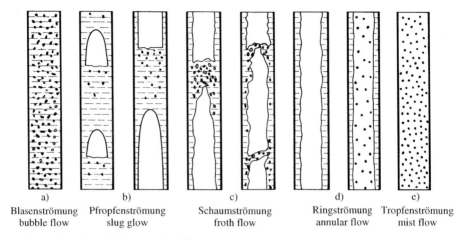

a)	b)	c)	d)	e)
Blasenströmung	Pfropfenströmung	Schaumströmung	Ringströmung	Tropfenströmung
bubble flow	slug glow	froth flow	annular flow	mist flow

zunehmender volumetrischer Dampfanteil im strömenden Gemisch ⟶

Abb. 3.4   Strömungsformen im aufwärts durchströmten vertikalen Rohr.

den. Das *Austrocknen der Heizwand*[4] (*dryout*), oder kurz Siedekrise genannt, hat eine erhebliche Verschlechterung des Wärmeübergangs zur Folge. Die Verschlechterung des Wärmeübergangs folgt daraus, daß die Flüssigkeit nicht mehr in unmittelbarem Kontakt zur Wand steht und die Wärme zuerst an den Dampf mit seiner geringeren Wärmeleitfähigkeit übertragen wird.

Bei Verdampfern mit aufgeprägter Wärmestromdichte (elektrische oder nukleare Beheizung) verursacht die Siedekrise ein plötzliches Ansteigen der Wandtemperatur, wodurch die Heizfläche unter Umständen zerstört wird. Bei vorgegebener Temperaturdifferenz (Beheizung durch kondensierenden Dampf) führt das Austrocknen der Heizwand zu einem starken Absinken des übertragenen Wärmestromes. Verursacht werden kann die Siedekrise bei Zweiphasenströmungen durch Überschreiten der kritischen Wärmestromdichte, was zur Bildung eines Dampffilmes an der Heizfläche führt, oder durch Überschreiten des kritischen Dampfanteils, wodurch der Flüssigkeitsfilm an der Wand aufreißt und schließlich verschwindet.

Bei Verdampfern in der verfahrenstechnischen Industrie werden die Umlaufmassenströme stets so eingestellt, daß die Verdampfung im Bereich des Blasensiedens abläuft und ein Austrocknen der Rohrwände vermieden wird. Die nachstehenden Ausführungen beziehen sich deshalb nur auf Strömungsformen, bei denen die Rohrwände vollständig benetzt sind.

Der Wärmeübergang an eine *Mehrphasenströmung* wird analog zur Druckverlustberechnung mit Hilfe eines Zweiphasenparameters berechnet. Man bezieht den Wärmeübergangskoeffizienten α_{ZP} der Mehrphasenströmung auf denjenigen der reinen homogenen Flüssigkeitsströmung α_{FO} (gesamter Massendurchsatz als Flüs-

---

[4] Bedingungen für das Austrocknen der Heizwand siehe Mayinger [3.16], S. 128 und VDI-Wärmeatlas [3.10], S. Hbc.

sigkeit) oder Flüssigkeitsströmung allein α_F und versucht, dieses Verhältnis mit den gängigen Kennzahlen zu beschreiben. Häufig wird dazu der Martinelli-Parameter X_{tt} herangezogen. Damit ergeben sich für den Wärmeübergang an die Zweiphasenströmung Gleichungen der Form

Berechnung des WÜ an die 2-Phasenström.

$$\frac{\alpha_{ZP}}{\alpha_F} = a \left(\frac{1}{X_{tt}} \right)^b \tag{3.5}$$

mit dem Martinelli-Parameter

mit X_{tt}

$$\frac{1}{X_{tt}} = \left(\frac{\overset{*}{x}}{1 - \overset{*}{x}} \right)^{0,9} \left(\frac{\eta_D}{\eta_F} \right)^{0,1} \left(\frac{\rho_F}{\rho_D} \right)^{0,5}. \tag{3.6}$$

$\overset{*}{x}$ = Massenstromanteil des Dampfes in der Zweiphasenströmung
η_D = Dynamische Viskosität des Dampfes in kg/(ms)
η_F = Dynamische Viskosität der Flüssigkeit in kg/(ms)
ρ_D = Dichte des Dampfes in kg/m^3
ρ_F = Dichte der Flüssigkeit in kg/m^3
X_{tt} = Martinelli-Parameter für turbulente Strömung von Flüssigkeits- und Gasphase

Zahlenwerte für die Konstanten a und b liegen zwischen 2,5 bis 7,55 bzw. 0,37 bis 0,75; näheres siehe Mayinger [3.16], S. 107.

Der in Gl. (3.5) notwendige Vergleichswert α_F des Wärmeübergangskoeffizienten bei einphasiger Strömung kann in einfacher Abwandlung der Colburn-Beziehung aus

mit α_F

$$\alpha_F = \frac{\lambda_F}{d_{hyd}} \, 0{,}023 \left[\frac{d_{hyd} \, m^* (1 - \overset{*}{x})}{\eta_F} \right]^{0,8} \left[\frac{c_F \, \eta_F}{\lambda_F} \right]^{0,4} \tag{3.7}$$

d_{hyd} = Hydraulischer Durchmesser in m
λ_F = Wärmeleitfähigkeit der Flüssigkeit in W/(m K)
c_F = Spezifische Wärme der Flüssigkeit in J/(kg K)

berechnet werden, wobei die Re-Zahl nur auf den flüssigen Anteil zu beziehen ist.

Ebenfalls für die Wärmeübertragung beim Sieden gesättigter Flüssigkeiten gilt die Gleichung von Chen [3.17]. Der Wärmetransport an die Dampf-Flüssigkeits-Strömung wird durch einen makroskopischen Anteil (konvektiver Wärmetransport) und einen mikroskopischen Anteil (Blasensieden) zusammengesetzt. Überlagert werden jedoch nicht die Wärmeströme, sondern direkt die Wärmeübergangskoeffizienten. Dabei wird angenommen, daß für beide Wärmeströme dasselbe treibende Temperaturgefälle gilt:

Zus. Setzg. d. Wärmetransp. durch makroskop. u. mikroskop. Anteil

Überlagerung der WÜ-koeffizienten $\alpha \to \alpha_{ZP}$

$$\alpha_{ZP} = \alpha_{kon} + \alpha_{BS}. \tag{3.8}$$

Für den konvektiven Wärmeübergang an die Zweiphasenströmung gilt:

konv. WÜ an 2-Ph.ström.

$$\alpha_{kon} = 0{,}023 \, Re_{ZP}^{0,8} \, Pr^{0,4} \, \frac{\lambda}{d_i}. \tag{3.9}$$

Als Stoffwerte sind diejenigen der Flüssigkeit einzusetzen.

Zur Definition der Re-Zahl der Zweiphasenströmung Re_{ZP} dient der Korrekturfaktor F:

Korrekturfaktor F

$$F = \left[\frac{Re_{ZP}}{Re} \right]^{0,8}, \tag{3.10}$$

wobei der Zusammenhang zwischen dem Korrekturfaktor F und dem Martinelli-Parameter durch Abb. 3.5 gegeben ist.

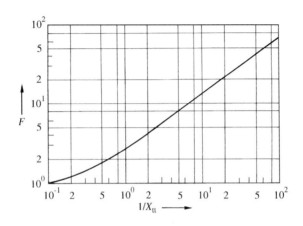

Abb. 3.5   Korrekturfunktion F nach Chen [3.17].

Zur Berechnung des Wärmeüberganges durch Blasensieden erweitert Chen die für Behältersieden gültige Gleichung von Forster und Zuber [3.18] mit dem Unterdrückungsfaktor S. Dieser berücksichtigt die durch die Strömung veränderten Temperaturverhältnisse in der wandnahen Schicht:

Wü durch Blasensieden

$$\alpha_{BS} = 0,00122 \frac{\lambda_F^{0,79} \, c_{pF}^{0,45} \, \rho_F^{0,49}}{\sigma^{0,5} \, \eta_F^{0,29} \, r^{0,24} \, \rho_D^{0,24}} (T_{Wi} - T_S)^{0,24} [p_S(T_{Wi}) - p]^{0,75} \, S. \tag{3.11}$$

α_{BS} = Wärmeübergangskoeffizient durch Blasensieden in W/(m K)
σ = Oberflächenspannung in N/m^2
c_{pF} = Spezifische Wärme der Flüssigkeit in J/(kg K)
T_{Wi} = Wandtemperatur innen in °C
T_S = Siedetemperatur in °C
p_S = Solldampfdruck in bar

Die Abhängigkeit des Unterdrückungsfaktors S vom Geschwindigkeitsfeld, das durch die Re-Zahl der Zweiphasenströmung Re_{ZP} charakterisiert ist, wird von Chen ebenfalls in Form eines Diagrammes angegeben (Abb. 3.6).

Druckverlust. Der Druckverlust einer Zweiphasenströmung setzt sich aus dem *geodätischen Druckabfall*, dem *Beschleunigungsdruckabfall* und dem *Reibungsdruckverlust* zusammen. Bei senkrechten Rohren kann dabei der geodätische Druckabfall den Hauptanteil betragen. Der Beschleunigungsdruckabfall tritt bei Dampf-Flüssigkeits-Strömungen stets auf, da infolge der durch Reibung verursachten

Zus.setzg. d. Druckverlustes in d. 2. Ph. ström.

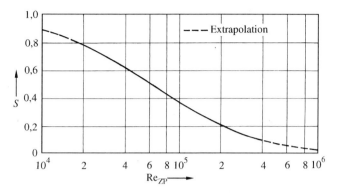

Abb. 3.6   Korrekturfunktion S nach CHEN [3.17].

Druckabsenkung immer eine Volumenvergrößerung (Gasphase) und eventuell eine Entspannungsverdampfung stattfindet. Die damit nach der Massenerhaltung ableitbare Geschwindigkeitszunahme macht sich in einem Beschleunigungsdruckabfall bemerkbar, dessen Anteil am Gesamtdruckverlust bei Verdampfungsvorgängen nicht vernachlässigbar ist.

Für senkrechte Rohre wird der geodätische Druckabfall bestimmt durch

$$-\frac{\partial p_g}{\partial z} = g\left[(1-\varepsilon)\,\rho_F + \varepsilon\,\rho_D\right]. \tag{3.12}$$

g = Erdbeschleunigung in m/s^2
ε = Volumetrischer Dampfgehalt

Der Beschleunigungsdruckverlust für heterogene Zweiphasenströmung ist

$$-\frac{\partial p_a}{\partial z} = m^{*2}\,\frac{\partial}{\partial z}\left[\frac{(1-\overset{*}{x})^2}{\rho_F\,(1-\varepsilon)} + \frac{\overset{*}{x}^2}{\rho_D\varepsilon}\right]. \tag{3.13}$$

Der Reibungsdruckverlust ist die am schwierigsten zu bestimmende Größe. Im Modell von Lockhart und Martinelli [3.19] wird vorausgesetzt, daß der Druckverlust einer Zweiphasenströmung dem Druckverlust, den eine der beiden Phasen allein verursacht, proportional ist:

$$\Phi_F^2 = \frac{(dp/dz)_{ZP}}{(dp/dz)_F} \quad \text{bzw.} \quad \Phi_D^2 = \frac{(dp/dz)_{ZP}}{(dp/dz)_D}. \tag{3.14}$$

Die beiden Proportionalitätskonstanten Φ_F und Φ_D werden *Zweiphasenmultiplikatoren* genannt. Eine theoretische Berechnung dieser Zweiphasenmultiplikatoren ist für den allgemeinen Fall nicht möglich. Aus Meßwerten ermittelten Lockhart und Martinelli die in Abb. 3.7 dargestellten Verläufe der Zweiphasenmultiplikatoren in Abhängigkeit von der Martinelli-Kennzahl X. Da der Strömungszustand sowohl des Gases wie der Flüssigkeit laminar oder turbulent sein kann, ergeben sich vier kombinierte Strömungszustände.

Für den in der Praxis häufigen Fall einer turbulenten Strömung der beiden Phasen und bei technisch glatten Oberflächen läßt sich der Martinelli-Parameter X_{tt}

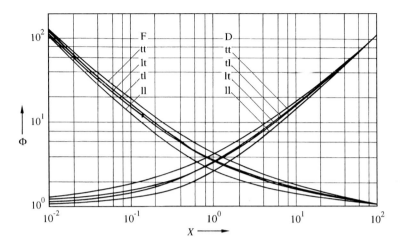

Abb. 3.7   Zweiphasenmultiplikatoren für den Druckverlust nach Martinelli.
           t: turbulent;   l: laminar

nach Gl. (3.6) berechnen. Die auf die Flüssigkeit oder auf das Gas bezogenen
Zweiphasenmultiplikatoren in Abb. 3.7 können auch in Form einfacher Beziehungen ausgedrückt werden:

$$\Phi_F^2 = 1 + \frac{C}{X} + \frac{1}{X^2},$$ (3.15)

$$\Phi_D^2 = 1 + CX + X^2.$$ (3.16)

Die Konstante C ist vom Charakter der Strömung abhängig[5]; für voll turbulente
Strömung ist $C_{tt} = 20$.

Eine andere Methode zur Berechnung des Druckverlustes von Zweiphasenströmungen geben Mueller-Steinhagen und Heck [3.20] an.

Erzwungener Umlauf. Ist der Verdampfer aus teurem Werkstoff hergestellt, so
lohnt sich der Einbau einer Umwälzpumpe, um damit durch Erhöhen der Strömungsgeschwindigkeit den Wärmeübergang zu verbessern. Gleichzeitig wird durch
die größere Strömungsgeschwindigkeit die Gefahr der Verkrustung der Verdampferrohre herabgesetzt.

Überall dort, wo fester Stoff aus der Lösung ausfällt, weil die Sättigungsgrenze
mit steigender Temperatur oder namentlich durch Ausdampfen des Lösungsmittels
erreicht wird, hat sich das Verdampfen oberhalb der Rohre bewährt (Abb. 3.8). In
den Rohren wird die Flüssigkeit lediglich erhitzt und verdampft dann erst dort, wo
es der um den statischen Druck der Flüssigkeitssäule niedrigere Druck gestattet.
Man nennt dies *Entspannungsverdampfung*. In diesem Fall läßt sich der Wärmeübergang in den Rohren nach Abschn. 2.5, Kap. 2 berechnen.

---

[5] Für die verschiedenen Strömungsverhältnisse sind die Werte von C bei Mayinger [3.16], S. 49
   zu finden.

3.2 Bauarten von Verdampfern

Literatur: Brown [3.1], S.474/477; Kassatkin [A. 7/I], S. 526/539; Rant [3.21], S. 275/328; Kern [3.11], S. 453/511.

Der Großteil der Verdampfer ist als Rohrbündelverdampfer mit vertikalen, horizontalen oder schrägen Rohren ausgebildet.

Abb. 3.8 zeigt den Standardtyp eines Verdampfers mit kurzen, senkrechten Rohren und freiem Umlauf. Einen Nachteil bildet der verhältnismäßig enge Querschnitt des Rücklaufrohres sowie der Umstand, daß auch dieses ringsum beheizt ist, was den Umlauf hemmt. Dieser Nachteil führt zur Verlegung des Rücklaufrohres ganz außerhalb des Verdampfers (Abb. 3.9, 3.10).

Als Sonderbauart ist in Abb. 3.11 ein *Dünnschichtverdampfer*, wie er vorwiegend zur Verdampfung unter Vakuum verwendet wird, dargestellt (Vakuumrektifikation, Abschn. 6.5.1). Durch die an einer angetriebenen Welle starr oder federnd befestigten *Flügel* (Bleche) wird auf dem Verdampfermantel künstlich ein dünner Film von 0,1 bis 2 mm Dicke aufrechterhalten. Die Vorteile dieser Bauweise sind der äußerst geringe Druckabfall sowie der kleine Flüssigkeitsinhalt (hold-up) und die damit in unmittelbarem Zusammenhang stehende *kurze mittlere Verweilzeit* (s. Abschn. 13.1, insbesondere Gl. (13.10)).

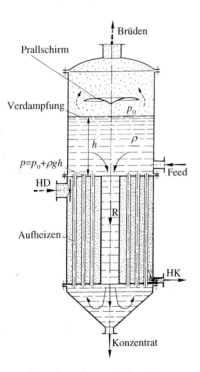

Abb. 3.8   Verdampfer mit vertikalen, kurzen Rohren. Die Flüssigkeit verdampft oberhalb der Rohre. Natürlicher Umlauf. HD: Heizdampf; HK: Heizdampfkondensat; R: Rücklauf.

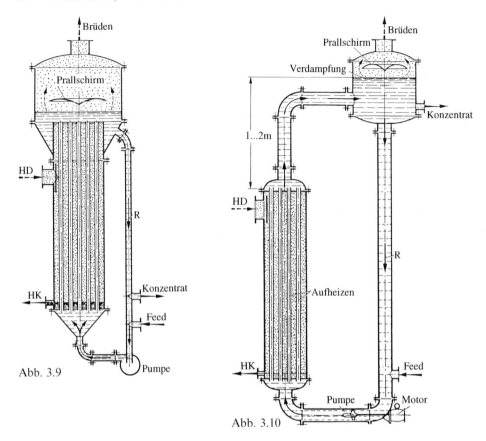

Abb. 3.9   Verdampfer mit außenliegendem Rücklaufrohr und Zwangsumlauf. Bezeichnungen wie in Abb. 3.1.

Abb. 3.10   Verdampfer mit außenliegendem Heizkörper und Zwangsumlauf. Bezeichnungen wie in Abb. 3.1.

Plattenverdampfer (Abb. 3.12) zeichnen sich wegen der geringen Plattenabstände schon bei verhältnismäßig kleinen Flüssigkeitsgeschwindigkeiten durch hohe Wärmedurchgangskoeffizienten aus. Sie werden häufig in der Nahrungsmittelindustrie (z. B. Molkereien und Brauereien), vermehrt in der chemischen Industrie und zur Trinkwassergewinnung aus Meerwasser eingesetzt. Auf Grund ihres geringen Flüssigkeitsinhaltes ergeben sich kurze Verweilzeiten, wodurch sie besonders zur Verarbeitung temperaturempfindlicher Produkte geeignet sind. Das Einsatzgebiet von Plattenverdampfern beschränkt sich auf Lösungen bis zu mittleren Viskositäten, die keine Feststoffe enthalten dürfen. Ebenfalls einschränkend sind die geringe Fähigkeit, mit größeren Dampf- bzw. Brüdenströmen fertig zu werden, und die durch das Dichtungsmaterial gegebenen Grenzen für Betriebsdruck und -temperatur.

Die kompakte Bauweise ermöglicht kleine äußere Abmessungen auch bei größeren Wärmeübertragungsflächen. Der geringere Materialaufwand erlaubt auch bei hochwertigen Sonderwerkstoffen niedrigere Baukosten.

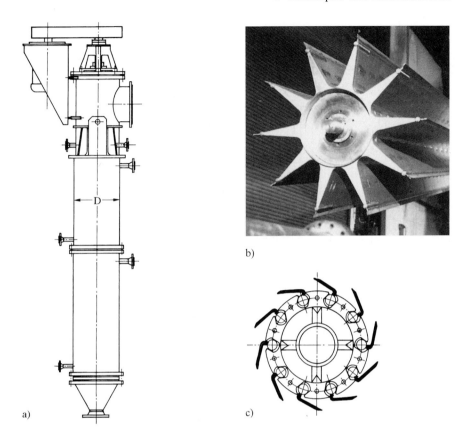

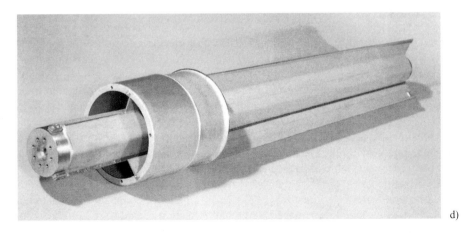

Abb. 3.11   BUSS-Dünnschichtverdampfer (a) mit verschiedenen Rotorformen (b), (c), (d).

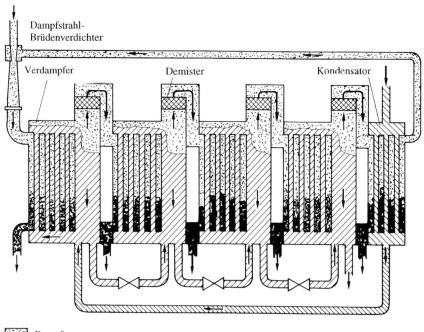

Dampf

Kondensat

konzentriertes Meerwasser

frisches Meerwasser

Abb. 3.12   Plattenwärmetauscher als vierstufiger Verdampfer zur Gewinnung von Trinkwasser aus Meerwasser.

Produkte mit sehr kurzen Verweilzeiten (1 s) und gleichzeitig hohen Zähigkeiten (20 Pa s) können in neuentwickelten *Zentrifugalverdampfern* (Abb. 3.13 und 3.14) verarbeitet werden.

Die zu verdampfende Flüssigkeit wird in einen mit hoher Drehzahl rotierenden kegelstumpfförmigen Verdampferkörper gegeben. Die Flüssigkeit wird unter Wirkung der Zentrifugalkraft gleichmäßig in einem dünnen Film über die konische Verdampferfläche verteilt, nichtverdampfende Flüssigkeit wird an der Oberkante des Konus abgeschleudert. Die Filmdicke ist bei stufenlos regelbaren Drehzahlen bis 1600 U/min auf 0,1 mm einzustellen.

Durch Abschleudern des Kondensates auf der Heizdampffläche werden Wärmeübergangszahlen erzielt, die um Größenordnungen höher liegen als bei reiner Filmkondensation. Bei Temperaturdifferenzen zwischen Heizdampf und Flüssigkeit von 5 bis 80 K sind Wärmedurchgangszahlen von 500 bis 10 000 W/m²K einstellbar. Die Abmessungen der Zentrifugalverdampfer sind aus konstruktiven Gründen allerdings klein (typische Heizflächen: 0,25 bis 1 m²; typische Durchsetzleistungen: 0,25 bis 1 m³/h).

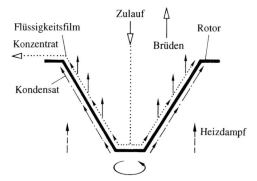

Abb. 3.13   Arbeitsprinzip eines Dünnschichtverdampfers für extrem kurze Verweilzeit, System Liprotherm.

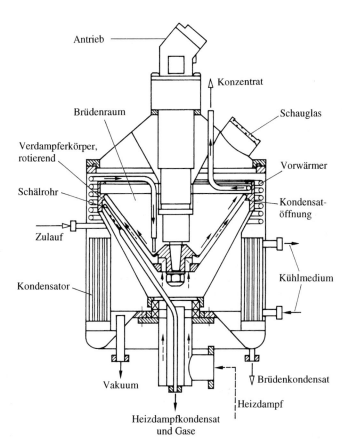

Abb. 3.14   Konstruktionsprinzip Liprotherm-Verdampfer.

3.3 Der Wärmeübergang beim Kondensieren

Literatur: Brown [3.1], S. 448/453; Coulson/Richardson [A. 3], I, S. 372/383; Eckert [3.22], S. 195/202; Fishenden/Saunders [3.3], S. 162/173; Gregorig [3.4], S. 226/321 (sehr ausführlich); Groeber/Erk/Grigull [3.5], S. 283/311; Jakob [3.8], S. 658/696; McAdams [3.9], S. 254/293 (Kondensation von Gemischen S. 280 bis 283); Michejew [3.23], S. 129/144; Rant [3.21], S. 89/103; Rohsenow/Choi [3.2], S. 237/256; VDI-Wärmeatlas [3.10], Teil J; Kern [3.11], S. 252/374.

Im Gegensatz zum Wärmeübergang beim Verdampfen sind die Vorgänge bei der *Filmkondensation* heute recht gut bekannt.

Damit ein Dampf an einer Wand kondensiert, muß ihre Oberflächentemperatur T_W unter der Sättigungstemperatur T_S des Dampfes liegen. Das Kondensat schlägt sich dann in Form einzelner Tropfen (Tropfenkondensation) oder als zusammenhängender Film (Filmkondensation) nieder.

Bei der *Tropfenkondensation* ist die Wand nur teilweise (zu 40 bis 50%) mit Kondensat bedeckt. Die α-Werte sind dabei sehr hoch; Shea and Krase [3.24] geben für Tropfenkondensation von Wasserdampf an einer senkrechten Wand von 0,12 m Höhe bei einem Druck von $p = 1$ bar Werte bis zu $\bar{\alpha} = 410\,\mathrm{kW/(m^2\,K)}$ an.

Tropfenkondensation tritt nur dann auf, wenn das Kondensat die Wand nicht benetzt. Da aber praktisch alle Flüssigkeiten die für Kondensatoren verwendeten Materialien gut benetzen, trifft man die günstige Tropfenkondensation selten an. Man hat deshalb versucht, die Benetzbarkeit der Kondensationsoberfläche künstlich herabzusetzen, und dadurch die Tropfenkondensation zu erzwingen. Man erreichte dies durch Impfstoffe (Antinetzmittel, Promotoren wie z. B. Japanwachs, Stearinsäure), die man dem Dampf zugab oder gerade auf die Kondensationswand aufbrachte. Für die Benetzung ist dann nur noch die Grenzflächenspannung Kondensat-Impfstoff maßgebend. Man hat damit schon gute Erfolge erreicht; allerdings muß der Impfstoff ständig oder doch periodisch zugesetzt werden, weil sonst die Wände vom abfließenden Kondensat innerhalb kurzer Zeit wieder reingewaschen würden, und dadurch seine Wirkung rasch verloren ginge.

Für viele organische Dämpfe, die in der chemischen Industrie häufig zu kondensieren sind und die Metalloberflächen gut benetzen, kennt man heute noch keine geeigneten Impfstoffe. Es soll deshalb im folgenden nur die fast immer anzutreffende *Filmkondensation* besprochen werden.

Für den mittleren Wärmeübergangskoeffizienten bei Filmkondensation an einer[)] vertikalen Wand der Höhe H hat Nusselt [3.25] durch theoretische Überlegungen erhalten[6]:

$$\bar{\alpha} = 0,943 \left[\frac{g\,\rho'\,(\lambda')^3\,r}{\nu'\,H\,(T_S - T_W)} \right]^{0,25} ; \tag{3.17}$$

g = örtliche Erdbeschleunigung in $\mathrm{m/s^2}$;
T_S = Sattdampftemperatur in K;
T_W = Oberflächentemperatur der Kühlwand in K;

---

[6] Die Ableitung dieser Formel findet sich auch in Grassmann [A. 5], S. 543/546; Gröber/Erk/Grigull [3.5], S. 285/288; Jakob [3.8], S. 661/666; Michejew [3.23], S. 129/133; Rohsenow/Choi [3.2], S. 237/239.

Die Stoffgrößen ρ', λ' und ν' beziehen sich — wie durch den Strich angedeutet — auf den Kondensatfilm. Bei großen Differenzen $T_S - T_W$ ist es angezeigt, sie bei der Mitteltemperatur $T_m = 0,5\,(T_S + T_W)$ einzusetzen. Die Verdampfungsenthalpie r bezieht sich immer auf die Sättigungstemperatur T_S.

Ist die Wand um den Winkel φ gegen die Waagerechte geneigt, so wird[7]

$$\bar{\alpha} = \bar{\alpha}_{\text{vertikal}} \, (\sin \varphi)^{0,25} . \tag{3.18}$$

Diese Beziehungen gelten unter den Voraussetzungen, daß 1. die Wand glatt sei; 2. der Film laminar ströme; 3. Schubkräfte vom Dampf an den Kondensatfilm fehlen; 4. der Dampf frei von nichtkondensierenden Gasen sei und der Wärmeleitwiderstand allein im laminaren Film liege.

Weitere Voraussetzungen s. Grassmann [A. 5], § 8.17; Gröber/Erk/Grigull [3.5], S. 285; Michejew [3.23], S. 134.

Da diese Voraussetzungen in Wirklichkeit nur annähernd erfüllt sind, weichen die gemessenen Werte von den theoretischen bis zu 20% ab, und zwar liegen sie im allgemeinen höher. Nach Kapitza (zitiert nach Michejew [3.23], S. 134) ist die Hauptursache dafür in einer durch die Oberflächenspannung hervorgerufenen Wellenbewegung der Filmoberfläche zu sehen. Berücksichtigt man diese Erscheinung, so stimmen Theorie und Experiment gut überein. Für die vertikale Wand der Höhe H und das senkrechte Rohr der Länge H gilt somit

$$\alpha = (0,943 \text{ bis } 1,13) \left[\frac{g \, \rho' \, (\lambda')^3 r}{\nu' \, H (T_S - T_W)} \right]^{0,25} . \tag{3.19}$$

Für den Wärmeübergangskoeffizienten bei Kondensation an einem waagerechten Rohr des Durchmessers D erhielt Nusselt:

$$\bar{\alpha} = 0,725 \left[\frac{g \, \rho' \, (\lambda')^3 r}{\nu' \, D (T_S - T_W)} \right]^{0,25} . \tag{3.20}$$

Nach Short und Brown [3.26] darf diese Gleichung unverändert auch für die einzelnen Rohre eines Registers verwendet werden. Das auf die unteren Rohre herabtropfende Kondensat vergrößert zwar die Filmdicke und damit den Wärmeleitwiderstand, durchwirbelt aber gleichzeitig den Kondensatfilm derart, daß der Einfluß der größeren Filmdicke ungefähr aufgehoben wird.

Der Nusseltschen Wasserhauttheorie wurde ein laminarer Kondensatfilm zugrunde gelegt, in dem die Kondensationswärme durch reine Leitung von der Filmoberfläche an die Kühlwand transportiert wird. Beobachtungen zeigten aber, daß der Film nur so lange laminar strömt, als die auf ihn bezogene Reynolds-Zahl unterhalb eines kritischen Wertes $\text{Re}_{\delta, \text{krit}}$ liegt. Es ist

$$\text{Re}_\delta \equiv \frac{\rho' \, \bar{w} \, \delta}{\eta'} = \frac{M^*_{K,1}}{\eta'} ; \tag{3.21}$$

δ = Dicke des Kondensatfilms in m;
$\bar{w}$ = mittlere Geschwindigkeit des Kondensats in m/s;
$M^*_{K,1}$ = auf die Filmbreite bezogener Kondensatstrom in kg/s m.

---

[7] Coulson/Richardson [A. 3], I, S. 372/375 oder Jakob [3.8], S. 666.

Die von verschiedenen Autoren für $\mathrm{Re}_{\delta,\,\mathrm{krit}}$ angegebenen Werte liegen zwischen 300 und 525 (vgl. Eckert [3.22], S. 200).

Strömt der Film erst laminar und von einem gewissen Punkt an turbulent (Abb. 3.15), so ergibt sich für den gesamten Film der Höhe H (laminarer und turbulenter Bereich) näherungsweise ein mittlerer Wärmeübergangskoeffizient von

$$\bar{\alpha}_{\mathrm{lam/turb}} = 0{,}30 \cdot 10^{-2} \left[\frac{g\,(\rho')^2\,(\lambda')^3\,(T_S - T_W)\,H}{(\eta')^3\,r} \right]^{0,5}. \tag{3.22}$$

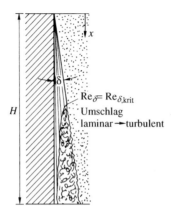

Abb. 3.15   Bei einer kritischen Reynolds-Zahl schlägt der an einer vertikalen Wand abfließende Kondensatfilm von der laminaren zur turbulenten Strömung um.

Ist der zu kondensierende Dampf überhitzt, so dürfen ebenfalls obige Gl.n. (3.19), (3.20), (3.22) angewendet werden. Man hat nur an Stelle der Kondensationswärme r die wirklich abzuführende Enthalpie $h'' - h' = r + c_p''\,(T_{\ddot{u}} - T_S)$ zu setzen (c_p'' ist die spezifische Wärmekapazität des überhitzten Dampfes und $T_{\ddot{u}}$ seine Temperatur). Der mittlere Wärmeübergangskoeffizient α ändert sich durch diese Korrektur nur sehr wenig. Für $T_S - T_W$ wird nach wie vor die Differenz zwischen der dem Dampfdruck entsprechenden Sattdampftemperatur T_S und der Wandtemperatur T_W eingesetzt.

Bei merklichen Strömungsgeschwindigkeiten des Dampfes im Kondensator dürfen die Schubspannungen zwischen ihm und dem Kondensat nicht mehr vernachlässigt werden. Der Wärmeübergang wird in fast allen Fällen erhöht, und zwar um so stärker, je höher der Kondensationsdruck ist.

Da sich die Kühlflüssigkeit in den Rohren erwärmt, bleibt die Wandtemperatur T_W nicht über die ganze Länge des Rohres konstant, sondern nähert sich immer mehr der Kondensationstemperatur T_S. Diese Erscheinung ist bei Gregorig [3.4], S. 232/248 ausführlich behandelt.

Enthält der zu kondensierende Dampf Gase, die sich erst bei tieferer Temperatur verflüssigen (z. B. Luft), so sinkt der Wärmeübergangskoeffizient α sehr rasch ab. Nach Baum (zitiert nach Michejew [3.23], S. 140) beträgt α bei 1% Luftgehalt noch 40% des Wertes, den man für gasfreien Dampf erhält, was durch Messungen von Kopp [3.27] an einem Einspritzkondensator (s. Abschn. 3.4) bestätigt wurde. Besondere Beachtung ist deshalb der Notwendigkeit zu schenken, die sich im Kondensator ansammelnden, nichtkondensierenden Gase abzublasen.

Auch die Form der Rohroberfläche übt einen ganz wesentlichen Einfluß auf den Vorgang der Kondensation aus. So wird a stark heraufgesetzt, wenn man das Rohr mit feinen Rillen versieht, die in der Richtung des abfließenden Kondensats verlaufen (Gregorig [3.4], S. 271/289).

3.4 Bauarten von Kondensatoren

Die weitaus meisten Kondensatoren werden als *Rohrbündelkondensatoren* mit stehenden oder liegenden Rohren gebaut. Da sie sich kaum von den bisher besprochenen Wärmeaustauschern unterscheiden, wollen wir diese Klasse übergehen und uns

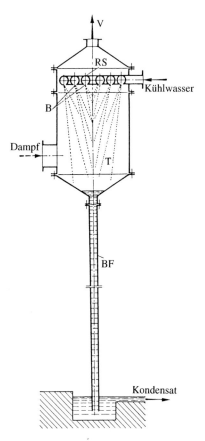

Abb. 3.16   Schema eines Einspritzkondensators. B: Bohrungen, durch die das Kühlwasser in den Dampfraum eintritt; BF: barometrisches Fallrohr; RS: Rohrschlange für das Kühlwasser; T: Tröpfchen; V: zur Vakuumpumpe.

zum Schluß einer interessanten Sonderbauart, dem *Einspritzkondensator*[8] zuwenden: In einem Einspritzkondensator (Abb. 3.16) werden der zu kondensierende Dampf und das Kühlwasser durch Vermischen in einem unter Vakuum stehenden Gefäß unmittelbar miteinander in Berührung gebracht. Das Kühlwasser wird (wie in Abb. 3.16) durch Düsen oder Bohrungen als feine Tröpfchen in den Dampf eingespritzt oder es fließt als freifallender Film oder in Form von einzelnen Strahlen durch den Kondensationsraum hindurch. Der Dampf kondensiert an der freien Oberfläche des Kühlwassers.

Wegen ihrer konstruktiven Einfachheit und großen Leistung erfreuen sich die Einspritzkondensatoren besonders in der chemischen Industrie immer größerer Beliebtheit. Außerdem sind sie leicht vor Korrosion zu schützen! Allerdings können sie nur zur Kondensation von Wasserdampf oder wertlosen Abdämpfen verwendet werden, die das Abwasser nicht belasten dürfen, da sich ja das Kondensat mit dem Kühlmedium (fast immer Wasser) vermischt.

Die Leistung eines Einspritzkondensators wird im wesentlichen durch die erzeugte spezifische Oberfläche des Kühlwasserstromes ($m^2/(kg/s)$) und dessen Berührungszeit mit dem Dampf bestimmt. Die größte spezifische Oberfläche ergibt sich, wenn das Wasser in Form kleiner Tröpfchen verdüst wird, die geringste, wenn das Wasser als Film fällt (Kopp [3.27], S. 65/67).

Abb. 3.17 zeigt den mittleren Wärmedurchgangskoeffizienten k in Funktion des Druckes mit der Fallhöhe des Filmes als Parameter.

Für Druckzerstäuber wurde an Tröpfchen von 0,57 mm Durchmesser (spezifische Oberfläche $\approx 10,5\ m^2/kg$!) bei einer Wärmestromdichte von 230 kW/m² ein

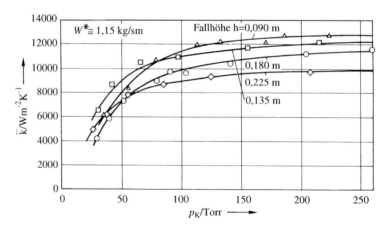

Abb. 3.17   Mittlerer Wärmedurchgangskoeffizient k in Funktion des Kondensatordruckes bei verschiedenen Fallhöhen des Films nach Kopp [3.27], S. 35. W* = Kühlwasserstrom pro Meter Filmbreite ((kg/s)/m). Die Wärmestromdichten betragen q* = 60 bis 120 kW/m²; 1 Torr (veraltet) = 133,3 Pa.

---

[8] Auch Kassatkin [A. 7/I], S. 476/487 und Kopp [3.27].

Wärmedurchgangskoeffizient von $k = 100\,\text{kW}/(\text{m}^2\,\text{K})$ gemessen (Kopp [3.27], S. 67/72). Nach 0,24 m Flugbahn hatten die Tröpfchen praktisch Siedetemperatur erreicht.

Aufgaben zu Kapitel 3

3.1 Für den Wärmeübergangskoeffizienten von siedendem Wasser gelte folgende Zahlenwertgleichung (vgl. Gl. 3.3):

$$\alpha = 1{,}86\,q^{*\,0,72}\,p^{0,24} \tag{3.3a}$$

wobei α in $\text{kcal}/(\text{m}^2\,\text{h}\,\text{K})$;

q^* in $\text{kcal}/(\text{m}^2\,\text{h})$ und
p in at angegeben werden.

Man schreibe die Gleichung in SI-Einheiten.

3.2 (zu 3.3) Die Auslegung des Propanol-Kondensators, mit der in Aufgabe 2.3 begonnen wurde, ist mit der Berechnung des dampfseitigen (= äußeren) Wärmeübergangskoeffizienten α_a für die Kondensation des Propanoldampfes sowie der Bestimmung und Überprüfung des überschläglichen Wärmedurchgangskoeffizienten abzuschließen. Die Stoffwerte von kondensiertem Propanol betragen: $\rho' = 795\,\text{kg}/\text{m}^3$; $\lambda' = 0{,}155\,\text{W}/(\text{m}\,\text{K})$; $\nu' = 2{,}14 \cdot 10^{-6}\,\text{m}^2/\text{s}$. Die Wärmeleitfähigkeit λ_R des Rohrmaterials sei $18\,\text{W}/(\text{m}\,\text{K})$.
(Anleitung; Berechne die mittlere Temperatur $T_{W,\alpha}$ der äußeren Rohrwand mit Hilfe von Gl. (2.4) und (2.7))

4 Grundlagen der Trennprozesse

Fritz Widmer, Raoul Waldburger

4.1 Definitionen

Beim Vermischen von reinen Stoffen erhält man *homogene* oder *heterogene* Gemische. Als homogen werden sie dann bezeichnet, wenn für jedes betrachtete Volumenelement die quantitative Zusammensetzung, die Dichte, Temperatur und der Druck gleich sind (Gasgemische, Äthylalkohol-Wassergemisch). Treffen diese Voraussetzungen nicht zu, so liegt ein heterogenes Gemisch vor (Nebel = Wassertröpfchen im homogenen Luft-Wasserdampfgemisch).

Allgemein läßt sich ein heterogenes Gemisch durch mechanische Hilfsmittel in seine homogenen Teile, die sog. *Phasen*, zerlegen. Homogene Gemische dagegen können nicht durch rein mechanische Maßnahmen in ihre Bestandteile aufgeteilt werden. Vielmehr müssen spezielle, mit zusätzlichem Energieverbrauch verbundene Trennprozesse zu Hilfe gezogen werden. Die wichtigsten dabei zur Anwendung gelangenden Trennverfahren sind in den folgenden Kapiteln beschrieben.

Durch diese Trennprozesse wird das homogene Ausgangsgemisch in Teilströme, sog. *Fraktionen*, zerlegt.

Beispiele: Verflüssigte Luft wird durch Reklifikation in eine sauerstoffreiche und eine stickstoffreiche Fraktion zerlegt. Eine homogene Salzlösung kann durch Kristallisation in Kristalle und Mutterlösung zerlegt werden.

Die gewonnenen Fraktionen sind nie vollständig rein, sie enthalten zumindest in Spuren immer noch die zu entfernenden Bestandteile. Das Verhältnis der in der betreffenden Fraktion tatsächlich gewonnenen Menge zu der im Ausgangsgemisch enthaltenen Menge des gesuchten reinen Stoffes wird als *Ausbeute* bezeichnet. Auf die Rektifikation von verflüssigter Luft angewandt ist nach Abb. 4.1 die Ausbeute

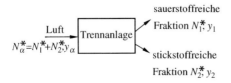

Abb. 4.1   Zur Definition der Ausbeute (y = Stoffmengenanteil des Sauerstoffs).

an Sauerstoff gleich dem Verhältnis der Sauerstoffmenge in der sauerstoffreichen Fraktion zu derjenigen im Ausgangsgemisch:

$$\text{Ausbeute} = \frac{N_1^* y_1}{(N_1^* + N_2^*) y_\alpha} .$$ (4.1)

4.2 Gasgemische

Mischen wir verschiedene sich ideal verhaltende Gase gleicher Temperatur T in einem Mischraum mit Volumen V, so darf meist für jede Gaskomponente i des resultierenden Gemisches die Gasgleichung in der folgenden Form angeschrieben werden:

$$p_i V = n_i \mathscr{R} T \quad (i = 1, 2, 3 \ldots).$$ (4.2)

Die von den einzelnen Komponenten ausgeübten Partialdrücke p_i addieren sich im Gemisch zum Gesamtdruck p (Dalton*sches Gesetz*):

$$\sum_i p_i = p .$$ (4.3)

Summiert man Gl. (4.2) über alle i Komponenten, so folgt unter Berücksichtigung von Gl. (4.3):

$$\sum_i p_i V = V \sum_i p_i = V p = \mathscr{R} T \sum_i n_i = n \mathscr{R} T .$$ (4.4)

Auch für das *Gasgemisch* gilt damit wieder die *Gasgleichung*, wobei als Druck der Gesamtdruck p und für n die Stoffmenge einzusetzen ist.

Mischen wir andererseits ebenfalls unter Voraussetzung konstanter Temperatur nach Abb. 4.2 verschiedene Gaskomponenten mit voneinander verschiedenen Ausgangsvolumina V_i bei gleichem und konstant bleibendem Druck p, so addieren sich deren Ausgangsvolumina V_i zum Gesamtvolumen V des Gemisches. Für den Partialdruck p_i der einzelnen Komponente findet man dann nach dem Boyle-Mariotte*schen Gesetz*:

$$p_i = \frac{V_i}{V} p .$$ (4.5)

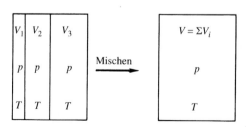

Abb. 4.2   Mischvorgang bei gleichbleibendem Druck p.

Durch Division von Gl. (4.2) durch Gl. (4.4) erhalten wir zusammen mit Gl. (4.5) die Beziehung für den in Abschn. 1.4 definierten Stoffmengenanteil y_i der Komponente i:

$$\frac{p_i}{p} = \frac{n_i}{n} = \frac{V_i}{V} = y_i. \tag{4.6}$$

4.3 Die reversible Trennarbeit idealer Gasgemische

Die thermische Verfahrenstechnik beschäftigt sich im wesentlichen mit der Entwicklung und Durchführung praktischer Trennverfahren. Um den Energiebedarf eines Verfahrens abzuschätzen, ist es interessant, die tatsächliche Trennarbeit mit dem kleinsten theoretischen Arbeitsaufwand, der sog. *reversiblen Trennarbeit*, zu vergleichen. Mit Hilfe des folgenden Gedankenversuches führen wir die Trennung eines aus zwei Komponenten bestehenden idealen Gasgemisches auf reversiblem Wege durch und berechnen die dafür aufzuwendende molare Trennarbeit $\mathscr{A}$.

In einem mit zwei Kolben K_1 und K_2 versehenen Zylinder der Länge $L = 1$ (Abb. 4.3 a) sei eine Stoffmenge n eines Gasgemisches der beiden Komponenten 1 und 2 mit den Stoffmengenanteilen y_1 und $y_2 = (1 - y_1)$ unter einem Gesamtdruck

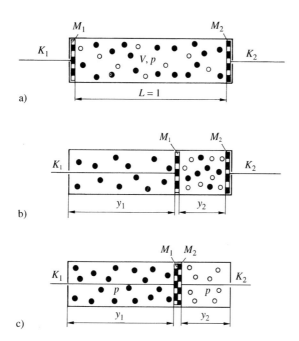

Abb. 4.3   Zur reversiblen Zerlegung eines Gasgemisches, bestehend aus den Komponenten 1 (●) und 2 (○). K_1 und K_2 stellen Kolben dar, die mit semipermeablen Membranen M_1 und M_2 versehen sind.

$p = p_{1,\alpha} + p_{2,\alpha}$ eingeschlossen. Die Flächen der Kolben K_1 und K_2 bestehen je aus einer semipermeablen Membran, wobei die Membran M_1 nur für Moleküle der Komponente 1 und M_2 nur für solche der Komponente 2 durchlässig ist. Technisch lassen sich bisher diese semipermeablen Membranen nur in seltenen Fällen herstellen (s. Abschn. 12.3 u. 12.4); als Hilfsmittel für unsere Betrachtungen eignen sie sich aber ausgezeichnet.

In einem ersten Schritt unseres durchzuführenden Trennvorganges verschieben wir den Kolben K_1 um den Weg y_1 nach rechts (Abb. 4.3 b). Dadurch erhöht sich der Partialdruck p_2 der Komponente 2, deren Moleküle die Membran M_1 nicht durchdringen können, auf den Wert $p_{2,\omega}$. Wird diese Kompression isotherm durchgeführt, so gilt:

$$\frac{p_{2,\alpha}}{p_{2,\omega}} = \frac{V y_2}{V} = y_2, \tag{4.7}$$

und mit $p_{2,\alpha} = y_2 p$ folgt $p_{2,\omega} = p$ = anfänglicher Gesamtdruck. Die isotherme Kompression der Stoffmenge n_2 der Gaskomponente 2 erfordert somit den Arbeitsaufwand

$$A_2 = - n_2 \mathscr{R} T \ln \frac{p_{2,\alpha}}{p} = - n_2 \mathscr{R} T \ln y_2 > 0. \tag{4.8}$$

In einem zweiten Schritt wird der nur für Moleküle der Gassorte 2 durchlässige Kolben K_2 um den Weg y_2 nach links verschoben. In dieser neuen Stellung berühren sich die beiden Kolben K_1 und K_2 (Abb. 4.3 c), und die vollkommene Trennung des Gasgemisches in die beiden Komponenten 1 und 2 ist erreicht. Die Bewegung des Kolbens K_2 erfordert wieder einen äußeren Arbeitsaufwand, um die Stoffmenge n_1 der Gaskomponente 1 vom anfänglichen Partialdruck $p_{1,\alpha}$ auf den Enddruck $p_{1,\omega}$ (= Gesamtdruck p) zu komprimieren:

$$A_1 = - n_1 \mathscr{R} T \ln \frac{p_{1,\alpha}}{p} = - n_1 \mathscr{R} T \ln y_1 > 0. \tag{4.9}$$

Für den gesamten Arbeitsaufwand A der reversiblen Trennung eines idealen Gasgemisches von n kmol in die beiden Komponenten 1 und 2 folgt damit:

$$A = A_1 + A_2 = - \mathscr{R} T [n_1 \ln y_1 + n_2 \ln y_2] > 0. \tag{4.10}$$

Dividieren wir Gl. (4.10) durch die Stoffmenge $n = n_1 + n_2$, so erhalten wir die auf die Stoffmenge des Gemisches bezogene reversible Trennarbeit $\mathscr{A}$:

$$\mathscr{A} = \frac{A}{n} = - \mathscr{R} T \left\{ \frac{n_1}{n} \ln y_1 + \frac{n_2}{n} \ln y_2 \right\}$$

$$= - \mathscr{R} T (y_1 \ln y_1 + y_2 \ln y_2) > 0. \tag{4.11}$$

In Abb. 4.4 ist die auf $\mathscr{R} T$ bezogene molare reversible Trennarbeit für ein 2-Komponentengemisch in Abhängigkeit der Stoffmengenanteile y_1 und y_2 aufgetragen. Für äquimolare Gemische ($y_1 = y_2 = 0,5$) erreicht die aufzuwendende reversible Trennarbeit $\mathscr{A}$ ihren Höchstwert ($\mathscr{A}/\mathscr{R} T = 0,693$). Diese Energie würde beispiels-

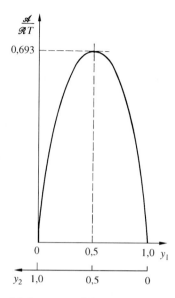

Abb. 4.4   Molare reversible Trennarbeit $\mathscr{A}/\mathscr{R}\,T$ für ein Zweikomponentengemisch in Abhängigkeit der Stoffmengenanteile y_1 und y_2.

weise ausreichen, um ein kmol eines idealen zweiatomigen Gases ($\mathscr{C}_p = (7/2)\,\mathscr{R}$) bei konstantem Druck von 300 K auf 359,4 K zu erwärmen. ($\mathscr{C}_p\,\Delta T = \Delta T(7/2)\,\mathscr{R}$ $= 0{,}693\,\mathscr{R}\,T$; somit $\Delta T = (2/7) \cdot 0{,}693 \cdot 300$ K $= 59{,}4$ K.)

Der betrachtete Gedankenversuch kann auch auf ideale Gemische von mehr als 2 Komponenten ausgedehnt werden. Die reversible molare Trennarbeit für ein n-Komponentengemisch nach Gl. (4.11) erscheint dann in der allgemeinen Form:

$$\mathscr{A} = -\,\mathscr{R}\,T \sum_{i-1}^{n} y_i \ln y_i > 0\,. \tag{4.12}$$

Um die Trennung eines idealen Gasgemisches in der beschriebenen isothermen Weise vornehmen zu können, muß eine dem Energiebetrag der zugeführten Arbeit $\mathscr{A}$ gleiche Wärmemenge Q an die Umgebung abgegeben werden (Abb. 4.5). Die *Entropie* des Systems *vermindert* sich dadurch um ΔS_m:

$$\Delta S_\mathrm{m} = \frac{Q}{T} = \frac{\mathscr{A}}{T} = -\,\mathscr{R} \sum_{i} y_i \ln y_i > 0\,. \tag{4.13}$$

Beim umgekehrten Vorgang, dem reversiblen Mischen durch isotherme Expansion der reinen Gase vom Gesamtdruck p auf ihre Partialdrücke p_i im Gemisch wird eine gleich große Arbeit $\mathscr{A}$ abgegeben, wie sie bei der Trennung aufzuwenden ist. Da bei der isothermen Expansion der gleiche Energiebetrag Q in Form von Wärme $Q = \mathscr{A}$ aus der Umgebung zugeführt werden muß, erhöht sich nun die Entropie des Systems um $\Delta S_\mathrm{m} = Q/T$. Diese Zunahme wird sinngemäß als *Mischungsentropie* bezeichnet und läßt sich nach Gl. (4.13) berechnen. Die Entropie des Gemisches ist also um diesen Betrag ΔS_m größer als diejenige der ungemischten Komponenten, wenn deren Partialdrücke gleich dem Gesamtdruck des Gemisches sind. Dies

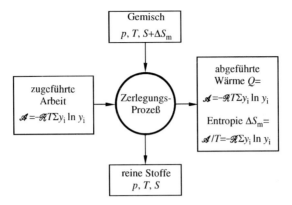

Abb. 4.5   Schema eines reversiblen Zerlegungsvorganges.

entspricht auch der Tatsache, daß die Entropie als Maß der „*Unordnung*" angesehen werden darf. Die Unordnung des Gemisches ist natürlich größer als die der ungemischten Komponenten.

Bei der irreversiblen Mischung nur durch Diffusion wird dagegen weder von außen Wärme zugeführt, noch leisten die beteiligten Gaskomponenten eine Arbeit. Die gewinnbare Arbeit verwandelt sich vielmehr irreversibel in Wärme, die an das Gas übergeht und bei gleichbleibender Temperatur die Entropiezunahme ΔS_m bewirkt.

4.4 Aggregatzustandsänderungen von reinen Stoffen

In einem P, T-Diagramm (Abb. 4.6) lassen sich für reine Stoffe alle thermodynamischen Gleichgewichtszustände zwischen zwei Aggregatzuständen durch Linien darstellen:

Dampfdruckkurve zwischen gasförmigem und flüssigem Zustand;
Schmelzdruckkurve zwischen flüssigem und festem Zustand;
Sublimationsdruckkurve zwischen gasförmigem und festem Zustand.

Die drei Linien schneiden sich in dem für jeden Stoff charakteristischen *Tripelpunkt*, in dem die drei Phasen Gas, Flüssigkeit und Festkörper miteinander im thermodynamischen Gleichgewicht stehen. (Für Wasser ist der Tripelpunkt durch die Temperatur $T = 273{,}16$ K und den Druck $p = 0{,}00611$ bar gekennzeichnet.) Die Dampfdruckkurve endet im *kritischen Punkt*. Für Zustände oberhalb des kritischen Punktes läßt sich keine Grenze zwischen gasförmiger und flüssiger Phase mehr beobachten.

Die Clausius-Clapeyron*sche Beziehung* ([4.1] S. 213) beschreibt die Dampf-, Schmelz- und Sublimationskurve:

$$\frac{\mathrm{d}P}{\mathrm{d}T} = \frac{r}{T(v'' - v')} . \tag{4.14}$$

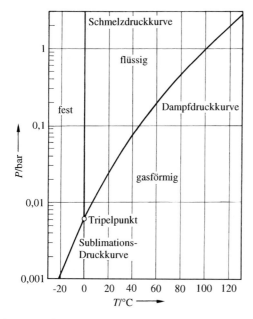

Abb. 4.6 Dampf-, Schmelz- und Sublimationsdruckkurve für Wasser. Die drei Kurven vereinigen sich im Tripelpunkt.

Je nach der betrachteten Zustandskurve muß für r die Verdampfungs-, Schmelz- oder Sublimationsenthalpie und für v'' (in m³/kg) das spezifische Volumen der energiereicheren und für v' dasjenige der energieärmeren Phase eingesetzt werden. Darf das spezifische Volumen der Flüssigkeit oder des Festkörpers gegenüber demjenigen des Gases vernachlässigt werden, und verhält sich weiter der gesättigte Dampf wie ein ideales Gas [$v'' = \mathscr{R}\,T/\mathscr{M}\,P$], so kann Gl. (4.14) in der folgenden Form geschrieben werden:

$$\frac{\mathrm{d}P}{P} = \frac{r\,\mathscr{M}}{\mathscr{R}\,T^2}\,\mathrm{d}T, \tag{4.15}$$

woraus unter der Voraussetzung einer konstanten Verdampfungs- bzw. Sublimationsenthalpie durch Integration folgt:

$$\ln\frac{P}{P_0} = \frac{r\,\mathscr{M}}{\mathscr{R}\,T_0}\left(1 - \frac{T_0}{T}\right). \tag{4.16}$$

In einem Diagramm (Abb. 4.7) mit lg (P) als Ordinate und $(-1/T)$ als Abszisse stellt Beziehung (4.16) eine Gerade dar, die als brauchbare Näherung der tatsächlichen Werte betrachtet werden darf. Sie gilt sogar noch in der Umgebung des kritischen Punktes K, obwohl dort die angenommenen Voraussetzungen keineswegs mehr zutreffen; die Fehler der vereinfachenden Annahmen heben sich offenbar weitgehend auf. Diese Darstellung erlaubt darum eine bequeme und einigermaßen genaue Interpolation jedes Wertes für den Dampf- und Subli-

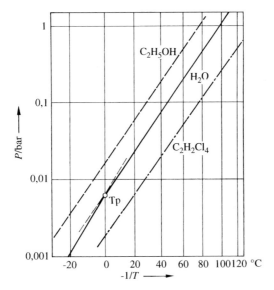

Abb. 4.7 Dampfdruckkurve von Wasser (H_2O), Ethylalkohol (C_2H_5OH) und Tetrachlor-ethan ($C_2H_2Cl_4$) im lg ($P/$bar), $1/T$-Diagramm. (Tp = Tripelpunkt).

mationsdruck, sofern zwei bekannte Wertepaare (P, T) zur Festlegung der Näherungsgraden vorliegen.

Genauere Angaben über Dampfdruckkurven sind zu finden in [4.2]; [4.3]; [4.4]; [4.5], 2. Bd., 2. Teil; [4.6]; [4.7], 4. Bd. und [4.8].

4.5 Lösungen

4.5.1 Das Raoultsche Gesetz

Das Raoult*sche Gesetz* gibt das Gleichgewicht zwischen einer Lösung und dem mit ihr in Berührung stehenden Dampf wie folgt an:

$$p_i = x_i P_i; \qquad (4.17)$$

x_i = Stoffmengenanteil der Komponente i in der Flüssigkeit in kmol Komponente i/kmol Mischung;
p_i = Partialdruck der Komponente i im Dampf in N/m^2;
P_i = Dampfdruck der reinen Komponente i bei der betreffenden Temperatur in N/m^2.

Erfüllen alle Komponenten einer Lösung das Raoultsche Gesetz, so wird diese definitionsgemäß als *ideale Lösung* bezeichnet. Lösungen chemisch ähnlicher Komponenten (z. B. Parafinkohlenwasserstoffe ([4.9], S. 184 f.)) und stark verdünnte Lösungen verhalten sich meist angenähert ideal ([4.9], S. 236 f.).

4.5.2 Anwendung auf ideal verdünnte Salzlösungen

Bei verdünnten Salzlösungen wird üblicherweise die Konzentration durch den − meist kleinen − stöchiometrischen Stoffmengenanteil x_S der gelösten Komponente angegeben (x_S = Stoffmenge Salz/Stoffmenge Lösungsmittel + Stoffmenge Salz). Dieser stöchiometrische Stoffmengenanteil x_S unterscheidet sich vom effektiven Stoffmengenanteil x'_S um den Faktor $i = 1 + \alpha$. Der Dissoziationsgrad α bezeichnet den Bruchteil des Elektrolyten, der in Ionen zerfällt ([4.9], S. 244):

$$x'_S = i\,x_S. \tag{4.18}$$

Unter Voraussetzung einer vollständigen Dissoziation kann der Dissoziationsgrad i für verschiedene Salzlösungen angegeben werden:

Kochsalzlösung: $Na\,Cl \rightarrow Na^+ + Cl^-$ $i = 2;$
$Ca\,Cl_2$-Lösung: $Ca\,Cl_2 \rightarrow Ca^+ + Cl^- + Cl^-$ $i = 3;$
Zuckerlösung: keine Dissoziation $i = 1.$

Diese Werte für den Dissoziationsgrad sind als obere Grenze zu betrachten; denn selbst in stark verdünnten Lösungen ist nicht immer vollständige Dissoziation zu erwarten.

Das Raoultsche Gesetz zur Ermittlung des Partialdruckes p_{LM} des Lösungsmittels LM im Dampf nimmt somit die folgende Form an:

$$p_{LM} = (1 - x'_S)\,P_{LM}. \tag{4.19}$$

Da das gelöste Salz im reinen Zustand einen verschwindend kleinen Dampfdruck P_S gegenüber dem Dampfdruck P_{LM} des Lösungsmittels aufweist, besteht bei mäßigen Drücken der Dampf über der Lösung praktisch nur aus reinem Lösungsmittel. Der Dampfdruck P_L der Lösung darf darum mit guter Annäherung gleich dem Partialdruck p_{LM} des Lösungsmittels gesetzt werden:

$$\begin{aligned} P_L &\approx p_{LM} = (1 - x'_s)P_{LM} \\ &= (1 - i x_s)\,P_{LM}. \end{aligned} \tag{4.20}$$

Nach Gl. (4.19) und (4.20) vermindert sich der Dampfdruck P_L der ideal verdünnten Lösung um den Betrag $i x_S\,P_{LM}$ gegenüber dem Dampfdruck des reinen Lösungsmittels. Mit guter Annäherung kann im Falle einer stark verdünnten Salzlösung die Dampfdruckkurve der Lösung $P_L = f(T)$ in einem Diagramm mit logarithmischer P-Achse ermittelt werden (Abb. 4.8), indem die Dampfdruckkurve des Lösungsmittels P_{LM} parallel zur Ordinatenachse um den Betrag $i x_S$ nach unten verschoben wird. (Nach Gl. (4.20): $\lg P_L = \lg P_{LM} + \lg(1 - i x_S) \approx \lg(P_{LM} - i x_S)$.

Ebenso kann die Änderung sowohl des Siede- wie des Schmelzpunktes verfolgt werden. Bei einem äußeren Druck p weist die Salzlösung gegenüber dem reinen Lösungsmittel den um die Siedepunktserhöhung ΔT_S höheren Siede- und den um die Gefrierpunktserniedrigung ΔT_G tieferen Schmelzpunkt auf. Diese Gefrierpunktserniedrigung tritt besonders dann auf, wenn vorausgesetzt werden darf, daß sich der gelöste Stoff im erstarrten Lösungsmittel nicht nennenswert löst, wie das beispielsweise beim System Kochsalz − Eis der Fall ist. Mit der vereinfachten Beziehung nach Clausius-Clapeyron (4.15) lassen sich diese Änderungen von Siede-

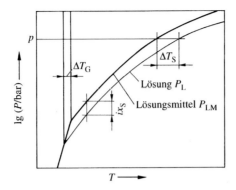

Abb. 4.8   Ermittlung des Dampfdruckes P_L einer Salzlösung aus dem Dampfdruck P_{LM} des reinen Lösungsmittels. ΔT_S = Siedepunktserhöhung, ΔT_G = Gefrierpunktserniedrigung.

und Schmelzpunkt ideal verdünnter Salzlösungen angenähert berechnen (vergl. Grassmann [4.10]):

$$\Delta T_S = \frac{\mathscr{R} \, T^2}{\mathscr{M} \, r_S} \, i x_S , \tag{4.21}$$

$$\Delta T_G = \frac{\mathscr{R} \, T^2}{\mathscr{M} \, r_G} \, i x_S \tag{4.22}$$

mit r_S, r_G = Verdampfungs- bzw. Schmelzenthalpie des reinen Lösungsmittels bei der Temperatur T.

4.5.3 Mischungswärme

Beim Vermischen realer Gase gleicher Temperatur ändert sich die Temperatur nicht, sofern nicht große Abweichungen vom idealen Gas vorliegen oder chemische Reaktionen auftreten. Beim Mischen von Flüssigkeiten oder beim Lösen von Salzen ist dagegen vielfach eine Temperaturänderung feststellbar. (Ein Vermischen von Ethylalkohol mit Wasser führt zu einer merklichen Erwärmung; umgekehrt kann man durch sogenannte Kältemischungen ([4.7], 3. Bd., S. 4) eine Temperaturerniedrigung erreichen.) Diese Erscheinungen lassen sich mit Hilfe der *Mischungswärme* erklären.

Führen wir einem Gefäß (Abb. 4.9) zwei Massenströme M_1^* (Flüssigkeit 1) und M_2^* (Flüssigkeit 2) von gleicher Temperatur T_α zu, so wird im allgemeinen bei adiabater Mischung die Temperatur T_ω des austretenden Massenstromes $(M_1^* + M_2^*)$ von der Eintrittstemperatur T_α abweichen. Soll sich kein Temperaturunterschied zwischen Ein- und Austritt ergeben, muß der Lösung im Gefäß eine spezifische Wärmemenge $q_t = Q_t^* / (M_1^* + M_2^*)$ zugeführt oder entzogen werden.

Da es in der Thermodynamik und physikalischen Chemie üblich ist, dem System *zugeführte* Energiebeträge als *positiv* zu betrachten, spricht man von *positiver Mischungswärme* q_t, wenn zwecks isothermer Mischung Wärme zugeführt werden muß. Dies bedeutet, daß bei einem Stoffsystem mit positiver Mischungswärme

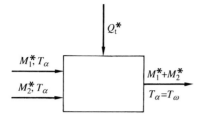

Abb. 4.9 Schema der isothermen Mischung zweier Stoffströme M_1^* und M_2^*.

($q_t > 0$) die beteiligten Stoffe bei adiabater Durchführung der Mischung sich abkühlen ($T_\omega < T_\alpha$), und umgekehrt bei einer negativen Mischungswärme ($q_t < 0$)
sich erwärmen ($T_\omega > T_\alpha$).

4.6 Enthalpie-Konzentrations-Diagramme

Literatur: Bošnjaković [4.11]; Grassmann [4.10].

Mit Hilfe von *Enthalpie-Konzentrations-Diagrammen* lassen sich viele Aufgaben
sehr leicht graphisch lösen, deren rein rechnerische Behandlung oft mühsam wäre.
Trotz der beschränkten Genauigkeit, die aber meist den Anforderungen technischer
Berechnungen vollauf genügt, bilden diese Diagramme ein wichtiges Hilfsmittel,
vor allem bei der Behandlung von Zweikomponenten-Systemen. So erweist es sich
als zweckmäßig, die besprochene Temperaturänderung, wie sie beim Mischen
zweier Flüssigkeiten oder auch beim Auflösen mancher Salze auftritt, an Hand
eines h, w- oder $\mathcal{H}$, x-Diagrammes zu verfolgen. Das gleiche gilt für die Berechnung
der zu- und abzuführenden Wärmen.

In diesen Diagrammen (Abb. 4.10) ist als Abszisse der Massenanteil w der einen
Komponente und auf der Ordinate die auf die Masseneinheit des Gemisches bezogene spezifische Enthalpie h aufgetragen; manchmal auch als Abszisse der Molanteil x und als Ordinate die molare Enthalpie $\mathcal{H}$. Wenn man nach Übereinkunft
für die beiden reinen Komponenten meist $h = 0$ für $t = 0°C$ setzt, so sei doch
betont, daß die Wahl des Nullpunktes willkürlich ist.

In derartigen Diagrammen sind vor allem die *Isothermen* und die Phasengrenzlinien (*Solidus-*, *Liquidus-*, *Siede-* und *Taulinien*) von Bedeutung (Abb. 4.10). Die
Soliduslinie trennt das Gebiet der festen Phase von einem Zweiphasengebiet (fest
– flüssig), das seinerseits gegenüber der flüssigen Phase durch die Liquiduslinie
abgegrenzt ist. Die Liquiduslinie entspricht damit dem Beginn der Erstarrung oder
dem Ende des Schmelzens. Der in der Senkrechten gemessene Abstand zwischen
Solidus- und Liquiduslinie ist gleich der Schmelzenthalpie r_G eines Gemisches, dessen Zusammensetzung sich während des Schmelzvorganges nicht ändert.

Siede- und Taulinie trennen das flüssig-gasförmige Zweiphasengebiet von dem
Gebiet der flüssigen und der gasförmigen Phase (die Taulinie entspricht dem Be-

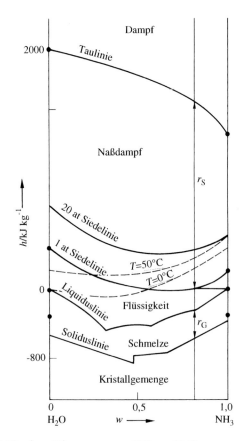

Abb. 4.10 h, w-Diagramm von $NH_3 - H_2O$.

ginn, die Siedelinie dem Ende der Kondensation). Der in der Senkrechten gemessene Abstand ist gleich der Verdampfungsenthalpie r_S (Kondensationsenthalpie) eines Gemisches, dessen Zusammensetzung während der Aggregatzustandsänderung erhalten bleibt. Wegen der Abhängigkeit der Siedetemperatur vom Druck sind die Tau- und Siedelinien in hohem Maße vom Druck abhängig.

Unter Benutzung des im folgenden allgemein abgeleiteten Hebelgesetzes kann mit Hilfe experimentell gemessener Mischungswärmen der Verlauf der Isothermen festgelegt werden.

4.6.1 Das Hebelgesetz und die Mischungsgerade

Die Ansatzpunkte der Isothermen (Abb. 4.12) an den beiden Ordinatenachsen lassen sich entweder durch die Beziehung $h = \bar{c}_p t$ oder $\mathscr{H} = \overline{\mathscr{C}_p} t$ bestimmen. ($\bar{c}_p$, $\mathscr{C}_p$ = mittlere spezifische bzw. mittlere molare Wärmekapazität der betreffenden reinen Stoffe zwischen 0 und $t°C$.)

Um den Verlauf der Isothermen zwischen den beiden Ordinatenachsen zu finden, helfen uns die folgenden Überlegungen (Abb. 4.11):

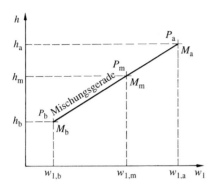

Abb. 4.11   Zur Ableitung der Mischungsgeraden und des Hebelgesetzes im h, w-Diagramm.

Mischen wir die Stoffmenge M_a (Massenanteil der Komponente 1 = $w_{1,a}$; spezifische Enthalpie h_a) mit der Stoffmenge M_b ($w_{1,b}$; h_b), so lassen sich mit Hilfe der Erhaltungssätze (s. Abschn. 1.2) die Menge M_m, die spezifische Enthalpie h_m und die Zusammensetzung $w_{1,m}$ des Gemisches berechnen. Es gilt für die Erhaltung der Masse:

$$M_a + M_b = M_m,$$ (4.23) *Massenbilanz*

die Erhaltung der Komponente 1:

$$M_a w_{1,a} + M_b w_{1,b} = M_m w_{1,m}$$ (4.24) *Komponentenbilanz*

und die Erhaltung der Energie bei <u>adiabater</u> Durchführung der Mischung:

$$M_a h_a + M_b h_b = M_m h_m.$$ (4.25) *Energiebilanz*

Durch Einsetzen von Gl. (4.23) in Gl. (4.24) und (4.25) erhalten wir nach einer kleinen Umformung:

$$M_a (w_{1,m} - w_{1,a}) = M_b (w_{1,b} - w_{1,m}),$$ (4.26)

$$M_a (h_m - h_a) = M_b (h_b - h_m)$$ (4.27)

und durch Division:

$$\frac{h_m - h_a}{w_{1,m} - w_{1,a}} = \frac{h_b - h_m}{w_{1,b} - w_{1,m}}.$$ (4.28)

Gleichung der Mischungsgeraden

Trägt man die Zustandspunkte P_a, P_b und P_m der Teilmengen M_a, M_b und des Gemisches M_m in ein h, w-Diagramm (Abb. 4.11) ein, so liegen sie auf einer Geraden, der sog. *Mischungsgeraden*. Der Quotient auf der linken Seite von Gl. (4.28) entspricht nämlich bis auf einen Maßstabfaktor dem Tangens des Neigungswinkels der Verbindungsgeraden zwischen den Punkten P_a und P_m; der Quotient auf der rechten Seite dem entsprechenden Wert für die Verbindungsgerade der Punkte P_m

und P_b. Da beide Verbindungsgeraden durch P_m gehen und die gleiche Neigung aufweisen, muß der Mischungspunkt P_m somit auf der Verbindungsgeraden von P_a nach P_b, der Mischungsgeraden, liegen.

Aus Gl. (4.26) und (4.27) folgt zudem das sogenannte *Hebelgesetz* für die Mischung:

Hebelgesetz

> *Teilmenge M_a mal Abstand $\overline{P_a P_m}$ = Teilmenge M_b mal Abstand $\overline{P_b P_m}$.*

Denkt man sich die Mischungsgerade durch einen im Mischpunkt P_m aufliegenden Balken und die Massen M_a und M_b durch daran angreifende proportionale Kräfte ersetzt, so entspricht die obige Beziehung dem Hebelgesetz der Mechanik.

Allgemein führt die gleichzeitige Gültigkeit von drei unabhängigen Erhaltungssätzen immer auf derartige Hebelgesetze und Mischungsgeraden.

4.6.2 Der Verlauf der Isothermen in der flüssigen und in der gasförmigen Phase

Mischen wir 0,6 kg Wasser und 0,4 kg Ethylalkohol von je 20°C, so ergibt sich für das Gemisch ($w_1 = 0,4$) eine Temperatur von ungefähr 28°C. In einem h, w-Diagramm (Abb. 4.12) liegt somit der entsprechende Mischpunkt M auf der 28°C-Isothermen. Um bei gleicher Zusammensetzung den Punkt der 20°C-Isothermen zu finden, muß vom Zustandspunkt M der Mischung aus die hier negative Mischungswärme q_t (ungefähr 29,3 kJ/kg) nach unten abgetragen werden. Eine negative Mischungswärme führt also zu nach unten durchhängenden Isothermen, eine positive zu nach oben ausgebogenen.

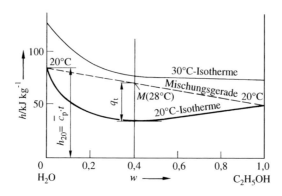

Abb. 4.12   Ermittlung des Verlaufes der 20°C-Isothermen im h, w-Diagramm für das System Wasser-Ethylalkohol mit Hilfe der Mischungswärme q_t.

Für Flüssigkeiten, deren Volumen weder vom Druck noch von der Temperatur merklich beeinflußt wird, ist die innere Energie u vom Druck unabhängig. Damit müßte sich nach der Definitionsgleichung $h = u + pv$ ein Anstieg von h mit wachsendem Druck ergeben. Bei nicht allzu hohen Drücken darf diese Zunahme jedoch infolge des kleinen spezifischen Volumens *v* der Flüssigkeiten vernachlässigt werden, so daß die Isothermen im Flüssigkeitsgebiet dann angenähert als druckunabhängig betrachtet werden dürfen.

Die Isothermen im Dampfgebiet sind infolge der vernachlässigbaren Mischungswärme Geraden. Die Unabhängigkeit der Enthalpie eines idealen Gases vom Druck erlaubt zudem, diese Isothermen mit genügender Näherung als druckunabhängig zu betrachten.

4.6.3 Der Verlauf der Isothermen im Zweiphasengebiet, Gleichgewichtsverhalten

Das Diagrammfeld zwischen Tau- und Siedelinie stellt das *Naßdampfgebiet* dar. Naßdampf ist ein heterogenes Gemisch aus siedender Flüssigkeit und kondensierendem Dampf. Diese beiden Phasen stehen dabei im thermodynamischen Gleichgewicht und haben somit dieselbe Temperatur *T*. Der Zustand eines solchen heterogenen Gemisches wird in Abb. 4.13 durch Punkt *M* dargestellt. Den beiden homogenen Phasen Dampf *G* und Flüssigkeit *L*, aus denen dieses Gemisch *M* aufgebaut ist, entsprechen Zustandspunkte auf den Phasengrenzlinien, dem Dampf Punkt *G* auf der Taulinie und der Flüssigkeit Punkt *L* auf der Siedelinie. Nach der Mischungsregel müssen alle drei Zustandspunkte *L*, *G* und *M* auf einer Geraden, der Mischungsgeraden, liegen, und wegen des Gleichgewichtes zwischen den beiden Phasen muß diese Gerade gleich der Isothermen *T* = konst. sein. Die Isothermen im Naßdampfgebiet sind also Geraden und verbinden je zwei Punkte auf den Phasengrenzlinien, deren Zustände im Gleichgewicht stehen.

Wir setzen den Massenanteil des Dampfes im Gemisch gleich $d = M_D/(M_D + M_F)$, (M_D, M_F = Masse des Dampfes bzw. der Flüssigkeit), und denjenigen der Flüssigkeit gleich $f = M_F/(M_D + M_F)$. Dann teilt der Zustandspunkt *M* des Gemi-

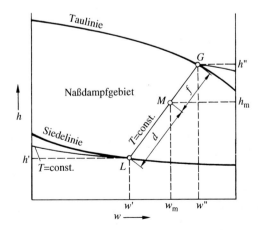

Abb. 4.13   Verlauf der Isothermen im Zweiphasengebiet.

sches die Strecke GL im Verhältnis $d:f$ (Abb. 4.13). Die Enthalpie h_m des Gemisches ist damit gegeben durch:

$$h_m = h'f + h''d = h'f + h''(1-f).\tag{4.29}$$

Beim Eindampfen von Salz- oder Zuckerlösungen besteht die Dampfphase nur aus einer Komponente, dem flüchtigen Lösungsmittel. In diesem Fall führen die Isothermen im Naßdampfgebiet von den Zustandspunkten der Lösung zu Punkten auf der Ordinatenachse des reinen Lösungsmittels. Die Enthalpie des dann überhitzten Dampfes ist infolge der Siedepunkterhöhung um die Überhitzungsenthalpie $c_p''\Delta T_S$ höher als diejenige des reinen gesättigten Lösungsmitteldampfes (s. Abschn. 5.1).

Enthalpie-Konzentrations-Diagramme verschiedener Gemische sind zu finden bei Bosniakovic [4.12] und Rant [4.13].

4.7 Stoffdaten

Literatur: Reid et al. [4.2]; VDI-Wärmeatlas [4.14], Abschn. Da; D'Ans et al. [4.15].

Die Ermittlung von möglichst zuverlässigen Stoffdaten ist für verfahrenstechnische Berechnungen eine wesentliche Voraussetzung. Stoffdaten sind thermodynamische Zustandsgrößen und hängen somit vom Zustand des betrachteten Systems ab. Die für verfahrenstechnische Anwendungen vor allem interessierende Temperatur- und Druckabhängigkeit von Stoffdaten wurde von Reid et al. [4.2] und Kortüm [4.9] behandelt.

Stoffdaten *reiner Fluide* können, sofern keine experimentellen Daten vorhanden sind, entweder mit Strukturgruppen-Methoden oder mit dem Korrespondenz-Prinzip berechnet werden. Bei *Strukturgruppen-Methoden* werden die Stoffdaten ausgehend von Inkrementen der molekularen Strukturelemente berechnet. Beim *Korrespondenzprinzip* werden die Stoffdaten mittels weniger charakteristischer Stoffkonstanten ermittelt. Häufig verwendete, charakteristische Stoffkonstanten sind die Zustandsgrößen Druck p_c, Temperatur T_c und Volumen V_c reiner Stoffe am kritischen Punkt. Weitere charakteristische Stoffkonstanten sind der Siede- und Schmelzpunkt, der kritische Realfaktor Z_c:

$$Z_c = \frac{p_c V_c}{R T_c}\tag{4.30}$$

und der azentrische Faktor ω:

$$\omega = -\lg \frac{p_{(0,7)}^0}{P_c} - 1,\tag{4.31}$$

wobei $p_{(0,7)}^0$ als Dampfdruck der reinen Komponente bei der Temperatur $T = 0,7\,T_c$ definiert ist (Abschn. 8.11.2). Werte charakteristischer Stoffkonstanten sind zu finden bei Reid et al. [4.2], im VDI-Wärmeatlas [4.14] und bei Rathmann et al. [4.16].

Stoffdaten *fluider Gemische* werden beim Fehlen experimenteller Werte des Gemisches mittels Mischungsregeln aus den Stoffdaten der Reinstoffe ermittelt. Sind die Stoffdaten der Reinstoffe ebenfalls nicht verfügbar, können nach der Methode der 1-Fluid-Approximation die charakteristischen Stoffkonstanten ($p_{c,m}$, $T_{c,m}$ und ω_m) des Pseudoreinstoffs berechnet und anschließend, wie bei den Reinstoffen, nach dem Korrespondenzprinizip die Stoffdaten des Gemisches abgeschätzt werden.

Bei den folgenden *Mischungsregeln* geht man von der Annahme idealer Gemische aus und berechnet die Stoffdaten des Gemisches durch Gewichtung der Reinstoffdaten mit dem entsprechenden Konzentrationsmaß [4.9].

Die spezifische und molare *Wärmekapazität* eines idealen Gemisches $c_{p,m}$ bzw. $\mathscr{C}_{p,m}$ bei konstantem Druck lassen sich mit dem Gewichtsanteil w_i bzw. dem Stoffmengenanteil x_i berechnen [4.9]:

$$c_{p,m} = \sum_{i=1}^{n} w_i c_{p,i} \quad \text{bzw.} \quad \mathscr{C}_{p,m} = \sum_{i=1}^{n} x_i \mathscr{C}_{p,i}. \tag{4.32}$$

Die spezifische und molare Wärmekapazität $c_{v,m}$ bzw. $\mathscr{C}_{v,m}$ bei konstantem Volumen, die spezifische und molare Enthalpie h_m bzw. $\mathscr{H}_m$, innere Energie u_m bzw. $\mathscr{U}_m$ und freie Enthalpie g_m bzw. $\mathscr{G}_m$ idealer Gemische lassen sich analog zu Gl. (4.32) ermitteln.

4.7.1 Viskosität

Viskositäten von Gemischen sind oft nicht proportional zur Gemischzusammensetzung. Von Reid et al. [4.2] wurde deshalb zur Abschätzung der Viskosität η_m binärer Gasgemische bei niedrigem Druck (bis 10 bar) die Methode von Wilke empfohlen:

$$\eta_m = \frac{\eta_1}{1 + \dfrac{y_2}{y_1} \varphi_{12}} + \frac{\eta_2}{1 + \dfrac{y_1}{y_2} \varphi_{21}}, \tag{4.33}$$

$$\varphi_{ij} = \frac{\left(1 + \left(\dfrac{\eta_i}{\eta_j}\right)^{1/2} \left(\dfrac{\mathscr{M}_j}{\mathscr{M}_i}\right)^{1/4}\right)^2}{\left(8\left(1 + \dfrac{\mathscr{M}_i}{\mathscr{M}_j}\right)\right)^{1/2}} \tag{4.34}$$

mit den molaren Massen $\mathscr{M}_i$ und $\mathscr{M}_j$ der Komponenten i bzw. j.

Für die Berechnung von Viskositäten von Gasgemischen bei höheren Drücken wurde die Korrespondenz-Methode vorgeschlagen.

Die Viskosität η_m flüssiger Gemische läßt sich nach der folgenden Mischungsregel abschätzen:

$$\eta_m = \exp\left(\sum_{i=1}^{n} x_i \ln \eta_i\right). \tag{4.35}$$

4.7.2 Wärmeleitfähigkeit

Die Wärmeleitfähigkeit von Gasgemischen bei niedrigem Druck kann mit der φ-Funktion Gl. (4.34) nach folgender Mischungsregel ermittelt werden [4.2]:

$$\lambda_m = \sum_{i=1}^{n} \frac{\lambda_i}{1 + 1{,}065 \sum_{\substack{j=1 \\ j \neq i}}^{n} \frac{y_j}{y_i} \varphi_{ij}}. \tag{4.36}$$

Zur Bestimmung der Wärmeleitfähigkeit von Gasgemischen bei höheren Drücken ist die Methode nach Stiel und Thodes mit der 1-Fluid-Approximation zu verwenden [4.2].

Die Wärmeleitfähigkeit flüssiger Gemische läßt sich mit folgender Mischungsregel abschätzen [4.14]:

$$\lambda_m = \left(\sum_{i=1}^{n} x_i \lambda_i^{-2} \right)^{-1/2}. \tag{4.37}$$

4.7.3 Diffusionskoeffizient

Der eindimensionale, stationäre Stofftransport durch Diffusion kann mit dem 1. Fickschen Gesetz beschrieben werden:

$$n^*_i = - D_{ij} \frac{dc_i}{dx} \tag{4.38}$$

mit dem Stoffstrom n^*_i, dem Fickschen Diffusionskoeffizienten D_{ij}, der molaren Konzentration c_i und dem Diffusionsweg x.

Für Gase bei niedrigem Druck p (bis 20 bar) kann der binäre Diffusionskoeffizient D_{12} mit den kritischen Volumina $V_{c,i}$ (in $cm^3 mol^{-1}$), dem Druck p (in atm), der Temperatur T (in K) und den molaren Massen $\mathscr{M}_i$ abgeschätzt werden:

$$D_{12} = 1{,}5 \cdot 10^{-2} \, T^{1,81} \frac{\left(\dfrac{1}{\mathscr{M}_1} + \dfrac{1}{\mathscr{M}_2} \right)^{1/2}}{p \, (T_{c,1} T_{c,2})^{0,1405} (V_{c,1}^{0,4} V_{c,2}^{0,4})^2} \tag{4.39}$$

Weitere Methoden zur Berechnung binärer Diffusionskoeffizienten in Gasen sind gegeben bei Reid et al. [4.2].

Der binäre Diffusionskoeffizient $D(p_2, T)$ für Gase bei hohem Druck läßt sich ausgehend vom binären Diffusionskoeffizient $D(p_1, T)$ bei niedrigem Druck mit dem Dichteverhältnis ermitteln [4.17]:

$$\frac{D_{ij}(p_2, T)}{D_{ij}(p_1, T)} = \frac{\rho_m(p_2, T)}{\rho_m(p_1, T)}. \tag{4.40}$$

Der Diffusionskoeffizient in flüssigen Gemischen kann nach Stokes-Einstein mit dem Molekülradius r abgeschätzt werden:

$$D_{12} = \frac{k\,T}{6\,\pi\,\eta\,r}. \tag{4.41}$$

Für große, unhydratisierte Moleküle ($\mathcal{M}_i > 1000\ \mathrm{g\,mol^{-1}}$) gilt mit guter Näherung [4.2]:

$$D_{12} = 2{,}74 \cdot 10^{-5}\,\mathcal{M}^{-1/3}. \tag{4.42}$$

Weitere Methoden zur Berechnung von Diffusionskoeffizienten in Flüssigkeiten sind bei Reid et al. [4.2], im VDI-Wärmeatlas [4.14] und bei Cussler [4.17] beschrieben. Werte für Diffusionskoeffizienten sind zu finden bei Landolt-Börnstein [4.5].

4.7.4 Oberflächenspannung

Die Oberflächenspannung σ_m von Gemischen kann nach folgender Mischungsregel ermittelt werden:

$$\sigma_m = \sum_{i=1}^{n} x_i\,\sigma_i. \tag{4.43}$$

Weitere Methoden zur Berechnung von Oberflächenspannungen sind zu finden bei Reid et al. [4.2].

4.7.5 Weitere Angaben

Die Dichte- und Konzentrationsberechnung von Gemischen ist in Tab. 1.1 zusammengestellt. Die Berechnung des Dampfdrucks von Gemischen ist in Kap. 5 beschrieben.

Methoden zur Beschreibung von Mehrphasensystemen wurden von Hetsroni [4.18] und Mayinger [4.19] behandelt.

Aufgaben zu Kapitel 4

4.1 (zu 4.3) In einer Luftzerlegungsanlage wird die Stoffmenge n Luft (79 Vol.% N_2, 21% O_2) von 20 °C in eine sauerstoffreiche Fraktion (8% N_2, 92% O_2) und eine stickstoffreiche Fraktion (96% N_2, 4% O_2) von gleicher Temperatur zerlegt. Berechne die molare reversible Trennarbeit dieses Trennvorganges.

4.2 (zu 4.5) Salzhaltiges Meerwasser weise einen mittleren Salzgehalt von 3,5 Gew.% NaCl auf.
a) Wie hoch ist der Dampfdruck über dem Salzwasser bei einer Temperatur von 20 °C? (Dampfdruck des reinen Wassers bei 20 °C ist gleich 18 mm Hg).
b) Wie hoch ist die Siedetemperatur des Salzwassers bei einem Druck von 760 mm Hg?

4.3 (zu 4.5) mischt man je 0,5 kg Wasser und Ethylalkohol von 20°C, so stellt sich in der Mischung eine Temperatur von ungefähr 27,5 °C ein.

a) Wie groß ist die Mischungswärme q_t? (Spez. Wärmekapazität der Mischung $c_{p,m} = 3{,}35$ kJ/(kg K)).

b) Wie groß ist die Zunahme der Entropie bei diesem Mischungsvorgang? (Anleitung: Für die Berechnung der Mischungsentropie dürfen angenähert die Beziehungen für die ideale Gasmischung verwendet werden. Molare Masse der Mischung = 26 kg/kmol).

4.4 (zu 4.6) Welche Zusammensetzung w_m und welche Temperatur T_m weist die Mischung M_m auf, die sich beim Mischen von 70 kg Ethylalkohol-Wasser-Lösung M_a ($w_a = 0{,}8$, $T_a = 30\,°C$) mit 30 kg Lösung M_b der gleichen Komponenten ($w_b = 0{,}4$ $T_b = 20\,°C$) ergibt ($w =$ Massenanteil des Ethylalkohols in der Lösung). Anleitung: Ermittle die Lösung auf graphischem Wege mit Abb. 4.12.

5 Zerlegung von Gemischen durch Verdampfen

Hans Günther Hirschberg

Literatur: Billet [5.1], [5.2], [5.4], [5.17]; Bošnjaković [5.3]; Kirschbaum [5.5]; VDI-GET [5.8]; Rant [5.6].

5.1 Eindampfen und Verdampfen wäßriger Lösungen

5.1.1 Darstellung im h,w-Diagramm und Berechnung der Wärmemengen

Zur Trennung von Gemischen müssen, je nach ihrem thermodynamischen Verhalten, ganz verschiedene Verfahren angewendet werden. In diesem und dem folgenden Kapitel werden Prozesse besprochen, die auf dem Verdampfen und Kondensieren beruhen. Der Übersichtlichkeit halber beschränken wir uns dabei mit Ausnahme von Abschn. 6.5 auf *Zweistoffgemische*.

Die Lösungen, die wir zunächst betrachten, bestehen aus einem flüchtigen Lösungsmittel *(solvent)* und einem darin gelösten, nichtflüchtigen Stoff *(solute)*. In vielen Fällen ist das Lösungsmittel Wasser. Hier soll deshalb nur das Eindampfen und Verdampfen wäßriger Lösungen wie etwa Salz- und Zuckerlösungen besprochen werden.

Wie in Abschn. 4.5 erwähnt, darf man bei solchen Lösungen den Dampfdruck des gelösten Stoffes gegenüber dem Dampfdruck des Lösungsmittels vernachlässigen. Dies bedeutet, daß aus der Lösung beim Sieden nur das Lösungsmittel, also reiner Wasserdampf, entweicht und der gelöste Stoff in der Flüssigkeit zurückbleibt. Die Lösung wird also durch fortgesetztes Ausdampfen immer konzentrierter. Ist man dabei am ausgetriebenen Lösungsmittel interessiert, wie etwa bei der Trinkwassergewinnung aus Meerwasser, so spricht man von *Verdampfen* oder *Abdestillieren*[1]. Ist das Produkt die aufkonzentrierte Lösung, wie beim Eindicken von Fruchtsaft[2], oder der gelöste Stoff selbst (Salz, Zucker), so redet man von *Eindampfen*.

Die Vorgänge des Verdampfens bzw. Eindampfens lassen sich am zweckmäßigsten im h, w-Diagramm[3] verfolgen, da es die wichtigen wärmetechnischen und

---

[1] Siehe Fußnote 4 in Abschn. 6.1.
[2] Bei Fruchtsäften ist zu beachten, daß die Aromastoffe leichtflüchtig sein können.
[3] Man beachte, daß hier mit w der Massenanteil der *nicht*flüchtigen Komponente bezeichnet wird, und nicht wie in Abschn. 5.2 und in Kap. 6 der Massenanteil der *leichter*flüchtigen Komponente.

Darstellg. im h,w-Diagramm stofflichen Zusammenhänge qualitativ wie quantitativ sehr anschaulich beschreibt. Zunächst untersuchen wir die Verhältnisse bei Chargenbetrieb, weil sie hier besonders einfach zu überblicken sind.

1 kg einer Salzlösung befinde sich in einem Behälter, der durch einen beweglichen Kolben abgeschlossen ist, so daß sein Innendruck konstant bleibt, und weder Dampf noch Flüssigkeit austreten kann. Der Anfangszustand der Lösung sei durch den Punkt ① (Abb. 5.1) charakterisiert. Führen wir der Lösung eine Wärmemenge $q'_L = h_2 - h_1$ zu[4], so wird sie zunächst auf ihren Siedepunkt ② erhitzt. Weitere

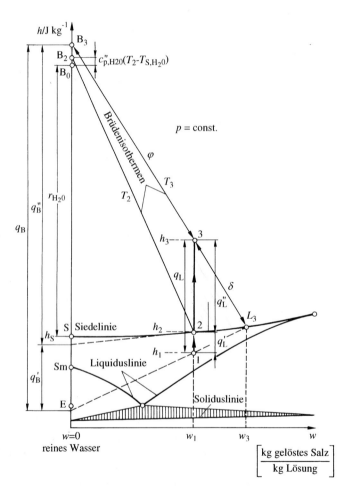

Abb. 5.1   Darstellung des Verdampfungsprozesses im h, w-Diagramm einer Salzlösung. S = Siedepunkt, Sm = Schmelzpunkt, E = Erstarrungspunkt. Übrige Bezeichnungen im Text.

[4] Der Index L besagt, daß sich die zugeführte Wärme auf die gesamte, ursprünglich vorhandene Lösungsmenge (= 1 kg) bezieht. Der Strich ′ bedeutet, daß die Wärmemenge q' zum Aufheizen der Flüssigkeit dient, der Doppelstrich ″, daß q'' zum Verdampfen gebraucht wird.

Wärmezufuhr bewirkt dann, daß sie teilweise verdampft. Der ausgetriebene Dampf, den man *Brüdendampf* oder kurz *Brüden* nennt, ist gemäß unserer Voraussetzung reiner Wasserdampf. Sein Zustandspunkt liegt also auf der Ordinatenachse $w = 0$. Zugleich liegt er auf der Brüdenisothermen, die vom Zustandspunkt der restlichen Lösung ausgeht. Dampf und Restlösung stehen nämlich während des ganzen Prozesses miteinander im thermischen Gleichgewicht. Der Zustandspunkt des zuallererst aufsteigenden Brüdens wird somit als Schnittpunkt der Ordinatenachse $w = 0$ mit der Isothermen T_2 gefunden. Sind die Isothermen im Zweiphasengebiet nicht eingetragen, so erhält man den Dampfpunkt B_2 wie folgt: Wie wir Abb. 4.8 entnehmen können, siedet eine wäßrige Lösung L bei einer Temperatur $T_{S,L}$, die – wegen der Dampfdruckerniedrigung durch den gelösten Stoff – um die Siedepunktserhöhung T_S über der Sättigungstemperatur $T_{S,H20}$ des reinen Wassers liegt. Da der ausgetriebene Brüdendampf mit der Lösung im Gleichgewicht steht, hat auch er die Temperatur $T_{S,L} = T_2$, ist also um $\Delta T_S = T_2 - T_{S,H20}$ überhitzt. Wir müssen somit auf der Ordinate, ausgehend vom Siedepunkt S des reinen Wassers, die Verdampfungsenthalpie r_{H20} ($\gg B_0$) und darüber die Überhitzungsenthalpie $c''_{p,H20} \cdot \Delta T_S = c''_{p,H20}(T_2 - T_{S,H20})$ auftragen, um zum Brüdenpunkt B_2 zu gelangen ($c''_{p,H20}$ ist die spezifische Wärmekapazität des Wasserdampfes).

Während des Ausdampfprozesses verliert die Lösung ständig Wasserdampf an den Brüdenraum. Dadurch erhöht sich ihre Konzentration: Ihr Zustandspunkt wandert auf der Siedelinie nach rechts und ihre Siedetemperatur steigt. Damit rutscht auch der Zustandspunkt B der Brüden, die gemäß unserer Modellvorstellung im Gleichgewicht mit der Lösung bleiben, auf der Ordinatenachse nach oben, beispielsweise nach B_3.

Der Zustandspunkt des ganzen Systems (Dampf und Restlösung) bewegt sich auf der Linie $w_1 = \text{const}$ nach oben, weil die Gesamtkonzentration sich nicht ändert. Man beachte, daß die Temperatur mit zunehmender Konzentration der Lösung ansteigt. Im Punkt 3 auf der Isothermen T_3 sei der Endzustand erreicht. An deren Enden befinden sich der Brüdenpunkt B_3 und der Zustandspunkt L_3 der Restlösung. Nach dem Hebelgesetz (vgl. Abschn. 4.6.1) verhält sich die Dampfmenge zur Restlösungsmenge wie

$$\boxed{\frac{\text{Dampfmenge}}{\text{Lösungsmenge}} = \frac{3 \to L_3}{3 \to B_3} = \frac{\delta}{\varphi}}. \tag{5.1}$$

Die zum Verschieben des Zustandspunktes von 1 nach 3 je kg Ausgangslösung zugeführte Wärmemenge beträgt $q_L = h_3 - h_1$. Davon entfällt, wie bereits festgestellt, der Teil $q'_L = h_2 - h_1$ auf die Erwärmung der Lösung bis zum Siedepunkt, der Rest $q''_L = h_3 - h_2$ auf den Ausdampfvorgang. Projizieren wir diese Strecken von L_3 aus auf die Ordinatenachse, so erhalten wir die entsprechenden Wärmemengen q_B, q'_B, q''_B bezogen auf 1 kg Brüdendampf. Nach dem Strahlensatz gilt nämlich:

$$\frac{q_B}{q_L} = \frac{\delta + \varphi}{\delta} = \frac{\text{Gesamtmenge } (= 1\,\text{kg})}{\text{Brüdenmenge}} \quad \text{oder}$$

$$q_B = \frac{q_L \cdot 1\,\text{kg}}{\text{Brüdenmenge}} = \frac{q_L}{\text{Brüdenmenge}}.$$

Analog findet man:

$$q'_B = \frac{q'_L}{\text{Brüdenmenge}} \quad \text{und} \quad q''_B = \frac{q''_L}{\text{Brüdenmenge}}.$$

In der Praxis füllt man bei der *chargenweisen Verdampfung* einen Verdampfer (z. B. nach Abb. 3.8 bis 3.11) mit der Ausgangslösung vom Zustand 1 und bringt sie zum Sieden. Die aufsteigenden Brüden werden fortlaufend in einem nachgeschalteten Kondensator verflüssigt. Wenn die Restlösung den Zustand L_3 erreicht hat, wird der Prozeß abgebrochen und der Verdampfer entleert. Im Unterschied zum zuvor besprochenen Modellfall haben die Brüden also nicht die einheitliche Temperatur T_3. Vielmehr steigt ihre Temperatur im Laufe des Eindampfvorganges allmählich von T_2 auf T_3 an. Der Wärmebedarf ist daher etwas niedriger als im Modell angenommen. Der Unterschied ist allerdings in vielen Fällen unbedeutend, z. B. bei Lösungen mit geringer Siedepunktserhöhung oder allgemein bei geringer Eindampfungsbreite. Liegen alle drei Temperaturen $T_{S,\text{H2O}}$, T_2 und T_3 nahe beieinander, so darf die Überhitzungsenthalpie ganz vernachlässigt werden, und die Zustandspunkte aller im Laufe des Prozesses ausgetriebenen Brüden fallen mit B_0 zusammen.

Wir wenden uns nun dem *kontinuierlichen Prozeß* zu. Er ist dadurch gekennzeichnet, daß dem Verdampfer kontinuierlich Ausgangslösung F (Feed) zufließt und zugleich konzentrierte Lösung Kz (Konzentrat) sowie Brüden B entnommen werden. Abb. 5.2 zeigt das Schema eines solchen Verdampfers, Abb. 5.3 den darin

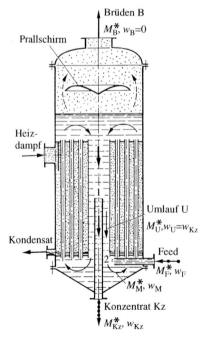

Abb. 5.2   Kontinuierlich arbeitender Verdampfer. Bezeichnungen im Text.

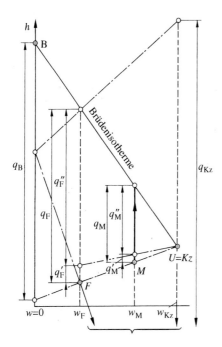

Abb. 5.3 Darstellung der kontinuierlichen Verdampfung im h, w-Diagramm. Bezeichnungen siehe Text und Abb. 5.2.

ablaufenden Prozeß im h, w-Diagramm. Durch das Bodenentnahmerohr wird eingedickte Lösung Kz mit der Konzentration w_{Kz} abgezapft (Punkt ①in Abb. 5.2). Die Umlaufmenge M_U^* mit derselben Konzentration fließt nach unten und vereinigt sich bei②mit der zulaufenden Ausgangslösung M_F^* zum Mischstrom M_M^*. Dieser steigt in den Verdampferrohren nach oben. Dort entstehen Brüden, und die Lösungskonzentration nimmt von w_M auf w_{Kz} zu.

Im h, w-Diagramm liegt der Mischpunkt M auf der Geraden $F \rightarrow U$ und teilt sie nach dem Hebelgesetz im Verhältnis der Mengenströme

$$\frac{F \rightarrow M}{M \rightarrow U} = \frac{\text{Umlauf}}{\text{Feed}} = \frac{M_U^*}{M_F^*}.$$

Da im allgemeinen $M_U^* \gg M_F^*$ ist, liegt M sehr nahe bei U, viel näher als dies – der Deutlichkeit halber – in Abb. 5.3 gezeichnet werden konnte. Die je kg des Mischstromes M_M^* zugeführte Wärmemenge beträgt q_M. Dabei entfällt q_M', wie wir bereits beim Chargenbetrieb festgestellt hatten, auf den Aufheizvorgang bis zum Siedepunkt, q_M'' auf das Ausdampfen. Von Interesse ist aber nicht so sehr die pro kg Mischstrom M_M^* benötigte Wärme, sondern die Wärmemengen q_F je kg Zulauf, q_B je kg ausgedampfter Brüden bzw. q_{Kz} je kg Konzentrat. Der insgesamt zugeführte Wärmestrom beträgt (ohne Berücksichtigung der Wärmeverluste an die Umgebung):

$$Q^* = q_M \cdot M_M^* = q_F \cdot M_F^* = q_B \cdot M_B^* = q_{Kz} \cdot M_{Kz}. \tag{5.2}$$

Wir wollen diese Ausdrücke noch so umformen, daß man q_F, q_B und q_{Kz} unmittelbar aus dem h,w-Diagramm ablesen kann. Es gilt: $q_F = Q^*/N_F = q_M \cdot M_M^*/M_F^*$. Da aber nach dem Hebelgesetz $M_M^*(w_{Kz} - w_M) = M_F^*(w_{Kz} - w_F)$ ist, folgt:

$$q_F = q_M \frac{w_{Kz} - w_F}{w_{Kz} - w_M}. \tag{5.3}$$

Die Salzbilanz für den Verdampfer lautet: $M_F^* \cdot w_F = M_B^* \cdot 0 + M_{Kz}^* \cdot w_{Kz}$ oder $M_F^*/M_{Kz}^* = w_{Kz}/w_F$. Mit Gl. (5.2) ergibt dies: $q_{Kz}/q_F = M_F^*/M_{Kz}^* = w_{Kz}/w_F$ und mit Gl. (5.3):

$$q_{Kz} = q_F \frac{w_{Kz}}{w_F} = q_M \frac{w_{Kz} - w_F}{w_{Kz} - w_M} \frac{w_{Kz}}{w_F}. \tag{5.4}$$

Auf den ganzen Verdampfer angewendet liefert das Hebelgesetz: $M_{Kz}^*(w_{Kz} - w_F) = M_B^*(w_F - 0)$. Mit Gl. (5.2) folgt: $q_B/q_{Kz} = M_{Kz}^*/M_B^* = w_F/(w_{Kz} - w_F)$, und mit Gl. (5.4):

$$q_B = q_{Kz} \frac{w_F}{w_{Kz} - w_F}$$
$$= q_M \frac{w_{Kz} - w_F}{w_{Kz} - w_M} \frac{w_{Kz}}{w_F} \frac{w_F}{w_{Kz} - w_F} = q_M \frac{w_{Kz}}{w_{Kz} - w_M}. \tag{5.5}$$

Nehmen wir die Strahlensätze zu Hilfe, so lassen sich diese drei Wärmemengen im h,w-Diagramm, wie in Abb. 5.3 gezeigt, leicht als Strecken konstruieren. Mit weiteren, ergänzenden Strahlen lassen sich die Gesamtwärmemengen noch in die Aufheiz- und Ausdampfanteile zerlegen. Um die Figur nicht zu überladen, wurde dies nur für q_F durchgeführt.

Liegt kein h,w-Diagramm für das betreffende Stoffgemisch vor, so kann man die Berechnung mit Hilfe von Stoffdaten durchführen, die einschlägigen Tabellenwerken zu entnehmen sind. Wir stellen drei Bilanzgleichungen auf:

Mengenbilanz	$M_F^* = M_B^* + M_{Kz}^*,$
Salzbilanz	$M_F^* \cdot w_F = M_{Kz}^* \cdot w_{Kz},$
Wärmebilanz	$Q^* + M_F^* \cdot h_F = M_B^* \cdot h_B + M_{Kz} \cdot h_K$

und errechnen daraus

$$q_B = Q^*/M_B^* = h_B - (w_{Kz} \cdot h_F - w_F \cdot h_{Kz})/(w_{Kz} - w_F);$$

h_B, h_F und h_{Kz} sind die Enthalpien von Brüden, Zulauf und Konzentrat. Wir legen die Nullpunkte für die Enthalpien der reinen Stoffe beliebig fest, zum Beispiel bei der Temperatur $T = 0\,°C$, und errechnen die gesuchten Enthalpiewerte mit Hilfe der Beziehungen:

$$h_B = \int_0^{T_s} c_f \cdot dT + r_s + \int_{T_s}^{T_B} c_d \cdot dT.$$

T_S ist die Sättigungstemperatur und c_f bzw. c_d sind die spezifischen Wärmekapazitäten des flüssigen bzw. dampfförmigen, reinen Lösungsmittels, r_s seine Verdampfungsenthalpie beim Verdampfungsdruck $p = \text{const.}$, T_B die Brüdentemperatur.

$$h_F = (1 - w_f) \cdot \int_0^{T_F} c_f \cdot dT + w_F + \int_0^{T_F} c_x \cdot dT + H_{L1}.$$

T_F ist die Zulauftemperatur, c_x die spezifische Wärmekapazität des reinen, gelösten Stoffes, H_{L1} seine integrale Lösungsenthalpie bei w_F und T_F.

$$h_{Kz} = (1 - w_{KZ}) \cdot \int_0^{T_{Kz}} c_f \cdot dT + w_{Kz} + \int_0^{T_{Kz}} c_x \cdot dT + H_{L2}.$$

T_{Kz} ist die Konzentrattemperatur, H_{L2} die integrale Lösungsenthalpie bei w_{Kz} und T_{Kz}.

Die Lösungsenthalpie kann, wie in Abschn. 11.4 näher erläutert wird, ein positives oder negatives Vorzeichen haben.

5.1.2 Verbesserung der Wärmenutzung

Man kann den Wärmebedarf eines Eindampfprozesses dadurch herabsetzen, daß man den Zulauf vorwärmt (s. Abb. 5.8), und daß man die Brüden als Heizdampf einsetzt. Dabei bieten sich grundsätzlich zwei Wege an: Bei der *Brüdenverdichtung* erhöht man den Druck der Brüden und beheizt damit beispielsweise den gleichen Verdampfer. Bei der *Mehrstufenverdampfung* läßt man die Brüden direkt in den Heizrohren einer nachfolgenden Verdampferstufe kondensieren, die bei niedrigerem Druck arbeitet. Die beiden Verfahren lassen sich kombinieren.

Brüdenkompression. Die Brüden unmittelbar zur Beheizung des Verdampfers zu verwenden, in dem sie entstanden sind, verbietet der zweite Hauptsatz der Thermodynamik: Der Dampfdruck über der siedenden Lösung im Verdampfer wird nämlich durch den gelösten Stoff erniedrigt. Selbst wenn keine Druckverluste am Austritt aus dem Brüdenraum und in den Verbindungsleitungen entstünden, läge die Kondensationstemperatur des Brüdens unter der Siedetemperatur der Lösung. Eine Wärmeübertragung wäre also ausgeschlossen.

Das T,s-Diagramm (Abb. 5.4) zeigt anschaulich, wie man das Problem lösen und die zur wirtschaftlichen Wärmeübertragung erforderliche Temperaturdifferenz zwischen Heizdampf und Lösung von etwa 8 bis 20 °C erzeugen kann. Komprimiert man nämlich die Brüden vom Druck p_1, bei dem sie anfallen, auf einen Druck p_2, so steigt die Sättigungstemperatur auf den erforderlichen Wert $T_{K,B}$. Das Schema der Anlage zeigt Abb. 5.5. Da die vom Verdichter abgegebene Energie den Wärmeinhalt des Brüdens erhöht, kommt man im stationären Betrieb praktisch ohne Heizdampf aus. Zum Anfahren der Anlage wird allerdings Fremddampf benötigt.

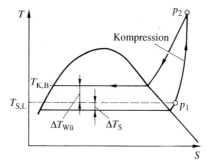

Abb. 5.4   Temperatur-Entropie-Diagramm des Lösungsmittels zur Erläuterung der Brüdenkompression. Bezeichnungen im Text.

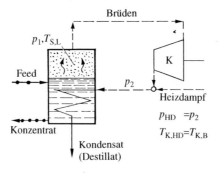

Abb. 5.5   Schema eines Verdampfungs-(Eindampf-)Prozesses mit Brüdenkompression. K = Kompressor.   → Siehe Gwielinder S. 22 ! & S. 24

Wirtschaftlich → Eine der Voraussetzungen für den vorteilhaften Einsatz der Brüdenkompression ist eine kleine Druckdifferenz $p_2 - p_1$. Starke Siedepunktserhöhungen oder ungünstige Wärmeübertragungsverhältnisse und die daraus resultierenden großen Temperaturdifferenzen $T_{W ü}$ können die Wirtschaftlichkeit in Frage stellen.

verwendete Verdichter   In Großanlagen verwendet man zur Brüdenkompression vor allem Turboradialverdichter und Schraubenkompressoren. Dampfstrahlverdichter bieten den Vorteil günstiger Anschaffungs- und Wartungskosten, haben jedoch niedrige Wirkungsgrade ($\approx 20\%$) und kommen daher eher für kleinere Anlagen in Frage.

Mehrstufenverdampfung. Man kann die zur Wärmeübertragung erforderliche Temperaturdifferenz $T_{W ü}$ zwischen Heizdampf und Lösung auch dadurch herstellen, daß man, wie in Abb. 5.6 dargestellt, den beim Druck p_1 und der Siedetemperatur $T_{S, L 1}$ erzeugten Brüden als Heizdampf mit der Kondensationstemperatur $T_{K, B 1} < T_{S, L 1}$ einem nachgeschalteten, zweiten Verdampfer zuführt, in dem die Lösung unter einem niedrigeren Druck $p_2 < p_1$ bei $T_{S, L 2} = T_{K, B 1} - T_{W ü}$ siedet. Der dort erzeugte Brüden kann wiederum einen dritten Verdampfer beheizen, in dem ein Druck $p_3 < p_2$ herrscht. Der Zusammenhang zwischen Temperaturen und Drücken wird in Abb. 5.7 anschaulich gemacht. Auf die geschilderte Weise treibt 1 kg Frisch-

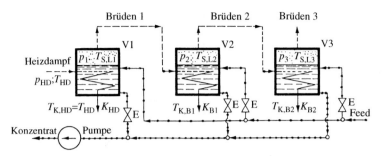

Abb. 5.6   Schema einer dreistufigen Verdampfer-(Eindampf-)Anlage. E = Entspannungs-ventil. Übrige Bezeichnungen im Text.

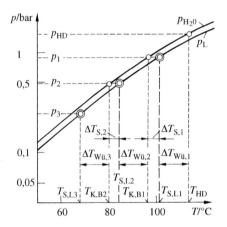

Abb. 5.7   Temperatur- und Druckverhältnisse in der Dreistufenanlage von Abb. 5.6 im p, T-Diagramm mit logarithmischer Druckskala. p_{H_2O} = Dampfdruckkurve von Wasser (= Lösungsmittel); p_L = Dampfdruckkurve der Lösung; Übrige Bezeichnungen s. Abb. 5.6 und im Text. *Billet S. 13*

dampf fast das Dreifache der Brüdenmenge aus, die sich mit einer Stufe erzeugen läßt. Natürlich können weitere Stufen folgen und den Wirkungsgrad verbessern. Bei der Meerwasserentsalzung werden zuweilen 30 Stufen und mehr hintereinan-dergeschaltet.

Die Schaltung nach Abb. 5.6 bezeichnet man als *Parallelschaltung*, weil die ein-zelnen Stufen mit der Ausgangslösung parallel gespeist werden. Bei der in Abb. 5.8 gezeigten *Gegenstromschaltung* strömen Brüden und Lösung einander entgegen. Bei der *Gleichstromschaltung* durchfließen die einzudickende Lösung und die Brüden die Verdampferreihe im gleichen Sinne vom Verdampfer mit dem höchsten Druck bis zu dem mit dem niedrigsten Druck. Eine zusätzliche Verbesserung des Prozeß-wirkungsgrades erzielt man dadurch, daß man die Wärme der Heizdampf- und Brüdenkondensate, des Brüdendampfes und des Konzentrats aus der letzten Ein-dampfstufe zur Vorwärmung des Zulaufs ausnützt, wie dies in Abb. 5.8 gezeigt

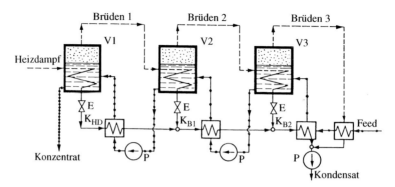

Abb. 5.8   Schema einer dreistufigen Eindampfanlage in Gegenstromschaltung mit Ausnützung der Abfallwärmen. E = Entspannungsventil, P = Pumpe, V = Verdampfer, K = Kondensat (= Destillat). Übrige Bezeichnungen im Text.

Vorteile:

wird. Eine ausführliche Darstellung der obenerwähnten und anderer kombinierter Schaltungen findet man bei Rant [5, 6], S. 122/175.

Zwei Vorteile der Mehrstufenverdampfung sollen abschließend erwähnt werden: Erstens wird dank der tieferen Temperaturen die Lösung in den höheren Stufen thermisch schonender behandelt und zweitens sind aus demselben Grunde die Wärmeverluste an die Umgebung kleiner. Allerdings müssen dafür zumeist die Nachteile des Vakuumbetriebs in Kauf genommen werden.

5.2 Destillation

Im vorigen Abschnitt haben wir die Trennung wäßriger Lösungen betrachtet. Diese bestanden aus dem flüchtigen Lösungsmittel Wasser und einem darin gelösten, nichtflüchtigen Stoff. Beim Sieden dampfte aus ihnen nur das Wasser aus. Weit häufiger sind jedoch Lösungen, bei denen beide Komponenten flüchtig sind, wie z. B. Ethanol/Wasser, Benzol/Toluol, Essigsäure/Wasser, Erdölkohlenwasserstoffe usw. Ihr Gleichgewichtsdampf ist selbst wieder ein Gemisch, enthält also beide Komponenten. Die näheren Zusammenhänge seien im folgenden Abschnitt kurz beleuchtet.

5.2.1 Zur Theorie der Lösungen

Begriff Ideale Lösung

Die ideale Lösung: Wir nennen eine Lösung *ideal*, wenn sie dem Raoultschen Gesetz (Gl. (4.17)) gehorcht: $p_i = x_i \cdot P_i$. Ideale Lösungen bestehen meistens aus chemisch ähnlichen Gemischpartnern wie z. B. Paraffinkohlenwasserstoffen. Mit Hilfe des Daltonschen Gesetzes (Gl. (4.3)) läßt sich für eine vorgegebene Temperatur T sofort der Gesamtdruck p einer solchen (Zweikomponenten-)Lösung als Funktion ihrer Zusammensetzung angeben:

$$p(x_1, x_2) = p_1(x_1) + p(x_2) = x_1 \cdot P_1 + x_2 \cdot P_2.$$

Da $x_1 + x_2 = 1$, kann man auch schreiben: $p(x_1) = x_1 \cdot P_1 + (1 - x_1)P_2$ und erhält, wenn man den Index beim Stoffmengenanteil x_1 fortläßt, als Gleichung für den Gesamtdruck:

$$p(x) = P_2 + x(P_1 - P_2); \tag{5.6}$$

x_i = Stoffmengenanteil der i-ten Komponente in der Flüssigkeit in kmol/kmol;
y_i = Stoffmengenanteil der i-ten Komponente im Dampf in kmol/kmol;
$x.y$ (ohne Index) = Stoffmengenanteil der leichterflüchtigen Komponente in der Flüssigkeit
  bzw. im Dampf in kmol/kmol;
P_i = Dampfdruck der reinen Komponente i bei der betrachteten Temperatur T in Pa, der
  Index 1 bezieht sich auf die leichterflüchtige, der Index 2 sinngemäß auf die schwerer-
  flüchtige Komponente.

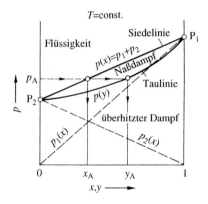

Abb. 5.9 Abhängigkeit der Partialdrücke und der Gesamtdrücke eines idealen Zweistoffge-misches vom Stoffmengenanteil der leichterflüchtigen Komponente in der Flüssigkeit (= x) und im Dampf (= y) bei der konstanten Temperatur T. Bezeichnungen im Text.

Die lineare Funktion $p(x)$ der Gl. (5.6) ist in Abb. 5.9 als Gerade eingetragen. Man bezeichnet sie als *Siedelinie*, weil die bei höherem Druck stabile Flüssigkeit beim Unterschreiten des durch diese Gerade gegebenen Druckes zu sieden beginnt. Daneben möchte man auch den Gesamtdruck $p(y)$ des Gemisches mit der Gleichge-wichtsdampfkonzentration bei der gleichen Temperatur T kennen. Dazu geht man von Gl. (4.6) aus:

$$y_i = p_i/p = x_i \cdot P_i/p.$$

Daraus folgt:

$$x_i = (p/P_i)y_i. \tag{5.7}$$

Summiert über beide Komponenten ergibt sich: $x_1 + x_2 = p(y_1/P_1 + y_2/P_2)$. Wiederum ist $x_1 + x_2 = 1$ und $y_1 + y_2 = 1$, und man erhält für p:

$$p = \frac{1}{y_1/P_1 + y_2/P_2} = \frac{1}{y_1/P_1 + (1-y_2)/P_2} . \tag{5.8}$$

Läßt man wie oben den Index beim Stoffmengenanteil weg, so erhält man nach Umformung

$$p = p(y) = \frac{P_1 \cdot P_2}{P_1 - y \cdot (P_1 - P_2)} . \tag{5.9}$$

Diese Gleichung stellt im p, x-Diagramm (Abb. 5.9) eine hyperbolisch durchgebogene Kurve dar. Man nennt sie *Taulinie*, weil der Dampf bei isothermer Verdichtung beim Erreichen des durch sie markierten Druckes zu kondensieren (tauen) beginnt. Die Siedelinie bildet somit die Grenze zwischen dem Flüssigkeits- und dem Naßdampfgebiet, die Taulinie die Phasengrenze zwischen Naßdampf und überhitztem Dampf. Aus dem Diagramm lassen sich die Gleichgewichtszusammensetzungen von Dampf und Flüssigkeit für einen gegebenen Gesamtdruck p bei der Temperatur T, für die das Diagramm aufgestellt wurde, unmittelbar ablesen. So steht beispielsweise beim Gesamtdruck p Flüssigkeit der Konzentration x_A mit Dampf der Konzentration y_A im Phasengleichgewicht.

p, x-Diagramme werden in der Praxis wenig benutzt, da isotherme Prozesse kaum vorkommen. Viel wichtiger sind Diagramme für konstanten Druck, da Destillationsapparate näherungsweise unter konstantem Druck arbeiten. Druckunterschiede ergeben sich nur durch Strömungsdruckverluste und statische Druckgefälle. Es soll daher gezeigt werden, wie man ein T, x-Diagramm für $p = $ const. entwirft:

Man zeichnet zunächst die Dampfdruckkurve der beiden reinen Komponenten (Abb. 5.10) und fügt dazwischen die Achsen des $T, (x, y)$-Diagramms ein. Nun greift man auf Gl. (5.6) zurück, die natürlich immer noch gilt; man muß nur beachten,

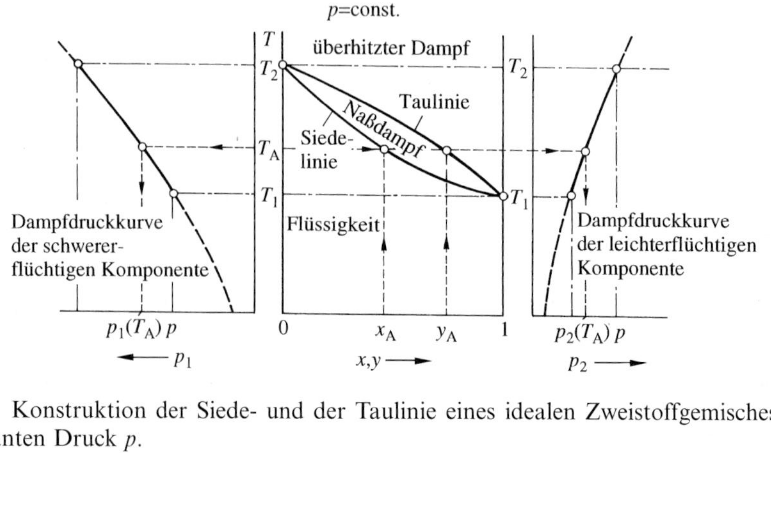

Abb. 5.10 Konstruktion der Siede- und der Taulinie eines idealen Zweistoffgemisches für den konstanten Druck p.

daß jetzt der Gesamtdruck konstant, die Temperatur dagegen variabel ist. Löst man diese Gleichung nach $x = x(T)$ auf, so lautet sie:

$$x(T) = \frac{p - P_2(T)}{P_1(T) - P_2(T)}. \tag{5.10}$$

Für x als Stoffmengenanteil gilt die Bedingung $0 \leq x \leq 1$. Daraus folgt

$$\left.\begin{array}{l} x \geq 0: \gg p - P_2 \geq 0 \qquad \gg p \geq P_2 \\ x \leq 1: \gg p - P_2 \leq P_1 - P_2 \gg p \leq P_1 \end{array}\right\} \gg P_2(T) \leq p \leq P_1(T).$$

Aus der letzten Forderung ergibt sich, daß bei vorgegebenem Gesamtdruck p der Temperaturbereich auf das Intervall T_1 bis T_2 beschränkt ist (Abb. 5.10). Von den Dampfdruckkurven interessieren daher nur die ausgezogenen Stücke. Gl. (5.7) besagt, daß bei Gleichgewicht die Dampfkonzentration y stets größer ist als die Flüssigkeitskonzentration x (das Gleichheitszeichen gilt nur für die Grenzen $x = 0$ und $x = 1$; s. auch Abb. 5.9). Aus Gl. (5.7) und (5.10) erhalten wir:

$$y(T) = \frac{P_1(T)}{p} \cdot x = \frac{P_1(T)}{p} \frac{p - P_2(T)}{P_1(T) - P_2(T)}$$

$$= \frac{1 - P_2(T)/p}{1 - P_2(T)/P_1(T)}. \tag{5.11}$$

Gl. (5.10) stellt die *Siedelinie*, Gl. (5.11) die *Taulinie* dar. Wird nämlich eine Flüssigkeit bei konstantem Druck erwärmt, so beginnt sie bei der durch die Siedelinie gegebenen Temperatur zu verdampfen. Wird umgekehrt ein überhitzter Dampf isobar abgekühlt, so setzt bei der durch die Taulinie gegebenen Temperatur Konsensation ein. Wie im $p,(x,y)$-Diagramm grenzen die beiden Linien das Naßdampfgebiet von den Gebieten der Flüssigkeit bzw. des überhitzten Dampfs ab. Zu ihrer Konstruktion gehen wir folgendermaßen vor:

Wir nehmen eine beliebige Temperatur $T_1 < T < T_2$, z. B. T_A, an und setzen die ihr zugeordneten Dampfdrücke $P_1(T_A)$ und $P_2(T_A)$ in die Gl. (5.10) und (5.11) ein. Mit den errechneten Werten x_A und y_A erhalten wir je einen Punkt auf der Siede- und der Taulinie. Dieses Verfahren wiederholen wir für mehrere Temperaturen, bis die Anzahl der Punktepaare ausreicht, um die Linien zu ziehen.

In dem erstmals von McCabe und Thiele verwendeten und heute nach ihnen benannten McCabe-Thiele-Diagramm wird bei konstantem Druck über der Flüssigkeitskonzentration x die Konzentration y des Gleichgewichtsdampfes, also die Funktion $y = y(x)$ bei $p = $ const als *Gleichgewichtslinie* aufgetragen[5]. Man erhält sie graphisch aus dem $T,(x,y)$-Diagramm (Abb. 5.10) oder rechnerisch mit Hilfe der Gl. (5.10) und (5.11). In Abb. 5.11 ist die Gleichgewichtslinie mit dem Punkt x_A, y_A eingezeichnet. Die Gleichgewichtslinie läßt sich auch ganz einfach aus dem h,w-Diagramm (s. Abschn. 4.6) ableiten. Darin kann man ja für jede Temperatur

---

[5] Oft werden für die Achsenteilung an Stelle der Stoffmengen (bzw. Molprozente) x, y Massenteile (bzw. Massenprozente) w', w'' verwendet. Man beachte, daß hier und im folgenden Kapitel w den Massenteil der *leichterflüchtigen* Komponente in kg/kg Gemisch bedeutet.

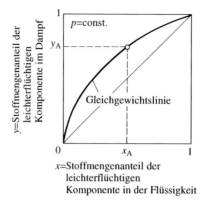

Abb. 5.11   Das Gleichgewichtsdiagramm eines Zweistoffgemisches nach McCabe-Thiele.

im Schnittpunkt der Isothermen mit Siede- und Taulinie die Gleichgewichtszusammensetzung von Flüssigkeit und Dampf ablesen. Im allgemeinen wird man die Konzentrationspaare jedoch Tabellen entnehmen, wie man sie in der Zeitschriftenliteratur, in Datenbanken oder zusammengestellt in den nachstehenden Büchern findet: Landolt/Börnstein [A.8], Bd. II, 2. Teil, Bandteil A; Ju Chin Chu, Shu Lung Wang, Sherman L. Levy, Rajendra P. [5.9]; Kogan/Fridman [5.10]; Kirschbaum [5.5], S. 477; Gmehling/Onken [5.11].

Das McCabe-Thiele-Diagramm eignet sich besonders bei *nichtidealen* Lösungen, für die Gl. (5.10) und (5.11) nicht gelten. Wie wir sehen werden, leistet es vor allem bei der Behandlung der Rektifikation vorzügliche Dienste.

Die Gleichgewichtslinie gilt, wie auch aus ihrer Herleitung für die ideale Lösung hervorgeht, jeweils nur für einen bestimmten Gesamtdruck p. Ändert sich dieser, so erhält man eine neue Gleichgewichtslinie. Meistens verschiebt sie sich mit wachsendem Druck mehr in Richtung auf die Diagonale ($x = y$), während sie sich mit sinkendem Druck stärker ausbaucht (vgl. Abb. 6.42). Man beachte, daß jedem Punkt der Gleichgewichtskurve eine andere Temperatur zuzuordnen ist.

Die nichtideale Lösung: Eine Lösung verhält sich nur dann ideal, wenn in der Flüssigkeit die Anziehungskraft α_{12} zwischen einem Molekül der Komponente 1 und einem solchen der Komponente 2 durch $\alpha_{12} = \sqrt{(\alpha_{11} \cdot \alpha_{22})}$ gegeben ist, wobei α_{11}, α_{22} die Anziehungskräfte sind, die gleichartige Moleküle aufeinander ausüben. Ist $\alpha_{12} > \sqrt{(\alpha_{11} \cdot \alpha_{22})}$, so werden die verschiedenartigen Moleküle stärker gebunden als in einer idealen Lösung. Der Dampfdruck ist dann bei allen Zusammensetzungen niedriger als der einer idealen Lösung. Ist andererseits $\alpha_{12} < \sqrt{(\alpha_{11} \cdot \alpha_{22})}$, liegt er höher als bei dieser. Um diese Abweichungen vom idealen Verhalten zu erfassen, rechnet man mit *Aktivitäten* an Stelle der Konzentrationen (oder korrigiert diese mit dem Aktivitätskoeffizienten; s. Abschn. 7.4.1), und ersetzt den Partialdruck durch die *Fugazität* (dazu Fuchs [5.12]). Wir wollen darauf nicht näher eingehen, sondern nur die Form der Gleichgewichtskurve betrachten. Abb. 5.12 zeigt als Beispiel das $T, (x, y)$- und das McCabe-Thiele-Diagramm des nichtidealen Gemisches Ethanol-Benzol. Den Punkt A, in welchem die Gleichgewichtskurve die

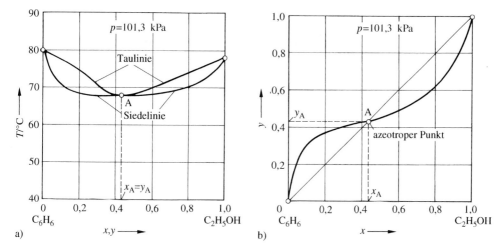

Abb. 5.12   a) Siedelinie und Taulinie des nichtidealen Zweistoffgemisches Ethanol−Benzol.
A = Minimumsiedepunkt, x, y = Stoffmengenanteil Alkohol in der Flüssigkeit, im Dampf
b) McCabe-Thiele-Diagramm des Gemisches Ethanol−Benzol mit dem azeotropen Punkt A.

Diagonale schneidet ($x = y$), nennt man den *azeotropen* Punkt. Er ist dadurch charakterisiert, daß die Flüssigkeit und der mit ihr im Gleichgewicht stehende Dampf die gleiche Zusammensetzung haben (s. auch Abschn. 6.5.4). Eine solche Lösung bezeichnet man als *azeotropes Gemisch. Azeotropie* tritt bei zahlreichen Gemischen auf. Eine Zusammenstellung findet man in [5.13], eine sehr ansprechende und klare Darstellung der Gleichgewichtsdiagramme bei Kirschbaum [5.5], S. 18−23, und bei Bošnjaković [5.3], S. 94/101.

5.2.2 Die offene Destillation

Unter *Destillation* versteht man das Trennen eines (Zweistoff-)Gemischs durch Verdampfen. Bei der *geschlossenen* Destillation bleibt der gebildete Dampf ständig im Gleichgewicht mit der Flüssigkeit. Dieser Fall hat wenig praktische Bedeutung und soll daher hier übergangen werden. Bei der *offenen* Destillation wird der Dampf aus dem Gefäß, in dem die Flüssigkeit siedet, abgeführt und z. B. verflüssigt und in einem Rezipienten gesammelt. Der Unterschied zwischen der Verdampfung, wie sie in Abschn. 5.1 besprochen wurde, und der Destillation besteht nur darin, daß beim Destillieren beide Komponenten flüchtig sind.

Abb. 5.13 zeigt das McCabe-Thiele-Diagramm einer Salzlösung (a) und des Gemisches Ammoniak-Wasser (b). Die Dampfkonzentration über der Salzlösung hat für $x_a > 0$ im ganzen Bereich den Wert $y_a = 1$. Die Gleichgewichtskurve b ist weit ausgebogen. Für $x_b > 0,52$ Stoffmengenteile ist $y_b \approx 1$. In diesem Konzentrationsbereich ist es deshalb wie bei einer Salzlösung möglich, die eine Komponente, hier das Ammoniak, rein zu gewinnen. Bei $x < 0,52$ enthält der Gleichgewichtsdampf hingegen auch Wasser. Er ist also selbst ein Ammoniak-Wasser-Gemisch. Aller-

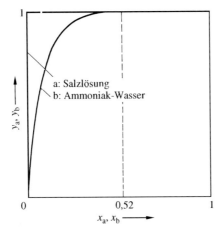

Abb. 5.13 McCabe-Thiele-Diagramm einer Salzlösung und des Gemisches Ammoniak−
Wasser bei einem Druck von 1 bar. x_a, y_a = Molanteil Wasser in der Flüssigkeit bzw. im
Dampf [kmol Wasser/kmol Salzlösung]; x_b, y_b = Molanteil Ammoniak in der Flüssigkeit
bzw. im Dampf [kmol Ammoniak/kmol Ammoniak-Wasser-Gemisch].

dings ist es so reich an Ammoniak, daß seine Reinheit den gestellten Anforderungen in vielen Fällen bereits zu genügen vermag, und damit auch hier eine Trennung
durch Verdampfung ausreicht. Entsprechendes gilt allgemein für Gemische mit weit
ausgebauchter Gleichgewichtskurve wie etwa Aceton-n-Butanol, Aceton-Wasser,
Salzsäure-Wasser und andere.

Der Destillationsprozeß gestaltet sich genau wie der Verdampfungsprozeß. Beim
Chargenprozeß füllt man einen Verdampfer, die sogenannte *Destillierblase*, mit der
Ausgangslösung und verdampft sie teilweise. Die aufsteigenden Brüden werden
fortlaufend abgezogen und in einem Kondensator als *Destillat* verflüssigt. Da entsprechend der Gleichgewichtskurve vornehmlich die leichtersiedende Komponente

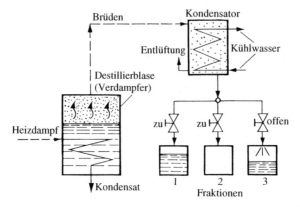

Abb. 5.14 Schema einer chargenweise arbeitenden, offenen Destillation mit Entnahme
dreier Fraktionen.

ausdampft, verarmt die Restlösung immer mehr an Leichtersiedendem. Damit sinkt auch die Brüdenkonzentration. Die aufsteigenden Brüden stehen nämlich während des ganzen Destilliervorgangs in jedem Augenblick im Phasengleichgewicht mit der Restlösung, aus der sie gerade hervorgehen. Sobald eine gewünschte unter Grenze erreicht ist, wird der Prozeß abgebrochen und die Blase entleert. Häufig fängt man das Destillat in verschiedenen Fraktionen auf (Abb. 5.14), die in der Reihenfolge ihrer Entstehung immer mehr von der schwererflüchtigen Komponente enthalten. Man nennt dieses Verfahren *fraktionierte Destillation*. Bei Mehrstoffgemischen kann man auf diese Weise Fraktionen unterschiedlichster Zusammensetzung bekommen.

Aufgaben zu Kapitel 5:

5.1 (zu 5.1) In einem Verdampfer soll bei einem Druck von 200 kPa eine Kochsalzlösung von 3 auf 10 Gew-% Salz aufkonzentriert werden. Der Prozeß werde gemäß Abb. 5.5 geführt. Die eintretende Lösung werde intensiv mit dem Verdampferinhalt durchmischt, so daß dessen Zusammensetzung mit derjenigen des abfließenden Konzentrats übereinstimmt. Die Temperatur des Zulaufs betrage 20 °C. Für die Wärmeübertragung ist mit einer Temperaturdifferenz T_{WG} = 20 °C zu rechnen. Man berechne die pro kg Zulauf und pro kg Konzentrat erforderlichen Wärmemengen sowie die Temperatur, bei welcher der Heizdampf zur Verfügung stehen muß.

Angaben: Molare Masse von Kochsalz (NaCl): M = 58 kg/kmol.
Wasser bei p = 200 kPa: Siedetemperatur 122 °C; Verdampfungsenthalpie r = 2200 kJ/kg; spezifische Wärmekapazität a) der Flüssigkeit: c_p' = 4,18 kJ/ (kgK) (der Einfluß von Temperatur und Salzgehalt ist zu vernachlässigen), b) des Dampfes: c_p'' = 2,1 kJ/(kgK).

Anleitung: Diese Aufgabe läßt sich mit Hilfe eines h, w-Diagrammes bzw. mittels Stoff- und Enthalpiebilanzen lösen.

5.2 (zu 5.2) In eine Destillierblase werden 400 kg einer wäßrigen Ammoniaklösung mit einem Ammoniakgehalt von 90 Gew.-% eingefüllt. Wieviel praktisch reines Ammoniak läßt sich daraus durch offene Destillation höchstens gewinnen?
Anleitung: Benutze die Gleichgewichtsdaten nach Abb. 5.14.

6 Rektifikation

Hans Günther Hirschberg

Literatur: Badger/Banchero [6.1]; Billet [6.2], [6.3]; Bosnjakovic [6.4]; Coulson/Richardson [A.3]; Hengstebeck [6.5]; Kirschbaum [6.6]; Norman [6.7]; Sawistowski/Smith [6.8]; Treybal [6.10].

6.1 Einführung

Wir haben im letzten Kapitel gesehen, daß die Trennung eines Gemisches aus zwei flüchtigen Stoffen durch einfache Verdampfung, also durch Destillation, nur unvollkommen möglich ist. Und zwar ist die Trennwirkung um so geringer, je enger sich die Gleichgewichtskurve im McCabe-Thiele-Diagramm an die Diagonale anschmiegt. Zur weiteren Zerlegung des Gemisches, im Grenzfall bis in seine reinen Komponenten, muß man eine wirkungsvollere Trennmethode wählen: die *Rektifikation*.

Um die Vorgänge, die sich bei der Rektifikation abspielen, zu studieren, betrachten wir zunächst ein wärmeisoliertes Gefäß (Abb. 6.1 a), dem ein Zweistoffgemisch[1] der

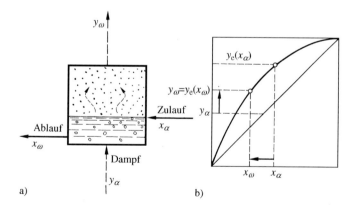

Abb. 6.1 a) Schematische Darstellung einer Trennstufe zur Erläuterung der Rektifikation; b) Ermittlung der Austrittskonzentrationen von Dampf und Flüssigkeit im McCabe-Thiele-Diagramm.

---

[1] Wir beschränken uns in folgenden wieder auf Zweistoffsysteme. Erst in Abschn. 6.5 soll noch kurz auf die Trennung von Mehrstoffgemischen hingewiesen werden.

Konzentration x_α (Abb. 6.1 b) mit Siedetemperatur zufließt. Von unten her wird Satt-dampf der Konzentration y_α eingeblasen. Da die beiden Phasen nicht im Gleichgewicht stehen, also $y_\alpha \neq y_e(X_\alpha)$ ist[2], haben sie auch verschiedene Temperaturen. Diese Gleich-gewichtsstörung bewirkt einen gekoppelten Wärme- und Stoffaustausch bis im Grenz-falle, wenn die Phasen lange genug miteinander in Berührung bleiben, das Gleichge-wicht hergestellt ist. In unserem Falle ist $y_\alpha < y_e(x_\alpha)$ (Abb. 6.1 b). Aus dem Dampf tritt daher ein Teil der schwererflüchtigen Komponente in die Flüssigkeit über, wäh-rend zugleich eine kalorisch äquivalente Menge Leichtersiedendes von der Flüssigkeit an den Dampf übergeht. Bei gegebener Gleichgewichtsstörung sind die in der Zeitein-heit zwischen Dampf und Flüssigkeit ausgetauschten Wärme- und Stoffmengen dem Produkt $k \cdot F$ proportional, wobei F die Berührungsfläche zwischen den Phasen, k den Wärme- (nach Gl. (2.12)) bzw. Stoffdurchgangskoeffizienten (vgl. Abschn. 7.5) dar-stellt. Da Wärme- wie Stoffübergang stark von der Turbulenz innerhalb der beiden Phasen abhängen, können wir folgern, daß sich das Gleichgewicht um so rascher einstellt, je größer die Berührungsflächen zwischen den Phasen sind, und je höher dort der Turbulenzgrad ist.

Setzen wir vollkommenen Stoffaustausch voraus, so steht der abziehende Dampf mit der Flüssigkeit im Gefäß im Phasengleichgewicht. Dürfen wir ferner annehmen, daß der Gefäßinhalt durch die Dampfblasen gründlich durchmischt wird, dann hat der Ablauf dieselbe Zusammensetzung wie die Flüssigkeit im Gefäßinnern. Der abziehende Dampf steht also auch mit dem Ablauf im Phasengleichgewicht: $y_\omega = y_e(x_\omega)$. Wir haben somit eine Anreicherung (und zwar die mit dieser Anordnung größtmögliche) der leichtersiedenden Komponente im Dampf von y_α auf y_ω erreicht; dafür ist die Konzentration der Flüssigkeit von x_α auf x_ω gesunken. Man nennt eine Einrichtung, die nach diesem Prinzip arbeitet, eine *theoretische Trennstufe* (s. Abschn. 6.23).

In Abb. 6.2 a findet man die Trennstufe der Abb. 6.1 a zu einem Kreislauf ergänzt (Auf den technischen Nutzen dieser Apparatur werden wir anschließend eingehen). Der Dampf[3] G_1 wird in einem Verdampfer − einer sogenannten *Heizblase* oder kurz *Blase* − erzeugt und steigt als Gleichgewichtsdampf zum siedenden Blaseninhalt, *Sumpf* genannt, zur ersten Trennstufe auf. Es ist also $y_1 = y_e(x_S)$. Sein Zustandspunkt liegt daher im McCabe-Thiele-Diagramm (Abb. 6.2 b) über x_S auf der Gleichgewichts-linie. Der Dampf perlt durch die Flüssigkeit der Trennstufe hindurch, wobei sich der oben besprochene Wärme- und Stoffaustausch vollzieht. In einem Kondensator wird er niedergeschlagen und fließt als sogenannter *Rücklauf*[3] L im Gegenstrom zur Gas-phase wieder der Blase zu. Um im McCabe-Thiele-Diagramm den Zustandspunkt L_1 zu erhalten, legen wird um den Verdampfer eine Bilanzhülle und stellen auf:

Bilanz der gesamten Stoffmenge $N_{G1} = N_{L1}$;   (6.1)

Bilanz der leichtersiedenden Komponente $N_{G1}^* \cdot y_1 = N_{L1} \cdot x_1$.   (6.2)

Aus den beiden gleichungen folgt unmittelbar $x_1 = y_1$, was bedeutet, daß der Punkt L_1 in der Höhe y_1 der Diagrammdiagonalen liegt, für die ja die Beziehung $x = y$ gilt. Wie bei der zuvor besprochenen theoretischen Stufe finden wir den Punkt G_1 über L_1

---

[2] Der Index e bedeutet equilibrium = Gleichgewicht.

[3] G = aufsteigende Gasphase; L = herabfließende Flüssigkeit (liquid) = Rücklauf; die Indizes 1 und 2 beziehen sich auf die numerierten Kolonnenquerschnitte.

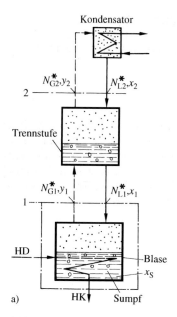

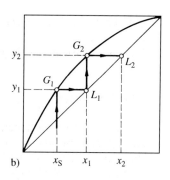

Abb. 6.2   a) Zur Erläuterung der Arbeitsweise einer Rektifiziersäule. N_i^* = Dampfstrom in kmol/s im i-ten Querschnitt, N_i^* = Flüssigkeitsstrom in kmol/s im i-ten Querschnitt (Rücklauf), HD = Heizdampf, HK = kondensierter Heizdampf; b) Ermittlung der Konzentration im McCabe-Thiele-Diagramm.

auf der Gleichgewichtskurve. Da L_2 der kondensierte Dampf G_2 ist, folgt für den zweiten Querschnitt sofort $x_2 = y_2$ und damit der Punkt L_2.

Man sieht leicht ein, daß man eine weitere Anreicherung der leichtersiedenden Komponente erzielt, wenn man zwischen Blase und Kondensator mehrere Trennstufen einfügt. Sie werden zweckmäßigerweise in einem Zylindermantel zu einer sogenannten *Trennkolonne* oder *Trennsäule* vereint, die auf die Blase aufgesetzt wird. Die technische Verwirklichung dieses Gedankens werden wir im Abschn. 6.3 (Bodenkolonnen) untersuchen. Die Arbeitsweise einer solchen Anlage läßt sich verallgemeinert wie folgt zusammenfassen (Abb. 6.3):

Der in der Blase aus dem Zweistoffgemisch ausgetriebene Dampf G steigt im Gegenstrom zum Rücklauf L in der Kolonne auf. Strukturen in der Kolonne, sogenannte *Einbauten*, übernehmen die Aufgabe, zwischen den beiden Phasen eine möglichst große Berührungsfläche und zugleich eine hohe Turbulenz zu erzeugen. So entsteht zwischen Dampf und Rücklauf der gewünschte Wärme- und Stoffaustausch, so daß der Dampf zum Kolonnenkopf hin immer reiner wird. Im Kondensator wird er niedergeschlagen. Es ist nun nicht notwendig wie in Abb. 6.2 das ganze Kondensat als Rücklauf aufzugeben. Vielmehr kann man der Kolonne nur einen Teil davon zuführen und den Rest als sogenanntes *Destillat D (Kopfprodukt = leichtersiedende Fraktion)* abziehen. Dadurch wird die Anlage wirtschaftlich sinnvoll. Natürlich wird man bestrebt sein, möglichst viel Destillat abzuzweigen. Andererseits können wir jetzt schon vermuten, daß diesbezüglich gewisse Grenzen gesetzt sind, und daß eine gewisse Mindestmenge als

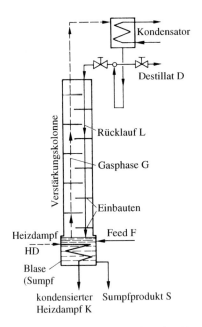

Abb. 6.3   Schema einer stetig arbeitenden Verstärkungskolonne.

Rücklauf „geopfert" werden muß. Mit der Frage nach dem *Mindestrücklauf* werden wir uns eingehend zu befassen haben (s. Abschn. 6.3.5).

Um trotz der Entnahme des Destillats einen kontinuierlichen Betrieb aufrechtzuerhalten, muß man der Blase eine entsprechende Menge an Ausgangslösung als *Zulauf (Feed) F* zuführen und ihr gleichzeitig eine angereicherte *schwerersiedende Fraktion* als *Sumpfprodukt S (Ablauf, Schlempe)* entnehmen.

Eine solche *Verstärkungskolonne* liefert nur die leichterflüchtige Komponente in der gewünschten Reinheit. Um auch die schwersiedende Komponente weiter anzureichern, muß man unterhalb der Verstärkungssäule eine zweite Kolonne, eine sogenannte *Abtriebskolonne*, einfügen. Die Eintrittsstelle des Zulaufs *F* trennt die beiden Kolonnenteile voneinander (Abb. 6.4). Ist der Zulauf flüssig, so gesellt er sich zu dem von oben kommenden Rücklauf, der an der Mischstelle etwa die gleiche Konzentration haben sollte. Vereint bilden beide Ströme den Rücklauf der Abtriebskolonne, dessen Gehalt an Schwerersiedendem nach unten hin zunimmt, bis er in der Blase die angestrebte Zusammensetzung des Ablaufs erreicht. Mit der so entstandenen stetig arbeitenden *Rektifiziersäule*[4] lassen die beiden Komponenten des Ausgangsgemisches in zwei beliebig reine Fraktionen *D* und *S* trennen.

---

[4] In der angelsächsischen Terminologie verwendet man den Begriff *distillation* sowohl für den chargenweisen Prozeß der Destillation als auch für den kontinuierlichen, den wir Rektifikation nennen. Gegebenenfalls unterscheidet man zwischen *simple distillation* und *fractionation. Rectification* umschreibt den Vorgang in der Verstärkerkolonne (*rectifying* oder *enrichment column*). Die Abtriebssäule wird *stripping column* genannt.

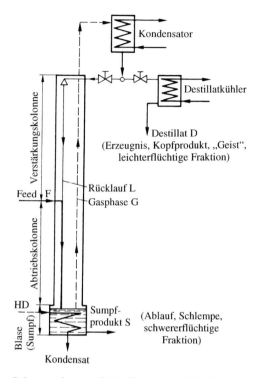

Abb. 6.4   Schema einer vollständigen, aus Verstärkungs- und Abtriebssäule bestehenden Rektifizieranlage. HD = Heizdampf.

6.2 Die Bilanzgeraden im McCabe-Thiele-Diagramm

6.2.1 Die Verstärkungsgerade

Wir legen um das obere Ende der Verstärkungskolonne (Abb. 6.5) eine Bilanzhülle B, die die Säule in einem beliebigen Querschnitt schneidet. Durch diesen Querschnitt steige ein Dampfstrom $N^*_{G,V}$[5] mit der Konzentration y_V nach oben, und ein Flüssigkeitsstrom $N_{L,V}$ mit der Zusammensetzung x_V fließe nach unten. Wir nehmen zunächst an, die Kolonne arbeite mit vollständigem Rücklauf, d. h. die gesamte Flüssigkeitsmenge aus dem Kondensator werde der Kolonne als Rücklauf zugeführt, die Destillatmenge ist also $N^*_D = 0$. Dann lauten die Bilanzgleichungen:

für die gesamte Stoffmenge $N^*_{G,V} = N^*_{L,V}\,;$ (6.3)

für die leichtersiedende Komponente $N^*_{G,V} \cdot y_V = N^*_{L,V} \cdot x_V\,.$ (6.4)

[5] Der Index V deutet an, daß sich die Größen auf die Verstärkungssäule beziehen.

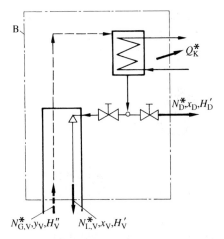

Abb. 6.5   Zur Ableitung der Verstärkungsgeraden. B = Bilanzhülle; übrige Bezeichnungen im Text.

Daraus folgt unmittelbar:

$$x_V = y_V.$$ (6.5)

Diese Gleichung stellt im McCabe-Thiele-Diagramm eine Gerade, die sogenannte *Bilanzgerade* dar. Auf ihr liegen die mittleren[6] Zustandspunkte des aufsteigenden Dampfs und der herabfließenden Flüssigkeit in einem beliebigen Querschnitt durch die Kolonne. Im Falle vollständigen Rücklaufs fällt die Bilanzgerade mit der Diagonalen des Diagramms (Abb. 6.6) zusammen.

Gl. (6.3) besagt zwar, daß (bei vollständigem Rücklauf) in jedem Kolonnenquerschnitt der Dampfstrom gleich dem Flüssigkeitsstrom ist; sie sagt aber nichts darüber

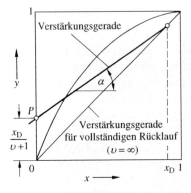

Abb. 6.6   Die Verstärkungsgerade im McCabe-Thiele-Diagramm.

---

[6] S. hierzu Abschn. 6.3.2, Annahmen a) bis e); ferner Abschn. 6.3.3 und Abschn. 6.3.9.

aus, ob und wie sich $N^*_{G,V}$ (und damit auch $N^*_{L,V}$) längs der Kolonne ändert. Dies wollen wir etwas näher untersuchen. Wir müssen dazu weiter ausholen:

Nach der ~~Regel von Pictet und Trouton~~ haben viele Stoffe bei Atmosphärendruck eine molare Verdampfungsentropie $\Delta S = r / T_s \approx 92$ kJ/(kmol · K) = PTK-Konstante. Sofern die Siedepunktsdifferenzen der zu trennenden Komponenten klein sind gegenüber den absoluten Siedetemperaturen, folgt für die molaren Verdampfungsenthalpien:

$$r_1 \approx r_2, \tag{6.6}$$

mit

$$r = \mathscr{H}'' - \mathscr{H}' \tag{6.7}$$

Gl. (6.6) darf allerdings nicht zu der Annahme verleiten, alle Stoffe hätten ungefähr die gleiche molare Verdampfungsenthalpie. Wie die Beispiele in Tab. 6.1 zeigen, schwanken die Werte in weiten Grenzen. Es ist daher erforderlich, bei jeder Trennaufgabe die Größe der molaren Verdampfungsenthalpien der Komponenten miteinander zu vergleichen, um zu entscheiden, ob die oben getroffene Vereinfachung zulässig ist.

Tab. 6.1 Molare Verdampfungsenthalpie und -entropie verschiedener Stoffe bei Atmosphärendruck (p = 101,315 kPa). PTK = Pictet-Trouton-Konstante.

Stoff	M kg/kmol	T_s K	r_s kJ/kg	r_s kJ/kmol	PTK kJ/(kmol·K)
Wasser	18,02	373,15	2258	40677	109,0
Ammoniak	17,03	239,82	1369	23312	97,2
Chlorwasserstoff	36,47	188,12	433	16154	85,9
Methanol	32,04	377,66	1105	35394	93,7
Ethanol	46,09	351,47	841	38762	110,3
Phenol	94,11	454,95	511	48090	105,7
Benzol	78,11	353,25	394	30775	87,1
Toluol	92,14	383,75	360	33216	86,6
Propan	44,10	231,05	426	18795	81,3
n-Butan	58,12	273,65	385	22394	81,8

Wenn die molaren Verdampfungsenthalpien zweier Flüssigkeiten etwa gleich groß sind, dann ist bei Vernachlässigung der Mischungsenthalpien auch die molare Verdampfungsenthalpie eines Gemisches aus beiden etwa gleich groß, so daß wir schreiben können:

$$r_1 \approx r_2 \approx r(x) \approx \text{const}. \tag{6.8}$$

Ferner darf die Verdampfungsenthalpie innerhalb des kleinen Bereichs, in dem sich der Druck wegen des Druckabfalls längs der Kolonne ändert, als konstant betrachtet werden:

$$r(p) \approx \text{const}. \tag{6.9}$$

Auch die Änderungen der Enthalpien von Dampf ($\mathscr{H}''$, h'') und Flüssigkeit ($\mathscr{H}'$, h') der Kolonne entlang sind gegen die Verdampfungsenthalpien vernachlässigbar; sie dürfen also über die ganze Kolonne konstant gesetzt werden:

$$\mathscr{H}', h' \approx \text{const}; \quad \mathscr{H}'', h'' \approx \text{const}. \tag{6.10}$$

Schließlich können wir ohne weiteres alle vorkommenden kinetischen und potentiellen Energien vernachlässigen.

Da Kolonnen mit den in der Technik üblichen Abmessungen (Durchmesser, Höhe), selbst wenn sie nicht isoliert sind, mit guter Näherung als adiabat betrachtet werden dürfen, lassen sich die obigen Resultate folgendermaßen zusammenfassen:

Die Wärme, die frei wird, wenn die höhersiedende Komponente beim Stoffaustausch aus dem Dampf in den Rücklauf kondensiert, dient zur Verdampfung einer gleich großen molaren Menge der niedersiedenden Komponente vom Rücklauf in den Dampf. In einem Kolonnenabschnitt kondensieren somit in der Zeiteinheit gleich viele Mole an Schwererflüchtigem wie an Leichterflüchtigem wieder verdampfen. Daraus folgt das wichtige Ergebnis, daß die *molaren Dampf- und Flüssigkeitsströme* längs eines Säulenabschnitts, in dem weder Gemisch zugegeben noch Seitenfraktionen entnommen werden, *unverändert bleiben*. Dies wollen wir noch in eine mathematische Form kleiden. Gleichzeitig leiten wir die Gleichung der Bilanzlinie der Verstärkungskolonne her, der jetzt aber eine Destillatmenge entnommen wird. Anhand von Abb. 6.5 stellen wir wieder Bilanzgleichungen auf:

$$\text{Gesamtmengenbilanz} \quad N_{G,V}^* = N_{L,V}^* + N_D^* \tag{6.11}$$

$$\text{Leichtsiederbilanz} \quad N_{G,V}^* \cdot y_V = N_{L,V}^* \cdot x_V + N_D^* \cdot x_D \tag{6.12}$$

$$\text{Energiebilanz} \quad N_{G,V}^* \cdot \mathscr{H}_V'' = N_{L,V}^* \cdot \mathscr{H}_V' + N_D^* \cdot \mathscr{H}_D' + Q_K^*. \tag{6.13}$$

Lösen wir Gl. (6.11) nach $N_{L,V}^*$ auf und setzen den dafür gefundenen Ausdruck Gl. (6.13) ein, so erhalten wir

$$N_{G,V}^* \cdot \mathscr{H}_V'' = (N_{G,V}^* - N_D^*)\,\mathscr{H}_V' + N_D^* \cdot \mathscr{H}_D' + Q_K^*$$

oder

$$N_{G,V}^* (\mathscr{H}_V'' - \mathscr{H}_V') = N_D^* (\mathscr{H}_D' - \mathscr{H}_V') + Q_K^*.$$

Nach Gl. (6.7) ist $\mathscr{H}_V'' - \mathscr{H}_V' = r \approx \text{const}$, nach Gl. (6.10) ist $\mathscr{H}_D' - \mathscr{H}_V' \approx 0$, und bei stationärem Betrieb ist $Q_K^* = \text{const}$. Somit ist

$$N_{G,V}^* \cdot r \approx Q_K^* \approx \text{const}. \tag{6.14}$$

Diese Gleichung sagt aus, daß

1. die im Kondensator abzuführende Wärmemenge Q_K^* ungefähr gleich der Kondensationsenthalpie des Dampfstromes ist (was man auch sofort unter Beachtung der entsprechenden Voraussetzungen aus Abb. 6.5 hätte ablesen können), und daß
2. der in kmol/s gemessene Dampfmengenstrom längs der Kolonne praktisch konstant bleibt.

Da im stationären Betrieb $N_D^* = \text{const}$ ist, folgt nach Gl. (6.11) auch:

$$N_{L,V}^* = \text{const}. \tag{6.15}$$

Index G: Dampfstrom
L: Flüssigkeitstrom
V: Destillatstrom bzw. ...

Der gesamte Stoffmengenstrom sowohl des Dampfes als auch der Flüssigkeit ändert sich also praktisch nicht, und wir erkennen, warum es sinnvoll ist, in Stoffmengenströmen N^* zu rechnen, und die Zusammensetzungen in Stoffmengenteilen x und y anzugeben.

Gl. (6.12) ist also eine lineare Beziehung zwischen y_V und x_V:

$$y_V = \frac{N^*_{L,V}}{N^*_{G,V}} \cdot x_V + \frac{N^*_D}{N^*_{G,V}} \cdot x_D. \qquad (6.16)$$

Sie ergibt im McCabe-Thiele-Diagramm eine Gerade, die man *Verstärkungsgerade* nennt. Diese Bilanzlinie, die wir schon zu Beginn des Abschnitts eingeführt haben, hat die Neigung tg α = dy_V/dx_V = $N^*_{L,V}/N^*_{G,V} \leq 1$ und schneidet die Diagonale (Abb. 6.6) im Punkt $x = y = x_D$. Das Gleichheitszeichen (tg α = 1) gilt für $N^*_{L,V} = N^*_{gG,V}$, also für vollständigen Rücklauf, womit nochmals gezeigt ist, daß die Verstärkungsgerade in diesem Falle mit der Diagonalen zusammenfällt.

Eine wichtige Größe der Rektifikation, das sogenannte *Rücklaufverhältnis v*, ist als Quotient aus dem Rücklaufstrom und dem Destillatstrom definiert:

$$v \equiv N^*_{L,V}/N^*_D. \qquad (6.17)$$

Man nennt v zuweilen auch das *äußere* Rücklaufverhältnis und unterscheidet es damit vom *inneren* Rücklaufverhältnis $v_i = N^*_{L,V}/N^*_{G,V} = v/(v+1)$.

Wenn wir Gl. (6.11) $N^*_{G,V} = N^*_{L,V} + N^*_D$ in Gl. (6.16) einsetzen, so lautet diese:

$$y_V = \frac{N^*_{L,V}}{N^*_{L,V} + N^*_D} \cdot x_V + \frac{N^*_D}{N^*_{L,V} + N^*_D} \cdot x_D.$$

Durch Kürzen mit N^*_D und mit dem Rücklaufverhältnis v nach Gl. (6.17) erhalten wir:

$$y_V = \frac{v}{v+1} \cdot x_V + \frac{x_D}{v+1}. \qquad (6.18)$$

Für $x_V = 0$ ergibt sich der Schnittpunkt P der Verstärkungsgeraden mit der Ordinatenachse. Er hat die Koordinaten $P(0; x_D/(v+1))$.

Es sei betont, daß die Bilanzlinie keine Gerade ist, wenn eine der Gl. (6.6) bis (6.10) nicht erfüllt ist, oder die Kolonne nicht adiabat arbeitet. Praktisch sind aber die dadurch bedingten Abweichungen vom geradlinigen Verlauf im allgemeinen gering.

6.2.2 Die Abtriebsgerade

Die Berechnung der Bilanzlinie der Abtriebskolonne verläuft gleich wie für die Verstärkungskolonne. Wir setzen wieder die Gültigkeit der Gl. (6.6) bis (6.10) voraus und stellen die drei Bilanzgleichungen auf[7] (Abb. 6.7):

Gesamtmengenbilanz $\qquad N^*_{L,A} = N^*_{G,A} + N^*_S;$ $\qquad\qquad$ (6.19)

Leichtsiederbilanz $\qquad N^*_{L,A} \cdot x_A = N^*_{G,A} \cdot x_V + N^*_S \cdot x_S;$ $\qquad\qquad$ (6.20)

Energiebilanz $\qquad N^*_{L,A} \cdot \mathscr{H}'_A + Q^*_B = N^*_{G,A} \cdot \mathscr{H}''_A + N^*_S \cdot \mathscr{H}'_S.$ $\qquad$ (6.21)

---

[7] Der Index A besagt, daß sich die Größen auf die Abtriebskolonne beziehen.

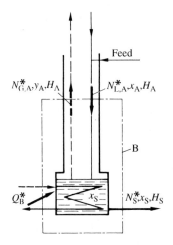

Abb. 6.7   Zur Ableitung der Abtriebsgeraden. B = Bilanzhülle; übrige Bezeichnungen im Text.

Setzen wir Gl. (6.19) in Gl. (6.21) ein und ordnen, so erhalten wir:

$$N_{G,A} \cdot \underbrace{(\mathscr{H}_A'' - \mathscr{H}_A')}_{= \not{r}} + N_S^* \cdot \underbrace{(\mathscr{H}_S' - \mathscr{H}')}_{\approx 0} = Q_B^*.$$

Somit ist

$$N_{G,A}^* \cdot \not{r} \approx Q_B^* \tag{6.22}$$

und, da auch in der Abtriebssäule $\not{r} \approx$ const und $Q_B^* =$ const sind,

$$N_{G,A}^* \approx \text{const} \tag{6.23}$$

sowie

$$N_{L,A}^* \approx \text{const}. \tag{6.24}$$

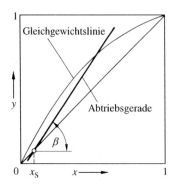

Abb. 6.8   Die Abtriebsgerade im McCabe-Thiele-Diagramm.

Aus Gl. (6.20) ergibt sich die Gleichung der Bilanzlinie, wiederum eine Gerade, die sogenannte *Abtriebsgerade*:

$$y_A = \frac{N^*_{L,A}}{N^*_{G,A}} \cdot x_A - \frac{N^*_S}{N^*_{G,A}} \cdot x_S. \tag{6.25}$$

Sie schneidet die Diagonale des McCabe-Thiele-Diagramms im Punkt $x = y = x_S$ und hat eine Neigung von tg $\beta = dy_A/dx_A = N^*_{L,A}/N^*_{G,A} \geq 1$ (Abb. 6.8).

6.3 Die Bodenkolonne

Literatur: Bošnjaković [6.4]; Hengstebeck [6.5]; Walas [6.11]

6.3.1 Aufbau einer Bodenkolonne

Wie bereits festgestellt, müssen in einer Rektifizierkolonne aufsteigender Dampf und herabfließende Flüssigkeit so in Berührung gebracht werden, daß ein wirkungsvoller Stoffaustausch stattfinden kann. Erforderlich sind dazu eine möglichst große Berührungsfläche und ausreichende Turbulenz innerhalb der Phasen. In der Praxis erreicht man dies mit zwei verschiedenen Konstruktionsprinzipien: Der hier zu besprechenden *Bodenkolonne* und der *Packungskolonne*, die in Abschn. 6.4 behandelt wird.

Bei der Bodenkolonne erfolgt der Stoffaustausch, wie in Abschn. 6.1 beschrieben, in einzelnen, übereinander angeordneten Trennstufen, auf sogenannten Böden. Abb. 6.9 a zeigt das Schema eines *Glockenbodens* (engl. *bubble cap tray*). Durch den *Zulauf* ZS fließt ihm die Flüssigkeit vom darüberliegenden Boden zu. Sie verteilt sich über der Bodenfläche und strömt dabei über ein gegenüberliegendes *Ablaufwehr* AW und durch den Ablauf (engl. *downcomer*) auf den nächsttieferen Boden. Die Höhe der Flüssigkeitsschicht auf dem Boden wird durch die Wehrhöhe bestimmt. Der Dampf strömt durch in den Boden eingesetzte *Kamine* GH, die oben durch *Glocken* GL abgedeckt sind, nach oben und sprudelt dabei an den Glockenrändern durch die Flüssigkeit. Damit der Dampf nicht den direkten Weg durch den Ablauf nach oben nimmt, taucht dieser in die auf dem Boden stehende Flüssigkeit ein. Zusätzlich bringt man häufig noch ein *Zulaufwehr* ZW an. Neben den einfachen runden Glocken findet man auch langgestreckte. Man spricht dann von *Tunnelböden*.

Den *Ventilboden* in Abb. 6.9 b kann man als eine Variante des Glockenbodens ansehen. Die Ventilöffnung variiert mit der Dampfmengenstrom, was sich günstig auf das Betriebsverhalten auswirkt.

Beim *Siebboden* (Abb. 6.9 c) perlt der Dampf direkt durch die auf dem Boden stehende Flüssigkeit nach oben. Varianten des Siebbodens sind die sogenannten *Schlitzböden* mit horizontalen Dampfaustrittsspalten (Abb. 6.9 d), die sich bei krustenbildenden Flüssigkeiten bewähren.

Abb. 6.10 zeigt den Aufbau einer Siebbodenkolonne.

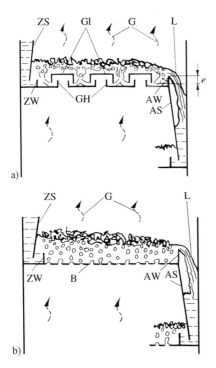

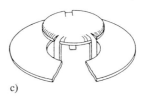

Abb. 6.9   a) Schema eines arbeitenden Glockenbodens. G = Gasphase,
L = Rücklauf, Gl = Glocken, GH
= Glockenhals (Kamin), ZS = Zulaufstutzen (hier von segmentförmi-
gem Querschnitt), ZW = Zulaufwehr, AS = Ablaufstutzen, AW =
Ablaufwehr, e = Dampfdurchdring-
tiefe; b) Öffnung eines Ventilbodens;
c) Schema eines arbeitenden Siebbodens. B = gelochtes Blech; übrige
Bezeichnungen wie in Abb. 6.9 a; d)
Schlitzboden (Nutter-Engineering).

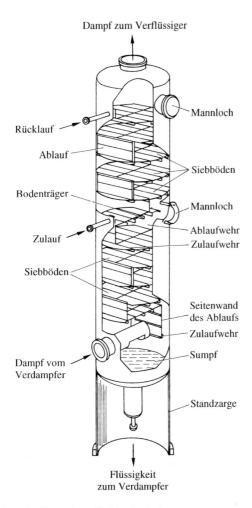

Dampf zum Verflüssiger

Rücklauf

Ablauf

Bodenträger

Zulauf

Siebböden

Dampf vom
Verdampfer

Mannloch

Siebböden

Mannloch

Ablaufwehr

Zulaufwehr

Seitenwand
des Ablaufs

Zulaufwehr

Sumpf

Standzarge

Flüssigkeit
zum Verdampfer

Abb. 6.10   Aufbau einer Siebbodenkolonne.

6.3.2 Die Zahl der theoretischen Böden

Um die Arbeitsweise eines Austauschbodens zu studieren, greifen wir auf die einfüh-renden Betrachtungen in Abschn. 6.1 zurück. Entsprechend den Voraussetzungen, die wir dort für die theoretische Trennstufe getroffen hatten, nehmen wir jetzt für den Boden folgendes an:

1. Die Flüssigkeit auf dem Boden ist ideal durchmischt. Ihre Zusammensetzung ist also über die ganze Bodenfläche hin gleich und stimmt mit der des Ablaufs überein.
2. Zwischen Dampf und Flüssigkeit findet ein vollkommener Wärme- und Stoff-austausch statt, so daß der aufsteigende Dampf jeweils mit der Flüssigkeit auf dem betreffenden Boden und − wegen 1. − in seinem Ablauf im Phasengleichgewicht steht.

3. Der aufsteigende Dampf ist trocken. Er reißt also keine Flüssigkeitstropfen mit sich.

Einen Boden, der so arbeitet, nennt man einen *theoretischen Boden*.

Unter den Voraussetzungen 1. bis 3. läßt sich die für eine bestimmte Trennaufgabe erforderliche Anzahl theoretischer Böden leicht mit Hilfe des McCabe-Thiele-Diagramms ermitteln (s. Abschn. 6.1). x_S sei die gegebene Blasenkonzentration eines stationär arbeitenden Rektifizierapparats (Abb. 6.11 a), dessen theoretische Bodenzahl zu bestimmen sei, und x_D die verlangte Reinheit des Destillats. (Man lasse sich nicht dadurch verwirren, daß in Abb. 6.11 b das Resultat, nämlich die Anzahl der Böden, bereits vorweggenommen ist.) Durch den Punkt D auf der Diagonalen des McCabe-Thiele-Diagramms (Abb. 6.11 a) legt man − wie in Abschn. 6.2.1 gezeigt − mit der Neigung tg $\alpha = N_L^* / N_G^*$ die Bilanzgerade[8]. Der von der Blase aufsteigende Dampf G_1 steht mit der Blasenflüssigkeit im Gleichgewicht. Sein Zustandspunkt G_1 liegt also im McCabe-Thiele-Diagramm über x_S auf der Gleichgewichtskurve, seine Zusammensetzung ist y_1. Als nächstes suchen wir die Konzentration der vom untersten Boden ablaufenden Flüssigkeit L_1. Dabei nutzen wir die Eigenschaft der Bilanzlinie, daß ein Punkt auf ihr Dampf- und Flüssigkeitskonzentration in einem Querschnitt angibt. Somit liegt der Punkt 1 des ersten Abschnitts in der Höhe y_1 auf der Bilanzgeraden, und die gesuchte Konzentration x_1 des Ablaufs L_1 kann auf der Abszisse abgelesen werden.

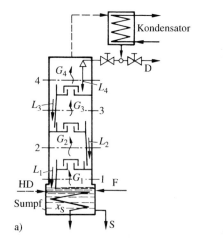
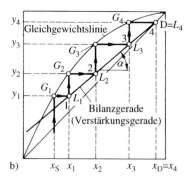

Abb. 6.11   a) Schema einer stetig arbeitenden Verstärkungskolonne. Bezeichnungen wie in Abb. 6.4; b) Verfolgung des Rektifikationsprozesses im McCabe-Thiele-Diagramm.

Nach den Annahmen 1. bis 3. steht der von diesem untersten Boden aufsteigende Dampf G_2 mit der von ihm ablaufenden Flüssigkeit L_1 im Gleichgewicht, seine Konzentration y_2 ist also die Gleichgewichtskonzentration zu x_1. Wie oben, findet man dann mit Hilfe der Bilanzgeraden die Zusammensetzung des Ablaufes L_2 des zweiten

[8] Da hier keine Verwechslung möglich ist, wurde der Index V weggelassen.

Bodens, und weiter als dazugehörige Gleichgewichtskonzentration die Zusammensetzung y_2 des den zweiten Boden verlassenden Dampfes D_3. So fährt man fort, bis man bei x_D angelangt ist. Der vom obersten Boden aufsteigende Dampf wird im Kondensator vollständig verflüssigt. Dampf, Rücklauf und Destillat haben daher die gleiche Zusammensetzung. Wir erhalten also mit Hilfe dieses Verfahrens auf sehr einfache Weise die Anzahl der theoretischen Böden: Sie ist gleich der Anzahl der auf der Bilanzgeraden gelegenen Eckpunkte des Treppenzugs. (Der Punkt D zählt nicht als Eckpunkt!).

6.3.3 Das Verstärkungsverhältnis

In Wirklichkeit stehen der von einem Boden aufsteigende Dampf und die von ihm abfließende Flüssigkeit im allgemeinen nicht im Gleichgewicht. Dieser Sachverhalt wird durch das *Verstärkungsverhältnis s*[9] ausgedrückt. Man definiert es als das Verhältnis der beim Durchströmen eines Bodens erzielten Anreicherung der leichterflüchtigen Komponente im Dampf zu derjenigen, die auf einem theoretischen Boden erreicht würde (vom Bilanzpunkt B bis zum Gleichgewichtspunkt E in Abb. 6.12):

$$s \equiv \frac{y_n - y_{n-1}}{y_{n,e} - y_{n-1}}. \qquad (6.26)$$

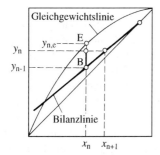

Abb. 6.12   Zur Definition des Verstärkungsverhältnisses.

Der theoretische Boden hat demnach das Verstärkungsverhältnis $s = 1$.

Für die Abweichungen der tatsächlich beobachteten Verstärkungsverhältnisse vom Wert 1 gibt es folgende Gründe:

1. Die kurze Berührungszeit zwischen Dampf und Flüssigkeit (Größenordnung: einige Zehntelsekunden) genügt nicht zum Erreichen des Phasengleichgewichts.
2. Vom Dampf werden Flüssigkeitstropfen mitgerissen (vgl. Abschn. 6.3.7 und 6.3.9).

---

[9] Im angelsächsischen Schrifttum bezeichnet man das Verstärkungsverhältnis als *Murphree efficiency*.

3. Die Flüssigkeit ist auf dem Boden unvollständig durchmischt. Insbesondere bei
   großen Kolonnenquerschnitten entstehen *Konzentrationsgefälle* längs des Flüssig-
   keitswegs über den Boden.

Die beiden erstgenannten Erscheinungen führen zu einer Erniedrigung des Verstärkungsverhältnisses, die letztere bewirkt eine Erhöhung. Dies soll kurz veranschaulicht
werden; den Beweis findet man bei *Kirschbaum* [6.6], S. 378.

Dem untersten Boden einer Kolonne (Abb. 6.13 a) fließt links der Rücklauf L_2 mit
der Konzentration x_2 (Abb. 6.13 b) zu. Von der Blase kommend (Konzentration der
Blasenflüssigkeit: x_S) tritt der Dampf G_1 mit einer über dem ganzen Querschnitt gleichen Konzentration $y_1 (= y_e (x_S))$ durch die Lochplatte in die Flüssigkeit ein. Vollkommenen Stoffaustausch vorausgesetzt, stellt sich an jeder Stelle des Bodens zwischen
Dampf und Flüssigkeit Gleichgewicht ein. An der Stelle A erreicht der Dampf somit
die Zusammensetzung $y_A = y_e (x_a) = y_e (x_2)$. Längs seines Wegs über den Boden hin
verarmt der Rücklauf immer mehr an Leichterflüchtigem, bis er den Boden bei B mit
einer Konzentration $x_B = x_1$ verläßt. Entsprechend nimmt auch die Gleichgewichtskonzentration des Dampfes ab. Bei B erreicht sie ihren niedrigsten Wert $y_B (= y_e (x_1))$.
Die mittlere Dampfkonzentration y_2 über diesem ersten Boden liegt dann zwischen y_A
und y_B. Damit ist aber $s = (y_2 - y_1)/(y_e (x_1) - y_1) > 1$.

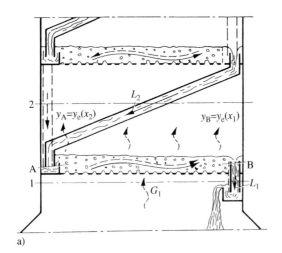
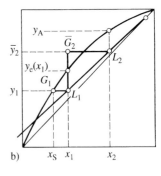

a) b)

Abb. 6.13   a) Bei unvollständiger Flüssigkeitsdurchmischung bildet sich über den Boden ein
Konzentrationsgefälle aus; Bezeichnungen im Text; b) McCabe-Thiele-Diagramm zu
Abb. 6.13 a.

Man beachte, wie der Rücklauf vom zweituntersten auf den untersten Boden geleitet
wird. Flösse er auf dem oberen Boden, wie dies bei den bisherigen Beispielen der Fall
war, von rechts nach links und dort in einen vertikalen Ablauf (in Abb. 6.13 a gestrichelt angedeutet), so träfe der aufsteigende Dampf oben links auf die Flüssigkeit, die
er gerade zuvor verlassen hat. Stoffaustausch und Anreicherung wären dort praktisch
Null. Allerdings fände auf der rechten Seite ein um so intensiverer Austausch statt,

was den eben erwähnten Nachteil milderte. Ungeachtet der umständlicheren Konstruktion sucht man aber oft, die in Abb. 6.13a dargestellte *gleichsinnige Strömungsführung* zu verwirklichen.

Dem zweituntersten Boden und allen darüberliegenden strömt der Dampf natürlich nicht mehr mit über dem Querschnitt einheitlicher Konzentration zu. Man kann jedoch zeigen, daß theoretisch auch dann noch $s > 1$ ist (Kirschbaum [6.6]). Es fehlt daher nicht an Bemühungen, durch entsprechende Anordnung der der Abläufe, durch Schlitzdüsen und andere Hilfsmittel der Flüssigkeit Wege zwischen Zulaufstelle und Ablauf aufzuzwingen, die geeignet sind, das Verstärkungsverhältnis des Bodens zu erhöhen. In der Praxis überwiegen freilich die eingangs erwähnten negativen Effekte, so daß man im allgemeinen nur Verstärkungsverhältnisse zwischen $0,6 < s < 0,8$ erzielt.

Ist n_{th} die mit Hilfe der Stufenkonstruktion im McCabe-Thiele-Diagramm ermittelte Zahl der theoretischen Böden, so sind für die praktische Ausführung

$$n_{eff} = b \cdot n_{th}/s \qquad (6.27)$$

Böden zu wählen mit einem Sicherheitsfaktor $b = 1,5$ bis 2. Abb. 6.14 zeigt die Stufenkonstruktion für ein konstantes Verstärkungsverhältnis $s = 0,7$. Die so erhaltene Bodenzahl n ist nicht gleich dem Quotienten n_{th}/s. Dies wäre nur der Fall, wenn Gleichgewichtskurve und Verstärkungsgerade Parallelen wären ([6.12]). In Gl. (6.27) ist dieser Sachverhalt im Sicherheitsfaktor berücksichtigt.

6.3.4 Das Mindestrücklaufverhältnis

Wie man sich anhand der Stufenkonstruktion im McCabe-Thiele-Diagramm (z. B. Abb. 6.14 oder 6.17b) leicht klarmacht, benötigt man zur Lösung einer vorgegebenen Trennaufgabe um so weniger Böden, je größer der Abstand zwischen Bilanzgerade und Gleichgewichtslinie ist oder, anders ausgedrückt, je näher die Bilanzgerade an die Diagonale heranrückt. Deckt sie sich im Grenzfall mit ihr, so erreicht die Bodenzahl ihr Minimum. Die Kolonne arbeitet dann mit vollständigem Rücklauf, d. h. die Destillatmenge ist Null. Mit der Bodenzahl erreichen auch die Investitionskosten ihren nie-

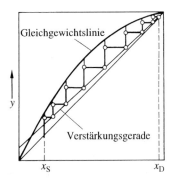

Abb. 6.14 Stufenkonstruktion im McCabe-Thiele-Diagramm für ein konstantes Verstärkungsverhältnis von $s = 0,7$.

drigsten Wert. Bezogen auf die Produktionsmenge werden allerdings die Anschaffungs-
wie die Betriebskosten unendlich groß. Den anderen Grenzfall erreicht man, wenn
man das Rücklaufverhältnis v_{so} wählt, daß die Verstärkungsgerade, wie in Abb. 6.15
gezeigt, die Gleichgewichtskurve im Punkt E beim Abszissenwert $x = x_s$ schneidet.
Die zur Trennung erforderliche Bodenzahl und damit die Investition wird dann unendlich groß. Die auf die Produktionsmenge bezogenen Betriebskosten erreichen dagegen
ihr Minimum. Man nennt das Rücklaufverhältnis, bei dem die Trennaufgabe mit unendlich vielen Böden gerade noch durchgeführt werden könnte, das *Mindestrücklaufverhältnis* v_{min}. Die durch die Punkte D und E verlaufende Bilanzgerade schneidet die
Ordinatenachse in der Höhe $x_D/(v_{min} - 1)$. Daraus läßt sich v_{min} berechnen. Für die
Bilanzgerade einer endlich langen Kolonne gilt also, daß sie innerhalb des zu überbrük-
kenden Konzentrationsbereichs überall unter der Gleichgewichtskurve liegen muß.

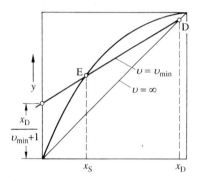

Abb. 6.15 Bestimmung des Mindestrücklaufverhältnisses v_{min} im McCabe-Thiele-Diagramm.

Wie groß soll man nun das wirkliche Rücklaufverhältnis wählen? In Abb. 6.16 sind
die Betriebs- und Kapitalkosten bezogen auf 1 kg Destillat über dem Rücklaufverhältnis aufgetragen. Beim optimalen Rücklaufverhältnis v_{opt} müssen die Gesamtkosten ein
Minimum haben. Bei annähernd idealen Gemischen ist $v_{opt}/v_{min} \approx 1{,}2$ [6.11], doch
lassen sich in manchen praktischen Fällen auch höhere Werte errechnen (bis v_{opt}/v_{min}
$= 4$ [6.13]).

6.3.5 Berechnung einer vollständigen, stetig arbeitenden Bodenkolonne[10]

Abb. 6.17 a zeigt das Schema einer gemäß Abb. 6.4 stetig arbeitenden Bodenkolonne,
Abb. 6.17 b das dazugehörige McCabe-Thiele-Diagramm. Gegeben sind der Zulauf
N_F^*, seine Zusammensetzung x_F und seine Temperatur T_F. x_D^* und x_S^* sind die geforder-
ten Zusammensetzungen des Destillats N_D^* und des Sumpfprodukts.

---

[10] Die Betrachtung, die wir hier für die stetig arbeitende Rektifizierkolonne anstellen, gilt grundsätzlich auch für chargenweisen Betrieb. Dabei ist nur zu beachten, daß der Gehalt an Höher-
siedendem in der Blase mit der Zeit ansteigt. Eine Behandlung der Chargendestillation findet
man bei Kirschbaum [6.6].

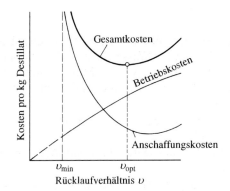

Abb. 6.16   Kostenbetrachtung zur Ermittlung des optimalen Rücklaufverhältnisses v_{opt}.

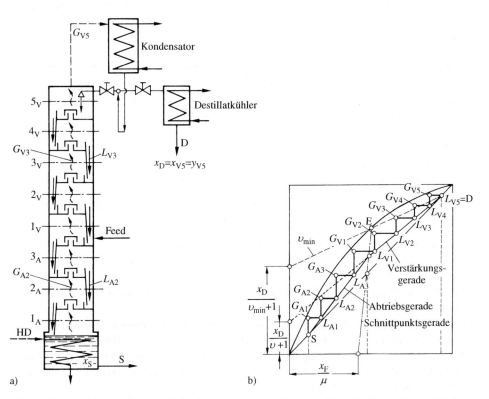

Abb. 6.17   a) Schema einer vollständigen, stetig arbeitenden Bodenkolonne, deren Boden-zahl zu bestimmen ist. Bezeichnungen wie in Abb. 6.4; b) Bestimmung der Bodenzahl einer stationär arbeitenden, vollständigen Bodenkolonne mittels der Stufenkonstruktion im McCabe-Thiele-Diagramm.

Destillat- und Ablaufmenge erhalten wir mit Hilfe von Bilanzen um die Kolonne:

Gesamtbilanz $\qquad N_F^* = N_D^* + N_S^*$;

Leichtsiederbilanz $\quad N_F^* \cdot x_F = N_D^* \cdot x_D + N_S \cdot x_S$.

Daraus ergibt sich:

$$N_D^* = \frac{x_F - x_S}{x_D - x_S} \cdot N_F^* , \tag{6.28}$$

$$N_S^* = \frac{x_D - x_F}{x_D - x_S} \cdot N_F^* . \tag{6.29}$$

Um die Verstärkungsgerade festzulegen, müssen wir erst ein Rücklaufverhältnis v wählen. Dann können wir entweder vom Nullpunkt aus auf der Ordinatenachse die Strecke $x_D/(v-1)$ abtragen und ihren Endpunkt mit D verbinden, oder durch D eine Gerade mit der Neigung tg $\alpha = N_{L,V}^*/N_{G,V}^* = v/(v+1)$ legen.

Die Abtriebsgerade muß durch den Punkt S gehen. Ihre Neigung ist durch tg $\beta = N_{L,A}^*/N_{G,A}^*$ gegeben und hängt von der Zulauftemperatur T_F ab. Fließt dieser dem obersten Boden der Abtriebskolonne mit Siedetemperatur zu, so ist

$$N_{G,A}^* = N_{G,V}^* \quad \text{und} \quad N_{L,A}^* = N_{L,V}^* + N_F^*$$

und daher

$$\text{tg } \beta = N_{L,A}^*/N_{G,A}^* = (N_{L,V}^* + N_F^*)/N_{G,V}^* .$$

Fließt er unterkühlt zu, also mit der Temperatur $T_F < T_{S,V}$, so muß er auf dem Einlaufboden erst auf Siedetemperatur erwärmt werden. Die dazu notwendige Wärme wird durch Kondensieren einer Dampfmenge $N_{G,A}^*$ geliefert. Diese vereinigt sich mit dem Rücklauf der Abtriebskolonne:

$$N_{L,A}^* = N_{L,V}^* + N_F^* + N_{G,A}^* . \tag{6.30}$$

Da die freiwerdende Kondensationswärme gleich der Aufheizwärme ist, können wir schreiben:

$$N_{G,A}^* \cdot r = N_F^* \cdot \mathscr{C}_{p,F}' (T_{S,F} - T_F) = N_F^* (\mathscr{H}_{S,F}' - \mathscr{H}_F') ,$$

$$N_{G,A}^* = N_F^* (\mathscr{H}_{S,F}' - \mathscr{H}_F')/r .$$

r $\quad\quad$ = molare Verdampfungsenthalpie nach Gl. (6.7) in J/kmol;
$\mathscr{C}_{p,F}'$ $\quad$ = molare Wärmekapazität des Zulaufs in J/(kmol K);
$\mathscr{H}_{S,F}', \mathscr{H}_F'$ = molare Enthalpien des Zulaufs bei Siede- bzw. Eintrittstemperatur in J/kmol.

Setzt man $\mu \equiv 1 + (\mathscr{H}_{L,A}' - \mathscr{H}_F')/r$, so läßt sich Gl. (6.30) umformen in

$$N_{L,A}^* = N_{L,V}^* + \mu \cdot N_F^* . \tag{6.31}$$

Nun läßt sich auch die Abtriebsgerade eintragen; sie verläuft mit der Neigung

$$\text{tg } \beta = N_{L,A}^*/N_{G,A}^* = (N_{L,V}^* + \mu \cdot N_F^*)/N_{G,A}^*$$

durch den Punkt S.

Mit Hilfe der Stufenkonstruktion kann man jetzt die theoretische Bodenzahl beider Kolonnen ermitteln.

Zur Beantwortung der Frage nach dem Mindestrücklaufverhältnis müssen wir etwas weiter ausholen. Für den Schnittpunkt von Abtriebs- und Verstärkungsgerade gilt:

$$x_V = x_A = x \quad \text{und} \quad y_V = y_A = y. \tag{6.32}$$

Ein Bilanzschnitt um den Einlaufboden ergibt die

Gesamtbilanz $\qquad N_F^* + N_{L,V}^* + N_{G,A}^* = N_{L,A}^* + N_{G,V}^*; \tag{6.33}$

Leichtsiederbilanz $\quad N_F^* \cdot x_F + N_{L,V}^* \cdot x_V + N_{G,A}^* \cdot y_A$
$$= N_{L,A}^* \cdot x_A + N_{G,V}^* \cdot y_V. \tag{6.34}$$

Setzen wir Gl. (6.31) in (6.33) ein, so erhalten wir:

$$N_{G,A}^* - N_{G,V}^* = (\mu - 1)\, N_F^*. \tag{6.35}$$

Unter Beachtung der Gl. (6.35) und (6.31) geht Gl. (6.34) über in

$$N_F^* \cdot x_F + (N_{L,V}^* - N_{L,A}^*) \cdot x + (N_{G,A}^* - N_{G,V}^*) \cdot y = 0. \tag{6.36}$$

Durch Einsetzen der Gl. (6.35) und (6.31) in Gl. (6.36) und Kürzen mit N_F^* erhält man:

$$y = \frac{\mu}{\mu - 1} \cdot x - \frac{x_F}{\mu - 1}. \tag{6.37}$$

Da μ und x_F Konstanten sind, stellt Gl. (6.37) im McCabe-Thiele-Diagramm eine Gerade dar, die wir nach Kirschbaum „*Schnittpunktsgerade*" nennen wollen; denn auf ihr schneiden sich Verstärkungs- und Abtriebsgerade (Abb. 6.17 b). Setzen wir $y = 0$, so wird $x = x_F/\mu$. Dies ist also der Punkt, in dem die Schnittpunktsgerade die Abszisse schneidet, und $x = y = x_F$ ist ihr Schnittpunkt mit der Diagonalen. Eine Gerade durch ihren Schnittpunkt mit der Gleichgewichtskurve und dem Punkt D auf der Diagonalen liefert uns nun die Verstärkungsgerade für das Mindestrücklaufverhältnis. Wie man sich nämlich leicht an Hand der Abb. 6.17 b überzeugt, wird für sie die Bodenzahl unendlich, weil man mit der Stufenkonstruktion nicht über den Punkt E hinauskommt. Sobald man jedoch das Rücklaufverhältnis vergrößert, wird die Bodenzahl wieder endlich.

Tritt der Zulauf mit Siedetemperatur in die Kolonne ein, so ist $\mu = 1$, die Schnittpunktsgerade steht senkrecht, und der Schnittpunkt von Verstärkungs- und Abtriebsgerade liegt über x_F.

Strömt er dampfförmig zu, wird $\mu = 0$; Gl. (6.37) lautet dann $y = x_F$, d. h. die Schnittpunktsgerade verläuft horizontal durch den Punkt $x = y = x_F$.

Für den Fall, daß der Zulauf eine vollkommene Lösung und auf Siedetemperatur ist, lassen sich auch analytische Ausdrücke für das Mindestrücklaufverhältnis v_{min} und die minimale theoretische Bodenzahl (für $v = \infty$) angeben (s. oben und Abb. 6,17 b):

$$v_{min} = (x_D - y_{F,e})/(y_{F,e} - x_F); \tag{6.38}$$

$y_{F,e}$ = Gleichgewichtskonzentration zu x_F.

Durch Umformen mit Hilfe des Daltonschen und des Raoultschen Gesetzes (Gl. (4.6) und (4.17)) erhält man:

$$y = y_e = \frac{x \cdot P_1}{x \cdot P_1 + (1 - x) \cdot P_2}. \tag{6.39}$$

Mit $\alpha = P_1/P_2$ als der *relativen Flüchtigkeit* eines vollkommenen Gemisches ergibt dies:

$$y_e = \frac{\alpha \cdot x}{\alpha \cdot x + (1 - x)} = \frac{\alpha \cdot x}{1 + (\alpha - 1) \cdot x}. \tag{6.40}$$

Mit dieser Beziehung schreibt sich Gl. (6.38):

$$v_{\min} = \frac{1}{\alpha - 1} \left(\frac{x_D}{x_F} - \alpha \cdot \frac{1 - x_D}{1 - x_F} \right). \tag{6.41}$$

Andererseits ergibt sich für die minimale theoretische Bodenzahl ($v = \infty$):

$$n_{\text{th, min}} + 1 = \frac{\lg \left(\dfrac{x_D}{1 - x_D} \dfrac{1 - x_S}{x_S} \right)}{\lg \alpha}. \tag{6.42}$$

Die Gl. (6.41) und (6.42) sind als Fenske-Underwood-Gleichungen bekannt (Fenske [6.14]).

Gilliland [6.15] gelang noch ein weiterer Schritt. Er fand nämlich eine empirische Beziehung zwischen der theoretischen Bodenzahl n_{th} und dem Rücklaufverhältnis v,

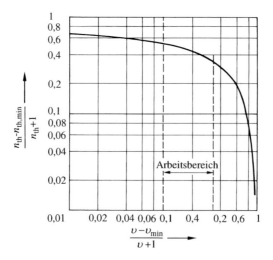

Abb. 6.18 Diagramm von Gilliland
n_{th} = theoretische Bodenzahl, $n_{\text{th, min}}$ = Mindestbodenzahl (für $v = \infty$), v = Rücklaufverhältnis; $v_{\min}$ = Mindestrücklaufverhältnis.

die er in einem Diagramm (Abb. 6.18) darstellte, das auch für nichtideale Lösungen gilt. McCormick [6.16] gab für diese Beziehung folgende Näherungsgleichung an:

$$Y = (n - n_{min})/(n + 1) = 1 - X^{(0,0456 \log X + 0,44)}$$

$$\text{mit} \quad X = (v - v_{min})/(v + 1). \tag{6.43}$$

Man muß nur das Mindestrücklaufverhältnis v_{min} und die Mindestbodenzahl (für $v = \infty$) zu ermitteln, und zwar im McCabe-Thiele-Diagramm oder, für ideale Gemische, auch analytisch nach Fenske-Underwood, und kann dann zu jedem Rücklaufverhältnis sofort die erforderliche theoretische Bodenzahl bestimmen. Der wirtschaftliche Arbeitsbereich von Kolonnen bewegt sich im allgemeinen zwischen $0,03 < X < 0,15$.

6.3.6 Berechnung im h, w-Diagramm[11]

Eine Rektifizierkolonne kann im allgemeinen mit Hilfe des McCabe-Thiele-Diagramms genügend genau ausgelegt werden. Wie wir uns erinnern, haben wir die molaren Verdampfungsenthalpien der zu trennenden Stoffe als gleich und ihre Mischungswärmen als vernachlässigbar klein vorausgesetzt. Dies bedeutet keine grobe Vereinfachung, da die Mischungswärmen zweier Flüssigkeiten gegen die Verdampfungsenthalpien tatsächlich meistens vernachlässigt werden dürfen. Kann man jedoch diese Vereinfachung nicht verantworten und möchte man die Zustände der Phasen längs der Kolonne genauer kennen, so greift man für die Auslegung des Prozesses zum h, w-Diagramm (s. Abschn. 4.6). Da wir jetzt die Voraussetzung gleicher molarer Verdampfungswärmen fallen lassen, die Stoffmengenströme von Dampf und Flüssigkeit also der Kolonne entlang variieren dürfen, liegt kein Grund mehr vor, wie früher mit Molen zu rechnen. Als *Mengeneinheit* kann also das *Kilogramm* dienen, und dementsprechend muß dann die Zusammensetzung in *Massenanteilen* eingesetzt werden: *w = Massenanteil* (eventuell Gewichtsprozente) *der leichterflüchtigen Komponente.* Überdies gibt das h, w-Diagramm die Energieverhältnisse (zu- und abzuführende Wärmemengen, Enthalpien und Temperaturen von Dampf und Flüssigkeit) sehr übersichtlich und maßstabsgerecht wieder. Sein Nachteil gegenüber dem McCabe-Thiele-Diagramm liegt darin, daß es im Gebrauch und im Entwurf umständlicher ist und ausreichende Daten nur für wenige Stoffpaare vorliegen.

Wir setzen wieder eine stationäre, adiabate Kolonne voraus. Abweichend von Abb. 6.4 gelangt der Dampf in Abb. 6.19 aus der Kolonne in einen Kondensator, in welchem nur der Rücklauf niedergeschlagen wird (man nennt ihn deshalb *Rücklaufkondensator*); das Destillat verläßt ihn dampfförmig und wird erst in einem nachgeschalteten Kondensator, dem sogenannten *Kondensatkühler*, verflüssigt und eventuell unterkühlt. Dies hat folgenden Vorteil: Aus einem Dampf, den man teilweise kondensiert, fällt vorwiegend die schwerersiedende Komponente aus (denn dies ist nichts anderes als die Umkehrung einer Destillation).

Dampf kann also auch durch *Teilkondensation* angereichert werden. Dies bedeutet, daß der Dampf, der den Rücklaufkondensator verläßt, reiner als der in ihn eintretende

---

[11] Diese Berechnungsart ist auch als die Methode von Ponchon-Savarit bekannt.

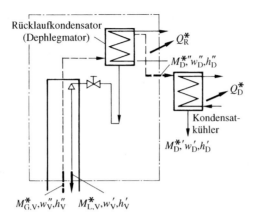

Abb. 6.19 Zur Ableitung der Querschnittsgeraden und des Polpunktes der Verstärkungs-säule. Q_R^* = Wärmestrom in W, der im Dephlegmator zur Erzeugung des Rücklaufes abzu-führen ist, Q_D^* = Wärmestrom in W, der zur Kondensation des Destillates abzuführen ist. Übrige Bezeichnungen im Text.

ist. Der Rücklaufkondensator, den man auch *Dephlegmator* nennt (weil er das „Phlegma" aus dem Dampf entfernt), bewältigt somit zwei Aufgaben: Er erzeugt den Rücklauf und erhöht die Trennwirkung der Kolonne. (Um das noch gasförmige Destillat nach dem Rücklaufkondensator vom austretenden verflüssigten Destillat nach dem Kondensatorkühler unterscheiden zu können, wollen wir die Symbole D und M_D^* mit zwei Strichen bzw. einem Strich versehen: D'', $M_D^{*''}$ und D', $M_D^{*'}$.)

Die in Abb. 6.19 um den oberen Teil einer Verstärkungssäule gelegte Kontrollfläche gestattet uns, die drei üblichen Bilanzgleichungen aufzustellen:

$$\text{Gesamtmenge} \qquad M_{G,V}^* = M_D^{*''} + M_{L,V}^* ; \tag{6.44}$$

$$\text{Leichtersiedendes} \qquad M_{G,V}^* w_V'' = M_D^{*''} w_D'' + M_{L,V}^* w_V' ; \tag{6.45}$$

$$\text{Energie} \qquad M_{G,V}^* h_V'' = M_D^{*''} h_D'' + M_{L,V}^* h_V' + Q_R^* , \tag{6.46}$$

$M_{G,V}^*$ und $M_{L,V}^*$ sind nun längs der Verstärkungssäule nicht mehr konstant. Ihre Differenz $M_{G,V}^* - M_{L,V}^*$ hingegen ist immer noch eine Konstante, die nach Gl. (6.44) gleich $M_D^{*''}$ ist.

Gl. (6.44) in Gl. (6.45) ergibt:

$$(M_D^{*''} + M_{L,V}^*) \, w_V'' = M_D^{*''} w_D'' + M_{L,V}^* w_V' ,$$
$$M_{L,V}^* (w_V'' - w_V') = M_D^{*''} (w_D'' - w_V'') . \tag{6.47}$$

Gl. (6.44) in Gl. (6.46) ergibt:

$$(M_D^{*''} + M_{L,V}^*) \, h_V'' = M_D^{*''} h_D'' + M_{L,V}^* h_V' + Q_R^* ,$$
$$M_{L,V}^* (h_V'' - h_V') = M_D^{*''} (h_D'' - h_V'' + Q_R^*/M_D^{*''}) . \tag{6.48}$$

Wir definieren noch die *spezifische Rücklaufwärme* als:

$$q_R \equiv Q_R^*/M_D^{*''}, \text{ Einheit J/kg} . \tag{6.49}$$

Sie stellt also die pro kg Destillat abzuführende Kondensationsenthalpie zur Erzeugung des Rücklaufes dar.

Dividieren wir Gl. (6.47) unter Beachtung von Gl. (6.49) durch Gl. (6.48), so folgt:

$$\frac{w_V'' - w_V'}{h_V'' - h_V'} = \frac{w_D'' - w_V''}{(h_D'' + q_R) - h_V''} . \tag{6.50}$$

Diese Gleichung drückt folgendes aus:

Der mittlere Flüssigkeitspunkt $L_V(w_V', h_V')$ und der mittlere Dampfpunkt $G_V(w_V'', h_V'')$ eines beliebigen Kolonnenquerschnittes sowie der feste Punkt $P_V(w_D'', h_D'' + q_R)$, den man *Polpunkt der Verstärkungskolonne* nennt, liegen auf einer Geraden, der sogenannten *Querschnittsgeraden* (Abb. 6.20). Damit sind wir bereits in der Lage, den Verstärkungsprozeß im h, w-Diagramm zu verfolgen. Wir setzen dazu wie früher auf jedem Boden vollständige Flüssigkeitsdurchmischung und idealen Stoffaustausch voraus, so daß wieder der von einem Boden aufsteigende Dampf mit der von ihm abfließenden Flüssigkeit im Phasengleichgewicht steht. Ferner soll der Dampf keine Flüssigkeitsspritzer mitreißen, also trocken, gesättigt sein.

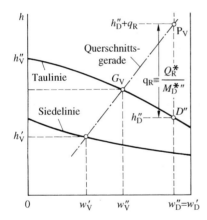

Abb. 6.20   Querschnittsgerade und Polpunkt P der Verstärkungssäule im h, w-Diagramm. q_R = spezifische Rücklaufwärme in J/kg.

Wir beginnen unsere Betrachtungen mit dem untersten Boden der Verstärkungskolonne (Abb. 6.21 a). Der Ablauf dieses Bodens habe den Zustand L_{V1}. Der zu ihm aufsteigende Dampf G_{V1} liegt auf der Querschnittsgeraden $(P_V L_{V1})$ des 1. Querschnittes, und zwar in ihrem Schnittpunkt mit der Taulinie. Der vom untersten Boden aufsteigende Dampf G_{V2} steht mit dem Ablauf L_{V1} im Gleichgewicht; sein Zustandspunkt wird demnach als Schnittpunkt der Taulinie mit der Isotherme durch L_{V1} gefunden. Der Schnittpunkt der zweiten Querschnittsgeraden mit der Siedelinie liefert den Zustandspunkt L_{V2} des Ablaufes des zweiten Bodens. Mit Hilfe von L_{V2} findet man G_{V3} wie vorhin G_{V2} aus L_V usw. Die Verstärkung von G_{V4} bis D'' stellt die Anreicherung des Dampfes durch Teilkondensation im Dephlegmator dar.

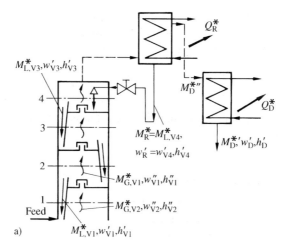

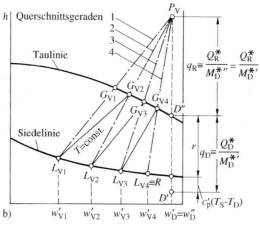

Abb. 6.21   a) Zur Verfolgung der Rektifikation im Verstärkerteil einer stetig arbeitenden Kolonne; b) Der Verstärkungsprozeß im h, w-Diagramm. r = spezifische Verdampfungsenthalpie in J/kg, T_S = Siedetemperatur des Destillates in K, T_D = Austrittstemperatur des Destillates in K, c_p' = spezifische Wärme des flüssigen Destillates in J/(kg K), q_R = spezifische Rücklaufwärme in J/kg.

Die Zahl der theoretischen Böden läßt sich sofort ablesen. Wie man sich an Hand der Abb. 6.21 b leicht überzeugt, wird sie um so kleiner, je höher der Polpunkt P_1 liegt, d. h. je größer die spezifische Rücklaufwärme $q_R = Q_R^* / M_D^{*''}$ ist. Im Grenzfall des vollständigen Rücklaufes ($M_D^* = 0$) wird $q_R = \infty$, und die Querschnittsgeraden stehen alle vertikal. Dann wird die Bodenzahl ein Minimum. Wir kommen also hier zu denselben Ergebnissen wie in Abschn. 6.3.5.

Wie ermittelt man das Mindestrücklaufverhältnis v_{min}?

Aus Abb. 6.21 b ersehen wir sofort, daß eine Anreicherung nur dann möglich ist, wenn die Querschnittsgeraden steiler als die zugehörigen Isothermen verlaufen. Haben wir ein Gemisch (Abb. 6.22) von w'_α bis w''_D zu rektifizieren, so verlängern wir alle vollständig in diesem Konzentrationsbereich liegenden Naßdampfisothermen über die Taulinie hinaus und erhalten ihre Schnittpunkte mit der Vertikalen durch w''_D. Das dem höchsten Schnittpunkt (= $P_{V,min}$) zugeordnete Rücklaufverhältnis ist das gesuchte Mindestrücklaufverhältnis v_{min}; denn für $P_{V,min}$ wird die Bodenzahl unendlich, weil *eine* Querschnittsgerade mit einer Isothermen zusammenfällt. Für alle über $P_{V,min}$ liegenden Polpunkte jedoch sind die Querschnittsgeraden steiler als *alle* ihnen zugeordneten Isothermen; zur Trennung genügt somit eine endliche Bodenzahl.

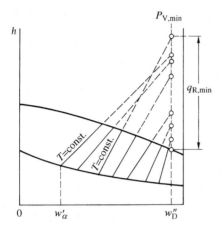

Abb. 6.22   Ermittlung des Mindestrücklaufverhältnisses im h, w-Diagramm. $q_{R,min}$ = spezifische Mindestrücklaufwärme in J/kg.

Das wirkliche Rücklaufverhältnis muß man wie früher (Abschn. 6.3.5) durch eine Wirtschaftlichkeitsberechnung ermitteln.

Auch für den Abtriebsteil einer Kolonne läßt sich eine Querschnittsgerade und ein Polpunkt P_A herleiten.

Abb. 6.23 liefert die drei Bilanzgleichungen:

Gesamtmenge $M^*_{L,A} = M^*_{G,A} + M^*_S$;   (6.51)

Leichtersiedendes $M^*_{L,A} w'_A = M^*_{G,A} w''_A + M^*_S w'_S$;   (6.52)

Energiebilanz $M^*_{L,A} h'_A + Q^*_H = M^*_{G,A} h'_A + M^*_S h'_S$.   (6.53)

Führen wir analog zur spezifischen Rücklaufwärme $q_R \equiv Q^*_R / M^*_D$ die *spezifische Heizwärme* $q_R \equiv Q^*_B / M^*_S$ (Einheit J/kg) ein, so ergibt sich durch denselben Rechnungsgang wie bei der Verstärkungssäule:

$$\frac{w''_A - w'_A}{w''_A - w'_S} = \frac{h''_A - h'_A}{h''_A - (h'_S - q_B)} .$$ (6.54)

Damit ist gezeigt, daß auch der mittlere Dampfpunkt $G_A (w''_A, h''_A)$ und der mittlere Flüssigkeitspunkt $L_A (w'_A, h'_A)$ eines beliebigen Querschnittes der Abtriebskolonne sowie der feste Polpunkt $P_A (w'_S, h_S - q_B)$ auf einer Geraden liegen (Abb. 6.24).

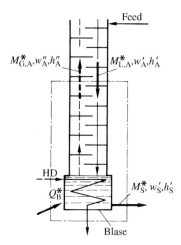

Abb. 6.23   Zur Ableitung der Querschnittsgeraden und des Polpunktes der Abtriebssäule. Q_B^* = durch den Heizdampf (H D) zugeführter Wärmestrom in W.

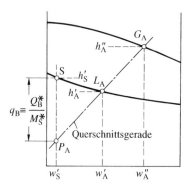

Abb. 6.24   Querschnittsgerade und Polpunkt P_A der Abtriebskolonne im h, w-Diagramm. q_B = spezifische Heizwärme in J/kg.

Die theoretische Bodenzahl bestimmt man genau gleich wie bei der Verstärkungskolonne. Auch hier bemerkt man, daß die Querschnittsgeraden steiler als die dazugehörigen Isothermen verlaufen müssen (s. Abb. 6.28 b) oder anders ausgedrückt, der Polpunkt P_A muß tiefer liegen als alle Schnittpunkte der im Abtriebsteil in Frage kommenden, verlängerten Naßdampfisothermen mit der Senkrechten durch w_S'.

Um die gegenseitige Lage der beiden Polpunkte P_V und P_A sowie des Zustandspunktes F des Zulaufs zu bestimmen, bilden wir gemäß Abb. 6.25 die drei Bilanzen:

$$\text{Gesamtmenge} \quad M_F^* = M_D^{*''} + M_S^* ; \tag{6.55}$$

$$\text{Leichtersiedendes} \quad M_F^* w_F' = M_D^{*''} w_D'' + M_S^* w_S' ; \tag{6.56}$$

$$\text{Energie} \quad M_F^* h_F' + Q_B^* = M_D^{*''} h_D'' + M_S^* h_S' + Q_R^* . \tag{6.57}$$

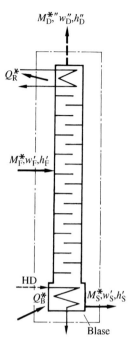

Abb. 6.25   Zur Ermittlung der Hauptgeraden legt man um die ganze Kolonne eine Bilanz-hülle.

Ein analoger Rechengang zu früher (s. Abschn. 6.2.1 und 6.2.2) liefert:

$$\frac{w_D'' - w_F'}{w_F' - w_S'} = \frac{(h_D'' + q_R) - h_F'}{h_F' - (h_S' - q_B)}. \tag{6.58}$$

Diese Gleichung besagt, daß im h, w-Diagramm der Polpunkt P_V der Verstärkungs-säule, der Polpunkt P_A der Abtriebskolonne und der Zustandspunkt F des Zu-laufes auf einer Geraden liegen. Diese Gerade nennt man *Hauptgerade* (Abb. 6.26). Man hätte dieses Resultat auch sofort aus Abb. 6.25 herauslesen können. Stellt man sich nämlich vor, man führe einerseits die Rücklaufwärme Q_R^* dem Destillat D'' wieder zu (einem Kilogramm Destillat also gerade die spezifische Rücklaufwärme $q_R = Q_R^* / M_D^{*''}$; Abb. 6.27) und entnehme andererseits die Heizwärme Q_B^* dem Sumpf-produkt S (einem Kilogramm Sumpfprodukt die spezifische Heizwärme $q_B = Q_B^* / M_S^*$)[12], so fällt der Zustandspunkt (D_{P_V}'') des Destillates mit den Polpunkt P_V zusammen und entsprechend der Zustandspunkt (S_{P_A}) des Sumpfproduktes mit P_A. Mischt man aber D_{P_V}'' mit S_{P_A}, so erhält man den Zulauf, dessen Zustandspunkt F nach Abschn. 4.6.1 auf der Verbindungsgeraden $D_{P_V}'' S_{P_A} (= P_V P_A)$ liegt. *Die Haupt-gerade ist also nichts anderes als eine Mischgerade!*

---

[12] Die praktische Durchführung würde daran scheitern, daß Wärme entgegen einem Temperatur-gefälle übertragen werden müßte. Wir brauchen uns hier aber nicht darum zu kümmern, weil wir nur zu- und abgeführte Wärmemengen betrachten.

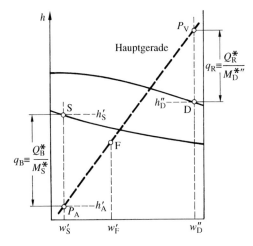

Abb. 6.26   Die Hauptgerade und die Polpunkte P_V und P_A der Rektifikation im h, w-Diagramm; vgl. mit Abb. 6.29.

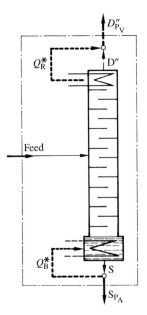

Abb. 6.27   Hilfsschema zur Herleitung der Hauptgeraden als Mischgerade. D''_{P_V} = dampfförmiges Destillat, dessen Zustandspunkt mit dem Polpunkt P_V und S_{P_A} = Schlempe, deren Zustandspunkt mit dem Polpunkt P_A zusammenfällt.

Setzen wir die Verstärkungs- und die Abtriebssäule zusammen, so erhalten wir eine vollständige Rektifizierkolonne. Gegeben sei das Ausgangsgemisch (M_F^*) und seine Konzentration (w_F'). Gefordert sind die Reinheiten von Destillat (w_D') und Sumpfprodukt (w_S').

Die Gl. (6.28) und (6.29) gelten natürlich analog auch für Massenanteile:

$$M_D^{*'} = \frac{w_F' - w_S'}{w_D' - w_S'} M_F^*, \tag{6.28a}$$

$$M_S^* = \frac{w_D' - w_F'}{w_D' - w_S'} M_F^*. \tag{6.29a}$$

Jetzt ermitteln wir (wie dies anschließend gezeigt wird) das Mindestrücklaufverhältnis der ganzen aus Verstärker- und Abtriebsteil bestehenden Kolonne (Abb. 6.28a). Eine Wirtschaftlichkeitsrechnung oder Erfahrungswerte ergeben daraus das wirkliche Rücklaufverhältnis, wodurch unter Beachtung der Gl. 6.58 die Hauptgerade festgelegt ist.

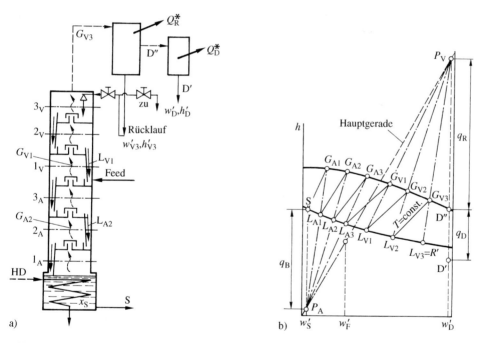

Abb. 6.28   a) Schema einer vollständigen Rektifizierkolonne; b) Rektifiziervorgang der Abb. 6.28a im h, w-Diagramm dargestellt.

Der Zustandspunkt S des Blaseninhaltes ist der Schnittpunkt der Vertikalen durch w_S' mit der Siedelinie. Bei S beginnen wir in bekannter Weise mit der Stufenkonstruktion (Abb. 6.28b). Man beachte den Übergang von der Abtriebs- zur Verstärkungssäule, von L_{A3} nach G_{V1}. Die Anreicherung von G_{V3} bis D'' ist wieder durch Teilniederschlag im Rücklaufkondensator bewirkt.

Die Zahl der theoretischen Abtriebsböden ist gleich der Zahl der Flüssigkeitspunkte im Abtriebsteil, und die Zahl der theoretischen Verstärkerböden gleich der um eins verminderten Zahl der Flüssigkeitspunkte im Verstärkerteil. Selbstverständlich kann man auch im h, w-Diagramm die Bodenzahl für Verstärkungsverhältnisse kleiner als eins bestimmen. (Kirschbaum [6.6], S. 267/268.)

Auch in obigem Beispiel haben wir wieder angenommen, der Zulaufstutzen befinde sich auf der richtigen Höhe. Er sollte nämlich so angeordnet sein, daß im h, w-Diagramm der Schnittpunkt der Hauptgeraden mit der Siedelinie zwischen dem Zustandspunkt des Ablaufes des untersten Verstärkerbodens und demjenigen des Ablaufes des obersten Abtriebbodens liegt. (Begründung Kirschbaum [6.6], S. 276/277.) Zum Schlusse dieses Abschnittes soll noch gezeigt werden, wie man das Mindestrücklaufverhältnis der gekoppelten Kolonnenteile ermittelt. Wir verlängern dazu im h, w-Diagramm die Naßdampfisothermen beidseitig, bis sie die Vertikalen durch w'_S und w'_D schneiden (Abb. 21). Der höchste auf w'_D in Frage kommende Punkt $P_{V, min}$ liefert das Mindestrücklaufverhältnis in der Verstärkungssäule und entsprechend der tiefste auf w'_S das der Abtriebskolonne. Derjenige der beiden Punkte $P_{V, min}$ und $P_{A, min}$, der die steilere Hauptgerade ergibt, bestimmt das Mindestrücklaufverhältnis der gesamten Kolonne. Dann wird nämlich die Bodenzahl unendlich (nach Abb. 6.29 die Abtriebsbodenzahl), während sie durch eine beliebig kleine Vergrößerung von v_{min} endlich wird.

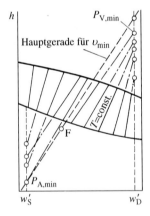

Abb. 6.29   Bestimmung des Mindestrücklaufverhältnisses der zusammengesetzten Verstärkungs- und Abtriebsäule im h, w-Diagramm.

6.3.7 Der Druckabfall in der Bodenkolonne

Der Druckverlust in einer Bodenkolonne entsteht im wesentlichen beim Durchströmen der Böden. Der Druckabfall in den dazwischenliegenden freien Abschnitten wie auch der Austrittsdruckverlust am Kolonnenkopf sind dagegen ohne weiteres vernachlässigbar. Unter dem *Druckverlust je Boden* wollen wir daher die Druckdifferenz zwischen den Dampfräumen unterhalb und oberhalb eines Bodens verstehen. Sie setzt sich im wesentlichen aus drei Anteilen zusammen[13]:

1. Der Druckabfall, den der Dampf beim *Durchströmen des trockenen Bodens* erleidet:

$$\Delta p_t = (\text{Re})(\rho''/2)(u'')^2; \tag{6.59}$$

(Re) = Widerstandsbeiwert des Bodens $|-|$ (abhängig von Re);
ρ'' = Dampfdichte in kg/m³;
u'' = Dampfgeschwindigkeit, bezogen auf den leeren Kolonnenquerschnitt in m/s.

2. Der Druckabfall bei der *Blasenbildung* Δp_b, verursacht durch Oberflächen- und Trägheitskräfte der Flüssigkeit. Der durch die Oberflächenspannung verursachte Anteil beträgt nach Grassmann ([A. 5], § 5.9):

$$\Delta p_\sigma = 4 \cdot \sigma/d; \tag{6.60}$$

σ = Oberflächenspannung in N/M (für Wasser von 20 °C ist σ = 0,073 N/m);
d = Lochdurchmesser in m der Siebplatte.

Dieser Anteil ist relativ unbedeutend und kann meist vernachlässigt werden.

3. Der *statische* Druckabfall Δp_{st} wird durch die auf dem Boden stehende Sprudelschicht erzeugt:

$$\Delta p_{st} = \rho_s \cdot g \cdot h; \tag{6.61}$$

ρ_s = Dichte des Dampf-Flüssigkeitsgemischs der Sprudelschicht in kg/m³;
h = Höhe der Sprudelschicht in m.

Der Gesamtdruckabfall p über einem Boden ist die Summe der drei Anteile:

$$\Delta p = \Delta p_t + \Delta p_b + \Delta p_{st}. \tag{6.62}$$

Allgemein läßt sich sagen, daß der Druckabfall je Boden zunimmt mit
- steigender Dampfgeschwindigkeit $(u'')^n$, wobei $1 < n < 2$;
- höherer Sprudelschicht (Durchdringtiefe e nach Abb. 6.9 a);
- höherem Absolutdruck in der Kolonne;
- kleinerem Lochdurchmesser bei Siebböden;
- größerem Glockendurchmesser bei Glockenböden.

Als Anhaltswerte für den Druckabfall p eines Bodens bei Kolonnendrücken um 100 kPa können dienen:

Tab. 6.2

u''/ms^{-1}	1,0	1,5	2,0
$\Delta p/\text{kPa}$	0,3−0,4	0,5−0,6	0,7−0,8

[13] Eine noch weitergehende Unterteilung findet man in: Coulson/Richardson [A. 3], II, S. 359 ff; Hengstebeck [6.5], S. 259; Perry [A. 9], S. 18−8; Sawistowski/Smith [6.8], S. 61; Treybal [6.10], S. 132 ff.

Der Druckabfall muß in jedem Falle kleiner sein als der maximale statische Druck der Flüssigkeitssäule im Ablauf, weil sonst die Flüssigkeit durch den Ablaufstutzen nach oben gedrückt wird. Dabei ist zu berücksichtigen, daß beim Überlauf über das Wehr Dampfblasen in den Ablauf gelangen, die die wirksame Flüssigkeitsdichte herabsetzen.

6.3.8 Kolonnenquerschnitt und Bodenabstand

Neben der erforderlichen Bodenzahl sind Kolonnenquerschnitt f und Bodenabstand H maßgebend für die Größe einer Kolonne. Wie wir sehen werden, sind f und H eng miteinander verknüpft.

Beim Durchströmen des Kolonnenbodens schleudert der Dampf Flüssigkeitstropfen in den über dem Boden befindlichen Brüdenraum hoch. Bei zu kleinem Bodenabstand werden diese Spritzer auf den darüberliegenden Boden mitgerissen. Dadurch vermindert sich das Verstärkungsverhältnis auch bei idealem Stoffaustausch. Man erkennt dies sofort, wenn man die Anreicherung auf einem Boden mit und ohne mitgerissene Flüssigkeit im McCabe-Thiele-Diagramm untersucht. Das Rücklaufverhältnis sei unendlich, so daß die Bilanzgerade mit der Diagonalen zusammenfällt. Auf dem n-ten Boden (Abb. 6.30) habe die Flüssigkeit die Konzentration x_n. Der aufsteigende Dampf sei ein Gemisch aus Sattdampf der Gleichgewichtskonzentration $y_{n+1,e}$ (der Index e deutet wie früher auf das Gleichgewicht hin) und mitgerissener Flüssigkeit der Konzentration x_n. Es wird vollkommener Stoffaustausch angenommen: Flüssigkeitsspritzer und Dampf stehen im Gleichgewicht. Mit Y als dem Dampfanteil im aufsteigenden Dampf-Flüssigkeitsgemisch G_{n+1} (im $n+1$-ten Querschnitt) errechnet sich die dortige mittlere Konzentration y_{n+1} zu:

$$y_{n+1} = Y \cdot y_{n+1} + (1 - Y) \cdot x_n. \tag{6.63}$$

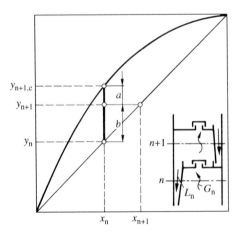

Abb. 6.30   Zum Einfluß des Mitreißens von Flüssigkeitströpfchen auf das Verstärkungsverhältnis.

Da aber $x_n < y_{n+1,e}$, ist $y_{n+1} < y_{n+1,e}$. Das Verstärkungsverhältnis ist demnach tatsächlich kleiner als 1, nämlich $s = b/(a + b)$ (Abb. 6.30). Nach der Mischungsregel folgt auch sofort $Y = b/(a + b)$ und damit $s = Y$. Ist das Rücklaufverhältnis nicht, wie hier angenommen, unendlich, so ergibt sich eine etwas kompliziertere Formel.

Der Bodenabstand ist daher so zu bemessen, daß die Menge der von Boden zu Boden mitgerissenen Flüssigkeit vernachlässigbar klein bleibt. Die Steighöhe der Spritzer hängt vor allem von der Dampfgeschwindigkeit ab, daneben natürlich auch von der Bodengeometrie und vom Verhalten der Flüssigkeit, zum Beispiel von ihrer Neigung zur Schaumbildung. Steigert man bei gegebenem Bodenabstand die Dampfgeschwindigkeit, so treffen die emporgerissenen Tropfen bzw. die Schaumschicht auf den darüberliegenden Boden und bewirken einen raschen Rückgang des Verstärkungsverhältnisses. Damit ist die höchstzulässige Dampfgeschwindigkeit u''_{max}, die *Flutgrenze*, erreicht.

Brown und Souders [6.17] gegen für die Flutgeschwindigkeit u''_{max} die Beziehung

$$u''_{max} = C_S \cdot \sqrt{(\rho' - \rho')/\rho'}$$ (6.64)

an (s. auch Carey [6.18]). Der Souders-Koeffizient C_S ist eine Funktion des Bodenabstands H und von Stoff- und Betriebsdaten, für die Fair ein empirisch ermitteltes Schaubild aufstellte (s. Perry [A. 9]), das für Glocken- und Siebböden gilt. Es läßt sich mit Hilfe der nachstehenden Formel näherungsweise beschreiben:

$$C_S = 0{,}058 \cdot H^{0,8} \cdot (20/\sigma)^{0,2} / U^{(0,54+0,15\cdot\lg U)}$$ (6.65)

H = Bodenabstand in m; σ = Oberflächenspannung der Flüssigkeit in $10^{-3} \cdot N/m$; $U \equiv (M^*_F/M^*_G) \cdot \sqrt{(\rho'/\rho')}$; M^*_G = Dampfmassenstrom; M^*_F = Flüssigkeitsmassenstrom.

Eine Formel für Glockenböden stammt von Kirschbaum [6.6]:

$$u''_{max} = \frac{C \cdot \sqrt{(\rho'/\rho')}}{(d_{G1})^{0,2}} \sqrt{H} \,;$$ (6.66)

$C = 6{,}05 \cdot 10^{-2}\,m^{0,7} \cdot s^{-1}$; d_{G1} = Glockendurchmesser in m.

Nach Kirschbaum ist demnach der Einfluß der Bodenhöhe geringer. Die in der Praxis verwendeten Bodenabstände liegen im allgemeinen zwischen

$$0{,}5\,m < H < 1\,m\,.$$

Kleinere Bodenabstände sind nur bei Flüssigkeiten mit geringer Schaumneigung (z. B. Tieftemperaturflüssigkeiten) möglich.

Wird bei einem Siebboden eine gewisse Dampfgeschwindigkeit unterschritten, so beginnt Flüssigkeit von Boden zu Boden herabzuregnen: Der Boden tränt, und der Stoffaustausch verschlechtert sich. Der Siebboden hat daher ein schlechteres Teillastverhalten als der Glockenboden. Auch fließt bei kürzeren Betriebsunterbrechungen die auf dem Siebboden stehende Flüssigkeit rasch in den Sumpf ab, so daß sich das Konzentrationsgefälle anschließend neu aufbauen muß. Beim Glockenboden erfolgt die Entleerung dagegen kontrolliert durch dafür vorgesehene Bohrungen. Ein weiterer Nachteil des Siebbodens ist seine Verschmutzungsanfälligkeit. Der große Nachteil des Glockenbodens ist der hohe Preis. Er ist daher heute weitgehend durch den Ventilboden verdrängt worden.

6.4 Die Packungskolonne (vgl. auch Abschn. 7.8)

Literatur: Mersmann [6.23], [6.24]; Stichlmair [6.25]; Mackoviac [6.26], [6.27]; Vital [6.28].

6.4.1 Einführung

Im letzten Abschnitt haben wir gesehen, wie in einer Bodenkolonne Dampf und Rücklauf stufenweise auf den einzelnen Böden miteinander in Kontakt gebracht werden. Wie bereits erwähnt, wird neben der Bodenkolonne noch ein anderer Kolonnentyp verwendet: die Packungskolonne (Abb. 6.31). Sie ist nicht mit einzelnen Austauschböden ausgestattet, sondern mit raumfüllenden Strukturen, die auf Tragrosten ruhen. Am oberen Kolonnenende wird ein Abscheiderraum freigelassen.

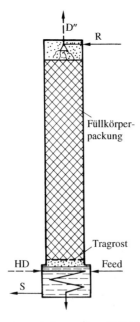

Abb. 6.31   Schema einer Füllkörperkolonne. D″ = Destillat (dampfförmig), R = Rücklauf, S = Sumpfprodukt, HD = Heizdampf.

Die Packung einer solchen Kolonne kann ein Haufwerk aus *Füllkörpern* (Abb. 6.32) sein, die lose in die Kolonne eingebracht werden, wobei sich eine Zufallsschüttung *(random packing)* ergibt. Die Füllkörper können auch zu regelmäßigen Haufwerken geschichtet werden *(stacked packing)*. Häufiger ist aber die sogenannte *strukturierte Packung (structured packing)*, die in den sechziger Jahren eingeführt wurde: Feines Metallgewebe, später auch dünne Bleche oder Platten aus nichtmetallischen Werkstoffen, werden zu gewellten Bahnen verarbeitet, die so aneinander liegen, daß ihre Wellungen einen Winkel von beispielsweise 45° oder 30° mit der Vertikalen bilden, wobei sich die Wellungen aneinanderliegender Bahnen

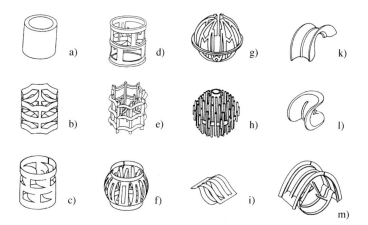

Abb. 6.32   Verschiedene Füllkörper. a) Raschig-Ring (K, M); b) VSP-Füllkörper (M) *; c) Pall-Ring (M) *; d) Pall-Ring (P) *; e) VSP-Füllkörper (P) *; f) Top-Pak (M) *; g) Hackette (P) *; h) Igel-Füllkörper (P) *; i) Interpak-Sattel (M); k) Novalox-Sattel (P) *; l) Berl-Sattel (K) *; m) Intalox-Sattel (M).

K = Keramik; M = Metall; P = Plastik; * = VFF (Ransbach-Baumbach).

kreuzen (Abb. 6.33). Durch diese geometrische Form werden Dampf und Rücklauf ständig quer vermischt und zugleich miteinander in intensiven Kontakt gebracht. Packungskolonnen, vor allem solche mit strukturierter Packung, haben einen niedrigeren Druckverlust als Bodenkolonnen. Sie erreichen im allgemeinen auch höhere Trennleistungen durch m Kolonnenhöhe.

Abb. 6.33   Strukturierte Kolonnenpackungen aus verschiedenen Werkstoffen.

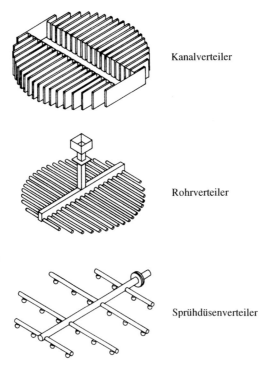

Kanalverteiler

Rohrverteiler

Sprühdüsenverteiler

Abb. 6.34   Flüssigkeitsverteiler: Kanalverteiler, Rohrverteiler, Sprühdüsenverteiler.

Voraussetzung für eine wirksame Trennleistung ist allerdings eine gleichmäßige Verteilung des Rücklaufs über den Kolonnenquerschnitt. Den Flüssigkeitsverteilern (Abb. 6.34) wird daher konstruktiv ein besonderes Augenmerk gewidmet. Da durch strukturelle Inhomogenitäten (vor allem bei Schüttfüllkörpern) und durch Wandeffekte beim Herabrieseln innerhalb der Kolonne immer wieder eine *Fehlverteilung (maldistribution)* entstehen kann, muß die Flüssigkeit in bestimmten Abständen neu verteilt werden. Bei Füllkörperschüttungen geschieht dies in der Regel alle 1,5 bis 2 m Schütthöhe, bei strukturierten Packungen alle 15 bis 20 theoretischen Trennstufen. Arbeitet die Kolonne unter erhöhtem Druck ($p < 0,5$ MPa), ist meist auch eine Dampfverteilung erforderlich. Abb. 6.35 zeigt eine Kolonne mit strukturierten Packungen und Verteilereinbauten.

6.4.2 HETP, NTU, HTU und Kolonnenhöhe (vgl. auch Abschn. 7.8)

In einer Packungskolonne reichert sich der Dampf von unten nach oben kontinuierlich mit leichtersiedender Komponente an. Für die praktische Beurteilung der Trennwirkung einer derartigen Kolonne kann man die Schichthöhe ermitteln, die der Dampf durchströmen muß, um die gleiche Anreicherung wie auf einem theoretischen Boden zu erfahren. Man nennt sie im angelsächsischen Schrifttum HETP = *Height Equivalent*

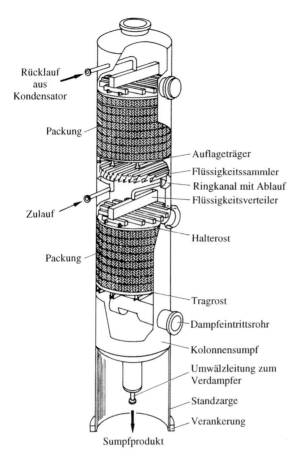

Rücklauf
aus
Kondensator

Packung

Zulauf

Packung

Auflageträger
Flüssigkeitssammler
Ringkanal mit Ablauf
Flüssigkeitsverteiler

Halterost

Tragrost

Dampfeintrittsrohr

Kolonnensumpf

Umwälzleitung zum
Verdampfer

Standzarge

Verankerung

Sumpfprodukt

Abb. 6.35   Aufbau einer Kolonne mit strukturierten Packungen.

to one Theoretical Plate. Man bestimmt also im McCabe-Thiele-Diagramm oder auch mit Hilfe der Gleichungen von Fenske-Underwood ((6.41) und (6.42)) und von Gilliland (6.43) die theoretische Bodenzahl n_{th}, die der experimentell beobachteten Trennwirkung entspricht. Natürlich gelten die Gl. (6.16) und (6.25) für die Verstärkungs- und Abtriebsgerade unverändert auch für die Packungskolonne und haben dieselbe Bedeutung wie in den Abschn. 6.2.1 und 6.2.2. HETP erhält man, indem man die Höhe h der Packung durch die Anzahl n_{th} der theoretischen Böden dividiert: HETP $= h/n_{th}$. Man beachte, daß die so errechnete Höhe einer theoretischen Stufe einen *Mittelwert über die ganze Packung* darstellt. In Wirklichkeit variieren die HETP-Werte mit der Säulenhöhe. Das macht sich bemerkbar, wenn man die Packungshöhe vergrößert, um die Trennung zu verbessern. Eine doppelt so hohe Packung entspricht nämlich, vor allem wegen der Randgängigkeit der Flüssigkeit, nicht der doppelten Anzahl theoretischer Böden.

Die Einteilung der Packungsschicht in theoretische Trennstufen wird der kontinuierlichen Arbeitsweise der Kolonne nicht gerecht. Man hat daher nach einer Größe ge-

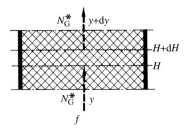

Abb. 6.36   Abschnitt einer Füllkörperkolonne zur Herleitung der NTU. N_G^* = Dampfstrom in kmol/s; y = Stoffmengenanteil der leichterflüchtigen Komponente im Dampf in kmol/kmol; f = Querschnitt der leeren Kolonne in m².

sucht, die dem stetigen Stoffaustausch längs der Kolonne besser Rechnung trägt. Zu ihrer Herleitung greifen wir einen differentiellen Abschnitt dH einer Kolonne mit dem Querschnitt f heraus (Abb. 6.36). In diesem Abschnitt steigt die Dampfkonzentration von y auf $(y + dy)$. Ist N_G^* der über die Kolonne konstante Dampfstrom in kmol/s, so gehen zwischen H und $(H + dH)$ je Sekunde $N_G^* \cdot dy$ kmol Leichtsiedendes von der Flüssigkeit in den Dampf über. Diese Menge läßt sich auch mit Hilfe des Stoff-übergangskoeffizienten k (Einheit kmol $\cdot$ m^{-2} $\cdot$ s^{-1}) ausdrücken. Dazu nehmen wir an, daß der Dampf an der Phasengrenzfläche mit der Flüssigkeit im Gleichgewicht steht, dort also die Konzentration y_e hat, während die Konzentration im Kern y be-trägt. Ist a die volumspezifische Oberfläche der Packung, so beträgt die gesamte Ober-fläche im betrachteten Kolonnenabschnitt d$O = a \cdot f \cdot dH$. Ist Packung vollständig benetzt, so ist dO auch etwa die Fläche, die für den Stoffübergang zur Verfügung steht. Wir können somit schreiben:

$$N_G^* \cdot dy = k \cdot (y_e - y) \cdot dO = k \cdot (y_e - y) \cdot a \cdot f \cdot dH.$$

Die Integration ergibt für die Höhe h der Kolonne

$$h = \frac{N_G^*}{k \cdot a \cdot f} \cdot \int_{y_u}^{y_o} \frac{dy}{y_e - y}; \qquad (6.67)$$

y_u = Dampfkonzentration beim Eintritt in die Packung am unteren Kolonnenende;
y_o = Dampfkonzentration am oberen Kolonnenende; y_u, y_o in kmol/kmol.

Um den längs der Kolonne veränderlichen Stoffdurchgangskoeffizienten nicht − unter das Integral setzen zu müssen, haben wir einen geeigneten Mittelwert k eingeführt.

  Den Wert des Integrals von Gl. (6.67), den man mit Hilfe des McCabe-Thiele-Dia-gramms graphisch bestimmen kann (s. Kirschbaum [6.6], S. 559), nennt man die *Zahl der Übertragungseinheiten* NTU (= *Number of Transfer Units*):

$$\mathrm{NTU} \equiv \int_{y_u}^{y_o} \frac{dy}{y_e - y}. \qquad (6.68)$$

Dividiert man die Höhe h der Füllkörperschicht durch NTU, so erhält man die *Höhe einer Übertragungseinheit* HTU (= *Height of one Transfer Unit*):

$$\text{HTU} = h/\text{NTU}. \tag{6.69}$$

Die Höhe einer Übertragungseinheit HTU ist im allgemeinen nicht gleich der Höhe einer theoretischen Stufe HETP, obwohl sie sich von ihr nur wenig unterscheidet. Nur im Sonderfall, daß die Gleichgewichtskurve parallel zu Bilanzlinie verläuft, wie dies bei schwertrennbaren Gemischen annähernd der Fall ist, sind die beiden Werte gleich groß.

6.4.3 Druckabfall und Belastbarkeit von Packungskolonnen

Über den Druckabfall und die Belastungsgrenze von Packungskolonnen gibt es heute eine fast unüberschaubare Menge an Veröffentlichungen. Dic große Zahl der Einflußgrößen, wie etwa die Stoffwerte von Dampf und Flüssigkeit (Dichte, Viskosität, Oberflächenspannung), ihre Menge und Verteilung über den Kolonnenquerschnitt, Geometrie und Benetzbarkeit der Packung und ihr Einfluß auf die Strömung der beiden Phasen, die Kolonnenabmessungen usw. machen es schwierig bis unmöglich, eine allgemeingültige Beziehung anzugeben.

Die Packungskolonne kann als ein Haufwerk betrachtet werden, das von Dampf durchströmt und zugleich im Gegenstrom von Flüssigkeit durchrieselt wird. Das trockene, unendlich ausgedehnte Haufwerk wird durch folgende Größen charakterisiert:

1. Porosität $\varepsilon = \dfrac{\text{Lückenvolumen der Packung}}{\text{Gesamtvolumen}}$;

2. Spezifische Oberfläche $a = \dfrac{\text{Oberfläche der Packung}}{\text{Gesamtvolumen}} = \dfrac{A_p}{V_p}$ (angegeben in m^{-1});

3. Äquivalenter Durchmesser $d_p = 6 \cdot V_p/A_p = 6 \cdot (1 - \varepsilon)/a$ (angegeben in m^{-1}) d_p ist also der Durchmesser einer volumengleichen Kugel; $\hfill (6.70)$

4. Packungshöhe h (angegeben in m).

Der Druckabfall in einer trockenen Packung steigt mit der n-ten Potenz der Dampfgeschwindigkeit:

$$\Delta p/h \approx u''^n; \tag{6.71}$$

u'' = Dampfgeschwindigkeit bezogen auf die leere Kolonne (Anströmgeschwindigkeit, englisch: *superficial velocity*).

Der Exponent n hat im turbulenten Gebiet die Größe $n = 1,8$ bis $2,0$.

Zur Berechnung des Druckverlusts in durchströmten Packungen hat sich der nachstehende Ansatz eingebürgert:

$$\Delta_p = v \cdot \rho'' \cdot u''^2 \cdot \frac{1 - \varepsilon}{\varepsilon^3} \cdot \frac{h}{d_p} = v \cdot \rho'' \cdot u''^2 \cdot \frac{a \cdot h}{6 \cdot \varepsilon^3}; \tag{6.72}$$

v ist ein von der Packungsgeometrie und der Reynolds-Zahl abhängiger Widerstandskoeffizient.

Trägt man den Druckabfall $\Delta p/h$ je Meter Packungshöhe in doppeltlogarithmischen Koordinaten über der Dampfgeschwindigkeit u'' auf, so ergibt sich bei unberieselter Packung näherungsweise eine Gerade (Abb. 6.37).

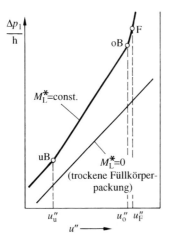

Abb. 6.37   Der Druckabfall durch Länge einer Füllkörperkolonne in Funktion der auf den leeren Kolonnenquerschnitt bezogenen Dampfgeschwindigkeit. (Beide Achsen weisen logarithmische Skalen auf). oB = obere Belastungsgrenze, uB = untere Belastungsgrenze, F = Flutpunkt, M_L^* = herabrieselnder Flüssigkeitsstrom in kg/s.

Berieselt man die gleiche Packung mit einem konstanten Flüssigkeitsstrom M_L^*, so verschiebt sich die Druckverlustkurve nach oben. Das läßt sich damit erklären, daß die herabrieselnde Flüssigkeit den Strömungsquerschnitt für den Dampf verengt. Zugleich ändert sich aber in charakteristischer Weise der Verlauf der Druckverlustkurve. Beim Überschreiten einer bestimmten Dampfgeschwindigkeit beginnt sich nämlich die Flüssigkeit unter der Wirkung der vom Dampf auf sie ausgeübten Schubkräfte aufzustauen, und der Druckverlust steigt rascher an. Den so entstandenen Knickpunkt nennt man daher den *Staupunkt (loading point)*. Steigt die Dampfgeschwindigkeit weiter an, so nimmt der Flüssigkeitsinhalt *(hold-up)* der Packung zu, bis er das ganze freie Volumen einnimmt: Die Packung flutet (Punkt *F* in Abb. 6.37). Eine weitere Zunahme der Geschwindigkeit läßt dann den Druckverlust rasch in die Höhe schnellen.

Die Trennleistung von Packungskolonnen hängt ebenfalls von der Dampfgeschwindigkeit ab. Der HETP-Wert von Füllkörpersäulen nimmt im allgemeinen zum Staupunkt hin ab, die Trennwirkung verbessert sich also. Bei Annäherung an den Flutpunkt steigt HETP dann stark an, und die Trennwirkung verschlechtert sich entsprechend. Füllkörperpackungen müssen also nahe am Flutpunkt betrieben werden. Eine gute Trennwirkung wird dort mit hohen Druckverlusten erkauft, was bei der Vakuumdestillation von Nachteil ist. Sie erfordert überdies eine gute und teure Regelung der ganzen Anlage. Bei Teillast verschlechtert sich die Trennleistung der Füllkörperkolonne. Für die Berechnung der HETP verschiedener Füllkörperschichten sei auf Murch [6.19] und Norman [6.7] verwiesen.

Strukturierte Packungen zeigen ein anderes Verhalten: HETP nimmt bei ihnen bis zum Staupunkt allmählich zu, die Trennwirkung sinkt also. Am Flutpunkt steigt der HETP-Wert dann wie bei den Füllkörpersäulen kräftig an. Die Regelung ist bei den Kolonnen mit strukturierter Packung weniger kritisch, die Auslegung vor allem eine Frage der Wirtschaftlichkeit, da große Kolonnendurchmesser gleichbedeutend mit hohen Investitionskosten sind.

Im allgemeinen betreibt man Packungskolonnen bei 50 bis 80% der Flutpunktbelastung. Der Flutpunkt ist daher eine wichtige Größe für die Auslegung von Packungskolonnen.

Sherwood und Mitarbeiter [6.20], später Leva [6.22] und Eckert [6.23] und andere Autoren haben Gleichungen und Diagramme entwickelt, mit deren Hilfe die Flutgrenze und Druckverlust von Füllkörperbetten ermittelt werden können. Als *Flutparameter* verwenden sie dabei die Größe

$$W = (u''^2/g) \cdot (a/\varepsilon^3) \cdot (\rho_w/\rho'') \cdot (\eta_f/\eta_w)^{0,2}, \qquad (6.73)$$

die sie als Funktion des *Strömungsparameters*

$$U = (L/M) \cdot \sqrt{(\rho''/\rho')} \qquad (6.74)$$

darstellen.

u'' = Anströmgeschwindigkeit des Dampfes;
g = Erdbeschleunigung
ρ'', ρ' = Dichten von Dampf und Flüssigkeit, ρ_w = Dichte von Wasser;
a = spezifische Oberflächen der Füllkörperschüttung;
ε = Lückenvolumen
η_f/η_w = Quotient aus der Viskosität der Flüssigkeit und der des Wassers von 15 °C ($\eta_w \approx 10^{-3}$ Pa $\cdot$ s);
L/G = Verhältnis der Massenströme von Flüssigkeit und Dampf.

Die Größe (a/ε^3) wurde in späteren Veröffentlichungen durch den experimentell bestimmten *packing factor* F_p ersetzt.

Die Flutgrenze von ungeordneten Füllkörperschüttungen läßt sich dabei näherungsweise durch die empirische Gleichung

$$W = 0{,}02/U^{(1+0{,}25 \cdot \lg U)}, \quad 0{,}01 < U < 5 \qquad (6.75)$$

beschreiben.

Mersmann [6.23]; [6.24] konnte aufgrund von gewissen Modellvorstellungen Druckverlust, Stau- und Flutgrenze in einem Diagramm darstellen (Abb. 6.38), in dem der auf den hydrostatischen Druck $\rho' \cdot g \cdot h$ bei vollständig mit Flüssigkeit gefüllter Säule bezogene, dimensionslose Druckverlust

$$\Gamma = \frac{\Delta p}{\rho' \cdot g \cdot h} \qquad (6.76)$$

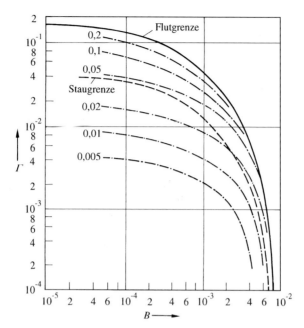

Abb. 6.38 Flutgrenze, Staugrenze und bezogener Druckverlust Γ in Abhängigkeit von der dimensionslosen Berieselungsdichte B nach Mersmann [6.24]. Δp = Druckverlust in der Packung in Pa, ρ' = Dichte der rieselnden Flüssigkeit in kg/m^3, g = Fallbeschleunigung in m/s^2, h = Packungshöhe in m, η_F = Viskosität der Rieselflüssigkeit in Pa s, u' = Rieseldichte in m/s, d_p = äquivalenter Durchmesser in m, ε = Porosität der Packung,

$$\Gamma = \frac{\Delta p}{\rho' g h}, \quad B = \left[\frac{\eta_F}{\rho' g^2}\right]^{1/3} \frac{u'}{d_p} \frac{(1-\varepsilon)}{\varepsilon^2}$$

in Abhängigkeit von der Berieselungsdichte mit der Dimension Eins

$$B = \left[\frac{\eta_f}{\rho' \cdot g^2}\right]^{1/3} \frac{u'}{d_p} \frac{1-\varepsilon}{\varepsilon^2} \tag{6.77}$$

dargestellt ist. Aus dieser Darstellung wird unmittelbar ersichtlich, daß das Fluten weitgehend unabhängig von der Art der Packung und der dimensionslosen Berieselungsdichte bei Γ = 0,2 bis 0,3 auftritt. Kennt man daher den Druckverlust der trockenen Packung als Funktion des Dampfdurchsatzes, so läßt sich die Flutgrenze leicht ermitteln.

Verwiesen sei auch auf Arbeiten von Mackoviak [6.26], [6.27], der den Druckabfall in einer großen Anzahl von Schüttungen und Packungen untersucht hat, auf die Untersuchung von Stichlmair, Bravo u. Fair [6.25] über den Druckabfall in strukturierten Packungen, sowie die Arbeit von Bravo, Rocha u. Fair [6.28] über den Stoffübergang in Gewebepackungen. Vital, Grossel und Olsen [6.29] geben einen Überblick über die Trennleistung von Boden- und Packungskolonnen.

6.5 Spezielle Rektifikationsprozesse

6.5.1 Mehrstoffrektifikation

Von den Mehrstoffrektifikationen läßt sich nur die Dreistofftrennung noch ohne allzu großen Aufwand von Boden zu Boden schrittweise durchrechnen. Grundsätzlich ist die Berechnung von Mehrstoffrektifikationen sehr aufwendig und nur unter Einsatz von Rechnern zu bewältigen.

Zur Zerlegung eines n-Komponentengemisches in n möglichst reine Fraktionen benötigt man $n-1$ Trennkolonnen. Dabei ist die Reihenfolge der Trennschritte von Bedeutung für die Wirtschaftlichkeit des Verfahrens. Das läßt sich anhand einer Dreistofftrennung zeigen. Man hat die Wahl zwischen den beiden in Abb. 6.39 dargestellten Möglichkeiten. Welche der Schaltungen man anwendet, ergibt sich aus der Zusammensetzung der Ausgangslösung und dem thermodynamischen Verhalten der Gemischpartner. Bei Vierstoffgemischen gibt es 5 mögliche Schaltungen, bei Fünfstoffsystemen 14, und bei Zehnstoffgemischen bereits 4862 verschiedene Schaltmöglichkeiten für die Zerlegung in die einzelnen Komponenten. Trigueros u. M. [6.30] haben die optimale Zerlegung von Mehrstoffsystemen anhand eines heuristischen Ansatzes studiert.

[handschriftliche Randnotiz: Entscheidungskriterien zur Wahl der Schaltung]

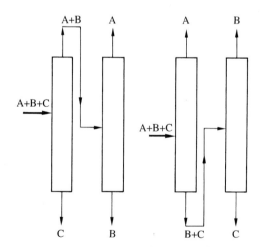

Abb. 6.39   Schaltungsmöglichkeiten der Kolonnen zur Trennung eines Dreistoffgemisches.

In vielen Fällen ist eine angenäherte Berechnung mit Hilfe sogenannter *Schlüsselkomponenten* möglich. Man versteht darunter zwei Komponenten S_1 und S_2 des Gemischs, von denen die eine (S_1) fast völlig ins Destillat gehen soll, während die andere (S_2) möglichst vollständig als Sumpfprodukt erscheint. Ist die leichtestsiedende Komponente noch leichter flüchtig als S_1, so findet man sie erst ganz im

Destillat. Ebenso gelangt jede, die schwerer flüchtig ist als S_2 vornehmlich, ins Sumpfprodukt.

Für die anderen Komponenten, die hinsichtlich der Flüchtigkeit zwischen S_1 und S_2 liegen, ist es dagegen gleichgültig, ob sie oben oder unten aus der Kolonne austreten. Die Rektifikation wird dann in erster Näherung so behandelt, als sei das binäre Gemisch der beiden Schlüsselkomponenten zu trennen.

Geht es bei der Mehrkomponentenrektifikation im wesentlichen darum, das Gemisch in Fraktionen zu zerlegen, in denen einzelne Komponenten mehr oder weniger angereichert sind (Erdölfraktionierung), so begnügt man sich häufig mit einer einzigen Kolonne, aus der an geeigneten Stellen *Seitenfraktionen* abgezogen werden.

6.5.2 Rektifikation mit Hilfsstoffen

Der Trennung von Gemischen durch Rektifikation sind Grenzen gesetzt, wenn

- die Siedepunkte der Komponenten nahe beieinander liegen oder allgemein die Gleichgewichtskurve im McCabe-Thiele-Diagramm dicht an der Diagonalen liegt;
- wenn sie diese sogar schneidet, also Azeotropie vorliegt;
- wenn das zu trennende Gemisch aufgrund seiner Temperaturempfindlichkeit bei wirtschaftlich realisierbaren Drücken nicht destilliert werden kann.

In diesen Fällen kommt der Zusatz von Hilfsstoffen, auch *Schleppmittel (entrainer)* genannt, als technische Lösung in Frage.

Wasserdampfrektifikation. Der Dampfdruck über einem Gemisch aus vollkommen unlöslichen Komponenten ist gleich der Summe der Dampfdrücke der reinen Stoffe: $p = \sum P_i$. Herrscht über dem unlöslichen Gemisch der Gesamtdruck p, so sinkt die Siedetemperatur so weit ab, bis die Summe der Dampfdrücke der Komponenten diesen Druck erreicht. So siedet beispielsweise Wasser unter einem Druck von 66,6 kPa bei 88,5 °C, Benzol bei 67,5 °C. Bringt man jedoch beide Stoffe in einen Behälter, in dem der gleiche Gesamtdruck herrscht, so sieden sie zusammen bei 57,5 °C. Bei dieser Temperatur beträgt der Dampfdruck des Wassers 17,7 kPa, der des Benzols (66,6 − 17,7 =) 48,9 kPa. Die Dampfzusammensetzung hängt dabei nicht von den Anteilen der beiden Stoffe in der Flüssigkeit, sondern nur − wegen der unterschiedlichen Steigung der Dampfdruckkurven − von der Temperatur ab.

Fügt man also einem Gemisch, das man trennen will, einen Stoff bei, der sich zumindest in der zu gewinnenden Komponente nicht nennenswert löst, so sinkt die Siedetemperatur des Gesamtsystems, und die Rektifikation erfolgt bei entsprechend erniedrigter Temperatur. Für viele organische Flüssigkeiten eignet sich Wasser als Zusatzstoff. Man spricht in diesem Falle von *Wasserdampfrektifikation.* Ihr Vorteil liegt unter anderem darin, daß man bei höheren Drücken (oft bei Atmosphärendruck) arbeiten kann, also die mit der Erzeugung und Aufrechterhaltung des Vakuums verbundenen Probleme vermeiden kann. Die Trennung von Produkt und Wasser kann durch Dekantieren erfolgen.

6.5.3 Rektifikation von Azeotropen

Bilden zwei Stoffe ein Azeotrop, so kann die leichterflüchtige Komponente ausgehend von einem unterazeotropen Gemisch nur bis in die Nähe der azeotropen Zusammensetzung angereichert werden. Ein bekanntes Stoffpaar, das dieses Verhalten zeigt, ist das System Ethanol/Wasser. Bei Atmosphärendruck hat es einen azeotropen Punkt bei 78,15 °C und einer Zusammensetzung von 0,894 Molteilen bzw. 0,956 Massenteilen. Durch einfache Rektifikation läßt sich Ethanol daher bestenfalls mit dieser Konzentration gewinnen.

Für die Erzeugung reinen Ethanols durch Rektifikation bieten sich vier Verfahren an:

1. Die **Senkung des Siededrucks**: Erniedrigt man nämlich den Kolonnendruck, so verschiebt sich der azeotrope Punkt nach höheren Konzentrationen (Tab. 6.3) und verschwindet bei 10,6 kPa völlig. Die Vakuumrektifikation ist allerdings relativ teuer und wird daher − zumindest zur Herstellung von ‚absolutem' Alkohol − selten angewandt.

Tab. 6.3   Azeotrope Punkte des Systems Ethanol/Wasser

p in kPa	1379	101,3	66,7	33,3	10,6
x_{az} in Stoffmengenanteilen	0,862	0,894	0,904	0,982	1,000
w_{az} in Massenteilen	0,941	0,956	0,976	0,993	1,000
t_{az} in °C	164,2	78,15	53,00	34,25	−

2. Die **Beimischung von Salzen**, z. B. von Kaliumacetat, zum Rücklauf (Furter [6.31]) bringt den azeotropen Punkt ebenfalls zum Verschwinden. Nachteilig ist hier der mit der Rückgewinnung des Hilfsstoffes aus der Sumpfflüssigkeit verbundene Aufwand.
3. Der **Zusatz eines flüchtigen Stoffes** zur Ausgangslösung, der den Gleichgewichtskoeffizienten des Gemisches verändert. Da es dabei meist zur Bildung weiterer Azeotrope kommt, spricht man von *Azeotroprektifikation*. So erhöht beispielsweise der Zusatz von Benzol zum Ethanol-Wasser-Gemisch die Flüchtigkeit des Wassers, während die des Ethanols vermindert wird. Dabei kommt es zur Bildung eines ternären Azeotrops, *Heteroazeotrop* genannt, weil sich die flüssige Phase in zwei Fraktionen unterschiedlicher Zusammensetzung trennt. Abb. 6.40 zeigt das Schema einer Azeotroprektifikation mit Benzol als Schleppmittel. Der

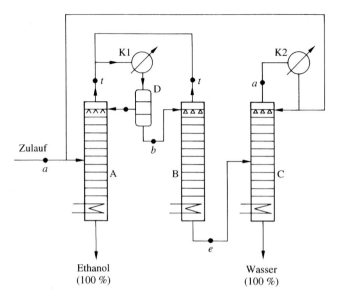

Abb. 6.40   Schema der Azeotroprektifikation eines Alkohol-Wasser-Gemisches mit Benzol als Schleppmittel. Die Zusammensetzung der Stoffströme a, b, e, t, w findet man in Tab. 6.1. A = Ethanolkolonne; B = Schleppmittelrückgewinnung; C = Anreicherungskolonne; D = Dekantierbehälter; K 1, K 2 = Kondensatoren.

Zulauf tritt mit der annähernd azeotropen Zusammensetzung *a* (s. Tab. 6.4) in die Entwässerungskolonne A ein. Der am Kopf dieser Kolonne auftretende Dampf ist das Heteroazeotrop mit der Zusammensetzung *t*; am Fuß der Kolonne fällt wasserfreies Ethanol an. Nach Verflüssigung im Kondensator K 1 trennt sich das Kopfprodukt in zwei Phasen. Die leichtere, benzolreiche Phase *b* fließt als Rücklauf zur Kolonne A zurück, während die schwere, wasserreiche Phase der Benzolkolonne B zugeführt wird. An deren Kopf fällt wiederum Dampf mit der Zusammensetzung *t* an. Er wird zusammen mit dem Dampf von A dem Kondensator K 1 zugeführt. Das Blasenprodukt von B ist ein Alkohol-Wasser-Gemisch, das in Kolonne C in Dampf mit der (azeotropen) Zusammensetzung *a* und reines Wasser getrennt wird. Das Kopfprodukt von C fließt zum Zulauf zurück.

Tab. 6.4   Zusammensetzung der Stoffströme in Abb. 6.39; *w* in Massenteilen

Stoffstrom:	*a*	*b*	*e*	*t*	*w*
Ethanol	0,90	0,22	0,50	0,24	0,35
Wasser	0,10	0,74	0,50	0,22	0,61
Benzol	–	0,54	–	0,54	0,04

Die Azeotroprektifikation wird zur Trennung zahlreicher Gemische eingesetzt, wobei unterschiedliche Schleppmittel zum Einsatz kommen. Bei der Alkoholabsolutierung wird das giftige Benzol heute durch andere Stoffe (z. B. n-Pentan) ersetzt. Eine Variante der Schleppmittelrektifikation ist

4. die **Extraktivrektifikation**: Man wählt diese Bezeichnung, wenn das Schleppmittel einen wesentlich niedrigeren Dampfdruck hat als die Komponenten des zu trennenden Gemisches. Der Begriff ist allerdings etwas irreführend, da es sich keineswegs um eine Kombination von Extraktion und Rektifikation handelt. Wegen der großen Dampfdruckunterschiede zwischen Schleppmittel und Ausgangsgemisch kommt es bei der Extraktivrektifikation in der Regel nicht zur Bildung von Azeotropen. Aus Ethanol-Wasser-Gemischen läßt sich beispielsweise reiner Ethylalkohol durch Zusatz von Glycol gewinnen. Andere Anwendungen der Extraktivrektifikation findet man in der Petrochemie, beim Aufkonzentrieren von Säuren (HCl, HNO_3), bei der Abtrennung von Ketonen und Estern von ihren Gemischen mit Alkoholen usw. Abb. 6.41 zeigt das Schema einer Extraktivrektifikation.

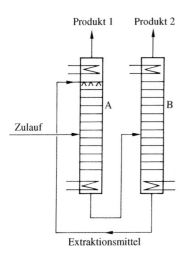

Abb. 6.41   Extraktivrektifikation.

6.5.4 Reaktivdestillation

Bei der Reaktivdestillation werden Reaktion, Produktreinigung und Aufarbeitung der Nebenprodukte in einer Kolonne vereinigt. Dies läßt sich am Beispiel einer Veresterung anschaulich machen. Bei der Herstellung von Methylacetat aus Methanol und Essigsäure wird Schwefelsäure als Katalysator verwendet. Bei den klassischen Anlagen arbeitete man mit mehreren Reaktoren, um den gewünschten Konversionsgrad zu erreichen. Bis zu acht Trennkolonnen waren zur Aufarbeitung der Reaktionprodukte erforderlich, die miteinander azeotrope Systeme bilden. Das Verfahren der reaktiven Rektifikation nach Agreda und Partin (Doherty, Buzad

[6.32]) gestattet es nun, den gesamten Prozeß in einer Kolonne abzuwickeln. Wie Abb. 6.42 zeigt, werden die Rohstoffe auf verschiedenen Böden der Kolonne eingespeist: Die Essigsäure etwa auf dem 10 Boden von oben gerechnet, Methanol im unteren Kolonnenteil. Die als Katalysator wirkende Schwefelsäure fließt unterhalb der Aufgabestelle für die Essigsäure zu. Die Reaktion

$$CH_3COOH + CH_3OH \rightarrow CH_3COOCH_3 + H_2O \qquad (6.78)$$

findet im Mittelteil der Kolonne statt. Als Kopfprodukt tritt der im oberen Kolonnenabschnitt destillativ gereinigte Ester, als Sumpfprodukt schwefelsäurehaltiges Wasser aus. Ein Seitenkreislauf dient der Aufbereitung von Verunreinigungen.

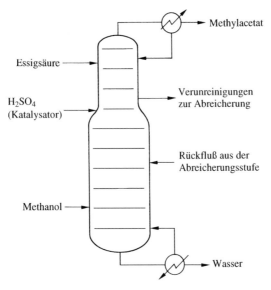

Abb. 6.42   Schema einer Reaktivdestillation zur Herstellung von Methylacetat aus Methanol und Essigsäure mit Schwefelsäure als Katalysator nach [6.32].

Bei der reaktiven Destillation kann meist mit annähernd stöchiometrischen Einsatzmengen gearbeitet werden. Sie bietet daher vor allem dann Vorteile, wenn eine Reaktion mit hohen Überschüssen an einem Reaktanden ablaufen muß. Neben dem obengenannten Beispiel sind zahlreiche andere Veresterungsprozesse, Verfahren zur Herstellung von Polymeren (Polyamid 6,6) und Ethern zu nennen.

6.5.5 Molekulardestillation

Die Molekulardestillation arbeitet im Bereich extrem niedriger Drücke (0,1 bis 0,5 Pa) mit Abständen zwischen Verdampfungs- und Kondensationsoberfläche, die kleiner sind als die freie Weglänge δ der Molekeln. Das Arbeitsprinzip ist in

Abb. 6.43 skizziert. Nach der Langmuir-Gleichung beträgt die spezifische Verdampfungsleistung für einen Stoff

$$m = 10{,}2 \cdot p \cdot \sqrt{(M/T)} \ \text{kg}/(\text{m}^2\text{s}) ; \tag{6.79}$$

M = molare Masse in kg/kmol;
P = Dampfdruck in kPa;
T = Temperatur in K.

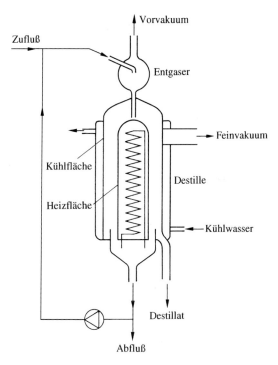

Abb. 6.43   Molekulardestillation.

Bei Zweistoffsystemen verhalten sich die abgedampften Mengen demnach wie

$$m_1/m_2 = (p_1/p_2) \sqrt{(M_1/M_2)} . \tag{6.80}$$

Es verdampfen nur die unmittelbar an der Oberfläche befindlichen Moleküle. Eine Voraussetzung für eine kontinuierliche Wirkungsweise des Apparates ist daher das ständige Erneuern der Verdampferoberfläche. Bei dem skizzierten Apparat erreicht man dies durch Berieseln der Heizfläche. Auch Wischblätter oder rotierende Flächen können zu diesem Zwecke verwendet werden. Ist eine mehrstufige Reinigung erforderlich, so muß eine Reihe von Einheiten hintereinandergeschaltet werden. Die Molekulardestillation wird u. a. zur Reinigung von temperaturempfindlichen, hochmolekularen Stoffen (Fetten, Ölen, Duft- und Wirkstoffen) sowie zur Isotopentrennung eingesetzt.

Aufgaben zu Kapitel 6

6.1 (zu 6.2) In einer „vollständigen" Rektifizierkolonne ist eine Mischung, bestehend aus 28 Gew.% Essigsäure und 72 Gew.% Wasser in zwei Fraktionen zu trennen. Die Essigsäurefraktion hat eine Reinheit von 97 Mol.% aufzuweisen, während das Wasser noch höchstens 2 Mol.% Essigsäure enthalten darf. Der Zulaufstrom betrage $M_F^* = 520$ kg/h.

a) Welches Produkt wird als Destillat (Kopfprodukt) gewonnen?

b) Wie groß sind die beiden Fraktionen?

c) Wie lautet die Gleichung der Verstärkungsgeraden, wenn $N_{G,V}^* = 78,5$ kmol/h beträgt?

Angaben: Siedetemperatur von Essigsäure bei $p = 760$ Torr; $T_S = 118\,°C$. Molare Masse von Essigsäure (CH_3COOH): $\mathscr{M}_E = 60$ kg/kmol.

6.2 (zu 6.3) Eine Methanol-Wasser-Mischung, die 15 Mol.% Methanol (CH_3OH) enthält, ist in einer „vollständigen" Bodenkolonne in zwei Fraktionen zu trennen. Die Methanolfraktion soll eine Reinheit von 95% aufweisen, und das Wasser soll nicht mehr als 2% Methanol enthalten.

Es sind stündlich 285 kg Ausgangslösung zu trennen, die mit einer Temperatur von 50 °C in die Kolonne eingespeist werden. Das Verstärkungsverhältnis betrage für alle Böden $s = 0,6$.

Man bestimme im McCabe-Thiele-Diagramm die Bodenzahlen der Verstärkungs- und Abtriebssäule bei $v = 3,5$, das Mindestrücklaufverhältnis sowie den stündlichen Heizwärmebedarf in der Blase.

Weitere Angaben: Die Gleichgewichtslinie im McCabe-Thiele-Diagramm sei durch folgende Punktepaare gegeben:

Tab. 6.5

$x =$ 0	3	5	10	20	30	50	70	90	100	Mol.%
$y =$ 0	18,7	27	42	60	69	80	88	96	100	Mol.%

Molare Masse von Methanol (CH_3OH): $\mathscr{M} = 32$ kg/kmol.
Mittlere molare Verdampfungsenthalpie von Methanol und Wasser: $r = 38\,000$ kJ/kmol.
Spezifische Wärmekapazität von Methanol: $c_p = 2700$ J/(kg K). Siedetemperatur des Zulaufes: $T_{S,F} = 88\,°C$.

6.3 (zu 6.3) In einer „vollständigen" Bodenkolonne soll ein Zweistoffgemisch, das mit Siedetemperatur in die Kolonne eingespeist wird, durch Rektifikation getrennt werden. Die Ausgangsmischung enthalte 35% Leichtersiedendes. Das Destillat soll mit einer Reinheit von 99%, das Sumpfprodukt mit einer solchen von 98% gewonnen werden.

Man berechne die minimale theoretische Bodenzahl, das Mindestrücklaufverhältnis und stelle den Zusammenhang zwischen Rücklaufverhältnis und theoretischer Bodenzahl graphisch dar.

Die relative Flüchtigkeit des sich ideal verhaltenden Gemisches sei $\alpha = 1,28$.

6.4 (zu 6.3) Man berechne den maximal zulässigen Dampfstrom in einer Rektifizierkolonne von 0,6 m Durchmesser, wenn der Bodenabstand 0,30 m beträgt. Es wird ein Gemisch rektifiziert, dessen minimale Flüssigkeitsdichte $\rho' = 743 \, \text{kg/m}^3$ und dessen höchste Dampfdichte $\rho'' = 2,31 \, \text{kg/m}^3$ betrage. Der Glockendurchmesser sei 4 cm.

6.5 (zu 6.4) Wir greifen auf Aufgabe 2 zurück. Dieselbe Methanol-Wasser-Mischung soll nun in einer Füllkörperkolonne getrennt werden. Verstärkungs- und Abtriebsgerade sind gleich anzunehmen wie für die Bodenkolonne in jenem Beispiel, d. h. sie schneiden sich im Punkte A ($x = 0.165$, $y = 0.340$). Man bestimme die Zahl der Übergangseinheiten für Verstärkungs- und Abtriebskolonne durch graphische Integration der Gl. (6.69).

7 Absorption und Gaswäsche

Hans Günther Hirschberg, Fritz Widmer

Literatur: Morris/Jackson [7.1]; Ramm [7.2]; Sawistowski/Smith [7.3]; Sherwood/Pigford [7.4]; Thormann [7.5]; Nonhebel [7.6]; Danckwerts [7.7]; Strauss [7.8]; Valentin [7.9]

7.1 Einleitung und Definitionen

Unter *Absorption* versteht man das Lösen von Gasen oder Dämpfen in Flüssigkeiten. Sie dient dazu, einem Gasgemisch einen oder mehrere Bestandteile zu entziehen, sei es im Hinblick auf deren Weiterverwendung, sei es zur Reinigung des Rohgases. Im letzteren Falle spricht man auch von *Gaswäsche*, und schließt dabei häufig auch die Reinigung des Rohgases von Feststoffen (Staub) mit ein. Uns soll hier ausschließlich die Aufnahme von Gasen und Dämpfen durch ein *Wasch-, Lösungs-* oder *Absorptionsmittel* interessieren, das zu diesem Zweck in einem *Absorber* mit dem Rohgas in intensiven Kontakt gebracht wird. In vielen Fällen ist der Absorber eine Kolonne ähnlich denen, die wir bereits in Abschn. 6.3 und 6.4 kennengelernt haben. Die Flüssigkeit rieselt im Gegenstrom zum aufsteigenden Gas nach unten und belädt sich dabei mit dem *Absorbenden*. Das beladene Lösungsmittel kann anschließend in einem *Austreiber (Desorber)* wieder regeneriert, d. h. von dem aufgenommenen Stoff befreit werden.

Man unterscheidet grundsätzlich zwischen *physikalischer* und *chemischer* Absorption. Die chemisch wirkenden Lösungsmittel gehen im Gegensatz zu den physikalisch wirkenden mit dem absorbierten Stoff eine chemische Verbindung ein. Das läßt sich anhand von Beispielen erläutern:

1. Beim Auswaschen von Benzol aus Schwelgas, von leichten Paraffinen aus Erdgas oder von Butadien aus Synthesegas mit Hilfe von Leichtöl liegt eine rein physikalische Lösung vor.
2. Die Entfernung von CO_2 aus Rauch-, Gär- oder Synthesegasen mittels Druckwasserwäsche ist ein überwiegend physikalischer Vorgang. Allerdings bildet CO_2 mit dem Wasser eine lose Verbindung.
3. Bei der Absorption von CO_2 mit Hilfe einer Pottaschelösung findet ein chemischer Vorgang statt: Das Kaliumcarbonat wird unter Aufnahme von CO_2 und H_2O in Kaliumbicarbonat verwandelt.
4. Auch die Absorption von Ammoniak aus Gemischen mit Luft oder Wasserdampf (Sorptionskältemaschine) an Wasser oder wäßrige Lösungen ist als chemischer Vorgang anzusprechen, da das Ammoniak in der Lösung $(NH_4)^-$-Ionen bildet.

Als konkurrierende oder komplementäre Verfahren zur Absorption haben die *Adsorption* (s. Abschn. 9.2) an feste Stoffe, das *Ausfrieren* und die *Membrantrennung*, im weiteren Sinne auch die katalytische Reinigung (z. B. von Synthesegas und H_2) zu gelten.

7.2 Grundlegende Beziehungen, Bilanzgerade

An einem Absorptionsvorgang sind mindestens drei Stoffe beteiligt: das *Lösungsmittel* L, das *Trägergas* G und die aus dem Trägergas zu *absorbierende Gaskomponente i*. Bei der Aufstellung der Berechnungsgrundlagen ist es am bequemsten, die Konzentration des gelösten Stoffes i in der Flüssigkeits- und Gasphase durch die *Stoffmengenbeladungen X und Y* des Lösungsmittels und des Trägergases auszudrücken[1]:

$$Y \equiv \frac{\text{Stoffmenge in kmol der Komponente } i \text{ im Gas}}{\text{Anzahl kmol reines Trägergas}} \equiv \frac{N_{i,\,G}}{N_G} \tag{7.1}$$

$$X \equiv \frac{\text{Stoffmengen in kmol der Komponente } i \text{ im Lösungsmittel}}{\text{Stoffmenge in kmol reines Lösungsmittel}} \equiv \frac{N_{i,\,L}}{N_L} \tag{7.2}$$

Bei der Betrachtung von kontinuierlich arbeitenden Apparaten führt man vorteilhaft Stoffmengenströme N^* (Einheit kmol/s) an Stelle der Stoffmengen N ein. Die in einen Absorber eintretenden und aus ihm austretenden Gas- und Lösungsmittelmengenströme sind in Abb. 7.1 dargestellt. Den Zusammenhang zwischen den Stoffmengenbeladungen X und Y der Flüssigkeits- und Gasphase findet man mit Hilfe einer Stoffbilanz der Komponente i für das eingezeichnete Bilanzgebiet. Dürfen die Ände-

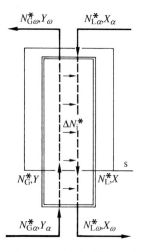

Abb. 7.1   Massen- und Stoffbilanz bei einem Absorptionsprozeß.

[1] Im Gegensatz zu den in Abschn. 1.4 eingeführten Bezeichnungen stellen also die in diesem und folgenden Kapitel 8 verwendeten Symbole X und Y Mol-, d. h. Stoffmengen- und nicht Gewichtsbeladungen dar.

rungen der Stoffmengenströme N_L^* (reines Lösungsmittel) und N_G^* (Trägergas) längs des Absorbers vernachlässigt werden, so vereinfacht sich die Bilanzgleichung wesentlich. Dazu müssen aber die folgenden Voraussetzungen erfüllt sein:

1. Das Trägergas G löst sich nicht im Lösungsmittel L:

$$N_{G\,\alpha}^* = N_G^* = N_{G\,\omega}^*. \tag{7.3}$$

2. Die Waschflüssigkeit L hat einen vernachlässigbaren Dampfdruck, d. h. sie „löst" sich nicht im Gas G:

$$N_{L\,\alpha}^* = N_L^* = N_{L\,\omega}^*. \tag{7.4}$$

Als Stoffbilanz für die Komponente i bei stationärem Betrieb ergibt sich damit:

$$
\begin{array}{ccc}
\text{Eintretende Menge} & & \text{Austretende Menge} \\
\text{des Stoffes } i & = & \text{des Stoffes } i
\end{array}
$$

oder $N_G^* \, Y + N_L^* \, X_\alpha \quad = \quad N_G^* \, Y_\omega + N_L^* \, X.$ (7.5)

Eine Umformung liefert:

$$Y = X\,\frac{N_L^*}{N_G^*} + Y_\omega - X_\alpha\,\frac{N_L^*}{N_G^*}. \tag{7.6}$$

Gl. (7.6) stellt in einem *Beladungsdiagramm* mit den Achsen X und Y (Abb. 7.2) eine Gerade dar, die sogenannte *Arbeits-* oder *Bilanzgerade*, wie wir sie schon bei den Rektifikation in Abschn. 6.2 behandelt haben. Wie dort ergibt auch hier jeder Punkt auf ihr die Zusammensetzung der Gas- und Flüssigkeitsphase in einem Querschnitt des Absorbers an. Ihre Neigung ist durch das Verhältnis der Mengen der beiden Trägermedien bestimmt:

$$\text{tg}\,\alpha = \mathrm{d}\,Y/\mathrm{d}\,X = N_L^*/N_G^*. \tag{7.7}$$

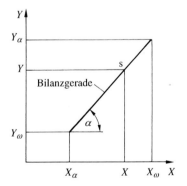

Abb. 7.2   Bilanzgerade im Beladungsdiagramm.

Wird an Stelle der Stoffmengenbeladungen X, Y die Bilanzgl. (7.5) mit den Stoffmengenanteilen x, y und den Gesamtmengen ($N_L^* + N_{i,\,L}^*$, $N_G^* + N_{i,\,G}^*$) angesetzt, so läßt sich kein linearer Zusammenhang zwischen den Stoffmengenanteilen in einem

Kolonnenquerschnitt finden. Dieses gegenüber der Berechnung mit Beladungen abweichende Verhalten wird durch die Änderung der Gas- und Flüssigkeitsströme längs der Kolonne verursacht. Während des Absorptionsvorganges verkleinert sich beispielsweise der Stoffmengenstrom ($N_G^* + N_{i,G}^*$) der gasförmigen Phase um den vom Lösungsmittel absorbierten Teilstrom ΔN_i^* der Gaskomponente i. Anderseits vergrößert sich natürlich der Stoffmengenstrom der Flüssigkeit um gerade diesen Teil ΔN_i^*. Zwischen den Stoffmengenanteilen und den Beladungen gelten die Beziehungen:

$$Y = \frac{y}{1-y} \quad X = \frac{x}{1-x}. \tag{7.8}$$

Da in der Absorptionstechnik vielfach die Konzentrationen der gelösten Stoffe sehr klein sind, dürfen aber in den meisten Fällen die Stoffmengenanteile mit genügender Genauigkeit gleich den Stoffmengenbeladungen gesetzt werden.

Mit Hilfe einer Stoffbilanz für den gesamten Absorber kann der zwischen dem Gas- und Flüssigkeitsstrom ausgetauschte Stoffmengenstrom ΔN_i^* der Komponente i ermittelt werden:

$$\Delta N_i^* = N_G^*(Y_\alpha - Y_\omega) = N_L^*(X_\omega - X_\alpha). \tag{7.9}$$

7.3 Allgemeine Anforderungen an ein Waschmittel

Von einem Waschmittel wird vor allem gefordert, daß die auszuwaschenden Gaskomponenten sich gut in ihm lösen. Soll aus einem Gasgemisch von Stoffen ähnlicher Siedepunktslage eine bestimmte Komponente bevorzugt absorbiert werden, so muß das Waschmittel ein *selektives* Lösungsvermögen aufweisen. Diese Selektivität liegt bei physikalisch lösenden Waschmitteln im Gegensatz zu chemisch wirkenden selten über 5 : 1, d. h. von den anderen beteiligten Stoffen wird gleichzeitig mindestens 1/5 ausgewaschen.

Um bei der Absorption die Verluste an Waschmittel klein zu halten, soll es einen *niedrigen Dampfdruck* bei der Absorptionstemperatur aufweisen. Die trotzdem im Gasstrom nicht vermeidbaren Dampfanteile des Waschmittels dürfen keine nachteiligen Auswirkungen auf das ganze Verfahren haben, in dem die Absorption meistens nur einen Schritt darstellt.

Um die Regeneration des Waschmittels mit möglichst kleinen Verlusten und unter wirtschaftlich optimalen Bedingungen durch Entspannungsentgasung oder Ausdampfen (s. Abschn. 7.11) durchführen zu können, soll der *Siedepunkt* des Waschmittels *hoch* gegenüber dem der höchstsiedenden absorbierten Komponente sein. Bildet das Waschmittel mit der absorbierten Komponente ein azeotropes Gemisch oder eine chemische Verbindung, so ist die Regeneration meistens wesentlich aufwendiger.

Weiter sind bei der Wahl des Waschmittels zu berücksichtigen:

die korrosiven Eigenschaften des Absorptionsmittels im Hinblick auf die vorgesehenen Werkstoffe;

die Giftigkeit des Lösungsmittels;

die Kosten des Waschmittels im Hinblick auf die laufenden Verluste.

7.4 Phasengleichgewichte

Phasengleichgewichte von Mehrkomponentensystemen beschreiben die Zusammensetzung einer Phase in Funktion der Zusammensetzung einer zweiten entweder für T = konst. (Isothermen) oder für p = konst. (Isobaren). In diesem Kapitel beschränken wir uns auf Gas-Flüssigkeits-Gleichgewichte. Die *Gleichgewichtskurve* (auch Sorptionsisotherme genannt, Abschn. 9.2.1) stellt diesen Zusammenhang in einer der folgenden Weisen dar (Abb. 7.3):

1. Stoffmengenbeladung Y der auszutauschenden Komponente i im Trägergas als Funktion der Beladung X der entsprechenden Komponente in der Flüssigkeit (Beladungsdiagramm, Abschn. 7.2).
2. Partialdruck p_i der auszutauschenden Komponente i im Trägergas als Funktion des entsprechenden Stoffmengenanteiles x in der Flüssigkeit.
3. Stoffmengenanteil y der Komponente i im Trägergas in Funktion des entsprechenden Stoffmengenanteiles x in der Flüssigkeit.

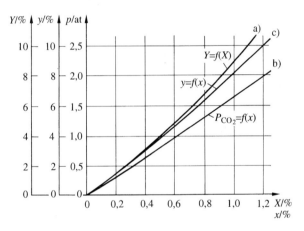

Abb. 7.3   Gleichgewichtsverhalten von CO_2 in wässeriger Lösung bei 20 °C und 20 at, für verschiedene Bezugsgrößen dargestellt. a) Beladungen; b) Partialdruck $p = f(x)$; c) Stoffmengenanteile.

Da die Gasphase meist in guter Näherung als ideales Gas betrachtet werden darf, gilt zwischen dem Partialdruck p_i und dem Stoffmengenanteil y_i der zu absorbierenden Komponente im Gas die Beziehung (4.6):

$$p_i = y_i p \quad (p = \text{Gesamtdruck}). \tag{7.10}$$

Die Darstellung der Gleichgewichtskurve nach 2. und 3. unterscheidet sich damit nur um den Faktor p. Gl. 7.8 stellt den Zusammenhang zwischen den Stoffmengenanteilen und Stoffmengenbeladungen dar. Unter der erwähnten Voraussetzung von kleinen Konzentrationen an gelöstem Stoff dürfen die Stoffmengenanteile mit genügender Genauigkeit gleich den Stoffmengenbeladungen gesetzt werden, wodurch die Darstellungsweisen nach 1. und 3. identisch werden.

Nur in wenigen speziellen Fällen lassen sich die Gleichgewichtsbeziehungen zwischen den Zusammensetzungen der flüssigen und der Gasphase mit einfachen Mitteln theoretisch berechnen. Deshalb ist man bei der Bestimmung des Gleichgewichtsverhaltens meistens auf Versuche angewiesen. Bei physikalisch lösenden und chemisch wirkenden Absorptionsmitteln ergeben sich erwartungsgemäß unterschiedliche Gesetzmäßigkeiten, was eine getrennte Behandlung dieser beiden Fälle erforderlich macht.

7.4.1 Phasengleichgewichte von physikalisch lösenden Waschmitteln

Bilden die gelösten Stoffe mit dem Lösungsmittel eine „ideale" Lösung, so können die Phasengleichgewichte der einzelnen Komponenten aus dem Raoultschen Gesetz $p_i = x_i P_i$ abgeleitet werden (s. Abschn. 4.5.1). Ersetzen wir den Partialdruck p_i nach Gl. (7.10) durch den Stoffmengenanteil y_i der Komponente i in der Gasphase, so erhalten wir:

$$y_i = \frac{p_i}{p} = x_i \frac{P_i}{p}.$$ (7.11)

Darf das Trägergas als praktisch im Waschmittel unlöslich betrachtet werden, so sind am Gleichgewicht nur das Waschmittel und die zu absorbierende Komponente i beteiligt. Unter diesen Voraussetzungen wird das Phasengleichgewicht für den wandernden Stoff i durch Gl. (7.11) hinreichend genau beschrieben. Die Zusammensetzung y_i der Gasphase ist dann derjenigen der Flüssigkeitsphase x_i direkt proportional. Die Gleichgewichtslinie in einem Diagramm $y_i = y_i(x_i)$ ist also eine Gerade; wegen der Gültigkeit von Gl. (7.10) ist dies auch in einem Diagramm $p_i = p_i(x_i)$ der Fall (Abb. 7.4). Dieser Verlauf der Gleichgewichtslinie eines idealen Gemisches unterscheidet sich deutlich von demjenigen, wie er von Destillationspro-

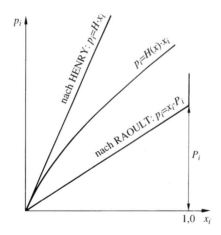

Abb. 7.4 Verschiedene Beziehungen zur Darstellung der Phasengleichgewichte von physikalisch lösenden Waschmitteln.

zessen (s. Abschn. 5.2) her bekannt ist. Dort muß berücksichtigt werden, daß nach der Phasenregel ([A. 2], II) für binäre Gemische bei vorgegebenem Druck Siede- und Tautemperatur und damit auch der Dampfdruck P_i von der Zusammensetzung x_i abhängen. Damit ist kein linearer Zusammenhang zwischen y_i und x_i möglich. Bei einem Absorptionsvorgang dagegen sind immer mindestens 3 Komponenten beteiligt, so daß trotz vorgegebenem Druck auch bei variabler Zusammensetzung x_i die Temperatur frei wählbar bleibt. Da bei Absorptionsvorgängen mit physikalisch lösenden Waschmitteln nur sehr geringe Wärmetönungen (s. Abschn. 7.6) auftreten, ändert sich die Temperatur des Waschmittels praktisch nicht und P_i darf somit in guter Näherung als konstant betrachtet werden.

Das ideale Lösungsverhalten findet man vor allem bei chemisch verwandten Stoffen, wie Gliedern homologer Reihen. Verhält sich die Lösung infolge zusätzlicher intermolekularer Kräfte zwischen den Molekeln des Waschmittels und denjenigen der zu absorbierenden Komponente nicht ideal, so kann das Raoultsche Gesetz durch Hinzufügen eines *Aktivitätskoeffizienten* ε_i dem tatsächlichen Verhalten angeglichen werden:

$$p_i = \varepsilon_i x_i P_i \quad \text{mit} \quad \varepsilon_i = \varepsilon_i(x_i, p, T). \tag{7.12}$$

Verkleinerte Löslichkeit gegenüber der idealen Löslichkeit entspricht einem Koeffizienten ε_i größer als 1; erhöhte Löslichkeit infolge loser chemischer Bindung einem ε_i kleiner als 1 (Absorption von CO_2 in Wasser).

Bei der Absorption mit physikalisch wirkenden Lösungsmitteln bleiben die Konzentrationen an gelöstem Stoff i normalerweise niedrig. Daher kann das Henrysche Gesetz zur Beschreibung des Phasengleichgewichts herangezogen werden. Im Grenzfall ideal verdünnter Lösungen geschieht dies meist in der Form

$$p_i = H_i x_i; \tag{7.13}$$

H_i = Henry-Konstante in N/m^2.

Bei gegebener Temperatur ist also der gelöste Stoffmengenanteil x_i dem Partialdruck der betreffenden Komponente in der Gasphase proportional. Verwendet man die Stoffmengenkonzentration c_i in $kmol/m^3$ als Konzentrationsmaß, so lautet die Gleichung

$$p_i = H_{c,i} \cdot c_i \quad \text{(Einheit von } H_c \text{ in N m/kmol)}. \tag{7.14}$$

Mit $c_i = n_i/V = x_i \cdot \rho_m/\mathcal{M}_m$ findet man als Beziehung zwischen den beiden Henry-Konstanten nach Gl. (7.13) und (7.14):

$$H_{c,i} = H_i \mathcal{M}_m/\rho_m; \tag{7.15}$$

$\mathcal{M}_m$ = mittlere Molmasse der Lösung in kg/kmol;
ρ_m = mittlere Dichte der Lösung in kg/m^3.

Wenden wir das Henrysche Gesetz über einen größeren Konzentrationsbereich an, so muß neben der Abhängigkeit von der Temperatur zusätzlich die Abhängigkeit der Henry-Konstante von der Konzentration berücksichtigt werden [$H_i = H_i(T, x_i)$, Abb. 7.4]. Für den Spezialfall der idealen Lösung ist das Henrysche mit dem Raoultschen Gesetz identisch. Die Konstante H_i wird dann gleich dem Dampfdruck P_i der reinen Komponente i bei der betrachteten Temperatur.

Neben der Henry-Konstante wurde im älteren Schrifttum der Bunsensche Absorptionskoeffizient α_i zur Beschreibung der Phasengleichgewichte verwendet. Er gibt an, wieviele Normalkubikmeter $m_n^3 = 1/22{,}4$ kmol eines Gases i sich bei einem Partialdruck $p_i = 1$ atm $= 1{,}01325 \cdot 10^5$ Pa über der Flüssigkeit und einer bestimmten Temperatur in einem Kubikmeter Waschflüssigkeit im Gleichgewicht lösen. Die Gleichung für die aufgenommene Menge in G in Normalkubikmetern m_n^3 als Funktion des Partialdrucks gemessen in physikalischen Atmosphären lautet also:

$$G_i = \alpha_i p_i \quad \text{(Einheit von } \alpha_i \text{ in } m_n^3/(m^3 \text{ atm))} . \tag{7.16}$$

Zwischen dem Bunsenschen Absorptionskoeffizienten α_i und der Henry-Konstante $H_{c,i}$ besteht demnach die Beziehung

$$H_{c,i} = \frac{p_i}{c_i} = k \, \frac{1}{\alpha_i} \quad \text{mit } k = 22{,}4 \cdot 1{,}013 \cdot 10^5 . \tag{7.17}$$

7.4.2 Phasengleichgewichte von chemisch wirkenden Waschmitteln

Die chemisch wirkenden Absorptionsmittel bestehen aus wäßrigen Lösungen von Stoffen, die mit der gelösten Komponente eine chemische Bindung eingehen.

Beispiel: Absorption von CO_2 durch eine wäßrige Na_2CO_3-Lösung:

$$Na_2CO_3 \; + \underbrace{CO_2 + H_2O}_{\rightleftarrows \; H_2CO_3} \rightleftarrows 2\,NaHCO_3 . \tag{7.18}$$

Bei der Absorption verläuft die Reaktion von links nach rechts. Sieht man vom kleinen im Wasser gelösten bzw. als H_2CO_3 gebundenen CO_2-Anteil ab, so ist die maximale Beladung des Waschmittels durch die stöchiometrischen Verhältnisse gegeben. Demnach könnte pro 1 mol gelösten Natriumcarbonats höchstens 1 mol Kohlendioxid aufgenommen werden; in einem Gleichgewichtszustand der Reaktion wird es darum

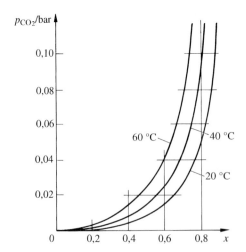

Abb. 7.5 Gleichgewichtskurven für die Absorption von CO_2 aus einem inerten Gas mittels einer 1-normalen-Na_2CO_3-Wasser-Lösung. (x = Anteil des Hydrogencarbonats $NaHCO_3$ in der Lösung).

immer weniger als 1 mol Kohlendioxid sein. Die Gleichgewichtslinie für den betrachteten Absorptionsvorgang ist in Abb. 7.5 für wäßrige 1-normale Na_2CO_3-Lösung dargestellt. Bei niedrigem Anteil des Bicarbonats ($NaHCO_3$) in der Lösung ist der Gleichgewichtspartialdruck p_{CO_2} über der Lösung gering und steigt dann bei hohem Anteil entsprechend einem Potenzgesetz an. Die maximale Beladung der Lösung kann praktisch wegen des hohen Partialdruckes gar nicht erreicht werden.

Dieser von dem der physikalisch lösenden Absorptionsmittel deutlich verschiedene Verlauf der Gleichgewichtskurve wird durch die Grenzgesetze der Partialdrücke bei hoher Verdünnung beschrieben. Nach Haase ([7.10], S. 370) erfüllt die Steigung der Gleichgewichtslinie im Nullpunkt ($p_{CO_2} \rightarrow 0$, $x_i \rightarrow 0$) die folgende Bedingung:

$$\left(\frac{dp_i}{dx_i}\right)_{x_i \rightarrow 0} = \lim_{x_i \rightarrow 0}\left(\frac{p_i}{x_i}\right) = \left\{ \begin{array}{ll} 0 & \text{für } v > 1 \\ k & \text{für } v = 1 \\ \infty & \text{für } v < 1 \end{array} \right. ; \tag{7.19}$$

v = Anzahl der entstehenden Teilchen beim Lösen eines Moleküls des zu absorbierenden Stoffes i;

k = Konstante.

Die drei möglichen Fälle sind in Abb. 7.6 skizziert. Bei der Absorption von CO_2 entsprechend der Reaktionsgl. (7.18) reagiert das CO_2-Molekül mit dem Carbonatjon zu zwei Bicarbonationen ($v = 2$). Diesem für Elektrolytlösungen bezeichnenden Dissoziationsvorgang entspricht eine Gleichgewichtskurve mit horizontaler Tangente bei $x_i = 0$. Eine senkrechte Tangente tritt bei Assoziation auf, während beim Fehlen sowohl der Dissoziation als auch der Assoziation das Henrysche Gesetz erfüllt ist. Die Steigung der Gleichgewichtslinie entspricht dann bis auf einen Maßstabfaktor der Henry-Konstante ($k \sim H_i$).

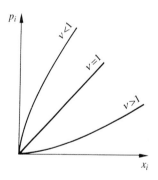

Abb. 7.6   Verlauf der Gleichgewichtskurve bei hoher Verdünnung.

Wenden wir das Massenwirkungsgesetz (s. Abschn. 14.2) auf die Reaktionsgl. (7.18) an, so läßt sich in diesem Fall der Verlauf der Gleichgewichtslinie abschätzen. Das Massenwirkungsgesetz für die Reaktion nach Gl. (7.18) lautet:

$$K = \frac{c^2_{NaHCO_3}}{c_{Na_2CO_3} \cdot c_{H_2CO_3}} ; \tag{7.20}$$

K = Gleichgewichtskonstante.

Die Konzentration von H_2CO_3 $c_{H_2CO_3}$ des in Lösung befindlichen hydratisierten Kohlendioxides steht dabei gemäß der Reaktionsgleichung $CO_2 + H_2O \rightleftharpoons H_2CO_3$ im Gleichgewicht zur Konzentration des gelösten, aber nicht hydratisierten Kohlendioxides. Wenn wir nun annehmen, daß letztere nach dem Henryschen Gesetz proportional dem Partialdruck p_{CO_2} über der Lösung ist, und weiter den in Hydrogencarbonat ($NaHCO_3$) umgesetzten Anteil der Lösung gleich x setzen, so wird:

$$p_{CO_2} \sim 2x^2/(1-x). \tag{7.21}$$

Diese Vorstellung wird durch Versuche bestätigt: Man fand für den Partialdruck von Kohlendioxid die folgende Beziehung, die im Bereich $18 \leqq \vartheta \leqq 65\,°C$ und $0{,}5 \leqq n \leqq 2{,}0$ gültig ist [7.11]:

$$p_{CO_2} = 1{,}257 \cdot 10^5 \cdot n^{1{,}362} \cdot \frac{x^2}{1-x} \cdot e^{-(2729/T)}; \tag{7.22}$$

n = Äquivalentkonzentration (Normalität) der Lösung[2];
T = Temperatur in K.

Die gute Löslichkeit der Elektrolytlösungen bei niedrigen Beladungen erschwert die vollkommene Regeneration des verbrauchten Absorptionsmittels. Für die Desorption oder Regeneration der betrachteten Natriumhydrogencarbonatlösung muß die Reaktion nach Gl. (7.18) von rechts nach links verlaufen, d. h. der Partialdruck p_i in der Gasphase niedriger als der Gleichgewichtspartialdruck $p_{i,e}$ sein. Dies läßt sich dadurch erreichen, daß man entweder den Partialdruck mittels Zufuhr von reinem Trägergas erniedrigt (Strippen, s. Abschn. 7.10.1) oder durch Erwärmen der Lösung den Gleichgewichtspartialdruck $p_{i,e}$ erhöht und damit den Regenerationsvorgang erleichtert (Abb. 7.5). Praktisch ist eine Regeneration nur dann durchführbar, wenn der Gleichgewichtspartialdruck $p_{i,e}$ des absorbierten Stoffes über einen weiten Bereich der Lösungsbeladung noch so groß ist, daß ein verwertbares treibendes Konzentrationsgefälle aufrechterhalten werden kann ($p_{i,e} > 0{,}1$ bar).

Diesen vielfach ungünstigen Regenerationseigenschaften der chemisch wirkenden Absorptionsmittel steht als wesentlicher Vorteil das stark selektive Lösungsverhalten gegenüber. Die starke Selektivität gegenüber Kohlenwasserstoffen und anderen wasserunlöslichen Verbindungen eröffnete den chemisch wirkenden Lösungsmitteln ein großes Anwendungsgebiet (Absorption von sauren Verbindungen aus Gasen durch Lösungen von Alkalicarbonaten oder Aminen, Trennung von gesättigten und ungesättigten Kohlenwasserstoffen mittels einer Mineralölfraktion).

7.4.3 Literaturangaben über Gleichgewichtsdaten

Gleichgewichtsdaten für viele Stoffpaare und Lösungssysteme sind im folgenden Nachschlagewerk zusammengestellt:
Landolt-Börnstein [A. 8], Bd. II/2 b.

---

[2] Äquivalentkonzentration = Quotient aus Äquivalentmenge (in mol) und dem Volumen (in l) der Lösung.

7.5 Stoffaustauschvorgänge

Literatur: Grassmann [A. 5], Kap. 8; Treybal [7.12], S. 92; Brauer [7.13].

Wird eine Komponente eines Gasgemisches durch ein Lösungsmittel absorbiert, so findet ein Stofftransport von der Gasphase durch die Grenzfläche in die flüssige Phase statt. Diesen Stoffaustausch beschreiben verschiedene Stoffübergangstheorien, die in die *Zweifilmtheorie* [7.14] und die *Turbulenztheorien* (Grassmann [A. 5], § 8.7; [7.15]; [7.16]; [7.17]) zusammengefaßt werden können.

7.5.1 Zweifilmtheorie

Die am häufigsten angewandte Zweifilmtheorie versucht die Stoffaustauschvorgänge an Hand eines Modelles darzustellen, in dem der gesamte vorhandene Widerstand durch die Diffusionswiderstände der beiden laminaren Unterschichten beiderseits der Phasengrenzfläche ersetzt wird. In den beiden laminaren Unterschichten soll der Stoffaustausch nur durch Moleculardiffusion erfolgen, so daß sich in diesen in erster Näherung ein linearer Verlauf des Partialdruckes p_i und der Konzentration c_i entsprechend Abb. 7.7 einstellt. Der Stoffaustausch zwischen der Grenzschicht und dem Kern der Flüssigkeits- bzw. Gasphase erfolgt durch turbulente Strömungsvorgänge. Dabei kann das Konzentrationsgefälle vernachlässigt werden. Die Dicke der laminaren Unterschicht und damit die Größe des Diffu-

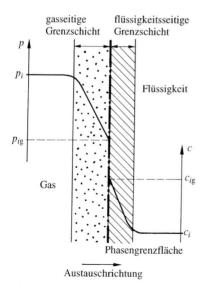

Abb. 7.7   Modell des Stoffaustausches nach der Zweifilmtheorie.

sionswiderstandes verkleinert sich bei dieser Modellvorstellung mit wachsender Strömungsgeschwindigkeit der einzelnen Phase.

Gegen die Grenzfläche hin nähert sich die Relativgeschwindigkeit zwischen den beiden Phasen dem Wert Null. Die Teilchen, die sich direkt an der Grenzfläche befinden, berühren sich darum sehr lange. Dies führt zur Annahme, daß die beiden Phasen direkt an der Grenzfläche stets miteinander im Gleichgewicht stehen. Zwischen den Zusammensetzungen der Gas- und Flüssigkeitsphase unmittelbar an der Grenzfläche $p_{i,g}$ und $c_{i,g}$ besteht dann nach dem Henryschen Gesetz folgender Zusammenhang:

$$p_{i,g} = H_{c,i} \cdot c_{i,g}. \tag{7.23}$$

Mit der Einführung des *gasseitigen Stoffübergangskoeffizienten* β_p'' (Einzelfilmkoeffizient) kann für die Stoffmengenstromdichte $n_{i,G}^*$ des durch die gasseitige Unterschicht an die Phasengrenze diffundierenden Stoffes geschrieben werden:

$$n_{i,G}^* = \beta_p'' (p_i - p_{i,g}); \tag{7.24}$$

$n_{i,G}^*$ = Je Fläche- und Zeiteinheit übertretende Stoffmenge der Komponente i in kmol/ $(m^2 s)$;

β_p'' = Stoffübergangskoeffizient für die Gasseite, auf Druckeinheiten bezogen in kmol/ $(N s)$.

In ähnlicher Weise gilt für die flüssigkeitsseitige Unterschicht:

$$n_{i,L}^* = \beta_c' (c_{i,g} - c_i); \tag{7.25}$$

$n_{i,L}^*$ = Je Fläche- und Zeiteinheit übertretende Stoffmenge der Komponente i in kmol/ $(m^2 s)$;

β_c' = Stoffübergangskoeffizient für die Flüssigkeitsseite, auf Stoffmengenkonzentrationen bezogen in m/s.

Da unter stationären Verhältnissen der Stoffstrom in gleicher Größe von der einen Phase durch die Grenzfläche in die andere Phase übergeht, muß gelten:

$$n_i^* = n_{i,G}^* = n_{i,L}^* \tag{7.26}$$

und somit:

$$\beta_p'' (p_i - p_{i,g}) = \beta_c' (c_{i,g} - c_i). \tag{7.27}$$

Die Aufteilung der Stoffaustauschwiderstände auf die flüssige und gasförmige Phase bereitet oft Schwierigkeiten, weil es nur in den seltensten Fällen möglich ist, den Partialdruck $p_{i,g}$ oder die Konzentration $c_{i,g}$ an der Phasengrenzfläche anzugeben. Dagegen läßt sich der Gesamtwiderstand des Stoffaustausches leichter durch Versuche bestimmen. Daher wurde zur Berechnung der ausgetauschten Stoffmenge der *Stoffdurchgangskoeffizient k* eingeführt (over-all mass transfer coefficient), durch den der Gesamtwiderstand entweder nur auf die Gasseite oder nur auf die Flüssigkeitsseite bezogen wird.

1. Gesamtwiderstand auf die Gasseite bezogen.

In diesem Falle benutzt man die Gleichung

$$n_i^* = k_p'' (p_i - p_{i,e}). \tag{7.28}$$

Das treibende Partialdruckgefälle ($p_i - p_{i,e}$) in Beziehung (7.28) wird durch die Differenz zwischen dem Partialdruck p_i der auszutauschenden Komponente i im Kern der Gasströmung und dem Gleichgewichtspartialdruck $p_{i,e}$ dargestellt, welcher im Phasengleichgewicht mit der Konzentration c_i der Kernströmung der Flüssigkeit steht; es gilt somit $p_{i,e} = H_{c,i} \cdot c_i$. Die bei den Definitionen des Stoffübergangskoeffizienten β_p'' (Gl. (7.24)) und des Stoffdurchgangskoeffizienten k_p'' (Gl. (7.28)) auftretenden verschiedenen Partialdruckdifferenzen sind in Abb. 7.8 näher dargestellt. Die Punkte $O\,G\,F$ liegen auf der Gleichgewichtskurve $p_i = p_i(c_i)$ des betrachteten Stoffsystems. Die Zustände der beiden Phasen Gas und Flüssigkeit sind durch Punkt A wiedergegeben (Partialdruck p_i im Kern der gasförmigen Phase, Konzentration c_i im Kern der flüssigen Phase). Zur Konzentration c_i der Flüssigkeit gehört im Phasengleichgewichtszustand der Partialdruck $p_{i,e}$, der durch den Ordinatenwert des auf der Gleichgewichtskurve liegenden Punktes G dargestellt wird. Entsprechend ist die Konzentration $c_{i,e}$, welche im Phasengleichgewicht zum Partialdruck p_i steht, durch den Abszissenwert des Punktes F gegeben. Das treibende Gefälle für die Berechnung mit Hilfe des Stoffdurchgangskoeffizienten k_p'' nach Gl. (7.28) wird nun durch den Partialdruckunterschied ($p_i - p_{i,e}$) dargestellt. Bei Verwendung des Einzelfilmkoeffizienten β_p' dagegen ist die Differenz ($p_i - p_{i,g}$) zu berücksichtigen (B entspricht dem Zustand an der Phasengrenzfläche, wo die Lösung der Konzentration $c_{i,g}$ im Phasengleichgewicht zur Gasphase mit dem Partialdruck $p_{i,g}$ steht).

2. Gesamtwiderstand auf die Flüssigkeitsseite bezogen.

Hier geht man von der Beziehung

$$n_i^* = k_c'(c_{i,e} - c_i) \tag{7.29}$$

aus. Die Konzentration $c_{i,e}$ der Flüssigkeitsphase ist nach Abb. 7.8 die Gleichgewichtskonzentration zum Partialdruck p_i der gelösten Komponente im Kern der Gasströmung, so daß gilt:

$$p_i = H_{c,i} \cdot c_{i,e}. \tag{7.30}$$

Eliminieren wir aus den Beziehungen (7.23) bis (7.30) die Größen $c_{i,g}$ und $p_{i,g}$, so erhalten wir Gleichungen zwischen den Stoffdurchgangs- und den Einzelfilmkoeffizienten:

$$\frac{1}{k_p''} = \frac{H_{c,i}}{\beta_c'} + \frac{1}{\beta_p''}, \tag{7.31}$$

$$\frac{1}{k_c'} = \frac{1}{\beta_c'} + \frac{1}{H_{c,i} \cdot \beta_p''}. \tag{7.32}$$

Die reziproken Werte der Stoffdurchgangs- und Einzelfilmkoeffizienten sind proportional den entsprechenden Stoffaustauschwiderständen. Die Gl. (7.31) und (7.32) besagen damit, daß der auf die eine Phase bezogene Gesamtwiderstand sich aus den Einzelwiderständen der beiden Unterschichten zusammensetzt, wobei dem Widerstand der anderen Phase die Henry-Konstante $H_{c,i}$ hinzuzufügen ist. Das Verhältnis der beiden Stoffdurchgangskoeffizienten ist gleich der Konstanten $H_{c,i}$, was sich durch Division von Gl. (7.31) durch Gl. (7.32) leicht überprüfen läßt:

$$k_c'/k_p'' = H_{c,i}. \tag{7.33}$$

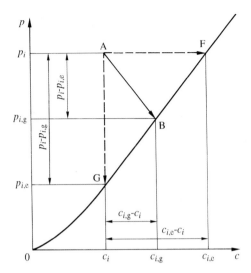

Abb. 7.8   Darstellung der Partialdruck- bzw. Konzentrationsdifferenzen, die zur Definition der verschiedenen Stoffübergangs- bzw. Stoffdurchgangskoeffizienten benützt werden.

Die abgeleiteten Beziehungen (7.31) bis (7.33) gelten nur für Stoffsysteme, deren Gleichgewichtsverhalten durch das Henrysche Gesetz beschrieben werden kann. Diese Voraussetzung darf bei Absorptionsvorgängen, die im Bereich kleiner Partialdrücke ablaufen, meistens als erfüllt betrachtet werden.

Die Beziehungen (7.31) und (7.32) weisen auf die Möglichkeit hin, bei geringer Löslichkeit der auszutauschenden Komponente in der Lösung ($H_{c,i}$ sehr groß) oder bei dominierendem flüssigkeitsseitigem Stoffaustauschwiderstand ($\beta_p'' \gg \beta_c'$) in Gl. (7.32) den rechten Quotienten zu vernachlässigen. Dies führt zu einer angenäherten Gleichheit von β_c' und k_c':

$$\beta_c' \approx k_c'. \tag{7.34}$$

In diesem Falle ändert sich nach Abb. 7.8 die ursprüngliche Zusammensetzung der beiden Phasen (Zustandspunkt *A*) in Richtung auf den Punkt *F*, der den Zustand an der Grenzfläche wiedergibt ($c_{i,g} \approx c_{i,e}$).

Ist aber umgekehrt $\beta_c' \gg \beta_p''$ oder $H_{c,i} \ll 1$, so erhalten wir aus Gl. (7.31) näherungsweise

$$k_p'' \approx \beta_p''. \tag{7.35}$$

Das treibende Gefälle für den Stoffaustausch beschränkt sich in diesem Fall auf die Partialdruckdifferenz $p_i - p_{i,g}$, die praktisch gleich $p_i - p_{i,e}$ ist. In Abb. 7.8 wird der Zustand an der Grenzfläche unter diesen Verhältnissen durch Punkt *G* beschrieben.

Normalerweise muß aber sowohl der Widerstand der gasseitigen wie derjenige der flüssigkeitsseitigen Unterschicht berücksichtigt werden. In Abb. 7.8 entspricht dann ein Punkt *B*, der zwischen den beiden Extremlagen *F* und *G* liegt, dem Zustand des Phasengleichgewichts an der Grenzfläche. Wenn man Gl. (7.25) durch (7.24) dividiert, erhält man das Verhältnis β_c'/β_p'' der beiden maßgebenden Stoffübergangskoeffizienten, das bis auf einen Maßstabsfaktor gleich der Steigung der Strecke $\overline{AB}$ in Abb. 7.8 ist. Ist $\beta'_c \ll \beta''_p$, so nähert sich die Strecke $\overline{AB}$ der Geraden $\overline{AF}$ (Gl. (7.34)) und umgekehrt für $\beta'_c \gg \beta''_p$ der Geraden $\overline{AG}$ (Gl. (7.35)).

Ermittlung des Stoffübergangskoeffizienten nach der Zweifilmtheorie

Nach der Zweifilmtheorie [7.14] wird der Diffusionswiderstand durch die Dicke der Grenzschicht bestimmt, die sich mit wachsender Strömungsgeschwindigkeit verkleinert. Nach dem 1. *Fickschen Gesetz* kann für β gesetzt werden:

$$\beta_c = \frac{D}{\delta}; \qquad (7.36)$$

D = Diffusionskoeffizient der auszutauschenden Komponente in der betreffenden Phase in m^2/s;

δ = fiktive Grenzschichtdicke in m.

Eine rechnerische Erfassung der fiktiven Grenzschichtdicke ist schwierig und darum Gl. (7.36) nur beschränkt anwendbar.

Mit der Analogie zwischen Wärme-, Stoff- und Impulsaustausch ist es hingegen möglich, unter gewissen Voraussetzungen Stoffübergangskoeffizienten abzuschätzen. Vernachlässigt man gemäß der Zweifilmtheorie die hydrodynamischen Unterschiede zwischen einer fluiden und einer starren Grenzfläche und setzt gleichzeitig für alle Ausgleichsvorgänge gleiche kinematische Verhältnisse voraus, so kann für Gasströmungen nach dem Modell des vollkommenen turbulenten Austausches die folgende Beziehung zwischen Wärme- und Stoffübergangskoeffizienten abgeleitet werden: (*Lewis*sche Beziehung, [A. 5], § 8.9)

$$\frac{\alpha}{\beta} = c_p \cdot \rho. \qquad (7.37)$$

Um die vor allem bei Flüssigkeitsströmungen wichtige laminare Grenzschicht erfassen zu können, erweitert man das Austauschmodell, indem man gleichzeitig den Widerstand im turbulenten Kern und in der laminaren Unterschicht berücksichtigt. Dies führt zur *erweiterten Lewis*schen Beziehung, die auch für turbulente Flüssigkeitsströmungen angewandt werden darf:

$$\frac{\alpha}{\beta} = c_p \cdot \rho \, \frac{\mathrm{Re}^{1/8} + 1,74\,(\mathrm{Sc} - 1)}{\mathrm{Re}^{1/8} + 1,74\,(\mathrm{Pr} - 1)} \qquad (7.38)$$

Für Gase ist sowohl Sc wie Pr größenordnungsgemäß gleich 1, so daß dann Gl. (7.38) mit Gl. (7.37) angenähert übereinstimmt; für Flüssigkeiten treten dagegen große Abweichungen auf.

Für den Wärme- und Stoffaustausch bei erzwungener Konvektion im Rohr konnten durch Colburn [7.18] auf empirische Weise analoge Gleichungen zwischen Stoff- und Wärmeaustausch gefunden werden. Um aus der Beziehung für den Wärmeaustausch diejenige für den Stoffaustausch zu finden, ist lediglich die *Nusselt*-Zahl (Nu = $\alpha d/\lambda$) durch die *Sherwood*-Zahl (Sh = $\beta d/D$) und die *Prandtl*-Zahl (Pr = ν/a) durch die *Schmidt*-Zahl (Sc = ν/D) zu ersetzen. Beispielsweise geht die den Wärmeübergang bei turbulenter Rohrströmung beschreibende Beziehung (7.27) nach Kraussold [2.22]

$$\mathrm{Nu} = 0{,}032 \, \mathrm{Re}^{0{,}8} \, \mathrm{Pr}^n \, (d_i / L)^{0{,}054} \tag{7.39}$$

für den Stoffaustausch in die Gleichung

$$\mathrm{Sh} = 0{,}032 \, \mathrm{Re}^{0{,}8} \, \mathrm{Sc}^n \, (d_i / L)^{0{,}054} \tag{7.40}$$

über. Gl. (7.40) konnte durch Messungen für den Fall einer Luftströmung durch ein mit Wasser benetztes Rohr bestätigt werden ([7.12]).

7.5.2 Turbulenztheorien

Die Gültigkeit der Zweifilmtheorie zur Beschreibung des Stoffaustausches zwischen zwei fluiden Phasen ist heute umstritten, denn es ist bekannt, daß sowohl bei der Absorption wie auch bei der Rektifikation und Extraktion die sogenannten *Turbulenztheorien* eher den wirklichen Vorgängen gerecht werden. Nach diesen Vorstellungen wird die Annahme von laminaren Grenzschichten an der Grenzfläche, wie man sie beispielsweise bei der Strömung längs eines Festkörpers findet, fallen gelassen und damit festgesetzt, daß die Turbulenz sich bis an die Grenzfläche ausbreiten muß. Durch diese Turbulenzeinflüsse gelangen fortwährend frische Gas- und Flüssigkeitsteilchen an die Grenzfläche, welche damit einer kontinuierlichen Erneuerung unterworfen ist. Der stationäre Konzentrationsverlauf (Abb. 7.7) kann sich nach dieser Vorstellung nicht mehr ausbilden, sondern die instationären Anlaufvorgänge beschreiben den Austauschvorgang.

Die zeitliche Konzentrationsänderung $c_i(t)$ eines kurzzeitig an der Grenzfläche befindlichen Flüssigkeitsteilchens wird durch das 2. *Ficksche Gesetz* beschrieben, das für den Stoffübergang in Richtung z senkrecht zur Grenzfläche wie folgt lautet:

$$\frac{\partial c_i}{\partial t} = D \, \frac{\partial^2 c_i}{\partial z^2} . \tag{7.41}$$

Mit den Randbedingungen

1. $c_i = c_{i,o}$ für $z = 0$ bei $t = 0$
   (Konzentration des Teilchens ist bei $t = 0$ gleich der Konzentration $c_{i,o}$ des Flüssigkeitskerns);
2. $c_i = c_{i,g}$ für $z = 0$ bei $t > 0$
   (Das in direktem Kontakt mit der Grenzfläche befindliche infinitesimal schmale Flüssigkeitselement steht bei $t > 0$ im Gleichgewicht zur anderen Phase.)

ergibt sich folgende Lösung für den Verlauf der Konzentration c_i in Funktion der Zeit t und des Abstandes z von der Grenzfläche:

$$c_i = c_{i,o} + (c_{i,g} - c_{i,o}) \, \mathrm{erfc}^3 \left(\frac{z}{2 \sqrt{Dt}} \right). \tag{7.42}$$

---

[3] $\mathrm{erfc}\,(u) = 1 - \dfrac{2}{\sqrt{\pi}} \displaystyle\int_o^u e^{-v^2} \, dv .$

Der zeitabhängige übergehende Stoffstrom $n*$ je Flächeneinheit errechnet sich nach dem 1. *Fickschen Gesetz* für die Stelle $z = 0$:

$$n*(t) = - D \left(\frac{\partial c_i}{\partial t} \right)_{z=o} = (c_{i,g} - c_{i,o}) \sqrt{\frac{D}{\pi \cdot t}} . \qquad (7.43)$$

Higbie [7.15] nimmt in der von ihm vorgeschlagenen *Eindringtheorie* (*Penetrationstheorie*) an, daß die Kontaktzeit aller Elemente an der Grenzfläche gleich groß ist. Für den über die Kontaktzeit t gemittelten Stoffstrom $n*$ erhält man unter dieser Annahme:

$$n* = \frac{1}{t} \int_o^t n*(t) \mathrm{d}t = \frac{1}{t} (c_{i,g} - c_{i,o}) \int_o^t \frac{D}{\sqrt{\pi \cdot t}}$$

$$= (c_{i,g} - c_{i,o}) \, 2 \sqrt{\frac{D}{\pi \cdot t}} . \qquad (7.44)$$

Zusammen mit der Definitionsgl. (7.25) des Stoffübergangskoeffizienten führt die Eindringtheorie zu der folgenden Beziehung für den Stoffübergangskoeffizienten β_c:

$$\beta_c = 2 \sqrt{\frac{D}{\pi \cdot t}} . \qquad (7.45)$$

Danckwerts ([7.16], [7.7]) verallgemeinert die Eindringtheorie, indem er anstelle der konstanten Kontaktzeit der Elemente an der Grenzfläche eine kontinuierliche Erneuerung der Fläche gemäß einer *Flächenalterverteilungsfunktion* $\Phi(t)$ voraussetzt. (Der Flächenanteil der Elemente mit einer Kontaktzeit zwischen t und $t + \mathrm{d}t$ ist gleich $\Phi(t)\,\mathrm{d}t$.)

$$\Phi(t) = s \cdot \mathrm{e}^{-st} \qquad (7.46)$$

mit

$$s = \text{Erneuerungsfaktor} = \frac{\text{je Zeiteinheit erneuerte Fläche}}{\text{geometrische Ausdehnung der Fläche}} \, s^{-1} .$$

Nach dieser sog. *Oberflächenerneuerungstheorie* wird der zeitlich gemittelte Stoffstrom $n*$

$$n* = \int_o^\infty \Phi(t) \, n*(t) \, \mathrm{d}t = (c_{i,g} - c_{i,o}) \sqrt{D \cdot s} \qquad (7.47)$$

und für den flüssigkeitsseitigen Stoffübergangskoeffizienten ergibt sich:

$$\beta_c = \sqrt{D \cdot s} . \qquad (7.48)$$

Durch Toor und Marchello [7.17] wurde ein Übergangsprinzip vorgeschlagen, das die Diffusionstheorie (Zweifilmtheorie) und die Eindringtheorie in einem Übergangsbereich durch die sog. *Film-Eindringtheorie* vereinigt. Es wird dabei vorausgesetzt, daß Konzentrationsänderungen nur innerhalb des endlichen Abstandes δ von der Grenzfläche (δ = Grenzschichtdicke oder Dicke eines Flüssigkeitselementes)

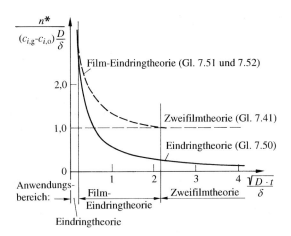

Abb. 7.9 Stoffaustauschgeschwindigkeit nach den verschiedenen Austauschtheorien im Vergleich zur Zweifilmtheorie. Anwendungsbereiche in Funktion der Kontaktzeit t.

erfolgen sollen. Der Anwendungsbereich der Diffusions-, Eindring- und Film-Eindringtheorie in Abhängigkeit des Diffusionskoeffizienten D, der Kontaktzeit t und der Größe δ kann aus Abb. 7.9 entnommen werden. Folgende Bereiche lassen sich in Funktion der Kontaktzeit ableiten:

$t \gg \dfrac{\delta^2}{D}$: Zweifilmtheorie

$$n^* = (c_{i,\,g} - c_{i,\,o})\, \frac{D}{\delta}\,;\tag{7.49}$$

$t \ll \dfrac{\delta^2}{D}$: Eindringtheorie

$$n^* = (c_{i,\,g} - c_{i,\,o})\, 2\,\sqrt{\frac{D}{\pi \cdot t}}\,;\tag{7.50}$$

$t < \dfrac{4\,\delta^2}{\pi\, D}$: Filmeindringtheorie

$$n^* = (c_{i,\,g} - c_{i,\,o})\, 2\,\sqrt{\frac{D}{\pi \cdot t}}\left[1 + 2\sqrt{\pi}\ \mathrm{erfc}\ \frac{\delta}{\sqrt{D\,t}}\right];\tag{7.51}$$

$t > \dfrac{4\,\delta^2}{\pi\, D}$: Filmeindringtheorie

$$n^* = (c_{i,\,g} - c_{i,\,o})\, \frac{D}{\delta}\left[1 + \frac{1}{3}\frac{\delta^2}{D\,t}\right].\tag{7.52}$$

Die Zweifilmtheorie und die Eindringtheorie stellen die Asymptoten der Filmeindringtheorie dar.

7.6 Aufnahme der Absorptionswärme

Die bei der Absorption frei werdende Wärme wird je nach den Bedingungen teils durch das Waschmittel, teils durch das Gas oder durch die Verdunstung des Waschmittels aufgenommen. Bei einem physikalisch lösenden Waschmittel, das mit den übrigen Komponenten ideale Lösungen bildet, ist die Absorptionswärme angenähert gleich der Kondensationsenthalpie bei der entsprechenden Flüssigkeitszusammensetzung. Bei nicht idealen Lösungen muß zusätzlich noch die Lösungsenthalpie (Verdünnungsenthalpie) berücksichtigt werden, die bei chemisch wirkenden Lösungsmitteln ein Mehrfaches der Kondensationsenthalpie ausmachen kann. (*Beispiel*: Absorptionsenthalpie von CO_2 in H_2O: 19500 kJ/kmol; Verdampfungsenthalpie von CO_2 bei 10 bar: 13800 kJ/kmol.)

Die Temperaturänderung des Lösungsmittels wirkt sich auf den Absorptionsvorgang wie folgt aus:

1. Das temperaturabhängige Gleichgewicht zwischen den Phasen ändert sich längs des Absorbers, was mit einer korrigierten Gleichgewichtslinie berücksichtigt werden muß. (Interpolierte Gleichgewichtslinie zwischen derjenigen für Eintritts- und Austrittstemperatur der Lösung aus dem Absorber, [7.2], S. 123; [7.5], S. 117; [7.19], S. 191.)
2. Neben dem Stoffaustausch findet zusätzlich ein Wärmeaustausch zwischen den Phasen statt.

Bei nichtisothermer Absorption nimmt die Trennwirkung eines Absorbers infolge der verkleinerten Gleichgewichtsstörung gegenüber der isothermen Durchführung ab. Aus wirtschaftlichen Gründen ist man darum bei starken Wärmetönungen gezwungen, das Waschmittel zu kühlen. (*Beispiel*: Absorption von NH_3 in einem Rieselabsorber, wo das Lösungsmittel entlang gekühlten Rohren rieselt.)

Bei Bodenkolonnen wird vielfach die Lösung zwischen zwei Böden entnommen und durch einen Kühler geführt, während bei Füllkörperkolonnen meistens eine Aufteilung in mehrere Kolonnen mit dazwischen liegenden Kühlern vorteilhaft ist.

7.7 Berechnung der theoretischen Bodenzahl n_{th} (vgl. auch Abschn. 6.3.2)

Der Konzentrationsverlauf in einem Gegenstromabsorber, beispielsweise in einer Absorptionskolonne, läßt sich durch die Wirkung einer Reihe hintereinandergeschalteter Elemente, sogenannter Böden oder Stufen, darstellen (Abb. 7.10).

Zur Bestimmung der für einen Trennvorgang erforderlichen Zahl solcher Elemente nimmt man zunächst an, daß sich in jedem Element das Gleichgewicht zwischen der Gas- und der Flüssigkeitsphase einstellt. Gemäß dieser Annahme müssen beispielsweise die Belastungen X_3 und Y_2 der den Boden II nach Abb. 7.10 verlassenden Phasen sich im Gleichgewicht befinden. Der ihnen entsprechende Zustandspunkt II liegt damit in einem Beladungsdiagramm nach Abb. 7.11 auf der Gleichgewichtslinie. Die Zusammensetzungen (1, 2, 3) der Phasen zwischen den einzelnen

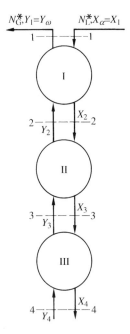

$$N_G^*, Y_1 = Y_\omega \qquad N_L^*, X_\alpha = X_1$$

Abb. 7.10   Schematische Darstellung eines stufenweisen Gegenstrom-Absorptionsprozesses.

Elementen, die sich nach Abschn. 7.2 durch Bilanzgleichungen ermitteln lassen, sind im Beladungsdiagramm durch die Arbeits- oder Bilanzgerade bestimmt[4].

Die Wirkung des Elementes II, eines sogenannten *theoretischen Bodens*, wird in Abb. 7.11 durch den gebrochenen Linienzug 2-II-3 zwischen Arbeits- und Gleichgewichtslinie beschrieben. Durch eine Stufenkonstruktion läßt sich damit leicht die Zahl der erforderlichen Elemente, die *theoretische Bodenzahl* n_{th}, für vorgeschriebene Betriebsbedingungen finden. Sind sowohl Gleichgewichts- wie Bilanzlinie geradlinig, so läßt sich die theoretische Bodenzahl n_{th} mathematisch durch den folgenden Ausdruck berechnen (Thormann [7.5], S. 67):

$$n_{\text{th}} = \frac{\lg\left[\left(1 - \dfrac{m}{a}\right) \dfrac{Y_\alpha - m X_\alpha}{Y_\omega - m X_\alpha} + \dfrac{m}{a}\right]}{\lg \dfrac{a}{m}} \qquad (7.53)$$

Hierbei bedeuten m die Steigung der nach Voraussetzung geraden Gleichgewichtslinie und $a = \operatorname{tg}\alpha = N_L^*/N_G^*$ nach Gl. (7.7) diejenige der Bilanzgeraden.

---

[4] Man beachte, daß üblicherweise in der Literatur über Absorption ([7.3]; [7.4]; [7.5]) die Molströme und Zusammensetzungen, die den gleichen Boden verlassen, den gleichen Index tragen. Die hier vorgenommene Indizierung bezieht sich wie in Kap. 6 dagegen auf den gleichen Querschnitt. Dies ist insofern von Vorteil, als sie den Übergang zur stetigen Berechnungsmethode von Absorptionskolonnen (s. Abschn. 7.8) zuläßt.

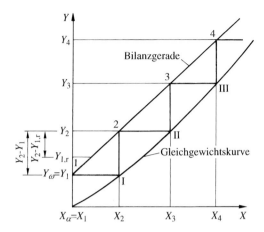

Abb. 7.11   Bestimmung der Zahl theoretischer Trennstufen in einem Beladungsdiagramm.

Vermindert man den Molstrom N_L^* des Waschmittels bei gleichbleibendem Gasstrom N_G^*, so verläuft die Bilanzgerade nach der oben erwähnten Gleichung flacher und die erforderliche Zahl der theoretischen Trennstufen erhöht sich, um im Grenzfall beim sogenannten *Mindestlösungsmittelverhältnis* $v_{min} = N_{L,min}^* / N_G^*$ unendlich zu werden. Dieses Mindestlösungsmittelverhältnis läßt sich am einfachsten graphisch aus der Neigung der Arbeitsgeraden in ihrer Grenzlage ermitteln (Abb. 7.12). Bei einer Gleichgewichtskurve von der Form *a* ist v_{min} bis auf einen Maßstabfaktor durch die Steigung der Bilanzgeraden $\overline{AB_1}$ gegeben, die gleich der Tangente an die Gleichgewichtskurve ist; im Falle einer Gleichgewichtskurve von der Form *b* durch den entsprechenden Wert für die Bilanzgerade $\overline{AB_2}$, welche von Punkt A zum Schnittpunkt B_2 der Abszisse Y_α (Anfangsbeladung des Gasstromes) mit der Gleichgewichtskurve *b* führt.

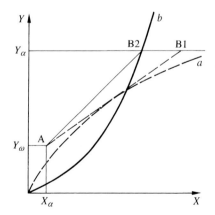

Abb. 7.12   Ermittlung des Mindestlösungsmittelverhältnisses aus der Steigung der Bilanzgeraden AB₁ bzw. AB₂ in ihrer Grenzlage bei verschiedener Form *a* und *b* der Gleichgewichtskurve.

Dieses Stufenverfahren setzt voraus, daß sich auf jedem Boden das Gleichgewicht zwischen den beiden Phasen einstellt. In Wirklichkeit wird dieser Zustand in den üblichen Bodenkolonnen mit Glockenböden, Siebböden usw. (vgl. Abschn. 6.3.1) fast nie erreicht. Zur Berechnung der tatsächlich erforderlichen Bodenzahl n_{eff} muß darum das *Verstärkungsverhältnis s* der Böden bekannt sein, welches als Quotient zwischen der wirklich erreichten Beladungsabnahme des Gasstromes zur theoretisch möglichen definiert ist (Murphree efficiency, Sherwood/Pigford [7.4], S. 149):

$$s = \frac{Y_{n+1} - Y_{n,\mathrm{r}}}{Y_{n+1} - Y_{n,\mathrm{e}}}; \qquad (7.54)$$

$Y_{n,\mathrm{r}}$ = Beladung des Gases mit absorbiertem Stoff, das den n-ten Boden verläßt;
Y_{n+1} = Beladung des Gases, das vom darunterliegenden Boden $n+1$ aufsteigt, d. h. dem n-ten Boden zuströmt;
$Y_{n,\mathrm{e}}$ = Beladung des Gases, das mit der Lösung, die vom n-ten Boden abläuft, im Gleichgewicht steht.

Nehmen wir beispielsweise nach Abb. 7.10 an, die Stufe I arbeite nicht ideal und der Gasstrom werde nur bis zu einer Stoffmengenbeladung $Y_{1,\mathrm{r}}$ ausgewaschen, die höher als die Gleichgewichtsbeladung Y_1 des Gases zur Beladung X_2 der Flüssigkeit ist, die Stufe I verläßt.

Für das Verstärkungsverhältnis des Bodens I ergibt sich damit:

$$s_{\mathrm{I}} = \frac{Y_2 - Y_{1,\mathrm{r}}}{Y_2 - Y_1} < 1 \qquad (7.55)$$

Die im Zähler und Nenner von Gl. (7.55) erscheinenden Differenzen lassen sich anschaulich als Strecken in einem Beladungsdiagramm (Abb. 7.11) finden. Für einen theoretisch arbeitenden Boden wird $Y_{1,\mathrm{r}} = Y_{1,\mathrm{e}} = Y_1$ und damit $s_{\mathrm{I}} = 1$.

Da das Verstärkungsverhältnis s entsprechend den variierenden Stoffeigenschaften sich von Boden zu Boden etwas ändert, wird der Berechnung der Gesamtbodenzahl n_{eff} ein *mittleres Verstärkungsverhältnis* s_{m} zugrunde gelegt. (Auch wenn das Verstärkungsverhältnis s für jeden Boden konstant ist, weicht das mittlere Verhältnis s_{m} infolge der Krümmung der Gleichgewichtslinie etwas von s ab.) Die effektive Bodenzahl wird dann:

$$n_{\mathrm{eff}} = n_{\mathrm{th}}/s_{\mathrm{m}}. \qquad (7.56)$$

Verglichen mit der Rektifikation (vgl. Abschn. 6.3.3) ist das Verstärkungsverhältnis s bei der Absorption mit physikalisch lösenden Waschmitteln niedrig. (Bei der Absorption von CO_2 mit Wasser wurden für s Werte von 0,02 bis 0,04 gefunden.) Da sich das Verstärkungsverhältnis rein theoretisch kaum berechnen läßt, ist man vorwiegend auf Versuche an halbtechnischen Anlagen angewiesen. (Experimentell ermittelte Werte für s in Perry [A. 9], S. 18−20 und Sherwood/Pigford [7.4], S. 229.) Für die Beeinflussung des Verstärkungsverhältnisses durch die Betriebsbedingungen und Bodenkonstruktion sei auf Thormann [7.5], S. 69 und Sherwood/Pigford [7.4], S. 297 hingewiesen.

Die Berechnungsmethode mit Hilfe der theoretischen Bodenzahl ist naheliegend für Absorptionssäulen, die mit Böden ausgerüstet sind (Glocken-, Siebböden usw., Abschn. 7.9.3). Sie kann aber auch auf Packungskolonnen ausgedehnt werden, wobei der Begriff der HETS (= Height Equivalent to one Theoretical Stage), der

Schichthöhe, deren Wirkung derjenigen eines theoretischen Bodens entspricht, eingeführt werden muß (vgl. Abschn. 6.4.2). Die Höhe H der gesamten Füllkörperschicht wird dann zu:

$$H = n_{\text{th}} \cdot \text{HETS}. \tag{7.57}$$

Die unter Beachtung des Verstärkungsverhältnisses bzw. gemessener HETS-Werte berechneten Kolonnen erreichen nur im *Mittel* die Werte, für die sie ausgelegt sind. Um dieser Tatsache und einer notwendigen Reserve der Anlage zu genügen, sind Sicherheitszuschläge von 50 bis 100% auf die nach Gl. (7.56) ermittelte Bodenzahl vorzusehen.

Zufolge der vielen beeinflussenden Parameter sind die HETS einer Berechnung nur schwer zugänglich. Für Packungskolonnen ist darum das im folgenden Paragraphen beschriebene stetige Verfahren zur Ermittlung der Schichthöhe gebräuchlicher.

7.8 Bestimmung der Höhe von Packungskolonnen (vgl. auch Abschn. 6.4.2)

Aus der Austauschfläche in Packungskolonnen läßt sich mit Hilfe der Stoffaustauschbeziehungen (s. Abschn. 7.5) die erforderliche Kolonnenhöhe durch ein stetiges Verfahren ohne Stufenannahmen berechnen. Ist A die volumspezifische Oberfläche der verwendeten Füllkörper, so steht im Kolonnenabschnitt der Höhe $\mathrm{d}\,h$ (Abb. 7.13) einer Kolonne mit dem Querschnitt f theoretisch die Austauschfläche $\mathrm{d}\,F$ zur Verfügung:

$$\mathrm{d}\,F = A \cdot f \cdot \mathrm{d}\,h. \tag{7.58}$$

Wegen der nicht vollständigen Benetzung der Füllkörper ist die tatsächliche Austauschfläche aber kleiner. Führen wir mit a die wirklich benetzte Packungsoberfläche ein, so läßt sich die nun auf den Kolonnenquerschnitt f bezogene Austauschfläche folgendermaßen darstellen:

$$\frac{\mathrm{d}\,F}{f} = a \cdot \mathrm{d}\,h. \tag{7.59}$$

Das Verhältnis $a/A \leqq 1$ wird dabei als *Benetzungsgrad* der Füllkörper bezeichnet. (Der Benetzungsgrad kann erhöht werden, wenn zu Beginn einer Betriebsaufnahme die Kolonne geflutet wird.)

Nach der Bilanz über einen Kolonnenabschnitt der Höhe $\mathrm{d}\,h$ (Abb. 7.13) muß die durch das Waschmittel gelöste Menge durch Zeit $\mathrm{d}\,n_i^* = \mathrm{d}\,N_i^*/f$ des Stoffes i der Änderung der Beladung $\mathrm{d}\,X$ des Waschmittels proportional sein:

$$n_{\text{L}}^* \mathrm{d}\,X = \mathrm{d}\,n_i^*\,; \tag{7.60}$$

$n_{\text{L}}^* = N_{\text{L}}^*/f =$ auf Kolonnenquerschnitt bezogener Lösungsmittelstrom N_{L}^* in kmol/(m²/s).[5]

---

[5] Man beachte, daß hier trotz gleicher Bezeichnung und Dimension definitionsgemäß alle Stoffstromdichten n^* auf den Kolonnenquerschnitt f und nicht wie in Abschn. 7.5 auf die Austauschfläche bezogen sind.

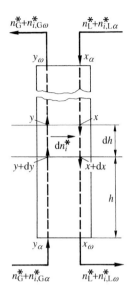

Abb. 7.13 Kontinuierlicher Absorptionsvorgang in Füllkörperkolonnen. Bilanz für einen Kolonnenabschnitt d h.

Andererseits muß d n_i^* der flüssigkeitsseitigen Stoffaustauschbeziehung (7.29) genügen:

$$\mathrm{d}\, n_i^* = k_c' (c_e - c)\, \mathrm{d}\, F/f = k_c' (c_e - c)\, a\, \mathrm{d}\, h . \tag{7.61}$$

Ersetzen wir in Gl. (7.61) die Konzentration c bzw. c_e nach der Beziehung $c = x \cdot \rho_m / \mathcal{M}_m$ (ρ_m = mittlere Dichte und $\mathcal{M}_m$ = mittlere molare Masse der Lösung) und vernachlässigen wir zudem die Unterschiede von Dichte und molarer Masse bei den sich ändernden Konzentrationen, so ergibt Gl. (7.61):

$$\mathrm{d}\, n_i^* = k_e' \frac{\rho_m}{\mathcal{M}_m} (x_e - x)\, a\, \mathrm{d}\, h \tag{7.62}$$

und durch Gleichsetzen mit (7.59) erhält man schließlich:

$$n_L^* \,\mathrm{d}\, X = k_c' \frac{\rho_m}{\mathcal{M}_m} (x_e - x)\, a\, \mathrm{d}\, h . \tag{7.63}$$

Mit den gleichen Überlegungen findet man für die Gasphase eine analoge Beziehung:

$$n_G^* \,\mathrm{d}\, Y = k_p'' (p_i - p_{i,e})\, a\, \mathrm{d}\, h ; \tag{7.64}$$

$n_G^* = N_G^*/f =$ auf Kolonnenquerschnitt bezogener Trägerstrom N_G^* in kmol/(m²s).

Darf die Gasphase als ein Gemisch idealer Gase betrachtet werden, so können die Partialdrücke p_i bzw. $p_{i,e}$ nach der Beziehung $p_i = y p$ durch das Produkt von Stoffmengenanteil y und Gesamtdruck p ersetzt werden:

$$n_G^* \,\mathrm{d}\, Y = k_p'' p\, (y - y_e)\, a\, \mathrm{d}\, h . \tag{7.65}$$

Separieren und integrieren wir die Beziehungen (7.63) und (7.65) über die ganze Turmhöhe, wobei wir die Beladungen X, Y den Stoffmengenanteilen x, y gleichsetzen — was allerdings nur für niedrige Beladungen zulässig ist (vgl. Abschn. 7.2) — so erhält man für die Höhe H der Packung:

$$H = \frac{n_{\mathrm{L}}^*}{k_{\mathrm{c}}' a\, \rho_{\mathrm{m}}/\mathscr{M}_{\mathrm{m}}} \int_{x_a}^{x_\omega} \frac{\mathrm{d}\,x}{x_e - x}, \tag{7.66}$$

$$H = \frac{n_{\mathrm{G}}^*}{k_{\mathrm{p}}'' a\, p} \int_{y_\omega}^{y_a} \frac{\mathrm{d}\,y}{y - y_e}, \tag{7.67}$$

Bei der Angabe der Integrationsgrenzen ist zu beachten, daß y_a, x_ω nach Abb. 7.13 den Zusammensetzungen der Phasen am unteren Kolonnenende $h = 0$, und y_ω, x_a denjenigen am oberen Kolonnenende $h = H$ entsprechen. Sind alle getroffenen Voraussetzungen erfüllt, so müssen Gl. (7.66) und (7.67) gleiche Werte für die Schichthöhe H ergeben.

Die in den Beziehungen (7.66) und (7.67) auftretenden Integrale können für jeden beliebigen Verlauf der Gleichgewichtskurve durch numerische Methoden gelöst werden. Bei physikalisch lösenden Waschmitteln mit praktisch gerader Gleichgewichtslinie kann die unter dem Integral stehende, für den Stoffaustausch wirksame Differenz der Stoffmengenanteile $x_e - x$ bzw. $y - y_e$ mit genügender Genauigkeit durch den logarithmischen Mittelwert $(x_e - x)_{\mathrm{lm}}$ bzw. $(y - y_e)_{\mathrm{lm}}$ der entsprechenden Werte an den Kolonnenenden ersetzt werden, zum Beispiel für die Flüssigkeitsseite:

$$(x_e - x)_{\mathrm{lm}} = \frac{(x_e - x)_a - (x_e - x)_\omega}{\ln \dfrac{(x_e - x)_a}{(x_e - x)_\omega}}. \tag{7.68}$$

Das Integral der Beziehung (7.66) kann damit ersetzt werden durch:

$$\int_{x_a}^{x_\omega} \frac{\mathrm{d}\,x}{x_e - x} \approx \frac{x_\omega - x_a}{(x_e - x)_{\mathrm{lm}}} \tag{7.69}$$

und H wird zu:

$$H = \frac{n_{\mathrm{L}}^*}{k_{\mathrm{c}}' a\, \rho_{\mathrm{m}}/\mathscr{M}_{\mathrm{m}}} \cdot \frac{x_\omega - x_a}{(x_e - x)_{\mathrm{lm}}} \tag{7.70}$$

Ersetzt man zudem in Gl. (7.67) den auf den Querschnitt f bezogenen Stoffmengenstrom n_{G}^* nach der folgenden Beziehung durch die Gasgeschwindigkeit

$$u_{\mathrm{G}} = \frac{V_{\mathrm{G}}^*}{f} = n_{\mathrm{G}}^* \frac{\mathscr{R}\,T}{p}; \tag{7.71}$$

V_{G}^* = Volumenstrom der Gasphase in m^3/s,

so ergibt sich aus Gl. (7.67) eine übersichtliche Beziehung zur Berechnung der Kolonnenhöhe H:

$$H = \frac{u_G}{k_p'' a \mathcal{R} T} \frac{y_\alpha - y_\omega}{(y - y_e)_{lm}}. \qquad (7.72)$$

Für höhere Konzentrationen an absorbiertem Stoff im Gas- und Waschmittelstrom müssen die Unterschiede zwischen Beladungen und Stoffmengenanteilen berücksichtigt werden:

$$dX = d\left(\frac{x}{1 - x}\right) = \frac{dx}{(1 - x)^2}. \qquad (7.73)$$

Wenn zudem der Stoffdurchgangskoeffizient k konzentrationsabhängig ist, läßt sich die Schichthöhe H nicht mehr einfach ermitteln. Gl. (7.66) weist dann die Form auf:

$$H = \frac{n_L^*}{a \rho_m / \mathcal{M}_m} \int_{x_\alpha}^{x_\omega} \frac{dx}{k_c' (1 - x)^2 (x_e - x)}. \qquad (7.74)$$

7.8.1 Zahl und Höhe von Übergangseinheiten

Die unter dem Integralzeichen der Beziehungen (7.66) und (7.67) stehenden Ausdrücke geben nach Gl. (7.69) an, wievielmal die beim Stoffaustausch wirksame Differenz der Stoffmengenanteile $(x_e -)$ bzw. $(y - y_e)$ in der gesamten Änderung $(x_\omega - x_\alpha)$ bzw. $(y_\alpha - y_\omega)$ der Zusammensetzungen des Flüssigkeit- bzw. Gasstromes zwischen Absorberein- und -austritt enthalten ist. Die sich ergebende Zahl der von Chilton und Colburn [7.20] eingeführten *Übergangseinheiten* wird mit NTU_{OG} oder NTU_{OL} bezeichnet, je nachdem sie auf die Gas- (G) oder Flüssigkeitsseite (L) bezogen ist (NTU = Number of Transfer Units):

$$NTU_{OG} = \int_{y_\omega}^{y_\alpha} \frac{dy}{y - y_e}; \quad NTU_{OL} = \int_{x_\alpha}^{x_\omega} \frac{dx}{x_e - x}. \qquad (7.75)$$

Der Index O gibt an, daß zur Berechnung der Zahl NTU_O der Gesamtwiderstand beider Diffusionsschichten berücksichtigt wird. Diesen NTU-Werten nach Gl. (7.75) kommt für die Packungskolonne eine ähnliche Bedeutung zu wie der Zahl n_{th} der theoretischen Böden für eine Bodenkolonne. Nur bei geraden und zueinander parallelen Bilanz- und Gleichgewichtskurven stimmen NTU_{OL} mit NTU_{OG} und diese beiden Größen mit der aus dem Beladungsdiagramm ermittelten theoretischen Bodenzahl n_{th} überein.

Die vor den Integralzeichen in den Gl. (7.66) und (7.67) stehenden Faktoren entsprechen der Höhe HTU einer Übergangseinheit (HTU = Height of one Transfer Unit):

$$HTU_{OG} = \frac{n_G^*}{k_p'' a p} = \frac{u_G}{k_p'' a \mathcal{R} T} \qquad (7.76)$$

$$HTU_{OL} = \frac{n_L^*}{k_c' a \rho_m / \mathcal{M}_m} \qquad (7.77)$$

Die gesamte Schichthöhe H wird damit:

$$H = \text{NTU}_{OG}\,\text{HTU}_{OG} = \text{NTU}_{OL}\,\text{HTU}_{OL} \tag{7.78}$$

Durch die Definition der Übergangseinheiten wird die Berechnung der Packungs-höhe auf die Ermittlung der Höhe einer Übergangseinheit und damit speziell des Stoffdurchgangskoeffizienten k bzw. des Produktes $k\,a\,(a = $ Austauschfläche je Raumeinheit) zurückgeführt. Analog wie sich der Stoffdurchgangskoeffizient k nach Abschn. 7.5 aus den Einzelfilmkoeffizienten β zusammensetzt, kann die Höhe der Übergangseinheit aus den Teilhöhen HTU_G und HTU_L berechnet werden, die auf die Einzelfilmkoeffizienten β bezogen sind:

$$\text{HTU}_G = \frac{n_G^*}{\beta_p''\,a\,p} \qquad \text{HTU}_L = \frac{n_L^*}{\beta_c'\,a\,\rho_m/M_m}. \tag{7.79}$$

Durch Substitution von Gl. (7.79) in Gl. (7.31) ergibt sich dann beispielsweise für die gasseitige Übergangseinheit HTU_{OG} unter Berücksichtigung der Steigung m der Gleichgewichtskurve:

$$\text{HTU}_{OG} = \text{HTU}_G + m\,\frac{n_G^*}{n_L^*}\,\text{HTU}_L. \tag{7.80}$$

Beziehungen zur Ermittlung der Höhe von Übergangseinheiten findet man bei: Perry [A. 9]; Morris/Jackson [7.1], S. 60; Ramm [7.2], S. 227; Sawistowski/Smith [7.3], S. 27; Norman [7.21], S. 170.

7.9 Absorber

Literatur: Brötz [7.22]; Coulson/Richardson [A. 3], II, S. 431; Perry [A. 9], 14–16, 20–93; Ramm [7.2], S. 190; Sherwood/Pigford [7.4], S. 217; Valentin [7.9].

Aus den Stoffaustauschbeziehungen (s. Abschn. 7.5) ist ersichtlich, daß die absor-bierte Stoffmenge N_i der Berührungs- oder Austauschfläche beider Phasen propor-tional ist. Ein Absorber muß daher vor allem eine große Austauschfläche zwischen Gas und Waschflüssigkeit erzeugen. Diese muß außerdem bewegt und ständig er-neuert werden, um hohe Stoffaustauschkoeffizienten zu erzielen. Man kann dies durch folgende apparative Ausführungen erreichen:

1. Rohrabsorber
2. Rieselabsorber
3. Gegenstromkolonnen (Bodenkolonnen, Packungskolonnen)
4. Gleichstromkolonnen (Mischabsorber)
5. Absorber mit mechanischer Zerstäubung (Strahlwäscher, Ströder-Wäscher)

7.9.1 Rohrabsorber

Beim *Rohrabsorber* wird das Gasgemisch, wie in Abb. 7.14 dargestellt, über die Oberfläche des in einem Rohr fließenden Lösungsmittels geleitet. Die Austauschflä-che der beiden Phasen und ihre Relativbewegung zueinander sind bei dieser Anord-

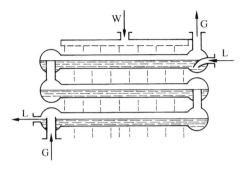

Abb. 7.14   Rohrabsorber mit Rieselkühlung. L = Lösungsmittel; G = Gas; W = Kühlwasser.

nung relativ klein, so daß häufig mehrere solche Elemente oder Apparate hinterein-andergeschaltet werden müssen. Durch Berieselung der Rohre mit Wasser oder durch Mantelkühlung der Rohre mit einer Kühlflüssigkeit kann die freiwerdende Lösungs-wärme abgeführt werden. Diese Absorberbauart eignet sich besonders zur Absorp-tion von Gasen, die sich spontan und unter beträchtlicher Wärmetönung im Wasch-mittel lösen, wie z. B. Chlorwasserstoff in Wasser bei der Salzsäureherstellung.

7.9.2 Rieselabsorber

Beim *Rieselabsorber* (Abb. 7.15) fließt die Kühlflüssigkeit in den Rohren. Das Lö-sungsmittel rieselt als Film über die Außenoberfläche nach unten. Der zu absorbie-rende Dampf tritt von unten oder seitwärts in den Absorber ein. Da er meist nur

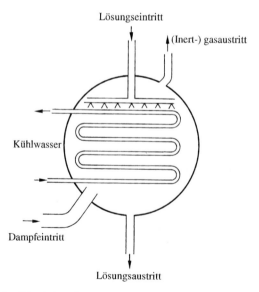

Abb. 7.15   Rieselabsorber.

geringe Mengen inerter Gase enthält, ist gegenüber dem Dampfeintritt nur ein Entgasungsstutzen vorzusehen. Rieselabsorber dieser Bauart setzt man häufig zur Absorption von Ammoniak in Absorptionskältemaschinen ein.

7.9.3 Gegenstromabsorptionskolonnen

Die Strömungsverhältnisse in Gegenstromabsorptionskolonnen gleichen denen in Rektifizierkolonnen. Die in den Abschn. 6.3.8 und 6.4.3 gefundenen Beziehungen können daher auf Absorptionskolonnen übertragen werden. Dies gilt insbesondere hinsichtlich der Druckabfallcharakteristiken und des Flutpunkts.

Wie bei der Rektifikation werden bei der Absorption Boden- und Packungskolonnen eingesetzt. Und auch hier hat die Kolonne mit strukturierten Packungen

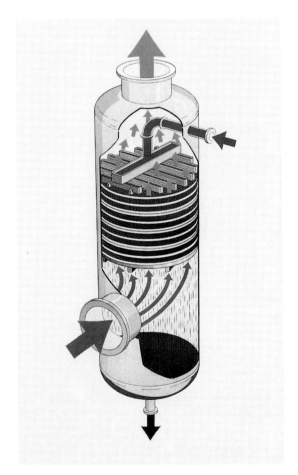

Abb. 7.16   Gegenstromabsorptionskolonne mit strukturierter Packung (Sulzer Chemtech).

in den letzten zwei Jahrzenten sowohl gegenüber der Bodenkolonne als auch in Konkurrenz mit der Füllkörperkolonne erheblich an Bedeutung gewonnen. Dafür sind vor allem folgende Gesichtspunkte maßgebend:

- Der wesentlich niedrigere Druckverlust erlaubt höhere Gasgeschwindigkeiten und Flüssigkeitsbelastungen. Die Packungskolonne ist daher schlanker, was sich vor allem bei höheren Betriebsdrücken kostengünstig auswirkt, und leichter, was ihren Einsatz in Off-Shore-Anlagen fördert.
- Die strukturierte Packung ist weniger anfällig gegen Verschmutzung und gegen Schaumbildung. Daher kann sie auch bei krustenbildenden oder zum Schäumen neigenden Flüssigkeiten eingesetzt werden.
- Die Waschflüssigkeit rieselt als kontinuierlicher Film auf der Packungsoberflä- che nach unten. Die Bildung und das Mitreißen von Flüssigkeitstropfen (liquid entrainment) wird dadurch weitgehend vermieden. Es geht also praktisch keine Absorptionslösung verloren. Dies trägt bei der Gasreinigung und -trocknung zur Senkung der Betriebskosten bei.

Abb. 7.16 zeigt eine Gegenstromabsorptionskolonne mit strukturierter Packung. Als Packungsmaterial werden entsprechend dem Korrosionsverhalten von Gas und Lösemittel neben metallischen Werkstoffen und Kunststoffen wie Polypropylen und Polyvinylidenfluorid auch Keramik und Kohlenstoff verwendet.

Will man dem Absorber Wärme entziehen, so muß dies mittels außenliegender Wärmeaustauscher geschehen. Zu diesem Zwecke kann man die Kolonne in zwei oder mehrere Abschnitte unterteilen und die Waschflüssigkeit rezirkulieren (Abb. 7.17), oder Flüssigkeit in verschiedenen Kolonnenhöhen entnehmen und vor der Wiederverteilung kühlen.

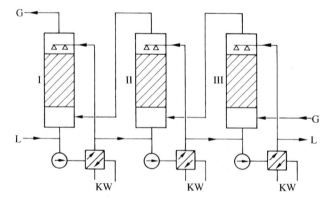

Abb. 7.17   Dreistufige Gegenstromabsorptionsanlage mit Zwischenkühlern. G = Gasstrom; KW = Kühlwasser; L = Lösungsmittelstrom.

Wichtige Einsatzgebiete von Absorptionskolonnen sind u. a. die Erdgasreinigung und -trocknung, die Lösungsmittelrückgewinnung und die Abluft- und Rauchgas- reinigung.

7.9.4 Gleichstromabsorptionskolonne

Während bei der Gegenstromkolonne Gas- und Flüssigkeitsbelastung durch die Flutgrenze limitiert sind, kennt die *Gleichstromabsorptionskolonne* (Abb. 7.18) — auch *Gleichstromwäscher* oder *Mischabsorber* genannt — abgesehen vom zulässigen Druckabfall, keine derartigen Belastungsgrenzen. Hohe Gasgeschwindigkeiten (bis 20 m/s) verbunden mit großen Flüssigkeitsdurchsätzen sorgen für einen wirksamen Stoffaustausch. Die kurze Verweilzeit erhöht die Selektivität bei simultan ablaufenden Absorptionsvorgängen, die sich hinsichtlich ihrer Reaktionsgeschwindigkeit unterscheiden (z. B. H_2S und CO_2 in Pottaschelösung). Besonders hervorzuheben ist die kompakte Bauweise dieser Apparate.

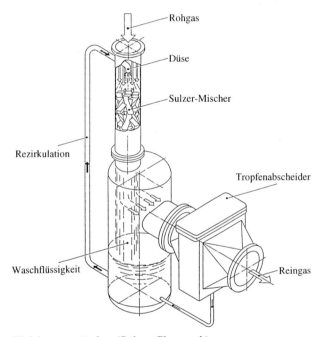

Abb. 7.18   Gleichstromwäscher (Sulzer Chemtech).

Wegen der Gleichstromführung der beiden Phasen läßt sich mit dem Mischabsorber je Apparat nur höchstens eine Trennstufe erzielen. Sind mehrere Stufen erforderlich, so müssen mehrere Einheiten hintereinandergeschaltet werden. Der Gleichstromabsorber erfordert außerdem wirksame Tropfenabscheider, da die hohe Turbulenz die Bildung eines feinen Flüssigkeitsnebels begünstigt.

Ein ähnliches Betriebsverhalten zeigen auch die

7.9.5 Absorber mit mechanischer Zerstäubung

Hier ist vor allem der *Strahlwäscher* oder *Venturiwäscher* zu nennen, bei dem die Waschflüssigkeit mit hoher Geschwindigkeit in ein sich verjüngendes Rohr

Flüssigkeit

Gas

Abb. 7.19   Strahlwäscher.

eintritt, wo es sich mit dem zu absorbierenden Gas mischt (Abb. 7.19). Der Strahlwäscher erzeugt keinen gasseitigen Druckverlust. Er hat sogar eine gewisse Pumpleistung.

Beim Ströder-Wäscher (Abb. 7.20) erfolgt die Zerstäubung der Flüssigkeit durch rasch rotierende Scheiben, die auf einer gemeinsamen Welle sitzen und teilweise in die Waschflüssigkeit eintauchen. Der Ströder-Wäscher kann auch bei feststoffhaltigen Lösungen eingesetzt werden.

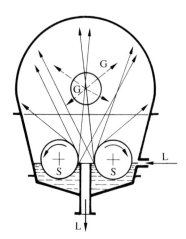

Abb. 7.20   Absorptionsapparat mit Flüssigkeitszerstäubung (Ströder-Wäscher). S = rotierende Scheiden; G = Gas; L = Lösungsmittel.

7.10 Regeneration des Waschmittels

Sieht man von den wenigen Fällen ab, bei denen die aus dem Absorber austretende Lösung ein Zwischenprodukt oder sogar das Endprodukt darstellt (Absorption von Chlorwasserstoff oder Ammoniak in Wasser), so wird das Waschmittel stets wiederverwendet. Es muß zu diesem Zweck in einem *Desorber (Austreiber, Stripper)* regeneriert werden, bevor es erneut dem Absorber zugeführt werden kann.

Da die Desorption ein der Absorption entgegengerichteter Vorgang ist, wirken sich alle Faktoren günstig aus, die das Gleichgewichtsverhalten bei der Absorption benachteiligen. Die Absorption verläuft besser bei hohem Druck und niedriger Temperatur, die Regeneration dagegen bei hoher Temperatur und tiefem Druck. Oft wird sogar im Vakuum regeneriert.

Folgende Regenerationsverfahren werden allein oder kombiniert angewandt:

1. Austreiben durch einen inerten Gas- oder Dampfstrom (Strippen),
2. Entspannen des Waschmittels bei Absorptionstemperatur,
3. Auskochen der Lösung bei erhöhter Temperatur, wobei die Normalsiedetemperatur des Waschmittels als oberste Grenze zu gelten hat.

Die Wirtschaftlichkeit eines Absorptionsverfahrens wird maßgeblich durch den Regenerationsschritt beeinflußt, da dieser in der Regel den größten Teil der insgesamt aufzuwendenden Energie verschlingt. Im folgenden sollen daher die Regenerationsverfahren näher betrachtet werden.

7.10.1 Regeneration durch Austreiben im inerten Gasstrom

Dieses Verfahren ist als die eigentliche *Desorption* zu bezeichnen. Findet bei der Absorption die Entfernung der löslichen Gaskomponente dadurch statt, daß der Partialdruck dieser Komponente im Gasgemisch höher ist als der entsprechende Dampfdruck über der Lösung, so ist bei der Desorption der Dampfdruck über der Lösung höher als der Partialdruck der löslichen Komponente im Gasgemisch. Die gelöste Komponente wird darum aus der Flüssigkeit durch die Grenzfläche in das Gas diffundieren (umgekehrte Austauschrichtung zu derjenigen beim Absorptionsvorgang). Durch dauernde Zufuhr von neuem Inertgas wird der Partialdruck der auszutauschenden Komponente im Gas ständig auf niedrigem Wert gehalten.

Die Gleichungen für den Stoffaustausch (s. Abschn. 7.5) behalten für die Desorption ihre Gültigkeit bei, jedoch muß durch geänderte Vorzeichen der umgekehrten Austauschrichtung Rechnung getragen werden.

Das Austreiben im inerten Gasstrom erfolgt gewöhnlich in Füllkörper- oder Bodenkolonnen, denen oben das beladene Waschmittel und unten das inerte Gas zugeführt wird (Abb. 7.21). Die Berechnung der Desorption entspricht derjenigen der Absorption. Allerdings liegt bei der graphischen Bestimmung der theoretischen Bodenzahl einer Desorptionskolonne infolge der umgekehrten Austauschrichtung gegenüber der Absorption die Arbeitsgerade im üblichen Beladungsdiagramm (Abb. 7.22) stets unterhalb der Gleichgewichtslinie (auch Abb. 7.11, Beladungsdiagramm bei einem Absorptionsvorgang).

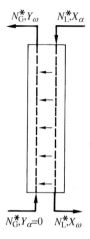

Abb. 7.21   Mengenströme und deren Beladungen in einer Desorptionskolonne.

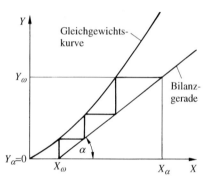

Abb. 7.22   Ermittlung der für einen Desorptionsvorgang nötigen Zahl theoretischer Trennstufen im Beladungsdiagramm.

Die bei der Desorption aus dem Waschmittel ausgetriebene Menge ΔN_i^* an absorbiertem Stoff i kann leicht durch eine Stoffbilanz errechnet werden:

$$\Delta N_i^* = N_L^* (X_\alpha - X_\omega) = N_G^* (Y_\omega - Y_\alpha). \tag{7.81}$$

Die Beladung Y_α des eintretenden Inertgases darf dabei häufig vernachlässigt werden. Als Steigung der Arbeitsgeraden ergibt sich analog Gl. (7.7):

$$\operatorname{tg} \alpha = N_L^* / N_G^*. \tag{7.82}$$

Mit der beschriebenen Regeneration im inerten Gasstrom ist es nicht möglich, die gelöste Komponente in reinem Zustand zu gewinnen. Dieses Verfahren kommt darum nur dann in Betracht, wenn eine weitere Verwertung der entfernten Komponente trotz der geringen anfallenden Konzentration möglich oder der ausgetriebene Stoff wertlos ist (z. B. eine schädliche Beimengung darstellt, welche durch Absorption entfernt werden muß). Dabei ist allerdings auch die Reinhaltung der Luft zu bedenken.

7.10.2 Regeneration des Waschmittels durch Entspannen

Das Lösevermögen physikalisch wirkender Lösungsmitteln verringert sich stark mit abnehmendem Druck. Wenn darum im Absorber die zu lösenden Gase bei hohen Partialdrücken (0,5–1 MPa) durch das Waschmittel aufgenommen werden, ist eine genügende Regeneration durch Entspannung immer möglich. Regeneriert man beispielsweise das Waschmittel durch Entspannen auf Atmosphärendruck, so kann bei der Absorption der Partialdruck der zu entfernenden Komponente im gewaschenen Gas bis auf einen Wert von etwa 120 kPa erniedrigt werden. Dieser Restpartialdruck läßt sich weiter vermindern, wenn das Lösungsmittel durch Entspannung unter Vakuum oder durch Zuführen von Inertgasen (Kombination von Entspannungsentgasung und Desorption) regeneriert wird.

Dieses Regenerationsverfahren wird bei der sogenannten *Druckwasserwäsche*, der Auswaschung von Kohlendioxid mit Wasser, angewandt. Bei hohem Druck wird CO_2 durch Wasser im Absorber absorbiert, um dann bei gleicher Temperatur in der folgenden Entspannungsstufe in reiner Form gewonnen zu werden (Abb. 7.23). Durch zusätzliches Strippen mit Luft lassen sich geringe Partialdrücke und damit eine gute Regeneration des Wassers erreichen. Bei größeren Anlagen gelangt an Stelle der Drosselentspannung meistens eine Entspannungsturbine zur Anwendung, die mit der Lösungsmittelpumpe zu einem Pumpen-Turbinenaggregat gekoppelt ist.

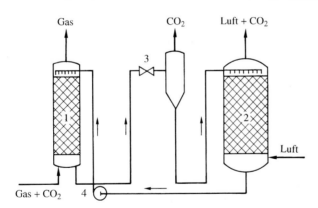

Abb. 7.23   Regeneration des Lösungsmittels durch Entspannen und Strippen am Beispiel der Auswaschung von CO_2 mittels Druckwasserwäsche. 1 = Absorptionskolonne (p = 10 bis 30 bar); 2 = Desorptionskolonne ($p \approx 1$ bar); 3 = Entspannungsventil; 4 = Lösungsmittelpumpe.

Entsprechend der Erwärmung bei der Absorption kühlt sich das Waschmittel bei der Desorption und der Entspannungsentgasung ab. Meistens sind aber bei physikalisch lösenden Waschmitteln nur geringe Temperaturänderungen zu erwarten.

7.10.3 Regeneration durch Auskochen

Durch Erwärmen des Waschmittels kann dessen Lösevermögen fast immer verringert und die gelöste Gaskomponente ausgetrieben werden. Um die Verluste an

Lösungsmittel klein zu halten, wird oft eine Rektifikation angeschlossen. Da der große Energiebedarf des Auskochens die Wirtschaftlichkeit eines Absorptionsverfahrens beeinträchtigt, werden häufig vor der Erwärmung des Waschmittels eine oder mehrere Entspannungsstufen angeordnet. Vielfach setzt nämlich eine Senkung des Druckes mehr Gas aus dem Waschmittel frei als eine Temperaturerhöhung, da die Gleichgewichtskonstanten der in Frage kommenden Stoffsysteme sich in dem anwendbaren Bereich meistens nur wenig mit der Temperatur ändern.

Das Prinzip einer Absorptionsanlage mit Regeneration des Lösungsmittels durch Auskochen zeigt Abb. 7.24. Das am unteren Ende des Absorbers 1 austretende beladene Waschmittel wird in einem Wärmeaustauscher 2 durch das von der Desorptionskolonne 3 kommende heiße, regenerierte Waschmittel vorgewärmt und strömt dann oben in die Desorptionskolonne 3. In dieser eventuell mit einem Rektifikationsaufsatz ausgerüsteten Kolonne wird durch Auskochen die aufgenommene Gaskomponente abgetrennt. Das regenerierte Waschmittel fließt anschließend über Wärmeaustauscher 2 und Kühler 4 in die Absorptionskolonne zurück.

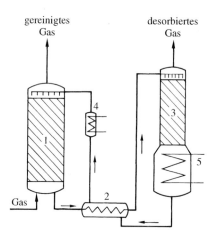

Abb. 7.24   Regeneration des Lösungsmittels durch Auskochen. 1 = Absorber; 2 = Wärmeaustauscher; 3 = Desorptionskolonne; 4 = Kühler; 5 = Heizung.

7.10.4 Beispiel eines Regenerationsprozesses

Am Beispiel der *Benzol-* und *Benzingewinnung* durch *Druckölwäsche* soll kurz die Durchführung der Regeneration des Waschmittels beschrieben werden [7.6]. Das Schema der ganzen Absorptionsanlage zeigt Abb. 7.25. Diese niedrigsiedenden Kohlenwasserstoffe werden unter Druck aus dem Rohgasstrom (Raffineriegas, Erdgas) mit einem Öl, das höher als die zu gewinnenden Stoffe siedet, im Absorber 1 ausgewaschen. Das beladene Waschmittel wird anschließend vor einer ersten Regenerationskolonne 2 entspannt. Zur Vermeidung von Benzol- und Benzinverlusten werden die bei der Entspannung frei werdenden Gase in einem sogenannten Reabsorber 3 mit regeneriertem Öl nachgewaschen. Über den Wärmeaustauscher 4 und

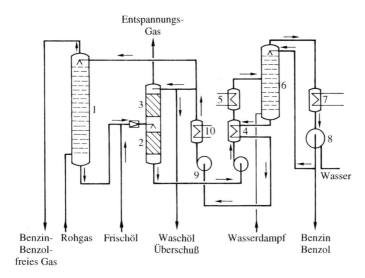

Abb. 7.25 Benzol- und Benzingewinnung aus einem Rohrgas mittels Druckölwäsche. 1 = Absorber; 2 = Desorptionskolonne; 3 = Reabsorber; 4 = Wärmeaustauscher; 5 = Erhitzer; 6 = Regenerationssäule (Rektifikation); 7 = Kühler; 8 = Abscheider; 9 = Pumpe; 10 = Kühler.

den Erhitzer 5 gelangt dann das Waschmittel in die eigentliche Regenerationssäule 6 (Rektifikationskolonne). Darin werden die leichter siedenden Kohlenwasserstoffe durch zusätzliche direkte Wasserdampfheizung ausgetrieben, im Kühler 7 kondensiert und im Abscheider 8 vom Wasser getrennt. Das gewonnene Benzin-Benzol-Gemisch gelangt anschließend teilweise wieder als Rücklauf in die Rektifizierkolonne 6. Das aus dieser unten abfließende, regenerierte Öl wird über den Wärmeaustauscher 4, die Pumpe 9 und den Kühler 10 zu einem Teil dem Reabsorber 3, zum andern Teil der Absorptionskolonne 1 zugeführt. Mit diesem Verfahren ist es wirtschaftlich möglich, Benzin- und Benzol-Kohlenwasserstoffe bis zu 95% aus dem Rohgas zu entfernen.

7.11 Bemerkungen zur Betriebsweise von Absorptionsanlagen

Einfluß des Druckes. Da proportional zum Gesamtdruck auch der Partialdruck der zu absorbierenden Komponente wächst, läßt sich bei einer bestehenden Anlage durch Druckerhöhung die absorbierte Menge pro kg Lösungsmittel steigern (Druckwasserwäsche zur Entfernung des CO_2 aus Kokereigasen bei Drücken von 1,5 bis 2,5 MPa). Die für die Waschflüssigkeit dann oft recht beträchtliche Pumparbeit kann zum Teil bei der Entspannung durch ein Pumpen-Turbinenaggregat wieder zurückgewonnen werden. Eine Druckwäsche ist allgemein aber nur dann zu empfehlen, wenn das Gas unter hohem Druck anfällt oder bei hohem Druck weiterverarbeitet werden muß. Leider erhöht sich mit steigendem Gesamtdruck ebenfalls die Löslichkeit des Trägergases in der Waschflüssigkeit, was unerwünschte Gasverluste zur Folge hat. Bei der Absorption unter höherem Druck kann infolge der kleineren Gasvolumina der Kolonnenquerschnitt verkleinert werden. Dies führt zu Materialeinsparungen, solange die für den höheren Druck erforderlichen Wandstärken noch nicht beträchtlich sind.

Einfluß der Temperatur. Fast immer nimmt die Löslichkeit im Waschmittel mit fallender Temperatur zu. Meistens rechtfertigt dies aber die kostspieligere Durchführung der Gaswäsche bei Temperaturen unterhalb der Umgebungstemperatur nur dann, wenn diese tiefen Temperaturen ohnehin beim Prozeß benötigt werden. Auch ist zu bedenken, daß mit abnehmender Temperatur der flüssigkeitsseitige Stoffaustauschwiderstand wegen der Abnahme des Diffusionskoeffizienten größer wird.

Waschmittelführung. Gaswäschen werden auf der Gasseite fast immer kontinuierlich betrieben. Für die Führung des Waschmittels bestehen dagegen neben der kontinuierlichen Betriebsweise mit Regeneration des gesamten beladenen Lösungsmittels noch folgende Möglichkeiten:

1. Betrieb mit kontinuierlicher Regeneration nur eines Teilstromes des beladenden Waschmittels, wie dies Abb. 7.26 zeigt. Das aus dem Absorber 1 abfließende, beladene Waschmittel wird mit einer Pumpe 2 zu einem Teil über den Kühler 3 erneut der Kolonne, zum anderen Teil der Regenerationsanlage zugeführt, um als frisches Waschmittel nachher wieder in den Absorber zu gelangen. Die Wirkung der Absorptionsanlage wird durch die teilweise Umwälzung allerdings beeinträchtigt, da das Waschmittel nun schon mit einer gewissen Beladung X_α in den Absorber gelangt. Dagegen kann durch diese Betriebsweise eine höhere Berieselungsdichte und damit eine vollkommenere Benetzung der Füllkörper erreicht werden. Zudem wendet man diesen Kreislauf zur besseren Abführung der Absorptionswärme an.

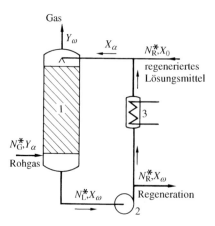

Abb. 7.26   Absorption mit nur teilweiser Regeneration des Lösungsmittels (Umwälzung). 1: Absorber; 2: Pumpe; 3: Kühler.

Bei einem Mengenverhältnis $\mu = N_L^* / N_R^*$ zwischen dem den Absorber verlassenden Lösungsmittelstrom N_L^* und den frisch zugeführten Teilstrom N_R^* (Beladung X_0) läßt sich die folgende Bilanzgleichung ansetzen (Abb. 7.26):

$$N_G^*(Y_\alpha - Y_\omega) = N_R^*(X_\omega - X_0) = \mu N_R^*(X_\omega - X_a). \qquad (7.83)$$

Daraus ergibt sich für die Beladung x_a des in den Absorber eintretenden Waschmittels:

$$X_\alpha = \frac{X_\omega(\mu - 1) + X_0}{\mu}. \qquad (7.84)$$

Abb. 7.27 zeigt in einem Beladungsdiagramm die Lage der Arbeitsgeraden bei Betrieb ohne Umwälzung ($\mu = 1$, $\overline{A\,B}$) und bei Betrieb mit Umwälzung ($\overline{A\,G}$). Mit zunehmender Umwälzung nähert sie sich der Gleichgewichtslinie, womit die Trennwirkung der Kolonne beträchtlich vermindert wird.

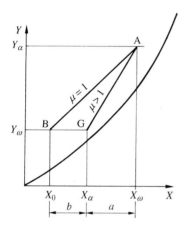

Abb. 7.27 Bilanzgerade $\overline{A\,B}$ ($\mu = 1$) bei Absorption ohne Umwälzung (vollständige Regeneration) und $\overline{A\,G}$ ($\mu > 1$) bei Umwälzung (teilweiser Regeneration) des Lösungsmittels. $\mu = (a + b)/a$.

2. Chargenweiser flüssigkeitsseitiger Betrieb mit oder ohne Umwälzung wird nur bei kleinen Anlagen und bei Lösungsmitteln gewählt, deren Sättigungszustand bei der Absorption sehr langsam erreicht wird.

7.12 Absorptionsvorgang mit einem chemisch wirkenden Waschmittel

Literatur: Danckwerts [7.7], Levenspiel [7.24]

Bei einem chemisch wirkenden Waschmittel (vgl. Abschn. 7.4.2) ist der Stoffaustausch zwischen Gasphase und Waschmittel gekennzeichnet durch den Stoffübergang zwischen Gasphase- und Grenzfläche (gasseitige Grenzschicht) und dem anschließenden Stoffübergang zwischen Grenzfläche und Waschmittel, der seinerseits mit einer homogenen Reaktion im Waschmittel gekoppelt ist (flüssigkeitsseitige Grenzschicht bzw. Reaktionszone). Im Vergleich zur rein physikalischen Absorption treten darum bei einer chemischen Absorption als typische Merkmale auf:

- eine Erhöhung der Löslichkeit,
- eine Erhöhung des flüssigkeitsseitigen Stoffüberganges im Falle einer schnellen Reaktion in der flüssigen Phase.

In der flüssigen Phase sind die chemische Reaktion und die Diffusion zwei gekoppelte Vorgänge. Je nach dem Verhältnis der Reaktionsgeschwindigkeit zur Diffusionsgeschwindigkeit überwiegt entweder die chemische Reaktion oder die Diffusion und übt damit einen dominierenden Einfluß auf den Stoffübergang in der flüssigen Phase aus. Als maßgebende Kennzahl wurde die sogenannte Hattazahl *Ha* eingeführt, die das Verhältnis von Reaktions- zu Diffusionsgeschwindigkeit wiedergibt:

$$Ha = \sqrt{\frac{k \cdot \delta^2}{D}} \qquad (7.85)$$

k = Geschwindigkeitskonstante der Reaktion in s^{-1};
D = Diffusionskoeffizient in m^2/s;
δ = Dicke der Reaktionszone in m.

Als Beispiel soll im folgenden der Fall „Stoffaustausch mit sofortiger Reaktion" (entspricht einer *Ha*-Zahl > 3,0) kurz beschrieben werden. (Für andere Fälle mit kleineren Reaktionsgeschwindigkeiten wird auf die spezielle Literatur verwiesen ([7.23]).

Im Falle des „Stoffaustausches mit sofortiger Reaktion" wird der Partialdruckverlauf p_A und der Konzentrationsverlauf der zu absorbierenden Komponente A nach Abb. 7.28 beschrieben. Bei sofortiger Reaktion wird angenommen, daß die von der Gasphase in die flüssigkeitsseitige Grenzschicht übergehende Komponente A sofort und vollständig mit der im Absorptionsmittel vorhandenen Komponente B zu einer Verbindung C entsprechend der Reaktionsgleichung umgesetzt wird:

$$v_A A + v_B B \rightarrow v_C C \qquad (7.86)$$

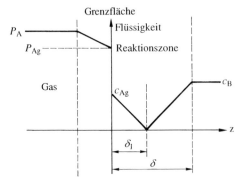

Abb. 7.28   Konzentrationsverlauf in der flüssigen Phase bei sofortiger Reaktion der absorbierten Komponente *A*.

Für die beiden Reaktionskomponenten A und B gilt die folgende Stoffmengenbilanz:

$$\frac{n_A^*}{\nu_A} = \frac{n_B^*}{\nu_B} \tag{7.87}$$

Oder mit Einführen der Reaktionsgeschwindigkeit r (angegeben in $kmol/m^3s$):

$$\frac{r_A V}{\nu_A A} = \frac{r_B}{\nu_B} \frac{V}{A}; \tag{7.88}$$

V = Reaktionsvolumen
A = Grenzfläche in m^2.

Nach Abb. 7.28 lassen sich die einzelnen Stoffströme entsprechend Gl. (7.87) wie folgt beschreiben:

$$\frac{n_A^*}{\nu_A} = \frac{\beta_p''(p_A - p_{Ag})}{\nu_A} = \frac{D_A}{\delta_1 \nu_A}(c_{Ag} - 0), \tag{7.89}$$

$$\frac{n_B^*}{\nu_B} = \frac{D_B}{\nu_B(\delta - \delta_1)}(c_B - 0). \tag{7.90}$$

Für den Gleichgewichtszustand an der Grenzfläche gilt zudem:

$$p_{Ag} = H \cdot c_{Ag} \tag{7.91}$$

Durch Elimination von δ_1, p_{Ag} und c_{Ag} aus den Gl. (7.89) bis (7.91) ergibt sich zusammen mit $\beta_A' = D_A/\delta$:

$$n_A^* = \frac{p_A/H + D_B c_B \nu_A/D_A \nu_B}{\dfrac{1}{H\beta_p''} + \dfrac{1}{\beta_A'}} = r_A \frac{V}{A}. \tag{7.92}$$

Ist der gasseitige Widerstand vernachlässigbar, d. h.

$$H\beta_p'' > \beta_A', \tag{7.93}$$

dann vereinfacht sich Gl. (7.92) zu

$$n_A^* = \beta_A' \frac{p_A}{H}\left(1 + \frac{D_B \nu_A c_B}{D_A \nu_B p_A} \cdot H\right). \tag{7.94}$$

Gegenüber der physikalischen Absorption mit der folgenden Beziehung für den flüssigkeitsseitigen Stoffübergang

$$n_A^* = \beta_A'(c_{Ag} - 0) = \beta_A' \frac{p_A}{H} \tag{7.95}$$

resultiert somit der sogenannte Beschleunigungsfaktor F durch die sofortige chemische Reaktion von:

$$F = 1 + \frac{D_B}{D_A} \frac{\nu_A}{\nu_B} \frac{c_B}{p_A} \cdot H. \tag{7.96}$$

Der Beschleunigungsfaktor kann im Falle sofortiger Reaktion Werte bis zu 10 und mehr erreichen. Folgende Stoffsysteme zeigen ungefähr dies hier vorausgesetzte Verhalten:

Absorption von CO_2 mittels NaOH-Wasser,
Absorption von SO_2 mittels NaOH-Wasser,
Absorption von NH_3 mittels HCl-Wasser,
Absorption von H_2S mittels Monoethanolamin-Wasser.

Aufgaben zu Kapitel 7

7.1 Einer Anlage zur Absorption von Benzol aus Luft mittels eines Waschöls (Gemisch verschiedener Kohlenwasserstoffe) werden pro Stunde 250 kmol Luft mit einer Stoffmengenbeladung von 5% Benzol zugeführt. Vom benzolfreien Waschmittel stehen 11 300 kg/h zur Verfügung. (molare Masse des Waschmittels = 205 kg/kmol). Das Luftgemisch wie das Öl weisen am Eintritt eine Temperatur von 15 °C auf.

a) Ermittle die Stoffmengenbeladung Y_ω der Luft und des Waschmittels X_ω am Absorberaustritt, wenn die Ausbeute der Absorption an Benzol 95% beträgt.

b) Die Kondensationsenthalpie des Benzols betrage $30{,}8 \cdot 10^3$ kJ/kmol und die spezifische Wärme des Waschmittels sei 255 kJ/(kmol K). Welche Austrittstemperatur T_ω weist das Waschmittel bei adiabater Durchführung der Absorption auf? (Erwärmung der Gasphase ist zu vernachlässigen).

c) Die Waschmittel-Benzol-Lösung verhalte sich wie eine ideale Lösung und das Waschmittel selbst sei als nicht-flüchtig zu betrachten. Wie groß ist die Henry-Konstante H_i und die Steigung m der Gleichgewichtslinie in einem Beladungsdiagramm für die mittlere Waschmitteltemperatur, wenn Benzol den folgenden Dampfdruck P_B aufweist (Betriebsdruck: 96 kPa)?

$T/°C$	:15	20	28	36	44
P_B/kPa	:8,0	10,1	16	21,2	29,2

d) Bestimme die Gleichung der Bilanzgraden und deren Steigung a.

e) Wie groß ist die Anzahl n_{th} der theoretischen Trennstufen für diesen Absorptionsvorgang (Hinweis: Verwende Gl. (7.53), da sowohl Gleichgewichts- wie Bilanzlinien Geraden sind.)

f) Wie groß ist der Einfluß auf die Trennstufenzahl, wenn durch eine Kühlvorrichtung des Waschmittels eine isotherme Durchführung des Trennvorganges bei $T = 15$ °C ermöglicht wird?

7.2 Die in Aufgabe 7.1 beschriebene Absorption wird in einem Rieselabsorber durchgeführt, in dem das Waschmittel entlang der Innenfläche von senkrechten, gekühlten Rohren (Durchmesser 30 mm, Länge 3 m) rieselt. Die mittlere Geschwindigkeit des Rieselfilmes betrage 0,5 m/s, diejenige des Gasstromes 5 m/s. Bestimme den Stoffdurchgangskoeffizienten k'_c, sofern für den gasseitigen Übergang Gl. (7.40) in Analogie zum Wärmeaustausch und für den flüssigkeitsseitigen Übergang die Turbulenztheorie nach Higbie verwendet werden darf. (Annahme: Kontaktzeit sei in diesem Fall gleich der Verweilzeit der Flüssigkeit im Rohr).

Stoffdaten: Gasphase: $v'' = 1{,}5 \cdot 10^{-5} \, \text{m}^2/\text{s}$
$D'' = 25{,}0 \cdot 10^{-6} \, \text{m}^2/\text{s}$

Flüssigkeit: $D' = 1{,}0 \cdot 10^{-9} \, \text{m}^2/\text{s}$
$H_\text{c} = H_i \cdot \mathscr{M}_\text{m}/\rho_\text{m} = 4{,}1 \cdot 10^3 \, \dfrac{\text{Nm}}{\text{kmol}}$

Umrechnung: $\beta''_\text{p} = \beta''_\text{c} \, \dfrac{\rho''_\text{m}}{p \, \mathscr{M}''_\text{m}} = \dfrac{\beta''_\text{c}}{\mathscr{R} \, T} = 1{,}75 \cdot 10^{-7} \beta''_\text{c} \, \text{kmol}/(\text{Ns}).$

8 Extraktion/Hochdruckextraktion

Fritz Widmer, Raoul Waldburger

Literatur: Thornton [8.1], Rydberg et al. [8.2], Blumenberg [8.3], Gerhartz [8.4], McKetta [8.5], Lo et al [8.6], Hager [8.7], Sekine [8.8].

8.1 Definitionen und Anwendungen

Unter *Extraktion* versteht man die Trennung eines Stoffes von einem anderen mit Hilfe einer Flüssigkeit, die durch ihr Lösungsvermögen für den zu extrahierenden Stoff zum *Extraktionsmittel* wird. Je nach der Art der beteiligten Phasen unterscheidet man:

1. **Fest/Flüssig-Extraktion.** Durch das *Lösungsmittel* (Extraktionsmittel) werden bestimmte Bestandteile aus einem festen Stoff, dem *Extraktionsgut*, herausgelöst. Das Extraktionsgut erfährt dabei eine mehrmalige Extraktion mit frischem oder teilweise beladenem Extraktionsmittel. Während dieses Vorganges diffundiert der zu extrahierende Stoff in das Lösungsmittel und kann anschließend durch Destillation oder Rektifikation daraus gewonnen werden (Gerhartz [8.4]; Vauck und Müller [8.9]).
   Die Fest/Flüssig-Extraktion dient vor allem zur Gewinnung von Ölen aus Saaten und Früchten, beispielsweise der Öl-Extraktion aus Ölfrüchten mit Hexan als Extraktionsmittel [8.6].
   Wenn Wasser als Lösungsmittel dient, wird die Fest/Flüssig-Extraktion häufig als *Auslaugen* bezeichnet (Auslaugen von Zuckerrübenschnitzeln).

2. **Flüssig/Flüssig-Extraktion.** Aus einer Flüssigkeit (*Rohprodukt, Feed*) wird durch Stoffaustausch mit einer in dieser nicht löslichen anderen Flüssigkeit, dem *Extraktionsmittel*, der in beiden *lösliche Stoff C* extrahiert. Die den zu extrahierenden Stoff *C* aufnehmende Flüssigkeit *A* (Extraktionsmittel) wird dabei als *Aufnehmer*, die anfängliche Trägerflüssigkeit *B* als *Abgeber* bezeichnet. Zusammen mit dem gelösten Stoff *C* bildet der Aufnehmer die *Aufnehmer-* oder *Extraktphase E* und der Abgeber die *Abgeber-* oder *Raffinatphase R*. Weiter werden häufig die Bezeichnungen *Extrakt* für die beladene Aufnehmerphase und *Raffinat* für die verarmte Abgeberphase verwendet. Anschließend an die Extraktion kann der extrahierte Stoff *C* durch Destillation oder Rektifikation aus dem beladenen Aufnehmer (Extrakt) gewonnen werden.

Beispiele: Gewinnung von Essigsäure aus einem Essigsäure-Wasser-Gemisch durch Extraktion mit Ethylacetat.
Caprolactam-Gewinnung durch Flüssig/Flüssig-Extraktion aus wäßrigen, ammonsulfathaltigen Rohcaprolactam-Lösungen mit Hilfe organischer Lösungsmittel, wie z. B. Toluol (Abschn. 8.12).

3. **Gasförmig/Flüssig-Extraktion.** Sie wird als *Absorption* bzw. *Desorption* bezeichnet und ist in Kap. 7 behandelt worden.

8.1.1 Anwendung der Flüssig/Flüssig-Extraktion

Die Flüssig/Flüssig-Extraktion wird häufig dann verwendet, wenn eine Destillation oder eine Rektifikation nicht möglich oder unwirtschaftlich ist:

- Bei Flüssigkeitsgemischen von Komponenten, deren Siedepunktsdifferenz gering ist, wodurch im McCabe-Thiele-Diagramm die Gleichgewichtskurve sehr nahe der Diagonalen liegt (s. Abschn. 5.2). Eine vollständige Trennung mittels Rektifikation wäre dann nur mit einer unwirtschaftlich großen Bodenzahl möglich.
- Bei azeotropen Gemischen.
- Wenn bei Erwärmung des Gemisches eine Zersetzung eintreten kann.
- Wenn gleichzeitig mehrere Komponenten entfernt werden sollen, die sich hinsichtlich ihres Siedepunktes stark voneinander unterscheiden.

Ein Beispiel für die zuletzt genannte Anwendungsmöglichkeit stellt das *Edeleanu-Verfahren* dar: Aus dem Erdöl werden ungesättigte und aromatische Kohlenwasserstoffe, stickstoffhaltige, sauerstoffhaltige und der Hauptteil der schwefelhaltigen Verbindungen durch Extraktion mittels flüssigen Schwefeldioxids als Aufnehmer entfernt, in dem sich alle aufgeführten Stoffe recht gut lösen. Wegen des niedrigen Siedepunktes von $-10\,°C$ läßt sich Schwefeldioxid von den betreffenden Stoffen, die fast ausnahmslos schwerer flüchtig sind, anschließend leicht abtrennen.

Im folgenden befassen wir uns lediglich mit der Flüssig/Flüssig-Extraktion. Sie kann ähnlich wie die Absorption behandelt werden.

8.2 Gleichgewichte von Flüssig/Flüssig-Systemen

Um den Extrahieraufwand (Zahl der Trennstufen, Extraktionsmittelmenge usw.) berechnen zu können, muß man das Gleichgewichtsverhalten der betreffenden Flüssig/Flüssig-Systeme kennen. Der Vorgang der Extraktion ist am leichtesten erfaßbar, wenn man sich zwei ineinander unlösliche flüssige Phasen vorstellt, zwischen denen eine dritte Komponente C (gelöstes Salz oder Flüssigkeit) ausgetauscht wird. Jede der Phasen besteht dabei aus dem Lösungsmittel (A, B) für den auszutauschenden Stoff und dem auszutauschenden Stoff C selbst. Liegt der Idealfall vor, daß die Lösungsmittel A und B der beiden Phasen auch bei höheren Konzentrationen an auszutauschendem Stoff C nicht ineinander löslich sind, können die Gleichgewichtsverhältnisse analog denen bei der Absorption (s. Abschn. 7.4) beschrieben werden. Bei Flüssig/Flüssig-Systemen tritt dabei an Stelle des *Henryschen Gesetzes* der *Nernstsche Verteilungssatz*, der besagt:

> Eine Molekülart, die sich in zwei unvermischbaren Flüssigkeiten unter Beibehaltung ihrer Molekülgröße nach den Gesetzen von Henry (Gl. (7.14)) und Dalton löst, verteilt sich in ihnen derart, daß das Verhältnis der Konzentrationen c_E/c_R in den beiden Phasen E und R unverändert bleibt, unabhängig von der Gesamtmenge jedes der drei anwesenden Stoffe.

Als Gleichung geschrieben:

$$\frac{c_E}{c_R} = \text{konst.} = K; \tag{8.1}$$

c_E = molare Konzentration des Stoffes C in der A-reichen Aufnehmerphase E (Extraktphase) in kmol/m³;

c_R = molare Konzentration des Stoffes C in der B-reichen Abgeberphase R (Raffinatphase) in kmol/m³;

K = Nernstscher Verteilungskoeffizient.

Auch bei der Berechnung von Extraktionsvorgängen ist es vielfach zweckmäßiger, statt mit den molaren Konzentrationen c_E, c_R bzw. den Stoffmengenanteilen x_E, x_R mit den molaren Beladungen X_E und X_R des Aufnehmers E und Abgebers R zu rechnen:

$$X_E = \frac{N_{C,E}}{N_A}, \quad X_R = \frac{N_{C,R}}{N_B}; \tag{8.2}$$

$N_{C,E}$ = Stoffmenge des gelösten Stoffes C in der Aufnehmerphase E (Extraktphase) in kmol;

$N_{C,R}$ = Stoffmenge des gelösten Stoffes C in der Abgeberphase R (Raffinatphase) in kmol;

N_A = Stoffmenge des reinen Aufnehmers A in der Aufnehmerphase E (Extraktphase) in kmol;

N_B = Stoffmenge des reinen Abgebers B in der Abgeberphase R (Raffinatphase) in kmol.

Bei kleinen Beladungen gilt:

$$\frac{X_E}{X_R} \approx \frac{x_E}{x_R} = \frac{\rho_R}{\rho_R} \cdot \frac{\mathcal{M}_E}{\rho_E} \cdot \frac{c_E}{c_R} \approx \frac{\rho_R \mathcal{M}_E}{\rho_E \mathcal{M}_R} K = K'; \tag{8.3}$$

ρ_R, ρ_E = mittlere Dichte der Raffinat- bzw. Extraktphase in kg/m³;

$\mathcal{M}_R$, $\mathcal{M}_E$ = mittlere molare Masse der Raffinat- bzw. Extraktphase in kg/kmol.

Diese Darstellung des Nernstschen Verteilungssatzes mit molaren Beladungen unterscheidet sich von derjenigen mit molaren Konzentrationen (Gl. (8.1)) somit nur um den Faktor $\rho_R \mathcal{M}_E/(\rho_E \mathcal{M}_R)$, um den man den Verteilungskoeffizienten K korrigieren muß. Bei höheren Beladungen treten hingegen wegen der nun merklichen Unterschiede zwischen Beladungen und Stoffmengenanteilen Abweichungen auf; allerdings ist dann der Nernstsche Verteilungssatz nur noch bedingt gültig, da auch er, wie das Henrysche Gesetz, nur ein *Grenzgesetz für verdünnte Lösungen* darstellt.

Bei Gültigkeit des Nernstschen Verteilungssatzes (Gl. (8.1)) liegen die Gleichgewichtszustände der beiden Phasen in einem Zustandsdiagramm mit den Achsen c_E, c_R oder näherungsweise auch x_E, x_R auf einer Geraden (*Gleichgewichtskurve*). Trägt man an Stelle der Stoffmengenanteile die molaren Beladungen auf, so bleibt bei kleinen Beladungen die Gleichgewichtskurve in erster Näherung geradlinig (Gerade *a* in Abb. 8.1). Der Verteilungskoeffizient *K* ist jedoch für die meisten Flüssig/Flüssig-Systeme von der Konzentration abhängig, so daß schon bei niedrigen Anteilen von *C* die Gleichgewichtskurven häufig die Formen *b* annehmen.

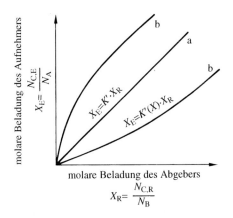

Abb. 8.1   Darstellung des Gleichgewichtsverhaltens von Flüssig/Flüssig-Systemen im Beladungsdiagramm (*K* = Nernstscher Verteilungskoeffizient).

Bei dieser Darstellung des Gleichgewichts im Zweistoffdiagramm werden nur die beiden Phasen betrachtet, zwischen denen die dritte Komponente ausgetauscht wird. Wenn diese jedoch die gegenseitige Löslichkeit der beiden Phasen beeinflußt, so muß die Änderung des Löslichkeitsverhaltens aller drei Komponenten verfolgt werden können. Dazu reicht das rechtwinklige Diagramm nach Abb. 8.1 nicht mehr aus, sondern es müssen *Dreiecksdiagramme* zu Hilfe genommen werden. In einem Dreiecksdiagramm, dessen Ecken den Zuständen der reinen Stoffe *A*, *B* und *C* entsprechen, wird deren gegenseitige Löslichkeit durch die *Grenzkurven* dargestellt, die die einphasigen homogenen Gebiete von den zweiphasigen heterogenen Zonen trennen. Bei dem in Abb. 8.2 dargestellten Dreistoffsystem sind im reinen Zustand die Stoffe *A* und *B* vollkommen ineinander unlöslich. Mit zunehmendem Anteil an auszutauschendem Stoff *C* lösen sie sich dagegen, so daß die einzelnen Phasen dann jeweils alle drei Stoffe *A*, *B* und *C* enthalten. Die Komponente *C* ist sowohl im Stoff *A* wie im Stoff *B* in jedem Verhältnis löslich; darum sind die Dreiecksseiten *A C* und *B C* nicht durch *Mischungslücken* unterbrochen. Abb. 8.3 a zeigt das Zustandsdiagramm des Systems Methanol (*A*) − Isooktan (*B*) − Nitrobenzol (*C*), das bei einer Temperatur von 20 °C zwei Mischungslücken aufweist. Da im allgemeinen die Löslichkeit von der Temperatur abhängt, beeinflußt eine Temperaturänderung die Größe des Zweiphasengebietes. Bei einer tieferen Temperatur (10 °C) vereinigen sich nach Abb. 8.3 b die beiden Zweiphasengebiete zu einem einzigen. Tiefere Temperaturen verkleinern nämlich meistens die Löslichkeit und vergrößern damit die Mischungslücke.

Dem „idealen" System mit vollkommener Unlöslichkeit der beiden Komponenten *A* und *B* entspricht im Dreiecksdiagramm nach Abb. 8.2 eine Grenzkurve, die mit der Dreiecksseite *A C* und *B C* zusammenfällt.

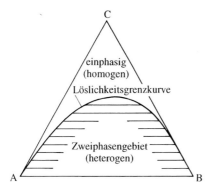

Abb. 8.2   Die Löslichkeitsgrenzkurve unterteilt das Zustandsfeld der einphasigen (homogenen) Lösungen von dem der zweiphasigen (heterogenen) Lösungen.

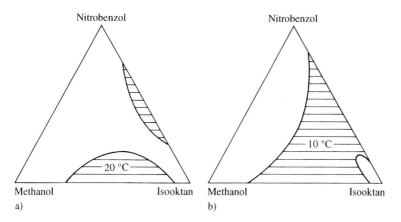

Abb. 8.3   Zustandsdiagramm des Systems Methanol−Isooktan−Nitrobenzol nach [8.6]. a) bei $\vartheta = 20\,°C$; b) bei $\vartheta = 10\,°C$.

Alle Lösungen mit Zusammensetzungen, denen Zustandspunkte innerhalb der Mischungslücke entsprechen (z. B. Punkt M, Abb. 8.4), sind zweiphasig. Die Zustandspunkte E_i, R_i der beiden homogenen Phasen müssen entweder im Einphasengebiet oder (im abgesättigten Zustand) auf der *Löslichkeitsgrenzkurve* $A K_P B$ liegen. Die gegenseitige Lage von R_i, E_i und M ist nach Abschn. 4.6.1 durch die *Mischungsregel* festgelegt. (Das Mengenverhältnis der Phasen R_i zu E_i ist gleich dem Verhältnis der Strecken $\overline{E_i M}$ zu $\overline{R_i M}$.) Wenn sich die beiden Phasen R_i und E_i im Gleichgewicht befinden, wird die Verbindungsgerade der entsprechenden Zustandspunkte als *Konnode* bezeichnet (Abb. 8.4).

Mit steigendem Gehalt an C werden die Konnoden zusehends kürzer und damit die Konzentrationsunterschiede zwischen den beiden Gleichgewichtsphasen kleiner. Im *kritischen Punkt* K_P (*Plait point*) selbst wird die Konnode zur Tangente an die Löslichkeitsgrenzkurve und die Zusammensetzung der beiden Phasen ist gleich. Nach den Betrachtungen zu Beginn dieses Paragraphen, entspricht diese Lage ei-

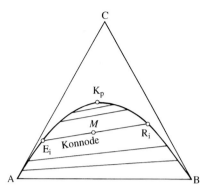

Abb. 8.4   Zusammensetzung des zweiphasigen Gemisches M aus den Phasen E_i und R_i, die im Gleichgewichtszustand auf der Konnode durch M liegen. K_p = kritischer Punkt (Plait Point).

nem Verteilungskoeffizienten $K = 1$. Durch den kritischen Punkt K_P wird die Löslichkeitsgrenzkurve in zwei *Äste* unterteilt: Zustandspunkte auf dem linken Ast entsprechen der A-reichen Aufnehmer-(Extrakt-)phase E; solche rechts der B-reichen Abgeber-(Raffinat-)-phase R.

Zur Konstruktion der Konnoden bedient man sich häufig einer *Hilfskurve H* (Abb. 8.5). Will man beispielsweise die Zusammensetzung E_i der Phase finden, die

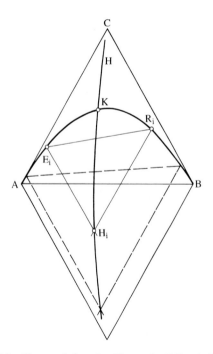

Abb. 8.5   Konstruktion der Konnode $E_i R_i$ mit Hilfe des Punktes H_i auf der Hilfskurve H.

mit R_i im Gleichgewicht steht, so kann man mittels zweier Parallelen zu den Diagrammseiten AC und BC über den Hilfskurvenpunkt H_i zum gesuchten Zustandspunkt E_i auf dem anderen Ast der Löslichkeitsgrenzkurve gelangen.

Ohne große Schwierigkeiten lassen sich die Zusammensetzungen der Phasen R_i, E_i, deren Zustandspunkte auf einer Konnode liegen, in ein rechtwinkliges Diagramm nach Abb. 8.1 übertragen. Führen wir diese Transformation für mehrere Punktepaare der Löslichkeitsgrenzkurve durch, so finden wir die Gleichgewichtskurve. Diese muß bei gleichen Achsenmaßstäben im kritischen Punkt K_P auf der 45°-Geraden durch den Ursprung des Diagrammes enden.

Daten über Flüssig/Flüssig-Gleichgewichte sind zusammengestellt bei Francis [8.11], Sorensen und Arlt [8.12], Landolt-Börnstein [8.13], Perry [8.14] sowie D'Ans und Lax [8.15].

8.3 Durchführung der Extraktion

Die Trennung der Komponenten einer Lösung durch Extraktion mit einem Extraktionsmittel kann auf verschiedene Arten durchgeführt werden:

1. absatzweises, diskontinuierliches Verfahren;
2. kontinuierliche Durchführung, eventuell mit ruhendem Abgeber oder Aufnehmer. (Verfahren mit ruhendem Abgeber sind hauptsächlich auf die Fest/Flüssig-Extraktion beschränkt, während die kontinuierliche Prozeßführung im Gegenstrom bei der Flüssig/Flüssig-Extraktion wie auch bei der Absorption üblich ist.)

8.3.1 Absatzweise Extraktion

Eine absatzweise arbeitende Extraktionsapparatur setzt sich aus sogenannten *Stufen* zusammen. Als Stufe wird dabei eine mechanische Vorrichtung bezeichnet, welche den ihr zugeführten beladenen Abgeber (Feed F) mit dem Aufnehmer (Extraktionsmittel S) innig vermischt und anschließend die beiden unlöslichen Phasen (Raffinat R, Extrakt E) mittels eines Abscheiders wieder voneinander trennt. Das Fließbild einer Stufe zeigt Abb. 8.6 und in Abb. 8.7 ist schematisch die technische Ausführung dargestellt:

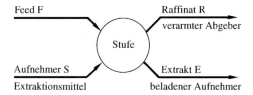

Abb. 8.6 Fließbild einer Extraktionsstufe.

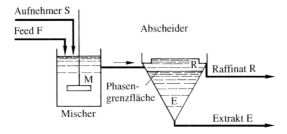

Abb. 8.7   Technische Verwirklichung einer absatzweise arbeitenden Extraktionsstufe mit Mischer und Abscheider.

Stehen die Raffinatphase R und die Extraktphase E nach dem beschriebenen Vorgang im Gleichgewicht, so wird die Stufe als *theoretisch* oder *ideal* bezeichnet. Die Arbeitsweise einer solchen theoretischen Stufe läßt sich gut in einem Zustandsdiagramm nach Abb. 8.8 verfolgen. Obwohl der beladene Abgeber F oft nur aus einem Gemisch der Stoffe B und C besteht, wurde in diesem Beispiel der allgemeine Fall angenommen, daß sowohl im Feed F wie auch im Extraktionsmittel S alle drei Komponenten enthalten sind. Die Zustandspunkte F und S liegen darum nicht auf den Dreiecksseiten $\overline{BC}$ und $\overline{AC}$. Auf der Verbindungsgeraden $\overline{FS}$ liegt der Mischpunkt M, der dem Zustand des heterogenen Gemisches in der Mischapparatur entspricht. Seine Lage ist nach Abschn. 4.6 durch das Verhältnis der Feedmenge N_F zur Extraktionsmittelmenge N_S bestimmt:

$$\frac{N_F}{N_S} = \frac{\overline{MS}}{\overline{FM}}. \tag{8.4}$$

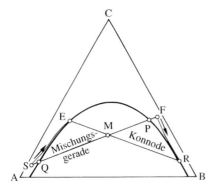

Abb. 8.8   Änderung der Zusammensetzung des Feed F und des Aufnehmers S in einer Extraktionsstufe. M = Mischpunkt.

Durch den Stoffaustausch zwischen den beiden Phasen F und S ändern sich deren Zusammensetzungen; ihre Zustandspunkte in Abb. 8.8 nähern sich der Löslichkeitsgrenzkurve, um schließlich die Gleichgewichtszustände R und E zu erreichen, die auf derselben Konnode liegen. Das Verhältnis der die theoretisch arbeitende

Stufe verlassenden Mengen N_R und N_E an Raffinat R und Extrakt E kann aus der Lage von M ermittelt werden. Es gilt wiederum:

$$\frac{N_R}{N_E} = \frac{\overline{M\,E}}{\overline{R\,M}}.$$ (8.5)

Eine Mengenbilanz für die ganze Stufe führt zur Beziehung:

$$N_M = N_F + N_S = N_E + N_R.$$ (8.6)

Damit die Extraktion möglich ist, muß der Zustandspunkt M des Gemisches innerhalb des Zweiphasengebietes liegen, d. h. zwischen den Punkten P und Q. Die zuzugebende Extraktionsmittelmenge N_S unterliegt damit gewissen Einschränkungen. Ihr kleinstmöglicher Wert $N_{S,\,min}$ wird durch den auf der Löslichkeitsgrenzkurve liegenden Mischpunkt P charakterisiert. Für diesen Fall ergibt sich aus einer Stoffbilanz für die Komponente C:

$$N_F x_F + N_{S,\,min} x_S = N_P x_P;$$ (8.7)

x_F, x_S, x_P = Stoffmengenanteil des Stoffes C im beladenen Abgeber F (Feed), frischen Aufnehmer S (Extraktionsmittel) und dem Gemisch P.

Zusammen mit

$$N_F + N_{S,\,min} = N_P$$ (8.8)

wird $N_{S,\,min}$:

$$N_{S,\,min} = N_F \frac{x_F - x_P}{x_P - x_S}.$$ (8.9)

Eine Umformung führt zum sog. *Mindestlösungsmittelverhältnis* v_{min}:

$$v_{min} = \frac{N_{S,\,min}}{N_F} = \frac{x_F - x_P}{x_P - x_S} = \frac{\overline{F\,P}}{\overline{P\,S}}.$$ (8.10)

Analog läßt sich durch Betrachtung des Zustandspunktes Q die maximal mögliche Extraktionsmittelmenge $N_{S,\,max}$ finden:

$$N_{S,\,max} = N_F \frac{x_F - x_Q}{x_Q - x_S}.$$ (8.11)

Für die Trennung mittels absatzweiser Extraktion sind meist mehrere solcher Stufen notwendig, die in verschiedener Weise kombiniert werden können. Häufig wird der *Kreuzstrom* angewandt, wie er durch das Fließbild nach Abb. 8.9 dargestellt ist. Der Feed wird nacheinander durch mehrere mit frischem Extraktionsmittel gespeiste Stufen geführt, um mit möglichst hoher Reinheit als Raffinat gewonnen zu werden. Die Zusammensetzung dieses Raffinates und der Extrakte E_1, E_2, E_3 der verschiedenen Stufen lassen sich unter der Voraussetzung, daß in den Stufen jeweils Gleichgewicht erreicht wird, einfach aus dem Dreiecksdiagramm (Abb. 8.10) ermitteln. Aus wirtschaftlichen Gründen werden für die Regeneration meist die Extrakte E_1, E_2, E_3 vermischt und dann das Gemisch der Regenerationsanlage zugeführt.

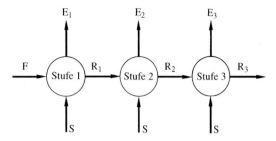

Abb. 8.9   Fließbild einer aus 3 Stufen bestehenden absatzweisen Kreuzstromextraktion.

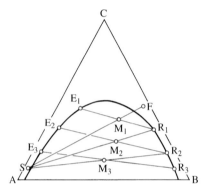

Abb. 8.10   Konzentration der verschiedenen Stoffströme bei absatzweiser Kreuzstromextraktion.

8.3.2 Kontinuierliche Gegenstromextraktion

Die kontinuierliche Gegenstromextraktion von Flüssig/Flüssig-Systemen gehört heute zu den gebräuchlichsten Extraktionsverfahren. Sie ist in großtechnischen Anlagen wirtschaftlicher als die absatzweise Extraktion.

Der eigentliche Trennapparat der Flüssig/Flüssig-Gegenstromextraktion besteht meist aus einer Kolonne, der oben die Phase mit der höheren Dichte und unten diejenige mit der niedrigeren Dichte zugeführt wird. Es fällt dann entweder die schwerere Phase in Tropfen durch die leichtere, aufsteigende, kontinuierliche Flüssigkeit, oder umgekehrt steigt die leichtere Flüssigkeit in Tropfen durch die sich nach unten bewegende schwerere Phase (Abb. 8.11). Welche Phase in disperser (verteilter) Form auftritt, ist durch die Lage der *Phasengrenzfläche* bestimmt, die mit Hilfe eines Syphonrohres oder einer Niveauregulierung auf einer bestimmten Höhe in der Kolonne gehalten wird. Befindet sich der Phasenspiegel zum Beispiel am oberen Ende der Kolonne, so wird die spezifisch schwerere Flüssigkeit zur zusammenhängenden oder *kontinuierlichen* Phase, die leichtere zur *dispersen* Phase. Dabei kann sowohl die schwerere wie die leichtere Flüssigkeit Aufnehmer bzw. Abgeber sein.

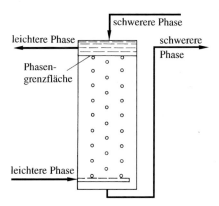

Abb. 8.11   Kontinuierliche Gegenstromextraktion in einer Sprühkolonne.

Um in einem solchen Trennapparat eine gute Wirksamkeit zu erreichen, ist wie bei allen Stoffaustauschvorgängen anzustreben:

1. eine große *Berührungsfläche* zwischen den beiden Phasen, was durch eine feine Zerteilung der dispersen Phase erreicht wird,
2. hohe *Stoffdurchgangskoeffizienten*; dies läßt sich durch Turbulenz innerhalb der Phasen und viele Anlaufstrecken erreichen

Um diese Anforderungen zu erfüllen, werden die Kolonnen mit *Einbauten* (Füllkörper, Böden, Rührer) ausgerüstet, deren technische Verwirklichung wir zusammenfassend in Abschn. 8.9 besprechen werden.

Die eigentliche Extraktionsapparatur mit Trennkolonne wird meistens ergänzt durch eine Regenerationseinrichtung für die Zerlegung des Extraktes in den zu gewinnenden Stoff und das Extraktionsmittel, das erneut der Kolonne zugeführt wird.

Die Berechnung der kontinuierlichen Gegenstromextraktion wird in Abschn. 8.5 und 8.6 ausführlich behandelt.

8.4 Wahl des Extraktionsmittels

Bei der Wahl des Extraktionsmittels sind vor allem folgende Gesichtspunkte zu beachten:

Selektivität. Der Aufnehmer soll möglichst nur die erwünschte Komponente extrahieren und von weiteren Stoffen, wie z. B. dem reinen Abgeber, höchstens kleinste Mengen aufnehmen. Um mit wenigen Trennstufen auszukommen, ist zudem eine höhere Löslichkeit der auszutauschenden Komponente C in der A-reichen Aufnehmerphase E als in der B-reichen Abgeberphase R vorteilhaft. Dies kann am folgenden Beispiel erklärt werden:

In Abb. 8.12a stellt F den die Komponenten B und C enthaltenden Feed und A_1 das gewählte reine Extraktionsmittel dar, mit welchem die Trennung des Feed in seine Komponenten vorgenommen werden soll. Punkt M entspricht der mittleren

Zusammensetzung des Zweiphasengemisches bei vorgegebenem Lösungsmittelver-hältnis. Nach Austausch der vom Feed in das Extraktionsmittel übergehenden Komponente C wird der Zustand des Zweiphasengemisches weiterhin durch den Punkt M dargestellt; die beiden sich jetzt im Gleichgewichtszustand befindlichen Phasen dagegen durch die Punkte E und R, die auf der Konnode durch M liegen. Üblicherweise wird sowohl dem Extrakt E wie dem Raffinat R das Extraktionsmit-tel durch Destillation oder Rektifikation entzogen, so daß als Endprodukt der Trennung die C-reiche Phase E' und die an C verarmte Phase R' gewonnen werden. Je wirkungsvoller der Trennprozeß ist, umso reiner an C bzw. B sind die beiden Endprodukte.

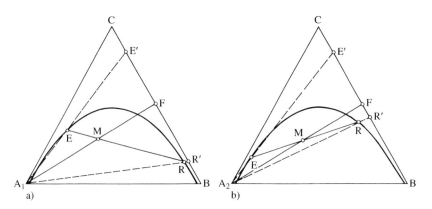

Abb. 8.12   Einfluß der Selektivität verschiedener Extraktionsmittel a) A_1 und b) A_2 auf die Trennwirkung.

Ersetzen wir nun das Extraktionsmittel A_1 durch ein anderes A_2, so weist die Konnode $E\,R$ beispielsweise einen Verlauf nach Abb. 8.12 b auf. Man sieht, daß selbst bei ähnlichem Zweiphasengebiet die Trennwirkung wesentlich geringer ist (den Abstand der Zustandspunkte E' und R' gegenüber Abb. 8.12 a). Dieser Unter-schied, der allein auf den verschiedenen Verlauf der Konnoden zurückzuführen ist, kann auch durch den Verteilungskoeffizienten K beschrieben werden (s. Ab-schn. 8.2). Bei dem günstigeren Lösungsmittel A_1 ist $K > 1$, da sich der Stoff C in A_1 besser löst als in B. Bei dem ungünstigeren Lösungsmittel A_2 ist dagegen $K < 1$. Um die gleiche Trennwirkung zu erhalten, sind mit dem Lösungsmittel A_2 mehr Trennstufen nötig als mit dem Lösungsmittel A_1.

Löslichkeit. Die Trennung eines Gemisches von B und C mittels Extraktion ist bei einem System mit einer Grenzkurve der Form a (Abb. 8.13) mit starker Unlöslich-keit zwischen Aufnehmer- und Abgeberphase − selbst bei hohen Konzentrationen von C − wesentlich leichter als bei einem System mit einer Grenzkurve der Form b. Damit eine Trennung mit Hilfe des Extraktionsmittels A_a bzw. A_b überhaupt möglich ist, muß die Konzentration des Zulaufes F zwischen den Grenzzuständen E'_a bzw. E'_b und B liegen.

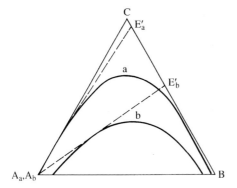

Abb. 8.13 Wirkung der Löslichkcit verschiedener Extraktionsmittel A_a und A_b auf die maximal erreichbare Konzentration des aufnehmerfreien Extraktes E'.

Nur dann bilden sich beim Zugeben des Extraktionsmittels A_a bzw. A_b im richtigen Mengenverhältnis zum Zulauf (Gl. (8.10) und (8.11)) die für den Trennprozeß erforderlichen zwei Phasen.

Eine Temperaturerniedrigung verringert fast immer die Löslichkeit und vergrößert damit das Zweiphasengebiet. Dennoch ist es aber meist unwirtschaftlich, eine Trennung bei Temperaturen unterhalb der Umgebungstemperatur durchzuführen.

Dichte − Grenzflächenspannung. Eine hohe Dichtedifferenz zwischen den beiden Phasen erleichtert ihre Trennung und verhindert, ebenso wie eine hohe Grenzflächenspannung, die Bildung von Emulsionen. Umgekehrt erschwert aber die hohe Grenzflächenspannung eine gute Verteilung der dispersen in der kontinuierlichen Phase. In jedem Fall nimmt die Grenzflächenspannung wie die Dichtedifferenz gegen den kritischen Punkt zu ab, um im Grenzfall Null zu werden.

Regeneration. Für die Wirtschaftlichkeit einer Extraktion ist es von Bedeutung, ein Extraktionsmittel zu finden, das neben der guten Selektivität und hohen Unlöslichkeit gegenüber dem Abgeber B eine günstige Regeneration erlaubt; nicht nur deshalb, um es wieder verwenden zu können, sondern vor allem, um ein lösungsmittelfreies Produkt zu gewinnen. Üblicherweise wird diese je nach den Siedepunktdifferenzen durch Destillation oder Rektifikation bewerkstelligt. Seltener wird wieder durch Flüssig/Flüssig-Extraktion oder durch Kristallisation regeneriert.

Daneben muß auch der notwendigen Sicherheit (Brennbarkeit, Giftigkeit) und den Kosten des Extraktionsmittels Rechnung getragen werden.

8.5 Berechnung der Gegenstromextraktion unter vereinfachenden Annahmen

Die Berechnung vereinfacht sich wesentlich, wenn der A-reiche Aufnehmer E und der B-reiche Abgeber R unabhängig von der Konzentration an zu extrahierendem Stoff C vollkommen ineinander unlöslich sind. Die Aufnehmerphase E besteht dann nur aus einer homogenen Lösung der Stoffe A und C, die Abgeberphase R aus einer solchen von B und C. Prinzipiell ergeben sich damit die gleichen Verhältnisse wie bei der Absorption, wo ebenfalls die im allgemeinen kleine Löslichkeit des Trägergases im Waschmittel fast immer vernachlässigt werden darf (s. Abschn. 7.2). In beiden Fällen bleiben die Stoffmengenströme N^* der eigentlichen Trägerkomponenten (bei der Extraktion die Stoffe A und B) konstant. Nach Abb. 8.14 dürfen darum die ein- und austretenden Stoffmengenströme $N^*_{A\,\alpha} = N^*_A = N^*_{A\,\omega}$ und $N^*_{B\,\alpha} = N^*_B = N^*_{B\,\omega}$ an reinem Aufnehmer bzw. Abgeber gleichgesetzt werden. Dementsprechend ist es zweckmäßig, wieder mit Beladungen zu rechnen, da dann die Bilanzkurven zu Geraden werden. Nach Abb. 8.14 führt eine Stoffbilanz für den zu extrahierenden Stoff C zwischen dem unteren Kolonnenende und einem Querschnitt a in beliebiger Lage zu der Beziehung:

$$N^*_{C,E\,\alpha} + N^*_{C,R} = N^*_{C,R\,\omega} + N^*_{C,E} \tag{8.12}$$

$N^*_{C,E} = N^*_E - N^*_A =$ Stoffmengenstrom des Stoffes C in der Aufnehmerphase E in kmol/s;
$N^*_{C,R} = N^*_R - N^*_B =$ Stoffmengenstrom des Stoffes C in der Abgeberphase R in kmol/s.

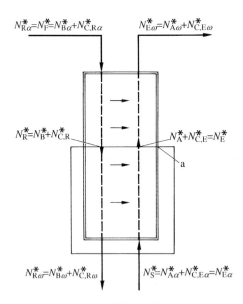

Abb. 8.14   Massen- und Stoffbilanz einer Gegenstromextraktionskolonne.

Mit Einführung der Beladungen, die im folgenden unter Weglassung des Index C sich immer auf den zu extrahierenden Stoff C beziehen:

$$X_E \equiv \frac{N_{C,E}}{N_A} \qquad X_R \equiv \frac{N_{C,R}}{N_B}, \tag{8.13}$$

kann Gl. (8.12) umgeformt werden:

$$X_{E\,\alpha} N^*_A + X_R N^*_B = X_{R\,\omega} N^*_B + X_E N^*_A. \tag{8.14}$$

Nach Division durch N_A^* folgt:

$$X_E = X_R \frac{N_B^*}{N_A^*} + \left(X_{E\alpha} - X_{R\omega} \frac{N_B^*}{N_A^*}\right). \tag{8.15}$$

In einem rechtwinkligen Diagramm mit der Beladung X_R als Abszissen- und X_E als Ordinatenachse (Abb. 8.15) wird die Bilanzgl. (8.15) durch eine Gerade wiedergegeben. Ihre Steigung ist analog zu Gl. (7.7) durch das Verhältnis der Stoffmengenströme des reinen Abgebers und Aufnehmers bestimmt:

$$\text{tg }\alpha = N_B^*/N_A^*. \tag{8.16}$$

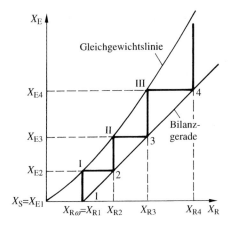

Abb. 8.15 Ermittlung der Zahl theoretischer Trennstufen im Beladungsdiagramm mittels einer Stufenkonstruktion zwischen Bilanzgerade und Gleichgewichtslinie.

Die Zusammensetzungen X_E, X_R der beiden Phasen in einem beliebigen Querschnitt der Kolonne sind durch Zustandspunkte gegeben, die auf dieser Bilanzgeraden liegen. Da der Aufnehmer A den zu extrahierenden Stoff C aufnehmen soll, muß seine durch die Bilanzgerade gegebene Beladung stets kleiner als die Gleichgewichtsbeladung sein. Mit anderen Worten: Wird — wie meist üblich — die Beladung des Abgebers $X_R \equiv N_{C,R}/N_B$ als Abszisse, diejenige des Aufnehmers $X_E \equiv N_{C,E}/N_A$ als Ordinate nach oben abgetragen, so muß die Bilanzlinie stets rechts unterhalb der durch den Nullpunkt gehenden Gleichgewichtskurve verlaufen.

Zur Berechnung läßt sich die kontinuierliche Gegenstromextraktion in theoretisch arbeitende Stufen unterteilen (Abschn. 3.8.1). Das Fließbild des vereinfachten Prozesses zeigt Abb. 8.16. In diesen theoretischen Stufen I, II, III ... n wird ein vollkommener Stoffaustausch vorausgesetzt, so daß die die Stufe verlassende Abgeber- und Aufnehmerphase R bzw. E sich im Phasengleichgewicht befinden. Der Zustandspunkt I der beispielsweise die Stufe I verlassenden Abgeberphase R_1 und Aufnehmerphase E_2 muß demnach in Abb. 8.15 auf der Gleichgewichtskurve liegen. Andererseits sind die Zusammensetzungen der Phasen zwischen den einzelnen Stufen, z. B. im Querschnitt 2, durch Zustandspunkte auf der Bilanzgeraden gegeben (Punkt 2). Die für einen Extraktionsvorgang erforderliche *Zahl der theoreti-*

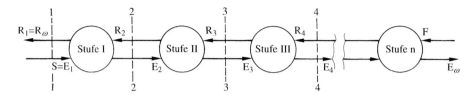

Abb. 8.16   Fließbild der stufenweisen Gegenstromextraktion.

schen Trennstufen n_{th} kann damit graphisch durch eine Stufenkonstruktion im Beladungsdiagramm ermittelt werden. Je ein gebrochener Linienzug $1 - I - 2$ oder $2 - II - 3$ entspricht dabei einer theoretischen Stufe. Die gleiche Berechnungsmethode findet sowohl bei der Rektifikation (McCabe-Thiele-Diagramm, s. Abschn. 6.2) wie auch bei der Absorption (s. Abschn. 7.7) Anwendung.

Dieses Berechnungsverfahren ist vorzugsweise auf Extraktionsvorgänge anwendbar, bei denen der Trennprozeß stufenweise abläuft; eine Arbeitsweise, die teilweise in Rühr- und Bodenkolonnen verwirklicht ist (s. Abschn. 8.9). Allerdings erreichen die in Betracht kommenden Siebböden meist nur einen Bruchteil der Trennwirkung einer theoretischen Stufe. Genau entspricht das Berechnungsverfahren einer aus mehreren Mischer-Abscheiderpaaren zusammengesetzten Extraktionsbatterie, die im Gegenstrom betrieben wird.

Nach Gl. (8.16) ist die Steigung der Bilanzgeraden in einem Beladungsdiagramm mit gleichen Achsenmaßstäben gleich dem Verhältnis der Mengenströme des reinen Abgebers N_B^* und Aufnehmers N_A^*. Verkleinern wir N_A^* bei gleichbleibendem N_B^*, so verläuft die Bilanzgerade steiler. Setzen wir zudem voraus, daß sich dadurch die Beladungen $X_{R\,\alpha}$ und $X_{R\,\omega}$ der Raffinatphase nicht ändern sollen, so wird die Bilanzgerade je nach Form der Gleichgewichtslinie diese schließlich tangieren oder schneiden (Abb. 8.17).

Dann ist der Extraktionsmittelstrom minimal ($N_{A,\,min}^*$) und die theoretische Trennstufenzahl muß unendlich sein, um die Trennaufgabe bewältigen zu können.

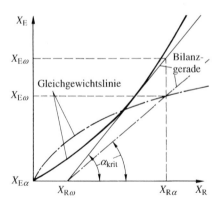

Abb. 8.17   Bestimmung des Mindestlösungsmittelverhältnisses aus der Steigung tg α_{krit} der Bilanzgeraden in ihrer Grenzlage bei verschiedener Form der Gleichgewichtslinie.

Beziehen wir $N^*_{A,min}$ auf den Stoffmengenstrom N^*_B des reinen Abgebers, so erhalten wir das *Mindestlösungsmittelverhältnis* v_{min}:

$$v_{min} = 1/\text{tg}\,\alpha_{krit} = \frac{N^*_{A,min}}{N^*_B}. \tag{8.17}$$

In technischen Ausführungen arbeitet man meistens mit wesentlich größeren Extraktionsmittelmengen $N^*_A \gg N^*_{A,min}$, um die Trennstufenzahl klein zu halten.

8.6 Verfeinerte Berechnung der Gegenstromextraktion unter Berücksichtigung der gegenseitigen Löslichkeit von Abgeber und Aufnehmer

Ist die Änderung der gegenseitigen Löslichkeit von Abgeber und Aufnehmer in Abhängigkeit der Beladung an auszutauschendem Stoff C nicht zu vernachlässigen, so muß der Extraktionsvorgang im Dreiecksdiagramm verfolgt werden. Ähnlich wie die thermodynamisch exakte Berechnung der Rektifikation auf das h, w-Diagramm führt, muß bei der Extraktion unter diesen Bedingungen das Diagramm verwendet werden, in dem drei Erhaltungssätze für die drei Stoffe zum Ausdruck kommen.

Für das durch das obere Kolonnenende und einen beliebigen Schnitt durch die Kolonne bestimmte Bilanzgebiet nach Abb. 8.18 folgen bei stationärem Betrieb die drei Bilanzgleichungen für jeden am Prozeß beteiligten Stoff:

$$\text{für } A: \quad N^*_{A\,\alpha} + N^*_{A,R} = N^*_A + N^*_{A,R\,\omega}; \tag{8.18}$$

$$\text{für } B: \quad N^*_B + N^*_{B,E\,\alpha} = N^*_{B\,\omega} + N^*_{B,E}; \tag{8.19}$$

$$\text{für } C: \quad N^*_{C,R} + N^*_{C,E\,\alpha} = N^*_{C,R\,\omega} + N^*_{C,E}. \tag{8.20}$$

Dabei ist $N^*_{B,E\,\alpha}$ bzw. $N^*_{B,E}$ der — meist kleine — Stoffmengenstrom des reinen Abgebers B, welcher in der A-reichen Aufnehmerphase E gelöst ist. Umgekehrt entspricht $N^*_{A,R}$ bzw. $N^*_{A,R\,\omega}$ dem Anteil des reinen Aufnehmers A, der die B-reiche Abgeberphase R enthält.

Durch die drei Bilanzgl. (8.18) bis (8.20) sind die vier Ströme, die in das Bilanzgebiet ein- bzw. austreten, miteinander gekoppelt. Jeder Strom wird seiner Zusammensetzung nach durch einen Punkt im Diagramm nach Abb. 8.19 dargestellt. Außer bei den beiden der Kolonne oben und unten zugeführten Strömen darf angenommen werden, daß Extrakt- und Raffinatphase sich bis zur Sättigung ineinander gelöst haben, so daß die betreffenden Zustandspunkte auf dem linken und rechten Ast der Grenzkurve (Abb. 8.8) liegen. Dagegen wird der Feed F und in manchen Fällen auch der eintretende regenerierte Aufnehmer S nicht mit der Gegenkomponente gesättigt sein ($N_{A,R\,\alpha} = 0$, $N_{B,E\,\alpha} = 0$), ihre Zustandspunkte liegen dann auf einer der Dreiecksseiten BC bzw. AC.

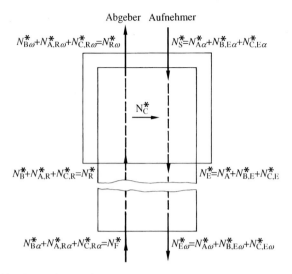

Abb. 8.18   Betrachtung der kontinuierlichen Gegenstromextraktion unter Berücksichtigung der gegenseitigen Löslichkeit von Aufnehmer und Abgeber.

Weiter muß vorausgesetzt werden, daß in keinem Abschnitt der Kolonne die beiden Phasen hinsichtlich ihres Gehaltes an auszutauschendem Stoff C im Gleichgewicht zueinander stehen. Träfe diese Voraussetzung nicht zu, so würde der Zweck des Verfahrens, die Übertragung der Komponente C vom Abgeber an den Aufnehmer, hinfällig. Die zum gleichen Kolonnenquerschnitt gehörenden Zustandspunkte liegen damit nicht auf derselben Konnode.

Die drei Bilanzgleichungen lassen sich nun so ordnen, daß jeweils rechts und links eine Differenz von zwei Mengenströmen steht, die durch denselben Querschnitt der Kolonne fließen. Es ist nämlich

$$N^*_{A,R} - N^*_A = N^*_{A,R\omega} - N^*_{A\alpha}, \tag{8.21}$$

$$N^*_B - N^*_{B,E} = N^*_{B\omega} - N^*_{B,E\alpha}, \tag{8.22}$$

$$N^*_{C,R} - N^*_{C,E} = N^*_{C,R\omega} - N^*_{C,R\alpha}. \tag{8.23}$$

Die rechten Seiten dieser Gleichungen sind durch die Ströme am oberen Kolonnenende gegeben, die sich nicht ändern, wenn auch die Lage des Schnittes durch die Kolonne beliebig verschoben wird. Nach Abschn. 4.6 gilt: Werden zwei Teilmengen addiert, wobei gleichzeitig drei Erhaltungssätze gelten, so liegt der Mischpunkt auf der Verbindungsgeraden der Zustandspunkte, und zwar zwischen den beiden Ausgangspunkten. Dementsprechend liegt bei einer Entmischung, d. h. bei Wegnahme einer Teilmenge E von einem Ausgangsgemisch R, das verbleibende Restgemisch P zwar auch auf der Verbindungsgeraden der Zustandspunkte von E und R, aber außerhalb der Strecke $\overline{ER}$.

Die obigen Bilanzgl. (8.21) bis (8.23) entsprechen einer Entmischung. Von einer Menge R ($N_{A,R}$; N_B; $N_{C,R}$) wird eine Teilmenge E (N_A, $N_{B,E}$, $N_{C,E}$) entfernt, wobei das verbleibende Restgemisch P eine konstante Größe aufweist (rechte Seite der

Gl. (8.21). Der Punkt P muß darum auf der Verbindungsgeraden $\overline{ER}$ liegen, sich aber außerhalb der Strecke ER befinden. Die Gleichungen sagen damit aus, daß die beiden Zustandspunkte E und R, die den Zusammensetzungen auf dem gleichen Kolonnenquerschnitt entsprechen, für jede beliebige Lage des Schnittes auf einer Geraden (*Querschnittsgeraden*) liegen, die durch den von der Schnittlage unabhängigen *Pol P* führt (Abb. 8.19). Bei dieser genaueren Berechnung wird die früher gefundene *Bilanzgerade* (s. Abschn. 8.5) durch ein *Geradenbüschel* mit dem Pol P ersetzt.

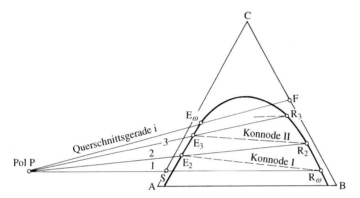

Abb. 8.19 Konstruktion der Querschnittsgeraden mit Hilfe des Poles P und Ermittlung der Zahl theoretischer Trennstufen nach der Methode von Hunter und Nash.

Mit Hilfe dieser geometrischen Analogie kann durch eine *Stufenkonstruktion*, die immer einmal der Querschnittsgeraden durch den Pol P und dann der Konnode folgt, die theoretische Trennstufenzahl n_{th} ermittelt werden (Methode nach Hunter und Nash [8.16]). Dieses graphische Berechnungsverfahren setzt also wieder die Unterteilung der in Abb. 8.18 schematisch dargestellten Extraktionskolonne in einzelne ideal wirkende Stufen voraus (Abb. 8.20). Damit läßt sich die Änderung der Zusammensetzung der beiden Phasen im Zustandsdiagramm (Abb. 8.19) anschaulich verfolgen.

Die Zustandspunkte R_ω und S der beiden Phasen am oberen Kolonnenende liegen auf einer Querschnittsgeraden 1 durch den Pol P. Andererseits stehen die die Stufe I verlassende Raffinatphase R_ω und Extraktphase E_2 im Gleichgewicht; ihre Zustandspunkte R_ω und E_2 liegen darum auf der Konnode I. Die Verhältnisse im Querschnitt 2 werden durch die Gerade 2, die von P zum Schnittpunkt zwischen Konnode I und linkem Ast der Grenzkurve (E_2) führt, dargestellt. Anschließend folgt man der Konnode II ($\overline{R_2 E_3}$), um danach die nächste Querschnittsgerade 3 ziehen zu können ($\overline{P E_3}$). Jeder durch eine Querschnittsgerade und Konnode dargestellte Linienzug entspricht einer theoretischen Trennstufe. Diese Ableitung zeigt gleichzeitig, wie man einfach die Lage des Poles P findet. Da die Zustände an den beiden Kolonnenenden 1 und i durch Bilanzgleichungen errechnet werden können, lassen sich die beiden Querschnittsgeraden 1 und i ziehen, deren Schnittpunkt der Pol P darstellen muß.

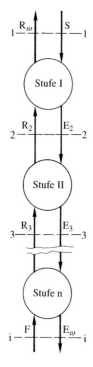

Abb. 8.20   Schema der stufenweisen Gegenstromextraktion.

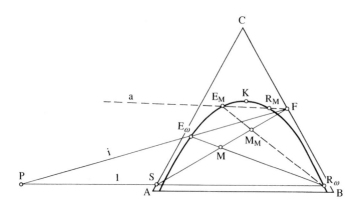

Abb. 8.21   Ermittlung des Mindestlösungsmittelverhältnisses, um eine Raffinatphase der Zusammensetzung entsprechend Zustandspunkt R_ω zu gewinnen.

Nach Abb. 8.21 ist durch die Lage des Mischpunktes M (Schnittpunkt der Strecken $\overline{R_\omega E_\omega}$ und $\overline{FS}$) der für den Trennvorgang erforderliche Extraktionsmittelstrom N_{S}^* durch das Hebelgesetz gegeben. Meistens bezieht man N_{S}^* auf den Feedstrom N_{F}^* und bezeichnet diesen Quotienten als *Lösungsmittelverhältnis* v:

$$v = \frac{N_{\mathrm{S}}^*}{N_{\mathrm{F}}^*} = \frac{\overline{MF}}{\overline{SM}}. \tag{8.24}$$

Aus Abb. 8.21 kann auch das *Mindestlösungsmittelverhältnis* v_{min} gefunden werden, das erforderlich ist, um eine Raffinatphase des Zustandes R_ω zu gewinnen. Eine Verringerung von N_{S}^* bewirkt eine Verschiebung des Punktes M auf der Verbindungslinie $\overline{FS}$ in Richtung F. Damit erhöht sich die Konzentration der Extraktphase E_ω (E_ω wandert auf dem linken Ast der Grenzkurve in Richtung auf Punkt K). In Abb. 8.21 ist weiter die Konnode $\overline{E_{\mathrm{M}} R_{\mathrm{M}}}$ eingezeichnet, deren Verlängerung durch den Zustandspunkt F des Feeds führt. E_{M} entspricht damit der maximal erreichbaren Endkonzentration des Extraktes, unabhängig von der Endkonzentration der Raffinatphase R_ω. Durch die Lage des Punktes M_{M} ist damit das Mindestlösungsmittelverhältnis v_{min} nach Gl. (8.24) bestimmt. Da die Unterschiede der Steigungen von Konnode und Querschnittsgerade bei kleinerem Extraktionsmittelstrom N_{S}^* ebenfalls kleiner werden, nimmt entsprechend die für einen bestimmten Trennvorgang benötigte Stufenzahl zu. Im Fall des Mindestlösungsmittelverhältnisses v_{min} fällt die Querschnittsgerade a mit der Konnode $\overline{E_{\mathrm{M}} R_{\mathrm{M}}}$ zusammen und die Stufenzahl wird unendlich.

Die in diesem Abschnitt behandelte Stufenkonstruktion kann ebenfalls in das rechtwinklige Beladungsdiagramm nach Abschn. 8.5 übertragen werden. Allerdings muß, um gleiche Ergebnisse zu gewinnen, die Bilanzgerade durch einen Kurvenzug ersetzt werden, da die Voraussetzung des konstanten Löslichkeitsverhältnisses zwischen Aufnehmer- und Abgeberphase hier fallen gelassen wurde. Die Bilanzkurve im Rechtecksdiagramm kann durch Übertragen der Zustandspunkte R_i, E_i

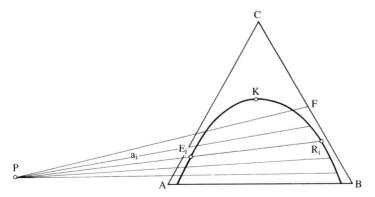

Abb. 8.22   Um die Bilanzkurve zu finden, überträgt man die Schnittpunkte E_i und R_i von den Strahlen durch den Pol P mit den beiden Ästen der Löslichkeitsgrenzkurve in das Beladungsdiagramm.

(Abb. 8.22: R_i, E_i = Schnittpunkte der Querschnittsgeraden a_i mit den Ästen der Löslichkeitsgrenzkurve) unter entsprechender Umrechnung auf Beladungen gefunden werden.

8.7 Bestimmung der Höhe von Füllkörperkolonnen

In Füllkörper- wie in Sprühkolonnen (s. Abschn. 8.9.1) geht der Trennvorgang nicht wie bei Bodenkolonnen stufenweise vor sich, sondern kontinuierlich. Die beiden Phasen stehen also längs der ganzen Kolonne stets miteinander in Kontakt. Dennoch wird häufig, wie bei der Rektifikation und Absorption, die für Bodenkolonnen zutreffende Berechnung der theoretischen Trennstufenzahl auch auf Füllkörperkolonnen übertragen. Dazu führt man eine Füllkörperschicht ein, deren Trennwirkung derjenigen einer ideal wirkenden Stufe entspricht (= HETS = Height Equivalent to one Theoretical Stage). Die erforderliche Schichthöhe H wird dann:

$$H = n_{\text{th}} \cdot \text{HETS} .\tag{8.25}$$

Zum errechneten Wert von H muß ein beträchtlicher Sicherheitszuschlag hinzugefügt werden, da genaue Angaben über die HETS nur schwer zu ermitteln sind. Wie schon bei der Absorption erwähnt, ist es aber unzweckmäßig, einen Vorgang mit kontinuierlicher Änderung der Konzentration durch ein Stufenverfahren zu erfassen. Es überrascht auch nicht, daß die HETS-Werte stark vom Stoffsystem, vom Durchsatz und den Konzentrationen abhängig sind, und darum nur unter speziellen Bedingungen für genaue Berechnungen übernommen werden dürfen. Die folgende Berechnung der Höhe von Füllkörperkolonnen mit Hilfe der Übergangseinheiten erweist sich darum häufig als vorteilhafter (s. auch Abschn. 7.8).

Um den Berechnungsgang mit Stoffübergangseinheiten zu vereinfachen, rechnet man mit Stoffmengenstromdichten n^*, die auf den Kolonnenquerschnitt f und nicht auf die von vielen Parametern abhängige Austauschfläche bezogen sind (Einheit von n^* = kmol/(s $\cdot$ m^2 Kolonnenquerschnitt)).

In Abb. 8.23 tritt die Abgeberphase R (Stoffmengenstromdichte $n_F^* = n_{R\,\alpha}^*$, Stoffmengenanteil $x_{R\,\alpha}$) oben in die Kolonne ein und verläßt diese mit der Stoffmengenstromdichte $n_{R\,\omega}^*$ und einer Zusammensetzung $x_{R\,\omega}$. Im Gegenstrom zu ihr strömt die Aufnehmerphase (Eintritt: $n_E^* = n_{E\,\alpha}^*$, $x_{E\,\alpha}$; Austritt: $n_{E\,\omega}^*$, $x_{E\,\omega}$). Die auf das Volumen bezogene Austauschfläche sei a in m^2/m^3. Für Sprüh-, Füllkörper- und Rührkolonnen läßt sich a aus dem Holdup-Volumen V_H (Volumen der dispersen Phase in der Kolonne) und dem mittleren Tropfendurchmesser d_m berechnen:

$$a = \frac{6\, V_H}{V_K\, d_m} ;\tag{8.26}$$

$d_m = \sum_i z_i d_i^3 / \sum_i z_i d_i^2$ = Sauter-Durchmesser (Grassmann [8.17], Sauter [8.18]) (z = Tropfenzahl, d = Tropfendurchmesser);

$V_K = f H$ = Kolonnenvolumen in m^3.

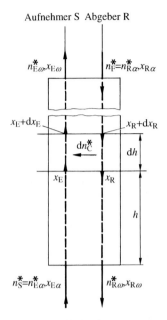

Abb. 8.23   Kontinuierliche Gegenstromextraktion. Bilanz für einen Kolonnenabschnitt dh.

Gemäß Abb. 8.23 gehen in einem Kolonnenabschnitt der Höhe dh pro Zeiteinheit und Kolonnenquerschnittsfläche dn_C^* Mole der Komponente C vom Abgeber an den Aufnehmer über. Für den Stoff C in der Abgeberphase läßt sich dann folgende Bilanz aufstellen (vgl. auch Gl. (7.62)):

$$\mathrm{d}\,n_C^* = \mathrm{d}(\,n_R^*\,x_R) = k_R\,a\,\frac{\rho_R}{\mathcal{M}_R}\,(x_R - x_{R,e})\,\mathrm{d}\,h\,; \tag{8.27}$$

k_R = Stoffdurchgangskoeffizient, auf Abgeber-(Raffinat-)phase R bezogen in m/s;
$\mathcal{M}_R$ = mittlere molare Masse der Abgeberphase in kg/kmol;
$x_{R,e}$ = zur Zusammensetzung x_E der Aufnehmer-(Extrakt-)phase gehörende Gleichgewichtszusammensetzung der Abgeberphase;
ρ_R = mittlere Dichte der Abgeberphase in kg/m^3.

Da sich die Stoffmengenstromdichte n_R^* der Abgeberphase längs der Kolonne ändert, führt man mit Vorteil die Berechnung von dn_C^* mit Hilfe des annähernd konstant bleibenden Stromes an reinem Abgeber n_B^* und dessen Beladung X_R in der Abgeberphase durch:

$$\mathrm{d}\,n_C^* = \mathrm{d}(\,n_R^*\,x_R) = \mathrm{d}(\,n_B^*\,X_R) \approx n_B^*\,\mathrm{d}\,X_R\,. \tag{8.28}$$

Vernachlässigt man die sich ändernde Löslichkeit der Komponente A (reines Extraktionsmittel) im Raffinat R, so gilt

$$n_B^* \approx n_R^*\,(1 - x_R) \tag{8.29}$$

und

$$d\,X_R \approx d\left(\frac{x_R}{1 - x_R}\right) = \frac{d\,x_R}{(1 - x_R)^2}\,. \tag{8.30}$$

Damit wird:

$$d\,n_C^* = \frac{n_B^*\,d\,x_R}{(1 - x_R)^2} = \frac{n_R^*\,d\,x_R}{(1 - x_R)}\,. \tag{8.31 u. 8.31 a}$$

Durch Einsetzen von Gl. (8.31) in (8.27) und Integration findet man für die Schichthöhe H:

$$H = \int_{x_{R\omega}}^{x_{R\alpha}} \frac{\mathcal{M}_R\,n_R^*\,d\,x_R}{k_R\,a\rho_R\,(1 - x_R)\,(x_R - x_{R,e})}\,. \tag{8.32}$$

Dieser Ausdruck für H läßt sich wie in Abschn. 7.8 in ein Produkt der Zahl $\mathrm{NTU_{OR}}$ und der Höhe $\mathrm{HTU_{OR}}$ von Übergangseinheiten zerlegen. Vorerst werden aber Zähler und Nenner der Gl. (8.32) um den Faktor $(1 - x_R)_{lm}$ erweitert $[(1 - x_R)_{lm} = $ logarithmisches Mittel von $(1 - x_R)$ und $(1 - x_{R,e})$, vgl. Gl. (7.68)].

Diese Ergänzung wird dadurch begründet, daß bei einseitiger Diffusion durch eine stationäre Flüssigkeitsgrenzschicht der Diffusionswiderstand von der Konzentration in dieser Grenzschicht abhängt (Perry [8.14], S. 14–19).

Das Produkt $k_R\,(1 - x_R)_{lm}$ ist darum eher konzentrationsunabhängig als der Stoffdurchgangskoeffizient k_R allein. Damit erhält man:

$$\mathrm{NTU_{OR}} = \int_{x_{R\omega}}^{x_{R\alpha}} \frac{(1 - x_R)_{lm}\,d\,x_R}{(1 - x_R)\,(x_R - x_{R,e})}\,, \tag{8.33}$$

$$\mathrm{HTU_{OR}} = \frac{\mathcal{M}_R\,n_R^*}{k_R\,(1 - x_R)_{lm}\,a\,\rho_R}\,. \tag{8.34}$$

Analoge Beziehungen können auch für $\mathrm{NTU_{OE}}$ und $\mathrm{HTU_{OE}}$, d. h. für die auf die Aufnehmerphase E bezogene Zahl und Höhe der Übergangseinheiten, gefunden werden.

Zusammenhang zwischen HTU und HETS. Wenn in einem rechtwinkligen Beladungsdiagramm nach Abb. 8.15 sowohl die Gleichgewichts- als auch die Bilanzlinie geradlinig verlaufen, kann folgende Beziehung zwischen NTU-Wert und der Anzahl theoretischer Trennstufen n_{th} gefunden werden (Perry [8.14], S. 14–10):

$$\frac{n_{th}}{\mathrm{NTU}} = \frac{\mathrm{HTU}}{\mathrm{HETS}} = \frac{(m/a) - 1}{\ln\,(m/a)}\,. \tag{8.35}$$

Dabei ist m die Steigung der Gleichgewichts- und a diejenige der Bilanzgeraden. Nur im Falle von paralleler Gleichgewichts- und Arbeitsgeraden sind HTU und HETS gleich.

Angaben zur Berechnung von HTU-Werten sind zu finden bei Thornton [8.1], Lo et al. [8.6] und Perry [8.14].

8.8 Wahl der dispersen und der kontinuierlichen Phase

Die spezifisch schwerere Flüssigkeit kann sowohl disperse als auch kontinuierliche Phase und in beiden Fällen sowohl Abgeber wie auch Aufnehmer sein. Die gleichen Möglichkeiten ergeben sich für die spezifisch leichtere Flüssigkeit. Die folgenden Betrachtungen schränken die Wahl aber ein:

1. Allgemein ist anzustreben, die Flüssigkeit mit dem höheren Mengenstrom als disperse Phase zu wählen, da dadurch bei einer gegebenen Tropfengröße die Austauschfläche erhöht wird. Andererseits wird dann aber − besonders bei großem Unterschied der beiden Phasenmengenströme − der Stoffaustausch durch die axiale Vermischung, die sogenannte *Rückvermischung*, nachteilig beeinflußt, da sich dadurch der axiale Konzentrationsgradient längs der Kolonne verkleinert. Diese Rückvermischung läßt sich jedoch durch große Geschwindigkeit der kontinuierlichen Phase teilweise unterdrücken.
2. Normalerweise ist der Holdup der dispersen Phase kleiner als der der kontinuierlichen. Darum wird vorteilhaft die teurere oder aus Sicherheitsgründen die leichter brennbare Flüssigkeit in disperser Form gewählt.
3. Die Benetzungseigenschaften der beiden Phasen müssen besonders bei Füllkörper- und Siebbodenkolonnen berücksichtigt werden. Bei normalen und pulsierenden Füllkörperkolonnen soll immer die benetzende Flüssigkeit als kontinuierliche Phase gewählt werden (Rydberg et al. [8.2], S. 304 und Gerhartz [8.4], S. 6−16) (Abschn. 8.9.2).
4. Die Tropfengröße und damit die spezifische Austauschfläche kann durch die Richtung des Stoffaustausches beeinflußt werden. Allgemein sind kleinere Tropfen zu erwarten, wenn der lösliche Stoff von der kontinuierlichen Phase an die disperse übertragen wird. Im Fall der umgekehrten Austauschrichtung werden größere Tropfen beobachtet, was auf ein vermehrtes Zusammenfließen von kleineren Tropfen zurückzuführen ist. Dies wird der örtlichen Änderung der Grenzflächenspannung zugeschrieben (Gerhartz [8.4], S. 6−27).

Ändern sich die physikalischen oder volumetrischen Eigenschaften der beiden Phasen infolge des Stoffaustausches stark, so kann es zweckmäßig sein, die Phasengrenzfläche in den mittleren Bereich der Kolonne zu verlegen. Dann erscheinen beide Flüssigkeiten einmal als disperse, einmal als kontinuierliche Phase.

8.9 Extraktionsapparate

Die zwischen zwei Phasen ausgetauschte Stoffmenge ΔN_i wird durch die bei Stoffaustauschvorgängen allgemein gültige Beziehung beschrieben:

$$\Delta N_i = k\,F\,\frac{\rho_m}{\mathcal{M}_m}\,(x_{i,\,e} - x_i)\,\Delta t. \tag{8.36}$$

Um hohe Durchsatzleistungen zu erhalten, muß eine Extraktionsapparatur den folgenden Anforderungen genügen:

1. Durch hohe Strömungsgeschwindigkeiten und starke Turbulenz sind günstige Voraussetzungen für hohe Stoffdurchgangskoeffizienten k zu erreichen.
2. Durch feine Verteilung der einen Phase ist eine große Austauschfläche F zu schaffen.
3. Durch eine günstige Flüssigkeitsführung (Gegenstrom) bleibt eine relativ große Gleichgewichtsabweichung $x_{i,e} - x_i$ (treibendes Gefälle) im ganzen Apparat erhalten.
4. Die Extraktionsapparatur soll lange Kontaktzeiten Δt zwischen den beiden Phasen erlauben.

Die verschiedenen Apparate der Flüssig/Flüssig-Extraktion lassen sich in zwei Hauptgruppen unterteilen:

1. Stufenapparate, welche je aus einem Rührwerk und Abscheider bestehen (sog. *Mixer-Settler*).
2. Kontinuierlich arbeitende Gegenstromextraktionsanlagen, wie Füllkörper-, Boden- oder Rührkolonnen und mechanische Extraktoren.

8.9.1 Mischer-Abscheider (Mixer-Settler)

Mischer-Abscheider stellen eine der einfachsten und ältesten Bauformen von Extraktionseinrichtungen dar. Misch- und Abscheideraum werden in technischen Anlagen meist in einem langgestreckten, durch Zwischenwände aufgeteilten Tank zusammengefaßt. Die Rührorgane haben die Doppelfunktion der Dispergierung und der Förderung (Abb. 8.24). Eine getrennte Ausführung, wie beispielsweise in Abb. 8.7 dargestellt, findet man selten. Nachteilig ist dabei oft der große Bedarf an Grundfläche; vorteilhaft ist dagegen die kleine Apparatehöhe. Der *Lurgi-Turmextraktor*, in dem alle Abscheider turmförmig übereinander angeordnet und die jeweiligen Mischer (Zentrifugalpumpen) seitlich des Turms angeordnet sind, erfordert auch bei einer großen Zahl von Mischer-Abscheider-Stufen eine kleine Grundfläche (Abb. 8.25). Allgemein werden Mischer-Abscheider bevorzugt für große Durchsätze mit kleiner erforderlichen Stufenzahl eingesetzt und Bodenwirkungsgrade nahe bei 100% erreicht, wie beispielsweise bei der Kupferextraktion aus verdünnten, wäßrigen Lösungen (Lo et al. [8.6], Gerhartz [8.4]).

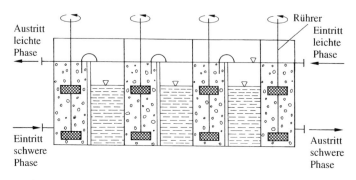

Abb. 8.24   Tank-Typ eines Mischer-Abscheiders.

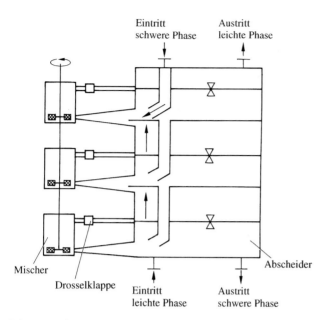

Abb. 8.25   Lurgi-Turmextraktor.

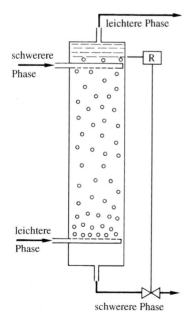

Abb. 8.26   Sprühkolonne. R = Regulierung der Phasengrenzfläche.

8.9.2 Sprühkolonnen

Die *Sprühkolonnen* nach Abb. 8.26 zählen zu den einfachsten Extraktionsapparaten. Die kontinuierliche Phase strömt durch die keine Einbauten aufweisende Kolonne von unten nach oben oder von oben nach unten um die aufsteigenden oder fallenden Tropfen der dispersen Phase. Schon bei Kolonnen mit geringem Durchmesser macht sich die axiale Vermischung (Rückvermischung) der kontinuierlichen Phase nachteilig bemerkbar. Dadurch wird der Konzentrationsgradient längs der Kolonne verkleinert und die Trennwirkung verringert. Mit wachsendem Verhältnis Durchmesser/Länge der Kolonne nehmen darum die Höhen der Übergangseinheiten beträchtlich zu (vgl. Abschn. 8.10).

Stoffübergangsdaten für Sprühkolonnen finden sich bei Lo et al. [8.6].

8.9.3 Füllkörperkolonnen

Das Schema einer *Füllkörperkolonne* zeigt Abb. 8.27. Die schwerere Phase tritt oben über eine Verteilvorrichtung in die Kolonne ein und fällt in disperser Form durch die Füllkörperschicht. Die leichte Phase tritt unten über einen Verteiler ein und steigt als kontinuierliche Phase in der Kolonne auf. Die Phasengrenzfläche wird durch Regelung des Auslaufes der schwereren Phase an der gewünschten Stelle gehalten.

Als Füllkörper werden hauptsächlich Raschig-*Ringe* oder Berl-*Sättel* verwendet (Abb. 6.32). Durch Füllkörper werden infolge der erzeugten höheren Turbulenz

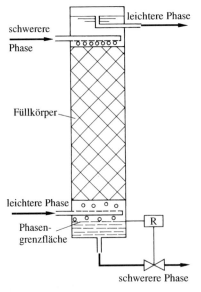

Abb. 8.27   Füllkörperkolonne. R = Regulierung der Phasengrenzfläche.

höhere Stoffdurchgangszahlen erreicht als beispielsweise in den einbautenlosen Sprühkolonnen. Füllkörper mit kleinerem Durchmesser führen dabei zu merklich kleineren HTU- und HETS-Werten. Dieses Verhalten ist auf die dann kleineren Tropfen der dispersen Phase und die damit größere Austauschfläche pro Volumeneinheit (vgl. Gl. (8.26)) zurückzuführen. Zudem ergibt die bei kleineren Tropfen niedrigere Relativgeschwindigkeit zwischen Tropfen und kontinuierlicher Phase eine höhere Verweilzeit und damit einen größeren Holdup der dispersen Phase in der Kolonne. Andererseits weisen kleinere Füllkörper wesentlich höhere Druckverluste auf und erlauben bei gleichem Druckabfall entsprechend kleinere Mengendurchsätze. Der Durchmesser d_{FK} von Raschig-Ringen sollte nicht kleiner als eine kritische Größe gewählt werden, die sich aus folgender Gleichung errechnen läßt (Thornton [8.1], S. 522 f.):

$$d_{FK, krit} = 2,42 \left(\frac{\sigma}{\Delta \rho g} \right)^{1/2} ;$$

σ = Grenzflächenspannung in N/m;
$\Delta \rho$ = Dichteunterschied zwischen Abgeber- und Aufnehmerphase in kg/m^3.

Bei kleineren Füllkörpergrößen als $d_{FK, krit}$ bleiben die Tropfen in den Zwischenräumen hängen und vereinigen sich zum Teil mit nachfolgenden Tropfen. Die *Tropfendynamik* wurde ausführlich von Thornton [8.1] behandelt. Kolonnen mit statischen Mischern (vgl. Sulzer-Packung Abb. 6.35, 7.16) wurden von Nedungadi [8.19] untersucht.

Um einen günstigeren Stoffaustausch zu erreichen, wählt man als kontinuierliche Phase mit Vorteil diejenige Flüssigkeit, welche die Füllkörper benetzt. Damit wird verhindert, daß die Tropfen der dispersen Phase entlang den Wandungen der Füllkörper kriechen (s. Abschn. 8.8). Verlegt man in Abb. 8.27 die Phasengrenzfläche von unten nach oben, so wird die schwerere Flüssigkeit zur kontinuierlichen Phase.

Der Durchsatz von Füllkörperkolonnen ist der Strömungsgeschwindigkeit der beiden Phasen proportional. Diese Geschwindigkeit darf jedoch nur bis zu der Grenze gesteigert werden, bei der das sogenannte *Fluten* der Kolonne beginnt. Zu Beginn des Flutens reichert sich die disperse Phase in der Kolonne stark an, und es entstehen große Tropfen (*transition point*). Beim Fluten selbst wird die disperse Phase durch die kontinuierliche Phase mitgerissen und verläßt mit dieser die Kolonne (*flooding point*). Nahe dieser kritischen Belastungsgrenze ist der Stoffaustausch infolge starker Turbulenz besonders gut. Man wählt deshalb einen Kolonnendurchmesser, der einen Betrieb bei ungefähr 50 bis 60% der Grenzgeschwindigkeit ergibt. Dies setzt allerdings eine einigermaßen sichere Berechnungsmethode der Flutgrenze voraus. Houlihan und Landau [8.20] schlugen die Methode von Sakiadis und Johnson [8.21] zur Berechnung der Flutgrenze vor. Für Kolonnendurchmesser $D > 7,6 \cdot 10^{-2}$ m und für $D/d_P \geq 6$ gilt (Lo et al. [8.6], S. 329 f):

$$1 + 0,835 \left(\frac{\rho_d}{\rho_c} \right)^{0,25} \left(\frac{v_d}{v_c} \right)^{0,5} = 1,06 \, c \left(\frac{v_{c,f}^2 a_p}{g \, \varepsilon_p^3} \right) \left(\frac{\rho_c}{\Delta \rho} \right) \eta_c^{0,25} \sigma^{0,25} \qquad (8.37)$$

mit der Dichte ρ, der Leerrohrgeschwindigkeit v, der dynamischen Viskosität η (Einheit $lb_m \, ft^{-1} \, h^{-1}$), der Oberflächenspannung σ (Einheit dynes cm^{-1}) der dispersen (d), der kontinuierlichen (c) Phase bzw. am Flutpunkt (f), mit der spezifischen Oberfläche a_p und dem Leervolumenanteil ε_p der Packung sowie den Werten für die Konstante c in Tab. 8.1.

Tab. 8.1 c-Werte nach Gl. (8.37) für verschiedene Packungen [8.6]

Packungs-Typ	c-Werte nach Gl. (8.37)
Raschig-Ringe	$0{,}87\,\varepsilon^{0,0068}\,a_p^{-0,043}$
Berl-Sättel	$1{,}20\,\varepsilon^{0,78}\,a_p^{-0,0351}$
Lessing-Ringe	$1{,}02\,\varepsilon^{0,0068}\,a_p^{-0,043}$
Kugeln	$0{,}95\,\varepsilon^{0,0068}\,a_p^{-0,043}$

Die Trennwirkung einer Füllkörperkolonne läßt sich durch *Pulsation* der kontinuierlichen Phase beträchtlich verbessern [8.22] (Abschn. 8.9.7). Schwingende Membranen oder Kolbenpumpen versetzen die kontinuierliche Phase in Schwingungen. Diese erhöhen die Turbulenz in der Kolonne und bewirken eine Verkleinerung der Tropfengröße. Gegenüber nicht pulsierten Kolonnen konnte eine bis zu 15-fache Erhöhung der Trennwirkung beobachtet werden. Bei Betrieb nahe der Flutgrenze wird allerdings die Trennwirkung durch Pulsation nur wenig erhöht, da die Turbulenz durch die hohen Strömungsgeschwindigkeiten bereits stark ausgebildet ist. Ausführliche Untersuchungen an pulsierenden Füllkörperkolonnen sind bei Widmer [8.22] zu finden, wo auch eine Berechnungsmethode für diese Kolonnen angegeben wird.

Die Anwendung der Pulsation ist nicht bei allen Flüssigkeitssystemen von Vorteil. Bei solchen, die zur Bildung von stabilen Emulsionen neigen, ist eine Pulsation zu unterlassen.

8.9.4 Bodenkolonnen

Die bei der Rektifikation und der Absorption gebräuchlichen Glockenböden werden bei der Extraktion nicht verwendet.

Angewandt werden dagegen *Sieb-* und *Lochböden*, die eine große Zahl kleiner Löcher aufweisen, deren Durchmesser je nach System und Betriebsbedingungen zwischen 3 und 6 mm schwanken. Abb. 8.28 zeigt einen Ausschnitt aus einer Siebbodenkolonne. Die leichtere Phase sammelt sich unterhalb eines Bodens an und steigt in Tropfenform durch die sich über den Boden bewegende schwerere Phase. Die Tropfen koaleszieren unterhalb des nächst höheren Bodens wieder zu einer Flüssigkeitsschicht der Höhe h, deren Auftrieb ausreicht, die die Tropfenbildung behindernden Kräfte zu überwinden (Widmer [8.23], Lo et al. [8.6], S. 334 f). Die schwerere Phase strömt über den Boden und durch das Ablaufrohr im Kreuzgegenstrom zur leichteren Phase.

Gegenüber den Sprühkolonnen weisen die Siebbodenkolonnen den Vorteil auf, daß die Tropfen dauernd neu gebildet werden. Diese ständige Erneuerung der

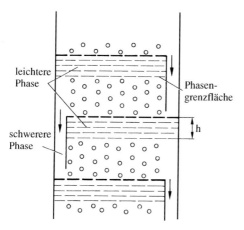

leichtere Phase

Phasengrenzfläche

schwerere Phase

h

Abb. 8.28   Ausschnitt aus einer Siebbodenkolonne.

Grenzfläche erhöht den Stoffaustausch (s. Abschn. 7.5.2). Zudem wird durch die Böden die nachteilige axiale Rückvermischung der kontinuierlichen Phase weitgehend verhindert. Im Gegensatz zu Sprühkolonnen erzielt man darum mit Siebbodenkolonnen auch bei großen Durchmessern noch recht günstige Ergebnisse.

Die Wirksamkeit eines Siebbodens kann bis zu 30% der Trennwirkung einer theoretischen Stufe betragen. Eine weitere Steigerung ist wie bei Füllkörperkolonnen durch Pulsation möglich. Unter günstigen Verhältnissen erreicht man bis 70% der Trennwirkung einer theoretischen Stufe. Die bei pulsierendem Betrieb verwendeten Siebböden benötigen kein Ablaufrohr mehr, denn bei der Abwärtsbewegung des ganzen Kolonneninhaltes wird die schwerere Phase durch die Löcher des Bodens gepreßt und umgekehrt bei der Aufwärtsbewegung die leichtere Phase. Eine Unterscheidung von disperser und kontinuierlicher Phase ist in diesem Fall nicht mehr möglich.

Die Berechnungsmethoden pulsierter Siebbodenkolonnen sind zusammenfassend in [8.6] dargestellt.

Der Durchsatz in pulsierenden Siebbodenkolonnen ist durch den Druckverlust und die Zeit für die Trennung der beiden Phasen begrenzt. Die Flutgrenze ist abhängig von der Tropfengröße. Eine Zunahme der Pulsationsintensität bewirkt eine Abnahme der Tropfengröße sowie eine Zunahme des Hold-up und führt zu kleineren HETS-Werten. Da sich mit kleineren Tropfendurchmessern die Aufstiegsgeschwindigkeit der Tropfen verkleinert, verschiebt sich auch die Flutgrenze hin zu kleineren Durchsätzen. Bei hoher Pulsationsintensität kurz vor dem Aufstauen (Flutgrenze) kann keine Phasentrennung mehr beobachtet werden, vielmehr ist die eine Phase vollständig in aufgewirbelte Tropfen zerteilt (Thornton [8.1], S. 545; Lo et al. [8.6], S. 356).

Im Gegensatz zu Siebbodenkolonnen mit fest eingebauten Siebböden werden die Einbauten der *Schwingbodenkolonnen* mechanisch hin und her bewegt (Bensalem [8.24], Lo et al. [8.6], § 12).

8.9.5 Rührkolonnen

Um den Stoffaustausch zu erhöhen, werden in den Rührkolonnen die beiden Phasen durch mechanisch angetriebene Rührelemente in besonderen Mischzonen (*Rührzonen*) innig durchmischt. Da die dabei gebildeten, oft sehr kleinen Tropfen von der kontinuierlichen Phase mitgeführt würden, sind meist spezielle *Beruhigungszonen* – Füllkörperschichten, Drahtgewebepackungen oder Siebbleche – zwischen den einzelnen Rührzonen geschaltet. Sie verhindern durch eine geschickte Gestaltung zudem die nachteilige *Längsvermischung* in Richtung der Kolonnenachse, welche durch die Wirkung der Rührelemente in stärkerem Maß angeregt wird. Die Rührkolonnen nehmen heute infolge ihrer guten Trennwirkung und hohen Durchsatzleistungen eine führende Stellung auf dem Gebiet der Flüssig/Flüssig-Extraktionseinrichtungen ein. In industriellen Anlagen findet man vor allem die *Scheibel-Rührkolonne*, den *Rotating Disk Contactor* (RDC), die *Kühni-Kolonne* und den *Buss-ARD-Extraktor*. Bei allen diesen Rührkolonnen sitzen die Rührelemente

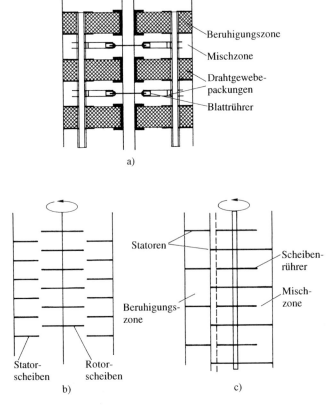

Abb. 8.29   Rührkolonnen: a) zweite Scheibel-Kolonne; b) Rotating Disk Contacter (RDC); c) Buss-ARD-Extraktor.

auf einer gemeinsamen Antriebswelle. Die eigentlichen Rührelemente und die Beruhigungszonen sind dagegen unterschiedlich ausgebildet.

Die **Scheibel-Rührkolonne**, von der heute verschiedene Modifikationen existieren, war die erste industriell eingesetzte Rührkolonne. Die zwischen den Mischzonen angeordneten Drahtgewebepackungen bei der Ersten [8.25] und Zweiten Scheibel-Kolonne wirken als Beruhigungszonen und fördern die Koaleszenz der Tropfen [8.26] (Abb. 8.29 a). Als Rührelemente finden sowohl Blattrührer ohne Leitbleche bei der Ersten wie auch mit Leitblechen, die über der Peripherie mit Drahtgewebe versehen wurden, bei der Zweiten und Dritten [8.27] Scheibel-Kolonne Anwendung. Bei der Dritten Scheibel-Kolonne wurde auf die Drahtgewebepackungen zwischen den Mischzonen verzichtet und damit eine Annäherung an die Bauart der Kühni-Kolonnen erreicht.

Der **Rotating Disk Contactor** (RDC) (Abb. 8.29 b) weist Statorscheiben auf, die die ganze Kolonne in schmale Abschnitte unterteilen. In diesen wird durch die auf einer gemeinsamen Antriebswelle sitzenden Scheibenrührer eine gute Durchmischung und feine Tropfenzerteilung erreicht. Trotz der vergleichsweise kleinen Größe der Statorelemente wird eine gute Zirkulation der Flüssigkeitsphasen in den einzelnen Abteilen − entweder entlang der Wandung nach oben oder unten und gegen das Zentrum der Kolonne hin − erzielt. Um eine einfache Montage und Demontage der Rührwelle mit den darauf sitzenden Rührern zu ermöglichen, sind die Statoröffnungen im Durchmesser etwas größer als die Scheibenrührer. Der Rotating Disk Contactor wird vor allem in der Erdölindustrie eingesetzt (Lo et al. [8.6], § 13.1).

Bei der **Kühni-Kolonne** (Abb. 8.30) sind die einzelnen Mischabteile durch Lochbleche getrennt, die einerseits zur Beruhigung der Phasen und zur Koaleszenz der Tropfen beitragen und andererseits die Längsvermischung zwischen den einzelnen Mischabteilen unterbinden (Lo et al. [8.6], § 13.5).

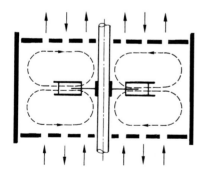

Abb. 8.30   Prinzip einer Kühni-Kolonne mit Turbinenrührer und Lochblechen zwischen den einzelnen Mischabteilen.

Durch die Verwendung von Turbinenrührern wird eine sehr große Austauschfläche pro Volumeneinheit und eine gezielte Zirkulationsströmung in den Mischabteilen erhalten, welche auch bei großen Kolonnendurchmessern zu einer guten Dispersion führt. Mit Kühni-Kolonnen können HETS-Werte bis 0,15 m erreicht und weite Bereiche von Stoffübergangswerten abgedeckt werden [8.28].

Das Prinzip des **Buss-ARD-Extractors** (*Asymmetric Rotating Disk Extractor*) zeigt Abb. 8.29 c [8.6]. Durch feste Einbauten und asymmetrisch in die Kolonne eingebaute Rührwelle mit Scheibenrührern ist die Kolonne in voneinander getrennte Misch- und Berührungszonen unterteilt. Um von einem Mischabteil ins nächste zu gelangen, muß die Flüssigkeit die Beruhigungszone durchqueren. Durch die eindeutige Flüssigkeitsführung der beiden Phasen kann die Längsvermischung

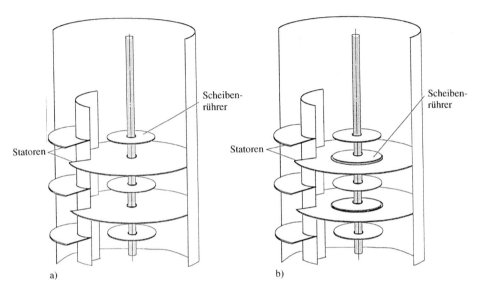

Abb. 8.31   Prinzip des Buss-ARD-Extraktors mit asymmetrisch angeordneter Rührwelle. a) mit fest eingebauten Scheibenrührern; b) mit ausbaubaren Scheibenrührern.

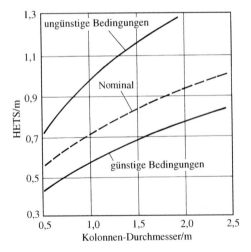

Abb. 8.32   Trennstufenhöhe HETS in ARD-Extraktoren industrieller Größe für unterschiedliche Stoffaustauschbedingungen.

weitgehend unterdrückt werden. In Abb. 8.31 sind Buss-ARD-Extraktoren mit fest eingebautem Scheibenrührer (a) und mit ausbaubarem Scheibenrührer (b) dargestellt. Das gewählte Prinzip gestattet zudem eine gute Übertragung der Leistungsdaten auf große Kolonnendurchmesser. Die Trennstufenhöhe für unterschiedliche Trennbedingungen in Funktion des Kolonnendurchmessers ist in Abb. 8.32 für mittlere, spezifische Durchsätze zwischen 10 und 25 $m^3 m^{-2} h^{-1}$ angegeben.

Der **RTL-Extraktor** (Graesser-Extraktor) besteht aus einem horizontalen Statorzylinder und einem Rotor (Abb. 8.33). Zwischen den Scheiben des Rotors befinden sich Halbrohre, die aufgrund der Rotation die leichte in die schwere Phase befördern und umgekehrt. Die Rotorscheiben verhindern dabei die Längsvermischung. Neben der Anwendung bei leicht emulgierbaren Flüssiggemischen wird der RTL-Extraktor auch bei Flüssig/Fest-Extraktionen eingesetzt.

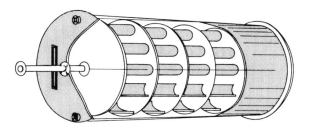

Abb. 8.33   Prinzip des RTL-Extraktors.

8.9.6 Extraktoren (Zentrifugalextraktoren)

Als *Extraktoren* werden allgemein diejenigen Extraktionsapparate bezeichnet, in denen der Gegenstrom zwischen den Phasen nicht durch die Schwerkraft, sondern durch die Zentrifugalkraft erzwungen wird. Grundsätzlich bestehen diese aus einer rotierenden Trommel, in der die schwerere Phase nach außen und die leichtere Phase nach innen gedrängt wird. Durch geschickte Flüssigkeitsführungen und zusätzliche Einbauten läßt sich ein wirkungsvoller Gegenstrom erreichen.

Nach diesem Prinzip arbeiten beispielsweise der Podbielniak-Differentialextraktor mit konzentrischen, perforierten Zylindern, die horizontal rotieren, der Luwesta-Zentrifugalextraktor mit drei übereinander angeordneten Stufen, bestehend aus je einer Rotorscheibe und einem Zentrifugalabscheider, oder der Robatel-Zentrifugalextraktor mit rotierenden Einbauten, der in Serie geschaltet bis zu zwölf Einheiten aufweisen kann (Lo et al. [8.6], Abschn. 14).

8.9.7 Auswahl der geeigneten Extraktionseinrichtung

Aufgrund der Investitions- und Betriebskosten verschiedener Extraktionseinrichtungen wurde von Todd [8.29] die in Abb. 8.34 dargestellte Aufteilung der wirtschaftlich günstigen Einsatzbereiche vorgeschlagen. Der optimale Einsatzbereich richtet sich bei dieser Abschätzung, die für Extraktoren mit Durchsätzen von 9 bis 45 m³/h zutreffen soll, nach der erforderlichen Trennstufenzahl und nach dem Dispersionsverhalten des entsprechenden Stoffsystems. Für leicht dispergierbare Systeme, deren Phasen sich auch leicht separieren lassen, eignen sich bei kleinen Trennstufenzahlen vor allem Sprüh-, Füllkörper- und Siebbodenkolonnen ohne mechanische Beeinflussung. Bei schwierigerem Trennverhalten sind dagegen Zentrifugalextraktoren vorzuziehen. Die weitaus häufigsten Anwendungen fallen jedoch in den optimalen Bereich der mechanisch beeinflußten Extraktionskolonnen, d. h. der Rührkolonnen.

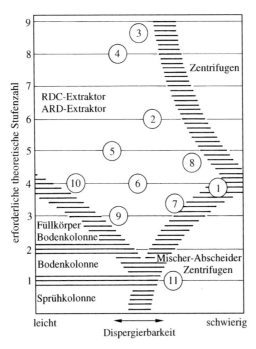

Abb. 8.34   Wirtschaftlich günstigstes Einsatzgebiet verschiedener Extraktortypen [8.36]. Die aufgetragenen Zahlen entsprechen den folgenden Anwendungen: 1. Extraktion von Butadien mit Cu-Salzen; 2. Chlorhydrin Extraktion; 3. Trennung von Metallen aus der Gruppe der seltenen Erden; 4. Extraktion von phenolhaltigem Wasser; 5. Furfuralextraktion von Schmieröl; 6. Abtrennung von Aromaten aus Benzin; 7. Abtrennung von Merkaptanen aus Benzin; 8. Abtrennung von Merkaptanen aus Schweröl; 9. Propan Entasphaltierung; 10. Kerosenextraktion mit flüssigem SO_2; 11. Disulfid Extraktion.

Der Vergleich der theoretischen Stufenzahl pro Längeneinheit (HETS^{-1}) mit dem Gesamtdurchsatz ($V_d + V_c$) verschiedener Extraktionsapparate (Abb. 8.35) zeigt die beiden Extrempositionen, den RTL-Extraktor mit kleinen HETS-Werten und Durchsätzen sowie die Siebbodenkolonne mit großen HETS-Werten und Durchsätzen.

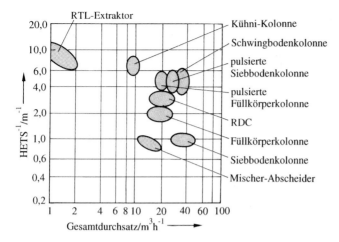

Abb. 8.35   Leistungsvergleich gebräuchlicher Extraktionsapparate [8.30].

Der Kostenfaktor K_f, definiert als Produkt aus den Investitionskosten und dem HETS-Wert bezogen auf den Gesamtdurchsatz, aufgetragen gegen den Gesamtdurchsatz (Abb. 8.36) ergibt, daß der Kostenfaktor für RTL- und RDC-Extraktoren und für Mischer-Abscheider 3 bis 5 mal größer ist als für die übrigen Extraktoren [8.30].

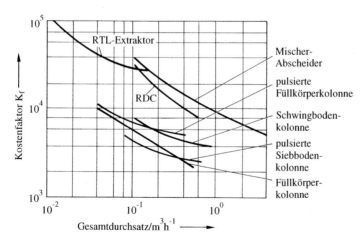

Abb. 8.36   Investitionskostenvergleich gebräuchlicher Extraktionsapparate [8.30].

8.10 Längsmischung in Flüssig/Flüssig-Extraktionskolonnen

Literatur: Mecklenburgh und Hartland [8.31]

Beim Vergleich von kleinen Laborkolonnen mit industriellen Kolonnen stellt man durchwegs fest, daß Kolonnen mit größerem Durchmesser für eine vorgegebene Trennleistung eine beträchtlich größere Kolonnenhöhe benötigen. Diese Erscheinung ist auf die sog. *Vermischungseffekte* sowohl in der kontinuierlichen wie in der dispersen Phase zurückzuführen, die sich meist mit zunehmendem Kolonnendurchmesser stärker bemerkbar machen. Diese hydrodynamischen Vorgänge führen zu einem teilweisen Ausgleich der Konzentration längs der Kolonne, wie der in Abb. 8.37 dargestellte Konzentrationsverlauf der dispersen und kontinuierlichen Phase zeigt. Die üblichen Berechnungsverfahren setzen die sog. *Pfropfenströmung* mit dem für den Stoffübergang maßgebenden Konzentrationsgefälle Δx_p voraus (vgl. Gl. (8.36)):

$$\Delta x_\mathrm{p} \equiv \Delta x_\mathrm{R,p} = x_\mathrm{R} - x_\mathrm{R,e} = x_\mathrm{R} - x_\mathrm{E}/m; \qquad (8.38)$$

m = Verteilungsfaktor bei linearem Gleichgewichtsverhalten $x_\mathrm{E} = m\,x_\mathrm{R}$.

Infolge der *Vermischungserscheinungen* tritt in Wirklichkeit aber in Stoffaustauschkolonnen das kleinere effektive Konzentrationsgefälle Δx_eff auf. Man beachte in Abb. 8.37 vor allem die beim Eintritt der Raffinat- und Extraktphase in die Kolonne auftretenden Konzentrationssprünge.

Der in Abb. 8.37 eingezeichnete effektive Verlauf der Konzentrationen über die Kolonnenhöhe H läßt sich auch in das Gleichgewichtsdiagramm (Abb. 8.38) übertragen und bewirkt dort eine Verschiebung der Bilanzlinie gegen die Gleichge-

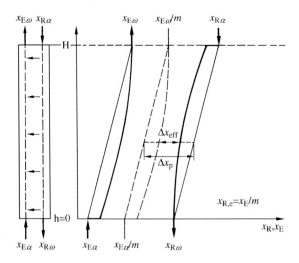

Abb. 8.37 Konzentrationsverlauf der Raffinatphase R und der Extraktionsphase E längs einer Gegenstromextraktionskolonne der Höhe H bei Pfropfenströmung (dünne Linien) und bei ausgeprägter Längsmischung (dicke Linien).

wichtslinie zu. Für eine vorgegebene Trennleistung ist damit eine höhere Trennstufenzahl n_{th} erforderlich im Vergleich zu derjenigen $n_{th,p}$ bei Pfropfenströmung:

$$\Delta x_p > \Delta x_{eff} \quad n_{th,p} < n_{th}.$$

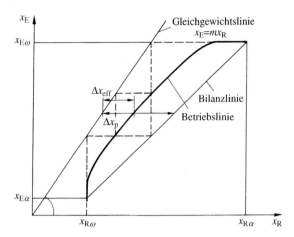

Abb. 8.38 Einfluß der Längsmischung auf die Ermittlung der Anzahl Trennstufen im Gleichgewichtsdiagramm. Die Konzentrationsverhältnisse werden bei der Längsmischung durch die Betriebslinie beschrieben. (Bei ausgeprägter Längsmischung sind anstelle von 2 Trennstufen (Pfropfenströmung) deren 3 nötig.)

Beim Berechnungsverfahren mit Übergangseinheiten (vgl. Abschn. 8.7) kann die Kolonnenhöhe H unter vereinfachenden Annahmen durch folgende Beziehung dargestellt werden:

$$H = \underbrace{\frac{\upsilon_R}{k_R a}}_{HTU_{OR}} \underbrace{\int_{x_{R\omega}}^{x_{R\alpha}} \frac{dx_R}{\Delta x_R}}_{NTU_{OR}} ; \tag{8.39}$$

υ_R = auf Kolonnenquerschnitt bezogene Volumenstromdichte der Phase $R = n_R^* \cdot \mathcal{M}_R/\rho_R$ in $m^3/m^2 s$;

$\Delta x_R = x_R - x_{R,e}.$

Wird das Gleichgewichtsverhalten der beiden Phasen durch die lineare Beziehung $x_E = m x_R$ beschrieben, so darf Δx_R im Fall einer vorausgesetzten Pfropfenströmung durch das logarithmische Mittel der Konzentrationsdifferenz an beiden Kolonnenenden ersetzt werden:

$$NTU_{OR,p} = \frac{(x_{R\alpha} - x_{R\omega}) \ln (\Delta x_{R\alpha}/\Delta x_{R\omega})}{\Delta x_{R\alpha} - \Delta x_{R\omega}} . \tag{8.40}$$

Berücksichtigt man auch hier den Einfluß der Längsvermischung, die sich in einer kleineren Konzentrationsdifferenz $\Delta x_R < \Delta x_{R,p}$ äußert, so wird

$$NTU_{OR} > NTU_{OR,p}.$$

Die rechnerische Erfassung dieser Vermischungseffekte ist besonders bei Gegenstromverfahren sehr aufwendig und kann nur unter vereinfachenden Annahmen durchgeführt werden. In den vorgeschlagenen Näherungslösungen wird der Einfluß der Längsmischung jedoch nicht durch die Anpassung der NTU an die tatsächlichen Verhältnisse berücksichtigt, wie nach Gl. (8.39) zu erwarten wäre, sondern die effektive Höhe von Übergangseinheiten HTU durch *scheinbare Höhen* $\overline{HTU}$ ersetzt. Diese sollen den Einfluß der Längsmischung einschließen. Für die Kolonnenhöhe ergibt sich nach diesen Näherungslösungen dann:

$$H = \overline{HTU} \cdot NTU_p = \overline{HETS} \cdot n_{th,p}; \tag{8.41}$$

NTU_p, $n_{th,p}$ = Stufenzahl, errechnet bei vorausgesetzter Pfropfenströmung.

Die Abschätzung der scheinbaren Höhe von Übergangseinheiten kann nach verschiedenen Modellvorstellungen erfolgen. Die wichtigsten sind im folgenden auszugsweise erwähnt. Für eine ausführliche Betrachtung sei auf [8.32] verwiesen.

8.10.1 Stufenmodell (Zellenmodell)

Im *Stufenmodell* werden die hydrodynamischen Vorgänge in einer Gegenstromkolonne durch das Strömungsverhalten von nacheinander angeordneten *Mischstufen* ähnlich einer Rührkesselkaskade beschrieben. Zwischen den einzelnen Stufen soll keine Längsvermischung auftreten. Dagegen wird in den Stufen selbst eine vollkommene Vermischung vorausgesetzt, so daß die aus jeder Mischstufe austretenden Stoffströme die gleiche Zusammensetzung aufweisen wie die entsprechenden Phasen in der Stufe. Nach dieser Modellvorstellung drückt sich eine stärkere Rückvermischung in einer kleineren Anzahl n von Mischstufen oder in einer größeren Höhe h_m der einzelnen Mischstufe aus:

$$h_m = \frac{H}{n}. \tag{8.42}$$

Durch Ermittlung des Verweilzeitspektrums (Kap. 13) − beispielsweise für die kontinuierliche Phase − läßt sich die Höhe h_m der Mischstufe oder die Stufenzahl n abschätzen. Angenähert gilt folgende Beziehung:

$$h_m \approx H \frac{\sigma^2}{\bar{t}_r^2}; \tag{8.43}$$

σ : mittlere Standardabweichung in s;
      (vgl. Gl. 13.27)
$\bar{t}_r$: mittlere Verweilzeit in s.

Unter diesen Voraussetzungen kann für die scheinbare Höhe der Übergangseinheit (HTU) für den Fall einer geraden Gleichgewichtslinie mit der Steigung m folgende Abschätzung durchgeführt werden:

$$\overline{\text{HTU}} = h_\text{m} \, \frac{A - 1}{\ln \dfrac{\text{HTU} + A\,h_\text{m}}{\text{HTU} + h_\text{m}}} \; ; \tag{8.44}$$

A = Extraktionsfaktor = $v_\text{R}/(v_\text{E}\,m)$.

v_R, v_E = auf den Kolonnenquerschnitt bezogene Volumenströme der Raffinat- bzw. Extraktphase in m^3/m^{2}s. ($v_\text{R} = n_\text{R}^* \mathscr{M}_\text{R}/\rho_\text{R}, v_\text{E} = n_\text{E}^* \mathscr{M}_\text{E}/\rho_\text{E}$).

n_i^* = in der Extraktionsstufe von Raffinat- an Extraktphase übergehender Stoffmengenstrom i pro Kolonnenquerschnitt in kmol/m^{2}s.

Für $A \approx 1$ vereinfacht sich diese Beziehung zu:

$$\overline{\text{HTU}} = \overline{\text{HETS}} = \text{HTU} + h_\text{m} = \text{HETS} + h_\text{m} \, . \tag{8.45}$$

Der Nachteil dieses Stufenverfahrens liegt darin, daß die Längsvermischung beider Phasen nur durch einen Parameter, die Mischstufenhöhe h_m, berücksichtigt wird. Eine getrennte Erfassung der Längsvermischung beider Phasen ist darum nicht möglich. Dieses Verfahren wird darum bevorzugt angewendet, wenn nur die Längsvermischung der kontinuierlichen Phase von Einfluß ist.

8.10.2 Backflow-Modell

Nach diesem Modell, das ebenfalls von einer Unterteilung in Mischstufen wie das Stufenmodell ausgeht, wird zusätzlich die Längsvermischung zwischen den einzelnen Mischstufen durch sog. *Vermischungsströme* erfaßt. Nach Abb. 8.39 werden demnach zwischen zwei Stufen zusätzlich die Vermischungsströme $v_\text{R}\,\alpha_\text{R}$ und $v_\text{E}\,\alpha_\text{E}$ eingeführt. (α_R, α_E = Längsmischungskoeffizienten der Raffinat- bzw. Extraktphase). Eine Bilanz in Stufe 2 in Abb. 8.39 führt zu folgenden Stoffbilanzen für den ausgetauschten Stoff i:

Raffinatphase:

$$v_\text{R}[(1 + \alpha_\text{R})\,x_{\text{R}\,1} - (1 + 2\,\alpha_\text{R})\,x_{\text{R}\,2} + \alpha_\text{R}\,x_{\text{R}\,3}]$$
$$= n_i^* = k_\text{R}\,a\,(x_{\text{R}\,2} - x_{\text{R}\,2,\text{e}})\,h_\text{m} \, ; \tag{8.46}$$

Extraktphase:

$$v_\text{E}[(1 + \alpha_\text{E})\,x_{\text{E}\,3} - (1 + 2\,\alpha_\text{E})\,x_{\text{E}\,2} + \alpha_\text{E}\,x_{\text{E}\,1}]$$
$$= n_i^* = k_\text{R}\,a\,(x_{\text{R}\,2} - x_{\text{R}\,2,\text{e}})\,h_\text{m} \, ; \tag{8.47}$$

Als approximative Lösung dieses Systems kann folgende Gleichung für die scheinbare Höhe einer Stoffaustauscheinheit angegeben werden [8.32]:

$$\overline{\text{HTU}}_\text{OR} = h_\text{m} \cdot \frac{A - 1}{\ln \dfrac{\text{HTU}_{\text{OR}} + h_\text{m}\,(A\,\alpha_\text{R} + \alpha_\text{E} + A)}{\text{HTU}_{\text{OR}} + h_\text{m}\,(A\,\alpha + \alpha_\text{E} + 1)}} \; ; \tag{8.48}$$

A = Extraktionsfaktor = $v_\text{R}/(v_\text{E}\,m)$;
h_m = Höhe einer Mischstufe.

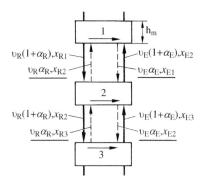

Abb. 8.39 Schema des Backflow-Modelles mit Rückmischungsströmen α_E bzw. α_R zwischen den Mischzellen der Höhe h_m (Mischungshöhe).

Für $A \approx 1$ wird:

$$\overline{HTU}_{OR} = \overline{HETS} = HTU_{OR} + h_m(1 + \alpha_R + \alpha_E). \tag{8.49}$$

Die Längsmischung der beiden Phasen wird bei dieser Modellvorstellung durch die drei Parameter h_m, α_E, α_R beschrieben. Für Rührkolonnen mit eigentlichen Misch- und Beruhigungszonen stellt dieses Modell die genaueste Annäherung dar.

8.10.3 Dispersionsmodell

Im *Dispersionsmodell* ersetzt man die im Backflow-Modell eingeführten Mischströme durch die sog. *Dispersionsströme* n_D^*. In Analogie zur Molekulardiffusion werden diese proportional dem Konzentrationsgradienten angenommen. In der Raffinatphase tritt dann der folgende Dispersionsstrom $n_{D,R}^*$ auf:

$$n_{D,R}^* = D_R \frac{\rho_R}{\mathscr{M}_R} \frac{d\,x_R}{d\,h} ; \tag{8.50}$$

$n_{D,R}^*$: Dispersionsstrom der auszutauschenden Komponente i in der Raffinatphase in kmol/m²s;

D_R : Dispersionskoeffizient in der Raffinatphase in m²/s.

Das Vorzeichen in Gl. (8.50) weist darauf hin, daß der durch die Dispersion bewirkte Stoffaustausch in Richtung abnehmendem Konzentrationsgradienten erfolgt.

In das willkürlich angenommene Bilanzgebiet um ein Kolonnenelement der Höhe dh (vgl. Abb. 8.40) treten somit zusätzlich die Dispersionsströme $n_{D,R}^*$ und $n_{D,E}^*$ an der Stelle $[h + dh]$ ein. An der Stelle $[h]$ verlassen die entsprechenden Ströme das Bilanzgebiet. Eine Molbilanz für die auszutauschende Komponente i führt somit zu folgender Gleichung für die Raffinatphase:

$$n_R^* x_R [h + dh] + n_{D,R}^* [h + dh] = n_R^* x_R [h]$$

$$+ n_{D,R}^* [h] + \frac{\rho_R}{\mathscr{M}_R} k_R\, a\,(x_R - x_{R,e})\, dh . \tag{8.51}$$

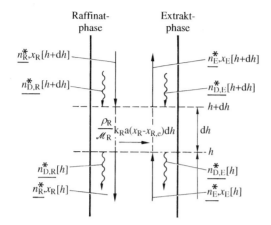

Abb. 8.40   Schema des Dispersionsmodelles für einen Kolonnenabschnitt dh mit den konvektiven Strömen n_R^*, n_E^* und den Dispersionsströmen $n_{D,R}^*$, $n_{D,E}^*$ der Raffinat- und Extraktphase an den Stellen $[h]$ und $[h + dh]$.

Ersetzt man die Dispersionsströme n_D^* in Gl. (8.51) durch Gl. (8.50) sowie die Stoffmengenströme n^* durch die auf den Kolonnenquerschnitt bezogenen Volumenströme $v = n^* \mathcal{M}/\rho$, so ergibt sich, sofern man alle Stoffmengenanteile auf die Stelle $[h]$ bezieht und die Längenkoordinate mit der Dimension Eins $z = h/H$ benützt:

$$\frac{d^2 x_R}{dz^2} + \frac{v_R H}{D_R} \cdot \frac{dx_R}{dz} - \frac{k_R a H^2}{D_R}(x_R - x_{R,e}) = 0. \tag{8.52}$$

Führt man für $v_R H/D_R$ die im folgenden als *Peclet-Zahl* (vgl. auch Abschn. 13.4) bezeichnete Abkürzung Pe_R ein, so wird nach Umformung:

$$\frac{d^2 x_R}{dz^2} + Pe_R \frac{dx_R}{dz} - Pe_R N_{OR}(x_R - x_{R,e}) = 0 \tag{8.53}$$

mit:

$$N_{OR} = H/HTU_{OR} = k_R a H/v_R. \tag{8.54}$$

Für den Konzentrationsverlauf der Extraktphase lautet die analoge Gleichung:

$$\frac{d^2 x_E}{dz^2} - Pe_E \frac{dx_E}{dz} + \lambda N_{OR} Pe_E(x_R - x_{R,e}) = 0; \tag{8.55}$$

$Pe_E = v H_E/D_E$;
$\lambda = v_R/v_E$;
D_E = Dispersionskoeffizient der Extraktphase in m^2/s.

Gl. (8.53) und (8.55) bilden ein Gleichungssystem mit den Parametern Pe_R, Pe_E und N_{OR} für die Bestimmung des Verlaufes $x_R = f(z)$ und $x_E = f(z)$ unter Berücksichtigung der Längsvermischung in beiden Phasen. Verschiedene Lösungsmöglichkeiten dieses Systems, die vor allem durch die Wahl der Randbedingungen maßgebend beeinflußt werden, sind in [8.32] aufgeführt. Als sehr grobe Näherung kann folgende Gleichung für die scheinbare Höhe $\overline{\text{HTU}}$ einer Stoffübergangseinheit in Funktion der Dispersionskoeffizienten D_R und D_E angegeben werden.

$$\overline{\text{HTU}}_{OR} = \text{HTU}_{OR} + \frac{D_R}{\upsilon_R} + A\,\frac{D_E}{\upsilon_E}\,;\tag{8.56}$$

$A = \text{Extraktionsfaktor} = \upsilon_R/(\upsilon_E \cdot m)$

$$\text{HTU}_{OR} = \frac{\mathcal{M}_R\,n_R^*}{k_R \cdot a\rho_R} = \frac{\upsilon_R}{k_R \cdot a}\;(\text{Einheit in m})\,.$$

Die vielfach bevorzugte Stellung des Dispersionsmodelles ist auf die relativ einfache Ermittlung der Dispersionskoeffizienten D aus dem Verweilzeitverhalten der einzelnen Phasen zurückzuführen (vgl. Abschn. 13.4).

8.11 Hochdruckextraktion

Literatur: Mc Hugh und Krukonis [8.33], Stahl et al. [8.34].

8.11.1 Einleitung

Verdichtete Gase, damit sind Gase im überkritischen Zustand ($T > T_c$; $p > p_c$) oder flüssige Gase im unterkritischen Zustand ($T > 0,95 \cdot T_c$; $p < p_c$) gemeint (Abb. 8.41) besitzen wesentliche Eigenschaften von flüssigen Lösungsmitteln und können sich für den Einsatz als fluides Extraktionsmittel eignen [8.35].

Das Grundfließbild einer Hochdruckextraktions-Anlage ist in Abb. 8.42 dargestellt. Der Trennprozeß besteht typischerweise aus zwei Teilschritten. In der *Trenn-*

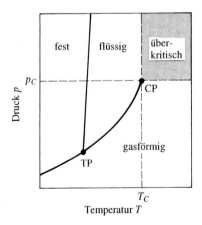

Abb. 8.41 p,T-Zustandsdiagramm eines Reinstoffes (TP = Tripelpunkt; CP = Kritischer Punkt).

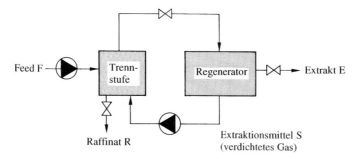

Abb. 8.42 Grundfließbild einer Hochdruckextraktionsanlage, bestehend aus Trenn- und Regenerationsstufe.

stufe wird mit Hilfe des verdichteten Gases die gewünschte Trennung des Feed-Gemisches *F* in eine Extraktphase *E* und eine Raffinatphase *R* durchgeführt. In der *Regenerationsstufe* wird durch Drucksenkung oder Temperaturerhöhung die Trennung zwischen Extrakt *E* und verdichtetem Gas *S* erreicht und anschließend das Extraktionsmittel *S* komprimiert und in die Trennstufe zurückgeführt [8.36].

Verdichtete Gase werden im industriellen Maßstab im Lebensmittelbereich für die Entcoffeinierung und für die Gewinnung von Aroma- und Wirkstoffen aus pflanzlichen Materialien [8.37] sowie in der Erdölaufbereitung zur Raffination hochviskoser Erdölrückstände (ROSE-Verfahren) eingesetzt.

Die *Extraktion von Coffein* aus grünen Kaffeebohnen erfolgt batch-weise mit feuchtem, überkritischem Kohlendioxid bei 160 bar und 70 °C. Kohlendioxid besitzt unter diesen Bedingungen eine geringe Lösekapazität, jedoch eine hohe Selektivität für Coffein. Nach der Extraktion erfolgt die Coffeinabtrennung aus dem überkritischen Fluid entweder durch Strippen mit heißem Wasser oder durch Adsorption des Coffeins an Aktivkohle, die anschließend von den coffeinarmen Kaffeebohnen durch Sieben abgetrennt wird. Ohne Lösungsmittelrückstände kann der Coffeingehalt der Kaffeebohnen mit diesen Verfahren von anfänglich 0,7 bis 3 Gew.-% auf 0,02 Gew.-% reduziert werden [8.34].

Beim *ROSE-Verfahren* (**R**esidual **O**il **S**upercritical **E**xtraction) wird zur Entasphaltierung der Erdöl-Destillationsrückstände mit verdichtetem Pentan extrahiert, wobei die Asphaltene als unlösliche Komponenten zurückbleiben. Das beladene Pentan wird anschließend auf überkritische Temperatur erhitzt, was zur Reduktion der Dichte und des Lösevermögens führt. In einer ersten Stufe wird eine Harz-Fraktion und in einer zweiten Stufe eine Öl-Fraktion abgeschieden ([8.33], [8.34]).

Weitere Hochdruckextraktionsverfahren sind beschrieben bei Mc Hugh und Krukonis [8.33], Stahl et al. [8.34], Brunner und Peter [8.38] und Hodel [8.39].

Der Einsatz verdichteter Gase bei der Hochdruckextraktion bietet gegenüber den Extraktionsverfahren im unterkritischen Bereich eine Reihe von *Vorteilen* (Abschn. 8.11.2):

- Die thermische Beanspruchung der Produkte bei der Verwendung verdichteter Gase ist vergleichsweise klein. Die Hochdruckextraktion eignet sich deshalb besonders für die schonende Abtrennung *temperaturempfindlicher Verbindungen*.

- *Physiologisch unbedenkliche Gase* können als fluide Lösungsmittel verwendet werden und bei der Regeneration aufgrund ihrer hohen Flüchtigkeit praktisch vollständig wieder aus dem Extrakt entfernt werden.
- Die *Lösungsmitteleigenschaften* komprimierter Gase können durch Druck- und Temperaturänderung über weite Bereiche variiert werden.
- Aufgrund der kleinen Viskositäten verdichteter Gase und der großen Diffusionskoeffizienten der in verdichteten Gasen gelösten Stoffe ergeben sich verglichen mit unterkritischen Lösungsmitteln *kleinere lösungsmittelseitige Stofftransportwiderstände*.
- Da im wesentlichen nur die Kompressionsarbeit zur Verdichtung des überkritischen Gases aufzuwenden ist, sind Hochdruckextraktionsverfahren *energetisch* meist günstiger als Flüssig/Flüssig-Extraktionsverfahren.

Als *Nachteile* der Hochdruckextraktionsverfahren sind das möglicherweise komplexe Phasenverhalten und der hohe Betriebsdruck anzuführen. Hochdruckextraktionsverfahren werden deshalb nur dort von Interesse sein, wo durch die Extraktion ein erheblicher Wertzuwachs des Produkts erzielt werden kann oder andere Trennverfahren versagen [8.35].

Zur *Auslegung* von Apparaten für die Hochdruckextraktion werden Angaben über Druck, Temperatur, Extraktionsmittelmenge, Phasenverhalten und Energiebedarf benötigt.

Für die mathematische oder graphische Darstellung von Hochdruckextraktionsprozessen lassen sich prinzipiell die für die Flüssig/Flüssig-Extraktion entwickelten Verfahren anwenden. Die Auslegung von Hochdruckbauteilen wurde von Meier [8.40] behandelt.

Zur Auswahl geeigneter Betriebsbedingungen und zur Auslegung von Stoffaustauschapparaten für Hochdruckextraktionsprozesse sind *Phasengleichgewichtsdaten* erforderlich. Stoffsysteme, wie sie bei der Hochdruck-Fluid/Fluid-Extraktion auftreten, bestehen im Normalfall aus mindestens drei Komponenten, dem verdichteten Gas als Extraktionsmittel und den zwei zu trennenden Substanzen. Das Phasenverhalten von Mehrkomponentensystemen läßt sich dabei meist mit ausreichender Genauigkeit aus dem Verhalten binärer Stoffsysteme, bestehend aus verdichtetem Gas und einer gelösten Komponente, quantitativ vorhersagen. Die mathematische Beschreibung des Phasenverhaltens erfolgt am besten mit kubischen Zustandsgleichungen vom van-der-Waals-Typ [8.35]. Angaben zu überkritischen, binären Stoffsystemen finden sich bei Brunner [8.36].

Der *Kreislauf* des Extraktionsmittels weist den größten Energiebedarf bei Hochdruckextraktionsprozessen auf. Der auf die Produktmengen bezogene Energiebedarf hängt wesentlich von der *Kapazität* des Extraktionsmittels sowie von deren Druckabhängigkeit ab. Die Kapazität des Extraktionsmittels nimmt mit steigendem Druck meist stärker zu als der Energiebedarf.

Die Kreisläufe unterscheiden sich hauptsächlich dadurch, ob das regenerierte Gas im unter- oder überkritischen Zustand komprimiert werden muß und ob die Entspannung zur Extraktabscheidung in der Regenerationsstufe (Abb. 8.41) bis zur Verdampfung des Extraktionsmittels führt oder nicht.

8.11.2 Eigenschaften verdichteter Gase

Praktische Bedeutung als Extraktionsmittel für die Hochdruckextraktion haben bisher außer Kohlendioxid nur die *n*-Parafine erlangt. In Tab. 8.2 sind die kritische Temperatur T_c, der kritische Druck p_c, die kritische Dichte ρ_c und der azentrische Faktor ω einiger Gase aufgeführt. Der azentrische Faktor nach Gl. 4.31 berücksichtigt pauschal den Einfluß orientierungsabhängiger, intermolekularer Kraftfelder auf die Stoffeigenschaften und ist daher etwa Null für Moleküle mit kugelförmigen Kraftfeldern wie beispielsweise Methan.

Tab. 8.2   Kritische Temperatur T_c, kritischer Druck p_c, kritische Dichte ρ_c und azentrischer Faktor ω einiger Gase ([8.40], [8.42])

Extraktionsmittel	T_c in °C	p_c in bar	ρ_c in kg m^{-3}	ω
Kohlendioxid	31,0	73,8	465	0,239
Ammoniak	132,3	113,0	235	0,244
Wasser	374,0	220,6	323	0,344
Methan	−82,6	46,0	162	0,008
Ethan	32,3	48,8	203	0,099
Propan	96,7	42,4	217	0,153

Kritische Daten einer Reihe weiterer Stoffe sind zu finden bei Rathmann et al. [8.41] und im VDI-Wärmeatlas [8.42].

Das Lösevermögen verdichteter Gase für die zu extrahierenden Stoffe wird in erster Linie durch die *Dichte* des komprimierten Gases bestimmt. In der Nähe des kritischen Punktes können durch kleine Druck- und Temperaturänderungen große Dichteänderungen erzielt werden.

Betrachtet man das Verhalten der Dichte eines reinen Gases bei einer reduzierten Temperatur $T_r = T/T_c$ zwischen 0,9 und 1,2 und einem reduzierten Druck $p_r = p/p_c > 1$, variiert die reduzierte Dichte $\rho_r = \rho/\rho_c$ zwischen 0,2 (Dichte unterkritischer Gase) und 2 (Dichte von Flüssigkeiten) (Tab. 8.3, Abb. 8.43). Dies bietet den Vorteil, daß das Lösungsmittel dem Trennproblem angepaßt werden kann und die gelösten Stoffe meist durch einfache Drucksenkung und Temperaturänderung ausgefüllt werden können. Durch eine Entspannung in mehreren Druckstufen können bei gleichbleibender Zusammensetzung des verdichteten Gases die im überkritischen Fluid gelösten Substanzen fraktioniert abgeschieden werden.

Bei der Extraktion temperaturempfindlicher Stoffe kann die Extraktionstemperatur durch die Auswahl des Gases oder des Gasgemisches meist so gewählt werden, daß sie wesentlich unterhalb der Siede- oder Zersetzungstemperatur der schwerflüchtigen Komponenten liegt.

Die *Kapazität und die Selektivität* reiner, überkritischer Extraktionsmittel können durch Mischen mit anderen Gasen und durch Zugabe flüssiger Lösungsmittel als Schleppmittel in weiten Bereichen verändert werden. Apolares Kohlendioxid erhält beispielsweise durch Zugabe niedermolekularer Alkohole (z. B. Methanol, Ethanol) polare Eigenschaften und damit die Fähigkeit, Wasserstoffbrücken zu

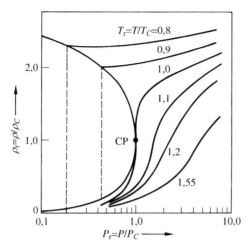

Abb. 8.43 Reduzierte Dichte ρ_r in Funktion des reduzierten Druckes p_r für verschiedene reduzierte Temperaturen T_r in der Nähe des kritischen Punktes CP [8.35].

bilden und polare Substanzen besser zu lösen. Propan und andere apolare Alkane dagegen erhöhen die Lösungsmittelstärke von Kohlendioxid für apolare Substanzen.

Außer des Lösevermögens für schwerflüchtige Komponenten weisen überkritische Fluide eine Reihe weiterer, für die Extraktion interessanter Eigenschaften auf (Tab. 8.3).

Tab. 8.3 Vergleich der Größenordnungen physikalischer Daten von unter- und überkritischen Gasen und von Flüssigkeiten [8.35]

Aggregatzustand	Dichte ρ in kg m^{-3}	Dynamische Viskosität η in kg m^{-1} s^{-3}	Diffusionskoeffizient D in m^2 s^{-1}
Gasförmig ($p = 1$ bar, $T = 293$ K)	0,6−2	$1 \cdot 10^{-5} - 3 \cdot 10^{-5}$	$1 \cdot 10^{-5} - 4 \cdot 10^{-5}$
Überkritisch ($p = p_c$, $T = T_c$) ($p = 4\,p_c$, $T = T_c$)	200−500 400−900	$1 \cdot 10^{-5} - 3 \cdot 10^{-5}$ $3 \cdot 10^{-5} - 9 \cdot 10^{-5}$	$7 \cdot 10^{-8}$ $2 \cdot 10^{-8}$
Flüssig ($p = 1$ bar, $T = 293$ K)	600−1600	$2 \cdot 10^{-4} - 3 \cdot 10^{-3}$	$2 \cdot 10^{-9} - 2 \cdot 10^{-8}$

Die *Viskositäten* verdichteter Gase sind klein und vergleichbar mit den Viskositäten unterkritischer Gase.

Die *Diffusionskoeffizienten* gelöster Stoffe in überkritischen Gasen liegen größenordnungsmäßig zwischen den Diffusionskoeffizienten in Flüssigkeiten und denen in unterkritischen Gasen. Trotz ihrer flüssigkeitsähnlichen Dichte weisen überkritische Fluide damit eine gasähnliche Viskosität bei höheren Diffusionskoeffizienten als in Flüssigkeiten auf. Diese Eigenschaften wirken sich vorteilhaft auf den lösungsmittelseitigen Stoffübergang bei der Hochdruckextraktion aus. Die Löslichkeit verdichteter Gase in flüssigen, hochmolekularen Stoffen ist normalerweise recht hoch ([8.39], [8.40]). Da das gelöste Gas die Viskosität der Flüssigkeit herabsetzt, werden die flüssigkeitsseitigen Stofftransporteigenschaften ebenfalls verbessert. Sofern der flüssigkeits- oder gasseitige Diffusionswiderstand geschwindigkeitslimitierend ist, kann durch das gelöste Gas der Stofftransport bei der Extraktion begünstigt werden.

Zusammen mit den bereits erwähnten Eigenschaften führt die fehlende Oberflächenspannung überkritischer Gase auch zu einer verbesserten Diffusion des Extraktionsmittels in Feststoffen und bietet entscheidende Vorteile bei der Extraktion aus Feststoffen.

8.12 Beispiele von Extraktionsprozessen

8.12.1 Entfernen von Mercaptanen aus Kohlenwasserstoffen

Um Benzin- oder Kerosenfraktionen, die schwefelwasserstofffrei sind, von Merkaptanen (Sulfiden) zu reinigen, dient ein mit Natronlauge als Extraktionsmittel arbeitendes Extraktionsverfahren, dessen Schema in Abb. 8.44 dargestellt ist

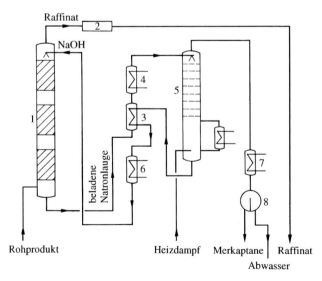

Abb. 8.44   Extraktion von Merkaptanen aus Benzin- oder Kerosenfraktionen. 1 = Extraktionskolonne; 2 = Wasserwäsche; 3 = Wärmeaustauscher; 4 = Erhitzer; 5 = Abtriebskolonne; 6 = Kühler; 7 = Kondensator; 8 = Abscheider.

[8.43]. Die merkaptanhaltigen Fraktionen werden dem Extraktionsturm 1 unten zugeführt und steigen im Gegenstrom zur spezifisch schwereren Natronlauge auf, die ihnen die Beimengungen entzieht. Das oben austretende Raffinat (merkaptanfreies Benzin oder Kerosen) wird anschließend in einer Wasserwäsche 2 von Laugenresten befreit. Am unteren Ende der Kolonne wird die beladene Lauge entnommen und kontinuierlich der Regenerationsanlage zugeführt. Im Wärmeaustauscher 3 wird sie zuerst durch die regenerierte Lauge vorgewärmt, durch den Erhitzer 4 geleitet, um dann in die Abtriebskolonne 5 zu gelangen. Dort wird die Lauge durch direktes Einblasen von Heizdampf und zusätzliche indirekte Beheizung von den leichterflüchtigen Merkaptanen abgetrennt, um im Kreislauf wieder als regeneriertes Extraktionsmittel der Kolonne zugeführt zu werden, nachdem sie in den Apparaten 3 und 6 gekühlt wurde. Die ausgetriebenen Merkaptane können nach der Kondensation 7 durch einen Abscheider 8 vom Abwasser getrennt werden.

8.12.2 Reinigung von Rohcaprolactam

Caprolactam ist das Ausgangsprodukt für die Herstellung von Nylon 6 und wird heute in großen Anlagen mit Kapazitäten bis zu 100 000 t/Jahr produziert. Die aus der Reaktion anfallende wäßrige Rohcaprolactamlösung enthält viele Verunreinigungen sowie nur teilweise reagierte Produkte. Durch thermisch möglichst schonende Trennverfahren ist das Caprolactam sowohl von den Verunreinigungen zu befreien als auch aufzukonzentrieren. Eines der heute üblichen Reinigungsverfahren, bestehend aus zwei Extraktionsstufen und der nachfolgenden Vakuumdestillation ist in Abb. 8.45 dargestellt [8.44]. Aus der wäßrigen Rohlactamlösung, die etwa 10% Caprolactam enthält, wird in der Extraktionskolonne 1 mittels eines

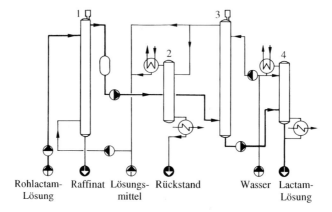

Rohlactam-   Raffinat Lösungs-   Rückstand   Wasser Lactam-
Lösung   mittel   Lösung

Abb. 8.45 Extraktion und Reextraktion einer wäßrigen Caprolactamlösung mit einem Lösungsmittel. 1: Extraktion der wäßrigen Caprolactamlösung mit Lösungsmittel; 2: Teilweise Regenerierung des Lösungsmittels; 3: Reextraktion der Lösungsmittel-Caprolactam-Lösung mit Wasser; 4: Aufkonzentrierung der gereinigten wäßrigen Caprolactamlösung.

Lösungsmittels (z. B. Toluol) das Caprolactam extrahiert. Dabei bleiben vor allem die polaren Verunreinigungen im wäßrigen Raffinat, ein großer Anteil der nicht-polaren Verunreinigungen dagegen geht ebenfalls ins Lösungsmittel über. In einer zweiten Extraktionskolonne 3 wird die Extraktionsphase (Lösungsmittel + Capro-lactam) der Kolonne 1 mit Wasser reextrahiert. Als Extraktphase fällt somit wieder eine wäßrige Caprolactamlösung an, die in der Destillationsstufe 4 aufkonzentriert wird. Die nicht polaren Verunreinigungen dagegen bleiben im Lösungsmittel (Raf-finat der Kolonne 3), das in einer Destillationsstufe 2 teilweise gereinigt und wieder der Extraktionskolonne 1 zugeführt wird. Durch den geschlossenen Lösungsmittel-kreislauf ist es somit möglich, mittels Extraktion und Reextraktion die wäßrige Rohlactamlösung weitgehend von den die später folgende Polymerisation stören-den Verunreinigungen, die infolge des sehr ähnlichen Dampfdruckverlaufs kaum destillativ vom Caprolactam zu trennen sind, zu befreien.

Aufgaben zu Kapitel 8

8.1 a) Zeichne das Dreieck-Gleichgewichtsdiagramm des Systems Chlorben-zol(A)-Aceton(C)-Wasser(B) mit Hilfslinie zur Ermittlung der Konnoden aus den folgenden Angaben (in Gew.%, Tab. 8.4):

Tab. 8.4

Wäßrige Schicht			Chlorbenzolschicht		
A	B	C	A	B	C
0,11	99,9	0	99,8	0,18	0
0,21	89,8	10	88,7	0,49	10,8
0,31	79,7	20	77,0	0,79	22,2
0,58	69,4	30	60,8	1,72	37,5
1,36	58,6	40	47,5	3,05	49,5
3,72	46,2	50	33,6	7,25	59,2
12,59	27,4	60	15,1	22,8	62,1
13,7	25,6	60,6	13,8	25,7	60,6

b) Wie groß ist der Gehalt an Wasser und Chlorbenzol in der Chlorben-zolphase bei einem Acetongehalt von 55 Gew.% und wie ist die Zusammen-setzung der mit dieser Schicht im Gleichgewicht stehenden wäßrigen Schicht?

8.2 Aceton werde aus einer 50%igen wäßrigen Lösung M_F (1000 kg) durch reines Chlorbenzol A in einem einstufigen Mischer-Abscheidergefäß extrahiert. Wie groß ist die notwendige Menge an Chlorbenzol M_S, wenn das Raffinat R nicht mehr als 5 Gew.% Aceton enthalten soll? Wie groß ist zudem der Anfall an Raffinat M_R und die Menge und Zusammensetzung des Extraktes M_E?

(Hinweis: Verwende das in Aufgabe 8.1 konstruierte Dreiecksdiagramm).

8.3 a) Um den Acetongehalt in der Extraktphase zu erhöhen, wird die in Aufgabe 8.2 beschriebene Extraktion in einer mehrstufigen kontinuierlich arbeitenden Gegenstromkolonne durchgeführt. Wie viele theoretische Trennstufen n_{th} sind erforderlich und wie groß ist der Lösungsmittelbedarf M_S^*, wenn die Extraktphase E (Chlorbenzolphase) einen Gehalt von 23 Gew.% Aceton aufweisen soll (Feedmenge M_F^*: 1000 kg/h)?

(Hinweis: Verwende das in Aufgabe 8.1 konstruierte Dreiecksdiagramm).

b) Welches ist die Zusammensetzung der Extraktphase E und wie groß ist die anfallende Menge M_L^* des Gemisches Aceton-Wasser (Extrakt), wenn durch eine Rektifikationseinrichtung das Chlorbenzol bis auf Bruchteile von Prozenten aus der Extraktphase entfernt werden kann?

9 Adsorption und Ionenaustausch

Hans Günther Hirschberg

9.1 Allgemeines

Adsorption und *Ionenaustausch* gestatten auf apparativ recht einfachem Wege die Reinigung von Gasen oder Flüssigkeiten von kleinen oder kleinsten Fremdstoffmengen, die Zerlegung von Gasgemischen und die fraktionierte Gewinnung von Stoffen aus Lösungen. Man verwendet hierzu hochporöse Feststoffe in Form von Granulaten oder Pulvern.

9.2 Adsorption

Literatur: Ullmann [A. 10]; Perry [A. 9]; Bratzler [9.1]; Brauer [9.2]; Brunauer [9.3]; Richter/Knoblauch [9.4]; Vauck-Müller [A. 11]; Wedler [9.5]; Rodriguez, Levan, Tondeur [9.6]; Walas [9.7].

9.2.1 Der Adsorptionsvorgang. Sorptionsisothermen

Adsorption nennt man die Erscheinung, daß eine feste Phase an ihrer Oberfläche Moleküle aus der sie umgebenden Fluidphase anlagert und durch Oberflächenkräfte (Van-der-Waals-Kräfte) bindet. Ein ähnlicher Effekt, die chemische Adsorption oder *Chemisorption*, bei der die Bindung chemischer Natur ist und weniger leicht rückgängig gemacht werden kann, soll uns hier nicht beschäftigen.

Die Bedeutung der Adsorption als technisches Verfahren beruht darauf, daß sie *selektiv* erfolgt, daß also die Anreicherung gewisser Komponenten an der Oberfläche des adsorptionsaktiven Stoffes, des *Adsorbens* oder *Adsorptionsmittels* (engl.: *adsorbent*), möglich ist. Da die adsorbierte Substanz, das *Adsorpt*[1] (engl.: *adsorbate*), nur schwach an die Oberfläche des Adsorbens gebunden ist, kann sie auf physikalischem Wege, durch Erwärmen oder Druckabsenkung, leicht wieder *desorbiert* werden. Die Adsorption gestattet somit die wirtschaftliche Abtrennung von Komponenten, die in niedriger Konzentration in einem Fluid enthalten sind.

---

[1] Man findet in der Literatur auch die Ausdrücke Sorbend, Adsorbat und Adsorptiv.

Die adsorbierte Schicht kann wegen der geringen Reichweite der Van-der-Waals-Kräfte bestenfalls einige Moleküldurchmesser dick sein. Technisch nutzbar wird die Adsorption daher erst, wenn das Adsorbens eine außerordentlich große spezifische Oberfläche aufweist. Es muß also hochporös und zerklüftet sein. Bei der Aktivkohle, einem häufig verwendeten Adsorbens, beträgt, wie man Tab. 9.2 entnehmen kann, der mittlere Porendurchmesser 2 bis 4 nm und die spezifische Oberfläche 0,4 bis 1,6 km^2/kg.

Die *Mikroporosität* bewirkt, daß bei der Adsorption aus der Gasphase neben der eigentlichen Adsorption durch die Van-der-Waals-Kräfte noch ein zweiter Effekt wirksam wird: die *Kapillarkondensation*. Sie tritt auf, sobald sich der Partialdruck des Adsorpts im Trägergas seinem Sättigungsdruck nähert. An stark gekrümmten, konkaven Oberflächen tritt nämlich eine *Dampfdruckabsenkung* ein, die sich näherungsweise durch die Gibbs-Thomson-Gleichung beschreiben läßt (Herleitung z. B. bei Grassmann [A. 5], § 6.10):

$$\ln \frac{P_r}{P_\infty} = \frac{2 \cdot \sigma \cdot \mathscr{M}}{\mathscr{R} \cdot T \cdot p_{\mathrm{L}} \cdot r}; \tag{9.1}$$

P_r = Dampfdruck über einer Flüssigkeitsoberfläche mit dem Krümmungsradius r;
P_∞ = Dampfdruck über einer ebenen Flüssigkeitsoberfläche;
σ = Oberflächenspannung;
r = Krümmungsradius; er hat bei konvexen Flächen ein positives, bei konkaven ein negatives Vorzeichen.

Da benetzende Flüssigkeiten in Poren konkave Oberflächen ausbilden, kondensieren sie in feinen Kapillaren bei einem Partialdruck, der weit unter dem Sättigungsdruck über einer ebenen Fläche liegt. Voraussetzung ist allerdings, daß die Oberfläche des Adsorbens vom Adsorpt benetzt wird. So beobachtet man beispielsweise keine Kapillarkondensation von Quecksilber in Aktivkohle.

Da sich Adsorption und Kapillarkondensation überlagern, faßt man im technischen Sprachgebrauch beide Effekte auch unter dem Begriff *Sorption* zusammen.

Bei der Adsorption wird zusätzlich zur Kondensationsenthalpie r des Adsorpts noch die Bindungswärme h_{B} freigesetzt. Die *Adsorptionsenthalpie* beträgt somit

$$h_{\mathrm{Ads}} = r + h_{\mathrm{B}}. \tag{9.2}$$

Der Anteil der Bindungswärme ist am größten bei geringer (monomolekularer) Belegung der Oberfläche des Adsorbens. Die Adsorptionsenthalpie h_{Ads} in kJ/mol verringert sich daher mit zunehmender Beladung. In Tab. 9.1 findet man Beispiele von Adsorptionswärmen für verschiedene Systeme Adsorbens/Adsorpt. Bei der Desorption muß dem Adsorbens die entsprechende Wärmemenge zugeführt werden.

Die Eigenschaften der Adsorbentien können im allgemeinen nicht vorausberechnet werden. Durch Messung bestimmte *Gleichgewichtsdaten* werden bei der *Adsorption aus der flüssigen Phase* in der Form

$$X = X(w)_{\mathrm{T}} \tag{9.3}$$

X = Beladung des Adsorbens in kg Adsorpt/kg Adsorbens;
w = Massenanteil des Adsorpts im Ausgangsgemisch in kg/kg.

korreliert, während bei der *Adsorption aus der Gasphase* die Darstellung

$$X = X(p_{ad}) \tag{9.4}$$

oder

$$X = X(p_{ad}/P_{Ad})_T = X(\varphi)_T \tag{9.4a}$$

vorteilhafter ist;

P_{Ad} = Partialdruck des Adsorpts im Gasgemisch (Pa);
P_{Ad} = Sättigungsdruck des Adsorpts (pa);
φ = $p_{Ad}/P_{Ad} \leq 1$;

Die so gewonnenen Funktionen nennt man *Sorptionsisothermen*. Die Bezeichnung *Sorption* soll dabei darauf hinweisen, daß neben der eigentlichen Adsorption auch andere Effekte wie die erwähnte Kapillarkondensation zur Bindung des Adsorpts an das Adsorbens beitragen. Solche Sorptionsisothermen beschreiben jeweils die *Gleichgewichtsbeladung* eines spezifischen Adsorbens mit dem Adsorpt aus einem bestimmten Trägergas bei der Temperatur T. Häufig dient Benzol als Vergleichssubstanz für verschiedene Adsorbentien.

Das Adsorpt sollte auch dann begierig vom Adsorbens aufgenommen werden, wenn es nur in kleinen Konzentrationen im Trägerstrom vorliegt. Technische Adsorbentien müssen daher Sorptionsisothermen der Form haben, wie sie in Abb. 9.1 für den Stoff *a* eingezeichnet ist.

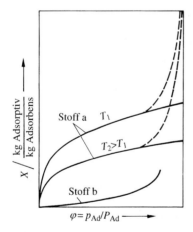

Abb. 9.1   Der Verlauf der Sorptionsisotherme eines als technisches Adsorbens brauchbaren Stoffes *a* bei zwei verschiedenen Temperaturen T_1 und T_2. Die Sorptionsisotherme von Adsorbentien, bei denen man Kapillarkondensation beobachtet, folgt bei hohen Werten von φ dem gestrichelten Linienzug. Substanzen mit dem Sorptionsverhalten des Stoffes *b* sind zur Verwendung als technisches Adsorbens nicht geeignet.

Die Gleichgewichtsbeladung der Adsorbentien, also ihre Beladung mit dem Adsorpt bei thermodynamischem Gleichgewicht, steigt mit abnehmender Temperatur. Außerdem werden bei ausreichender Größe der Mikroporen hochmolekulare bzw.

hochsiedende Substanzen stärker aufgenommen als niedermolekulare. Analytische Ansätze zur Berechnung der Sorptionsisothermen haben einen beschränkten Gültigkeitsbereich. Sie enthalten stets empirische Konstanten, die durch Messung bestimmt werden müssen. So gilt etwa für die Adsorption aus der Gasphase unter der Bedingung, daß das Adsorpt nur in monomolekularer Schicht adsorbiert ist, näherungsweise die Langmuir-Isotherme

Langmuir-Isoth:
$$V = \frac{V_{mon} \cdot b \cdot \varphi}{1 + b \cdot \varphi} ; \tag{9.5}$$

V = adsorbiertes Gasvolumen;
V_{mon} = Gasvolumen, das benötigt wird, um auf der adsorbierenden Oberfläche eine monomolekulare Schicht zu bilden;
b = stoffabhängige Konstante.

Die Langmuir-Isotherme gibt die Zusammenhänge im allgemeinen nur bei kleinen Adsorptiv-Konzentrationen in der Trägerphase mit guter Genauigkeit wieder. Es wurden daher verschiedene erweiterte Gleichungen vorgeschlagen. Die Brunauer-Emmett-Teller- (kurz: BET-)Gleichung [9.8] beschreibt die Sorptionsisotherme für den Fall, daß die Dicke der adsorbierten Schicht auf n Moleküllagen begrenzt ist, weil z. B. die Enge der Poren keine weiteren Lagen zuläßt:

BET-Glg. f.
hohschichtads, isoth.
$$V = \frac{V_{mon} \cdot b \cdot \varphi}{1 - \varphi} \left[\frac{1 - (n+1) \cdot \varphi^n + n \cdot \varphi^{n+1}}{1 + (b-1) \cdot \varphi - b \cdot \varphi^{n+1}} \right] ; \tag{9.6}$$

n = Zahl der möglichen Molekülschichten

Man überzeugt sich leicht, daß diese Beziehung für den Fall monomolekularer Bedeckung des Adsorbens, also für $n = 1$, in Gl. (9.5) übergeht. Ist der Dicke der adsorbierten Schicht keine obere Grenze gesetzt, also $n = \infty$, so vereinfacht sich Gl. (9.6) zu

für n = ∞
$$V = \frac{V_{mon} \cdot b \cdot \varphi}{1 - \varphi} \cdot \left\{ \frac{1}{1 + (b-1) \cdot \varphi} \right\}. \tag{9.7}$$

Mit Hilfe der BET-Gleichung läßt sich die Oberfläche von Adsorbentien aus Adsorptionsmessungen ermitteln.

In der Praxis werden für die Beschreibung der Sorptionsisothermen vielfach die Redlich-Peterson-Gleichung

Redlich-Peterson-Glg
$$X = \frac{K_1 \cdot p_{Ad}}{1 + K_2 \cdot p_{Ad}^c} \tag{9.8}$$

oder die Freundlich-Gleichung

Freundlich-Glg.
$$X = K \cdot p_{Ad}^c \tag{9.9}$$

K, K_1, K_2 = Koeffizienten, c = Exponent

verwendet.

Für die Auslegung von Adsorptionsanlagen benötigt man neben den Sorptionsisothermen auch Kenntnisse über die Kinetik des Adsorptionsvorgangs. Die *Ad-*

sorptionsgeschwindigkeit hängt sehr stark vom Adsorbens sowie von Bauart und Betriebsweise des Adsorbers ab. Im einzelnen wird sie durch folgende Größen beeinflußt:

1. Strömungsverhältnisse im Adsorber;
2. Stoffübergang vom Fluid an die Oberfläche des Adsorbens;
3. Diffusion des Adsorpts in den Poren des Adsorbens;
4. Geschwindigkeit des Adsorptionsvorgangs selbst;
5. Diffusion des Adsorpts in der Adsorptionsschicht.

Vor allem bei der Adsorption aus der flüssigen Phase verlaufen die Diffusionsprozesse nur langsam, so daß für ausreichende Kontaktzeit gesorgt werden muß. Empfohlen werden (Grübner et al. [9.9]) folgende Anströmgeschwindigkeiten für das Adsorberbett:

- bei Adsorption aus der Gasphase: 0,08 bis 0,33 m/s
- bei Adsorption aus der Flüssigkeit: 1,7 bis 3,3 mm/s

9.2.2 Die technischen Adsorbentien

Die technischen Adsorbentien sind hochporöse Substanzen, die vor allem folgenden Anforderungen genügen müssen:

1. *Selektivität*: Sie sollen vorzugsweise das Sorptiv aufnehmen, und von den übrigen Komponenten des Trägergemisches wenig beeinflußt werden.
2. *Hohe Beladung* auch bei geringer Konzentration des Adsorptivs im Fluid:
3. *Leichte Desorbierbarkeit.*
4. *Chemische Beständigkeit* gegenüber dem zu zerlegenden Fluidgemisch sowie in aller Regel auch gegenüber Wasser.
5. Es dürfen *keine* unerwünschten *chemischen Reaktionen* (z. B. kalytischer Art) ausgelöst werden.
6. Keine wesentliche Abnahme der *Beladungskapazität* bei wiederholter Regeneration.
7. Die *Festigkeit* gegen mechanische Beanspruchung (Druck, Druckwechsel, Abrieb) und Temperaturschock muß ausreichend hoch liegen.

Hinsichtlich des selektiven Verhaltens ist zu unterscheiden zwischen *Gleichgewichtsselektivität* und *kinetischer Selektivität*. Im ersten Falle belädt sich das Adsorbens im Gleichgewicht mit dem umgebenden Fluid vorzugsweise mit dem zu adsorbierenden Stoff, im zweiten wird dieser rascher adsorbiert als die anderen Gemischkomponenten.

Gebräuchliche Adsorbentien (Tab. 9.1) sind:

Aktivkohle, A-Kohle *(activated carbon)*: Hergestellt durch Verschwelung und anschließende Aktivierung von Holz, Pflanzenabfällen (Nußschalen, Fruchtkerne usw.), Blut, Torf, Kohle, Pech etc. besteht sie zu mehr als 95% aus Kohlenstoff. Sie wird zur Reinigung von Luft, Abluft und technischen Gasen, aber auch zur Wasserreinigung und zum Reinigen und Entfärben von Lösungen eingesetzt.

Tab. 9.1   Adsorptionswärmen h_{Ads} verschiedener Systeme Adsorbens/Adsorpt

Adsorbens	Adsorpt	$t/°C$	$X \left/ \dfrac{\text{g Adsorpt}}{\text{kg Adsorbens}} \right.$	$h_{Ads} \left/ \dfrac{\text{kJ}}{\text{mol Adsorpt}} \right.$
Aktivkohle	Ammoniak	20	4,5	55,3
			28	39,8
	Kohlendioxid	20	5	31,0
			30	25,1
	Methan	20	2	26,4
			10	21,4
	Propan	20	5	47,7
			40	38,3
	Benzol	25		65,7
	Diethylether	25		66,1
	Methanol	25		58,2
	Ethanol	25		65,3
Kieselgel	Benzol	20,5	16,6	64,5
	Methanol	19,7	66	63,6
	Ethanol	19,4	66	72,4
Molekularsiebe	Wasser	20		60–76

Kieselgel, Silicagel: Besteht zu mehr als 99% aus SiO_2 und wird hauptsächlich zur Luft- und Gastrocknung verwendet. Die Regeneriertemperaturen liegen zwischen 120 und 150 °C.

Aktive Tonerde *(activated alumina)* besteht zu mehr als 90% aus Aluminiumoxid Al_2O_3. Bei der Gastrocknung lassen sich mit ihr tiefere Taupunkte erreichen als mit Kieselgel. Allerdings liegen auch die Regeneriertemperaturen höher (180 °C bis 220 °C).

Molekularsiebe *(molecular sieves)* sind künstliche Zeolithe der Zusammensetzung $(Z)_x(Al_2O_3)_x(SiO_2)_y$, wobei Z für Alkali- bzw. Erdalkalioxide steht. Die Besonderheit der Molekularsiebe liegt in ihrer einheitlichen Porengröße (zwischen 0,3 und 1 nm) und ihrem Gitteraufbau. Beides verleiht ihnen große Beladungskapazitäten bei hoher Selektivität. So vermag beispielsweise das Molekularsieb 4 A (Abb. 9.2) mit der Summenformel $Na_2O \cdot Al_2O_3 \cdot 2 SiO_2$ und einem Porendurchmesser von etwa 0,4 nm Molekeln wie H_2O, H_2S, NH_3, Ethan und Ethen aufzunehmen, nicht aber Propan und alle höheren Kohlenwasserstoffe. Mit Hilfe von Molekularsieben mit geeignetem Porendurchmesser lassen sich verzweigte und zyklische Paraffine von Normalparaffinen, Aromaten von Aliphaten usw. trennen. Dank ihrer speziellen Aufnahmefähigkeit für polare Molekeln wie Wasser eignen sich Molekularsiebe zur Intensivtrocknung von Gasen und Flüssigkeiten. Bei der Lufttrocknung setzt die hohe Regeneriertemperatur (>300 °C) ihrem Einsatz allerdings gewisse wirtschaftliche Grenzen. Eine besondere Bedeutung hat die Verwendung von Molekularsieben bei der Erzeugung technischer Gase mittels Druckwechseladsorption *(pressure swing adsorption)* gewonnen.

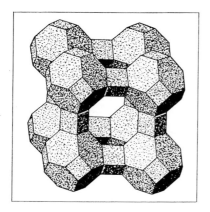

Abb. 9.2   Elementarzelle des Zeoliten Typ 4 A (nach Meier [9.18]).

Kohlenstoffmolekularsiebe *(carbon molecular sieve)* CMS werden aus Steinkohle in einem Prozeß hergestellt, der in seinen ersten Schritten dem bei der Erzeugung von Aktivkohle angewendeten ähnelt [9.10]. Durch eine aktivierende bzw. crackende Nachbehandlung werden dann Mikroporen geöffnet, die eine enge Porenradienverteilung aufweisen. Sie gleichen in dieser Hinsicht also den zeolithischen Molekularsieben. Da die Poren jedoch nicht, wie bei diesen, aufgrund einer kristallinen Ordnung, sondern durch gezielte thermische Behandlung entstehen, können sie in Gestalt und Größe variiert werden. Zum Beispiel lassen sich zwei Grundtypen herstellen: Der Typ CMS-N (Abb. 9.3 a) hat eine verengte Porenöffnung, durch die O_2-Molekeln leichter passieren können als die nur um weniges größeren N_2-Molekeln. Es entsteht also eine kinematische Selektivität, wie sich aus Abb. 9.3 b erkennbar wird. Der Typ CMS-N ist also für die Luftzerlegung durch Druckwechseladsorption und zur Reinigung von Biogas geeignet. Poren des Typus CMS-W (Abb. 9.4 a) sind dagegen für die gleichgewichtsselektive Trennung geeignet. Aus Abb. 9.4 b geht hervor, daß man damit beispielsweise reinen Wasserstoff aus Koksofengas und

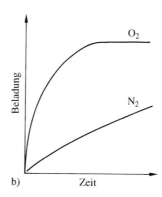

Abb. 9.3   a) Kohlenstoffmolekularsieb Typ CMS-N mit verengter Porenöffnung; b) Zeitlicher, schematischer Verlauf des Beladungsvorganges [9.11].

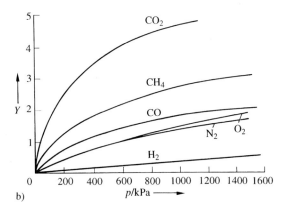

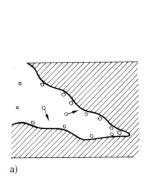

Abb. 9.4   a) Kohlenstoffmolekularsieb Typ CMS-W mit weiter Porenöffnung; b) Gleichge-wichtsbeladung Y (mol/kg) eines Molekularsiebes Typ CMS-W für verschiedene Gase in Abhängigkeit vom Gasdruck p (kPa) nach [9.11].

ähnlichen Gemischen erzeugen kann. Das Kohlenstoffmolekularsieb hat in jüngster Zeit eine wichtige Stellung in der Adsorptionstechnik errungen [9.11]. Von Vorteil ist sein hydrophobes Verhalten: Es wird nicht durch Wasserdampf irreversibel bela-den. Auch ist es resistent gegen saure Gase.

Bleicherde, Fullererde *(Fuller's earth)* besteht größtenteils aus hydratisierten Alu-miniumsilicaten und dient zum Reinigen und Bleichen von Ölen.

Tab. 9.2   Eigenschaften von Adsorbentien

Adsorbens	Porendurch-messer/nm	Porosität in %	Spez. Oberfl. in 10^3 m²/kg	Schüttdichte in kg/m³
Aktivkohle	2–4	65–75	400–1600	350–700
Kieselgel	2,5–5	70	250–350	400–800
Aktive Tonerde	3,5–5	25–35	100–400	700–800
Molekularsieb Typ 3A	0,3			
Typ 4A	0,4	40–60	500–1000	575–750
Typ 5A	0,5			(Pulver: 480)
Typ 13X	≈0,9			
Kohlenstoffmolekularsieb	0,2–0,5	52	<100	650–700
Bleicherde		≈54	150–250	480–640

9.2.3 Die Adsorption aus der Gasphase

Im folgenden soll die technische Durchführung von Adsorptionsprozessen bespro-chen werden. Lufttrocknung, Gasreinigung und Lösungsmittelrückgewinnung sind einige wichtige Beispiele für die Abtrennung von Komponenten, die in einem Trä-gergasstrom in geringer Konzentration enthalten sind.

Die Adsorption aus der Gasphase kann chargenweise oder stetig erfolgen. Bei der chargenweisen Adsorption werden die Adsorbentien meist in Adsorbertürmen eingesetzt (Abb. 9.5). Das Gasgemisch strömt durch das ruhende Adsorbensgranulat, das im Hinblick auf die Vermeidung unnötiger Druckverluste von möglichst einheitlicher Korngröße sein soll. Im Adsorber können wir drei Zonen unterscheiden: 1. den Bereich, in dem sich das Gleichgewicht mit dem eintretenden Gas bereits eingestellt hat und daher keine Adsorption mehr stattfindet, 2. die *Adsorptionszone*, in welcher dem Trägergas das Adsorpt entzogen wird, und 3. den Bereich, in dem sich noch unverbrauchtes Adsorbens befindet. Die Adsorptionszone wandert langsam durch den Apparat hindurch. Sie ist um so kürzer, je rascher sich das Gleichgewicht einstellt. Erreicht sie das Ende der Adsorptionsschicht, treten Spuren des Adsorpts hinter dem Adsorber auf: Der Durchbruch ist erfolgt. Der unwirksam gewordene Adsorber muß nun aus dem Prozeß genommen und regeneriert werden.

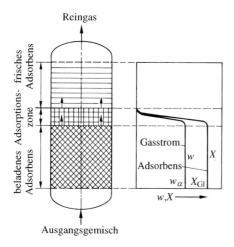

Abb. 9.5   Die chargenweise Adsorption in einem Adsorberturm. Rechts ist der Adsorptivgehalt im Gasstrom bzw. im Adsorbens in Funktion des Ortes schematisch dargestellt.

Prinzipiell kann die Desorption eines beladenen Adsorbers auf vier Wegen erfolgen (Abb. 9.6):

1. Das Adsorpt wird durch Erhitzen des Adsorbens ausgetrieben. Man spricht in diesem Fall von *Temperaturwechseladsorption (TWA)*. Durch die Temperaturerhöhung verschiebt sich die Gleichgewichtsbeladung vom Punkt B_1 auf eine tieferliegende Adsorptionisotherme zum Punkt B_2. Die überschüssige Beladung b_1-b_2 wird desorbiert.
2. Den gleichen Effekt kann man dadurch erzielen, daß man den im Absorber herrschenden Druck von P_1 auf P_2 absenkt. Auch dadurch vermindert sich die Gleichgewichtsbeladung um den Betrag b_1-b_2, und der Adsorber wird desorbiert. Bei diesem als *Druckwechseladsorption* (DWA) bezeichneten Verfahren ist zu beachten, daß die Desorption mit einer Abkühlung des Adsorbens einhergeht. Der Endpunkt B_0 liegt daher auf einer Isotherme $T_0 < T_1$.

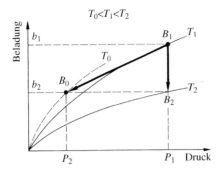

Abb. 9.6   Desorption durch Temperaturwechsel ($B_1 \gg B_2$) und durch Druckwechsel ($B_1 \gg B_0$).

3. Anstelle des Gesamtdrucks kann man auch den Partialdruck des Adsorpts im Adsorber herabsetzen, etwa dadurch, daß man ihn in der dem Beladen entgegengesetzten Richtung mit heißem, sauberen Gas oder mit überhitztem Dampf durchströmt. Im letzteren Fall spricht man vom *Dämpfen* des Adsorbers. Das desorbierte Adsorpt kann gegebenenfalls durch Kondensation zurückgewonnen werden. Nach abschließender Trocknung bzw. Spülung und Abkühlung ist der Adsorber wieder einsatzbereit.

4. Eine weitere Möglichkeit ist die sogenannte *Verdrängungsdesorption*: Das Adsorpt wird durch ein zweites aus dem Adsorbens ausgetrieben. Ein Beispiel ist die Gewinnung von Normalparaffinen aus höheren Erdölfraktionen mit Hilfe von Molekularsieb des Typs 5 A (Ruhl [9.12]): Als Desorptionsmittel werden Normalparaffine mit einer um fünf bis acht C-Atome kürzeren Kettenlänge verwendet, die sich anschließend destillativ vom Adsorpt trennen lassen.

Um bei chargenweisem Betrieb eine kontinuierliche Prozeßführung zu verwirklichen, werden mindestens zwei Adsorber benötigt, von denen einer auf Adsorption, der andere auf Regeneration geschaltet ist. Die beiden Apparate vertauschen zyklisch ihre Funktion. Bei Großanlagen geht man oft noch weiter. Abb. 9.7 zeigt eine Vier-Adsorber-Anlage von Bayer, Leverkusen, bei der jedem der Verfahrensschritte *Beladen, Dämpfen, Trocknen* und *Kühlen* je ein Apparat (oder eine Apparategruppe) zugeordnet ist. Anlagen dieser Art erfordern ein kompliziertes Leitungssystem. Die moderne Prozeßsteuertechnik erlaubt die Vollautomatisierung solcher Anlagen und fördert allgemein die Rückkehr zum Chargenbetrieb.

In kontinuierlich arbeitenden Adsorptionsanlagen muß das Adsorbens mechanisch gefördert oder im Fließbett (s. Abschn. 10.6.1 c) eingesetzt werden. Es ist dabei einer starken mechanischen Beanspruchung, vor allem einem erheblichen Abrieb ausgesetzt, der Zuverlässigkeit und Wirtschaftlichkeit solcher Anlagen beeinträchtigen kann. Brauer [9.2] beschreibt verschiedene Bauarten kontinuierlicher Adsorptionsanlagen.

Zu einem wichtigen Einsatzgebiet hat sich die Zerlegung von Gasgemischen durch die zuvorerwähnte Druckwechseladsorption entwickelt. Im Prinzip sind für eine quasikontinuierliche Prozeßführung, wie bei der Temperaturwechseladsorption, auch hier mindestens zwei Apparate erforderlich, von denen sich der eine im Sorptionsbetrieb, der andere in der Regenerationsphase befindet. Zur Verringerung

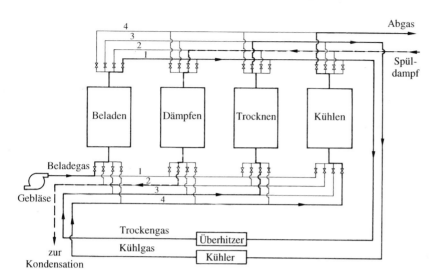

Abb. 9.7   Die von Bayer AG, Leverkusen, entwickelte Vier-Adsorber-Anlage.

von Entspannungsverlusten ist es jedoch zweckmäßig, mit Vielbettsystemen zu arbeiten, die nicht selten mit bis zu zwölf Adsorbern bestückt sind [9.13]. Ein wesentlicher Unterschied zwischen den TWA- und DWA-Anlagen liegt in der Zykluszeit. Während sie bei der Temperaturwechseladsorption in der Größenordnung von Stunden liegt, dauert ein DWA-Zyklus nur einige Minuten.

Druckwechselabsorptionsanlagen zur Wasserstoffgewinnung aus Reformer-, Raffinerie- und Koksofengasen nehmen hinsichtlich der Anzahl der gebauten Einheiten als auch bezüglich der Kapazität die wichtigste Stellung ein. Da sich die meisten Begleitgase vom Wasserstoff durch Adsorption wirkungsvoll trennen lassen, wird der Reinwasserstoff im Adsorptionstakt gewonnen. Die Ausbeute beträgt über 90%, die erreichbaren Wasserstoffreinheiten sind hoch (>99,999%).

Auch zur Reinigung von Bio- und Deponiegasen läßt sich die DWA-Technik mit Kohlenstoffmolekularsieb erfolgreich einsetzen [9.10]. Methan fällt dabei in der Adsorptionsphase an, während die rasch adsorbierten Gase CO_2 und CO beim Desorbieren freiwerden.

Bei DWA-Prozessen zur Gewinnung von CO aus Hochofengasen, von Ethylen aus Abgasen der Ethylenoxid-Produktion und von Ozon aus O_3/O_2-Gemischen wird das Produkt in der Desorptionsphase gewonnen [9.13].

DWA-Anlagen zur Luftzerlegung erzeugen Stickstoff in der Adsorptionsphase, während der rasch adsorbierte Sauerstoff (s. o.) im Desorptionstakt anfällt.

9.2.4 Die Adsorption aus der flüssigen Phase

Die Adsorption aus der flüssigen Phase dient hauptsächlich zur Reinigung von Flüssigkeiten. Beispiele sind das Klären von Zuckerlösungen mit Aktivkohle und das Bleichen und Deodorieren von mineralischen, pflanzlichen und tierischen Ölen mittels Bleicherde. Das Adsorbens kann dabei wie bei der adsorptiven Reinigung von Gasen als Granulatbett eingesetzt werden, durch das die zu reinigende Flüssigkeit strömt. Meist wird es aber der Flüssigkeit in Pulverform beigemischt und mit ihr durch intensives Rühren in Kontakt gebracht. Nach Erreichen des Beladungsgleichgewichts werden Flüssigkeit und Adsorbens durch Filtern getrennt. Eine Regenerierung des Adsorptionsmittels kommt vielfach nicht in Frage.

9.2.5 Chromatographie

Literatur: Bayer [9.14]; Kaiser [9.15]; Littlewood [9.16]; Röck/Kohler [9.17]; Keulemann/Cremer [9.18]; Jentsch [9.19]; Perry [A. 9].

Bei der chromatographischen Trennung bewegt sich eine gasförmige oder flüssige Trägersubstanz, das *Elutionsmittel*, durch ein festes, ruhendes Adsorptionsmittel. Spritzt man in das Elutionsmittel stoßartig eine kleine Menge eines darin löslichen Gemischs aus verschiedenen Komponenten ein, so wird die so erzeugte ‚Wolke‘ von Fremdstoffen mit der bewegten Phase durch die stationäre Phase hindurchtransportiert. Dabei werden die einzelnen Komponenten des eingespritzten Gemisches in unterschiedlichem Maße von der festen Phase adsorbiert und wieder desorbiert. Als Folge dieses Vorganges löst sich die Gemischwolke nach und nach in Teilzonen auf, in denen die einzelnen Komponenten getrennt enthalten sind. Fängt man diese Teilzonen nacheinander in Rezipienten auf, so erhalten diese die getrennten Komponenten des eingespritzten Stoffgemisches. Die Bezeichnung *Chromatographie* stammt von der ursprünglichen Anwendung dieses Verfahrensprinzips zur Trennung von Farbpigmenten. Heute unterscheidet man zwischen *Flüssigkeitschromatographie* und *Gaschromatographie*, wobei der letzteren die weitaus größere Bedeutung zukommt. Die Gaschromatographie ist eines der Standardverfahren der Analytik geworden. Die stationäre Phase wird dabei in ein langes, dünnes Rohr eingefüllt. Als Trägerfluid dient zum Beispiel Stickstoff oder Helium. Die präparative Trennung von Gemischen erfordert Säulen mit äußerst homogener Struktur der stationären Phase und sehr gleichmäßigem Strömungsprofil. Ihre Anwendung beschränkt sich auf schwierige Trennvorgänge mit begrenzten Substanzmengen.

9.3 Ionenaustausch

Literatur: Dorfner [9.20]; Helfferich [9.21]; Kunin [9.22]; Ullmann [A. 10]; Perry [A. 9].

Ionenaustauscher nehmen Ionen aus der sie umgebenden Lösung auf und setzen dafür andere im stöchiometrischen Verhältnis frei. Dies geschieht mit Hilfe funktioneller Gruppen, die in eine feste Matrix eingebaut sind. Als Festkörper verwendet man vorwiegend unlösliche organische Stoffe, die *Ionenaustauscherharze*. Die austauschaktiven Gruppen können saurer oder basischer Natur sein. Entsprechend unterscheidet man grundsätzlich zwischen den sauren *Kationenaustauschern* und den basischen *Anionenaustauschern*.

Der Ionenaustausch ist reversibel und hat verfahrenstechnisch mit der Adsorption vieles gemeinsam. Wie diese ist er geeignet, Stoffe abzutrennen, die in geringer Konzentration in einer Lösung vorhanden sind. Die erforderlichen großen Austauscherkapazitäten lassen sich nur mit hochporösen Feststoffen erreichen. Das körnige Harz wird meist in Festbetten eingesetzt, die von der zu behandelnden Lösung durchströmt werden. Der Ionenaustausch geht in einer schmalen *Austauschzone* vor sich, die langsam durch das Bett wandert. Sobald sie das Ende des Festbetts erreicht, erfolgt der *Durchbruch*, und der Ionenaustauscher muß aus dem Kreislauf genommen und regeneriert werden. Bei der Regenerierung werden die aufgenommenen Ionen wieder durch die ursprünglich angelagerten ersetzt. Dies geschieht beim Kationenaustauscher durch Spülen mit einer Mineralsäure oder einer konzentrierten Salzlösung, beim Anionenaustauscher durch Spülen mit einer Lauge.

Entscheidend für die Austauschvorgänge sind die im Ionenaustauschermaterial eingebauten funktionellen Gruppen, die sogenannten Ankergruppen. Folgende Grundtypen sind für die Praxis von Bedeutung:

1. *Schwachsaure Kationenaustauscher* vom Carboxyltyp, verwendet vor allem für die Abtrennung von Kationen aus basischen Lösungen. Regeneriert wird mit einer starken Säure, z. B. Salzsäure.
2. *Starksaure Kationenaustauscher* vom Sulfonsäuretyp. Sie werden vor allem bei der Wasserenthärtung eingesetzt und mit Säure oder einer Kochsalzlösung regeneriert.
3. *Schwachbasische Anionenaustauscher* vom Amintyp, zum Austausch von Anionen starker Säuren, wie Cl^- und $(SO^4)^{--}$, meist mittels Natronlauge regeneriert.
4. *Starkbasische Anionenaustauscher* vom quaternären Ammoniumtyp, die neben den Anionen der starken Mineralsäuren auch diejenigen schwacher Säuren austauschen und stets mit Natronlauge regeneriert werden.

Wichtigstes Anwendungsgebiet des Ionenaustauschers ist die *Wasseraufbereitung*. Beim einfachen *Enthärten* werden die Härtebildner, die Calcium- und Magnesium-Ionen, durch Natrium-Ionen ersetzt. Der molare Salzgehalt des Wassers bleibt dabei unverändert. Zum *Vollentsalzen* des Wassers, etwa für den Einsatz in Hochdruckdampferzeugern, werden Kationen- und Anionenaustauscher benötigt. Der wasserstoffaktivierte Kationenaustauscher Io-H[2] reagiert dabei mit den Metallionen Me^+ zu Io-Me, während der OH-aktivierte Anionenaustauscher Io-O die OH-Gruppe gegen ein Anion austauscht. Die Reaktionen können also wie folgt beschrieben werden:

$$Io\text{-}H + Me^+ + An^- \rightarrow Io\text{-}Me + H^+ + An^-$$
$$Io\text{-}OH + H^+ + An^- \rightarrow Io\text{-}An + H^+ + OH^- \rightarrow Io\text{-}An + H_2O$$

---

[2] Io bezeichnet die Harzmatrix des Ionenaustauschers, H das austauschbare Wasserstoffatom.

Insgesamt gesehen werden also die im Wasser gelösten Ionen Me$^+$ und An$^-$ durch Wassermoleküle ersetzt.

Die zwei Teilreaktionen kann man in zwei hintereinandergeschalteten Apparategruppen durchführen. Eine elegantere Lösung ist das *Mischbettfilter*, bei dem beide Harzarten im Austauscherbett vermischt sind. Für die Regenerierung müssen das Kationen- und das Anionenaustauscherharz jedoch voneinander geschieden werden, um sie getrennter Behandlung zuzuführen. Dies gelingt mit Hilfe ihrer unterschiedlichen Dichte. Der Arbeitszyklus eines Mischbettfilters besteht damit aus den in Abb. 9.8 dargestellten fünf Stufen:

1. Betriebsstellung: Das aufzubereitende Wasser durchfließt das Mischbett von oben nach unten, bis die Austauschkapazität des Harzes erschöpft ist;
2. Trennung des spezifisch leichteren Anionenaustauschharzes vom schwereren Kationenaustauschmaterial durch Flotation mit einem nach oben gerichteten Wasserstrom;
3. Regenerieren des Anionenaustauschers mit Natronlauge;
4. Regenerieren des Kationenaustauschers mit Salzsäure;
5. Mischen der beiden Harzkomponenten durch einen aufwärtsgerichteten Luftstrom, der das Bett verwirbelt;

Der Apparat ist nun wieder betriebsbereit.

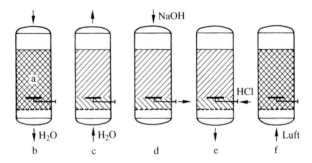

Abb. 9.8   Betrieb und Regeneration eines Mischbettfilters (a = Mischbettfilter; b = Betriebsstellung; c = Trennung des spezifisch leichteren Anionenaustauschers vom schwereren Kationenaustauscher mittels eines Wasserstromes; d = Regeneration des Anionenaustauschers mit Natronlauge; e = Regeneration des Kationenaustauschers mit Salzsäure; f = Mischen der zwei Harzkomponenten mittels Luft). Nach Heinrich [9.13].

Das Problem der unvollständigen Trennung vor dem Regenerieren kann man durch Einführung einer dritten Komponente lösen, die sich beim Entmischen zwischen die beiden Harztypen legt (Abrams et. al. [9.23]). Als eine weitere Alternative zum Mischbettfilter wurden Mehrkammersäulen entwickelt, (Wutte et. al. [9.24]), die Anionen- und Kationenaustauscher in getrennten Betten enthalten. Diese werden unabhängig voneinander unter Anwendung von Sperrwasserzonen regeneriert.

Von den zahlreichen weiteren Anwendungen des Ionenaustausches seien noch die folgenden erwähnt:

- Enthärten, Entsalzen und Entfärben von Zuckersäften;
- Aufarbeitung organischer Säuren (Milchsäure, Weinsäure, Zitronensäure usw.)
- Reinigung von Zuckeralkoholen (Xylit, Sorbit).
- Gewinnung und Reinigung von Mononatriumglutamat;
- Reinigung radioaktiver und chemischer Abwässer.

Die sogenannten *flüssigen Ionenaustauscher* werden in der Hydrometallurgie bei der Flüssig/Flüssig-Extraktion verwendet (s. Kap. 8).

10 Trocknung fester Stoffe

Peter Kaiser

Literatur: Ullmann [A. 10], Vol. B 2, S. 4−1/35; Kneule [10.1]; Krischer/Kröll [10.2]; Loncin [10.3], Kap. 9.

10.1 Einleitung, Definitionen

Unter *Trocknung* versteht man die Entfernung von Flüssigkeit aus einem Gut durch Verdunsten oder Verdampfen. Die hierzu notwendige Wärme wird in der Regel dem Gut von außen zugeführt, es kann aber auch in ihm gespeicherte oder in ihm erzeugte Wärme zur Trocknung benützt werden.

Die für die Trocknung benötigten Wärmemengen sind beträchtlich, weil es nur selten ohne übertriebenen apparativen Aufwand möglich ist, die in der feuchten Abluft oder den Abdämpfen gespeicherte Wärme zurückzugewinnen. Damit wird die Trocknung zu einem energiewirtschaftlich recht ungünstigen Verfahren, und man wird, wenn immer das Gut dies zuläßt, der Trocknung eine *mechanische Entwässerung* vorschalten, die wesentlich weniger Energie benötigt.

Durch mechanische Entwässerung, etwa durch Filtrieren, Abpressen oder Zentrifugieren, kann im Gegensatz zur thermischen Trocknung die im Gut enthaltene Feuchtigkeit nicht vollständig entfernt werden. Sie ist bei den mechanischen Grundverfahren der Verfahrenstechnik einzuordnen und soll uns hier nicht beschäftigen.

Die rechnerische Behandlung der Trocknung macht vor allem aus zwei Gründen Schwierigkeiten. Der eine ist die Vielfalt der zu behandelnden Güter und die damit verknüpfte Lückenhaftigkeit unserer Kenntnisse ihrer Stoffeigenschaften, die zudem oft auf schwer überblickbare Weise vom Feuchtigkeitsgehalt abhängen. Viele dieser Güter sind empfindliche Naturprodukte, die durch unsachgemäße Trocknung beschädigt werden können: z. B. wird sich Holz bei zu raschem und ungleichmäßigem Feuchtigkeitsentzug verziehen oder gar reißen. Auch die Tatsache, daß das Gut beim Beginn des Trocknens in fester, breiförmiger, pastöser oder flüssiger Form vorliegen kann, beeinflußt die Wahl des Trocknungsverfahrens.

Die andere Schwierigkeit beruht darauf, daß die Trocknung sich aus mehreren Teilvorgängen zusammensetzt, die sich einander überlagern, und daß Wärme- und Stoffaustausch auf recht verwickelte Art miteinander gekoppelt sind. Um hochwertige Endprodukte gewährleisten zu können, mußte deshalb eine große Zahl von Trocknerbauarten geschaffen werden. Die Wahl des für eine bestimmte Aufgabe optimalen Trockners ist bei der verwirrenden Fülle der Möglichkeiten nicht einfach.

Zur Entfernung der Feuchtigkeit aus dem Gut stehen grundsätzlich zwei Möglichkeiten offen: Verdunstung und Verdampfung. Bei der *Verdunstung* enthält der Raum, in welchem die aus dem Trockengut entweichende Feuchtigkeit als Dampf aufgenommen wird, noch mindestens ein weiteres Gas. Dieses andere Gas, meistens Luft, liefert in vielen Fällen die zur Trocknung benötigte Wärme. Der Gesamtdruck im Trockner ist bei Verdunstungstrocknung höher als der Partialdruck des aus dem Gut entweichenden Dampfes. *Verdampfung* hingegen liegt vor, wenn in dem Raum, in dem die aus dem Gut entweichende Feuchtigkeit als Dampf aufgenommen wird, nur dieser Dampf anwesend ist. Der Gesamtdruck ist dann gleich dem Partialdruck des entweichenden Dampfes.

Meistens ist das zu entfernende Wasser in flüssiger Form an das Gut gebunden. Liegt es aber in fester Form als Eis vor, so erfolgt die Trocknung durch *Sublimation*. Man spricht in diesem Fall von *Gefrier-* oder *Sublimationstrocknung*.

10.2 Der feuchte Körper

10.2.1 Die Arten der Feuchtigkeitsbindung

Die im feuchten Körper enthaltene Flüssigkeit ist entweder eine reine Flüssigkeit oder eine Salzlösung. In den meisten Fällen ist Wasser die vorherrschende Komponente der Flüssigkeit. Diese kann auf folgende Arten an das zu trocknende Gut gebunden sein:

1. Als *Haftflüssigkeit.* Sie bildet auf der äußeren Oberfläche des Gutes einen zusammenhängenden Flüssigkeitsfilm. Ihr Dampfdruck ist gleich dem Sättigungsdruck der Flüssigkeit.
2. Als *Kapillarflüssigkeit.* Sie ist die in den Poren poröser Körper festgehaltene Flüssigkeit, die während des Trocknens durch Kapillarkräfte an die Außenoberfläche gefördert wird. Während bei vielen Stoffen der Dampfdruck der Kapillarflüssigkeit dem Sättigungsdruck gleich ist (*nichthygroskopisches Verhalten*), ist er bei anderen Stoffen unterhalb eines kritischen Feuchtegehaltes geringer. Das Gut ist dann *hygroskopisch*.
3. Als *Quellflüssigkeit.* Sie läßt das Gut aufquellen, so daß es eine Volumenvergrößerung erfährt. Während Haft- und Kapillarflüssigkeit nur die äußeren und inneren Gutsoberflächen benetzen, ist die Quellflüssigkeit Bestandteil der Gutsphase, die sie völlig durchdringt.
4. Als *chemisch gebundene Flüssigkeit* (*Kristallwasser*). Ihre Entfernung ist erst oberhalb der Zersetzungstemperatur möglich und wird im allgemeinen nicht mehr als Trocknung bezeichnet.

Von diesen Arten der Feuchtigkeitsbindung bedarf lediglich noch der Fall des hygroskopischen Verhaltens einer näheren Besprechung. Ein solches liegt vor, wenn der Dampfdruck der an das Gut gebundenen Flüssigkeit geringer als ihr Sättigungsdruck ist. Wird ein getrocknetes hygroskopisches Gut mit einem feuchten

Gas in Berührung gebracht, so entzieht es diesem Gas so lange Feuchtigkeit, bis der Gleichgewichtszustand erreicht ist.

Hygroskopisches Verhalten wird durch *Adsorption* und bei feinporigen Substanzen oft auch durch *Kapillarkondensation* verursacht. Diese Erscheinungen wurden im Abschn. 9.2.1 ausführlicher behandelt. Eine andere Art hygroskopischen Verhaltens wird beobachtet, wenn die Feuchtigkeit in Form einer Salzlösung im Gut enthalten ist. Lösungen haben einen niedrigeren Dampfdruck als das reine Lösungsmittel (s. Abschn. 4.5), und da mit fortschreitender Trocknung die Lösung immer konzentrierter wird, nimmt auch die Dampfdruckerniedrigung zu.

Zusammen mit der Adsorption und der Kapillarkondensation zählt man diese Erscheinung zu den *Sorptionseffekten*. Man beschreibt sie mittels *Sorptionsisothermen*, die bei konstanter Temperatur den Zusammenhang zwischen dem Flüssigkeitsgehalt des Gutes und dem Partialdruck dieser Flüssigkeit in der umgebenden Gasphase bei Gleichgewicht angeben. Die Gutsfeuchte ist meist Wasser und das Trocknungsmittel meist Luft; man trägt deshalb häufig auch den Flüssigkeitsgehalt des Gutes in Funktion der relativen Luftfeuchtigkeit auf. Da sich bei hoher Luftfeuchtigkeit der Adsorption meist noch die Kapillarkondensation überlagert, zeigen die Sorptionsisothermen der meisten Stoffe eine S-förmige Gestalt. In Abb. 10.1 sind die Sorptionsisothermen von Kartoffeln für verschiedene Tempera-

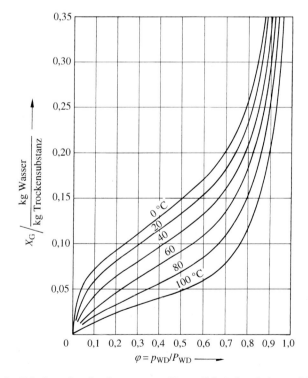

Abb. 10.1 Die Sorptionsisothermen von Kartoffelstücken bei verschiedenen Temperaturen. Nach Goerling [10.23].

turen dargestellt. Sie zeigen dieses Verhalten und zugleich die starke Temperaturabhängigkeit der Sorptionseffekte deutlich. Auch die Sorptionsisothermen vieler weiterer technisch bedeutsamer Stoffe sind gemessen worden (z. B. Krischer/Kröll [10.2], Bd. I, S. 47/67).

10.2.2 Die Bewegung der Feuchtigkeit im Gut

Für die Feuchtigkeitsbewegung im Gut während der Trocknung bestehen die folgenden zwei grundsätzlichen Möglichkeiten:

1. *Flüssigkeitsbewegung* durch Kapillar- oder Oberflächenkräfte;
2. durch ein Druck- oder Partialdruckgefälle ausgelöste *Dampfbewegung* in gas- bzw. dampfgefüllten Poren des Gutes.

Im folgenden sei die aus dem Gut zu entfernende Flüssigkeit durch den Index W (W = Wasser) und ihr Dampf durch den Index WD (WD = Wasserdampf) gekennzeichnet. Dem Gut sei der Index G zugeordnet.

Taucht man eine Kapillare in eine benetzende Flüssigkeit, so steigt diese in der Kapillare bis zur Höhe H über den Flüssigkeitsspiegel:

$$H = \frac{2\,\sigma}{\rho_W\,g\,r}\,;$$

(10.1)

σ = Oberflächenspannung in $N\,m^{-1}$;
ρ_W = Dichte der Flüssigkeit in $kg\,m^{-3}$;
g = Schwerebeschleunigung = $9{,}81\ m\,s^{-2}$;
r = Porenradius in m.

Die Steighöhe H wird um so größer, je enger die Kapillare ist, und deshalb saugen enge Kapillaren aus mit ihnen verbundenen weiteren Kapillaren Flüssigkeit an. So fördern die engen Kapillaren während der Trocknung dauernd neue Flüssigkeit an die Gutsoberfläche. Da im allgemeinen die Größenverteilung der Kapillaren im Gut nicht bekannt ist, sind zur Beschreibung der kapillaren Flüssigkeitsbewegung empirische Ansätze notwendig. Von Krischer ([10.2], Bd. I, S. 209) wurde vorgeschlagen:

$$M_W^* = -\,k\,F\,\rho_{Tr}\,\frac{d\,X_G}{d\,s}\,;$$

(10.2)

M_W^* = geförderte Flüssigkeitsmasse in $kg\,s^{-1}$;
k = Feuchtigkeitsleitkoeffizient in $m^2\,s^{-1}$;
F = Querschnittsfläche des Gutes in m^2;
ρ_{Tr} = Dichte der getrockneten Substanz in $kg\,m^{-3}$;
X_G = Gutsfeuchte in kg Flüssigkeit/kg Trockensubstanz;
s = Länge senkrecht zur Stoffübergangsfläche in m.

Der *Feuchtigkeitsleitkoeffizient k*, der u. a. von der *Gutsfeuchte* X_G abhängt, muß für jedes Gut durch Messung bestimmt werden.

Die Dampfbewegung in den gas- bzw. dampfgefüllten Poren des feuchten Gutes behandelt man nach Krischer ([10.2], Bd. I, Kap. 5) mittels eines Ansatzes der Form:

$$M^*_{WD} = -\frac{b}{\mu} F \frac{dp}{ds}; \tag{10.3}$$

M^*_{WD} = strömende Dampfmasse in $\mathrm{kg\,s^{-1}}$;
b = Bewegungsbeiwert in s;
μ = Widerstandsfaktor;
dp/ds = wirksames Druck- bzw. Partialdruckgefälle in $\mathrm{N\,m^{-3}}$.

Der *Widerstandsfaktor* μ gibt an, wievielmal kleiner bei gleicher Druckdifferenz der Mengenstrom durch das tatsächliche Gut ist als durch ein idealisiertes Gut. Dieses setzt sich, ähnlich wie eine Honigwabe, aus parallelen, geraden Rohren konstanten Querschnitts zusammen, die senkrecht zur Gutsoberfläche stehen. Genauere Angaben über den Widerstandsfaktor findet man bei Krischer/Kröll [10.2], Bd. I, S. 183/206.

Der *Bewegungsbeiwert* b kann für die verschiedenen Mechanismen, nach denen die Dampfbewegung in den Poren des Gutes erfolgen kann, berechnet werden.

1. *Molekularbewegung* nach Knudsen. Ist die Porenweite des Gutes klein gegenüber der freien Weglänge der Moleküle, so gehorcht die Dampfbewegung den Gesetzen der Molekularströmung nach Knudsen (hierzu z. B. Grassmann [A. 5], § 5.12). Die Moleküle stoßen dabei wesentlich seltener miteinander zusammen als mit den Porenwänden, von denen sie elastisch reflektiert werden. Sie folgen somit Bahnen, die vor allem durch die Aufprallwinkel mit den Porenwänden bestimmt sind. Der Bewegungsbeiwert ist in diesem Fall gegeben durch:

$$b_{mol} = \sqrt{\frac{8\,\delta^2\,\mathscr{M}_{WD}}{9\,\pi\,\mathscr{R}\,T}}; \tag{10.4}$$

δ = mittlerer äquivalenter Porendurchmesser in m;
$\mathscr{M}_{WD}$ = molare Masse des strömenden Dampfes in $\mathrm{kg\,kmol^{-1}}$.

2. *Dampfdiffusion* nach Stefan. Ist die Porenweite des Gutes groß gegenüber der freien Weglänge der Moleküle und sind die Poren mit einem Inertgas gefüllt, durch das der Dampf hindurchdiffundieren muß, so spricht man von Dampfdiffusion nach Stefan. Hier gilt für den Bewegungsbeiwert:

$$b_{diff} = \frac{D\,\mathscr{M}_{WD}}{\mathscr{R}\,T}\frac{p}{p - p_{WD}}; \tag{10.5}$$

D = Diffusionskoeffizient des Dampfes im Inertgas in $\mathrm{m^2\,s^{-1}}$;
p = Gesamtdruck in $\mathrm{N\,m^{-2}}$;
p_{WD} = mittlerer Partialdruck des Dampfes in den Poren $\approx (P_{WD} + p_{WD,L})/2$ in $\mathrm{N\,m^{-2}}$;
P_{WD} = Sättigungsdruck des Dampfes in $\mathrm{N\,m^{-2}}$;
$p_{WD,L}$ = Partialdruck des Dampfes in der Luft, die über die Porenöffnung hinwegströmt, in $\mathrm{N\,m^{-2}}$.

3. *Laminare Dampfströmung.* Ist die Porenweite des Gutes groß gegenüber der freien Weglänge der Moleküle, und befindet sich in den Poren kein Inertgas, so

kann sich der Dampf gemäß den Gesetzen der laminaren Strömung bewegen. Aus der Gleichung von Hagen-Poiseuille folgt in diesem Fall:

$$b_{\text{lam}} = \frac{\delta^2 \, \rho_{\text{WD}}}{32 \, \eta_{\text{WD}}} \, ; \tag{10.6}$$

ρ_{WD} = Dichte des strömenden Dampfes in $kg\,m^{-3}$;
η_{WD} = dynamische Viskosität des Dampfes in $kg\,m^{-1}\,s^{-1}$.

4. *Turbulente Dampfströmung.* Infolge der kleinen Porendurchmesser wird bei der Dampfbewegung im Trockengut selten der turbulente Bereich erreicht. Häufig beobachtet man jedoch bereits bei kleinen Reynolds-Zahlen eine *turbulenzartige Strömung.* (Näheres bei Krischer/Kröll [10.2], Bd. I, S. 189/196).

Für die Anwendung dieser Gesetze auf die Flüssigkeits- und Dampfbewegung in technischen Gütern sowie für Angaben bezüglich der in Gl. (10.2) bis (10.6) enthaltenen Konstanten muß auf die Spezialliteratur (z. B. Krischer/Kröll [10.2], Bd. I, S. 167/243) verwiesen werden.

10.3 Das feuchte Gas

Literatur: Baehr [10.4].

10.3.1 Das *h, X*-Diagramm nach Mollier

Bei den meisten Trocknungsverfahren wird die aus dem Gut entweichende Feuchtigkeit durch Luft, die über das Gut hinwegstreicht oder durch dieses hindurchgeblasen wird, aufgenommen und fortgeführt. Diese Luft dient zugleich in vielen Fällen auch als Lieferant der für die Trocknung erforderlichen Wärme. Es ist deshalb notwendig, kurz auf das thermodynamische Verhalten feuchter Luft einzugehen. Die im folgenden für Luft angegebenen Gesetze können sinngemäß auch auf andere Gase übertragen werden.

Es ist vorteilhaft, als Bezugsgröße nicht die feuchte Luft zu wählen, sondern die trockene Luft, deren Masse beim Überstreichen des feuchten Gutes konstant bleibt. Man gibt deshalb den *absoluten Dampfgehalt X* der Luft als Beladung in der Form an:

$$X = M_{\text{WD}} / M_{\text{L}} \, ; \tag{10.7}$$

M_{WD} = in der feuchten Luft enthaltene Dampfmasse in kg;
M_{L} = Masse an trockener Luft in kg.

Mit

$$\frac{p_{\text{WD}}}{p_{\text{L}}} = \frac{p_{\text{WD}}}{p - p_{\text{WD}}} = \frac{M_{\text{WD}}}{\mathscr{M}_{\text{WD}}} \, \frac{\mathscr{M}_{\text{L}}}{M_{\text{L}}} = \frac{\mathscr{M}_{\text{L}}}{\mathscr{M}_{\text{WD}}} \, X \, ; \tag{10.8}$$

p = Gesamtdruck in $N\,m^{-2}$;
$p_{\text{WD}}; p_{\text{L}}$ = Partialdruck des Dampfes bzw. der Luft in $N\,m^{-2}$;
$\mathscr{M}_{\text{WD}}; \mathscr{M}_{\text{L}}$ = Molmasse des Dampfes bzw. der Luft in $kg\,kmol^{-1}$.

erhalten wir:

$$X = \frac{\mathscr{M}_{WD}}{\mathscr{M}_L} \frac{p_{WD}}{p - p_{WD}}. \tag{10.9}$$

Speziell gilt für das System Wasserdampf-Luft mit $\mathscr{M}_{WD} = 18$ kg kmol^{-1} und $\mathscr{M}_L = 29$ kg kmol^{-1}:

$$X = \frac{18}{29} \frac{p_{WD}}{p - p_{WD}} = 0{,}622 \frac{p_{WD}}{p - p_{WD}}. \tag{10.10}$$

Die Höchstmenge an Wasserdampf, die Luft bei einer bestimmten Temperatur aufzunehmen vermag, ist durch den Sättigungsdruck P_{WD} gegeben, der zu dieser Temperatur gehört. Die *Sättigungslinie* gibt den absoluten Dampfgehalt der gesättigten Luft in Funktion der Temperatur T (in K) an. Für sie gilt also:

$$X_S(T) = 0{,}622 \frac{P_{WD}(T)}{p - P_{WD}(T)}, \tag{10.11}$$

wobei der Index S den Sättigungszustand bezeichnet.

Neben der Kenntnis des absoluten Feuchtegehaltes ist es noch wichtig zu wissen, wie stark die Luft gesättigt ist, d. h. ob sie noch Feuchtigkeit aufzunehmen vermag. Diese Aussage liefert der absolute Feuchtegehalt X erst nach Vergleich mit der Sättigungsfeuchte X_S. Es ist deshalb zweckmäßig, eine *relative Feuchtigkeit* φ wie folgt zu definieren:

$$\varphi = \frac{p_{WD}}{P_{WD}} = \frac{X}{X_S} \frac{p - p_{WD}}{p - P_{WD}}. \tag{10.12}$$

Die Zustandsänderungen feuchter Luft lassen sich anschaulich im h, X-Diagramm von Mollier verfolgen (Abb. 10.2). In diesem ist auf der Abszisse der absolute Wasserdampfgehalt X, d. h. die Feuchtigkeitsbeladung der Luft und auf der Ordinate die Enthalpie aufgetragen, beides bezogen auf 1 kg trockne Luft. Die Menge der feuchten Luft beträgt pro kg trockener Luft $(1 + X)$ kg, ihre Enthalpie ist dann gegeben durch

$$h_{1+x} = 1 \cdot h_L + X h_{WD}; \tag{10.13}$$

h_L = Enthalpie der trockenen Luft in kJ kg^{-1};
h_{WD} = Enthalpie des Wasserdampfes in kJ kg^{-1}.

Die Enthalpie der trockenen Luft von 0 °C und die des flüssigen Wassers von 0 °C wird gleich Null gesetzt. Für irgendeine Temperatur ϑ (in °C) ist dann

$$h_{1+x} = c_{p,L} \vartheta + X(r + c_{p,WD} \vartheta); \tag{10.14}$$

c_p = spezifische Wärme in kJ kg^{-1} K^{-1};
r = Verdampfungsenthalpie des Wassers bei 0 °C in kJ kg^{-1}.

und nach Einsetzen der Stoffwerte findet man für $\vartheta < 50$ °C in guter Näherung

$$h_{1+x} = 1{,}006 \vartheta + X(2500 + 1{,}86 \vartheta). \tag{10.15}$$

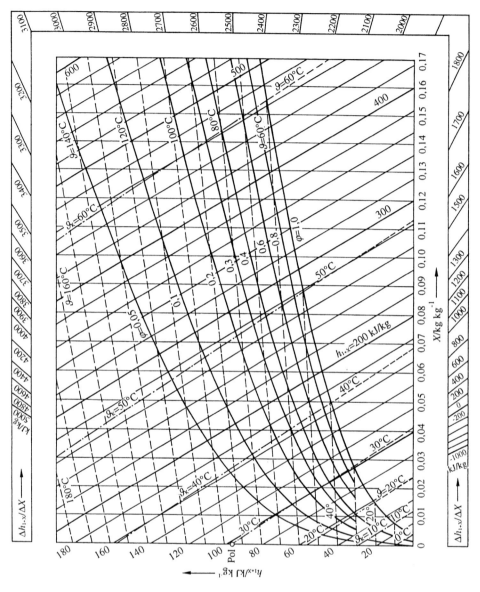

Abb. 10.2 Das Mollier-h,X-Diagramm für feuchte Luft mit einem Gesamtgasdruck von $p = 1$ bar (Erläuterungen im Text)

Stellt man den Zusammenhang $h = h(X, \vartheta)$ in einem Diagramm mit rechtwinkligen Koordinaten dar, so wird der wichtige Bereich der ungesättigten, feuchten Luft in einen schmalen Keil zusammengedrängt. Mollier wählte deshalb ein schiefwinkliges Koordinatensystem, in welchem die X-Achse so geneigt ist, daß die Isotherme der feuchten, ungesättigten Luft für $\vartheta = 0\,°\mathrm{C}$ horizontal wird.

Es soll nun das in Abb. 10.2 dargestellte Mollier-h, X-Diagramm diskutiert werden. Als Parameter sind in ihm die Temperatur ϑ und die relative Luftfeuchtigkeit φ eingetragen. Die Linie $\varphi = 1$, die Sättigungslinie, bezeichnet den Zustand der mit Wasserdampf gesättigten Luft. Daneben enthält das Mollier-h, X-Diagramm noch Linien konstanter *Kühlgrenztemperatur* ϑ_{K} und einen *Randmaßstab* $\Delta h_{1\,+\,x}/\Delta X$. Auf diese zwei Größen soll später eingegangen werden.

Das Diagramm gilt nur für einen bestimmten Gesamtdruck p. Für die Umrechnung auf andere Drücke muß auf die Literatur verwiesen werden (Baehr [10.4], S. 19).

Neben dem Mollier-h, X-Diagramm sind vor allem in den angelsächsischen Ländern auch noch andere Diagramme zur Beschreibung der Zustandsänderungen feuchter Luft gebräuchlich (z. B. Perry [A. 9], S. 12−3/13; Häussler [10.5]).

10.3.2 Zur Anwendung des h, X-Diagrammes nach Mollier

Es ist in diesem Rahmen nicht möglich, die Anwendung des h, X-Diagrammes für feuchte Luft auf Trocknungsprobleme in allen Einzelheiten zu behandeln. Es werden deshalb nur einige besonders instruktive Beispiele gebracht. Weitere Angaben können der Literatur entnommen werden (z. B. Kneule [10.1], Kap. 3; Krischer/Kröll [10.2], Bd. I, S. 14/46).

1. Die Abkühlung feuchter Luft. Bei der Abkühlung feuchter Luft bleibt bis zum Erreichen der Sättigungslinie der absolute Dampfgehalt konstant, aber die relative Feuchtigkeit nimmt zu. Sobald die Sättigungslinie im Punkt S der Abb. 10.3 über-

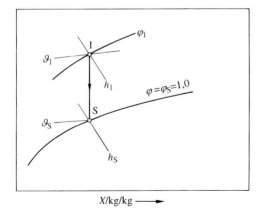

Abb. 10.3   Die Abkühlung feuchter Luft im Mollier-h, X-Diagramm.

schritten wird, beobachtet man *Nebelbildung*. Die zum Punkt S gehörende Temperatur ϑ_S wird als *Taupunkt* bezeichnet. Dieser ist somit die Temperatur, auf die ein zunächst ungesättigtes Dampf-Luft-Gemisch abgekühlt werden muß, um den Sättigungszustand zu erreichen.

2. Das Mischen zweier feuchter Luftströme. In einem adiabaten Raum werden zwei Luftströme, die durch die Indizes 1 und 2 gekennzeichnet seien, miteinander gemischt (Abb. 10.4). Dem Mischzustand sei der Index m zugeordnet. Die Luftmengen sind als Trockenluftmengen M_L^* angegeben, so daß die Mengen an feuchter Luft jeweils $M_L^*(1 + X)$ betragen. Wir können dann die folgenden Stoffbilanzen aufstellen:

$$\text{für Luft} \qquad M_{L,1}^* + M_{L,2}^* = M_{L,m}^*, \tag{10.16}$$

$$\text{für Wasser} \quad M_{L,1}^* X_1 + M_{L,2}^* X_2 = M_{L,m}^* X_m. \tag{10.17}$$

Abb. 10.4   Das Mischen zweier feuchter Luftströme in einem adiabaten System.

Diese liefern uns sofort den absoluten Dampfgehalt der Mischluft:

$$X_m = \frac{M_{L,1}^* X_1 + M_{L,2}^* X_2}{M_{L,1}^* + M_{L,2}^*}. \tag{10.18}$$

Bei der Aufstellung der Enthalpiebilanz ist zu beachten, daß im Mollier-h, X-Diagramm auch die Enthalpie auf die Masseneinheit der trockenen Luft bezogen ist. Unter der Bedingung, daß der Mischprozeß adiabat erfolgt und keine mechanische Arbeit von außen zugeführt oder nach außen abgegeben wird, lautet die Enthalpiebilanz:

$$M_{L,1}^* h_1 + M_{L,2}^* h_2 = (M_{L,1}^* + M_{L,2}^*) h_m. \tag{10.19}$$

Sie liefert:

$$h_m = \frac{M_{L,1}^* h_1 + M_{L,2}^* h_2}{M_{L,1}^* + M_{L,2}^*}. \tag{10.20}$$

Sowohl der absolute Dampfgehalt als auch die Enthalpie der Mischluft ergibt sich also allein aus Erhaltungssätzen. Damit liegt nach Abschn. 4.6.1 der Mischpunkt auf der *Mischgeraden*, welche die Zustandspunkte 1 und 2 verbindet. Seine Lage ist durch das *Hebelgesetz* $M_{L,1}^*/M_{L,2}^* = a_2/a_1$ gegeben.

Man ersieht aus Abb. 10.5, daß die relative Feuchtigkeit der Mischluft größer sein kann als jene der beiden Luftströme vor der Mischung. Liegen die Punkte 1 und 2 so, daß ihre Verbindungsgerade die Sättigungslinie schneidet, so tritt bei passenden Mengenverhältnissen der beiden Luftströme Nebelbildung auf. Es wird immer Nebelbildung beobachtet, wenn zwei Ströme gesättigter Luft von verschiedener Temperatur gemischt werden. (Auch in diesem Fall behalten die obigen Überlegungen ihre Gültigkeit).

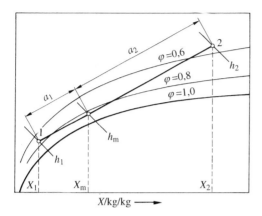

Abb. 10.5   Das adiabate Mischen zweier feuchter Luftströme im Mollier-h, X-Diagramm.

3. Mischung feuchter Luft mit reinem Wasser oder Wasserdampf. Zustandspunkte, die reinem Wasser oder Wasserdampf entsprechen, liegen im Mollier-h, X-Diagramm im Unendlichen. Man kann sie also nicht in das Diagramm eintragen, sondern muß sich auf die Bestimmung der Richtung der Mischgeraden beschränken. Wir gewinnen diese aus Stoff- und Enthalpiebilanzen.

In einen Strom feuchter Luft ($M_{L,1}^*$; X_1; h_1) werde Wasser (M_W^*; h_W) eingespritzt. Für die Bestimmung des Mischzustands, der wieder durch den Index m gekennzeichnet sei, können wir folgende Bilanzgleichungen ansetzen:

Wasserbilanz $M_{L,1}^* X_1 + M_W^* = M_{L,1}^* X_m$,

$$M_W^* = M_{L,1}^* (X_m - X_1) \qquad (10.21)$$

Enthalpiebilanz $M_{L,1}^* h_1 + M_W^* h_W = M_{L,1}^* h_m$,

$$M_W^* h_W = M_{L,1}^* (h_m - h_1) \qquad (10.22)$$

Dividiert man Gl. (10.22) durch (10.21), so erhält man bis auf einen Maßstabsfaktor die Neigung der Bilanzgeraden:

$$h_W = \frac{h_m - h_1}{X_m - X_1} = \frac{\Delta h_{1+X}}{\Delta X}. \qquad (10.23)$$

Diese können wir aber nicht direkt in das Mollier-h, X-Diagramm übernehmen, da es schiefwinklige Koordinaten aufweist. Wir müssen deshalb den in das Diagramm eingetragenen Randmaßstab benützen, um die Neigung der Mischgeraden zu finden. Dazu haben wir den *Pol* in Abb. 10.2 mit dem berechneten Wert $\Delta h_{1+X}/\Delta X$ zu verbinden. Die Mischgerade ist dann die durch den Zustandspunkt 1 ($M_{L,1}^*$; X_1; h_1) gehende Parallele zu dieser Verbindungsgeraden Pol-Randmaßstab. Die Lage des Mischpunktes folgt nun sofort aus Gl. (10.21) durch Auflösen nach X_m.

4. Zustandsänderungen gleicher Kühlgrenze. Läßt man über ein feuchtes Gut, dessen Oberfläche überall wasserbenetzt ist, Luft streichen, so stellt sich bei reiner Konvektionstrocknung die Oberflächentemperatur des Gutes auf einen bestimmten Wert, die *Kühlgrenztemperatur* ϑ_K ein, die nur vom Eintrittszustand der Luft in den Trockner abhängt (Abb. 10.6). Linien gleicher Kühlgrenztemperatur sind in Abb. 10.2 eingetragen. Man sieht, daß sie die Fortsetzung der Nebelisothermen in das Gebiet der ungesättigten Luft sind. Für ihre Berechnung sei auf die Literatur verwiesen (z. B. Kneule [10.1], Kap. 3; Krischer/Kröll [10.2], Bd. I, S. 29/31).

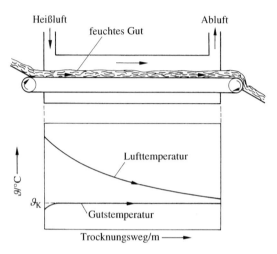

Abb. 10.6   Der Temperaturverlauf von Gut und Luft bei reiner Konvektionstrocknung. Nach einer kurzen Anlaufstrecke nimmt die Oberfläche des Gutes die Kühlgrenztemperatur ϑ_K an. Nach Krischer/Kroell [10.2], Bd. I.

5. Zur Ermittlung des Wärmebedarfs der Trocknung. Da man dem Mollier-h, X-Diagramm für jedes Wertepaar ϑ; φ bzw. ϑ; X unmittelbar die dazugehörigen Enthalpiewerte entnehmen kann, leistet das Diagramm auch für die Aufstellung der Wärmebilanzen von Trocknern wertvolle Dienste. Näheres z. B. bei Kneule [10.1], Kap. 3.20; Krischer/Kröll [10.2], Bd. I, S. 8/13; Bd. II, S. 535/545.

10.4 Die Wärmeübertragung an das feuchte Gut

Für die Wärmezufuhr an das Gut kennt man verschiedene Möglichkeiten. Zu erwähnen sind hier insbesondere die *freie* und *erzwungene Konvektion*, die *Wärmeleitung*, die *Wärmestrahlung* sowie Kombinationen dieser Phänomene. Daneben wird auch *im Gut gespeicherte Wärme* (*adiabate Vakuumtrocknung*) oder *im Gutsinneren erzeugte Wärme* (*dielektrisches Trocknen*) herangezogen.

10.4.1 Konvektionstrocknung

Die Konvektionstrocknung ist am weitesten verbreitet. Bei ihr überträgt ein heißes Gas (Luft oder die Rauchgase einer Feuerung, gelegentlich auch überhitzter Wasserdampf) die Wärme an das zu trocknende Gut. Es nimmt dabei zugleich die aus ihm entweichende Feuchtigkeit auf und führt sie aus dem Trockner fort.

Bei der Konvektionstrocknung wird die Wärmeübertragung mit Hilfe von *Wärmeübergangskoeffizienten* α berechnet, die analog zu Gl. (2.4) durch den Ansatz definiert sind:

$$Q^* = \alpha F (T_L - T_0); \tag{10.24}$$

Q^* = übertragener Wärmestrom in W;
α = Wärmeübergangskoeffizient in $W\,m^{-2}\,K^{-1}$;
F = Gutsoberfläche in m^2;
T_L = mittlere Temperatur der Trocknungsluft in K;
T_0 = mittlere Temperatur der Gutsoberfläche in K.

Sie müssen durch Versuche bestimmt werden, deren Ergebnisse man am besten in dimensionsloser Form darstellt. Für *erzwungene Konvektion* hat sich die Beziehung

$$Nu = Nu\,(Re, Pr) \tag{10.25}$$

als zweckmäßig erwiesen. Bei der *freien Konvektion* ist die Gasströmung lediglich durch lokale Dichteunterschiede bedingt, die von Unterschieden in der Temperatur oder der Zusammensetzung des Gases herrühren (Grassmann [A. 5], § 8.15). Hier bewährt sich der Ansatz:

$$Nu = Nu\,(Gr, Pr). \tag{10.26}$$

Die in Gl. (10.25) und (10.26) auftretenden dimensionslosen Kennzahlen sind in Abschn. 2.4 definiert worden.

Die Gesetze der Wärmeübertragung vom Gas an das zu trocknende Gut durch Konvektion sind denen für den Wärmeübergang von einem fluiden Medium an eine feste Wand völlig analog (hierzu Abschn. 2.5). Für viele in der Trocknungstechnik wichtige Fälle sind die notwendigen Messungen durchgeführt worden (z. B. Krischer/Kröll [10.2], Bd. I, S. 126/169).

10.4.2 Kontakttrocknung

Bei der Kontakttrocknung ruht das Gut auf beheizten Flächen, von denen es durch Leitung Wärme aufnimmt. Diese Wärmeleitung wird durch die Fourier-Gleichung beschrieben:

$$Q^* = -\lambda F dT/ds; \tag{10.27}$$

λ = Wärmeleitfähigkeit des Gutes in $W\,m^{-1}\,K^{-1}$;
dT/ds = Temperaturgefälle im Gut in $K\,m^{-1}$.

Die Integration dieser Gleichung wird dadurch erschwert, daß die Wärmeleitfähigkeit des Gutes in vielen Fällen nicht konstant ist, sondern stark von seiner Feuchtigkeit und Porosität abhängt. Neben der *molekularen Wärmeleitung* beobachtet man bei feuchten Gütern noch *Wärmeleitung durch Diffusion*: An wärmeren Stellen verdunstetes Wasser diffundiert in die kälteren Zonen des Gutes, wo es wieder kondensiert und dabei Wärme abgibt. Die Wärmeleitung durch Diffusion ist nur in Poren mit feuchten Wänden möglich, und damit hängt die Wärmeleitfähigkeit des feuchten Gutes auch noch davon ab, ob die Porenwände feucht oder trocken sind. Genauere Angaben über dieses Problem findet man bei Krischer/Kröll [10.2], Bd. I, S. 269/287.

10.4.3 Strahlungstrocknung

Der Wärmeaustausch durch Strahlung zwischen einem Heizkörper und dem Gut sei unter der Voraussetzung behandelt, daß beide strahlungsundurchlässig sind und das zwischen ihnen befindliche Medium (d. h. die Luft, welche die verdunstete Flüssigkeit fortführt) völlig strahlungsdurchlässig ist. Dann gilt in dem für die Praxis wichtigen Fall, daß der Strahler mit einem nicht absorbierenden Reflektor versehen ist (Abb. 10.7), unter der Annahme, daß die Gutsschicht F_2 unendlich ausgedehnt sei (hierzu auch Gröber/Erk/Grigull [10.6], S. 360/392; Krischer/Kröll [10.2], Bd. I, S. 69/91):

$$Q^* = F_1 \, C_{12} \left\{ \left(\frac{T_1}{100} \right)^4 - \left(\frac{T_2}{100} \right)^4 \right\};$$

(10.28)

Q^* = ausgetauschter Wärmestrom in W;
F_1 = Oberfläche des Strahlers in m^2;
C_{12} = Strahlungskonstante in W m^{-2} (100 K)$^{-4}$;
T_1 = Temperatur des Strahlers in K;
T_2 = Temperatur der Gutsoberfläche in K.

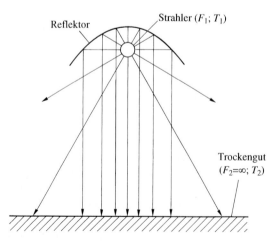

Abb. 10.7   Der Strahlengang bei einem Strahler mit parabolischem Reflektor.

Die *Strahlungskonstante* C_{12} ist gegeben durch:

$$C_{12} = \frac{1}{\dfrac{1}{C_1} + \dfrac{F_1}{F_2}\left(\dfrac{1}{C_2} - \dfrac{1}{C_\varepsilon}\right)} \; ; \qquad (10.29)$$

C_1 = Strahlungskonstante des Strahlers in $\mathrm{W\,m^{-2}(100\,K)^{-4}}$;
C_2 = Strahlungskonstante der Gutsoberfläche in $\mathrm{W\,m^{-2}(100\,K)^{-4}}$;
C_ε = Strahlungskonstante des schwarzen Strahlers = $5{,}67\ \mathrm{W\,m^{-2}(100\,K)^{-4}}$.

Sie reduziert sich in unserem Fall (mit $F_2 = \infty$) auf

$$C_{12} = C_1 \,. \qquad (10.30)$$

Diese Gesetze gelten nur für den *grauen Strahler*, dessen *Emissionsverhältnis* ε, auch *Absorptionszahl* genannt.

$$\varepsilon = C/C_\varepsilon \,, \qquad (10.31)$$

für alle Wellenlängen und Temperaturen konstant ist. ε ist stets <1, die Strahlungsleistung des grauen Körpers ist also der des schwarzen Körpers gleicher Temperatur proportional. Viele technisch wichtige Stoffe kann man in guter Näherung zu diesen grauen Strahlern zählen.

Häufig vermag jedoch ein Körper nur in engen Wellenlängenbereichen Strahlung auszusenden oder zu absorbieren. Dies wird etwa bei Gläsern und bei dünnen Wasserschichten beobachtet. In solchen Fällen ist stets abzuklären, ob der Strahler seine Energie innerhalb von Wellenlängenbereichen abgibt, in denen das Gut die Strahlungsenergie absorbieren kann.

10.4.4 Trocknung durch im Gut gespeicherte Wärme (adiabate Vakuumtrocknung)

Evakuiert man den Raum, in dem sich das erwärmte, feuchte Gut befindet, so gibt dieses Feuchtigkeit ab, solange der Dampfdruck der Gutsfeuchte über dem Partialdruck des Wasserdampfs im evakuierten Raum liegt. Wird dem Gut von außen keine Wärme zugeführt, so ermöglicht lediglich die in ihm gespeicherte Wärme die Verdampfung der Gutsfeuchte. Es kühlt sich also bei der Trocknung ab. Wegen der hohen Verdampfungswärme des Wassers kann auf diese Weise nur wenig Wasser ausgetrieben werden, wenn man das Gut vor der Trocknung nicht übermäßig erhitzen will. Meistens wird es deshalb notwendig sein, den Vorgang mehrmals zu wiederholen.

Die adiabate Vakuumtrocknung bewirkt eine sehr gleichmäßige Feuchtigkeitsverteilung im Trockengut und ist damit ein geeignetes Verfahren zur schonenden Trocknung mancher empfindlicher Substanzen. Vorteilhaft sind auch die niedrigen Arbeitstemperaturen bei diesem Verfahren. Voraussetzung ist allerdings, daß während des Trocknens dem Gut von außen keine Wärme – etwa durch Strahlung – zugeführt wird und daß das Aufheizen in einer so feuchten Atmosphäre erfolgt, daß die Gutsoberfläche nicht austrocknen kann.

10.4.5 Dielektrische Trocknung

Bei der dielektrischen Trocknung (vgl. auch Abschn. 2.8.3) ist das Gut als *Dielektrikum* in einem Kondensator der Wirkung eines *hochfrequenten Wechselfeldes* ausgesetzt. Die molekularen Dipole des elektrisch nichtleitenden Gutes suchen sich im Wechselfeld in Feldrichtung einzustellen. Dies gelingt ihnen aber nicht vollständig, da sie sich gegenseitig behindern. Die dadurch bedingten Verluste an elektrischer Energie treten als Wärme in Erscheinung, so daß sich das Gut aufheizt. Infolge der hohen Dielektrizitätskonstanten des Wassers wird die elektrische Energie zum überwiegenden Teil gerade an den Stellen in Wärme umgewandelt, an denen das Gut noch feucht ist.

Dieses Verfahren ermöglicht die rasche und gleichmäßige Trocknung schlecht wärmeleitender Stoffe. Es wird mit Frequenzen von 2 bis 100 MHz gearbeitet. Die Trocknungskosten liegen trotz der höheren Kosten elektrischer Hochfrequenzenergie überraschend günstig [10.7].

Gegenüber anderen Trocknungsverfahren hat das Trocknen im elektrischen Hochfrequenzfeld den Vorteil, daß die Temperatur im Gutsinneren rasch ansteigt, auf einem beliebigen Wert gehalten werden kann und nur wenig von der Oberflächentemperatur des Gutes abhängt. Beispielsweise läßt sich die Feuchtigkeitsverteilung bei der Holztrocknung so regeln, daß im Innern des Gutes ein geringerer Feuchtigkeitsgehalt vorliegt als an der Oberfläche. Dies führt zu Druckspannungen an der Oberfläche, während bei der Trocknung mit äußerer Wärmezufuhr an der Oberfläche stets Zugspannungen auftreten, die leicht Rißbildung verursachen.

Die dielektrische Trocknung läßt sich in den Bereich der Hochfrequenztrocknung mit Radiowellen bei Frequenzen zwischen 2 MHz und 100 MHz und den Bereich der Mikrowellentrocknung bei Frequenzen > 500 MHz einteilen. Für industrielle Anwendungen sind nicht alle Frequenzen verfügbar. Die häufigste Frequenz für die Anwendung von Mikrowellen ist 2450 MHz.

Die Mikrowellentrocknung ist hauptsächlich in der Nahrungsmittelindustrie weit verbreitet (s. Hubble [10.8]). Sie ist jedoch nicht für alle Materialien gleichermaßen geeignet. Einige Feststoffe absorbieren auch in der Abwesenheit von polaren Lösungsmitteln weiterhin Energie, wodurch das Trockengut wegen Überhitzung gefährdet werden kann. Am besten absorbiert werden die Mikrowellen durch polare Lösungsmittel. Speziell geeignet ist Wasser. Ungeeignet zur Mikrowellentrocknung sind nichtpolare Lösungsmittel.

Im Vergleich zu Trocknern mit äußerer Wärmezufuhr ist mit Mikrowellentrocknung ein schnellerer Energietransport möglich. Dies führt im allgemeinen zu einer kürzeren Trocknungsdauer bei tieferen Trocknungstemperaturen. Innerhalb des Feststoffes ergeben sich wegen der Energiezufuhr an das gesamte Trockengut auch kleinere Temperaturgradienten. Aus den genannten Gründen lassen sich wesentlich geringere Apparateabmessungen verwirklichen, die in einzelnen Fällen einem Drittel der Abmessungen eines konventionellen Trockners entsprechen. Die tiefere Trocknungstemperatur und die kleineren Trocknergrößen verringern die Wärmeverluste.

10.5 Der Verlauf der Trocknung

Bei der Trocknung sind Wärme- und Stoffaustausch auf recht verwickelte Art miteinander verknüpft. Wir wollen uns hier auf die reine Konvektionstrocknung von kapillarporösem Gut beschränken.

Um eindeutige Zusammenhänge zu finden, ist es zweckmäßig, Temperatur, Feuchtigkeit und Geschwindigkeit der über die Gutsprobe strömenden Luft konstant zu halten und ihre Menge im Verhältnis zur Gutsmenge so groß zu wählen, daß der Luftzustand durch den Wärme- und Stoffaustausch mit dem Gut praktisch nicht beeinflußt wird. Den unter diesen Bedingungen gemessenen Trocknungsverlauf kann man gemäß Abb. 10.8 auf drei Arten auftragen:

1. den Feuchtegehalt des Gutes in Funktion der Zeit (Abb. 10.8 a);
2. die zeitliche Änderung der Gutsfeuchte, also die Trocknungsgeschwindigkeit, in Funktion der Zeit (Abb. 10.8 b);
3. die Trocknungsgeschwindigkeit in Funktion der Gutsfeuchte (Abb. 10.8 c).

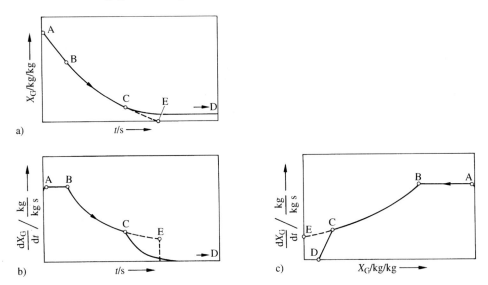

Abb. 10.8 Der Trocknungsverlauf bei konstanten Bedingungen. Die ausgezogenen Linien beschreiben die Trocknung eines hygroskopischen Gutes, die gestrichelten diejenige eines nichthygroskopischen.

Vernachlässigt man den kurzen Anlaufvorgang, während dessen sich die Gutstemperatur ungefähr auf die Kühlgrenztemperatur einstellt, so kann man, wie Abb. 10.8 c deutlich zeigt, drei Trocknungsabschnitte unterscheiden.

10.5.1 Der erste Trocknungsabschnitt

Im ersten Trocknungsabschnitt AB ist die Trocknungsgeschwindigkeit praktisch konstant. Die Gutsoberfläche wird vollständig von Flüssigkeit benetzt; die Trocknungsgeschwindigkeit ist allein durch den Stoffübergang von der Gutsoberfläche an die Trocknungsluft bestimmt. Die Wasserhaut auf ihr wird durch Kapillarsog ständig erneuert, d. h. die Kapillaren des porösen Gutes fördern dauernd neue Flüssigkeit zur Verdunstungsfläche. Gegen Ende des ersten Trocknungsabschnittes beginnen die größten Poren auszutrocknen, so daß die flüssigkeitsbenetzte Oberfläche allmählich abnimmt. Diese Abnahme ist jedoch so schwach, daß ihr Einfluß auf die Trocknungsgeschwindigkeit meist kaum wahrgenommen werden kann.

Im ersten Trocknungsabschnitt gehorcht also der Stoffübergang ganz ähnlichen Gesetzen wie bei der Verdunstung über einer freien Wasserfläche. Die Menge der verdunstenden Feuchtigkeit durch Zeit folgt aus der Gleichung:

$$M_{WD}^* = \frac{\beta F \mathcal{M}_{WD}}{\mathcal{R} T} (P_{WD,O} - p_{WD,L});$$ (10.32)

β = Stoffübergangskoeffizient für die einseitig durchlässige Grenzschicht in $m\,s^{-1}$;
$P_{WD,O}$ = Sättigungsdruck des Wasserdampfes an der Gutsoberfläche in $N\,m^{-2}$;
$p_{WD,L}$ = Partialdruck des Wasserdampfes in der Trocknungsluft in $N\,m^{-2}$.

Die Temperatur der Gutsoberfläche ist ungefähr gleich der Kühlgrenztemperatur. Damit ist auf der rechten Seite der Gleichung nur noch der Stoffübergangskoeffizient β unbekannt. Infolge der weitgehenden Analogie zwischen Wärme- und Stoffaustausch kann dieser aus dem Wärmeübergangskoeffizienten α bestimmt werden. Bei erzwungener Konvektion kann man nämlich in erster Näherung in den dimensionslosen Gleichungen für den Wärmeaustausch lediglich die Nusselt-Zahl Nu durch die Sherwood-Zahl Sh und die Prandtl-Zahl Pr durch die Schmidt-Zahl Sc ersetzen, um zu den analogen Beziehungen für den Stoffaustausch zu gelangen (vgl. auch Abschn. 7.5.1):

$$\mathrm{Nu} \equiv \alpha L_c/\lambda \rightarrow \mathrm{Sh} \equiv \beta L_c/D,$$ (10.33)

$$\mathrm{Pr} \equiv \nu/a \rightarrow \mathrm{Sc} \equiv \nu/D;$$ (10.34)

α = Wärmeübergangskoeffizient in $W/(m^2\,K)$;
L_c = charakteristische Länge in m;
λ = Wärmeleitfähigkeit in $W/(m\,K)$;
β = Stoffübergangskoeffizient in m/s;
D = Diffusionskoeffizient in m^2/s;
a = Temperaturleitfähigkeit in m^2/s;
ν = kinematische Viskosität in m^2/s.

(Nähere Einzelheiten bei Kneule [10.1], Kap. 4; Krischer/Kröll [10.2], Kap. 5.10).

10.5.2 Der Knickpunkt

Der Übergang vom ersten zum zweiten Trocknungsabschnitt ist durch einen Knick in der Trocknungskurve (Abb. 10.8 c) gekennzeichnet. Da der Trocknung im zweiten Abschnitt andere Gesetze als im ersten zugrunde liegen, ist die Kenntnis der Lage dieses Knickpunkts B für eine genaue Beschreibung des Trocknungsverlaufs recht wichtig.

Durch theoretische Überlegungen fand Krischer ([10.2], Bd. I, S. 297/300; 315), daß die Knickpunkte im wesentlichen der Gleichung gehorchen:

$$(m^*_{WD}\,s)_{Kn} = f(X_{G,\,Kn}/X_{G,\,a};\ X_{G,\,a};\ T)\,;\tag{10.35}$$

m^*_{WD} =   Massenstromdichte des Dampfes an der Gutsoberfläche in $\mathrm{kg\,m^{-2}\,s^{-1}}$;
s =   Dicke der Gutschicht in m;
$X_{G,\,Kn}$ =   mittlere Gutsfeuchte am Knickpunkt in kg/kg;
$X_{G,\,a}$ =   Anfangsfeuchte des Gutes in kg/kg;
T =   Gutstemperatur in K.

Für eine gegebene Temperatur und Anfangsfeuchte des Gutes liegen also die Knickpunkte auf einer Kurve, der *Knickpunktskurve*. Ihr genauer Verlauf muß für jedes Gut durch Messung bestimmt werden.

Für ein nichthygroskopisches Gut ergeben sich damit in Funktion der Dicke der Gutsschicht schematisch die in Abb. 10.9 dargestellten Trocknungsverläufe.

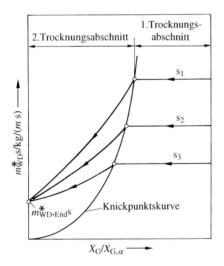

Abb. 10.9   Der Trocknungsverlauf bei gleichbleibenden Diffusionsbedingungen in Abhängigkeit von der Dicke s der Gutsschicht ($s_3 < s_2 < s_1$). Nach Krischer/Kröll [10.2], Bd. I.

10.5.3 Der zweite Trocknungsabschnitt

Im folgenden muß zwischen hygroskopischen und nichthygroskopischen Trockengütern unterschieden werden. Während die hygroskopischen Güter insgesamt drei Trocknungsabschnitte durchlaufen, sind es bei nichthygroskopischen nur zwei.

Im zweiten Trocknungsabschnitt ($B\,C$ bzw. $B\,E$ in Abb. 10.8) findet keine Oberflächenverdunstung mehr statt. Die Verdunstungsstellen, deren Gesamtheit den sogenannten *Trocknungsspiegel* darstellt, ziehen sich mehr und mehr in das Gutsinnere zurück. Die verdunstete Flüssigkeit muß also erst durch die gasgefüllten Poren hindurchdiffundieren, bevor sie von dem über die Gutsoberfläche strömenden Medium abgeführt wird. Da der Diffusionsweg des Dampfes mit fortschreitender Trocknung länger wird, nimmt die Trocknungsgeschwindigkeit immer mehr ab.

Bei nichthygroskopischen Gütern kann die Endtrocknungsgeschwindigkeit $m^*_{WD, End}$ berechnet werden, wenn man den Diffusionsweg kennt, den der zuletzt entstandene Dampf im Gut zurückzulegen hat (hierzu Krischer/Kröll [10.2], Bd. I, S. 375/382). Dieser Diffusionsweg und damit auch die Endtrocknungsgeschwindigkeit ist von endlicher Größe. Nichthygroskopische Güter trocknen somit vollständig aus, wenn die relative Feuchtigkeit der Trocknungsluft <1 ist.

Mit der Kenntnis der Endtrocknungsgeschwindigkeit kann der Trocknungsverlauf im zweiten Trocknungsabschnitt wenigstens näherungsweise angegeben werden.

10.5.4 Der dritte Trocknungsabschnitt

Der Trocknungsverlauf eines hygroskopischen Gutes ist in Abb. 10.10 gezeigt. Man sieht, daß sich an einen zweiten Knickpunkt Kn' ein dritter Trocknungsabschnitt (Linie CD in Abb. 10.8) anschließt. Er beginnt, sobald an allen Stellen des Gutes der höchstmögliche hygroskopische Feuchtegehalt $X_{G, hygr, max}$, d. h. die minimale Gutsfeuchte im Falle des Gleichgewichts mit gesättigter Luft ($\varphi = 1$), erreicht bzw. unterschritten ist. Im dritten Trocknungsabschnitt fällt die Trocknungsgeschwindigkeit meistens linear auf den Wert Null ab, der bei der Gleichgewichtsfeuchte des Gutes $X_{G, Gl}$ erreicht wird, die zu dem jeweiligen Zustand der Trocknungsluft gehört. Hygroskopische Güter können also mittels feuchter Luft niemals vollständig getrocknet werden.

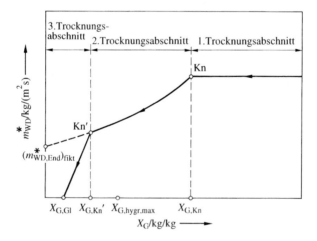

Abb. 10.10   Der Trocknungsverlauf bei hygroskopischen Gütern.

Der zweite Knickpunkt wird näherungsweise durch die Gleichung beschrieben:

$$X_{G, Kn'} = (X_{G, hygr, max} + X_{G, Gl})/2 \,. \tag{10.36}$$

Unter der Annahme, das Gut verhalte sich nichthygroskopisch, können wir für hygroskopische Substanzen eine fiktive Endtrocknungsgeschwindigkeit $(m^*_{WD, End})_{fikt}$

berechnen, und kennen damit näherungsweise den zweiten Trocknungsabschnitt. Da der dritte Abschnitt durch die obigen Angaben ausreichend bestimmt ist, gelingt es uns auch für hygroskopische Güter, den Trocknungsverlauf angenähert vorauszusagen.

10.5.5 Der Trocknungsverlauf unter technischen Bedingungen

Die idealen Bedingungen, unter denen wir bisher die Trocknung betrachtet haben, sind im technischen Konvektionstrockner nicht gegeben. In ihm nimmt der Feuchtegehalt der Luft merklich zu, während gleichzeitig ihre Temperatur sinkt. Gut, das mit der warmen, trockenen Frischluft in Kontakt steht, wird wesentlich rascher trocknen als jenes, das von der auf ihrem Weg durch den Trockner erkalteten und befeuchteten Luft bespült wird. Dies muß bei der exakten Berechnung von Trocknern berücksichtigt werden (hierzu Kneule [10.1], Kap. 5; Krischer/Kröll [10.2], Bd. I, S. 418/456).

10.6 Die technischen Trockner

Für die Konstruktion von Trocknern stehen viele Möglichkeiten offen. Eine Klassifizierung der verschiedenen Bauarten ist damit unumgänglich. Nach einem Vorschlag von Kröll [10.9] gewinnt man eine vollständige Übersicht über alle bestehenden und in Zukunft noch zu entwickelnden Trocknerbauarten, wenn man sie mit Hilfe der folgenden Ordnungsstufen einteilt:

1. Druck- und Temperaturbereich.
2. Art der Energiezufuhr zum Gut (oder der Energieumwandlung im Gut).
3. Art der Gutsförderung im Trockner.
4. Art der mechanischen Hilfen zum Verstärken der Trocknungswirkung.
5. Art der Bewegung des entstehenden Dampfes und der Begleitluft.
6. Beschaffenheit der Gutsträger.
7. Art der Vorbereitung und Einführung des Gutes.
8. Art des Heizmittels.

Betrachtet man nur die ersten drei Ordnungsstufen, so findet man nach Kröll [10.9] bereits 96 verschiedene Bauarten, die gegenwärtig ausgeführt werden. Dabei ist noch nicht berücksichtigt, daß es gelegentlich sogar sinnvoll sein kann, in einem Trockner mehrere Arten der Energiezufuhr an das Gut anzuwenden. Dies ist z. B. bei dem von Mahler und Stockburger [10.10] beschriebenen *Walzen-Schachttrockner* der Fall, bei dem die Wärme im ersten Trocknungsabschnitt durch Kontakt; in den weiteren aber durch Konvektion zugeführt wird. Dadurch lassen sich bei manchen Gütern die Trocknungszeiten stark verringern.

Wir beschränken uns angesichts dieser Fülle von Möglichkeiten auf die Besprechung einiger Konstruktionsbeispiele aus zwei besonders verbreiteten Klassen von Trocknern: die *Normaldruck-Konvektions-* und die *Normaldruck-Kontakttrockner.*

Eine vollständige Übersicht über die Trocknerbauarten und weitere Ausführungs-
beispiele findet man bei Kneule [10.1], Teil II sowie insbesondere in der sehr umfassenden Darstellung von Kröll (Krischer/Kröll [10.2], Bd. II).

10.6.1 Konvektionstrockner

Beim Konvektionstrockner ist das Trocknungsmittel (in den meisten Fällen Luft),
das über das Gut streicht, der einzige Wärmeträger von Bedeutung. Um die Trocknung zu beschleunigen, wird das Trocknungsmittel, das im folgenden mit Luft
bezeichnet werden soll, meist künstlich erwärmt und bewegt. Sowohl die Heizkörper als auch die Ventilatoren, welche die Luft durch den Trockner fördern, sind
im allgemeinen Bestandteile der Trocknungsanlage. Die Luft strömt entweder der
Gutsoberfläche entlang oder durch das Gut hindurch, sie kann aber auch das Gut
aufwirbeln (Wirbelschichttrockner) oder mit sich fortreißen (Stromtrockner).
Ebenso kann das Gut im Luftstrom nach unten sinken, wie dies für viele Ausfüh-
rungsformen von Zerstäubungstrocknern zutrifft.

1. Gut liegt auf fester Unterlage. Als Beispiel für diese Kategorie von Trocknern
sei der *Umluftschrank* angeführt. Bei der in Abb. 10.11 dargestellten Bauart liegt
das Gut in *Horden*, deren Böden meist aus Drahtgeflechten oder gelochten Blechen
bestehen. Die vom Ventilator e geförderte Luft wird im Heizkörper f erwärmt und
strömt dann den Oberflächen der einzelnen Horden entlang. Man beachte, daß die
Trockenkammer zur gleichmäßigen Verteilung der Luft auf die einzelnen Horden
und zur Verminderung der Druckverluste mit Luftleitflächen *a, b* und *c* bestückt
ist. Die feuchte Abluft wird nur zum Teil durch den verstellbaren Abluftkanal d
ins Freie gelassen, der Rest strömt, vermischt mit Frischluft, in den Trockner zu-

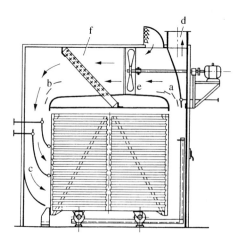

Abb. 10.11   Umlufttrockenschrank (Bauart Büttner-Schilde-Haas). a, b, c = Luftleitflächen;
d = Abluftkanal; e = Ventilator; f = Heizkörper.

rück. Durch diese Art der Luftführung, das *Umluftverfahren*, ist eine genaue Regulierung des Luftzustandes im Trockner möglich.

Bei anderen Bauarten des Kammertrockners strömt die Luft von unten nach oben durch das Gut. Bei Gegenständen mit tiefen Hohlräumen erreicht man mittels der *Düsenbelüftung* nach Abb. 10.12 eine wirksame Bespülung auch der Innenoberfläche. Durch einen Leitkragen wird der aus dem Hohlkörper austretende Luftstrom so umgelenkt, daß auch die äußere Oberfläche rasch und gleichmäßig trocknet.

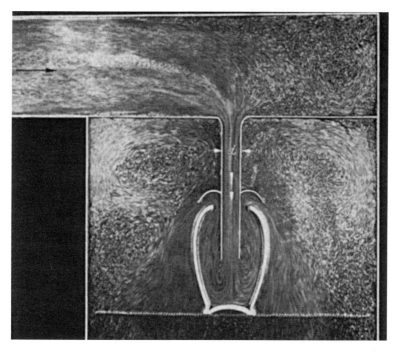

Abb. 10.12   Von innen und außen belüftete Kaffeekanne. Nach Krischer/Kröll [10.2], Bd. II.

2. Gut liegt auf bewegter Unterlage. Bei großen Gutsmengen ist die kontinuierliche Trocknung dem Chargenbetrieb vorzuziehen. Beim *Kanal-* oder *Tunneltrockner* ordnet man die mit Gut gefüllten Horden auf *Hordenwagen* an, die schrittweise oder kontinuierlich durch den Trockner bewegt werden. Häufig läßt man das Gut aber auch auf einem Förderband durch den Trockner wandern (*Bandtrockner*). Man unterscheidet *Einband-* und *Mehrbandtrockner*.

Beim Mehrbandtrockner durchläuft das Gut den Trockner mehrmals (Abb. 10.13). Am Ende jedes Bandes fällt das Gut auf das nächsttiefere. Dadurch wird es umgelagert und es gelangen neue, noch weniger weit getrocknete Schichten mit dem Trocknungsmittel in Kontakt, wodurch der Stoffübergang verbessert und die Trocknung beschleunigt wird. Beim abgebildeten Trockner strömt die Luft von

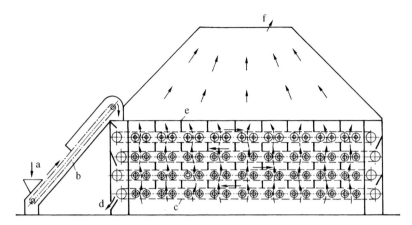

Abb. 10.13 Vierbandtrockner (Bauart Krauss-Maffei-Imperial GmbH, München). a = Gutsaufgabe; b = Fördereinrichtung; c = Förderband; d = Gutsaustrag; e = Führungswände für die Warmluft; f = Dunstabzug. Nach Kneule [10.1].

unten nach oben durch das Gut. Man beachte, daß nur die halbe Bandlänge für die Trocknung ausgenützt ist.

Für die Trocknung von Textilgeweben verwendet man oft *Hängetrockner*, in denen die Gewebebahn in großen Schlaufen geführt wird (Abb. 10.14). Die Luft strömt von oben nach unten durch den Trockner. Sind die infolge ihres Eigengewichts in der Gewebebahn entstehenden Spannungen zu groß, so muß die Schlaufenlänge entsprechend verkürzt werden. Damit gelangt man zum *Kurzschleifentrockner*.

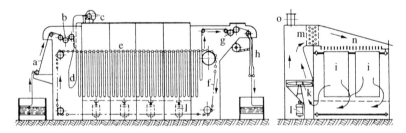

Abb. 10.14 Hängetrockner. a = eintretendes Gewebe; b = Einziehwalzen; c = Ventilator für den zur Faltenbildung herangezogenen Luftstrom; d = entstehende Falte; e = rotierende Tragstäbe; f = endlose Kette; g = Ausziehwalzen; h = Pendelableger; i = Gewebebahn; k = Axialventilator; l = Ventilatormotor; m = Heizkörper; n = Luftverteiler; o = Abluftstutzen. Nach Krischer/Kröll [10.2], Bd. II.

3. Gut schwebt oder bewegt sich im Luftstrom. Bei dieser Art der Gutsführung sind Wärme- und Stoffaustausch sehr lebhaft und es ist eine sehr rasche Trocknung möglich. Die wichtigsten Bauformen sind der *Wirbelschicht-*, der *Strom-* und der *Zerstäubungstrockner.*

Wirbelschichttrockner. Die *Wirbelschicht*, auch *Fließbett* genannt, ist eine Schicht körnigen Gutes, durch die Luft mit solcher Geschwindigkeit nach oben strömt, daß die Teilchen leicht angehoben und aufgelockert, aber nicht weggetragen werden (Krischer/ Kröll [10.2], Bd. II, S. 221). In der Wirbelschicht, die das Aussehen einer siedenden Flüssigkeit hat, sind Wärme- und Stoffaustausch außerordentlich begünstigt[1]. Sie eignet sich deshalb gut zur raschen Trocknung rieselfähigen, feinkörnigen Gutes.

Abb. 10.15 zeigt einen *Wirbelschicht-Horizontaltrockner.* Das Gut fließt unter den verstellbaren Wänden f hinweg und durchläuft mehrere Behandlungszonen, in die von unten her mit Luft vermischte heiße Verbrennungsgase eintreten, die das Gut aufwirbeln. Die Gastemperatur und die Höhe der Wirbelschicht kann für jede Behandlungszone getrennt eingestellt und den optimalen Verhältnissen weitgehend angepaßt werden. In der Sichtzone c herrscht eine so hohe Gasgeschwindigkeit, daß die kleineren Gutteilchen mitgerissen werden und in einen Staubabscheider gelangen. In der Kühlzone d wird das erhitzte Gut abgekühlt und gelangt über den Gutsaustrag g ins Freie.

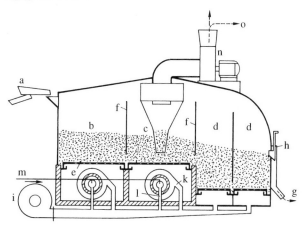

Abb. 10.15 Wirbelschicht-Horizontaltrockner. a = Aufgabevorrichtung; b = Trocknungszone; c = Sichtzone; d = Kühlzone; e = Rost; f = Wände zum Einstellen des Durchflusses; g = Gutsaustrag; h = Schichthöheneinstellung; i = Ventilator; k = Zufluß der Trocknungsluft; l = Zufluß der Verbrennungsluft; m = Brennstoffzufuhr; n = Abgasventilator; o = Leitung zum Zyklon. Nach Krischer/Kröll [10.2], Bd. II.

Stromtrockner. Als Stromtrockner wird ein Trockner bezeichnet, bei dem das Trockengut feinverteilt einem warmen Gasstrom zugegeben wird, der das Gut durch Rohrleitungen fördert und zugleich trocknet. Abb. 10.16 zeigt einen einfachen Apparat dieser Bauart. Das Gut wird im Steigrohr b nach oben getragen. Da die größeren Teilchen vom Luftstrom infolge ihrer höheren Relativgeschwindigkeit weniger rasch gefördert werden als die kleineren, sind sie der Einwirkung des

---

[1] Der Wärme- und Stoffaustausch zwischen den Gutspartikeln und der Trocknungsluft wurde von Krischer und Mosberger [10.11] untersucht. Es zeigte sich dabei, daß die Wirbelschicht weitgehend dasselbe Verhalten wie ein ruhendes Haufwerk desselben Auflockerungsgrades aufweist.

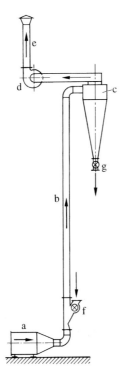

Abb. 10.16 Durchlauf-Stromtrockner. *a* = Lufterhitzer; *b* = Steigrohr; *c* = Zyklon; *d* = Ventilator; *e* = Abluftrohr; *f* = Aufgabevorrichtung; *g* = Gutsaustrag. Nach Krischer/ Kröll [10.2], Bd. II.

Trocknungsmediums längere Zeit ausgesetzt. So erzielt man eine gleichmäßige Trocknung. Der Zyklon c scheidet das trockene Gut aus dem Luftstrom ab. (Zur Berechnung von Stromtrocknern siehe z. B. Pehrson [10.12].)

Zerstäubungstrockner. Bei der Zerstäubungstrocknung wird das zunächst flüssige Gut zerstäubt und anschließend der Wirkung der Heißluft ausgesetzt, wobei es infolge seiner großen spezifischen Oberfläche rasch trocknet. Das fertig getrocknete Gut fällt häufig in Form leicht löslicher Hohlkugeln an, was bei vielen Produkten (Milch- und Kaffeepulver, Waschmitteln) erwünscht ist, nicht zuletzt des hübschen Aussehens wegen. Abb. 10.17 zeigt einen *Gleichstrom-Zerstäubungstrockner*, bei dem die Heißluft in derselben Richtung strömt wie das Gut. Häufig wird auch die Luft im Gegenstrom zum Gut geführt.

Bei der Dimensionierung von Zerstäubungstrocknern ist darauf zu achten, daß nur das fertiggetrocknete Gut mit den Behälterwänden in Berührung kommen darf. Hierbei ist auf die maximale und nicht auf die mittlere Tröpfchengröße abzustellen.

Die Theorie der Zerstäubungstrocknung wurde von Schlünder [10.13] bearbeitet. Er zeigte, daß für den größten Teil des Trocknungsvorganges mit Verdunstung an der Tropfenoberfläche gerechnet werden kann; erst gegen Ende wandert der Trocknungsspiegel in das Gutsinnere hinein. Während der Phase der Oberflächen-

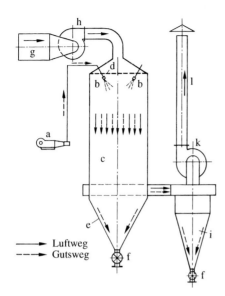

Abb. 10.17 Gleichstrom-Zerstäubungstrockner mit Zerstäubungsdüsen. a = Pumpe; b = Zerstäubungsdüsen; c = Trocknungsraum; d = Luftverteilgitter; e = Auffangkonus für das Gut; f = Austragsvorrichtung; g = Lufterhitzer; h = Heißluftventilator; i = Staubabscheider; k = Abluftventilator; l = Abluftrohr. Nach Krischer/Kröll [10.2], Bd. II.

verdunstung gilt (z. B. Grassmann [A. 5], § 9.4) bei kugelförmigen Tröpfchen für den Wärmeübergangskoeffizienten:

$$\text{Nu} = 2 + 0{,}6\,\text{Re}^{1/2}\text{Pr}^{1/3}. \tag{10.37}$$

Für sehr kleine Tröpfchen (Re < 1) vereinfacht sich Gl. (10.37) zu

$$\text{Nu} = 2. \tag{10.38}$$

Infolge der Analogie zwischen Wärme- und Stoffaustausch (Abschn. 10.5.1) gilt somit für den Stoffübergang zwischen der Tröpfenüberfläche und dem umgebenden Gas:

$$\text{Sh} = 2 + 0{,}6\,\text{Re}^{1/2}\text{Sc}^{1/3}, \tag{10.39}$$

beziehungsweise bei sehr kleinen Tröpfchen:

$$\text{Sh} = 2. \tag{10.40}$$

10.6.2 Kontakttrockner

Bei der Kontakttrocknung steht das Gut mit beheizten Flächen in Kontakt. Die Wärme wird durch Wärmeleitung übertragen.

1. Gut liegt auf bewegter Unterlage. Eine sehr verbreitete Trocknerbauart ist der *Walzentrockner*. Eine einfache Variante ist in Abb. 10.18 dargestellt. Das zu trocknende Gut, das in flüssiger Form im Trog gespeichert ist, bleibt als dünner Film an

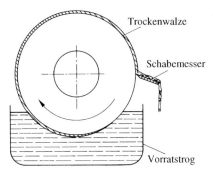

Abb. 10.18   Einfacher Walzentrockner.

der von innen meist durch kondensierenden Wasserdampf beheizten Trockenwalze hängen und trocknet sehr rasch. Das getrocknete Gut wird durch ein Schabemesser von der Walze abgeschält.

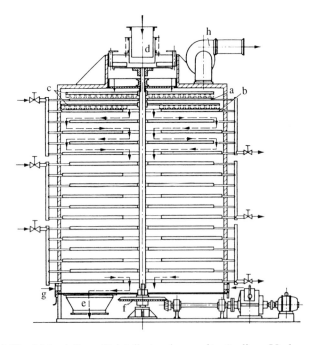

Abb. 10.19   Mehrstufiger Heiztellertrockner mit ständiger Umlagerung des Gutes (Bauart Büttner-Schilde-Haas). Durch die Ventile auf der linken Seite des Apparates tritt der Heizdampf ein, während das Kondensat durch die rechts angeordneten Ventile abgezogen wird. *a* = kleiner Teller; *b* = großer Teller; *c* = Rührarme mit Schaufeln; *d* = Gutsaufgabe; *e* = Gutsaustrag; *f* = Antrieb; *g* = Warmlufteintritt; *h* = Abluftventilator; ----→ Weg des Gutes. Nach Krischer/Kröll [10.2], Bd. II.

Meist wird bei so hoher Temperatur getrocknet, daß die Flüssigkeit verdampft. Wird mit Verdunstung gearbeitet, so muß die entweichende Feuchtigkeit mit Hilfe von Luft abgeführt werden. Diese Luft dient meist lediglich zur Aufnahme der Gutsfeuchtigkeit und nicht zur Wärmezufuhr.

2. Ständige Umschichtung des Gutes durch Rührwerkzeuge. Trockner, bei denen das Gut ständig durch Rührwerkzeuge gewendet wird, können als Konvektions- oder als Kontakttrockner ausgebildet sein. Beim *Tellertrockner*, der hier stellvertretend für die anderen möglichen Bauarten besprochen werden soll, bewegt sich das Gut über ebene, beheizte Teller. Bei der in Abb. 10.19 dargestellten Bauart wird das Gut dauernd durch pflugartige Schaufeln gewendet und langsam an den äußeren bzw. inneren Rand des Tellers gefördert, von wo es auf den nächsttieferen Teller fällt. Die Brüden werden durch Warmluft abgeführt.

Solche Trockner eignen sich besonders für schaufelbare, nichtklebende Schüttgüter, bei denen eine Erhaltung der ursprünglichen Form nicht notwendig ist. Durch verschieden starke Beheizung der einzelnen Teller ist eine weitgehende Anpassung an die Gutseigenschaften möglich.

Als weitere Bauart eines Kontakttrockners mit ständiger Umschichtung des Gutes durch Rührwerkzeuge sei der *Dünnschichttrockner* erwähnt, der zur Gewinnung fester Stoffe aus Feststoff-Flüssigkeits-Suspensionen herangezogen wird [10.14]. In der Funktionsweise entspricht er dem Dünnschichtverdampfer (Abschn. 3.2 sowie Abb. 3.12).

10.6.3 Trockner mit kombinierter Energienutzung

Trockner mit kombinierter Energienutzung kommen vermehrt zum Einsatz. Als zeitgemäßes Verfahren mit geringen Emissionen und der Möglichkeit zur Wärmerückgewinnung ist die Kontakttrocknung in der Wirbelschicht (vgl. Beckmann [10.15]). Dieses Verfahren ist auch bei hohen Trocknungsgraden sicher betreibbar. Es wird neben der Trocknung von Rohbraunkohle (mit 50 bis 60% Wassergehalt) für die Trocknung von Klärschlämmen, anderen verschiedenen industriellen Schlämmen und auch für Schüttgüter angewendet. Vorteile gegenüber anderen Trocknungsverfahren bietet die Kontakttrocknung in der Wirbelschicht bei brennbaren Gütern, bei hohen Anforderungen an die Trockenqualität, bei hohen Anforderungen an die Luftreinhaltung, bei erwünschter Gutsfeuchte-Rückgewinnung und bei hohen Verdampfungsleistungen.

Beim Dampf/Wirbelschicht-Trocknungsverfahren (Abb. 10.20) wird die Wärme hauptsächlich über feststehende – in der Wirbelschicht befindliche – Heizflächen übertragen. Der konvektiv übertragene Wärmeanteil ist gering. Ebenfalls gering ist bei den zur Anwendung kommenden Heizmediumtemperaturen (150 bis 250 °C) der Strahlunganteil. Die aus dem Gut verdampfende Feuchte wird teilweise rezirkuliert.

Als Heizflächen haben sich vorwiegend bei Schlämmen Plattenelemente bewährt. Diese zeichnen sich durch geringe Anfälligkeit gegen Anbackung und durch eine hohe Heizflächendichte aus. Der Abstand der eingehängten Platten kann dabei bis

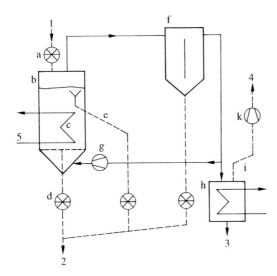

Abb. 10.20   Schematisches Verfahrensfließbild der Dampf/Wirbelschicht-Trocknung. a Eintrag; b Trockner; c untergetauchte Heizfläche; d Austrag; e Überlauf; f Abscheider; g Gebläse; h Kondensator; i Entlüftung; k Saugzuggebläse; 1 feuchtes Gut; 2 Trockengut; 3 Feuchte; 4 nichtkondensierbare Gase; 5 Heizflächen; 6 rückgewonnene Wärme.

hinab zu 25 mm betragen. Damit ergeben sich 40 bis 50 m² Heizfläche/m³. Bei so geringen Plattenabständen kann jedoch der Wärmeübergangskoeffizient durch Blasenbildung stark beeinträchtigt werden. Außerdem werden die Reinigungsmöglichkeiten erheblich beeinträchtigt. Dagegen vergrößert eine zu lockere Heizflächenanordnung den Wirbelschichtapparat und die Gebläseleistung. Die Wahl der Heizflächendichte ist somit bei Platten- wie auch bei Rohrwärmeübertragern ein sorgfältig abzuwägender Kompromiß.

Für den Gutseintrag ergeben sich je nach Trocknungsgut verschiedene Möglichkeiten. Schüttgüter, wie vorgebrochene Rohbraunkohle, werden nach dem Dosieren direkt in den Trockner eingetragen. Anders werden Schlämme, die nach der Entwässerung pastös bis bestenfalls krümelig sind, durch Rückvermischung mit eigenem Trockengut rieselfähig gemacht und als Naßgranulat eingeschleust.

Im Trockner wird das Schüttgut durch die rezirkulierten Brüden fluidisiert. Über die Heizflächen in der Wirbelschicht wird die zum Trocknen notwendige Wärme mittels eines Wärmeträgermediums zugeführt. Durch die Brüdenrezirkulation bildet sich nach dem Anfahren durch das Einsetzen der Verdampfung eine Kreislaufatmosphäre mit überwiegendem Dampfanteil aus. Dies ist vor allem bei brennbaren Trocknungsgütern vorteilhaft, da im stationären Betrieb Verpuffungen und Schwelbrände ausgeschlossen sind.

Die mittlere Aufenthaltsdauer beträgt größenordnungsmäßig 30 min. Ausgeschleust wird das Trockengut an der untersten Stelle des Trockners. Wird der Gasverteiler geeignet ausgebildet, so lassen sich zuunterst auch die Schwerstoffe abziehen. Ein Teilstrom des Trockengutes kann über den Überlauf, der zum Konstanthalten der Wirbelschichthöhe dient, entnommen werden.

In einem Einspritz- oder Oberflächenkondensator wird bei nahezu 100 °C der überschüssige, nicht rezirkulierte Teil der Brüden niedergeschlagen. Dieses Temperaturniveau gestattet in vielen Fällen den sinnvollen Rückgewinn der Verdampfungswärme. Brüdenemissionen sowie Abgasverluste treten nicht auf. Neben der beschriebenen Brüdenkondensation können die Brüden auch komprimiert und in den Heizflächen kondensiert werden. Damit entfällt der Einsatz von Fremdwärme.

Beeinträchtigung des Trockengutes durch Übertemperatur sind bei der Dampf/ Wirbelschicht-Trocknung wenig wahrscheinlich. Dieses Verfahren kann auch Vorteile gegenüber anderen Verfahren aufweisen, wenn kontaminierte Brüden auftreten, wenn eine hohe Trockenqualität gefordert ist und wenn hohe Durchsätze verwirklicht werden müssen.

10.7 Die Gefriertrocknung

Literatur: Neumann [10.16]; Rey [10.17 bis 10.19, 10.20]; Fisher [10.21]; Anon [10.22].

Unter *Gefrier-* oder *Sublimationstrocknung* versteht man den Wasserentzug aus gefrorenem Material durch Sublimation im Vakuum. Dieses Trocknungsverfahren kommt wegen seiner hohen Kosten nur für besonders wertvolle, temperaturempfindliche organische Substanzen in Frage, bei denen andere Konservierungsmethoden nicht dieselbe gute Qualität des Produktes gewährleisten. Insbesondere wird die Gefriertrocknung für medizinische Zwecke eingesetzt, so etwa zur Konservierung von Blutplasma, Antibiotika, Bakterien- und Viruskulturen, lebender Zellen und Arzneimitteln. Daneben dient sie immer mehr zur Trocknung hochwertiger Nahrungsmittel. Beispielsweise hat sich gefriergetrockneter Kaffee-Extrakt auf dem Markt durchgesetzt.

Die Gefriertrocknung steht nicht nur mit der herkömmlichen Trocknungstechnik in Konkurrenz, sondern insbesondere auch mit der Tiefkühltechnik. Gegenüber tiefgekühlten Konserven haben gefriergetrocknete Produkte den Vorteil, daß sie meist bei Raumtemperatur gelagert werden können. Dieser Vorteil kann oft die höheren Kosten des Verfahrens aufwiegen, denn es wird dadurch z. B. möglich, die für einen Katastrophenfall notwendigen Blutplasmakonserven bei Raumtemperatur zu lagern und vom Funktionieren einer geschlossenen Kühlkette unabhängig zu werden. Ein weiterer Vorteil der gefriergetrockneten Konserve gegenüber der tiefgekühlten ist das geringere Gewicht.

Da sich während der Trocknung das Gut in festem Aggregatzustand befindet, bleiben die ursprünglich vom Wasser erfüllten Hohlräume erhalten. Deshalb zeigen die meisten gefriergetrockneten Güter eine poröse, schwammige Struktur mit großer Oberfläche. Sie sind meist sehr stark hygroskopisch, nehmen deshalb Wasser sehr begierig auf und lassen sich rasch in den Gebrauchszustand überführen.

Der Erfolg der Gefriertrocknung hängt sehr stark von der Art des Einfrierens ab. Im allgemeinen wird man das Gut durch Kältezufuhr von außen zum Gefrieren bringen. Es ist prinzipiell zwar auch möglich, es in der Vakuumkammer durch teilweise Verdampfung bei Druckabsenkung zum Erstarren zu bringen, doch neigt das Gut hierbei oft zum Schäumen und bildet Krusten, die später die Sublimation des Wassers hemmen.

Um vollständige Erstarrung sicherzustellen und ein Schäumen während der Gefriertrocknung zu vermeiden, muß das Gut beim Einfrieren unter seine tiefste eutektische Temperatur abgekühlt werden (zur Definition des eutektischen Punktes: Abb. 11.14). Im allgemeinen ist es vorteilhaft, das Gut rasch einzufrieren, so daß viele kleine Eiskristalle entstehen und die Zellwände pflanzlicher oder tierischer Produkte nicht zerstört werden. Allerdings wird dann die Trocknungsgeschwindigkeit geringer als bei langsam abgekühlten Gütern, bei denen die entstehenden großen Eiskristalle die Zellwände sprengen und die Sublimation dadurch erleichtern.

Die Trocknungsgeschwindigkeiten sind sehr klein und es empfiehlt sich, die Schichtdicke des Gutes so gering wie möglich und seine Oberfläche groß zu halten.

Da bei der festen Eisphase kein Kapillarsog möglich ist, gibt es bei der Gefriertrocknung keinen ersten Trocknungsabschnitt. Der zweite und der dritte Trocknungsabschnitt gehorcht denselben Grundgesetzen wie die normale Trocknung. Im zweiten Trocknungsabschnitt werden die kompakten Eiskristalle durch Sublimation entfernt. Ausgehend von der Gutsoberfläche wandert der Trocknungsspiegel immer tiefer in das Gut hinein. Infolge der ständig zunehmenden Diffusionswege sinkt dabei die Trocknungsgeschwindigkeit dauernd.

Im dritten Trocknungsabschnitt, den man wieder nur bei hygroskopischen Gütern beobachtet, werden die an den äußeren und inneren Oberflächen des Gutes adsorbierten Wasserhäute abgebaut. In vielen Fällen ist es zulässig, diese Phase der Trocknung durch Anwendung erhöhter Temperaturen zu beschleunigen.

Nur bei sehr kleinen Anlagen ist es wirtschaftlich, die entstehenden Dämpfe durch die Vakuumpumpe aus dem Trockner abzusaugen. Man friert sie besser an Kondensatorflächen aus, die durch verdampfendes Kältemittel gekühlt werden. Da die Wärmeleitfähigkeit des Eises viel niedriger ist als die des Wandmaterials der Kondensatoren, muß das Eis periodisch oder kontinuierlich abgeschabt werden.

Größere Gefriertrocknungsanlagen sind meist als Vakuum-Kammertrockner ausgebildet. Sie benötigen ausreichend dimensionierte Vakuumpumpen sowie eine Kälteanlage, die die erforderlichen tiefen Temperaturen (bis etwa $-70\,°C$) erzeugen kann und sind damit recht kostspielig. Ferner müssen sie mit einer Heizung für das Gut ausgestattet sein, die ihm die für die Sublimation benötigten Wärmemengen zuführt. Die Auslegung dieser Heizung ist oft recht problematisch, weil das schlecht wärmeleitende Gut nicht so stark erhitzt werden darf, daß das in ihm enthaltene Eis zu schmelzen beginnt. Ständige Überwachung der Gutstemperatur während der Gefriertrocknung ist unerläßlich.

10.8 Kriterien zur Auswahl des optimalen Trocknungsverfahrens

Bei der Wahl des für eine bestimmte Aufgabe optimalen Trocknungsverfahrens ist vor allem eine genaue Kenntnis des Trockengutes nötig. Neben Angaben über seine Menge, seine Abmessungen, seinen Feuchtegehalt und Aggregatzustand vor der

Trocknung benötigt man Unterlagen über die während der Trocknung zu erwarten-
den Form- und Zustandsänderungen: ob es zusammenklumpt oder zerfällt, ob es
bei zu starker Erhitzung flüssig wird, ob es zur Staubbildung neigt und anderes
mehr. Kenntnisse der Art der Feuchtigkeitsbindung sind ebenfalls ausschlaggebend.
Für ein Gut etwa, bei dem die Feuchtigkeit nur langsam zur Oberfläche wandert,
muß man Trockner verwenden, in denen es eine lange Verweilzeit hat; ist Kristallwasser auszutreiben, so muß es genügend hoch erhitzt werden. Güter, die während
der Trocknung schrumpfen, sind besonders schonend zu behandeln und langsam
zu trocknen. In diesem Fall wird man meistens dem Konvektionstrockner den Vor-
zug geben, bei dem sich der Luftzustand und damit der Trocknungsverlauf sehr
gut regulieren läßt, oder Sonderverfahren wie etwa die dielektrische Trocknung
einsetzen.

Temperaturempfindliche Güter dürfen nicht überhitzt werden. Häufig sind hohe
Temperaturen erst bei langem Einwirken schädlich. In solchen Fällen ist oft der
Zerstäubungstrockner mit seiner kurzen Verweilzeit besonders geeignet. Manchmal
wird es allerdings unvermeidlich sein, zur Vakuum- oder Gefriertrocknung zu
greifen.

Die Gleichstromtrocknung ist schonender als die Gegenstromtrocknung, bei der
das fertig getrocknete Gut mit der heißesten Luft in Kontakt steht und leicht überhitzt werden kann. Güter, aus denen ein wertvolles Lösungsmittel zu entfernen ist
(z. B. Lacküberzüge), trocknet man vorzugsweise in Apparaten, die gestatten, das
Lösungsmittel möglichst einfach zurückzugewinnen. Hier, und vor allem auch bei
giftigen Gütern, ist darauf zu achten, daß die Umwelt durch die entstehenden
Dämpfe weder gefährdet noch belästigt wird, und man muß auf jeden Fall geschlossene Bauarten wählen.

Manche Güter, insbesondere Fertigprodukte, sind gegen mechanische Beanspru-
chungen sehr empfindlich und müssen vor Abrieb oder Zerbrechen geschützt
werden.

Nach der Menge des Trockenguts richtet es sich, ob man die zu erstellende Anlage chargenweise oder kontinuierlich betreibt. Bei stark staubenden Gütern wird
es meist nötig sein, den Trockner entweder mit Staubabscheidern zu versehen oder
ein Trocknungsverfahren zu wählen, bei dem kein oder nur wenig Staub entsteht.
Häufig ist es wichtig, daß der Trockner leicht zu reinigen ist, oder die Platzverhält-
nisse sind so beschränkt, daß der Einsatz mancher Bauarten von vornherein aus-
scheidet. Eine große Rolle spielen ferner die Anschaffungs- und Betriebskosten, bei
denen neben den Ausgaben für Arbeitslöhne die Energiekosten stark ins Gewicht
fallen. Besonders bei billigen Gütern ist sehr darauf zu achten, daß die Trocknungskosten niedrig bleiben. Bei wertvollen Stoffen sind hingegen oft höhere Trocknungskosten vertretbar.

Schon die Berücksichtigung solcher Überlegungen läßt im allgemeinen die Zahl
der für eine bestimmte Aufgabe geeigneten Trocknerbauarten stark schrumpfen.
Für die endgültige Wahl des Trockners und für seine Dimensionierung wird man
meistens die Ergebnisse von Versuchen heranziehen müssen. Hierbei sollte man die
im zu erstellenden Trockner auftretenden Verhältnisse möglichst genau nachah-
men. Mit Hilfe dieser Unterlagen können dann exakte Kostenberechnungen durch-

geführt werden, welche die Entscheidung über die optimale Trocknerbauart gestatten. Hierbei sind alle notwendigen Zubehöreinrichtungen wie Fördereinrichtungen, Staubabscheider usw. zu berücksichtigen.

Aufgaben zu Kapitel 10

10.1 Für eine Trocknungsanlage muß eine stündliche Luftmenge von 400 kg/h (Luftzustand: 30 °C; $\varphi = 0,5$) auf 80 °C erwärmt werden. Der Lufterhitzer werde bei Umgebungsdruck betrieben.

a) Wie groß ist die absolute Feuchte der Luft vor dem Lufterhitzer?
b) Wie groß ist die absolute und relative Feuchte der Luft hinter dem Lufterhitzer?
c) Welche Wärmemenge muß der Luft im Lufterhitzer stündlich zugeführt werden?

10.2 Ein plattenförmiges Trockengut, dessen Oberfläche feucht sei, werde durch einen turbulenten Luftstrom mit $\vartheta = 100$ °C; $\varphi = 0,05$ in Längsrichtung angeblasen; die Strömungsgeschwindigkeit der Trockenluft sei 5 m/s. Der Wärmeübergang an das Gut werde durch die Beziehung

$$Nu_L = 0,0037 \, Re_L^{0,8} \, Pr$$

beschrieben. (Der Index L deutet darauf hin, daß in den dimensionslosen Kennzahlen Nu und Re die Plattenlänge L als charakteristische Länge einzusetzen ist). Die Plattenlänge sei 1 m.

a) Welche Temperatur nimmt die Gutsoberfläche an?
b) Wie groß ist der Wärmeübergangskoeffizient α?
c) Wie lautet die analoge Gleichung für den Stoffübergang?

Folgende Stoffwerte der Luft können der Rechnung zugrundegelegt werden:

$\lambda = 3,16 \cdot 10^{-2} \, W/(mK)$; $\nu = 22,5 \cdot 10^{-6} \, m^2/s$;
$c_p = 1008 \, J/(kg \, K)$; $\rho = 0,96 \, kg/m^3$.

11 Kristallisation

Hans Günther Hirschberg

11.1 Allgemeines

Literatur: Matz [11.1]; Mullin [11.2]; Van Hook [11.3]; Zief/Wilcox [11.4].

Die meisten anorganischen festen Stoffe werden in kristalliner Form gewonnen und gehandelt, daneben auch viele organische Produkte wie etwa Zucker. Die Kristallisation ist ein äußerst wirksames Trennverfahren zur Gewinnung reiner Substanzen. Seit jeher bediente sich daher der Chemiker der sogenannten *Umkristallisation* zur Reinigung kristallbildender Substanzen, indem er sie in einer Flüssigkeit auflöste und anschließend durch Eindampfen oder Abkühlen wieder auskristallisierte.

Mit der technischen und wirtschaftlichen Bedeutung der Kristallisation hat die Forschung nicht im selben Maße Schritt gehalten, wie dies bei anderen Trennverfahren der Fall ist. Es gibt noch keine Theorie, welche die Vorausberechnung eines technischen Kristallisationsprozesses in allen wesentlichen Schritten gestattet. Berechnungen müssen stets von Versuchen begleitet werden. Immerhin sind die grundlegenden Vorgänge heute weitgehend geklärt und viele Erkenntnisse gewonnen worden, die sich zumindest qualitativ beim Entwurf und Betrieb technischer Kristallisatoren nutzbar machen lassen.

11.2 Definitionen und Grundbegriffe

Unter einem *Kristall* verstehen wir einen Festkörper mit dreidimensionaler, periodischer Anordnung der Elementarbausteine (Ionen, Atome oder Moleküle) in Form von Raumgittern. Dank dieser Ordnung im atomaren Aufbau können Kristalle eine regelmäßige Gestalt annehmen. Ihre Oberfläche wird dann durch Ebenen gebildet, die zueinander nur bestimmte Winkel einnehmen können, die vom Raumgittertyp der betreffenden Kristallart abhängen.

Ebenen, die durch drei Punkte eines Raumgitters gehen, heißen *Netzebenen*. Sie treten um so wahrscheinlicher als Kristallbegrenzungsflächen auf, je dichter sie mit Gitterpunkten belegt sind. Eine besonders einfache Kristallstruktur hat beispielsweise das Kochsalz: Sie besteht aus zwei ineinandergestellten Raumgittern, von denen das eine mit positiven Natriumionen, das andere mit negativen Chlorionen besetzt ist (Abb. 11.1). Die Ebenen (x, y), (y, z) und (x, z) sind Netzebenen mit dichtester Belegung durch Gitterpunkte. Ebenso alle zu ihnen parallelen Ebenen, die durch die Gitterpunkte gehen.

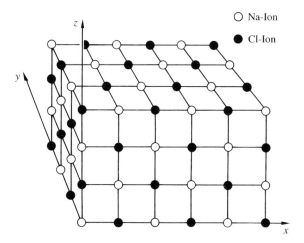

Abb. 11.1   Das Kristallgitter des Kochsalzes.

Diese in hohem Maße geordnete Struktur unterscheidet den Kristall vom amorphen Körper (z. B. Glas). Dieser ist zwar auch „fest". Er gleicht aber wegen der unregelmäßigen Anordnung seiner Elementarbausteine in struktureller Hinsicht eher einer Flüssigkeit.

Unter *Kristallisation* verstehen wir das Überführen eines nichtkristallinen Stoffes in den kristallinen Zustand. Die Ausgangsphase kann dabei grundsätzlich amorph, flüssig oder gasförmig sein und aus einer oder mehreren Komponenten bestehen. In der Verfahrenstechnik unterscheidet man vor allem die Kristallisation aus Lösungen *(Lösungskristallisation)* und die aus einem geschmolzenen Gemisch *(Schmelzkristallisation)*. Apparate, in denen Kristallisationsvorgänge ablaufen, nennt man *Kristallisatoren*, das darin erzeugte Produkt *Kristallisat*.

11.3 Löslichkeit

Kristalle lösen sich in gewissen Flüssigkeiten, den *Lösungsmitteln*. Die dabei entstehende *Lösung* ist eine homogene Phase und läßt sich auf mechanischem Wege nicht in ihre Komponenten zerlegen. Die *Löslichkeit* eines Kristallisats in einem Lösungsmittel ist im allgemeinen nicht unbegrenzt. Es gibt eine *Sättigungskonzentration*, bei der der Lösungsvorgang zum Stillstand kommt. Ist dieser Zustand erreicht, so sprechen wir von einer *gesättigten Lösung*. Ist das Lösungsmittel im Überschuß vorhanden, so liegt eine *ungesättigte* oder *verdünnte* Lösung vor.

Die Löslichkeit wird häufig als Beladung angegeben (gelöste Stoffmenge/kg Lösungsmittel). Sie ist temperaturabhängig läßt sich in einem *Temperatur-Löslichkeits-*

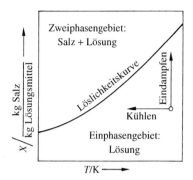

Abb. 11.2   Das Temperatur-Löslichkeits-Diagramm.

Diagramm darstellen (Abb. 11.2). Das Einphasengebiet, in dem nur die Lösung stabil ist, wird durch die *Löslichkeitskurve* vom Zweiphasengebiet getrennt, in dem das Kristallisat als *Bodenkörper* mit der Lösung im Gleichgewicht steht. Abb. 11.3 zeigt drei wichtige Typen der Löslichkeitskurve. Die Löslichkeit von Kaliumnitrat nimmt mit der Temperatur stark zu. Dieser Typus der Löslichkeitskurve ist besonders häufig. Andere Stoffe wie Natriumchlorid zeigen keine wesentliche Temperaturabhängigkeit der Löslichkeit. Bei einer dritten Gruppe von Stoffen nimmt die Löslichkeit mit steigender Temperatur ab. Es sind dies die gefürchteten *Krustenbildner*, die vor allem auf beheizten Flächen auskristallisieren. In Abb. 11.3 zeigt das Zinksulfat oberhalb von 55,5 °C dieses Verhalten. Bei der Löslichkeitskurve von

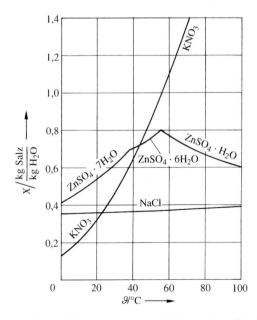

Abb. 11.3   Die Löslichkeitskurven von Kaliumnitrat, Kochsalz und Zinksulfat.

Zinksulfat fällt außerdem auf, daß sie geknickt ist. Man beobachtet dies stets, wenn das Kristallisat abhängig von der Temperatur in verschiedenen Formen existieren kann. Bei Zinksulfat bildet unterhalb von 38 °C das Heptahydrat, zwischen 38 °C und 55,5 °C das Hexahydrat, und oberhalb von 55,5 °C das Monohydrat den Bodenkörper.

Sind in einem Lösungsmittel mehrere Stoffe gelöst, so beeinflussen sie sich im Löseverhalten. Löslichkeiten sind also nicht additiv.

Temperaturabhängige Unterschiede im Löslichkeitsverhalten lassen sich zur Trennung von Salzen ausnützen. So lösen sich beispielsweise bei 100 °C in einem kg Wasser 355 g KCl und 275 g NaCl. Bei 0 °C beträgt die Sättigungsbeladung dagegen 100 g KCl und 320 g NaCl. Aus einer bei 100 °C an beiden Salzen gesättigten wäßrigen Lösung fallen also bei Abkühlung auf 0 °C 355 − 100 = 255 g KCl aus. Erwärmt man die Restlösung wieder auf 100 °C und verdampft ⅔ der Wassermenge, so bleiben die restlichen 100 g KCl sowie 275/3 = 92 g NaCl in Lösung, während die Differenz von 275 − 92 = 183 g NaCl in kristalliner Form ausfällt.

Das obige Beispiel − wie auch die Darstellung in Abb. 11.2 − illustriert die drei Möglichkeiten zur verfahrenstechnischen Durchführung der Lösungskristallisation:

1. Abkühlen
2. Eindampfen   } der Lösung
3. Kombiniertes Abkühlen und Eindampfen

Im Einzelfalle wird man den Weg wählen, der mit einem optimalen Energie- und Apparateaufwand an Ziel führt. Nicht selten erweist sich dabei das Verdampfen des Lösungsmittels im Vakuum in Verbindung mit der dadurch erzeugten Abkühlung, die sogenannte Vakuumkristallisation, als das wirtschaftlichste Verfahren.

Kennt man die Löslichkeitskurve, so ist man bereits in der Lage, die Ausbeute eines Kristallisationsprozesses abzuschätzen. Wir wollen den allgemeinen Fall der gleichzeitigen Kühlung und Verdampfung betrachten und annehmen, daß bei der stationär betriebenen Kristallisation ein kristallwasserhaltiges Salz anfällt. Dann ergibt sich die nachstehende Stoffbilanz:

1. Dem Kristallisator fließt der Lösungsmittelstrom M_W^* (Index W = Wasser, da das Lösungsmittel häufig Wasser ist) mit der Beladung X_1 zu.
2. Die folgenden Stoffströme verlassen den Kristallisator:

   a) der kristallwasserhaltige Kristallisatstrom M_K^*, der sich aus wasserfreiem Salz $M_K^* (\mathscr{M}_O/\mathscr{M}_K)$ und Kristallwasser $M_K^* (1 - \mathscr{M}_O/\mathscr{M}_K)$ zusammensetzt, ($\mathscr{M}_O, \mathscr{M}_K$ Molmasse der kristallwasserfreien bzw. kristallhaltigen Salze);
   b) der Lösungsmitteldampfstrom M_D^*;
   c) der verbleibende gesättigte Lösungsmittelstrom $M_W^* - M_D^* - M_K^* (1 - \mathscr{M}_O/\mathscr{M}_K)$ mit der Sättigungsbeladung X_2, die sich bei der Endtemperatur T_2 einstellt.

Setzt man alle Stoffströme in kg/s ein, und definiert die Beladung als die Masse kristallwasserfreien Salzes/kg Lösungsmittel, so können wir für das kristallwasserfreie Salz folgende Bilanzgleichung schreiben:

$$M_W^* X_1 = M_K^* (\mathscr{M}_O/\mathscr{M}_K) + (M_W^* - M_D^* - M_K^* (1 - \mathscr{M}_O/\mathscr{M}_K)) X_2 . \quad (11.1)$$

Sie liefert nach einigen Umformungen für den Kristallisatmassenstrom:

$$M_K^* = M_W^* \, (\mathcal{M}_K/\mathcal{M}_O) \, \frac{X_1 - (1 - M_D^*/M_W^*) \, X_2}{1 - (\mathcal{M}_K/\mathcal{M}_O - 1) \, X_2}. \tag{11.2}$$

In vielen Fällen ist es zweckmäßiger, mit dem Gesamtstrom der Lösung M_L^* anstatt mit dem Gesamtstrom des Lösungsmittels zu rechnen, und die Konzentration in Massenteilen w einzusetzen. Dann ergibt sich folgende Mengenstrombilanz für das kristallwasserfreie Salz:

$$M_L^* w_1 = M_K \, (\mathcal{M}_O/\mathcal{M}_K) + (M_L^* - M_D^* - M_K^*) \, w_2. \tag{11.3}$$

Ersetzt man in Gl. (11.3) die Massenteile durch die Beladungen mit Hilfe der in Tab. 1.1 angegebenen Beziehungen

$$w_1 = X_1/(1 + X_1) \, , \, w_2 = X_2/(1 - X_2) \, , \tag{11.4}$$

so erhalten wir wiederum nach einigen Umformungen den Ausdruck:

$$M_K^* = M_L^* \, (\mathcal{M}_K/\mathcal{M}_O) \, \frac{X_1 \, (1 + X_2)/(1 + X_1) - (1 - M_D^*/M_L^*) \, X_2}{1 - (\mathcal{M}_K/\mathcal{M}_O - 1) \, X_2}. \tag{11.5}$$

11.4 Lösungs- und Kristallisationswärme

Als ordnender Vorgang ist die Kristallisation mit einer Entropieverminderung verbunden. Die dazu erforderliche Energie wird jedoch im allgemeinen durch energetische Effekte überlagert, die zwischen den Molekülen von Lösungsmittel und gelöstem Stoff auftreten. Die *Lösungsenthalpie* kann daher je nach Stoffpaar ein positives oder ein negatives Vorzeichen haben. Im allgemeinen rechnet man die Lösungsenthalpie positiv, wenn bei der adiabaten Vermischung von zwei Stoffen, die sich auf der gleichen Ausgangstemperatur befinden, eine Temperatursenkung auftritt, so daß Wärme zugeführt werden muß, um die Ausgangstemperatur wieder einzustellen. Tritt eine Temperaturerhöhung auf und muß Wärme abgeführt werden, um den Vorgang isotherm zu gestalten, hat die Lösungsenthalpie ein negatives Vorzeichen. Diese Definition ist willkürlich und wird nicht einheitlich angewendet. So findet man im englischen Schrifttum (vgl. Perry [11.5], Mullins [11.2]) die umgekehrte Vorzeichenwahl.

Als *integrale Lösungsenthalpie* ΔH_L bezeichnet man die Wärmemenge, die man zu- bzw. abführen muß, wenn man die Mischung aus ihren Ausgangskomponenten herstellt. ΔH_L ist auf die Gemischmenge bezogen. Bezieht man sie auf eine der beiden Komponenten, so gilt (vgl. z. B. Plank [11.6], S. 285–288) bei Bezug auf

- den gelösten Stoff 1: $\Delta H_{L,1} = \Delta H_L / Y$
- das Lösungsmittel 2: $\Delta H_{L,2} = \Delta H_L/(1 - Y)$

Y = Konzentration des gelösten Stoffes im Gemisch in Stoffmengen- bzw. Massenteilen entsprechend der Bezugseinheit von ΔH_L.

Führt man einer großen Menge des Gemisches eine kleine Menge des gelösten Stoffes 1 zu, so wird dabei Wärme frei, ohne daß sich die Konzentration der Lösung merklich ändert. Die dabei auftretende Enthalpieänderung bezogen auf die Mengeneinheit des gelösten Stoffes heißt *differentielle Lösungsenthalpie*

$$\Delta H_{dL,1} = \Delta H_L + (1 - Y) \cdot \frac{d\Delta H_L}{dY}. \tag{11.6}$$

Setzt man dagegen einer großen Menge des Gemisches eine kleine Menge des Lösungsmittels zu, so nennt man die entstehende Enthalpieänderung bezogen auf die Menge des Lösungsmittels die *differentielle Verdünnungsenthalpie*

$$\Delta H_{dL,2} = \Delta H_L - Y \cdot \frac{d\Delta H_L}{dY}. \tag{11.7}$$

Zwischen den obengenannten Größen bestehen folgende Zusammenhänge:

- Für $Y = 0$ ist $\Delta H_L = 0$; $\Delta H_{dL,2} = 0$; $\Delta H_{L,1} = \Delta H_{dL,1}$;
- für $Y = 1$ ist $\Delta H_L = 0$; $\Delta H_{dL,1} = 0$; $\Delta H_{L,2} = \Delta H_{dL,2}$.

Die Kristallisationsenthalpie ist der negative Wert der differentiellen Lösungsenthalpie.

In Abb. 11.4 ist die integrale Lösungsenthalpie des Gemisches NaCl/H_2O in Abhängigkeit von der NaCl-Konzentration mit der Temperatur als Parameter aufgetragen. Beispiele für die Lösungsenthalpien anorganischer und organischer Stoffe in Wasser entnimmt man Tab. 11.1. In Tabellenwerken findet man im allgemeinen die integrale Lösungsenthalpie $\Delta H_{L,1} = \Delta H_{dL,1}$ in kJ/gmol Feststoff bei unendlicher Verdünnung ($Y = 0$) aufgeführt.

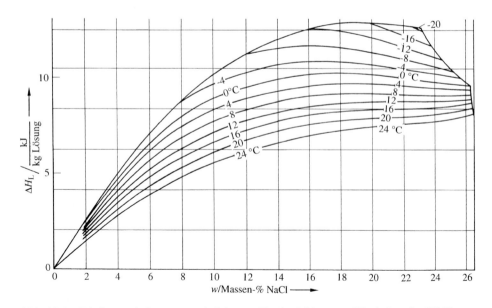

Abb. 11.4 Die integrale Lösungsenthalpie von Kochsalzlösungen. Nach Benzler [11.7].

Tab. 11.1   Integrale Lösungswärmen ΔH_L in kJ/kg Lösung; w in Massenanteilen.

LiBr	$w =$	0,30	0,40	0,50	0,60	(Massenanteil)	
	25 °C	156,6	201,8	233,2	233,6	kJ/kg Lösung	
H_2SO_4*	$w =$	0,2	0,4	0,6	0,8		
		−108,0	−148,1	−123,8	−67,4		
NH_3*	$w =$	0,1	0,2	0,3	0,4	0,6	0,8
	10 °C	−79,5	−152,0	−213,5	−250,8	−234,5	−139,4
Ethanol*	$w =$	0,2	0,4	0,6	0,8		
	0 °C	−44,0	−44,8	−28,3	−14,2		
	50 °C	−18,4	−16,7	−6,7	+4,0		
	80 °C	−4,1	+1,3	+10,5	+10,4		

* Der gelöste Stoff destilliert über.

11.5 Übersättigung und Keimbildung

Bei technischen Kristallisationsvorgängen verläßt die Lösung, abweichend von den bisher getroffenen Annahmen, den Kristallisator in der Regel leicht übersättigt. Die mit den Gl. (11.2) bzw. (11.5) errechnete Ausbeute wird daher in der Praxis nie ganz erreicht. Der Grund hierfür ist, daß wir unsere Betrachtungen bisher auf den Gleichgewichtszustand beschränkt haben. Beim Überschreiten der Löslichkeits-kurve kommt es aber nicht sofort zur Kristallisation. Diese tritt vielmehr erst bei einer gewissen *Übersättigung*. Man kann, wie in Abb. 11.5 dargestellt, drei Bereiche unterscheiden:

1. Die *stabile* Lösung unterhalb der Löslichkeitskurve: Kristalle sind dort nicht existenzfähig. Sie lösen sich auf.

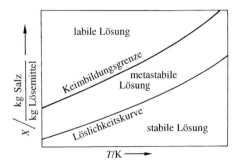

Abb. 11.5   Das Temperatur-Löslichkeits-Diagramm mit der Keimbildungsgrenze (Überlös-lichkeitskurve). Nach Miers und Isaak [11.8].

2. Die *metastabile* Lösung zwischen Löslichkeitskurve und Keimbildungsgrenze (zuweilen auch Überlöslichkeitskurve genannt): Eine Kristallneubildung findet nicht statt, jedoch können vorhandene Kristalle wachsen.

3. Die *labile* Lösung oberhalb der Keimbildungsgrenze: In diesem Gebiet bilden sich Kristalle in der Lösung von selbst.

Unter der *Keimbildungshäufigkeit* B ($m^{-3} s^{-1}$) versteht man die volumen- und zeitbezogene Anzahl der in der Lösung gebildeten Kristallkeime (B: birth rate). Die *Wachstumsgeschwindigkeit* G (m/s) ist definiert als die meßbare schichtweise Zunahme der Kristallabmessung senkrecht zur Kristallisationsebene durch Zeit (G: growth rate). Beide Größen hängen von der *relativen Übersättigung* S der Lösung als treibender Kraft ab:

$$S = X_s/X - 1 \, ;$$

X = Beladung, X_s = Sättigungsbeladung des Lösungsmittels.

In Abb. 11.6 (vgl. [11.9]) findet man B und G als Funktion der relativen Übersättigung dargestellt. Im stabilen Bereich ($\sigma < 0$) bilden sich keine Keime: $B = 0$. Die Wachstumsgeschwindigkeit hat negative Werte: Vorhandene Kristalle gehen in Lösung. Im metastabilen Bereich wird die Wachstumsgeschwindigkeit positiv. Die Keimbildungshäufigkeit B erreicht jedoch erst am Übergang zum labilen Bereich Werte über Null, steigt dann aber jenseits der Keimbildungsgrenze exponentiell an. Dieser rasche Anstieg der Keimbildungsrate bei nur mäßig zunehmender Wachstumsgeschwindigkeit hat zur Folge, daß eine große Anzahl sehr feiner Kristalle entsteht. Im allgemeinen möchte man jedoch möglichst grobe Kristalle von einheitlicher Größe erzeugen, die sich leicht abscheiden, reinigen, trocknen und fördern lassen. Das metastabile Gebiet in der Nähe der Keimbildungsgrenze und der Bereich knapp rechts von dieser ist daher für den Betrieb von Kristallisatoren besonders interessant.

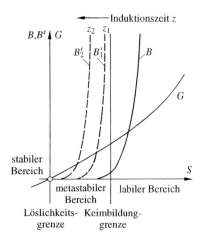

Abb. 11.6   Keimbildungshäufigkeit B und Kristallwachstumsgeschwindigkeit G in Abhängigkeit von der relativen Übersättigung S.

Die Bildung von Kristallkeimen in diesem Gebiet kommt durch drei verschiedene Vorgänge (vgl. Gösele u. a. [11.9]; Bennet [11.10]) zustande:

1. **Primäre, homogene Keimbildung.** Sie entsteht durch die zufällige Bildung von Clustern aus gelöstem Stoff, die zu Kristallen anwachsen können. Voraussetzung dafür ist, daß die bei der Kristallbildung freiwerdende Energiemenge genügt, um den Bedarf an Oberflächenenergie für den entstehenden Kristallit zu decken. Dies wollen wir in Anlehnung an die Gibbs-Thomson-Gleichung für die Bildung kugelförmiger Tropfen durch Kondensation (Abschn. 9.2.1) untersuchen:

$$d = \frac{4 \cdot \sigma \cdot \mathscr{M}}{\mathscr{R} \cdot T \cdot \rho_{L} \cdot \ln(P_{r}/P_{\infty})}; \qquad (11.8)$$

P_{r} = Sättigungsdruck eines Tropfens mit dem Radius r in N/m^2;
P_{∞} = Sättigungsdruck einer ebenen Flüssigkeitsoberfläche in N/m^2;
σ = Oberflächenspannung in N/m;
d = Tropfendurchmesser in m.

Die Gibbs-Thomson-Gleichung beschreibt den Mindestdurchmesser, den ein Tropfen haben muß, um unter den gegebenen Bedingungen wachsen zu können. Ein kleinerer Tropfen wäre unstabil und müßte sich wieder auflösen. Homogene, d. h. nicht durch Fremdkörper ausgelöste Kondensationen, beobachtet man erst bei einer gewissen Übersättigung. Das ist verständlich, weil der kleinste lebensfähige Keim bei geringer Übersättigung sehr viele Moleküle enthalten müßte. Vollmer und Flood [11.11] fanden, daß gesättigter Wasserdampf, der von $T = 288$ K aus unterkühlt wurde, erst bei einer Übersättigung von $P_{r}/P_{\infty} = 5$ kondensierte. Hieraus errechnete Pound [11.12] unter Verwendung von Gl. (11.8), daß der Keim in diesem Falle 72 Moleküle enthält.

Die Keimbildung muß als statistisches Problem aufgefaßt werden. Nehmen wir an, Keime unterkritischer Größe seien aus Molekülhaufen oder Cluster entstanden. Es ist dann wahrscheinlicher, daß sie Moleküle an die Umgebung abgeben, als daß sie weitere anlagern. Die meisten unterkritischen Keime werden also zerfallen, aber einige werden dennoch weiterwachsen, bis sie durch sukzessive Anlagerung von weiteren Molekülen die stabile Größe erreichen.

Bei einem solchen statistischen Vorgang liegt es nahe, für die Keimbildungshäufigkeit B in Analogie zur Arrhenius-Gleichung der chemischen Reaktionskinetik (s. Abschn. 15.4) anzusetzen:

$$B = k \cdot \exp(-A_{k}/(kT)) = k \cdot \exp(-A_{k} N_{A}/(\mathscr{R} T)); \qquad (11.9)$$

A_{k} = Keimbildungsarbeit in J;
k = R/N_{L} = Boltzmann-Konstante = $1{,}38 \cdot 10^{-23}$ in J/K;
N_{A} = Avogadro-Konstante = $6{,}022 \cdot 10^{20}$/kmol.

k ist ein Proportionalitätsfaktor (vgl. z. B. Vollmer [11.4], Kap. 4. A). Bei sphärischen Keimen beträgt die *Keimbildungsarbeit*:

$$A_{k} = \pi \cdot d^{2} \cdot \sigma/3 . \qquad (11.10)$$

Wenn wir den Keimdurchmesser d mit Hilfe von Gl. (11.8) eliminieren, erhalten wir:

$$A_k = k \cdot \exp\left[\frac{16 \cdot \pi \cdot \mathscr{M}^2 \cdot \sigma^3}{3 \cdot \rho_L^2 \cdot \mathscr{R}^2 \cdot (\ln(P_r/P_\infty))^2}\right]. \tag{11.11}$$

Damit folgt für die Keimbildungshäufigkeit sphärischer Keime der Ausdruck:

$$B = k \cdot \exp\left[\frac{-16 \cdot \pi \cdot \mathscr{N}_A \cdot \mathscr{M}^2 \cdot \sigma^3}{3 \cdot \rho_L^2 \cdot \mathscr{R}^3 \cdot T^3 (\ln/P_r/P_\infty)^2}\right]. \tag{11.12}$$

Wir sehen, daß bei Sättigung ($P_r = P_\infty$) die Keimbildungsarbeit unendlich groß und somit die Keimbildung gänzlich unwahrscheinlich wird. Mit zunehmender Übersättigung nimmt dann die Keimbildungswahrscheinlichkeit äußerst rasch zu, so daß im Rahmen der menschlich möglichen Beobachtungszeiten die Keimbildung stets bei derselben Übersättigung eintreten wird.

Bei der Kristallisation aus der flüssigen Phase gelten Gl. (11.8) und (11.12) weiterhin, nur kann man die Übersättigung nicht mehr als das Verhältnis der Dampfdrücke P_r/P_∞ definieren. Man führt statt dessen das Verhältnis der Sättigungsbeladungen X_r/X_∞ ein, wobei die Indizes r und ∞ die gleiche Bedeutung haben wie bisher. Zu berücksichtigen ist, daß der entstehende Keim nicht kugelförmig ist. Außerdem nimmt mit sinkender Temperatur die Viskosität der Flüssigkeit zu und die Beweglichkeit der Moleküle entsprechend ab. Die Keimbildungshäufigkeit nimmt daher beispielsweise bei organischen Stoffen im stabilen Gebiet zunächst rasch zu, um nach dem Erreichen eines Maximalwerts auf Null zurückzugehen. Durch extrem rasche Abkühlung kann man die meisten Flüssigkeiten amorph, d. h. glasartig erstarren lassen.

2. **Die primäre, heterogene Keimbildung** wird durch Fremdstoffpartikel in der Lösung ausgelöst. Da die Keime an der Grenzfläche des Partikels haften, ist nur ein Teil ihrer Oberfläche der Lösung zugewandt, was die zur Kristallbildung erforderliche Oberflächenenergie stark herabsetzt. Die Untersuchung der homogenen Keimbildung erfordert daher extrem saubere Versuchsbedingungen.

3. **Die sekundäre Keimbildung** kann, wie die primäre, heterogene, auch im metastabilen Gebiet ablaufen. Sie wird durch arteigene Cluster oder Kristallite verursacht, die sich durch Strömungsvorgänge oder andere mechanische Effekte von vorhandenen Kristallen ablösen und in der Lösung ,sekundäre' Keime bilden. Diese benötigen zu ihrer Entwicklung eine gewisse Induktionszeit z, die mit der Wachstumsgeschwindigkeit G zusammenhängt. Kind [11.11] konnte zeigen, daß die Induktionszeit der Zeitspanne entspricht, die eine Kristallfläche benötigt, um 70 bis 130 µm zu wachsen. Da die Wachstumsgeschwindigkeit G, wie in Abb. 11.6 dargestellt, mit der relativen Übersättigung S abnimmt, verlängert sich die Induktionszeit entsprechend, um bei $S = 0$ unendlich groß zu werden. In Abb. 11.6 sind die sekundären Keimbildungshäufigkeiten B_1' und B_2' für zwei verschiedene Induktionszeiten eingetragen. Da die Induktionszeit z bei abnehmender Übersättigung sehr hohe Werte annimmt, kann man auch für die sekundäre Keimbildung einen metastabilen Bereich definieren, in dem während einer vorgegebenen Verweilzeit keine nennenswerte Keimbildung stattfindet.

Einen wichtigen Einfluß auf die Kristallbildung haben Rührorgane, die dazu dienen, Unterschiede in der Lösungskonzentration im Kristallisator auszugleichen. Dabei fördern sie einerseits die oben beschriebene sekundäre Keimbildung. Andererseits werden durch den Zusammenprall mit den Rührern grobe Kristalle zerschlagen. Über den Energieeintrag des Rührers lassen sich also die Kristallisationsleistung und die durchschnittliche Kristallgröße steuern. Für die Kristallbildungshäufigkeit B machen Mersmann und Kind [11.14] den empirischen Ansatz

$$B = k_\mathrm{n} \cdot m^l \cdot E^r \cdot G^i; \tag{11.13}$$

k_n = Koeffizient;
m = M_k/V = Suspensionsdichte in kg/m^3: M_k = Kristallmasse; V = Lösungsvolumen;
E = Energieeintrag je kg Kristallisatmengenstrom in W/kg; normaler Arbeitsbereich: 0,1 < E < 1 W/kg;
G = Kristallwachstumsgeschwindigkeit in m/s.

Eine Untersuchung an zehn verschiedenen Stoffsystemen ergab für die Größe der Exponenten:

$l \approx 1$; zuweilen leicht darunter;
$r \approx 0,5$; manchmal etwas höhere Werte (bis $r = 1$);
$1,3 < i < 2,3$; hängt stark vom Stoffsystem ab.

Mit Hilfe von Gl. (11.13) und einigen Annahmen bezüglich der Kristallisatorbetriebsweise leiten Mersmann und Kind folgende Proportionalitäten ab:

Mittlerer Korndurchmesser: $d_\mathrm{m} \approx Z^{(i-1)/(i+3)} \cdot E^{-r/(i+3)} \cdot m^{(1-l)/(i+3)}$

Kristallisatorvolumen: $V \approx M^{*(i+3)/(i-1)} \cdot E^{r/(i-1)} \cdot m^{(l-i)/(i-1)}$

Z = Verweilzeit in s;
M^* = Kristallisatmengenstrom in kg/s.

Sie gestatten die Umrechnung von Betriebswerten eines Kristallisators sowie den Scale-up.

11.6 Kristallisatoren

Literatur: Bamforth [11.15]; Perry [11.5]; Walas [11.16].

Die für die Kristallisation erforderliche Übersättigung läßt sich, wie in Abschn. 11.3 gezeigt, durch Eindampfen, Abkühlen und durch die Kombination beider Vorgänge, die Vakuumverdampfung erreichen. Wie die Verdampfung kann auch die Kristallisation chargenweise oder kontinuierlich betrieben werden. Bei den kontinuierlichen Prozessen bildet der Kristallisator häufig die letzte Stufe einer mehrstufigen Eindampfanlage.

Eine Erhöhung der Produktionsmenge und der Produktqualität läßt sich durch folgende Maßnahmen erreichen:

- Erzeugung ausreichender Mengen von Kristallkeimen;
- Verbesserung des Stoffaustausches zwischen Kristall und Mutterlauge durch erzwungene Konvektion;
- Betrieb bei optimaler Übersättigung;
- Einbau ausreichender Heiz- und Kühlflächen;
- Trennung von Wärmeaustauschfläche und Kristallisationsraum;
- Klassiervorgänge innerhalb des Kristallisators zur Erzielung einheitlicher Kristallgrößen.

Im folgenden sollen aus der Vielfalt der Kristallisatorbauarten einige typische Beispiele besprochen werden.

11.6.1 Verdampfungskristallisatoren

Ein einfacher klassierender Verdampfungskristallisator (Oslo-Kristallisator) ist in Abb. 11.7 dargestellt. Die kristallhaltige Lösung wird durch eine Pumpe vom Kristallisationsbehälter E durch den Erhitzer H in den Abscheider gefördert, und läuft aus diesem zurück nach E. Infolge des hydrostatischen Druckes kommt es im Erhitzer nicht zur Verdampfung. Diese setzt vielmehr erst beim Eintritt in den Abscheider ein. Dadurch wird der Verkrustung der Wärmeaustauschflächen entgegengewirkt. Im Kristallisationsgefäß findet eine Klassierung statt: Kristalle von ausreichender Größe sinken nach unten und werden ausgetragen, die kleineren werden rezirkuliert.

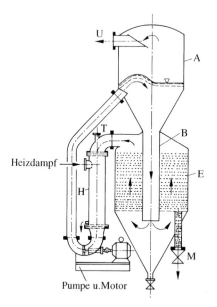

Abb. 11.7 Einfacher klassierender Verdampfungskristallisator (Oslo-Kristaller). A = Abscheiderraum; B = Fallrohr; E = Kristallisierbehälter; H = Erhitzer; M = Kristallaustrag; T = Eintritt der Ausgangslösung; U = Brüdenabzug. Nach Matz [11.1].

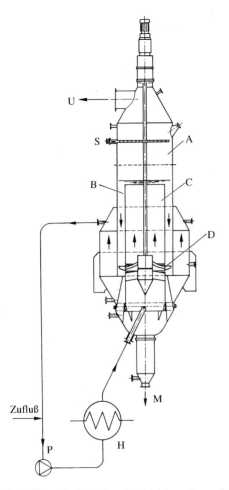

Abb. 11.8   Der Escher-Wyss-Tsukishima-Doppelpropeller-Kristallisator. A = Abscheiderraum; B = Ringraum; C = Innenrohr; D = Doppelpropeller; H = Wärmeaustauscher;
M = Kristallaustrag; P = Umwälzpumpe; S = Spülring; U = Brüdenaustritt.

Der Escher-Wyss-(Tsukushima-) DP Kristallisator (Abb. 11.8) hat ebenfalls einen außenliegenden Verdampfer H mit Umwälzpumpe P. Zusätzlich ist er mit einem Doppelpropeller ausgestattet, der die Kristallsuspension im Innenbehälter C
nach oben, im Mittelbehälter B nach unten fördert. Dadurch entsteht eine sehr
stabile und gut regulierbare Klassierzone. Der Kristallaustrag erfolgt bei M.

11.6.2 Kühlungskristallisatoren

Der in Abb. 11.8 dargestellte Apparat eignet sich zur Kühlkristallisation, wenn man
den Erhitzer H durch einen Kühler ersetzt. Der Abscheider A mit dem Brüdenabzug U kann entfallen, da keine Verdampfung stattfindet. Die Verkrustung kann

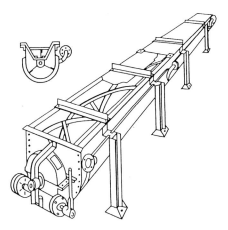

Abb. 11.9   Kristallisierrinne (Swenson-Walker-Kristallisator). Nach Matz [11.1].

man durch kleine Übersättigung, hohe Strömungsgeschwindigkeit, glatte Rohr-
wandungen und gegebenenfalls durch Zugabe von Inhibitoren in Grenzen halten.

Ein besonders in den USA verbreiteter Kühlungskristallisator ist die Kristallisierrinne, auch Swenson-Walker-Kristallisator genannt (Abb. 11.9): Die Kristallsuspension wird in einem halbzylindrischen Trog mit gekühlten Wänden durch
Wendelrührer in Bewegung gehalten. Dabei werden die Kristalle langsam zum Austritt gefördert. Bis zu vier der etwa 3 m langen Apparate können in Reihe geschaltet
und gemeinsam angetrieben werden. Die Kühlmäntel werden mit Wasser oder anderen geeigneten Wärmeträger gespeist.

Beim Schabkristaller oder Kratzkühler (Abb. 11.10) wachsen die Kristalle an den
gekühlten Wandungen und werden kontinuierlich mit Schabmessern abgekratzt.

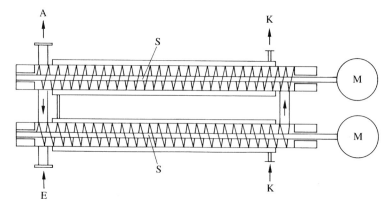

Abb. 11.10   Schabkristaller (Kratzkühler). A = Austritt des Kristallbreis; E = Eintritt der
Lösung; M = Antriebsmotoren; K = Kühlmittelein- und -austritt; S = Schaberschnecken.

Die Kristallisationsbedingungen lassen sich über Umwälzmenge und Kühltempera-
tur regulieren. Schabkristaller werden für kleinere Leistungen gebaut und eignen
sich auch für den Einsatz bei der Schmelzkristallisation.

Schließlich sei noch die Möglichkeit erwähnt, die Kühlkristallisation durch Bei-
mischen und Verdampfen eines Kältemittels, wie z. B. Propan oder Butan, zu be-
treiben.

11.6.3 Vakuumkristallisation

Vakuumkristallisatoren sind besonders einfache Apparate. Sie arbeiten adiabat und
benötigen daher keine Wärmeübertragungsflächen. Zur Verdampfung des Lösungsmittels dient die bei der Abkühlung und Kristallisation freiwerdende Wärme. Da
die Flüssigkeit wegen des statischen Drucks nur an ihrer Oberfläche siedet, muß
für eine wirksame Druckmischung gesorgt werden. Abb. 11.11 zeigt einen diskontinuierlich betriebenen Vakuumkristaller einfachster Bauart mit Propellerrührer,
Abb. 11.12 einen klassierenden Vakuumkristaller. Die warme Lösung gelangt zunächst in die Entspannungskammer A und verdampft dort teilweise. Die übersät-
tigte Lösung strömt dann zum Boden des Kristallisierbehälters E, wo die Kristalle

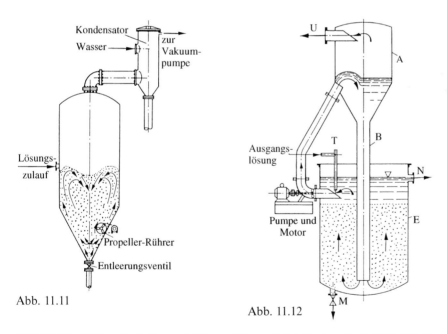

Abb. 11.11

Abb. 11.12

Abb. 11.11   Diskontinuierlich betriebener Vakuumkristallisator. Nach Matz [11.1].

Abb. 11.12   Klassierender Vakuumkristallisator mit Feinkornabzug. A = Entspannungs-
und Abscheiderraum; B = Fallrohr; E = Kristallisierbehälter; M = Kristallaustrag; N =
Abzug für das überschüssige Feinkorn; T = Eintritt der Ausgangslösung; U = Brüdenabzug.
Nach Matz [11.1].

entstehen und wachsen. Wie bei den Verdampfungskristallern muß auch hier mit Lösungsumlauf gearbeitet werden. Der Kristallaustrag erfolgt bei M. Ist man an einem grobkörnigen Kristallisat interessiert, so kann man die Zahl der wachsenden Kristalle dadurch vermindern, daß man einen Teil des Feinkorns an der Oberfläche durch einen Abzug N entnimmt und wieder zur Lösung bringt.

11.7 Schmelzkristallisation

Literatur: Matz [11.1]; Wintermantel [11.19]; Jancic/De Jong [11.20]; Wellinghoff [11.21]; Rittner [11.22]; Walas [11.16].

In Analogie zur Rektifikation, wo man die beim Phasenübergang Flüssigkeit – Dampf auftretenden Konzentrationsunterschiede zur Stofftrennung nutzbar macht, kann man auch den Phasenübergang flüssig-fest zur Zerlegung von Gemischen heranziehen. Man spricht dann von Schmelzkristallisation oder, da der Trennvorgang üblicherweise in mehreren Stufen erfolgt, von *fraktionierter Kristallisation.* Wie schon bei der Rektifikation wollen wir unsere Betrachtung hier auf Zweikomponentensysteme beschränken.

Von der Vielzahl der möglichen Verhaltensweisen von Zweistoffsystemen sind für die Schmelzkristallisation vor allem zwei Fälle wichtig:

1. Vollkommene Löslichkeit beider Komponenten im festen und flüssigen Zustand, d. h. Bildung von Mischkristallen in der festen Phase (Abb. 11.13). Dieses Verhalten zeigen nur die Gemische sehr ähnlicher Stoffe. Durch fraktionierte Kristallisation lassen sich in diesem Falle mit einer ausreichenden Anzahl von Stufen beide Komponenten in beliebiger Reinheit gewinnen.
2. Vollkommene Löslichkeit beider Komponenten im flüssigen und vollkommene Unlöslichkeit im festen Zustand (Abb. 11.14; man beachte: Die Ordinatenabschnitte zwischen der Soliduslinie und der Liquiduslinie bei $w = 0$ und $w = 1$ sind der Soliduslinie zuzurechnen). In diesem Falle fällt theoretisch mit nur einer Stufe eine der Komponenten rein an, während die andere sich grundsätzlich nur bis zur eutektischen Zusammensetzung anreichern läßt. Die meisten technisch interessanten Stoffgemische sind diesem Typus zuzurechnen.

Zur Ermittlung der theoretischen Trennstufenzahl kann man ein *Gleichgewichtsdiagramm* analog dem McCabe-Thiele-Diagramm der Rektifikation verwenden. Es läßt wie dieses aus dem Zustandsdiagramm gewinnen.

Der Stoffaustausch durch Diffusion läuft in der festen Phase überaus langsam ab. Während sich die Diffusionskoeffizienten von Flüssigkeiten üblicherweise zwischen 10^{-8} und 10^{-9} m/s bewegen, liegen die von Festkörpern um zwei Größenordnungen niedriger ([11.4], S. 99; [11.23]). Der Austauschmechanismus für die fraktionierte Kristallisation beruht daher hauptsächlich auf dem Wechselspiel von Schmelz- und Erstarrungsvorgängen.

Die fraktionierte Kristallisation bietet gegenüber der Rektifikation den Vorteil niedrigerer Arbeitstemperaturen, der vor allem bei temperaturempfindlichen

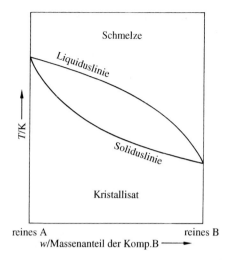

Abb. 11.13 Zustandsdiagramm für ein Zweistoffsystem mit vollständiger Löslichkeit im flüssigen und festen Zustand.

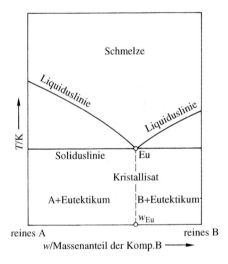

Abb. 11.14 Zustandsdiagramm für ein Zweistoffsystem mit vollständiger Löslichkeit im flüssigen und vollständiger Unlöslichkeit im festen Zustand.

Stoffen zur Geltung kommt. Sie erweist sich der Destillation auch dort als überlegen, wo besonders hohe Produktreinheiten gefordert werden. Stoffe mit engen Siedepunktabständen oder mit azeotropem Verhalten lassen sich durch fraktionierte Kristallisation häufig in einfacher Weise trennen. Auch die Kombination von Schmelzkristallisation und Rektifikation wurde (z. B. bei der Trennung der Dichlorbenzol-Isomeren) erfolgreich eingesetzt. Die im Vergleich mit der Verdampfungsenthalpie niedrigere Schmelzenthalpie ist dagegen ein Vorteil von eher akademischer Bedeutung.

Verfahrenstechnisch unterscheidet man bei der Schmelzkristallisation zwischen *Suspensionskristallisation* und *Schichtkristallisation*.

11.7.1 Suspensionskristallisation

Bei dieser Form der Schmelzkristallisation werden Kristallkeime in einem Schabkristallisator erzeugt, die in einem Reifungstank zu Kristallen heranwachsen und dann auf mechanischem Wege von der Mutterlösung getrennt werden. Abb. 11.15 zeigt das Schema einer solchen Einrichtung. Für die Gewinnung von p-Xylol aus einem Gemisch von Xylolisomeren entwickelte die Philips Petroleum Co. eine Gegenstromkolonne (Abb. 11.16). Das bereits durch Ausfrieren angereicherte Rohgemisch (ca. 65% $p - X$) durchläuft einen Schabkristaller, bevor es in die Gegenstromkolonne eintritt. Die Kristalle werden dort mit einem Kolben nach unten gefördert. Gleichzeitig wird die Schmelze abgepreßt und durch Filterschlitze abgeführt. Unterhalb der Auspreßkammer findet in der Fraktionierzone der Stoffaustausch zwischen dem Kristallisat und in der Blase erzeugten Schmelze statt, die im Gegenstrom zu den Kristallen nach oben gepreßt wird. Diese Schmelze verläßt die Kolonne ebenfalls durch die Filterschlitze. Das Reinprodukt mit mehr als 98% p-Xylol tritt am Fuß der Kolonne aus. Suspensionskristaller werden auch zum Aufkonzentrieren von Obstsäften verwendet.

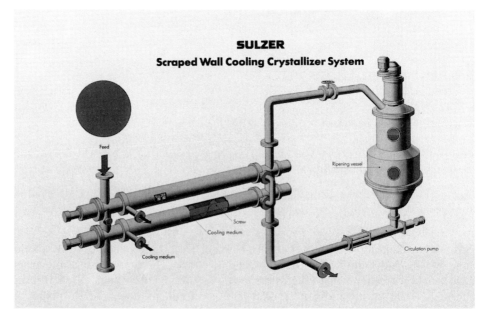

Abb. 11.15   Der Schabkristaller in der Schmelzkristallisation.

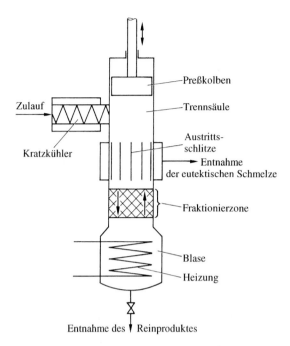

Abb. 11.16   Gegenstromkolonne der Phillips Petroleum Co. zur fraktionierten Kristallisation.

11.7.2 Schichtkristallisation

Bei der Schichtkristallisation wächst der Kristall an der gekühlten Oberfläche. Die Kristallisationswärme wird durch Wärmeleitung direkt an die Wand abgegeben. Die Kristallisationsgeschwindigkeit liegt folglich um ein bis zwei Größenordnungen höher als bei der Suspensionskristallisation.

Handelt es sich bei dem Gemisch, das durch Ausfrieren gereinigt werden soll, um ein eutektisches System, wie es in Abb. 11.14 dargestellt ist, und liegt die Zusammensetzung rechts vom eutektischen Punkt Eu, so entstehen auf der Oberfläche des Gefrierapparates reine Kristalle der Komponente A. Diese stehen jedoch in Kontakt mit einer Schmelze, in der sich die Komponente B anreichert. Einschlüsse zwischen den Kristallen und an der Oberfläche haftende Flüssigkeit enthalten daher erhebliche Mengen der Komponente B und setzen die Reinheit des gebildeten Gefrierproduktes herab. Die Reinigung der Gefrierschicht ist daher ein wichtiges Problem der Stofftrennung durch Schichtkristallisation. Wintermantel [11.19] konnte zeigen, daß Konvektionsbewegungen der Flüssigkeit über der Gefrierschicht einen ausschlaggebenden Einfluß auf den Trenneffekt haben: Findet der Gefriervorgang auf einer horizontalen Fläche in einer ruhenden Flüssigkeit statt, also praktisch ohne Konvektionsbewegung, so hat die gebildete Gefrierschicht annähernd die gleiche Zusammensetzung wie die Ausgangslösung. Erzeugt man jedoch durch Senkrechtstellen der Gefrierfläche freie Konvektion oder bewegt die Flüssigkeit mit Hilfe eines Rührers, so tritt sofort ein signifikanter Trenneffekt auf.

Für den wirksamen Verteilungskoeffizient $k_{eff} = C_K/C_\infty$ der Verunreinigungen zwischen Kristallisat und Mutterlösung (C_K, C_∞ = Konzentration kg/m³ im Kristallisat bzw. in der Mutterlösung außerhalb der Grenzschicht) gibt Wintermantel [11.19] die nachfolgende Beziehung an, deren Gültigkeit er experimentell bestätigt fand:

$$k_{eff} = 1 - \frac{C/C_{max}}{C_\infty/(\rho_L - C_\infty)} [\exp((G/\beta)/(\rho_K/\rho_L)) - 1]^{-1};$$

C_K = Konzentration der Verunreinigung im Kristallisat in kg/m³;
C_∞ = Konzentration der Verunreinigung in der Mutterlösung außerhalb der Grenzschicht in kg/m³;
ΔC_∞ = effektive $\quad\}$ Konzentrationsänderung der Verunreinigung
ΔC = maximal mögliche $\int$ in der laminaren Grenzschicht in kg/m³.
G = Gefriergeschwindigkeit in m/s;
β = Stoffübergangszahl in m/s;
ρ_K, ρ_L = Dichte von Kristall bzw. Mutterlösung in kg/m³.

Die Beziehung gestattet die Auslegung und Optimierung von Kristallisatoren auf der Basis von Laborversuchen, bei denen die Gefriergeschwindigkeit G und die Stoffübergangsverhältnisse variiert werden.

Der starke Einfluß des Stoffübergangskoeffizienten auf die Wirksamkeit von Trennanlagen, die nach dem Schichtgefrierverfahren arbeiten, schlägt sich in der konstruktiven Gestaltung der Gefrierapparate nieder. Abb. 11.17 zeigt das Schema einer Sulzer-MWB-Anlage mit dem Rieselgefrierapparat R als Kernkomponente. Die Anlage arbeitet chargenweise in vier Teilschritten: Im ersten Arbeitsschritt

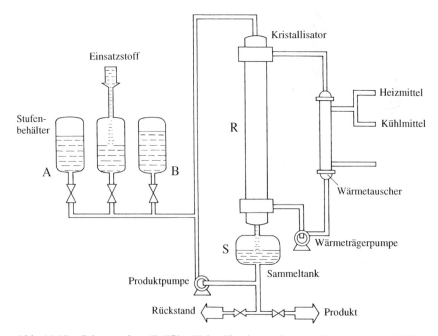

Abb. 11.17 Schema einer Fallfilm-Kristallisationsanlage nach dem Sulzer-MWB-Verfahren (Erläuterungen im Text).

fließt die zu trennende Lösung aus dem Sammelgefäß S an der Innenwand der gekühlten, senkrechten Rohre als Rieselfilm herab. Dadurch wird über der gebildeten Gefrierschicht die für den Trenneffekt wichtige Konvektionsbewegung sichergestellt. Im Gefolge des Auffriervorgangs sinkt der Flüssigkeitsstand in S. Hat er einen vorgegebenen Minimalwert erreicht, wird die Produktpumpe ausgeschaltet und die restliche Flüssigkeit in ein Sammelgefäß A entleert (Schritt 2). In der 3. Arbeitsphase werden die Rohre mit der Gefrierschicht leicht erwärmt. Dadurch sondern sich Flüssigkeitseinschlüsse und anhaftende Flüssigkeit von der Gefrierschicht ab: sie werden quasi ‚ausgeschwitzt‘ und nach A abgeführt. Im 4. Arbeitsschritt wird die Gefrierschicht abgeschmolzen und im Rezipienten B als gereinigtes Produkt gesammelt. Soll die Reinigung mehrstufig erfolgen, so kann das gereinigte Produkt aus B erneut nach S überführt und in den beschriebenen vier Arbeitsstufen gereinigt werden. Durch Wiederholung des Prozesses lassen sich auf diese Weise beliebige Produktreinheiten erzielen.

11.8 Weitere Kristallisationsverfahren

11.8.1 Adduktive Kristallisation

Literatur: Dale [11.25]; Hoppe [11.26]; Schlenk [11.27].

Als adduktive Kristallisation bezeichnet man einen Kristallisationsvorgang, der in Anwesenheit einer Substanz, dem Adduktbildner, vor sich geht, mit dem der kristallisierende Stoff eine höherschmelzende, komplexe Kristallstruktur bildet, z. B. ein Hydrat, ein Solvat oder ein Klathrat (Gashydrat). Fügt man beispielsweise einem Paraffingemisch Harnstoff bei, so geht dieser mit den unverzweigten Molekülen, den Normalparaffinen, lockere Verbindungen ein. Sie fallen als nadelförmige Kriställchen aus, in denen der Harnstoff spiralförmig um die Normalparaffine herum kristallisiert und sie in sein Kristallgitter einschließt. Nach Abtrennung von der Mutterlauge wird das Harnstoff-n-Alkan-Addukt durch Erwärmen in Anwesenheit von Wasser in wäßrige Harnstofflösung und Normalparaffin aufgespalten.

Auch für die Meerwasserentsalzung wurden adduktive Kristallisationsverfahren vorgeschlagen. Verschiedene Alkane wie z. B. Ethan und Propan, bilden mit Wasser bei erhöhtem Druck lockere Verbindungen, Gashydrate oder Klathrate, die einen höheren Schmelzpunkt haben als reines Wasser und salzfrei kristallisieren.

11.8.2 Zonenschmelzen

Literatur: Pfann [11.28]; Parr [11.29]; Schildknecht [11.30]; Winnacker/Küchler [11.31].

Das Zonenschmelzen dient zur Herstellung hochreiner Substanzen (Metalle, Halbleitermaterialien usw.). Dabei macht man sich die Tatsache zunutze, daß sich Verunreinigungen in den meisten Fällen besser in der Schmelze als im Kristall lösen.

Das stabförmige Ausgangsmaterial wird an einem Ende in einem elektrischen Ofen aufgeschmolzen (Abb. 11.18). Die Schmelzzone wird dann sehr langsam zum anderen Ende verschoben. Dabei wird nur eine kleine Menge von Verunreinigungen wieder in das Kristallgitter eingebaut. Der größte Teil bleibt in Lösung und sammelt sich am Ende in einem schmalen Band. Die Ausbeute an hochreinem Material ist daher beim Zonenschmelzen sehr hoch. Durch Wiederholen der Schmelzprozedur läßt sich die Reinheit weiter steigern, wobei natürlich die Bewegungsrichtung stets die gleiche sein muß. In der Praxis geht man so vor, daß man eine Reihe induktiv erzeugter Schmelzzonen hintereinander anordnet, so daß bei einem Durchlauf mehrere Reinigungsvorgänge ablaufen. Da die Vorschubgeschwindigkeiten unter 0,2 m/h liegen, ist das Zonenschmelzen kein wirtschaftliches Reinigungsverfahren für großtechnische Produkte.

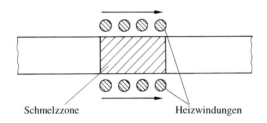

Schmelzzone   Heizwindungen

Abb. 11.18   Stoffreinigung durch Zonenschmelzen.

11.8.3 Züchtung spezieller Kristalle

Für die Herstellung großer *Einkristalle*, wie sie für Halbleiter- und Hochfrequenzbauelemente, für Piezoquarze, photovoltaische Zellen usw. Verwendung finden, wurde eine Vielzahl von Spezialverfahren entwickelt, die hier nicht im einzelnen erörtert werden können. Generell gilt dabei, daß die Produkte umso besser werden, je kleiner die Wachstumsgeschwindigkeit ist und je besser diese geregelt wird. Große Einkristalle lassen sich aus der Gasphase, aus der Schmelze und aus Lösungen herstellen. Dabei wird unter Vakuum, bei Atmosphärendruck oder bei erhöhtem Druck gearbeitet.

Ein besonderer Fall der Kristallherstellung ist die *Diamantsynthese* [11.32]; [11.33]; [11.34]. Der Diamant ist bei niedrigen Drücken und Temperaturen metastabil. Er zerfällt zwar nicht, kann sich aber auch nicht neu bilden. Stabil ist er bei Raumtemperatur erst unter einem Druck von etwa 2 GPa. Da bei niedrigen Temperaturen Kristallbildung und -wachstum nur sehr langsam verlaufen, arbeitet man meist bei Drücken zwischen 5 und 13 GPa und Temperaturen von 1500 bis 4000 K. Diese extremen Bedingungen müssen einige Minuten lang aufrechterhalten werden.

12 Membranverfahren

Arthur Ruf, Raoul Waldburger

Literatur: Rautenbach und Albrecht [12.1]; Strathmann [12.2]; Cussler [12.3].

12.1 Einleitung

In der Verfahrenstechnik, einer Ingenieur-Disziplin, die sich vor allem mit Stoffwandlungsvorgängen befaßt, versucht man oft mit mehr oder weniger Erfolg, Prinzipien aus der unbelebten und belebten Natur bei der Entwicklung von technischen Apparaten und Prozessen nachzuvollziehen. Auffallend ist dabei, daß im Gegensatz zu Stoffwechselvorgängen in der belebten Natur, in der biologische Membranen dominieren, in der Technik überwiegend Trennverfahren angewendet werden, bei denen die verschiedenen Phasen in direktem Kontakt zueinander stehen. Die natürlichen, biologischen Membranen, die die Zellwand, die Oberfläche der Lunge und vieles mehr bilden, weisen eine sehr selektive Wirkung auf und können spezifische Stoffe und Komponenten aus einem Medium auf der einen Seite der Membran selektiv aufnehmen und an das an der anderen Seite der Membran angrenzende Medium abgeben.

Eine *Membran* kann im weitesten Sinne als Zwischenphase aufgefaßt werden, die zwei homogene Phasen voneinander trennt und dem Transport verschiedener chemischer Komponenten aus diesen Phasen unterschiedlichen Widerstand entgegensetzt. Eine Membran kann aus den unterschiedlichsten Materialien bestehen und die verschiedensten Strukturen besitzen. Oft läßt sich deshalb eine Membran besser durch ihre Funktion als durch ihren Aufbau beschreiben.

In technischen Prozessen haben *Membranverfahren* seit ca. 30 Jahren vereinzelt Eingang gefunden. Erst in den letzten 10 Jahren ist mit der systematischen Entwicklung von synthetischen Membranen in verschiedenen Anwendungsfällen ein technischer Durchbruch eingetreten, der die bisher dominierenden thermischen und mechanischen Trennverfahren vermehrt konkurrenziert, ergänzt oder zum Teil sogar verdrängt hat.

Membranprozesse werden in Zukunft eine wesentliche Rolle spielen, wie dies etwa ein japanisches Projekt für „Industrien in der nächsten Generation" voraussagt. Die strategische Bedeutung der Membranprozesse ist offensichtlich, wenn man die Forschungsprogramme aller hoch entwickelten Länder in diesem Gebiet betrachtet. Zu erwähnen sind dabei Produktionsanlagen in der Biotechnologie, neue Techniken in der Verabreichung von Medikamenten (controlled release), Entwicklung neuer Generationen künstlicher Organe (Niere) und direkte Umsetzung von Sonnenlicht in elektrische Energie mittels photosynthetischer Membranen.

12.1.1 Begriffe

Abb. 12.1 zeigt schematisch einen *Membranmodul*. Ein solcher Modul setzt sich zusammen aus allen nötigen Elementen, die zur Durchführung einer Trennoperation benötigt werden. Einerseits ist das die Membran und ein dazu notwendiges Gehäuse, das die entsprechenden Öffnungen für die zugeführten und abgeführten Stoffströme aufweist. Der Zufluß wird gemeinhin als *Feed* bezeichnet, der von der Membran zurückgehaltene Teil des Zuflusses ist das *Retentat*. Der die Membran durchdringende Teil des Zuflusses wird als *Permeat* bezeichnet.

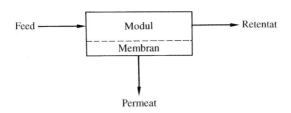

Abb. 12.1   Schematischer Aufbau eines Membranmoduls.

Solche Module können in zwei grundsätzlich verschiedenen Betriebsweisen verwendet werden. In Abb. 12.2 a ist die sogenannte *Dead-End-Filtration* schematisch dargestellt, bei der der Feed senkrecht zur Membran zugeführt wird. Als Konsequenz bildet sich ein Filterkuchen, der immer größer (dichter) wird und schließlich

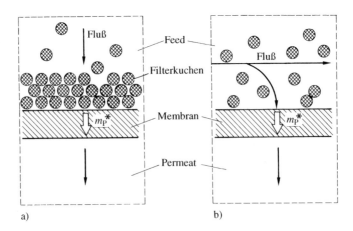

Abb. 12.2   Arten der Flüssigkeitsführung auf der Feedseite der Membran (m_P^*: Permeatfluß). a) Dead-End-Filtration; b) Cross-Flow-Filtration.

den transmembranen Fluß zu einer wirtschaftlich uninteressanten Größe schrumpfen läßt.

Abb. 12.2 b zeigt die sogenannte Cross-Flow-Filtration, bei der der Feedfluß parallel zur Membranoberfläche geführt wird und der sich bildende Filterkuchen durch den tangentialen Fluß in seiner Dicke begrenzt wird (hydrodynamische Beeinflussung).

12.1.2 Membranmaterialien

Die vielfältigen Eigenschaften der belebten Natur sind zu einem wesentlichen Teil Ausdruck der ihnen zugrunde liegenden Membranprozesse. Die wichtigste Eigenschaft einer *natürlichen Membran* ist die einer wirkungsvollen Barriere. Diese Undurchlässigkeit der Membran für die Mehrzahl aller Substanzen ist eine notwendige Voraussetzung für eine grundsätzlich verschiedene stoffliche Zusammensetzung im Innern einer Zelle und im umgebenden Medium.

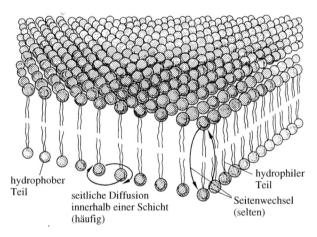

hydrophober Teil

seitliche Diffusion innerhalb einer Schicht (häufig)

hydrophiler Teil

Seitenwechsel (selten)

Abb. 12.3   Das Grundmaterial der biologischen Membran: die Phospholipid-Doppelschicht.

Die *Lipide* bilden die Grundstruktur der Membran (Abb. 12.3). Da alle Lipidmoleküle zwei gegensätzliche Löslichkeiten miteinander kombinieren, ordnen sie sich in wäßrigem Milieu spontan zu einer Doppelschicht, in der die hydrophilen Seite außen und die hydrophoben Teile innen liegen. Die Doppelschicht ist kein statisches Gebilde, weist doch jede der beiden Einzelschichten für sich den Charakter einer zweidimensionalen Flüssigkeit auf, was heißt, daß die Moleküle sich in seitliche Richtung gegeneinander verschieben können. Eine Million Platzwechsel/s innerhalb einer Schicht sind normal. Die Beweglichkeit in senkrechter Richtung hingegen ist begrenzt und geschieht etwa einmal im Monat.

Bei den *synthetischen Membranen* unterscheidet man künstliche Zellmembranen, anorganische Membranen und Polymermembranen.

Doppellipidschichten analog den biologischen Membranen können technisch hergestellt werden, weisen aber ohne Vernetzung eine sehr kurze Lebenszeit auf. Es gelingt auf solche Weise, sowohl flache Membranen wie auch kugelförmige Gebilde herzustellen, die monatelang haltbar sind. Solche stabilisierte Membranen werden zur Untersuchung von biokatalytischen Reaktionen eingesetzt. Durch Polymerisation stabilisierte Lipidbläschen können in Organismen als Transportmedium für Wirkstoffe aller Art verwendet werden, wobei man durch Anbringen spezifisch wirkender Proteine eine Bindung an das gezielte Organ erreichen möchte.

Bei den *anorganischen Membranen* unterscheidet man wiederum keramische Membranen, Glas- und Metallmembranen. *Keramische Sintermembranen* (z. B. Al_2O_3) zeichnen sich durch gute Temperaturbeständigkeit und gute mechanische Festigkeit aus. Sie werden bei der Reinigung von heißen, aggressiven Gasen oder bei der Filtration von Abwässern, bei der Belüftung verschiedener Flüssigkeiten eingesetzt.

Glasmembranen nehmen eine Sonderstellung ein, erfüllen sie doch verschiedene Anforderungen, die bei potentiellen zukünftigen Anwendungsgebieten gestellt werden: Definierte enge Porenverteilung, einstellbare Selektivität durch Oberflächenmodifizierung, Druckstabilität, Temperaturstabilität und Stabilität gegen organische Lösungsmittel.

Metallmembranen werden im allgemeinen durch ein Verpressen und Sintern von Metallpulvern bestimmter Korngröße oder durch Auslaugen einer Phase aus einer Metall-Legierung hergestellt. Sie haben bisher nur eine begrenzte Anwendung bei der Gastrennung, der Luftreinigung und der Reinigung von Flüssigkeiten gefunden.

Der weitaus größte Teil von Membranen wird auf der Basis von *Polymeren* hergestellt. Die chemischen und physikalischen Eigenschaften von natürlichen und synthetischen Polymeren haben nicht nur eine entscheidende Bedeutung für die Eigenschaft der fertigen Membran, sondern ebensosehr auch für den Fabrikationsprozeß. Cellulose, als Vertreter der natürlichen Polymere, nimmt immer noch eine sehr starke Stellung im Membranmarkt ein. Cellulose, die aus Holz oder Baumwolle gewonnen wird, ist ein aus Glucoseeinheiten aufgebautes Polysacharid, das in normalen Lösungsmitteln weder löslich noch thermoplastisch verarbeitbar ist und deshalb ausschließlich chemisch modifiziert eingesetzt wird.

Der Durchbruch in der Membrantrenntechnik wurde mit der Entdeckung der *Phaseninversionsmembran* erreicht. Mit dieser Art der Membranherstellung gelang es erstmals, große Permeationsraten zu erreichen [12.2]. Bei diesem Prozeß wird der Polymerlack (Lösungsmittel/Polymer) in ein Fällbad gebracht, wo je nach gewünschten Membraneigenschaften gezielt an bestimmte Stellen der Mischungslücke (im Dreiecksdiagramm) gefahren wird. Es ergibt sich dabei in einem Arbeitsgang eine dünne aktive Trennschicht und integral mit ihr verbunden eine poröse Stützschicht.

Bei *Composite-Membranen* sind die einzelnen Schichten gezielt auf ihre jeweilige Funktion hin optimiert. Im Gegensatz zur Phaseninversionsmembran bestehen die einzelnen Schichten insbesondere aus verschiedenen Materialien.

12.2 Stofftransport durch Membranen

Literatur: Rautenbach und Albrecht [12.1].

Die Kenntnis der *Trenneigenschaft* einer Membran alleine reicht für die Vorhersage der Trennleistung einer in einem Prozeß eingesetzten Membran normalerweise nicht aus. Die an der Trennung teilnehmenden Komponenten — seien sie flüssig, fest oder gasförmig — durchlaufen nicht nur die Membran, sondern müssen auch auf beiden Seiten der Membran hydrodynamische Grenzschichten passieren. Dabei spielt die Wechselwirkung zwischen der Art der Membranoberfläche und der Art des Strömungszustandes eine wesentliche Rolle. Nicht nur die Rauhigkeit der Oberfläche hat einen Einfluß auf die Dicke der Grenzschicht, sondern auch die elektrischen und chemischen Eigenschaften der Oberfläche, die entscheiden, ob Komponenten sich als Deckschicht anlagern.

Bei Membrantrennprozessen werden zwei homogene, flüssige oder gasförmige Phasen durch eine Membran getrennt, die den Stoffaustausch zwischen den beiden Außenphasen mehr oder weniger stark behindert. Eine Trennung verschiedener chemischer Komponenten kommt dadurch zustande, daß diese einerseits von der Membran unterschiedlich adsorbiert bzw. desorbiert werden und andererseits die Membran mit unterschiedlicher Geschwindigkeit passieren. Die Transportgeschwindigkeit der verschiedenen Komponenten hängt von den treibenden Kräften, die auf diese Komponenten wirken, und von ihrer Beweglichkeit und Konzentration in der Membran ab.

Als treibende Kräfte können bei Membrantrennprozessen Unterschiede in der Konzentration, im hydrostatischen Druck, in der Temperatur oder im elektrischen Potential der beiden durch die Membran getrennten Außenphasen wirksam werden. Bei den treibenden Kräften handelt es sich um thermodynamische Größen, die zusammengefaßt durch eine Differenz der freien Enthalpie oder, wenn sie auf einzelne Komponenten bezogen werden, durch die Differenz im chemischen bzw. elektrochemischen Potential dieser Komponente ausgedrückt werden können.

Die *Permeabilität* einer Membran dagegen ist eine kinetische Größe, die wesentlich durch die Wechselwirkungen der die Membran durchdringenden Teilchen mit der Membranmatrix bestimmt wird.

Im Zusammenhang mit Membranprozessen ist *Permeation* ein häufig verwendeter Begriff. Hiermit wird summarisch und unspezifisch, d. h. unabhängig vom wahren Transportmechanismus, die Bewegung einzelner Komponenten einer Mischung durch die Membran hindurch bezeichnet.

Läßt man zunächst eine kinetische Koppelung verschiedener Flüsse in der Membran außer acht, so ergibt sich die Flußdichte einer Komponente *i* als Produkt des Gradienten vom chemischen bzw. elektrochemischen Potential dieser Komponente:

$$m_i^* = L_i \cdot \operatorname{grad} \mu_i; \qquad\qquad (12.1)$$

m_i^* = Flußdichte der Komponente *i*;
L_i = Permeabilitätskonstante;
$\operatorname{grad} \mu_i$ = Gradient vom chemischen Potential der Komponente *i* in der Membran.

Der Zusammenhang zwischen chemischem und elektrochemischem Potential ist durch die folgende Beziehung gegeben:

$$\eta_i = \mu_i + Z_i F \varphi;$$

(12.2)

η_i bzw. μ_i = elektrochemisches bzw. chemisches Potential;
Z_i = elektrochemische Wertigkeit der Komponente i;
F = Faraday-Konstante;
φ = elektrisches Potential.

Das chemische bzw. elektrochemische Potential ist eine thermodynamische Zustandsfunktion und daher von den Zustandsvariablen Temperatur, Druck, Zusammensetzung usw. abhängig.

Die als treibende Kraft für den Stofftransport wirkende chemische bzw. elektrochemische Potentialdifferenz setzt sich folglich aus Konzentrations-, Druck-, Temperatur- oder elektrischen Potentialdifferenzen zusammen. Nur in sehr einfachen Fällen lassen sich die obigen Gleichungen durch phänomenologische Beziehungen für das Ficksche-, Ohmsche oder Fouriersche Gesetz darstellen. Die Abhängigkeit des chemischen bzw. elektrochemischen Potentials von Zustandsvariablen wird durch die Beziehung der klassischen Thermodynamik beschrieben [12.4].

12.2.1 Porenflußmodell

Bei der Behandlung des Flusses durch poröse Membranstrukturen sollte realistischerweise eher von der Strömung durch Schüttungen gesprochen werden. Bei den *Porenmodellen* nimmt man vereinfachend an, daß die Flüssigkeit nicht gleichmäßig um die Schüttungsteilchen herum verteilt ist, sondern in einer großen Zahl von gegeneinander abgeschlossenen Poren fließt. In diesem Fall kann man die Berechnung des Druckverlustes der Schüttung der für Rohre entlehnen. Ausgehend von der Druckverlustgleichung im Zylinderrohr und der Annahme einer laminaren Strömung in den Poren ergibt sich, basierend auf der Hagen-Poisenille-Gleichung, eine Massenflußdichte von:

$$m^* = \frac{n \cdot \rho \cdot \pi \cdot r_{\text{p}}^4}{8\eta} \frac{\Delta p}{\Delta L}.$$

(12.3)

r_p = Porenradius;
n = spezifische Anzahl der Poren in m^{-2};
ρ = Dichte der Flüssigkeit;
η = dynamische Viskosität;
ΔL = Dicke der Membran.

Aus der Formel ist sofort ersichtlich, welch überragender Einfluß der Durchmesser von Poren (Löchern) auf den resultierenden Fluß hat (vgl. Aufgabe 12.1).

Analog kann auch eine Flußgleichung für Schüttungen hergeleitet werden (Carman-Kozeny). Als Massenstromdichte ergibt sich:

$$m^* = \frac{\varepsilon^3 \cdot \rho}{K_{\text{c}} \cdot \eta \cdot a^2 \cdot (1 - \varepsilon)^2} \frac{\Delta p}{\Delta L};$$

(12.4)

a = innere Oberfläche der Schüttung;
ε = Leerraumanteil;
K_{c} = Carman-Kozeny-Konstante.

12.2.2 Lösungs-Diffusions-Modell

Die *ideale Löslichkeitsmembran* besteht im wesentlichen aus einer homogenen Polymerschicht, in der sich die unterschiedlichen molekularen Komponenten wie in einer Flüssigkeit lösen und durch Diffusion fortbewegen. Die Permeabilität einer Löslichkeitsmembran für verschiedene chemische Komponenten wird durch deren Konzentration und Beweglichkeit in der Membranmatrix und den treibenden Kräften bestimmt. Nach Gl. (12.1) kann die Massenflußdichte einer Komponente durch eine nicht poröse Löslichkeitsmembran mit folgender Beziehung beschrieben werden:

$$m_i^* = c_{i,\,M} \cdot m_{i,\,M} \cdot \operatorname{grad} \mu_i ; \tag{12.5}$$

$c_{i,\,M}$ = Konzentration der Komponente i in der Membran;
$m_{i,\,M}$ = Mobilität der Komponente i in der Membran.

Dabei wird vorausgesetzt, daß die Sorptions- bzw. Desorptionsvorgänge an der Membranoberfläche gegenüber der Diffusion in der Membranmatrix schnell verlaufen und daß eine kinetische Koppelung der einzelnen Teilchenströme in der Membran vernachlässigt werden kann.

Mit der Beziehung:

$$\mu_i(T, p, x_i) = \mu_i(T, p_0) + v_i(p - p_0) + RT \ln a_i \tag{12.6}$$

und der Gleichung für den osmotischen Druck π:

$$\pi = -\frac{RT}{v} \ln a_i, \tag{12.7}$$

wobei v das molare Volumen und a_i die Aktivität sind, wird Gl. (12.5) für das Lösungsmittel (Lsm) zu:

$$m_{\text{Lsm}}^* = \frac{c_{\text{Lsm},\,M} \cdot m_{\text{Lsm},\,M} \cdot v_{\text{Lsm}}}{\Delta x} (\Delta p - \Delta \pi), \tag{12.8}$$

bzw. für das Gelöste (S) zu:

$$m_s^* = \frac{c_{s,\,M} \cdot m_{s,\,M}}{\Delta x} \left[RT \frac{\Delta c_s}{c_s} \right]. \tag{12.9}$$

Dabei stellt $(\Delta p - \Delta \pi)$ die Differenz zwischen hydrostatischer und osmotischer Druckdifferenz dar und ist das eigentliche treibende Gefälle für den Lösungsmittelfluß. Analog gilt für den Fluß des Gelösten $RT \Delta c_S$ als treibendes Gefälle.

Gebräuchlicher sind die Formeln:

$$m_{\text{Lsm}}^* = A (\Delta p - \Delta \pi), \tag{12.10}$$

$$m_s^* = B^{(c)} \cdot \Delta c_s ; \tag{12.11}$$

A und $B^{(c)}$ = Membrankonstanten;
$\Delta \pi$ = osmotische Druckdifferenz über der Membran;
Δc_s = Konzentrationsdifferenz der betrachteten Komponente.

Für den Grenzfall einer ideal verdünnten Lösung kann in guter Näherung eine lineare Abhängigkeit zwischen der Konzentration c_S an Gelöstem und dem osmotischen Druck π zugrunde gelegt werden:

$$\pi = R T c_S \tag{12.12}$$

Gl. (12.12) gilt für undissozierte Lösungen. Aufgrund der Stoffmengenänderung durch Dissoziation vergrößert sich der osmotische Druck ideal verdünnter Lösungen um den Faktor β:

$$\beta = 1 + \alpha(v + 1), \tag{12.13}$$

α = Dissoziationsgrad;
v = stöchiometrischer Koeffizient der Zerfallsreaktion.

Beim Auftreten einer feed-seitigen Konzentrationsüberhöhung (vergl. 12.5) infolge des selektiven Stofftransports wird zwischen wahrem und scheinbarem Rückhaltevermögen R_w bzw. R_s unterschieden (Abb. 12.4):

$$R_w = 1 - \frac{c_p}{c_w}, \tag{12.14}$$

$$R_s = 1 - \frac{c_p}{c_F}. \tag{12.15}$$

c_F, c_P, c_W = molare Konzentration der betrachteten Komponente im Feed, im Permeat bzw. an der Membranoberfläche.

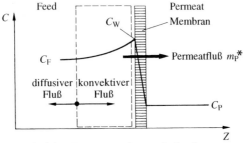

Abb. 12.4   Feedseitige Konzentrationspolarisation.

12.2.3 Verfahrenstechnische Grenzen

Technische Grenzen der kontinuierlichen Ultrafiltration. Bei der kontinuierlichen stationären Ultrafiltration bleiben die Volumenströme und die Konzentrationen über die Zeit konstant. Ebenfalls als konstant vorausgesetzt ist das Rückhaltevermögen R_w und die Filtratausbeute Y (Convertion, Recovery). Es gilt:

$$\frac{c_p}{c_F} = \frac{1 - R_w}{1 - Y R_w} \qquad \text{bzw.} \tag{12.16}$$

$$\frac{c_R}{c_F} = (1 - Y R_w)^{-1}. \tag{12.17}$$

Die beiden Beziehungen gelten nur für die idealisierte Vorstellung, daß entlang des UF-Apparates kein Konzentrationsprofil auftritt. Obige Formel zeigt an, daß bei vorgegebener Anfangs- und Endkonzentration und bei einem bestimmten Rückhalt die Ausbeute keine freie Variable mehr ist, oder umgekehrt bei vorgegebener Ausbeute der Rückhalt der Membran vorgegeben ist.

Umkehrosmose. Die Beziehungen für die Ultrafiltration gelten auch hier. Mit der Gleichung für den osmotischen Druck lassen sich die Beziehungen wie folgt umschreiben:

$$m^*_{\text{Lsm}} = A\,[\Delta p - \Delta \pi (1 - Y)^{-R}]. \tag{12.18}$$

Diese Gleichung ergibt für ein Trennproblem mittels einer Membran vom bekannten Rückhaltevermögen R direkt die maximal mögliche Filtratausbeute. Sei z. B.:

$$R \quad = 0{,}99;$$
$$\Delta \pi = 25 \text{ bar (Meerwasser)};$$
$$\Delta p = 50 \text{ bar (Arbeitsdruck)},$$

so ist bei einer Filtratausbeute $Y = 0{,}5$ der transmembrane Fluß $m^*_{\text{Lsm}} = 0$.

Durch Erhöhung des Drucks auf z. B. 70 bar erhöht sich Y auf 0,65.

Ein weiterer Grund, bei der Umkehrosmose mit relativ hohen hydrostatischen Drücken zu arbeiten, ergibt sich dadurch, daß das Rückhaltevermögen einer Membran, deren Transportmechanismus auf dem Löslichkeits- und Diffusionsmechanismus beruht, eine Funktion der Filtrationsstromdichte und damit eine Funktion des hydrostatischen Druckes ist. In technischen Umkehrosmose-Prozessen werden hydrostatische Drücke zwischen 50 und 100 bar verwendet. Drücke, die 100 bar wesentlich überschreiten, sind wirtschaftlich kaum noch vertretbar, weil sie einen apparativ hohen Aufwand erfordern und sich die poröse Membranstruktur unter diesem Druck verformt und kompaktiert.

12.3 Membranprozesse

Literatur: Rautenbach und Albrecht [12.1]; Mulder [12.5].

12.3.1 Einleitung

Bei Membranverfahren werden poröse oder nichtporöse Membranen zur Trennung von homogenen und heterogenen Stoffgemischen eingesetzt. Die Membran hat die Funktion einer selektiven Stofftransportbarriere zwischen der Phase vor der Membran (Feed bzw. Retentat) und nach der Membran (Permeat).

Konkurrenzverfahren zu thermischen Verfahren stellen vor allem die Membranverfahren mit dichten Membranen dar. Die Verfahren mit porösen Membranen können als eine Erweiterung der klassischen Filtrationsverfahren in Bereiche kleinerer Partikeldurchmesser betrachtet werden.

Tab. 12.1 Anwendungsgebiete technischer Membranprozesse und Konkurrenzverfahren (Δp: Hydrostatische Druckdifferenz, Δc: Konzentrationsdifferenz, Δp_i: Partialdruckdifferenz, ΔE: Elektrische Potentialdifferenz).

Membranprozeß	Aggregatzustände (Retentat/Permeat)	Treibende Kraft	Membrantyp	Anwendungsgebiete	Konkurrenzverfahren
Mikrofiltration	flüssig/flüssig	Δp (0,5–2 bar)	porös	Abtrennung suspendierter Partikeln aus Lösungen (Bakterien, Zellen)	Sedimentation, Zentrifugation
Ultrafiltration	flüssig/flüssig	Δp (1–10 bar)	mikroporös	Abtrennung gelöster Makromoleküle vom Lösungsmittel (Proteine)	Zentrifugation
Nanofiltration	flüssig/flüssig	Δp (10–70 bar)	mikroporös	Abtrennung gelöster Substanzen mittlerer molarer Masse vom Lösungsmittel (Farbstoffe, Zucker)	Verdampfung, Destillation
Umkehrosmose	flüssig/flüssig	Δp (10–100 bar)	nichtporös	Abtrennung des Lösungsmittels aus Lösung niedermolekularer, gelöster Stoffe (Wasserabtrennung aus Salz- oder Zuckerlösungen)	Verdampfung, Destillation, Dialyse

Verfahren	Phasen	Triebkraft	Membran	Trennaufgabe	Alternative
Dialyse	flüssig/flüssig	Δc	nichtporös oder mikroporös	Abtrennung niedermolekularer Stoffe aus makromolekularen Lösungen und Suspensionen (Blutreinigung)	Umkehrosmose
Elektrodialyse	flüssig/flüssig	ΔE	nichtporös oder mikroporös	Abtrennung von Salzen und Säuren aus Lösungen niedermolekularer, neutraler Stoffe	Fällung, Kristallisation, Elektrochemie
Pervaporation	flüssig/gasförmig	Δc	nichtporös	Trennung niedermolekularer Lösungsmittelgemische (Entwässerung organischer Lösungsmittel)	Destillation
Gaspermeation	gasförmig/gasförmig	Δp_i (1−100 bar)	nichtporös	Abtrennung von Gasen oder Dämpfen aus Gasen (Luftzerlegung, Abluftreinigung)	Kondensation, Absorption, Adsorption
Membrandestillation	flüssig/flüssig	Δp_i	mikroporös	Abtrennung gelöster Salze oder niedermolekularer Substanzen aus Lösungen	Destillation
Flüssigmembrantechnik	flüssig/flüssig	Δc	nichtporös	Abtrennung von Ionen oder niedermolekularen Substanzen aus Lösungen	Extraktion

Der Stofftransport erfolgt aufgrund einer treibenden Kraft über der Membran. Im allgemeinen Fall ist die treibende Kraft die Differenz des chemischen Potentials. Die chemische Potentialdifferenz kann bei Membranprozessen mit porösen Membranen vereinfachend meist durch eine Druckdifferenz und bei Prozessen mit nichtporösen Membranen durch eine Konzentrations- oder Partialdruckdifferenz ausgedrückt werden.

Verglichen mit thermischen Verfahren können Membranverfahren einen zum Teil wesentlich kleineren Energiebedarf und eine höhere Selektivität aufweisen und bezüglich Betriebs- und Investitionskosten vorteilhaft sein.

Eine Zusammenstellung technischer Membranprozesse ist in Tab. 12.1 gegeben (s. S. 346−347).

Abb. 12.5 gibt eine Übersicht der *Einsatzbereiche* verschiedener *Membranverfahren* nach der Größe der zurückgehaltenen Partikel. Die mit porösen Membranen arbeitenden Filtrationsverfahren versagen im niedermolekularen Bereich bei Partikeldurchmessern unterhalb von 0.5 nm. Als nichtporös werden Membranen dann bezeichnet, wenn die mittleren Porendurchmesser kleiner als 1 nm sind [12.6].

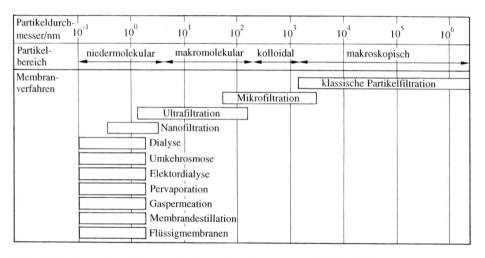

Abb. 12.5   Einsatzbereiche verschiedener Membranprozesse [12.6; 12.9].

Von zunehmendem Interesse sind *Hybridverfahren*, die Membrantrennverfahren mit konventionellen Verfahren kombinieren. Da Membranverfahren mit nichtporösen Membranen interessante Alternativen zu aufwendigen Destillationsverfahren darstellen, können oftmals Hybridverfahren vorteilhaft sein, die ein konventionelles Destillationsverfahren mit einem Membrantrennverfahren kombinieren und den Betrieb beider Verfahren in ihrem optimalen Konzentrationsbereich erlauben. Beispielsweise kann bei der konventionellen Ethanolabsolutierung im Bereich des azeotropen Punktes mit einem Hybridverfahren die azeotrope Destillation mit Benzol als Schleppmittel durch eine Pervaporationsanlage ohne Zusatzstoffe ersetzt werden [12.7].

Membranen mit ausreichend hoher Selektivität und chemischer Beständigkeit können chemische Reaktionen unterstützen, indem sie selektiv entweder Edukte zudosieren oder Produkte, Zwischenprodukte oder Nebenprodukte aus dem Reaktionsmedium entfernen. Neben höheren Umsätzen und Ausbeuten sind mit Membranreaktoren mildere Reaktionsbedingungen und in der Regel tiefere Investitions- und Betriebskosten erreichbar [12.8].

12.3.2 Mikrofiltration

Die Mikrofiltration ist der Membranprozeß, der am meisten Ähnlichkeit mit der klassischen Partikelfiltration hat (Abb. 12.5). Bei der Mikrofiltration werden Partikel mit Druchmessern größer als 50 nm nach dem Siebprinzip aus Lösungen, Suspensionen oder Emulsionen abgetrennt. Die Porendurchmesser von Mikrofiltrationsmembranen liegen zwischen 0,05 und 10 µm. Als Membranen werden organische (Polytetrafluorethylen, Polypropylen, Polysulfon usw.) und anorganische (Aluminium-, Zirkonoxid usw.) Materialien eingesetzt.

Die Flußdichte m_p^* kann nach Gl. (12.3) bzw. (12.4) mit dem Gesetz von Darcy beschrieben werden und ist direkt proportional zur angelegten, hydrostatischen Druckdifferenz Δp:

$$m_p^* = K \Delta p. \tag{12.19}$$

Der Permeabilitätskoeffizient K enthält dabei die Strukturfaktoren der Membran (Porosität, Porendurchmesser, Porendurchmesserverteilung usw.) und hydrodynamische Größen (Strömungsgeschwindigkeit, Viskosität usw.).

Beispiele industrieller Anwendungen der Mikrofiltration sind die Sterilfiltration von Getränken und Pharmazeutika, die Abwasserbehandlung und die Zellrückhaltung bei Bioreaktionen [12.10], [12.11].

12.3.3 Ultrafiltration

Mit Porendurchmessern von 1–100 nm liegt die Ultrafiltration zwischen der Mikro- und der Nanofiltration. Die Ultrafiltration wird typischerweise zur *Rückhaltung von Makromolekülen* mit molaren Massen zwischen 10^3 und 10^5 g mol^{-1} aus Lösungen eingesetzt. Die Flußdichte J_p durch Ultrafiltrationsmembranen ist wie bei der Mikrofiltration direkt proportional zur angelegten hydrostatischen Druckdifferenz (Gl. (12.19)) und beträgt zwischen 5 und 500 l m^{-2} h^{-1}.

Die meisten Ultrafiltrationsmembranen werden durch Phaseninversion aus Polysulfon, Polyacrylnitril, Zelluloseacetat usw. hergestellt [12.12].

Die Ultrafiltration hat sich bei der Reinigung, Trennung und Aufkonzentrierung verschiedenster Lösungen als technisch einfaches, schonendes und wirtschaftliches Verfahren erwiesen. *Beispiele industrieller Anwendungen* der Ultrafiltration sind die Aufarbeitung von Molke, die Aufkonzentrierung von Bleicherei- und Färbereiabwässern (Indigo), die Lackrückgewinnung der Elektrotauchlackierung und die Trennung von Öl/Wasser-Emulsionen.

In der metallverarbeitenden Industrie werden Öl/Wasser-Emulsionen in der Fertigung (Ölgehalt 2−10 Gew.%) benötigt oder fallen bei Wasch- und Spülprozessen an (Ölgehalt 0,5−1 Gew.%). Ultrafiltrations-Anlagen werden dabei zur Aufkonzentrierung der anfallenden Öl/Wasser-Emulsionen eingesetzt. Bei kontinuierlichen Ultrafiltrationsprozessen wird das Retentat mit hoher Ölkonzentration (bis zu 40 Gew.%) im Kreislauf über dem Membranmodul geführt (Abb. 12.6). Wenn die Emulsion stark entwässert werden soll, wird zur Verkleinerung der erforderlichen Membranfläche ein Hybridverfahren eingesetzt, bestehend aus einer mehrstufigen Ultrafiltrationsanlage und einer Nachverdampfung [12.1]. Bei der Trennung von Öl/Wasser-Emulsionen steht die Ultrafiltration in Konkurrenz mit thermischen Verfahren wie Verdampfung, Koaleszenzverfahren und chemischen Verfahren [12.13].

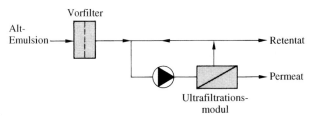

Abb. 12.6   Kontinuierlich arbeitende Ultrafiltrationsanlage zur Trennung von Öl/Wasser-Emulsionen (einstufig).

12.3.4 Nanofiltration

Die Nanofiltration ist ein Membrantrennverfahren im Übergangsgebiet zwischen Ultrafiltration und Umkehrosmose und gewinnt bei der *Trennung niedermolekularer Lösungen* zunehmend an Bedeutung. Nanofiltrationsmembranen weisen einen geringen Rückhalt für anorganische Salze und einen hohen Rückhalt für organische Verbindungen mit molaren Massen über 200−500 g mol^{-1} auf. Die Porendurchmesser von Nanofiltrationsmembranen betragen zwischen 0,5 und 5 nm.

Die Flußdichten von Nanofiltrationsmembranen erreichen Werte bis zu 200 l m^{-2} h^{-1}. Bezüglich anorganischer Salze verhalten sie sich wie nichtporöse Umkehrosmosemembranen mit geringem Salzrückhalt. Bezüglich großer, organischer Moleküle verhalten sich Nanofiltrationsmembranen dagegen wie poröse Membranen mit kleinen Porendurchmessern.

Eine typische Anwendung der Nanofiltration ist das Aufkonzentrieren und Entsalzen wäßriger Lösungen aus der Farbstoffproduktion ([12.9], [12.12]).

12.3.5 Umkehrosmose

Die Umkehrosmose als Membranprozeß mit nichtporösen Membranen eignet sich zur Abtrennung des Lösungsmittels (meist Wasser) aus Lösungen niedermolekularer Stoffe (Salze, Zucker usw.) oder zur Trennung von Lösungsmittelgemischen

(Entalkoholisierung von Bier). Bei der Wasserabtrennung aus einer wäßrigen Salzlösung fließt Wasser durch die Umkehrosmosemembran, wenn die hydrostatische Druckdifferenz Δp größer ist als die osmotische Druckdifferenz $\Delta \pi$ der Salzlösung. Ist die hydrostatische Druckdifferenz kleiner als die osmotische Druckdifferenz der Salzlösung, fließt Wasser auf die Salzseite (Osmose).

Die Flußdichte des Lösungsmittels durch Umkehrosmosemembranen ist in erster Näherung proportional zur Differenz zwischen der angelegten, hydrostatischen Druckdifferenz Δp und der osmotischen Druckdifferenz $\Delta \pi$ nach Gl. (12.10).

Die Flußdichte des Gelösten (S) ist in erster Näherung proportional zur Konzentrationsdifferenz der gelösten Komponente (Gl. (12.11)).

Umkehrosmosemembranen besitzen meist eine asymmetrische Struktur, bestehend aus einer porösen Trägerschicht (Dicke = $50-150$ µm) und einer selektiven Trennschicht (Dicke ≤ 1 µm). Als selektive Schicht wird meist Zelluloseacetat oder Polyamid verwendet.

Industrielle Anwendungsbeispiele der Umkehrosmose sind die Entsalzung von Meer- und Brackwasser, die Reinstwasserproduktion für die Halbleiterindustrie und die Aufarbeitung von Galvanikspülbädern und von Deponiesickerwasser.

Bei der Entsalzung von Brackwasser aus Wasserfassungen in Meeresnähe (Salzgehalt = $0,1-0,5$ Gew.%) und Meerwasser (Salzgehalt = $3,5$ Gew.%) arbeiten große Umkehrosmoseanlagen bei Drücken von $15-25$ bar bzw. $40-100$ bar zum Teil erheblich günstiger als thermische Verfahren. Um die Gefahr der Verschmutzung der Umkehrosmosemembranen zu verkleinern, ist jedoch eine chemische Vorbehandlung und eine vorherige Feinstfiltration des Meerwassers erforderlich. Bei der Entsalzung steht die Umkehrosmose in Konkurrenz mit den thermischen Verfahren wie Entspannungsverdampfung, Brüdenkompression und Ionenaustausch ([12.1], [12.14]).

12.3.6 Dialyse

Bei der Dialyse diffundieren gelöste Moleküle durch die Membran und werden auf der Permeatseite in der flüssigen Aufnehmerphase gelöst. Als treibende Kraft für den diffusiven Stofftransport wirkt die *Konzentrationsdifferenz* zwischen der Retentat- und der Permeatseite der Membran. Die Trennung beruht auf unterschiedlich großen Diffusionskoeffizienten verschiedener Stoffe in der Membran. Der Stofftransportwiderstand nimmt dabei mit zunehmender molarer Masse in der Regel zu. Niedermolekulare, ionische (anorganische Salze) und organische (z. B. Harnstoff) Verbindungen durchdringen Dialysemembranen besser als höhermolekulare Verbindungen (Zucker, Proteine usw.).

Der Stofftransport durch Dialysemembranen erfolgt wie bei allen Stofftransportprozessen mit dichten Membranen nach dem Lösungs-Diffusions-Modell. Die Flußdichte des Permeats ist direkt proportional zur Konzentrationsdifferenz Δc über der Membran und zur Permeabilitätskonstanten $B^{(c)}$ nach Gl. (12.11).

Die Verwendung von Ionentauschermembranen ermöglicht die Trennung von Ionen *unterschiedlicher Ladung*. So können beispielsweise Säuren aus Mischungen mit Salzen oder organischen Verbindungen abgetrennt werden. Entsprechende Dia-

lyseverfahren mit Anionentauschermembranen werden bereits in der metallverarbeitenden Industrie eingesetzt. Der Einsatz einer Säuredialyse bei einem Eloxalver-
fahren für Aluminiumwerkstücke ermöglicht, die Schwefelsäure- und Aluminium-
konzentration im Eloxalbad konstant zu halten. Dafür wird kontinuierlich ein Teil
des Eloxalbades der Säuredialyse zugeführt. Schwefelsäure diffundiert dabei durch
die Dialysemembran in den permeatseitigen Frischwasserstrom und wird nach Zugabe konzentrierter Schwefelsäure ins Beschichtungsbad zurückgeführt. Dadurch
können 80% der eingesetzten Schwefelsäure zurückgewonnen werden. Das überschüssige Aluminium wird von der Dialysemembran zurückgehalten und über den
Retentatstrom dem Prozeß entzogen (Abb. 12.7) [12.6].

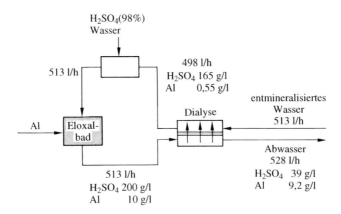

Abb. 12.7 Fließbild einer Eloxal-Anlage, kombiniert mit einem Säuredialyseverfahren zur
Schwefelsäure-Rückgewinnung [12.6].

12.3.7 Elektrodialyse

Membranprozesse mit einer *elektrischen Potentialdifferenz* als treibende Kraft für
den Stofftransport beruhen auf der elektrischen Leitfähigkeit von Ionenlösungen.
Wird eine elektrische Potentialdifferenz über einer Salzlösung angelegt, wandern
die positiv geladenen Ionen (Kationen) zur negativ geladenen Elektrode (Kathode)
und die negativ geladenen Ionen (Anionen) zur positiv geladenen Elektrode (Anode). Da ungeladene Moleküle nicht transportiert werden, eignen sich Membranverfahren mit einer elektrischen Potentialdifferenz zur Abtrennung geladener Moleküle aus Gemischen mit ungeladenen Stoffen.
    Zwei Typen von dichten Membranen mit geladenen Gruppen werden unter-
schieden:

1. *Kationentauschermembranen,* die den selektiven Transport von positiv gelade-
                                nen Molekülen erlauben;

2. *Anionentauschermembranen,* die den selektiven Transport von negativ gelade-
                                nen Molekülen erlauben.

Bei der Elektrodialyse werden Ionentauschermembranen zur Abtrennung von Ionen aus wäßrigen Lösungen eingesetzt. Anwendungen sind die Wasserentsalzung und die Entsalzung von Lebensmitteln und Pharmazeutika, die Trennung von Aminosäuren, die Kochsalzelektrolyse und die Produktion von Schwefelsäure und Natriumhydroxid.

Bei der Produktion von Schwefelsäure und Natriumhydroxid mittels Elektrodialyse, ausgehend von wäßriger Natriumsulfatlösung (Na_2SO_4), werden Kationen- und Anionentauschermembranen sowie bipolare Membranen verwendet (Abb. 12.8).

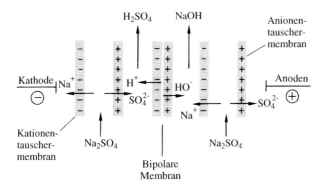

Abb. 12.8   Elektrodialytische Produktion von Schwefelsäure und Natriumhydroxid mit bipolaren Membranen [12.6].

Bipolare Membranen bestehen aus einer Kationen- und Anionentauschermembranen sowie einer porösen Zwischenschicht. Wasser in der porösen Zwischenschicht wird elektrochemisch gespalten in Wasserstoffionen (H^+) und Hydroxidionen (OH^-). Die Wasserstoffionen diffundieren durch die Kationentauschermembran und die Hydroxidionen durch die Anionentauschermembran. Die Natriumsulfatlösung strömt zwischen der Kationen- und Anionentauschermembranen. Unter Anlegen einer elektrischen Potentialdifferenz zwischen der Anode und der Kathode diffundieren Sulfationen (SO_4^{-2}) in Richtung Anode durch die Anionentauschermembranen und bilden zusammen mit den Wasserstoffionen Schwefelsäure. Natriumionen (Na^+) diffundieren in Richtung Kathode durch die Kationentauschermembranen und bilden zusammen mit den Hydroxidionen Natriumhydroxid [12.5].

12.3.8 Pervaporation

Die Pervaporation ist ein Membrantrennverfahren zur Trennung von Lösungsmittelgemischen aufgrund unterschiedlicher Löslichkeiten und Diffusionsgeschwindigkeiten der einzelnen Komponenten im nichtporösen Membranpolymer (Abb. 12.9).

Der Stofftransport nach dem Lösungs-Diffusions-Modell durch Pervaporationsmembranen kann in drei Schritte unterteilt werden [12.17]:

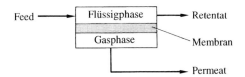

Abb. 12.9   Prinzip des Pervaporationsverfahrens [12.8].

- Retentatseitige Sorption der durchgehenden Komponenten im Membranpolymer;
- Diffusion der sorbierten Komponenten durch die Polymermatrix;
- Desorption der durchgehenden Komponenten durch Verdampfung ins Vakuum oder in einen Trägergasstrom auf der Permeatseite der Membran.

Die für den Phasenübergang flüssig-gasförmig erforderliche Verdampfungsenthalpie wird dem Pervaporationsprozeß meist durch Beheizung des Retentatstroms zugeführt.

Die Partialflußdichte m_i^* der Komponente i ist direkt proportional zur Konzentrationsdifferenz nach Gl. (12.11) oder zur Partialdruckdifferenz Δp_i:

$$m_i^* = B_i^{(p)} \Delta p_i. \tag{12.20}$$

Mit hydrophilen Pervaporationsmembranen und einer selektiven Trennschicht aus Polyvinylalkohol (Dicke $2-10\ \mu m$) können hohe Wasserselektivitäten erzielt und Entwässerungen von Lösungsmitteln und Lösungsmittelgemischen durchgeführt werden.

Eine Pervaporationsanlage mit einer Membranfläche von $2100\ m^2$ absolutiert $5000\ kg\ h^{-1}$ eines azeotropen Wasser-Ethanol-Gemisches mit 95,6 Gew.% Ethanol auf einen Restwassergehalt von $500-2000$ ppm [12.16].

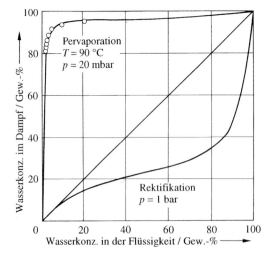

Abb. 12.10   Vergleich der destillativen und pervaporativen Ethanol-Wasser-Trennung im McCabe-Thiele-Diagramm.

Infolge der hohen erzielbaren Wasserselektivitäten, hauptsächlich bei kleinen Wasserkonzentrationen, eignet sich die Pervaporation neben der Trennung wäßriger, azeotroper Gemische ausgezeichnet zur einfachen Entwässerung von Lösungsmittelgemischen mit Siedepunkten der einzelnen Lösungsmittel ober- und unterhalb des Siedepunktes von Wasser.

Der Vergleich der pervaporativen und der destillativen Trennung von Ethanol-Wasser-Gemischen im McCabe-Thiele-Diagramm (Abb. 12.10) zeigt, daß im Bereich des azeotropen Punktes (4,4 Gew.% Wassergehalt) mit der Pervaporation bereits eine hohe Wasserselektivität erreicht wird [12.17]. Pervaporationsmembranen mit dem Vorteil hoher Selektivitäten erreichen Permeatflußdichten von $10-1000 \, \mathrm{g \, m^{-2} \, h^{-1}}$.

12.3.9 Gaspermeation

Die Trennung durch nichtporöse Membranen bei der Gaspermeation beruht auf den *unterschiedlichen Permeabilitäten* von Gasen und Dämpfen in Polymeren. Als Membranpolymere werden Elastomere (Polydimethylsiloxan, Polymetylpenten) oder kristalline Polymere (Polyimid, Polysulfon) eingesetzt.

Der Stofftransport wird durch das Lösungs-Diffusions-Modell beschrieben. Die Flußdichte ist proportional zur Partialdruckdifferenz des durchgehenden Gases über der Membran nach Gl. (12.20).

Die Partialdruckdifferenz wird entweder durch retentatseitigen Überdruck oder durch permeatseitigen Unterdruck erzielt.

Anwendungen der Gastrennung sind die Abtrennung von Kohlendioxid aus Biogas, die Abtrennung von Schwefelwasserstoff (H_2S) aus Erdgas, die Wasserstoffabtrennung bei der Ammoniak- und Methanol-Synthese sowie bei der Erdölraffinerie, die Luftzerlegung und die Wasserabtrennung aus feuchten Gasen ([12.6], [12.18]).

Mit Dampfpermeationsverfahren können Lösungsmitteldämpfe aus beladenen Abluftströmen entfernt und recyclet werden. Die umfangreichste Anwendung ist die Benzindampf-Rückgewinnung in Tanklagern und Umfüllstationen ([12.6]).

12.3.10 Membrandestillation

Bei der Membrandestillation verursacht die *Temperaturdifferenz* zwischen dem Retentat- und dem Permeatstrom eine Partialdruckdifferenz, die die treibende Kraft für den Stofftransport darstellt. Die nichtbenetzte, poröse Membran trennt dabei die beiden Flüssigkeitsströme. Bei wäßrigen Lösungen werden dazu hydrophobe Membranen verwendet wie Polytetrafluorethylen oder Polypropylen.

Die Membrandestillation ist der einzige Membranprozeß, bei dem die Membran nicht die selektive Trennung verursacht. Die Membran hat bei der Membrandestillation lediglich die Funktion einer nicht benetzbaren Barriere zur Immobilisierung der Gasphase in den Membranporen zwischen den beiden Phasen unterschiedlicher Temperatur.

Der Stofftransport bei der Membrandestillation wäßriger Lösungen kann in drei Schritte unterteilt werden:

1. Verdampfung an der Flüssigkeitsoberfläche der Hochtemperaturseite;
2. Diffusion durch die Poren der hydrophoben Membran in der Dampfphase;
3. Kondensation an der Flüssigkeitsoberfläche der Tieftemperaturseite.

Anwendungsbeispiele der Membrandestillation sind die Reinstwasserproduktion für die Halbleiterindustrie, die Meerwasserentsalzung, die Herstellung von Kesselwasser und die Aufkonzentrierung wäßriger Lösungen. Im kleinen Maßstab haben Membrandestillationsverfahren wegen ihrer großen spezifischen Oberfläche Vorteile gegenüber normalen Destillationsverfahren.

12.3.11 Flüssigmembrantechnik

Bei den Flüssigmembranen werden anstelle fester Membranmaterialien permselektive Flüssigkeitsfilme verwendet, die zwei Phasen voneinander trennen.

Die Partialflußdichte m_i^* der Komponente i ist in guter Näherung proportional zur Konzentrationsdifferenz Δc_i (Gl. (12.11)).

Die Trennwirkung des Prozesses beruht auf der unterschiedlichen Löslichkeit und Diffusionsgeschwindigkeit in der Flüssigmembran.

Bei den Flüssigmembranverfahren können prinzipiell zwei Typen unterschieden werden:

1. Verfahren mit einem *Flüssigkeitsfilm*, der in den Poren einer festen Membran immobilisiert ist. Der poröse feste Stoff dient dabei nur als Träger für die Flüssigmembran.
2. Verfahren mit emulgierten *Flüssigmembranen*. Zwei unmischbare Phasen werden dabei intensiv gerührt bis Tropfen mit Durchmessern von 0,5 bis 10 μm entstehen, die mit einem oberflächenaktiven Stoff (Emulgator) stabilisiert werden. Die entstandene „Wasser-in-Öl"-Emulsion mit Öl als Flüssigmembran wird anschließend in eine zweite wäßrige Phase eingemischt. Der Stoffaustausch verläuft nun durch den Ölfilm (Flüssigmembran) zwischen den beiden wäßrigen Phasen (Abb. 12.11).

Flüssigmembranverfahren haben den Vorteil hohe spezifische Membranoberflächen (bis zu $10^6 \, m^2 \, m^{-3}$) für den selektiven Stofftransport erreichen zu können.

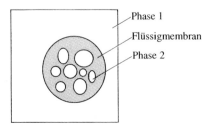

Abb. 12.11   Prinzip der Flüssigmembrantechnik mit emulgierten Flüssigmembranen.

Eine Erhöhung der Selektivität kann durch Zugabe eines „*Carrier*", der eine hohe Affinität für das bevorzugt zu transportierende Molekül aufweist, erzielt werden. Diese Art von Stofftransport wird „*facilitated transport*" genannt.

Mit einer Reihe verschiedener „Carrier" können beispielsweise Metallionen (Cu^{2+}, Hg^{2+}, Ni^{2+}, Cd^{2+}, Zn^{2+}, Pb^{2+} usw.) oder Anionen, wie Nitrat (NO_{3-}) oder Chromat ($Cr_2 O_7^{2-}$), aus wäßrigen Lösungen entfernt werden. Ebenso können Ammoniak (NH_3), Stickoxide (NO_x), Schwefeldioxid (SO_2) aus Rauchgasen, Schwefelwasserstoff (H_2S) aus Erdgas sowie Phenol aus Abwasser abgetrennt werden ([12.6], [12.19]).

12.4 Modulkonstruktionen

Kernstück jeder Membrantrennanlage ist der Modul mit einer zweckmäßigen Anordnung der Membran. Bei der Modulentwicklung müssen neben einer guten Strömungsführung ohne Totwasserzonen zusätzliche Gesichtspunkte berücksichtigt werden, die oft genug gegensätzliche Forderungen darstellen. Hierzu zählen:

- Reinigungsmöglichkeit;
- großes Verhältnis von installierter Membranfläche zu Druckkammervolumen;
- kostengünstige Fertigung und
- kostengünstige Möglichkeit eines Membranaustausches.

Da je nach Einsatzzweck der eine oder andere Gesichtspunkt im Vordergrund steht, gibt es eine Reihe völlig unterschiedlich konzipierter Modultypen. Entsprechend der Membranform bzw. Anordnung unterscheidet man zwischen Rohrmodulen, Kapillarmodulen, Hohlfasermodulen, Plattenmodulen, Faltenmodulen und Wickelmodulen. Zur Bestimmung der erforderlichen Membranfläche bei vorgegebener Kapazität einer Membrananlage müssen neben der zu wählenden Membran noch das Stoffaustauschverhalten und die Widerstandscharakteristik des jeweiligen Moduls bekannt sein [12.5].

In Tab. 12.2 sind spezifische Oberflächen verschiedener Modultypen angegeben.

Tab. 12.2   Spezifische Oberfläche verschiedener Modultypen

Modultyp	Betriebsdruck/bar	spezifische Oberfläche/m^{-1}
Plattenmodul	5−80	400
Rohrmodul	6	80
Faltenmodul	6	400−1000
Wickelmodul	50	1000
Kapillarmodul	10	1000
Hohlfasermodul	100	10000

12.5 Verfahrenstechnische Probleme

Das Vorhandensein einer Membran mit großer Permeabilität und guter Selektivität ist eine *notwendige*, aber keineswegs *hinreichende* Bedingung, was den wirtschaftlichen Einsatz der Membrane anbelangt. Die Membran muß in geeigneter Form hergestellt werden, damit ein betriebsfähiger Modul entsteht. Bei der Auslegung eines Moduls ergeben sich eine Vielzahl verfahrenstechnischer Probleme. Zu diesen Problemen gehören besonders Konzentrationspolarisationseffekte und aus deren Folge die Bildung von Niederschlägen an der Membranoberflächen bei der Ultrafiltration und Umkehrosmose. Bei der Elektrodialyse beeinflußt die verfahrenstechnische Auslegung einer Anlage die Stromausbeute, den ohmschen Widerstand der Zellen und die Grenzstromdichte. Die Prozeßkosten, die sich aus den Anlage- und den Betriebskosten zusammensetzen, können für jeden einzelnen Membrantrennprozeß durch eine Optimierung der verfahrenstechnischen Parameter auf einen unteren Grenzwert gesenkt werden, der dann für eine Beurteilung der Wirtschaftlichkeit der verschiedenen Membranprozesse herangezogen werden kann. Neben der Konzentrationspolarisation ist aber auch die Deckschichtbildung als hemmender Faktor zu erwähnen.

Bei den bisherigen Betrachtungen der Transportvorgänge in und an Membranen wurde angenommen, daß die Konzentration in den beiden durch die Membran getrennten Außenphasen völlig einheitlich ist. Diese idealisierten Verhältnisse sind in praktischen Versuchen nicht zu realisieren, denn in Membrantrennprozessen werden einige Komponenten durch die Membran zurückgehalten. Bevor der stationäre Zustand erreicht ist, ist der konvektive Fluß dieser Komponenten zur Membranoberfläche hin größer als der diffusionsbedingte Rückfluß in den Kern der Strömung. Deswegen resultiert eine Akkumulation von zurückgehaltenen Komponenten an der Membranoberfläche. Diese Konzentrationsüberhöhung wird als Konzentrationspolarisation bezeichnet (Abb. 12.4).

Folgende negative Auswirkungen der Konzentrationspolarisation sind anzuführen:

- Das Ansteigen der Konzentration an der Membranoberfläche erhöht dort den osmotischen Druck (für die RO-Anwendung) und es resultiert eine Abnahme des transmembranen Druckgefälles.
- Übersteigt die Konzentration an der Oberfläche die Sättigungsgrenze, so erhöht der ausfallende Niederschlag den Widerstand der Membran.
- Die hohe Konzentration auf der Retentatseite erhöht weiterhin (für RO) den transmembranen Salzfluß. Das Rückhaltevermögen sinkt also.
- Das Risiko einer Änderung des Membranmaterials steigt, indem die erhöhte Konzentration an Gelöstem die Membran chemisch angreifen kann.
- Ablagerungen an der Oberfläche können die Trenneigenschaft der Membran verändern.

Als Folge all dieser negativen Faktoren ergibt sich in kommerziellen Anlagen ein transmembraner Fluß, der nur etwa 2 bis 10% des Flusses von reinem Wasser beträgt! Deshalb ist es von ausschlaggebender Bedeutung, daß alle Anstrengungen zur Reduktion der Konzentrationspolarisation unternommen werden.

Aufgabe zu Kapitel 12

12.1 Als Beispiel für die Auswirkung einer *Leckstelle einer Membran* (kleines Loch in der Membrane, Pin Hole) soll der viskose Fluß durch eine 1 µm-Pore in einer Membrane der Fläche 20 cm² berechnet werden. Um wieviel wird das Rückhaltevermögen reduziert?

Bei einer funktionierenden dichten Membran, in der Wasser- und Salzfluß reinen Diffusionscharakter besitzen, wurde ein Rückhaltevermögen von 99,81% ermittelt. Der spezifische Wasserfluß betrug 1 l/m²h. Weitere Angaben können Sie der untenstehenden Aufstellung entnehmen.

Membranfläche:	A =	20 cm²
Membrandicke:	Δx =	30 µm
Leckdurchmesser:	d =	1 µm
Druckdifferenz:	Δp =	100 bar
Viskosität:	η =	1 cPoise
Permeatflußdichte:	v_{d}^{*} =	1 l/m²h

13 Verweilzeit und Verweilzeitspektrum

Fritz Widmer

Literatur: Westerterp/Van Swaaij/Beenackers [13.1], Kap. 6; Levenspiel [13.2], Kap. 9; Pippel [13.3]; Scott [13.4], Kap. 13; Baerns/Hofmann/Renken [13.5], Kap. 9; Denbigh/ Turner [13.6], Kap. 5; Smith [13.7], Kap. 6; Grassmann [A. 5], § 10.5.

13.1 Verweilzeitspektrum und mittlere Verweilzeit

Bei einer chemischen Reaktion wird der Umsatz durch die Reaktionsgeschwindig-keit (s. Kap. 15) und die Reaktionsdauer bestimmt. Im folgenden wollen wir uns mit den Möglichkeiten zur Messung und Beeinflussung der Reaktionsdauer in kon-tinuierlich betriebenen Apparaten auseinandersetzen.

Der Erfolg einer chemischen Umsetzung wird in Frage gestellt, wenn die Reak-tionspartner den Reaktionsbedingungen zu kurz oder zu lang ausgesetzt sind. Ist die Reaktionsdauer zu kurz, so kann sich der durch das Massenwirkungsgesetz (s. Abschn. 14.3) beschriebene Gleichgewichtszustand noch nicht einstellen, und man erzielt nicht den theoretisch möglichen Umsatz. Dauert aber der Aufenthalt der Reaktionspartner im Reaktor zu lange, so lassen sich unerwünschte Nebenreaktio-nen, welche die Ausbeute verringern, oft nicht mehr unterdrücken. Empfindliche Produkte, die zur Zersetzung neigen, darf man nur kurzfristig extremen Bedingun-gen, wie z. B. erhöhter Temperatur, aussetzen.

Der Begriff der *Verweilzeit* gestattet uns, nicht nur Fragen der Reaktionsdauer, sondern ganz allgemein das Problem der Aufenthaltsdauer von Stoffen in einem Bilanzgebiet quantitativ zu behandeln. In den meisten technischen Apparaten, die kontinuierlich betrieben werden, unterscheidet sich die Aufenthaltsdauer der einzel-nen Teilchen recht stark, und es genügt deshalb im allgemeinen nicht, die *mittlere Verweilzeit* zu kennen, d. h. die mittlere Zeit, während der sich die Teilchen im Apparat aufhalten. Vielmehr benötigen wir das *Verweilzeitspektrum*, das die Vertei-lung der aus dem Apparat austretenden Teilchen auf die verschiedenen Verweil-zeiten t_r (Index r = residence time) angibt. Wir können das Verweilzeitspektrum experimentell leicht gewinnen, indem wir dem durch den Behälter strömenden Mas-senstrom kurzzeitig einen *Indikator* zusetzen und am Austritt des Behälters den Verlauf der Indikatorkonzentration als Funktion der Zeit messen. Der Behälter muß dabei stationär betrieben werden. Man markiert also gewissermaßen die Volu-menelemente, die das Bilanzgebiet zu einem bestimmten Zeitpunkt betreten, und verfolgt ihr weiteres Schicksal, das dann nur von den Strömungsverhältnissen im Apparat abhängt. Als Indikatoren verwendet man unter anderem Salz- oder Farblösungen sowie auch radioaktive Substanzen.

Der Indikator muß für die Substanzen, die zugleich mit ihm in den Apparat eintreten, repräsentativ sein. Dazu muß er sich mit ihnen gut mischen und muß sich strömungsmäßig genau gleich verhalten wie der normale Behälterinhalt. Der eingespritzte Indikator muß am Ausgang des Systems vollständig wieder erscheinen, darf also weder in sich selbst noch mit dem Behälterinhalt reagieren und darf auch nicht an den Behälterwänden adsorbiert werden. Die Konzentration des Indikators muß auch bei starker Verdünnung noch gut meßbar sein. Wichtig ist außerdem, daß die Dauer der Injektion verglichen mit der mittleren Verweilzeit des Indikators kurz ist. Nur wenn die Injektion als *Dirac-Stoß*, d. h. als Einheitsimpuls unendlich kurzer Dauer erfolgt, ist nämlich die am Behälterausgang gemessene *Antwortfunktion* (mit der Nomenklatur der Regelungstechnik die *Gewichtsfunktion*, s. hierzu z. B. Oppelt [13.8], Kap. 9) exakt dem Verweilzeitspektrum proportional. Schließlich müssen wir noch stationären Betrieb des untersuchten Apparats voraussetzen.

Das Verweilspektrum ist eine *Verteilungsfunktion* (z. B. Grassmann [A. 5], § 6.6). Um den Begriff der Verteilungsfunktion näher zu erläutern, betrachten wir einen kontinuierlich und stationär betriebenen Rührkessel. Wir geben ihm zu irgendeinem Zeitpunkt $t = 0$ einen geeigneten Indikator, z. B. eine Anzahl N_0 von Farbstoffmolekülen, zu. Wir werden dann beobachten, daß sich der Farbstoff sehr rasch im Rührkessel verteilt und damit auch die den Behälter verlassende Flüssigkeit gefärbt ist. Wir messen nun, wie sich die aus dem Kessel austretenden Farbstoffmoleküle auf die verschiedenen Zeitintervalle Δt_r verteilen. Das Ergebnis tragen wir in einem sog. *Histogramm* in Form von Rechtecken mit der Grundlinie Δt_r und der Höhe $\Delta N / \Delta t_r$ über der Zeitachse auf. ΔN ist dabei jeweils die Zahl der Farbstoffmoleküle, die den Behälter im Zeitintervall zwischen t_r und $t_r + \Delta t_r$ verlassen. Man gelangt so etwa zu dem in Abb. 13.1 dargestellten Treppenzug. Da die Fläche eines jeden Rechtecks gleich ΔN ist, entspricht die gesamte unter dem Treppenzug eingeschlossene Fläche der Gesamtzahl N_0 der Indikatormoleküle, die zur Zeit $t = 0$ in den Rührkessel injiziert wurden. Diese Zahl interessiert uns aber nicht, sondern

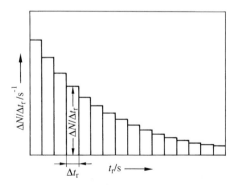

Abb. 13.1   Das Histogramm eines kontinuierlich betriebenen Rührkessels.

nur die Verteilung des Indikators auf die verschiedenen Verweilzeiten. Deshalb normieren wir das Histogramm, indem wir alle Ordinatenwerte durch N_0 dividieren. Dadurch wird die Fläche unter dem Treppenzug gleich Eins. Wir tragen also auf:

$$\frac{1}{N_0} \frac{\Delta N}{\Delta t_r} = f_0(t_r). \tag{13.1}$$

Um vom Treppenzug des Histogramms zu einer stetigen Verteilung zu gelangen, müssen wir nur das Zeitintervall Δt_r immer kleiner werden lassen. Im Grenzfall können wir dann schließlich die Differenz durch ein Differential ersetzen, womit unsere *normierte Verteilungsdichtefunktion* lautet:

$$\frac{1}{N_0} \frac{dN}{dt_r} = f(t_r). \tag{13.2}$$

Im allgemeinen wird man nicht die Zahl der Indikatorteilchen in Funktion der Zeit messen, sondern den Verlauf des Massenanteils $w(t_r)$ des Indikators am Gesamtmassenstrom M^*, der den Behälter, oder allgemeiner ausgedrückt das Bilanzgebiet, verläßt (im englischen Schrifttum wird $w(t_r)$ meist $C(t_r)$ genannt). Für die dN Indikatormoleküle, die im Zeitintervall dt_r aus dem Bilanzgebiet austreten, gilt aber:

$$dN = w(t_r) M^* \frac{N_A}{\mathscr{M}} dt_r; \tag{13.3}$$

$N_A =$ Avogadro-Konstante $= 6{,}06 \cdot 10^{26}/\text{kmol}$;
$\mathscr{M} =$ molare Masse des Indikators in kg kmol^{-1}.

Die Gesamtzahl N_0 der zur Zeit $t = 0$ injizierten Indikatormoleküle ist gegeben durch

$$N_0 = M_0 N_A / \mathscr{M}; \tag{13.4}$$

$M_0 =$ Gesamtmasse der injizierten Indikatormoleküle in kg.

Dividiert man Gl. (13.3) durch dt_r und N_0, so folgt unter Berücksichtigung von Gl. (13.4) die wichtige Beziehung:

$$\frac{1}{N_0} \frac{dN}{dt_r} = \frac{M^*}{N_0} \frac{N_A}{\mathscr{M}} w(t_r) = \frac{M^*}{M_0} w(t_r). \tag{13.5}$$

Das Verweilzeitspektrum $E(t_r)$ zeigt die Verteilung des aus dem Bilanzgebiet austretenden Indikator-Stoffstromes auf die verschiedenen Verweilzeiten t_r. Damit können wir es analog zu Gl. (13.2) als die folgende, normierte Verteilungsdichtefunktion definieren:

$$E(t_r) \equiv \frac{1}{N^*} \frac{dN^*}{dt_r} = \frac{1}{V^*} \frac{dV^*}{dt_r} = \frac{1}{M^*} \frac{dM^*}{dt_r}; \tag{13.6}$$

$N^* =$ aus dem Bilanzgebiet austretender Molekülstrom in s^{-1};
$V^* =$ aus dem Bilanzgebiet austretender Volumenstrom in m^{3}s^{-1};
$M^* =$ aus dem Bilanzgebiet austretender Massenstrom in kg s^{-1}.

Es bleibt noch zu zeigen, daß die durch Gl. (13.2) gegebene Verteilungsdichtefunktion, die das Ergebnis unseres Experiments mit dem Indikator beschreibt, dem

Verweilzeitspektrum nach Gl. (13.6) gleichwertig ist. Wir haben aber vorausgesetzt, daß sich der Indikator strömungsmäßig im Bilanzgebiet genau gleich verhält wie das normalerweise den Apparat durchlaufende Medium. Unter dieser Bedingung müssen sich beide Substanzen genau gleich auf die verschiedenen Verweilzeiten verteilen, und wir können setzen:

$$\frac{1}{N_0}\frac{\mathrm{d}N}{\mathrm{d}t_r} = \frac{1}{N^*}\frac{\mathrm{d}N^*}{\mathrm{d}t_r} = E(t_r). \tag{13.7}$$

Mit Gl. (13.5) folgt also:

$$E(t_r) = \frac{M^*}{M_0}\,w(t_r). \tag{13.8}$$

Die *mittlere Verweilzeit* t_r ist gemäß der üblichen Definition für Mittelwerte gegeben durch:

$$t_r = \frac{\displaystyle\int_{t_r=0}^{\infty} E(t_r)\,t_r\,\mathrm{d}t_r}{\displaystyle\int_{t_r=0}^{\infty} E(t_r)\,\mathrm{d}t_r} = \int_{t_r=0}^{\infty} E(t_r)\,t_r\,\mathrm{d}t_r. \tag{13.9}$$

Wie Spalding [13.9] bewies, ist unter der Voraussetzung, daß im Bilanzgebiet

1. die Dichte konstant bleibt und
2. die Substanzen die Bilanzgrenzen nur in jeweils einer Richtung zu überschreiten vermögen (daß also z. B. der Indikator nicht vom Injektionsort aus entgegen der Strömungsrichtung diffundiert),

die mittlere Verweilzeit durch den folgenden einfachen Ausdruck gegeben:

$$\bar{t}_r = V_B/V^* = M_B/M^*; \tag{13.10}$$

V_B = im Behälter vom Fluid ausgefülltes Volumen in m³;
M_B = im Behälter gespeicherte Masse in kg.

Man beachte, daß V_B nicht unbedingt dem Behältervolumen gleich sein muß!

Für Bilanzgebiete, in denen die Strömungsverhältnisse genau bekannt sind, kann Gl. (13.10) noch etwas umgeformt werden. Betrachten wir etwa ein Rohr mit dem Volumen V_R, das vollständig von einem Stoff der Dichte ρ ausgefüllt ist, der mit der mittleren Geschwindigkeit $\bar{u}$ strömt. Dann folgt aus Gl. (13.10) für die mittlere Verweilzeit:

$$\bar{t}_r = \frac{V_R}{V^*} = \frac{F L}{F \bar{u}} = \frac{L}{\bar{u}}; \tag{13.11}$$

F = Rohrquerschnitt in m²;
L = Rohrlänge in m.

Für idealisierte Verhältnisse kann das Verweilspektrum exakt berechnet werden. Dies sei am Beispiel der in Abb. 13.2 dargestellten Rührkesselkaskade gezeigt. Wir setzen dazu voraus, daß die Strömung stationär und die Durchmischung in den

Rührkesseln ideal sei. Dann ist der Massenanteil des Indikators an der Gesamtmenge im Kessel sowie in der Austrittsleitung gleich. Alle Kessel seien gleich groß
und das Volumen der Verbindungsleitungen sei gegenüber dem Rührkesselvolumen
zu vernachlässigen.

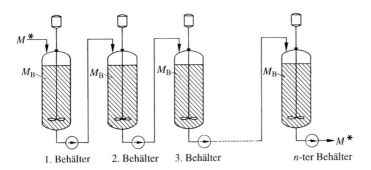

Abb. 13.2   Eine n-stufige Rührkesselkaskade.

Zur Zeit $t = 0$ werde in die Zulaufleitung des ersten Behälters unmittelbar vor
dem Behältereingang die Indikatormenge M_0 in Form eines Dirac-Stoßes injiziert.
Für $t > 0$ liefert dann eine Indikatorbilanz für den aus dem ersten Behälter (Index
1) austretenden Indikatorstrom (eintretender Indikatorstrom = austretender Indikatorstrom + Speicherung im Bilanzgebiet):

$$0 = w_1(t_r) M^* + \frac{d M_1}{d t_r} ; \tag{13.12}$$

$M_1 = $ Indikatormasse im ersten Rührkessel in kg.

Mit

$$M_1 = w_1(t_r) M_B ,$$

$$\frac{d M_1}{d t_r} = \frac{d}{d t_r} [M_B w_1(t_r)] = M_B \frac{d w_1(t_r)}{d t_r} \tag{13.12}$$

erhalten wir, wenn wir noch die beiden Terme auf der rechten Seite von Gl. (13.12)
vertauschen:

$$\frac{d w_1(t_r)}{d t_r} + \frac{M^*}{M_B} w_1(t_r) = 0 . \tag{13.13}$$

Hieraus folgt durch Integration, wenn man berücksichtigt, daß zur Zeit $t = 0$ der
Massenanteil des Indikators im 1. Rührkessel gleich w_0 ist:

$$w_1(t_r) = w_0 \exp\left(-\frac{M^*}{M_B} t_r \right) . \tag{13.14}$$

Mit $w_0 = M_0/M_B$ und mit Gl. (13.10) erhalten wir:

$$w_1(t_r) = \frac{M_0}{M_B} \exp\left(-\frac{M^*}{M_B} t_r\right) = \frac{M_0}{M_B} \exp\left(-\frac{t_r}{\bar{t}_r}\right). \qquad (13.15)$$

Durch Einsetzen in Gl. (13.8) gewinnen wir hieraus unmittelbar das Verweilzeit-spektrum des 1. Rührkessels:

$$E_1(t_r) = \frac{M^*}{M_B} \exp\left(-\frac{t_r}{\bar{t}_r}\right) = \frac{1}{\bar{t}_r} \exp\left(-\frac{t_r}{\bar{t}_r}\right). \qquad (13.16)$$

Berücksichtigen wir, daß die Indikatorkonzentration am Ausgang des ersten Rühr-kessels gleich derjenigen am Eingang des zweiten Kessels ist, so können wir mit Hilfe einer Indikatorbilanz den folgenden Ansatz für den Verlauf des Massenanteils des Indikators am Ausgang des zweiten Rührgefäßes (Index 2) machen:

$$w_1(t_r) M^* = w_2(t_r) M^* + \frac{d M_2}{d t_r}. \qquad (13.17)$$

Hieraus folgt durch ähnliche Umformung wie oben und mit Berücksichtigung von Gl. (13.15):

$$\frac{d w_2(t_r)}{d t_r} + \frac{M^*}{M_B} w_2(t_r) = \frac{M_0 M^*}{M_B^2} \exp\left(-\frac{M^*}{M_B} t_r\right). \qquad (13.18)$$

Die Integration dieser Gleichung ergibt mit der Randbedingung, daß zur Zeit $t_r = 0$ noch kein Indikator in den zweiten Behälter gelangt ist ($t_r = 0$: $w_2 = 0$):

$$w_2(t_r) = \frac{M_0}{M_B} \frac{t_r}{\bar{t}_r} \exp\left(-\frac{t_r}{\bar{t}_r}\right). \qquad (13.19)$$

Damit ist das Verweilzeitspektrum der zweistufigen Rührkesselkaskade gegeben durch:

$$E_2(t_r) = \frac{1}{\bar{t}_r} \left(\frac{t_r}{\bar{t}_r}\right) \exp\left(-\frac{t_r}{\bar{t}_r}\right). \qquad (13.20)$$

Ganz analog können wir auch die aus den weiteren Rührkesseln der Kaskade aus-tretenden Indikatormengen berechnen. Für das Verweilzeitspektrum einer n-stufi-gen Kaskade finden wir den Ausdruck:

$$E_n(t_r) = \frac{1}{(n-1)! \bar{t}_r} \left(\frac{t_r}{\bar{t}_r}\right)^{n-1} \exp\left(-\frac{t_r}{\bar{t}_r}\right). \qquad (13.21)$$

In Abb. 13.3 sind die Verweilzeitspektren idealer Rührkesselkaskaden für verschie-dene Stufenzahlen n aufgetragen, wobei vorausgesetzt ist, daß der Gesamtinhalt M_K der Kaskade und damit ihre mittlere Verweilzeit konstant bleibt. Man sieht, daß für kleines n die Verweilzeit eines großen Teils der Moleküle stark von der mittleren Verweilzeit abweicht, so daß hier die Gefahr besteht, daß das Produkt ungleichmäßig wird. Mit zunehmender Rührkesselzahl gleichen sich die individuel-len Verweilzeiten der einzelnen Moleküle immer mehr der mittleren Verweilzeit an und das Verhalten der Kaskade wird günstiger. Eine aus unendlich vielen ideal durchmischten Rührkesseln bestehende Kaskade ist einem Rohr gleichwertig, in dem Kolbenströmung ohne die geringste Längsdurchmischung herrscht, ein recht überraschendes Ergebnis!

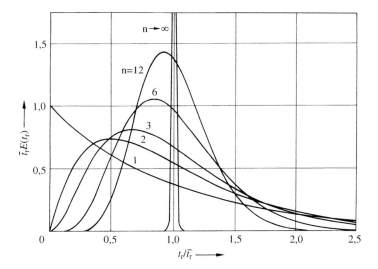

Abb. 13.3   Das Verweilzeitspektrum einer idealen Rührkesselkaskade für verschiedene Stufenzahlen *n*.

Von großer praktischer Bedeutung ist auch das Verweilzeitspektrum in einem durchströmten Rohr. Ein Grenzfall ist hier die laminare Strömung ohne Vermischung der einzelnen Teilchen des Fluids untereinander, bei der sich das Verweilzeitspektrum unmittelbar aus dem Geschwindigkeitsprofil errechnen läßt.

Bei der turbulenten Rohrströmung hingegen überlagert sich dem Geschwindigkeitsprofil eine Mischbewegung. Auch hier läßt sich das Verweilzeitspektrum mathematisch beschreiben, wenn man die Rückvermischung durch einen Dispersionsterm ausdrückt (näheres bei Westerterp [13.1]; Levenspiel [13.2], Kap. 9).

Im allgemeinen wird man ein enges Verweilspektrum anstreben, wie es etwa die vielstufige Rührkesselkaskade aufweist. Dann sind nämlich alle Teilchen den in den Behältern stattfindenden Wirkungen etwa gleich lang ausgesetzt und man erhält ein Erzeugnis von einheitlicher Qualität.

Ein besonders enges Verweilzeitspektrum kennzeichnet die turbulente Rohrströmung. Dies verwundert nicht, weil im turbulenten Kern die Strömungsgeschwindigkeit nahezu gleichmäßig ist. Außerdem werden infolge der turbulenten Querbewegungen alle zeitweilig an der Rohrwand mit geringerer Geschwindigkeit strömenden Teilchen rasch wieder in die Kernströmung getragen.

Ein Vergleich theoretisch unter idealisierenden Annahmen gerechneter Verweilzeitspektren mit gemessenen gestattet oft wichtige Rückschlüsse auf die Strömungsverhältnisse in einer Apparatur, die meist der direkten Beobachtung entzogen sind.

Es ist leicht, etwa mangelhafte Durchmischung in einem Rührkessel aus dem Verweilzeitspektrum zu erkennen. Ein großer Anteil von Molekülen mit sehr großer Verweilzeit (sogenannter *Schwanz* im Verweilspektrum) läßt darauf schließen, daß der Apparat Zonen aufweist, die sehr schlecht durchströmt sind und damit das effektive Nutzvolumen verringern. Im Grenzfall weist ein Apparat eigentliche sogenannte Totvolumina auf, die gar nicht mehr durchströmt sind und deren Flüssigkeitsanteil dann sehr hohe Verweilzeiten aufweist. Aus der Differenz zwischen der theoretisch aus dem vom Fluid ausgefüllten Volumen V_B und dem Volumenstrom V^* nach Gl. (13.10) errechenbaren mittlere Verweilzeit $\bar{t}_{r,B}$ und durch eine Messung nach Gl. (13.9) aus der Verteilungsfunktion ermittelbaren mittleren Verweilzeit $\bar{t}_{r,M}$ kann die Größe solcher Totvolumina ΔV abgeschätzt werden:

$$\Delta V = V^* (\bar{t}_{r,B} - \bar{t}_{r,M}).$$
(13.22)

In Apparaturen für die Verarbeitung von Lebensmitteln oder von wärmeempfindlichen Stoffen stellen schlecht durchströmte Zonen oder gar Totvolumina eine große Gefahrenquelle dar, da sich in ihnen unerwünschte Komponenten wie Zersetzungs- oder Spaltprodukte bilden können, die dann zu einer langsamen Verunreinigung der eigentlichen Produkte führen können.

Bei der Beurteilung gemessener Verweilzeitspektren muß man ferner beachten, daß die fehlerfreie Messung nur in Ausnahmefällen möglich ist. Die wichtigsten Fehlerquellen und die meßtechnischen Schwierigkeiten diskutieren Bode [13.11] und White [13.12].

13.2 Die Übergangsfunktion

Häufig kommt es vor, daß eine Apparatur, die von einem Stoff A durchströmt wird, auf einen Stoff B umgestellt werden muß. Die Entleerung der Apparatur ist oft langwierig und mit beträchtlichem Arbeitsaufwand verbunden. Es kann wirtschaftlicher sein, auf die Entleerung zu verzichten, und einfach ab irgendeiner Stichzeit $t = 0$ der Apparatur den Stoff B an Stelle von A zuzuführen. Bevor am Ausgang des Apparates der Stoff B in ausreichender Reinheit anfällt, wird man eine Zeitlang ein minderwertiges Gemisch von A und B erhalten.

Die *Übergangsfunktion* $F_B(t)$ gibt bei einem kontinuierlich durchströmten System denjenigen Volumenanteil[1] an dem gesamten aus dem System austretenden Stoffstrom an, der sich dort kürzer als eine Zeit t aufgehalten hat. Sie beschreibt also, welcher Volumenanteil am austretenden Stoffstrom eine Verweilzeit t_r hat, die kürzer oder gleich t ist. Damit liefert sie aber gerade eine Aussage, nach welchen Gesetzen der Stoff A vom Stoff B aus dem System verdrängt wird. Wenn wir

---

[1] Im Gegensatz zum Verweilzeitspektrum darf man bei der Übergangsfunktion nur die Volumenströme betrachten. Im Falle, daß sich die Dichten der Stoffe A und B unterscheiden, ist die im System gespeicherte Masse eine Zeitfunktion; hingegen bleibt das im System gespeicherte Volumen im allgemeinen konstant. Dasselbe gilt auch für die aus dem Behälter austretenden Massen- bzw. Volumenströme.

nämlich voraussetzen, daß sich die Substanzen A und B strömungsmäßig genau gleich verhalten und daß sie bei der Mischung keine Volumenänderung erleiden, dann wird zu irgendeiner Zeit t im austretenden Strom bereits derjenige Volumenanteil von A durch B ersetzt sein, dessen Verweilzeit kleiner als t ist. Der Volumenanteil von B am gesamten strömenden Stoffvolumen ist dabei wie folgt definiert:

$$F_B \equiv V_B^* / (V_A^* + V_B^*) = V_B^* / V^* . \tag{13.23}$$

Er wird beispielsweise dem in Abb. 13.4 angegebenen Verlauf folgen.

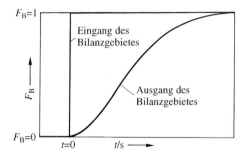

Abb. 13.4   Die Übergangsfunktion eines verfahrenstechnischen Apparates.

Ein Differential $\mathrm{d} F_B(t)$ der Übergangsfunktion gibt aber dann denjenigen Volumenanteil an, der eine Verweilzeit zwischen t_r und $t_r + \mathrm{d} t_r$ aufweist. Dies entspricht nach Abschn. 13.1 genau der Definition des Verweilzeitspektrums, und es gilt damit:

$$\mathrm{d} F_B(t) = E(t_r) \, \mathrm{d} t_r . \tag{13.23}$$

Wenn wir diese Beziehung zwischen den Grenzen $t_r = 0$ und $t_r = t$ integrieren, so folgt mit der Randbedingung, daß zur Zeit $t_r = 0$ auch $F_B = 0$ sein muß,

$$F_B(t) = \int_{t_r = 0}^{t} E(t_r) \, \mathrm{d} t_r . \tag{13.24}$$

Die Übergangsfunktion ist also das Integral des Verweilzeitspektrums. Es genügt damit die Messung einer dieser Funktionen, um auch die andere zu kennen.

Die Messung der Übergangsfunktion ist, ähnlich wie die des Verweilzeitspektrums, recht einfach: man spritzt von der Zeit $t = 0$ an dauernd eine konstante Menge Indikator in die Zulaufleitung des zu untersuchenden Apparates ein und beobachtet den Verlauf der Indikatorkonzentration am Behälterausgang.

Die Übergangsfunktion einer kontinuierlich betriebenen Anlage oder eines Apparates ist nicht nur bei einem Wechsel von einem Produkt auf das andere für die Bestimmung des zeitlichen Verlaufs der Konzentration des den Apparat verlassenden Produktes von Bedeutung, sondern vor allem auch bei Vorgängen, in denen die Zusammensetzung des Zuflusses praktisch nicht beeinflußt werden kann, wie beispielsweise im Falle des Abwasserzuflusses in eine Kläranlage. Mit Hilfe der

Übergangsfunktion läßt sich dann die zeitliche Übertragung von Störungen ermitteln.

Die Übergangsfunktion erlaubt zudem auch die Bestimmung der Altersverteilung $l(t)$ der Elemente, die sich im betrachteten Apparat oder Anlagenteil befinden. Es gilt nämlich für die Altersverteilung $l(t)$:

$$l(t) = 1 - F(t) = 1 - E(t)\,\mathrm{d}\,t. \qquad (13.25)$$

Für Beispiele von Verweilzeitverteilungen und Übergangsfunktionen verschiedener kontinuierlich betriebener Apparateformen und Konzeptionen sei auf Grassmann [A. 5], § 10.5 verwiesen.

13.3 Die Frequenzgangdarstellung des Verweilzeitverhaltens

Eine dritte Möglichkeit, das Verweilzeitspektrum zu ermitteln, wird besonders bei Apparaturen angewandt, die das Arbeiten mit einem Indikator nicht zulassen. Sie besteht darin, daß man dem in das System eintretenden Stoffstrom eine sinusförmige Störung der Konzentration von bekannter Amplitude und Frequenz aufzwingt und am Systemausgang die Amplitudenänderung und Phasenverschiebung in Funktion der Störungsfrequenz ermittelt. Diese sogenannte *Frequenzgangdarstellung* des Übertragungsverhaltens eines Systems ist besonders in der Regelungstechnik allgemein gebräuchlich (z. B. Oppelt [13.8], Kap. 10). Sie wird nach einem Vorschlag von Kramers und Alberda [13.10] auch zur Untersuchung des Verweilzeitverhaltens kontinuierlich durchströmter verfahrenstechnischer Apparaturen herangezogen. Nähere Einzelheiten über diese Methode, insbesondere auch zur Ermittlung des Verweilzeitspektrums aus dem Frequenzgang, kann man vor allem der regelungstechnischen Literatur entnehmen.

13.4 Verweilzeitverhalten und Längsvermischung

Wie bereits in Abschn. 13.1 erwähnt wird, strebt man in Reaktoren allgemein enge Verweilzeitspektren an. Im besonderen gilt dies auch für Stoffaustauschapparate, in denen kontinuierlich Stoffaustauschvorgänge zwischen fluiden Phasen ablaufen, wie beispielsweise in Extraktions- oder Absorptionskolonnen. Weisen die einzelnen Phasen in einer solchen Stoffaustauscheinrichtung breite Verweilzeitspektren auf, so kann aus diesem Strömungsverhalten auf starke turbulente Vermischungseffekte in den betrachteten Phasen geschlossen werden. Diese bei kontinuierlichen Stoffaustauschvorgängen sehr nachteilige Erscheinung, die den Konzentrationsausgleich fördert, wird üblicherweise als Längsvermischung bezeichnet (vgl. Abschn. 8.10). Die Verweilzeitverteilung kann dabei unter gewissen Voraussetzungen herangezogen werden, um die Größe der charakteristischen Parameter der Längsvermischung wie die Dispersionskoeffizienten D_i (vgl. Abschn. 8.10) abzuschätzen.

Ausgehend von der gemessenen normierten Verteilungsfunktion $E(t_r)$ kann das Verweilzeitverhalten durch die mittlere Verweilzeit t_r und die mittlere Standardabweichung σ^2 beschrieben werden ([13.2], S. 261):

$$t_r = \int_{t_r = 0}^{\infty} E(t_r) \, t_r \, d\, t_r, \tag{13.26}$$

$$\sigma^2 = \int_{t_r = 0}^{\infty} E(t_r)(t_r - t_r)^2 \, d\, t_r; \tag{13.27}$$

$\sigma^2 =$ mittlere Standardabweichung in s^2.

Nach dieser Definition ist die mittlere Standardabweichung ein Maß für die Breite des Verweilzeitspektrums.

Zwischen der mittleren Standardabweichung, der mittleren Verweilzeit und der charakteristischen Größe der Längsvermischung nach dem Dispersionsmodell, dem sog. *Dispersionskoeffizienten D_i*, kann nach Levenspiel [13.2] für zwei unterschiedliche Randbedingungen je eine Beziehung abgeleitet werden. Für die Randbedingung „closed vessel" (keine Rückströmung an den Meßstellen), die dem kontinuierlich durchflossenen Rührkessel mit Erfassung des Verweilzeitverhaltens durch Meßstellen in der Zutritts- und Austrittsleitung entspricht, gilt dann:

$$\frac{\sigma^2}{t_r^2} = 2 \left(\frac{D_i}{u\,L} \right) - 2 \left(\frac{D_i}{u\,L} \right)^2 \left[1 - \exp\left(-\frac{u\,L}{D_i} \right) \right]; \tag{13.28}$$

$D_i =$ Dispersionskoeffizient in m^2/s;
$u \;\;=$ Strömungsgeschwindigkeit im Apparat in m/s;
$L \;\;=$ Länge des Apparates bzw. Abstand der Meßstellen in m.

Für die Randbedingungen des „open vessels" (Rückströmung auch an den Meßstellen, d. h. Messungen direkt im Apparat im Abstand L und nicht in den Zuleitungen) ergibt sich folgende Beziehung:

$$\frac{\sigma^2}{t_r^2} = 2 \left(\frac{D_i}{u\,L} \right) + 8 \left(\frac{D_i}{u\,L} \right)^2. \tag{13.29}$$

Der dimensionslose Ausdruck $(u\,L/D_i)$ in Gl. (13.29) wird üblicherweise in Analogie zum Wärmeaustausch als modifizierte Peclet-Zahl Pe oder Bodenstein-Zahl Bo bezeichnet:

$$\text{Bo} \equiv \text{Pe} \equiv u\,L/D_i. \tag{13.30}$$

Eine hohe Pe-Zahl entspricht einem kleinen Dispersionskoeffizienten und somit einem engen Verweilzeitspektrum. Für eine mehrstufige Rührkesselkaskade (vgl. Abschn. 13.1) gilt angenähert die folgende Beziehung zwischen Stufenzahl n und der Pe-Zahl [13.2]:

$$\text{Pe} \approx n/2. \tag{13.31}$$

Im Fall der Rieselfilmströmung in einem Dünnschichtverdampfer (vgl. Abb. 3.11) wird das Verweilzeitverhalten durch Pe-Zahlen in der Größenordnung von 10 bis

20 charakterisiert, was einem Dispersionskoeffizienten von ungefähr 0,05 bis 0,10 m^2/s entspricht. Dessen Wert ist somit rund 10^{7}mal größer als derjenige des Koeffizienten der Molekulardiffusion in Flüssigkeiten.

Das Messen des Verweilzeitspektrums von fluiden Phasen stellt demnach eine einfache Methode zur Ermittlung der Dispersionskoeffizienten dar, die für das Abschätzen der Längsvermischung in Stoffaustauschkolonnen nach dem Dispersionsmodell benötigt werden (vgl. Abschn. 8.10).

13.5 Charakterisierung von Verweilzeitspektren

Zur Charakterisierung des Verweilzeitverhaltens stehen grundsätzlich die *mathematische Beschreibung* des Verweilzeitspektrums durch eine mathematische Funktion mit mehreren Parametern bzw. die Parameteranpassung bei bekannten Verteilungsfunktionen offen. In verfahrenstechnischer Hinsicht ist aber meist der Vergleich des Verweilzeitspektrums mit der *Verteilung einer ideal durchmischten Rührkesselkaskade* (s. Abschn. 13.1) und die Charakterisierung mit Hilfe des sogenannten *Dispersionsmodell* mit dem Dispersionskoeffizienten bzw. der Bodensteinzahl Bo als Parameter interessant (s. Abschn. 8.10).

Beispiele von Verteilungsfunktionen zur Beschreibung von Verteilungen:

- *Normalverteilung nach Gauß* (Symmetrische Verteilung bezüglich des Mittelwertes) mit den Parametern $\bar{x}$ (Mittelwert) und σ (Standardabweichung)

$$E(x) = \frac{1}{\sigma\sqrt{2\pi}} \exp\left\{-\frac{(x-\bar{x})^2}{2\sigma^2}\right\}; \tag{13.32}$$

- *Logarithmische Normalverteilung* mit den Parametern σ (Standardabweichung) und x_{50}. (Bei $x = x_{50}$ weist die Übergangsfunktion den Wert von 0,5 auf, d. h. $F(x_{50}) = 0,5$.)

$$E(x) = \frac{1}{\sigma\sqrt{2\pi}} \frac{1}{x} \exp\left\{-\frac{(\ln x/x_{50})^2}{2\sigma^2}\right\}; \tag{13.33}$$

- Zellenmodell (ideal durchmischte Rührkesselkaskade) mit den Parametern n (Zahl der Zellen bzw. Rührkessel und dem Mittelwert der Verteilung $\bar{x}$), vgl. Gl. (13.21):

$$E(x) = \frac{1}{(n-1)!\,\bar{x}} \left(\frac{x}{\bar{x}}\right)^{n-1} \exp\left(-x/\bar{x}\right). \tag{13.34}$$

Nach dem Dispersionsmodell kann ein Verweilzeitspektrum mit der Bodensteinzahl Bo oder dem Dispersionskoeffizienten D_i als Parameter charakterisiert werden. Nach den Gl. (13.29) und (13.30) läßt sich aus der mittleren Standardabweichung und dem Mittelwert der Verteilung der Dispersionskoeffizient bzw. die Bodensteinzahl ermitteln.

Aufgabe zu Kapitel 13

13.1 (zu 13.1) Bei einem laminar durchströmten Kreisrohr der Länge L ist die Geschwindigkeitsverteilung gegeben durch

$$u(r) = u_o[1 - (r/R)^2];$$

$u(r)$ = Geschwindigkeit im Abstand r von der Rohrachse in m/s;

u_o = Geschwindigkeit in Rohrmitte, d. h. an der Stelle $r = 0$ in m/s;

r = laufender Radius, gemessen von der Rohrachse aus in m;

R = Rohrradius in m.

Man berechne die mittlere Verweilzeit und das Verweilzeitspektrum und überprüfe das Ergebnis nach Gl. (13.9).

14 Das chemische Gleichgewicht

Hansjörg Sinn

Literatur: Barrow [14.1]; Eggert/Hock/Schwab [14.2]; Fuchs [14.3]; Hargreaves [14.4]; Kortüm [14.5]; Wiberg [14.6]; Ulich/Jost [14.7]

14.1 Einleitung

Zwischen chemischen und physikalischen Vorgängen läßt sich keine scharfe Grenze ziehen. Beispielsweise zählt man das Auflösen eines festen Stoffes zu den physikalischen Vorgängen, obwohl hierbei die Bindungen, welche die Ionen bzw. Moleküle im Kristallgitter fesseln, gesprengt werden und die so isolierten Teilchen anschließend mehr oder minder feste Bindungen mit dem Lösungsmittel eingehen.

Auch gelten die Hauptsätze der Thermodynamik in gleicher Weise für Phasenumwandlungen wie für chemische Reaktionen. Schließlich sind es dieselben Grundsätze der Berechnung und Konstruktion, die den Verfahrensingenieur bei der Auslegung für physikalische Umwandlungen wie für chemische Reaktionen leiten. Es scheint damit gerechtfertigt, die chemische Reaktion in die thermische Verfahrenstechnik einzubeziehen.

Von außerordentlicher Bedeutung ist aber der Umstand, daß alle chemischen Reaktionen mit einer Wärmetönung verbunden sind. Bei technischen Reaktionen ist häufig die Zufuhr (*endotherme Reaktionen*) noch mehr aber die Abfuhr (*exotherme Reaktionen*) der bei den Reaktionen umgesetzten Wärmemengen das schwierigste Problem bei der Reaktionsführung. Es muß bei der Reaktorentwicklung von Anfang an bedacht werden.

In diesem Kapitel wird kurz die Anwendung der klassischen Thermodynamik auf chemische Reaktionen gezeigt. Wir werden uns also mit den durch die Reaktion hervorgerufenen Zustandsänderungen eines Systems, wie den Enthalpie- und Entropieunterschieden zwischen Anfangs- und Endzustand, beschäftigen. Dies wird uns schließlich gestatten zu entscheiden, ob in einem Stoffgemisch eine Reaktion spontan ablaufen kann oder nicht.

14.2 Erster und Zweiter Hauptsatz. Reaktionsenthalpie und -energie

Bekanntlich besagt der Erste Hauptsatz der Thermodynamik:

> Die von irgendeinem chemischen oder physikalischen System während irgendeines Reaktionsgeschehens abgegebene oder aufgenommene Energiemenge ist nur von Anfangs- und Endzustand des Systems, nicht aber vom Weg des Vorganges abhängig.

Die bei einer chemischen Umsetzung abgegebene oder aufgenommene Gesamtenergie ist also unabhängig davon, ob die Reaktion so geleitet wurde, daß Wärme und Arbeit umgesetzt wurden oder so, daß nur Wärme umgesetzt wurde; ob sie direkt oder indirekt durchgeführt wurde.

Die chemische Reaktion kann beispielsweise *isobar*, d. h. bei konstantem äußeren *Druck* oder *isochor*, d. h. bei konstantem äußerem *Volumen*, durchgeführt werden. Bei einem der Reaktionsgleichung entsprechenden molaren Umsatz, d. h. bei einem Formelumsatz wird bei

- *isobaren* Bedingungen die Reaktionswärme bei konstantem *Druck*, genannt ΔH oder Reaktions*enthalpie*,
- *isochoren* Bedingungen die Reaktionswärme bei konstantem *Volumen*, genannt ΔU oder Reaktions*energie*

umgesetzt.

Die Reaktionswärme wird − meist in Form der Reaktionsenthalpie − in die chemische Reaktionsgleichung mit aufgenommen. Bei der unter Freisetzung von Wärme verlaufenden Bildung von Ammoniak ist es unzweifelhaft richtig zu schreiben

$$3\,H_2 + N_2 \rightarrow 2\,NH_3\,, \quad \Delta H = -92{,}22\,kJ\,;$$

man kann aber auch schreiben

$$3\,H_2 + N_2 - 92{,}22\,kJ \rightarrow 2\,NH_3\,.$$

Vereinbarungsgemäß wird die vom System abgegebene Wärmemenge negativ gezählt (exotherme Reaktion). Die erlaubte, aber unglückliche Schreibweise

$$3\,H_2 + N_2 \rightarrow 2\,NH_3 + 92{,}22\,kJ$$

erklärt, warum bei exothermer Reaktion von positiver Wärmetönung gesprochen wird. Da es immer wieder zu Mißverständnissen kommt, empfiehlt sich eine präzise Nachfrage bei einem Gesprächspartner.

Bezieht sich die Reaktionswärme auf die Standardbedingungen (1 bar Druck der Reaktionsteilnehmer), so werden die Symbole durch hochgestelltes ° gekennzeichnet, also: $\Delta H°$ und $\Delta U°$. Wenn zusätzlich auch noch eine Temperatur von 25 °C zugrunde liegt, so liegen *Normalbedingungen* vor, was gekennzeichnet wird durch

$$\Delta H°_{(25\,°C)} \quad \text{Normalenthalpie} \quad \text{und} \quad \Delta U°_{(25\,°C)} \quad \text{Normalenergie}\,.$$

Diese Werte werden oft gebraucht und sind vielfach tabelliert.

Für *ideale Gase* (also Gase, die keine Reibung haben und für die das ideale Gasgesetz $pV = n\mathscr{R}T$ gilt) besteht der Zusammenhang

$$\Delta H = \Delta U + \Delta n\mathscr{R}T, \tag{14.1}$$

wobei Δn die bei Reaktionsverlauf eintretende Änderung der Stoffmenge (gemessen in mol) ist.

Bei Reaktionen, die *in kondensierter Phase* ablaufen, ist

$$\Delta H \approx \Delta U.$$

Danach erwarten wir schon, daß bei heterogenen Reaktionen nur die Stoffmengenveränderung in der Gasphase eine Rolle spielt; es gilt

$$\Delta H \approx \Delta U + \Delta n_{\text{Gas}}\mathscr{R}T.$$

Eine schöne Ableitung dieser Beziehungen und Erläuterung an technisch wichtigen Beispielen (Ammoniak-Zerfall, Distickstoffoxid-Zerfall, Wasserstoffbildung aus Zink und Säure, Calcit-Bildung, isobare und isochore Wasserverdampfung) findet sich bei [14.6].

Nach dem ersten Hauptsatz ist der Gesamtumsatz an Energie unabhängig vom Weg. Die umgesetzte Energie kann sich aus Arbeitsbeträgen A und aus Wärmebeträgen Q zusammensetzen: $E = A + Q$. Nach *isochorer* Durchführung einer Reaktion (Volumenkonstanz) nimmt A einen kleinstmöglichen Wert, nämlich 0 an, und es wird

$$\Delta E_V = 0 + \Delta U. \tag{14.2}$$

Bei *isobarer* Durchführung der Reaktion ist A die Volumenarbeit, die bei konstantem Druck, aber unterschiedlichen Volumina von Ausgangs- und Endzustand geleistet wird:

$$\Delta E_p = -p\Delta V + \Delta H. \tag{14.3}$$

Wird bei der Reaktionsführung jeder Reibungs- und sonstiger Arbeitsverlust vermieden, so kann A einen höchstmöglichen Wert erreichen, der als *maximale Arbeit* oder *reversible Arbeit* $A_{\text{rev.}}$ bezeichnet wird. Für diese maximale Arbeit gilt der Zweite Hauptsatz der Thermodynamik:

Die von einem chemischen oder physikalischen System während eines *isothermen* Reaktionsablaufes maximal leistbare Arbeit ist nur vom Anfangs- und Endzustand des Systems, nicht aber vom Weg des Vorgangs abhängig.

Dieser Zweite Hauptsatz beruht auf der Erfahrung der Unmöglichkeit des „*perpetuum mobile zweiter Art.*"

14.3 Das Massenwirkungsgesetz

Wir leiten hier das Massenwirkungsgesetz durch Betrachtung einer überschaubaren, zeitweise auch technisch genutzten Gasreaktion ab, der sogenannten Deacon-Reaktion. HCl-Gas läßt sich mit Sauerstoff unter Bildung von Chlorgas und Wasserdampf verbrennen:

$$2\,\text{HCl} + 1/2\,\text{O}_2 \rightharpoonup \text{Cl}_2 + \text{H}_2\text{O}.$$

Wenn links die Ausgangsprodukte oder Edukte stehen und rechts die Endprodukte oder Produkte (im engeren Sinn), dann wird bei der Durchführung dieser Reaktion Wärme frei, sie ist exotherm. Wir werden versuchen, diese freiwerdende Wärmemenge zu berechnen.

Zunächst betrachten wir aber in einer für thermodynamische Ableitungen typischen Überlegung ein sehr großes, gut thermostatisiertes Volumen V mit vier Stutzen (Abb. 14.1). Jeder dieser Stutzen ist durch eine semipermeable Membran und einen Schieber verschlossen. Auf jeden Schieber ist ein Zylinder Z_A, Z_B, Z_C und Z_D aufgeflanscht; die Kolben in den Zylindern lassen sich reibungsfrei bewegen. Diese Anordnung wird als *Van't Hoffscher Gleichgewichtskasten* bezeichnet. Die semi- bzw. selektivpermeable Membran ist definitionsgemäß jeweils nur für denjenigen Stoff durchlässig, der in den Zylinder gefüllt wird.

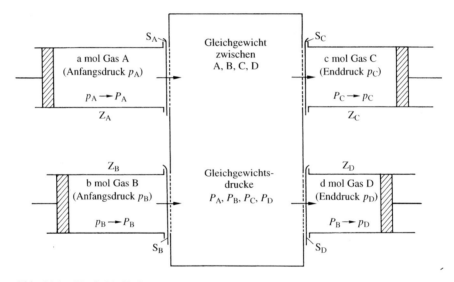

Abb. 14.1   Van't Hoffscher Gleichgewichtskasten.

In unser Volumen füllen wir nunmehr größere Mengen der Gase A = HCl, B = O_2, C = Cl_2 und D = H_2O ein. Nach Einstellung des Gleichgewichtes herrschen in dem Volumen V die Partialdrucke P_{HCl}, P_{O_2}, P_{Cl_2} und P_{H_2O} bzw. verallgemeinert P_A, P_B, P_C und P_D. Wir füllen jetzt in den Zylinder Z_A 2 mol HCl (a mol A) mit Druck p_{HCl}, in den Zylinder Z_B 1/2 mol Sauerstoff (b mol B) mit Druck p_{O_2}.

Durch Verschieben der Kolben wird nun in den einschlägigen Zylindern der Druck P_{HCl} und P_{O_2} hergestellt, wobei die Arbeitsbeträge

$$A_{HCl} = -2 \mathscr{R} T \ln \frac{p_{HCl}}{P_{HCl}} \tag{14.4}$$

und

$$A_{O_2} = -\frac{1}{2} \mathscr{R} T \ln \frac{p_{O_2}}{P_{O_2}} \tag{14.5}$$

entstehen. Nun werden die Schieber geöffnet und bei konstantem Druck die Inhalte durch die semipermeablen Membranen in das Volumen V geschoben. Wegen des sehr großen Volumens V werden dabei die Partialdrucke P_{HCl} und P_{O_2} nur vernachlässigbar verändert. Nichtsdestoweniger entstehen durch die Gleichgewichtseinstellung im Gleichgewichtskasten Chlor und Wasser, die beim Gleichgewichtsdruck P_{Cl_2} und P_{H_2O} über die semipermeablen Membranen nach Öffnung der Schieber in die Zylinder Z_C und Z_D gezogen werden. Nachdem entsprechend der stöchiometrischen Beziehung jeweils in den Zylinder Z_C 1 mol Wasserdampf und in den Zylinder Z_D 1 mol Chlorgas unter dem Gleichgewichtspartialdruck entnommen wurden, werden die Schieber wieder geschlossen.

Im Gleichgewichtskasten herrscht nun unstreitig wieder der Anfangszustand, denn die Anzahl der H-, Cl- und O-Atome hat sich nicht verändert; alles, was hineingegeben wurde, wurde auch wieder entnommen. Nachdem die Schieber geschlossen sind, werden die Drucke p_{H_2O} und p_{Cl_2} isotherm und reversibel durch Bewegung der entsprechenden Kolben eingestellt und dabei die Arbeitsbeträge

$$A_{H_2O} = -1 \, \mathscr{R}T \, \ln \frac{P_{H_2O}}{p_{H_2O}} \tag{14.6}$$

und

$$A_{Cl_2} = -1 \, \mathscr{R}T \, \ln \frac{P_{Cl_2}}{p_{Cl_2}} \tag{14.7}$$

geleistet.

Wie man sieht, wurden 2 ½ mol Gas in den Gleichgewichtskasten geschoben, aber nur 2 mol entnommen, weil die betrachtete Reaktion bei konstantem Druck (isobar) mit einer Volumenverminderung verbunden ist. Dies entspricht der Volumenarbeit

$$A_{\Delta V} = \left[\left(2 + \frac{1}{2} \right) - (1+1) \right] \mathscr{R}T. \tag{14.8}$$

Dieser Arbeitsbetrag ist aber nicht spezifisch für die im Gleichgewichtskasten ablaufende chemische Reaktion, sondern wäre auch angefallen, wenn die Reaktion ohne Gleichgewichtskasten durch Vermischung der Ausgangsverbindungen isotherm und isobar durchgeführt worden wäre.

Die anderen Arbeitsbeträge aber sind reaktionsspezifisch und stellen die eigentliche chemische Arbeitsleistung aufgrund der isothermen und isochoren, also ohne äußere Arbeitsleistung stattfindenden Umsetzung der Gase dar. Demnach ist die maximale Nutzarbeit der betrachteten Deacon-Reaktion

$$A_{rev.} = A_{HCl} + A_{O_2} + A_{H_2O} + A_{Cl_2} \tag{14.9}$$

oder

$$A_{rev.} = -2 \mathscr{R}T \ln \frac{p_{HCl}}{P_{HCl}}$$
$$- \frac{1}{2} \mathscr{R}T \, \ln \frac{p_{O_2}}{P_{O_2}} - 1 \mathscr{R}T \, \ln \frac{P_{H_2O}}{p_{H_2O}} - 1 \mathscr{R}T \, \ln \frac{P_{Cl_2}}{p_{Cl_2}} \tag{14.10a}$$

$$= - \mathscr{R}T \ln (p_{HCl})^2 + \mathscr{R}T \ln (P_{HCl})^2$$
$$- \mathscr{R}T \ln \sqrt{p_{O_2}} + \mathscr{R}T \ln \sqrt{P_{O_2}} - \mathscr{R}T \ln (P_{H_2O})^1 + \mathscr{R}T \ln (p_{H_2O})^1$$
$$- \mathscr{R}T \ln (P_{Cl_2})^1 + \mathscr{R}T \ln (p_{Cl_2})^1 \qquad (14.10\,b)$$

$$= \mathscr{R}T \ln \frac{(p_{H_2O})^1 (p_{Cl_2})^1}{(p_{HCl})^2 \sqrt{p_{O_2}}} - \mathscr{R}T \ln \frac{(P_{H_2O})^1 (P_{Cl_2})^1}{(P_{HCl})^2 \sqrt{P_{O_2}}}. \qquad (14.10\,c)$$

Diese langatmige Darstellung ist gewählt, um zu zeigen, daß die stöchiometrischen Verhältniszahlen einfach als Konsequenz der logarithmischen Rechenregeln als Exponenten auftreten (vgl. (14.12) u. (14.13)).

Die maximale Nutzarbeit $A_{rev.}$ ist nach dem Zweiten Hauptsatz der Thermodynamik unabhängig vom Weg, hat also einen bestimmten Wert. Der Ausdruck $[(p_{H_2O})^1 (p_{Cl_2})^1]/[(p_{HCl})^2 (p_{O_2})^{1/2}]$ enthält die vorgegebenen Ausgangs- und Enddrucke, stellt also ebenfalls einen bestimmten Wert dar. Dann muß aber auch

$$\frac{(P_{H_2O})^1 (P_{Cl_2})^1}{(P_{HCl})^2 \sqrt{P_{O_2}}} = K_p \qquad (14.11)$$

eine Konstante sein. Dies ist das *Massenwirkungsgesetz*. Es lautet für eine Gleichgewichtsreaktion der allgemeinen Art

$$\alpha \, P_A + \beta \, P_B = \gamma \, P_C + \delta \, P_D, \qquad (14.12)$$

$$\frac{P_C^\gamma P_D^\delta}{P_A^\alpha P_B^\beta} = K_p. \qquad (14.13)$$

Häufig schreibt man die stöchiometrische Gleichung in einer allgemeinen Form

$$v_A \, A + v_B \, B + v_C \, C + \ldots + \Delta H = v_F \, F + v_G \, G + v_H \, H \ldots; \qquad (14.14)$$

dieser entspricht dann die allgemeine Form des Massenwirkungsgesetzes

$$\frac{p_F^{v_F} p_G^{v_G} p_H^{v_H} \cdots}{p_A^{v_A} p_B^{v_B} p_C^{v_C} \cdots} = K_p = K_c (\mathscr{R}T)^{\Delta v} \qquad (14.15)$$

mit

$$\Delta v = (v_F + v_G + v_H + \ldots) - (v_A + v_B + v_C + \ldots). \qquad (14.16)$$

Entsprechend gilt unter Benutzung von $p \, V = n \, R \, T$ in der Form

$$p_i = \frac{n_i}{V} \mathscr{R}T = c_i \mathscr{R}T, \qquad (14.17)$$

$$\frac{c_F^{v_F} c_G^{v_G} c_H^{v_H} \cdots}{c_A^{v_A} c_B^{v_B} c_C^{v_C} \cdots} K_c \qquad (14.18)$$

Für $\Delta v = 0$ ist $K_p = K_c$.

Bei der Benutzung der in der Literatur angegebenen Gleichgewichtskonstanten ist stets die Schreibweise der zugrundeliegenden Reaktionsgleichung zu beachten.

Zum Beispiel wird die Ammoniakbildung durch die beiden folgenden Gleichungen stöchiometrisch richtig wiedergegeben:

a) $3\,H_2 + N_2 \rightleftharpoons 2\,NH_3$;

b) $(3/2)\,H_2 + \tfrac{1}{2}\,N_2 \rightleftharpoons NH_3$.

Durch Einsetzen in Gl. (14.15) findet man

$$K_b = \sqrt{K_a}\,.$$

Ist $K > 1$, so sind im Falle des Gleichgewichts die Produkte begünstigt. Überwiegt die Geschwindigkeit der Hinreaktion so stark, daß $K \gg 1$ wird, so spricht man von *nicht umkehrbaren* oder *einseitig verlaufenden Reaktionen*. Man läßt dann den Pfeil für die Rückreaktion in der Reaktionsgleichung weg.

Einseitig verläuft beispielsweise die Knallgasreaktion nach der Gleichung

$$2\,H_2 + O_2 \rightarrow 2\,H_2O\,.$$

Bei $T = 290\,K$ ist K_p ungefähr 10^{82} und damit der Umsatz praktisch vollständig. Das MWG lautet hier:

$$\frac{p_{H_2O}^2}{p_{H_2}^2 p_{O_2}} = 10^{82}\,\text{bar}^{-1},$$

wenn der Partialdruck in bar gemessen wird.

Legt man als stöchiometrische Gleichung $H_2 + \tfrac{1}{2}\,O_2 \rightarrow H_2O$ zugrunde, so erhält man

$$p_{H_2O}/(p_{H_2} p_{O_2}^{1/2}) = K_p = 10^{41}\,\text{bar}^{-1/2}\,.$$

Für das Ammoniakgleichgewicht hat K_p die Dimension bar^{-2}, für das Gleichgewicht $H_2 + Cl_2 \rightarrow 2\,HCl$ hat K_p die Dimension Eins.

14.4 Anwendungen des Massenwirkungsgesetzes

Wir wollen zunächst das MWG auf die *homogene Reaktion*[1]

$$H_2O \rightleftharpoons H^{\oplus} + OH^{\ominus}$$

anwenden. (Da das Wasserstoffion oder Proton in wäßrigen Lösungen sich im hydratisierten Zustand befindet, ist die obige Schreibweise der Reaktionsgleichung nicht ganz korrekt. Die Hydratation ist jedoch in diesem Zusammenhang nicht von Bedeutung und wird daher nicht berücksichtigt.) Bei $T = 293\,K$ gilt im Gleichgewichtszustand

$$K_c = \frac{c_{H^+} c_{OH^-}}{c_{H_2O}} = 10^{-15{,}7}\,\text{kmol m}^{-3}\,. \tag{14.19}$$

---

[1] Als homogen bezeichnet man Reaktionen, die in einer homogenen Phase, z. B. in einem Gas, einer Flüssigkeit oder einer Lösung ablaufen.

Auch bei starker Änderung von c_{H^+} oder c_{OH^-}, wie sie etwa bei der Zugabe von Säure oder Base zum Wasser eintritt, behält die Konzentration des Wassers den praktisch konstanten Wert 55,5 kmol m^{-3}. Deshalb darf man c_{H_2O} direkt in die Gleichgewichtskonstante einbeziehen und erhält somit:

$$c_{H^+} c_{OH^-} = 10^{-15,7} \cdot 55,5 \approx 10^{-14} \text{ kmol}^2 \text{ m}^{-6}.$$

In einer neutralen Lösung ist

$$c_{H^+} = c_{OH^-} = 10^{-7} \text{ kmol m}^{-3}.$$

Da der pH-Wert als negativer Logarithmus der Wasserstoffionenkonzentration definiert ist, entspricht damit dem neutralen Zustand ein pH-Wert von 7.

In *heterogenen Systemen*, wie etwa bei der Reaktion eines Festkörpers mit einem Gas, herrscht an der Festkörperoberfläche ein konstanter Partialdruck des Festkörpers. Bei der Reaktion von Eisen mit Wasserdampf zu Hammerschlag und Wasserstoff nach der stöchiometrischen Gleichung

$$3\,Fe + 4\,H_2O \rightleftharpoons Fe_3O_4 + 4\,H_2$$

lautet das MWG:

$$K_p' = \frac{p_{Fe_3O_4}\, p_{H_2}^4}{p_{Fe}^3\, p_{H_2O}^4}.$$

Solange beide Festkörper vorhanden sind, bleiben $p_{Fe_3O_4}$ und p_{Fe} konstant, und es ergibt sich:

$$K_p = \frac{p_{H_2}^4}{p_{H_2O}^4} = K_p'\, \frac{p_{Fe}^3}{p_{Fe_3O_4}}.$$

Mit Hilfe des Massenwirkungsgesetzes kann man die Partialdrucke bzw. die Konzentrationen der einzelnen Komponenten in einem Gleichgewichtsgemisch berechnen, wie das folgende Beispiel zeigt. Bei der Ammoniaksynthese

$$N_2 + 3\,H_2 \rightleftharpoons 2\,NH_3$$

sei die Stoffmengenanzahl N$_2$ und H$_2$, welche vor Beginn der Umsetzung dem Reaktionsraum zugeführt werden, bekannt. Ferner ist die Gleichgewichtskonstante K_p sowie der Gesamtdruck p des im Gleichgewicht stehenden Systems gegeben. Damit sind auch die beiden Anfangspartialdrucke $p_{N_2,\,a}$ und $p_{H_2,\,a}$ bekannt.

Es ergeben sich also die folgenden drei Gleichungen zur Berechnung der drei unbekannten Partialdrucke p_{N_2}, p_{H_2} und p_{NH_3}:

1. Das Massenwirkungsgesetz:

$$\frac{p_{NH_3}^2}{p_{N_2}\, p_{H_2}^3} = K_p; \tag{14.20}$$

2. Das Daltonsche Gesetz (Gl. (4.3)) unter Annahme des idealen Verhaltens der Gase:

$$p_{N_2} + p_{H_2} + p_{NH_3} = p; \tag{14.21}$$

3. Die Reaktionsgleichung (die verbrauchte Menge des N_2 verhält sich zu derjenigen des H_2 stets wie $1 : 3$):

$$\frac{p_{N_2, \alpha} - p_{N_2}}{p_{H_2, \alpha} - p_{H_2}} = \frac{1}{3}. \tag{14.22}$$

Auch wenn derartige Gleichungssysteme meist nur schwer aufzulösen sind, so liefert das MWG doch oft wichtige qualitative Aussagen, beispielsweise über die Druckabhängigkeit der Gleichgewichtskonzentrationen eines Reaktionsgemisches. Dies soll am Beispiel des Iodwasserstoff-Gleichgewichts

$$H_2 + I_2 \rightleftharpoons 2\,HI$$

gezeigt werden. Hier lautet das MWG:

$$K_p = \frac{p_{HI}^2}{p_{H_2} p_{I_2}}. \tag{14.23}$$

Erhöhen wir den Druck im Reaktionsgefäß auf das Zehnfache, so wird sowohl der Zähler wie der Nenner in Gl. (14.23) um den Faktor 10^2 größer: Das Gleichgewicht verschiebt sich nicht. Für die Ammoniaksynthese hingegen ergibt sich nach Gl. (14.20) bei derselben Druckerhöhung im Zähler der Faktor 10^2, im Nenner 10^4. Damit die Gleichgewichtsbedingung (K_p = const.) trotzdem erfüllt ist, muß hier p_{NH_3} stärker wachsen als p_{N_2} und p_{H_2}: Die Lage des Gleichgewichts verschiebt sich zugunsten des Ammoniaks. Deshalb wird diese Synthese bei hohen Drucken durchgeführt.

Dieser Sachverhalt deckt sich mit dem sowohl auf chemische als auch auf physikalische Vorgänge anwendbaren *Prinzip von le* Châtelier-Braun (1885):

Wird auf ein System ein äußerer Zwang ausgeübt, so verschiebt sich seine Gleichgewichtslage derart, daß der Zwang vermindert wird.

Nimmt also durch eine Reaktion die Anzahl der im Reaktionsgefäß anwesenden Mole ab, so wächst bei Druckerhöhung die Konzentration der Endprodukte, so wie wir das bei der Ammoniaksynthese beobachtet haben. Analog wird das Gleichgewicht bei der Verdampfung, einem endothermen Prozeß, mit wachsender Temperatur zugunsten des Dampfes verschoben.

Da durch das MWG die Konzentrationen in Gleichgewichtsgemischen gegeben sind, lassen sich auch die theoretisch erreichbaren *Ausbeuten* berechnen. Wir betrachten dazu eine durch die stöchiometrische Gleichung

$$\nu_A A + \nu_B B \rightleftharpoons \nu_c C + \nu_D D$$

beschriebene Reaktion. Stöchiometrisch bedeutet dabei, daß jede Atomart auf beiden Seiten der Gleichung in gleicher Anzahl vorkommt. Geben wir jedoch beliebige Mengen, d. h. x_A mol A und x_B mol B zusammen, so erhalten wir daraus x_C mol C und x_D mol D. Die *prozentuale Ausbeute* von C bezogen auf A ist durch den folgenden Ausdruck definiert:

$$\frac{x_C / x_A}{\nu_C / \nu_A} \cdot 100. \tag{14.24}$$

Als Bezugssubstanz wird auf der Seite der Produkte immer die gewünschte Verbindung gewählt, auf der Seite der Ausgangsstoffe ist es meist die wertvollere Komponente. Nur wenn die Ausgangsstoffe bei Reaktionsbeginn nicht in stöchiometrischem Verhältnis vorlagen, ist anzugeben, auf welchen Ausgangsstoff man sich bezieht.

Als Beispiel sei die Reaktion von Brom mit Benzol zu Dibrombenzol und Hydrogenbromid (Bromwasserstoff) mit den molaren Massen 78,1; 159,8 bzw. 235,9 und 80,9 kg/kmol betrachtet:

$$C_6H_6 + 2\,Br_2 \rightleftarrows C_6H_4Br_2 + 2\,HBr\,.$$

Bei der Durchführung dieser Gleichgewichtsreaktion seien aus 78,1 kg (= 1 kmol) Benzol und 319,6 kg (= 2 kmol) Brom lediglich 166,3 kg Dibrombenzol entstanden; dies sind (166,3/235,9) = 0,705 kmol Dibrombenzol. Da die Ausgangsstoffe in stöchiometrischem Verhältnis gemischt wurden, ist gleichgültig, auf welchen wir die Ausbeute beziehen. Auf der Produktseite ist der Bromwasserstoff ein unerwünschtes Nebenprodukt, und deshalb interessiert uns nur die Ausbeute des Dibrombenzols. Setzen wir die obenstehenden Angaben in Gl. (14.24) ein, so ergibt sich die Ausbeute:

$$\frac{0,705/1}{1/1} = 0,705\,.$$

Bei Gleichgewichtsreaktionen werden die Ausgangsstoffe nie vollständig umgesetzt. Die Ausbeute nach Gl. (14.24) ist deshalb stets < 1. Eine weitere Verschlechterung tritt noch ein, weil wegen der langsamen Einstellung des Gleichgewichts dieser Zustand oft nicht abgewartet wird.

Bei technischen Reaktionen werden vielfach die Produkte kontinuierlich aus dem Reaktionsgefäß entfernt, wodurch das Gleichgewicht fortwährend gestört wird. Für die wertvolleren Ausgangsstoffe werden so Ausbeuten von nahezu 1 erreicht. Beispielsweise wird bei der Kohleverbrennung das entstehende Kohlendioxid abgezogen, bis die Kohle restlos verbraucht ist.

14.5 Anwendung des Ersten Hauptsatzes der Thermodynamik auf chemische Reaktionen

Bei chemischen Reaktionen findet stets ein Energieumsatz statt, auf den der Erste Hauptsatz der Thermodynamik, der Satz von der Erhaltung der Energie, angewendet werden kann. Alle bis jetzt angegebenen Reaktionsgleichungen waren in dieser Hinsicht noch unvollständig, denn es fehlte jeweils die Angabe des bei der Umsetzung aufgenommenen oder abgegebenen Energiebetrages.

Da die meisten Reaktionen unter konstantem Druck verlaufen, werden wir uns hier nur mit Enthalpieänderungen befassen. Bei der Wahl der Vorzeichen halten wir uns an die in der Physikalischen Chemie heute übliche Konvention: Vom Reaktionsgemisch aufgenommene Energiebeträge werden mit positivem, abgegebene mit negativem Vorzeichen eingesetzt. Da bei isothermer Durchführung exothermer Reaktionen – z. B. bei allen Verbrennungsreaktionen – Wärme an die Umgebung abgegeben wird, ist die *Reaktionsenthalpie* in diesem Fall negativ. Reagiert ½ kmol Wasserstoff mit ½ kmol Fluor, so entsteht 1 kmol Fluorwasserstoff. Bei einer Temperatur von 293 K wird dabei eine Wärmemenge von 268 000 kJ freigesetzt. Die vollständige Reaktionsgleichung lautet also:

$$\tfrac{1}{2} H_2 + \tfrac{1}{2} F_2 \rightarrow HF \qquad \Delta H_{293} = -268000 \text{ kJ kmol}^{-1};$$

ΔH_{293} = Reaktionsenthalpie bei 293 K in kJ kmol^{-1}

Dabei ist vorausgesetzt, daß das System vor und nach der Reaktion denselben Druck und dieselbe Temperatur aufweist.

Die Enthalpie H_α der Ausgangsstoffe und die Enthalpie H_ω der Produkte sind Zustandsfunktionen. Die Reaktionsenthalpie als Differenz von H_ω und H_α ist deshalb unabhängig vom Weg, über den die Reaktion führte. Dies wurde schon im Jahr 1840 von Hess empirisch gefunden (*Satz von Hess*).

Im folgenden sei gezeigt, wie man diese Tatsache auf die Berechnung unbekannter Reaktionsenthalpien anwenden kann. Gesucht sei die Reaktionsenthalpie für die Verbrennung von graphitischem Kohlenstoff zu Kohlenmonoxid bei $p = 1$ bar und $T = 298$ K:

$$C + \tfrac{1}{2} O_2 \rightarrow CO.$$

Bei dieser Reaktion entsteht auch bei stöchiometrischer Zugabe der Ausgangsstoffe stets etwas CO_2, und dafür bleibt ein wenig Kohlenstoff unverbrannt zurück. Deshalb ist es nicht möglich, ΔH auf direktem Wege genau zu messen. Bekannt sind hingegen die Reaktionsenthalpien für die Verbrennung von graphitischem Kohlenstoff zu Kohlendioxid und von Kohlenmonoxid zu Kohlendioxid. Die gesuchte Reaktionsenthalpie läßt sich jetzt nach dem folgenden Schema ermitteln:

$$\begin{array}{llll} \text{I:} & C + O_2 \rightarrow CO_2 & \Delta H_{298} = -394000 \text{ kJ kmol}^{-1} \\ \text{II:} & CO + \tfrac{1}{2} O_2 \rightarrow CO_2 & \Delta H_{298} = -283500 \text{ kJ kmol}^{-1} \\ \text{I-II:} & C + \tfrac{1}{2} O_2 \rightarrow CO & \Delta H_{298} = -110500 \text{ kJ kmol}^{-1} \end{array}$$

Daß solche thermodynamischen Gleichungen genau wie algebraische Gleichungen addiert und substrahiert werden dürfen, folgt unmittelbar aus dem Satz von Hess.

Die mit der Herstellung einer Verbindung aus den Elementen bei einer bestimmten Temperatur und einem bestimmten Druck verbundene Reaktionsenthalpie wird *Bildungsenthalpie* dieser Verbindung genannt. Das obenstehende Resultat ist demnach die Bildungsenthalpie von Kohlenmonoxid bei $T = 298$ K und $p = 1$ bar. Die Druckabhängigkeit von ΔH ist in den meisten Fällen so gering, daß die Angabe des Druckes weggelassen werden kann.

Unter der *Bindungsenergie* versteht man die Reaktionsenthalpie, die zur Aufspaltung einer chemischen Verbindung in die Atome oder Atomgruppen gebraucht wird.

Auch Bindungsenergien können nach dem obenstehenden Schema, d. h. durch Kombination bekannter Reaktionen, gefunden werden. Ihre große Bedeutung liegt darin, daß sie uns Aufschluß über die Festigkeit einzelner Bindungen geben.

Um die Temperaturabhängigkeit der Reaktionsenthalpie zu berechnen, leitet man die Gleichung

$$\Delta H = H_\alpha - H_\omega$$

bei p = const. − angedeutet durch den Index p − nach der Temperatur T ab:

$$\left(\frac{\partial \Delta H}{\partial T}\right)_p = \left(\frac{\partial H_\omega}{\partial T}\right)_p - \left(\frac{\partial H_\alpha}{\partial T}\right)_p. \tag{14.25}$$

Mit der Definitionsgleichung für die spezifische Wärmekapazität

$$\mathscr{C}_p \equiv \left(\frac{\partial H}{\partial T}\right)_p$$

folgt daraus das *Kirchhoffsche Gesetz:*

$$\left(\frac{\partial \Delta H}{\partial T}\right)_p = \Sigma \mathscr{C}_{p,\omega} - \Sigma \mathscr{C}_{p,\alpha} = \Delta \mathscr{C}_p. \tag{14.26}$$

Unter $\Sigma \mathscr{C}_{p,\alpha}$ bzw. $\Sigma \mathscr{C}_{p,\omega}$ ist dabei die Summe der molaren Wärmekapazitäten der Produkte bzw. Ausgangsstoffe zu verstehen, jeweils multipliziert mit den stöchiometrischen Zahlen v. Für die Reaktion

$$v_A A + v_B B + \dots + \Delta H \rightleftarrows v_F F + v_G G + \dots \tag{14.27a}$$

gilt also:

$$\Sigma \mathscr{C}_{p,\omega} = v_F \mathscr{C}_{p,F} + v_G \mathscr{C}_{p,G} + \dots\dots$$

$$\Sigma \mathscr{C}_{p,\alpha} = v_A \mathscr{C}_{p,A} + v_B \mathscr{C}_{p,B} + \dots\dots. \tag{14.27b}$$

Die Differenz dieser Summenausdrücke von Produkt und Ausgangsstoff ist also gleich der Zunahme der Reaktionsenthalpie mit der Temperatur bei konstantem Druck.

Unter der bei kleinen Temperaturänderungen gültigen Voraussetzung $\mathscr{C}_p$ = const. erhält man für die Änderung von ΔH im Temperaturintervall ΔT aus Gl. (14.26):

$$\Delta H_{T+\Delta T} - \Delta H_T = \Delta T (\Sigma \mathscr{C}_{p,\omega} - \Sigma \mathscr{C}_{p,\alpha}). \tag{14.28}$$

Diese Gleichung ist in Abb. 14.2a für eine endotherme und in Abb. 14.2b für eine exotherme Reaktion veranschaulicht. Für den allgemeinen Fall $\mathscr{C}_p \neq$ const. −

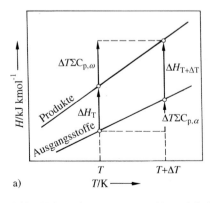
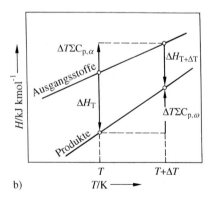

Abb. 14.2 Die Temperaturabhängigkeit der Reaktionsenthalpie. a) für endotherme Reaktionen; b) für exotherme Reaktionen.

meist nimmt $\mathscr{C}_p$ mit wachsender Temperatur zu − sind die H, T-Linien der Ausgangsstoffe und Produkte gekrümmt.

Die Enthalpieangaben auf der Ordinatenachse beziehen sich auf einen Umsatz entsprechend Gl. (14.27 a).

Bei stationärer, adiabater Reaktion ist die Summe der Enthalpien der Ausgangsstoffe gleich der Summe der Enthalpien der Produkte ($H_\alpha = H_\omega$), und damit liegt die Endtemperatur der in Abb. 14.3 gezeigten Verbrennungsreaktion auf der Horizontalen durch den Punkt α. Da sich durch Vorwärmen der Brennstoffe der Punkt α nach α' verschiebt, erhöht sich die Flammentemperatur auf $T_{\omega'}$. Dem sind allerdings dadurch Grenzen gesetzt, daß bei hohen Temperaturen die Dissoziation, d. h. die Rückreaktion, verstärkt einsetzt.

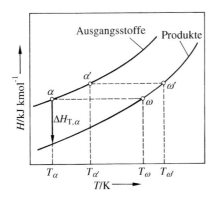

Abb. 14.3 Ermittlung der Endtemperatur bei adiabater Verbrennung.

14.6 Arbeitsleistung chemischer Reaktionen. Triebkraft

Mit Hilfe der Reaktion, die wir bei der Ableitung des MWG betrachtet haben, wird nun eine maximale Reaktionsarbeit abgeleitet, die freie Energie des Vorganges.

Zwei Reaktionsgefäße A und B sind mit einem Zylinder Z, der durch Schieber S_A und S_B verschließbar ist, so verbunden, daß durch semipermeable Membranen nur Wasserstoff in den Zylinder ein- und austreten kann. Der Zylinder ist mit einem Kolben mit Gegendruck verschlossen, und die Schieber S_A und S_B sind geschlossen (s. Abb. 14.4).

Die gerade erörterte Deacon-Reaktion

$$2\,HCl + \tfrac{1}{2}O_2 \rightarrow Cl_2 + H_2O$$

läßt sich aufteilen in die Spaltung von Chlorwasserstoff in Chlor und Wasserstoff und in die Vereinigung von Wasserstoff mit Sauerstoff zu Wasser:

$$2\,HCl \rightarrow Cl_2 + H_2,$$
$$H_2 + \tfrac{1}{2}O_2 \rightarrow H_2O.$$

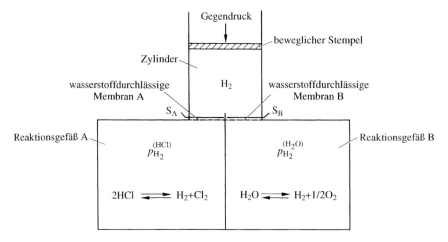

Abb. 14.4   Zum Verständnis der reversiblen Durchführung des Deacon-Prozesses
$2\,HCl + \frac{1}{2}O_2 \to Cl_2 + H_2O\,(g)$; Erläuterungen im Text.

Die Addition beider Gleichungen ergibt die Ausgangsgleichung, da sich der Wasserstoff auf beiden Seiten kompensiert.

Im Reaktionsgefäß A befindet sich das Chlorwasserstoffsystem, im Reaktionsgefäß B das Wassersystem. Gemäß dem zuvor in Abschn. 14.3 abgeleiteten MWG stellt sich in A das Gleichgewicht

$$K_p^{(HCl)} = \frac{p_{Cl_2}\,p_{H_2}^{(HCl)}}{p_{HCl}^2} \qquad (14.29)$$

und in B das Gleichgewicht

$$K_p^{(H_2O)} = \frac{\sqrt{p_{O_2}}\,p_{H_2}^{(H_2O)}}{p_{H_2O}} \qquad (14.30)$$

mit unterschiedlichen Wasserstoffpartialdrucken ein. Die Wasserstoffpartialdrucke ($p_{H_2}^{(HCl)}$ und $p_{H_2}^{(H_2O)}$) ergeben sich aufgrund der in die Reaktionsgefäße eingebrachten Mengen und der Gleichgewichtsbeziehungen.

Der Schieber S_A wird nun geöffnet und der Gegendruck auf dem Zylinder gerade so weit erniedrigt, daß Wasserstoff aus dem Reaktionsgefäß A durch die nur für Wasserstoff durchlässige Membran unter seinem Partialdruck in den Zylinder strömen kann. Die Vorräte in A seien so groß, daß die Wasserstoffentnahme zu keiner (merklichen) Veränderung der Partialdrucke führt. Unter diesen Bedingungen wird genau 1 mol H_2 entnommen, während in A 2 mol HCl in 1 mol Cl_2 und in 1 mol H_2 überführt werden, so daß die geleistete Volumenarbeit

$$A_1 = -\,p_{H_2}^{(HCl)}\,V = -\,\mathcal{R}\,T \qquad (14.31)$$

ist (wegen $p\,V = n\,\mathcal{R}\,T$ und $n = 1$).

Nun wird der Schieber S_A geschlossen, danach der Wasserstoff vom Druck $p_{H_2}^{(HCl)}$ auf den Wasserstoffpartialdruck im Gefäß B $p_{H_2}^{(H_2O)}$ isotherm und reversibel entspannt. Dabei wird die maximale und reversible Expansionsarbeit

$$A_{rev} = - \mathscr{R} T \ln \frac{p_{H_2}^{(HCl)}}{p_{H_2}^{(H_2O)}} \tag{14.32}$$

gewonnen.

Nun wird der Schieber S_B geöffnet und der Wasserstoff wiederum isotherm und reversibel unter seinem Druck $p_{H_2}^{(H_2O)}$ in das Reaktionsgefäß B gedrückt; dort entsteht durch die Störung des Gleichgewichts aus dem zugeführten 1 mol Wasserstoff und ½ mol Sauerstoff 1 mol Wasser. Die aufzuwendende Volumenarbeit beträgt offensichtlich

$$A_2 = + \mathscr{R} T. \tag{14.33}$$

Im Gesamtsystem fand nunmehr eine reversibel-isochore Umwandlung von 2 mol Chlorwasserstoff und ½ mol Sauerstoff zu 1 mol Chlor und 1 mol Wasserdampf statt. Die Summe aller Arbeitsbeträge ist, da sich A_1 und A_2 gegenseitig kompensieren:

$$A_{rev} = - \mathscr{R} T \ln \frac{p_{H_2}^{(HCl)}}{p_{H_2}^{(H_2O)}} = A_{rev}^{DEACON}. \tag{14.34}$$

Aus den oben angegebenen Gleichgewichtsbeziehungen (14.29) und (14.30) folgen

$$p_{H_2}^{(HCl)} = \frac{K_p^{(HCl)} p_{HCl}^2}{p_{Cl_2}} \tag{14.35}$$

und

$$p_{H_2}^{(H_2O)} = \frac{K_p^{(H_2O)} p_{H_2O}}{\sqrt{p_{O_2}}}. \tag{14.36}$$

In die Beziehung für A_{rev} (14.34) eingesetzt ergibt sich

$$A_{rev.}^{DEACON} = - \mathscr{R} T \ln \frac{\dfrac{K_p^{(HCl)} p_{HCl}^2}{p_{Cl_2}}}{\dfrac{K_p^{(H_2O)} p_{H_2O}}{\sqrt{p_{O_2}}}}$$

$$= - \mathscr{R} T \ln \left[\frac{K_p^{(HCl)}}{K_p^{(H_2O)}} \frac{p_{HCl}^2 \sqrt{p_{O_2}}}{p_{Cl_2} p_{H_2O}} \right]$$

$$= + \mathscr{R} T \ln \left[\frac{K_p^{(H_2O)}}{K_p^{(HCl)}} \frac{p_{Cl_2} p_{H_2O}}{p_{HCl}^2 \sqrt{p_{O_2}}} \right]. \tag{14.37}$$

Der auftretende Quotient der Gleichgewichtskonstanten der Teilreaktionen ist identisch mit der Gleichgewichtskonstanten der Gesamtreaktion

$$\frac{K_p^{(\text{HCl})}}{K_p^{(\text{H}_2\text{O})}} = K_p^{\text{DEACON}},$$

(14.38)

$$K_p^{\text{DEACON}} = \frac{P_{\text{H}_2\text{O}}^1\, P_{\text{Cl}_2}^1}{P_{\text{HCl}}^2\, \sqrt{P_{\text{O}_2}}}.$$

(14.39)

Die in diesem Ausdruck auftretenden Drucke P sind Gleichgewichtsdrucke. In der Anordnung entsprechen sie völlig der Anordnung der willkürlich gewählten Reaktionsdrucke p (letzter Term in Gl. (14.37)).

Wir bezeichnen den Quotient der Reaktionsdrucke als Reaktionsbruch $\tilde{K}$. Damit gilt

$$A_{\text{rev}}^{\text{DEACON}} = \mathscr{R}\, T \ln \frac{\tilde{K}^{\text{DEACON}}}{K_p^{\text{DEACON}}}.$$

(14.40)

Diese Ableitung gilt allgemein für die Reaktionsisotherme (T = const.)

$$A_{\text{rev}\,(T)} = \mathscr{R}\, T \ln \frac{\tilde{K}}{K}.$$

(14.41)

Weisen alle gasförmigen Teilnehmer einer chemischen Umsetzung den Reaktionsdruck 1 bar auf (Standardzustand), so bezeichnet man die zwischen ihnen ablaufenden Reaktionen als Standardreaktionen, ihre energetischen Begleiteffekte als Standardreaktionsenthalpie und Standardreaktionsarbeit. In dieser Form werden die Energiegrößen, wie schon erwähnt, tabelliert wiedergegeben.

Da bei der Standardreaktion definitionsgemäß $\tilde{K} = 1$ ist, geht $A_{\text{rev}\,(T)} = \mathscr{R}\, T \ln \frac{\tilde{K}}{K}$ in

$$A_{\text{rev}\,(T)}^0 = -\,\mathscr{R}\, T \ln K$$

(14.42)

über. Für die Normalreaktionsarbeit gilt

$$A_{\text{rev}\,(25\,°\text{C})}^0 = 5{,}7080 \lg K_{(25\,°\text{C})}.$$

(14.43)

Damit lassen sich Arbeitsbeträge aus Gleichgewichtskonstanten berechnen und umgekehrt.

Bei der Ableitung der Reaktionsisotherme blieben die Volumina der Reaktionsgefäße konstant. Der Wert der maximalen Arbeit $A_{V,\,\text{rev}}$ bezieht sich auf isochore Reaktionen. Der Gesamtenergieumsatz der isochoren Umsetzung ergibt sich zu ΔE_V, durch Addition der gebundenen Energie $\Delta Q_{V,\,\text{rev}}$ zur freien Energie:

$$\Delta E_V = A_{V,\,\text{rev}} + \Delta Q_{V,\,\text{rev}}.$$

(14.44)

Wie schon erörtert, gilt für isobare Umsetzungen mit den entsprechenden isobaren Energiegrößen

$$\Delta E_p = A_{p,\,\text{rev}} + \Delta Q_{p,\,\text{rev}}.$$

(14.45)

Der Zusammenhang zwischen diesen beiden Beziehungen ergibt sich aus dem Vergleich der isochoren und isobaren Arbeitsleistung. Ist die isobare Gasreaktion mit einer Änderung der Stoffmenge (gemessen in mol) Δn verbunden, so tritt eine Volumenänderung ΔV ein, und ein zwangsläufig damit verknüpfter Arbeitsbetrag $A_{\Delta V} = -p\Delta V$, der jedoch nicht reaktionsspezifisch ist, tritt zu der eigentlichen Nutzarbeit hinzu:

$$A_{p,\,\text{rev}} = A_{V,\,\text{rev}} - p\Delta V, \tag{14.46}$$

so daß (Gl. (14.46) in Gl. (14.45) eingesetzt)

$$\Delta E_p = A_{V,\,\text{rev}} - p\Delta V + \Delta Q_{p,\,\text{rev}}. \tag{14.47}$$

Mit $\Delta E_p + p\Delta V = \Delta H$ und $A_{V,\,\text{rev}} = A_{\text{Nutz}}$ sowie $\Delta E_V = \Delta U$ (siehe (14.3) und (14.2)) folgt

$$\Delta H = A_{\text{Nutz}} + \Delta Q_{p,\,\text{rev}} \quad \text{und} \quad \Delta U = A_{\text{Nutz}} + \Delta Q_{V,\,\text{rev}}. \tag{14.48}$$

Dies sind die *Gibbs-Helmholtzschen Gleichungen*.

Maßgeblich für die Triebkraft einer Reaktion ist ausschließlich A_{Nutz}, die das Verhältnis der Reaktions- zu den Gleichgewichtsdrucken wiedergibt.

In der Gibbs-Helmholtzschen Gleichung kommen also folgende Glieder vor:

ΔU = Reaktionswärme bei konstantem Volumen;
ΔQ_V = gebundene Energie bei konstantem Volumen;
ΔH = Reaktionswärme bei konstantem Druck;
ΔQ_p = gebundene Energie bei konstantem Druck;
$A_{\text{Nutz}} = \Delta G$;
ΔG = maximale Nutzarbeit einer isochoren oder isobaren Reaktion (Gibbs-Energie). Sie ist unter dieser Bezeichnung tabelliert.

Man beachte: Betrachtet man die während einer chemischen Umsetzung geleistete Gesamtarbeit, so unterscheidet man zwischen ΔG (Nutzarbeit) und ΔF (Nutz- zuzüglich Volumenarbeit): $\Delta F = \Delta G + A_{\Delta V}$. ΔF unterscheidet sich also von ΔG um die zusätzlich geleistete Volumenarbeit $A_{\Delta V}$. Volumenarbeit $A_{\Delta V} = -p\Delta V$ tritt bei isobar durchgeführten Reaktionen auf, wenn sich die Stoffmenge ändert. ΔF heißt auch Freie Energie oder Helmholtz-Energie.

Wenn $\Delta V = 0$, weil keine Stoffmengenänderung stattfindet oder wenn die Reaktion isochor geführt wird, ist $\Delta F = \Delta G$.

14.7 Berechnung der Reversiblen Arbeit chemischer Reaktionen mit Hilfe der Entropie (Nernstscher Wärmesatz)

Der Begriff der Entropie ist schon in Abschn. 1.3 und 4.3 eingeführt worden. Zur Veranschaulichung werden folgende Analogien in Erinnerung gerufen:

Durchfließt eine gegebene Entropiemenge S (gemessen in Clausius) eine Temperaturdifferenz ΔT, so wird dabei eine Wärmeenergiemenge $\Delta Q = S\Delta T$ frei.

Tab. 14.1

Energiemenge	Kapazitätsfaktor	Intensitätsfaktor
mechanische Energie	Gewichtsmenge	Höhe
elektrische Energie	Elektrizitätsmenge	Spannung
thermische Energie	Entropiemenge	Temperatur
chemische Energie	Stoffmenge	Affinität
optische Energie	Lichtmenge	Frequenz

Jeder chemische Stoff besitzt bei definierten Zustandsbedingungen einen ganz bestimmten Entropiegehalt. Betrachten wir die oben dargestellte Analogie als Definitionsgleichung

Thermische Energie ist gleich Entropiemenge mal Temperatur,

so entspricht die bei einer reversiblen Reaktion bei der Temperatur T umgesetzte Entropiemenge ΔS einer Wärmemenge

$$\Delta Q_{\text{rev}} = T\Delta S,$$
$$\Delta Q_{V,\text{rev}} = T\Delta S_V,$$
$$\Delta Q_{p,\text{rev}} = T\Delta S_p.$$

Auch bei der Entropie ist also Reaktionsentropie bei konstantem Druck ΔS_p und Reaktionsentropie bei konstantem Volumen ΔS_v zu unterscheiden.

Damit lauten die Gleichungen (vgl. Gl. (14.47) und Gl. (14.48)):

$$\Delta H = A_{\text{Nutz}} + \Delta Q_{p,\text{rev}} = A_{\text{Nutz}} + T\Delta S_p = \Delta G + T\Delta S_p, \tag{14.49}$$

$$\Delta U = A_{\text{Nutz}} + \Delta Q_{V,\text{rev}} = A_{\text{Nutz}} + T\Delta S_V = \Delta G + T\Delta S_V. \tag{14.50}$$

Bei Verbrennungsvorgängen ist meist $|\Delta H| \gg |T\Delta S|$, da bei ihnen aber auch $\Delta H < 0$ ist, wird auch $\Delta G = A_{\text{Nutz}} < 0$, d. h. es kann Nutzarbeit gewonnen werden.

ΔG ist ein Maß für die *Triebkraft* oder *Affinität* einer chemischen Reaktion: Von ΔG hängt ab, ob sie ohne äußere Energiezufuhr abläuft oder nicht. Reaktionen mit $\Delta G > 0$ können nur mit Energiezufuhr von außen (z. B. von elektrischer Energie bei elektrochemischen Vorgängen oder von Lichtenergie bei photochemischen Vorgängen) stattfinden. Für von selbst ablaufende Reaktionen ist immer $\Delta G < 0$. Dies heißt allerdings nicht, daß jede Reaktion mit negativem ΔG spontan stattfindet. Beispielsweise ist das Knallgasgemisch aus Sauerstoff und Wasserstoff trotz stark negativem ΔG unter Normalbedingungen metastabil. Erst nach einer Zündung, d. h. nach Zufuhr von Aktivierungsenergie (s. Abschn. 15.4), oder nach Zugabe eines Katalysators (s. Abschn. 15.10), läuft die Reaktion in der vorgeschriebenen Richtung ab.

Der Gleichgewichtszustand ist durch das Minimum der freien Enthalpie der Reaktion gegeben, d. h. hier ist $\Delta G = 0$.

Für Reaktionen, bei denen $|\Delta H| > |T\Delta S|$ ist, gilt damit das *Prinzip von Berthelot*. Es besagt, daß nur exotherme Reaktionen von selbst ablaufen. Ist dagegen $|\Delta H| < |T\Delta S|$, so können auch gewisse endotherme Reaktionen freiwillig ablaufen. So lösen sich z. B. viele Salze von selbst in Wasser, obwohl dabei Abkühlung eintritt. Dies widerspricht aber nicht der Aussage $\Delta G < 0$, denn in diesen Fällen ist die Entropiezunahme durch den Lösungsvorgang so groß, daß trotz positiver Reaktionsenthalpie (endothermer Vorgang) ΔG kleiner als Null wird.

Schließlich sei noch erwähnt, daß analoge Überlegungen auch für isotherme Reaktionen bei konstantem Volumen gelten. An die Stelle der Gibbs-Funktion tritt dann die *Helmholtz-Funktion* oder *freie Energie*

$$F \equiv U - TS; \tag{14.51}$$

U = innere Energie in kJ mol^{-1}.

14.8 Die Temperaturabhängigkeit der Gleichgewichtskonstanten

Für die Temperaturabhängigkeit der Gleichgewichtskonstanten läßt sich thermodynamisch die folgende, auf Van't Hoff zurückgehende Gleichung herleiten:

$$\frac{d(\ln K_p)}{dT} = \frac{\Delta H}{\mathscr{R}T^2}. \tag{14.52}$$

Ersetzt man K_p nach Gl. (14.15) durch K_c, so kann diese Gleichung auch auf Gleichgewichte in stark verdünnten Lösungen angewandt werden.

ΔH ist die Reaktionsenthalpie bei konstantem Druck und der Temperatur T des Gleichgewichts. Wie schon in Abschn. 14.5, betrachten wir auch hier ΔH als unabhängig vom Druck.

Für kleine Temperaturbereiche darf die Temperaturabhängigkeit von ΔH vernachlässigt werden. Dann ergibt die Integration von Gl. (14.52):

$$\ln K_p = -\frac{\Delta H}{\mathscr{R}T} + \text{const}. \tag{14.53}$$

Diese Gleichung entspricht weitgehend der von August vorgeschlagenen Formel für die Temperaturabhängigkeit des Dampfdruckes über einer Flüssigkeit (Grassmann [A. 5]).

Wie aus Gl. (14.53) zu ersehen ist, steigt bei exothermen Reaktionen ($\Delta H < 0$) $\ln K_p$ etwa linear mit $1/T$ an (Abb. 14.5). K_p nimmt also mit wachsender Temperatur ab; das Gleichgewicht verschiebt sich hier zugunsten der Ausgangsstoffe. Bei einer endothermen Reaktion ist es umgekehrt, d. h. eine Temperaturerhöhung verschiebt das Gleichgewicht zugunsten der Produkte. Dies stimmt vollkommen mit dem in Abschn. 14.4 erwähnten Prinzip von Le Châtelier überein. Physikalische und chemische Vorgänge zusammenfassend kann man auch sagen, daß bei wachsendem Energieangebot, d. h. wachsender Temperatur, sich das Gleichgewicht zugunsten der energiereichsten Stoffe bzw. Phasen verschiebt.

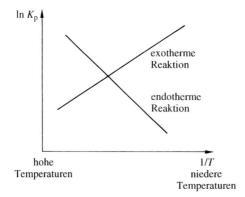

Abb. 14.5   Die Temperaturabhängigkeit der Gleichgewichtskonstanten.

Setzt man in Gl. (14.53) die Integrationsgrenzen T_1 und T_2 mit den entsprechen-den Gleichgewichtskonstanten $K_{p,1}$ und $K_{p,2}$ ein, so erhält man:

$$\ln \frac{K_{p,2}}{K_{p,1}} = -\frac{\Delta H}{\mathscr{R}}\left(\frac{1}{T_2} - \frac{1}{T_1}\right). \tag{14.54}$$

Sind die Gleichgewichtskonstanten bei zwei verschiedenen Temperaturen bekannt, so kann mit dieser Gleichung die Reaktionsenthalpie näherungsweise bestimmt werden.

Aufgaben zu Kapitel 14

14.1 Für das Gleichgewicht

$C_{fest} + CO_{2\,gas} \rightleftarrows 2\,CO_{gas}$

($\Delta H = 172 \cdot 10^3\ \text{kJ/kmol}$) wurden bei $T = 873$ K folgende Partialdrucke des Gleichgewichtsgases gemessen:

$p_{CO_2} = 0{,}77\ \text{N/m}^2$ und $p_{CO} = 0{,}23 \cdot 10^5\ \text{N/m}^2$,

Wie groß sind die Partialdrucke bei $T = 1073$ K und $p = 1$ bar?

15 Reaktionskinetik

Hansjörg Sinn

Literatur: Brötz [15.1]; Eggert/Hock/Schwab [15.2]; Fieser/Fieser [15.3]; Laidler [15.4]; Letort [15.5]; Ulich/Jost [15.6]; Cremer/Pahl [15.7]; Fitzer/Fritz [15.8]; Wedler [15.9]; Ebert [15.10]; Jakubith [15.11]; Ullmann [15.12]; Denbigh/Turner [15.13]; Dankwerts [15.14]; Hill [15.15]; Westerterp/Swaaij/Beenackers [15.16]; Chmiel [15.17]; Schügerl [15.18, 15.19].

15.1 Einleitung

Der eine chemische Anlage planende Ingenieur ist nicht nur an den Gleichgewichtszuständen und reversiblen Zustandsänderungen von Reaktionssystemen interessiert. Ebenso wichtig sind für ihn die Gesetze, nach denen ein System, das sich nicht im Gleichgewicht befindet, diesem zustrebt. Während bei der Behandlung von Gleichgewichtszuständen die Zeit nie auftritt, ist es Aufgabe der Kinetik, diese wirtschaftlich so bedeutende Größe in die Betrachtungen einzubeziehen.

Die Veränderung eines *chemischen Systems* wird durch die Veränderung seiner stofflichen Zusammensetzung angezeigt. Die Menge der vorhandenen Stoffe wird durch die Stoffmenge = Anzahl der Mole (Kilomole) der jeweiligen Komponenten angegeben.

Ist zu Beginn ($t = 0$) die Stoffmenge der Komponenten A: $N_{A,\alpha}$ und zur Zeit t dann $N_{A,\omega}$, so ist zum Zeitpunkt t der Umsatz der Komponente A:

$$U_{A,\alpha} = \frac{N_{A,\alpha} - N_{A,\omega}}{N_{A,\alpha}}. \tag{15.1}$$

Die Geschwindigkeit, mit der sich eine bestimmte Stoffmenge N ändert, ist gegeben durch dN/dt. Es interessiert aber immer die Stoffmengenänderung in einem gerade betrachteten System, z. B. dem Volumen V. Es ist

$$\frac{1}{V} \frac{dN_A}{dt} = r_{A,V} \tag{15.2}$$

die volumenbezogene Reaktionsgeschwindigkeit. Die volumenbezogene Reaktionsgeschwindigkeit hat die Dimension kmol/(m$^3 \cdot$ s).

Es kann zweckmäßig sein, wenn die Reaktion z. B. an einer Katalysatoroberfläche S stattfindet, eine auf die Oberfläche bezogene Reaktionsgeschwindigkeit r_s zu definieren:

$$\frac{1}{S} \frac{dN_A}{dt} = r_{A,S}; \tag{15.3}$$

r_s hat die Dimension kmol/(m$^2 \cdot$ s).

Bei einem Fluid/Festkörper-System, z. B. bei der Kohleverbrennung in der Wirbelschicht, kann es zweckmäßig sein, sich auf die Festkörpermasse W zu beziehen. Die Reaktionsgeschwindigkeit ist dann

$$\frac{1}{W}\frac{dN_A}{dt} = r_{A,W}. \tag{15.4}$$

Manchmal bezieht man sich nicht auf die Masse, sondern auf das Volumen des Festkörpers V_S; dann gilt

$$\frac{1}{V_S}\frac{dN_A}{dt} = r_{A,V_S}. \tag{15.5}$$

In allen Fällen ist die Reaktionsgeschwindigkeit eine Funktion des Systemzustandes, und diese Funktion ist von der ausgewählten Definition unabhängig. Es ändern sich lediglich Proportionalitätsfaktoren und Dimensionen, wenn zwischen den verschiedenen Definitionen gewechselt wird. Die Molzahländerung pro Zeit dN_A/dt ist gleich

$$\begin{aligned}
\frac{dN_A}{dt} &= (\text{Reaktionsvolumen des Fluid}) \cdot r_{A,V} \\
&= (\text{Masse des Festkörpers}) \qquad\;\; \cdot r_{A,W} \\
&= (\text{Oberfläche des Festkörpers}) \;\; \cdot r_{A,S} \\
&= (\text{Volumen des Festkörpers}) \quad\;\; \cdot r_{A,V_S}.
\end{aligned}$$

Bei homogenen Reaktionen wird immer $r_{A,V}$ betrachtet; bei heterogenen Reaktionen werden alle genannten Reaktionsgeschwindigkeiten benutzt. Es ist daher bei heterogenen Reaktionen besonders zu prüfen, welche Vereinbarung in einem Bericht oder in einer Publikation getroffen wurde.

Betrachten wir zunächst eine homogene Reaktion mit der allgemeinen Reaktionsgleichung

$$\nu_A A + \nu_B B + \ldots \rightarrow \nu_E E + \nu_F F + \ldots;$$

wobei A, B, ... Komponenten (Edukte) und E, F, ... Komponenten (Produkte) und ν die zugehörigen stöchiometrischen Verhältniszahlen sind, so erhalten wir als Reaktionsgeschwindigkeiten

$$r_{A,V} = \frac{1}{V}\frac{dN_A}{dt};$$

$$\vdots$$

$$r_{E,V} = \frac{1}{V}\frac{dN_E}{dt};$$

V = Gesamtvolumen des homogenen Reaktionsgemisches in m³;
N = Stoffmenge der betreffenden Komponente in kmol;
t = Zeit in s.

Die Reaktionsgeschwindigkeit r kann negative oder positive Werte annehmen, je nachdem, ob man sie auf Ausgangsstoffe oder Endstoffe (Produkte) bezieht. Es ist zu beachten, daß in vielen Lehrbüchern die Reaktionsgeschwindigkeit immer positiv angegeben wird; man schreibt dann beispielsweise

$$r_A = - \frac{1}{V} \frac{dN_A}{dt}. \tag{15.6}$$

Nur wenn $v_A = v_B = \ldots = v_E = v_F$ ist, sind die Absolutwerte der auf die verschiedenen Komponenten bezogenen Reaktionsgeschwindigkeiten gleich. Hingegen erhält man etwa bei der Ammoniaksynthese gemäß der Reaktionsgleichung $N_2 + 3H_2 \rightarrow 2NH_3$ die folgenden Geschwindigkeiten:

$$r_{N_2} = \frac{1}{V} \frac{dN_{N_2}}{dt} ; \quad r_{H_2} = \frac{1}{V} \frac{dN_{H_2}}{dt} ; \quad r_{NH_3} = \frac{1}{V} \frac{dN_{NH_3}}{dt}. \tag{15.7}$$

Da in derselben Zeit ein Molekül Stickstoff mit drei Molekülen Wasserstoff zu zwei Molekülen Ammoniak reagiert, ist

$$r_{N_2} = \frac{1}{3} r_{H_2} = -\frac{1}{2} r_{NH_3}. \tag{15.8}$$

Allgemein gilt also

$$\frac{1}{v_A} r_{A,V} = \frac{1}{v_B} r_{B,V} = \ldots = \frac{1}{v_E} r_{E,V} = \frac{1}{v_F} r_{F,V}. \tag{15.9}$$

Nur in dem speziellen Fall, daß das Volumen während des ganzen Reaktionsgeschehens konstant ist, kann das Volumen in das Differential mit einbezogen werden. Es ist dann

$$r_{A,V} = \frac{1}{V} \frac{dN_A}{dt} = \frac{d(N_A/V)}{dt} = \frac{dc_A}{dt}. \tag{15.10}$$

Ob diese Vereinfachung etwa bei Reaktionen in verdünnten Lösungen oder bei Gasreaktionen in Gefäßen mit starren Wänden erlaubt ist, muß in jedem Einzelfall geprüft werden. Es wird daher dringend geraten, immer von der Definitionsgl. (15.2) auszugehen.

Reaktionen bei nicht konstantem Volumen werden wir bei den Beispielen und in Kap. 16 kennenlernen.

Die Reaktionsgeschwindigkeit ist nicht nur konzentrations- und temperaturabhängig, sondern sie wird auch durch Nebenreaktionen, Katalysatoren usw. beeinflußt. Meist bringt erst eine theoretische und experimentelle Untersuchung des Mechanismus der betrachteten Reaktion Aufschluß über alle Einflußgrößen.

Man unterscheidet die Reaktionskinetik der homogenen und der inhomogenen Systeme. Im ersten Fall liegen alle Reaktionspartner in derselben Phase vor, bei heterogenen Systemen hingegen sind mindestens zwei Phasen an der Reaktion beteiligt.

Ein Beispiel für eine homogene Reaktion ist die Knallgasexplosion. Die beiden gasförmigen Reaktionspartner Sauerstoff und Wasserstoff sind vollkommen mischbar, so daß die Reaktion überall im System ablaufen kann.

Das Rosten von Eisen ist eine heterogene Reaktion, die nur auf der Oberfläche des Festkörpers stattfindet. Die reagierenden Sauerstoff- und Wassermoleküle müssen vor der Reaktion zu dieser Oberfläche transportiert werden. Viel mehr als bei den homogenen Reaktionen spielen hier Stofftransportvorgänge wie Diffusion und Konvektion eine geschwindigkeitsbestimmende Rolle.

Bei einer reaktionskinetischen Untersuchung wird nach Möglichkeit immer danach getrachtet, die beiden Einflußgrößen *physikalische Stofftransportgeschwindigkeit* und *chemische Reaktionsgeschwindigkeit* voneinander zu trennen. Wir werden uns zuerst mit den rein chemischen Reaktionsgesetzen befassen und deshalb nur homogene Systeme betrachten, bei denen die Konzentration jedes Reaktionsteilnehmers an allen Orten des Reaktionsraumes die gleiche ist. Die Besprechung heterogener Reaktionen wird in Abschn. 15.9 folgen.

Neben der Unterscheidung zwischen homogenen und heterogenen Reaktionen gibt es noch viele andere Merkmale, nach denen Reaktionen geordnet werden können. So wird vielfach je nach der Art der die Reaktion auslösenden Energie u. a. zwischen *thermischen, photochemischen, elektrochemischen Reaktionen* unterschieden.

Wie wir bereits sahen, ist jeder Formelumsatz mit einer Reaktionsenthalpie gekoppelt. Es gilt stets:

$$\frac{dN_A}{dt} \Delta H_R = \frac{dQ}{dt} \tag{15.11}$$

oder

$$\frac{1}{V} \frac{dN_A}{dt} \Delta H_R = \frac{1}{V} \frac{dQ}{dt}. \tag{15.12}$$

Wird der Ausdruck

$$\frac{1}{V} \frac{dQ}{dt} \quad \text{(Dimension)} \quad \frac{kJoule}{m^3 s} \tag{15.13}$$

durch die Dichte ρ in kg/m^3 und die spezifische Wärme bei konstantem Druck c_p in $kJ/kg \cdot K$ dividiert, so erhalten wir

$$\frac{dT}{dt} = \frac{dQ}{dt} \frac{1}{V} \frac{1}{\rho} \frac{1}{c_p} \quad \text{(Dimension)} \quad \frac{K}{s}. \tag{15.14}$$

Chemiker versuchen im Labor Reaktionen möglichst isotherm durchzuführen. Dies ist nur selten technisch möglich. Für die Ingenieure gibt Gl. (15.12) an, welche Wärmemengen sie beherrschen (zu- oder abführen) müssen.

Aus Gl. (15.14) erfahren wir, welche Temperaturveränderung das Reaktionssystem erfährt. Wie wir sehen werden, ist die Temperaturveränderung in die Reaktionsgeschwindigkeit rückgekoppelt. Im allgemeinen wird eine Reaktion durch Temperaturerhöhung um 10°C um den Faktor 2 bis 3 schneller.

Ein Molekül kann sich dadurch verändern, daß es in sich selbst die Bindungen und die Atome umordnet. Dazu braucht das Molekül nicht notwendigerweise einen weiteren Reaktionspartner. Ein Beispiel dafür ist die Umwandlung von Cyclopropan C_3H_6 in Propen C_3H_6. Dies ist eine monomolekulare Reaktion.

Wenn zwei Moleküle miteinander unter Austausch von Atomen reagieren, so müssen sie vor allen Dingen miteinander in Berührung kommen, d. h. sich stoßen.

Wenn an einem solchen Stoß zwei Moleküle beteiligt sind, dann handelt es sich um eine bimolekulare Reaktion. Als eine solche Reaktion ist beispielsweise die Bildung von Jodwasserstoff aus Wasserstoff und Jod angesehen worden:

$$H_2 + I_2 \rightarrow 2\,HI\,.$$

Neuere Untersuchungen zeigen allerdings, daß hier kompliziertere Vorgänge als nur das Aufeinandertreffen eines Wasserstoff- und eines Jodmoleküls ablaufen.

Es könnte auch trimolekulare Reaktionen geben; dies ist jedoch nicht sicher. Noch höhermolekulare Reaktionen gibt es nicht.

Über die Art und Weise, wie zwei Moleküle oder Atome im Hochvakuum zusammenstoßen und reagieren können, hat man mit Hilfe der *Molekularstrahlmethode* Einblick gewinnen können. Es werden zwei Molekularstrahlen erzeugt, die sich im Hochvakuum kreuzen. Es kommt zu elastischen, inelastischen und reaktiven Stößen. Als Detektor wird häufig ein *Massenspektrometer* verwendet, mit dessen Hilfe sowohl die vorliegenden Spezies identifiziert als auch ihre Häufigkeit bestimmt werden, beides in Abhängigkeit vom Winkel gegenüber den gekreuzten Molekularstrahlen. Aus der Winkelverteilung der gestoßenen Eduktteilchen sowie der Reaktionsproduktteilchen kann man auf den Stoßmechanismus rückschließen. Obwohl die tatsächlichen Verhältnisse realer Systeme (hohe Drucke, Anwesenheit von Lösungsmittel) den Bedingungen der Molekularstrahluntersuchung nicht entsprechen, werden erstaunlich oft experimentell Geschwindigkeitsgesetze, also Ausdrücke für die Reaktionsgeschwindigkeit r, gefunden, die eine Form haben, die mono- oder bimolekularen Reaktionen entsprechen könnte. Mit aller Entschiedenheit muß aber betont werden, daß das experimentell ermittelte Geschwindigkeitsgesetz keine zwingenden Rückschlüsse auf die Molekularität einer Reaktion erlaubt. Die Molekularität ist auch für die reaktionstechnischen Fragestellungen des Ingenieurs ohne Bedeutung.

15.2 Geschwindigkeitsausdruck und Reaktionsordnung

Das Geschwindigkeitsgesetz (Geschwindigkeitsausdruck) muß immer experimentell ermittelt werden. Nach Möglichkeit findet die *experimentelle Ermittlung* bei verschiedenen Temperaturen, aber jeweils isotherm statt. Man erhält Tabellen oder Kurven, die Konzentrations/Zeit-Paare enthalten. Aus solchen Kurven können stets auch für eine bestimmte Konzentration die Differentialquotienten dc/dt entnommen werden.

Das Volumen ist zu Beginn der Reaktion und am Ende der Reaktion zu messen, um zu entscheiden, ob eine volumenkonstante Reaktion oder eine Reaktion mit sich änderndem Volumen vorliegt. Ändert sich das Reaktionsvolumen, so ist auch das Volumen als Funktion der Zeit zu messen. Nicht selten kann aus der Volumenveränderung auf die Konzentration geschlossen werden, was die Messung wieder vereinfacht (oft Methode der Wahl bei Polyreaktionen). Auch bei kleinen Ansätzen genügt es nicht immer, die Isothermie durch einen Thermostaten sicherstellen zu wollen. Die Isothermie muß überprüft und eine Zeit/Temperatur-Kurve aufgenommen werden. Schließlich stehen für die Reaktorauslegung Wertetripel

Konzentration   –   Temperatur   –   Reaktionsgeschwindigkeit

zur Verfügung. Diese Wertetripel sind zusammen mit der stöchiometrischen Gleichung (von Anfang an ist auf die Nebenprodukte zu achten, insbesondere ist nach nicht erwarteten Nebenprodukten durch sorgfältige Analyse und Massenbilanzierung zu suchen) inklusive Reaktionsenthalpie das eigentliche Basismaterial für die Reaktorauslegung und die Optimierung der Reaktionsführung.

Gelingt es, aus solchen Wertetripeln einen Geschwindigkeitsausdruck anzugeben, so hat dieser oft die Form

$$r_v = k \, c_A^\alpha \, c_B^\beta \, c_C^\gamma \ldots \tag{15.15}$$

α = Ordnung der Reaktion in Bezug auf die Komponente A;
β = Ordnung der Reaktion in Bezug auf die Komponente B;
γ = Ordnung der Reaktion in Bezug auf die Komponente C usw.;

Die Summe aus α, β, γ ... ist die Gesamtordnung der Reaktion.

Es kommt vor, daß die Exponenten mit den stöchiometrischen Verhältniszahlen übereinstimmen, im Sinne von $\alpha = v_A$, $\beta = v_B$, $\gamma = v_C$ ...; dies ist aber nicht immer der Fall. Die experimentell ermittelten Exponenten müssen keineswegs ganzzahlig sein. Es wurde schon erwähnt, daß die Ordnung der Reaktion kaum Rückschlüsse auf die Molekularität und den Mechanismus zuläßt. Treten gebrochene Exponenten auf, so kann man ganz sicher sein, daß sich hinter dem Geschwindigkeitsgesetz eine Reihe von „Elementarreaktionen" verbirgt.

Nicht allen Reaktionen kann in der bisher beschriebenen Art eine Reaktionsordnung zugeteilt werden. Für die Bildung von Bromwasserstoff aus Brom und Wasserstoff wurde beispielsweise gefunden:

$$\frac{d\,c_{HBr}}{dt} = \frac{k_1 \, c_{H_2} \sqrt{c_{Br_2}}}{1 + k_2 \dfrac{c_{HBr}}{c_{Br_2}}}. \tag{15.16}$$

Es handelt sich offenbar um das Geschwindigkeitsgesetz einer Bruttoreaktion, die aus mehreren Elementarreaktionen zusammengesetzt ist. Eine einheitliche Reaktionsordnung kann nicht angegeben werden.

k ist die Geschwindigkeitskonstante der Bruttoreaktion. In vielen Fällen hängt k exponentiell von der Temperatur ab und steigt mit der Temperatur. Es gibt jedoch (wenige) Ausnahmen. Die Temperaturabhängigkeit von k muß daher gemessen und überprüft werden.

Da die Reaktionsgeschwindigkeit stets eine bestimmte Dimension hat, z. B. ist sie für r_V kmol/m$^3 \cdot$ s, ändert sich die Dimension der Geschwindigkeitskonstanten k mit der Reaktionsordnung.

Für eine Reaktion erster Ordnung ist   die Dimension von k $= s^{-1}$;
Für eine Reaktion zweiter Ordnung ist die Dimension von k $= m^3/$kmol $\cdot$ s;
Für eine Reaktion z-ter Ordnung ist   die Dimension von k $= (kmol/m^3)^{1-z} \, s^{-1}$.

Man kann zunächst versuchen, ob sich erhaltene Meßwerte im Sinne von

$$r_V = \frac{1}{V}\frac{dN_A}{dt} = k\,c_A^{\alpha}\,c_B^{\beta}\,c_C^{\gamma}\ldots \qquad \text{vgl. (15.15)} \tag{15.17}$$

darstellen lassen. Durch Logarithmieren ergibt sich

$$\ln r_V = \ln k + \alpha \ln c_A + \beta \ln c_B + \ldots \tag{15.18}$$

Führt man nun die Messungen so durch, daß c_B, c_C usw. konstant gehalten werden, (indem man z. B. $c_B \gg c_A$ und $c_C \gg c_A$ macht), so ergibt sich bei Darstellungen der Messungen $\ln r_V$ versus $\ln c_A$ eine Gerade mit der Neigung α. Damit ist die Reaktionsordnung in Bezug auf c_A ermittelt und (wenn sich eine Gerade ergibt) die Berechtigung der Potenzdarstellung gezeigt.

Zahlreiche Beispiele, wie vorgeschlagene Geschwindigkeitsausdrücke getestet werden können, finden sich in Lehrbüchern der Reaktionstechnik und Reaktionskinetik, bei [16.4], [15.4] sowie für den PC aufbereitet bei Ebert/Ederer [15.10].

Wir betonen nochmals, daß die Abhängigkeit der Reaktionsgeschwindigkeit von Konzentrationen und Temperatur gemessen werden muß und daß die Grundlage für reaktionstechnische Überlegungen und Reaktordimensionierungen *nur die experimentellen Daten* sein können und dürfen. Gleichwohl ist es hilfreich, die häufig gefundenen Abhängigkeiten auf der Basis molekularer Vorstellungen zu interpretieren. Es handelt sich um die Abhängigkeit der Reaktionsgeschwindigkeit von der Konzentration und um die Abhängigkeit von der Temperatur.

15.3 Die Konzentrationsabhängigkeit der Reaktionsgeschwindigkeit

Wir betrachten die einsinnig verlaufende Reaktion $2\,A \to A_2$. Das einfachste Modell stellt sich die Moleküle (Atome) A als starre Kugeln vor, die zusammenstoßen müssen, um zu $A-A = A_2$ reagieren zu können. Die Reaktionsgeschwindigkeit zu $A-A$ sollte dann gegeben sein durch die Zahl Z_{AA} der Stöße zwischen Molekülen (Atomen) durch Zeit, multipliziert mit dem Bruchteil F der Stöße, die so erfolgen, daß tatsächlich eine Reaktion eintritt.

$$\frac{1}{V}\frac{dN_A}{dt} = -2\frac{1}{V}\frac{dN_{AA}}{dt} = r_V. \tag{15.19}$$

Die Anzahl der Stöße zwischen A und A sei pro Kubikmeter und Sekunde Z_{AA}; dann ist die Reaktionsgeschwindigkeit der *Elementar*reaktion

$$r_{V,E} = {}^1Z_{AA}F. \tag{15.20}$$

Ideale Verhältnisse findet man bei Gasreaktionen. Liegt ein Gas unter Normalbedingungen vor, dann befinden sich im molaren Volumen von 22,4 $(dm)^3$ bekanntlich $6{,}022 \cdot 10^{23}$ Gasmoleküle, so daß einem Molekül ein Volumen von $37 \cdot 10^{-21}$ cm^3 zur Verfügung steht. Bei kubisch-dichtester Anordnung ergibt sich daraus ein Abstand von $3{,}33 \cdot 10^{-7}$ cm.

Aus der kinetischen Gastheorie weiß man, daß der Bruchteil der Moleküle mit einer Energie zwischen ε und $(\varepsilon + d\varepsilon)$ der Beziehung genügt:

$$\frac{N(\varepsilon)}{N} d\varepsilon = 2\pi \sqrt{\left(\frac{1}{\pi k T}\right)^3} \sqrt{\varepsilon} \, e^{-\frac{\varepsilon}{kT}} d\varepsilon. \tag{15.21}$$

Dabei ist $\varepsilon_{max} = 1/2 \, kT$ (vgl. Abb. 15.1) und k die Boltzmann-Konstante.

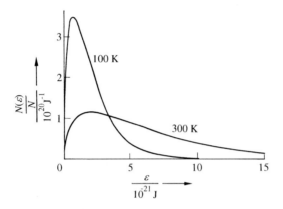

Abb. 15.1   Energieverteilung nach der Boltzmann-Statistik bei verschiedenen Temperaturen.

Durch Substitution der Energie durch die Geschwindigkeit erhält man die Geschwindigkeitsverteilung

$$\frac{N(w)}{N} dw = \sqrt{\left(\frac{m}{2\pi k T}\right)^3} \, 4\pi w^2 \, e^{-\frac{m w^2}{2kT}} dw. \tag{15.22}$$

In der Abb. 15.2 ist die Geschwindigkeitsverteilung für Stickstoffmoleküle angegeben.

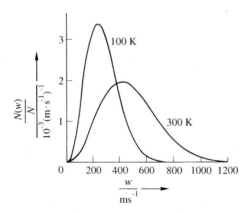

Abb. 15.2   Geschwindigkeitsverteilung für Stickstoffmoleküle bei verschiedenen Temperaturen.

Wir sehen, daß die mittlere Geschwindigkeit einer Stickstoffmolekel bei Normalbedingungen etwa 450 m/s beträgt. Wir müssen deshalb davon ausgehen, daß die Gasmoleküle pro Zeiteinheit eine sehr große Zahl von Zusammenstößen erleiden.

Solche Zusammenstöße sind ja offensichtlich die Grundvoraussetzung für eine Reaktion. Stoßen zwei Moleküle zusammen, so liegt eine bimolekulare Reaktion vor. Die Anzahl der Stöße läßt sich berechnen:

Die mittlere freie Weglänge eines Moleküls sei λ. Der Wirkungsquerschnitt sei $\xi = \pi d^2$. Zwischen zwei Stößen wird offenbar das Volumen $\lambda \xi$ durchlaufen, in dem sich genau ein, nämlich das gestoßene Teilchen, befindet. Damit ergibt sich die Teilchendichte zu

$$N = \frac{1}{\xi \lambda} \tag{15.23}$$

oder die Weglänge zu

$$\lambda = \frac{1}{N \xi} . \tag{15.24}$$

Berücksichtigt man (s. Lehrbücher der physikalischen Chemie), daß auch das gestoßene Teilchen eine Geschwindigkeit hat, so ergibt sich, daß die mittlere freie Weglänge um den Faktor $1/\sqrt{2}$ kleiner ist als angegeben. Die so korrigierte freie Weglänge ist die

Maxwell'sche mittlere freie Weglänge

$$\lambda_M = \frac{1}{\sqrt{2} \, N \xi} . \tag{15.25}$$

Durch Differentiation des o. a. Ausdruckes (Gl. (15.22)) für die Geschwindigkeitsverteilung und Nullsetzen der ersten Ableitung erhält man die *häufigst* auftretende Geschwindigkeit w_{max}:

$$w_{max} = \sqrt{\frac{2 \mathscr{R} T}{\mathscr{M}}} ; \tag{15.26}$$

M = molare Masse.

Zur Ermittlung der mittleren Geschwindigkeit wird die Summe aller Geschwindigkeiten durch die Teilchenzahl dividiert (siehe Lehrbücher der Physikalischen Chemie). Man erhält

$$w = \sqrt{\frac{8 \mathscr{R} T}{\pi \mathscr{M}}} . \tag{15.27}$$

Ist N die Teilchenzahldichte, dann befinden sich im Volumen V gerade $N V$ Moleküle. In der Zeit dt legen sie insgesamt den Weg

$$s = N V w \, dt \tag{15.28}$$

zurück. Dieser Weg ergibt sich aber auch aus der mittleren freien Weglänge λ_M und der Stoßzahl Z_{AA}; Die Stoßzahl gibt an, wieviele Zusammenstöße sich in dem Gas

A ereignen. Durch jeden Zusammenstoß wird der freie Weg zweier Moleküle beendet. Es ist der Weg s also auch

$$s = 2 Z_{AA} V \lambda_M \, dt. \tag{15.29}$$

Gleichsetzung der beiden Ausdrücke für den Gesamtweg s unter Berücksichtigung von

$$w = \sqrt{\frac{8 \mathscr{R} T}{\pi \mathscr{M}}} \quad \text{und} \quad \lambda_M = \frac{1}{\sqrt{2} \, N \pi \, d^2} \tag{15.30}$$

ergibt die Stoßzahl Z_{AA}:

$$Z_{AA} = 2 N^2 \pi \, d^2 \sqrt{\frac{\mathscr{R} T}{\pi \mathscr{M}}} = 2 N_L^2 \, c_A^2 \, \pi \, d^2 \sqrt{\frac{\mathscr{R} T}{\pi \mathscr{M}}}, \tag{15.31}$$

denn $N = N_L \, c_A$.

Liegt eine Gasmischung aus A und B vor und fragt man nach den Stößen zwischen A und B, so ergibt sich

$$Z_{AB} = 2 N_A N_B \pi \, d^2 \sqrt{\frac{2 k T}{\pi \mu}} = 2 N_L \, c_A \, N_L \, c_B \, \pi \, d^2 \sqrt{\frac{2 k T}{\pi \mu}}. \tag{15.32}$$

wobei $N_L k T = \mathscr{R} T$ und $\mu = m_A \cdot m_B / (m_A + m_B)$ die reduzierte Masse ist. Ferner ist $N_L m = \mathscr{M}$.

Wir halten fest, daß bei Proportionalität zwischen Reaktionsgeschwindigkeit und Stoßzahl bei *bimolekularer Elementarreaktion* bei der Reaktion A + A → A-A eine *Proportionalität* zwischen *Reaktionsgeschwindigkeit und dem Quadrat der Konzentration* entsteht und daß bei einer Reaktion A + B → A-B eine *Proportionalität* zwischen *Reaktionsgeschwindigkeit und dem Produkt der Konzentrationen* entsteht. Also

$$\frac{1}{2} \frac{1}{V} \frac{dN_A}{dt} = -\frac{1}{V} \frac{dN_{AA}}{dt} = r_{AA} = k \, c_A^2. \tag{15.33}$$

Für die Reaktion A + B → A-B gilt entsprechend

$$\frac{1}{V} \frac{dN_A}{dt} = \frac{1}{V} \frac{dN_B}{dt} = -\frac{1}{V} \frac{dN_{AB}}{dt} = r_{AB} = k \, c_A \, c_B. \tag{15.34}$$

Offensichtlich haben die wie vorstehend berechneten Stoßzahlen nur eine sehr geringe Temperaturabhängigkeit; sie sind proportional $\sqrt{T}$. Wir untersuchen daher im nächsten Kapitel, ob die schon angedeutete starke Temperaturabhängigkeit der Geschwindigkeit durch eine Temperaturabhängigkeit des Anteiles F (der Stöße, die tatsächlich zur Reaktion führen) verstanden werden kann, denn F findet sich offenbar in der Geschwindigkeitskonstante k wieder.

Auf der Basis der Betrachtung von Elementarreaktionen wird häufig eine sogenannte kinetische Ableitung des uns schon bekannten Massenwirkungsgesetzes angeboten. Betrachten wir die Reaktion

$$A + B \rightleftharpoons A\text{-}B$$

als Gleichgewichtsreaktion, so gilt für die Bildungsreaktion von A-B:

$$r_{AB} = \overrightarrow{k}_{AB} c_A c_B; \tag{15.35}$$

Für die Zerfallsreaktion von A-B (Bildung von A und B aus A-B) gilt

$$r_A = r_B = \overleftarrow{k}_A c_{AB}. \tag{15.36}$$

Im Gleichgewicht muß sich in der Zeiteinheit gerade soviel A B bilden wie A B zerfällt, also

$$\frac{c_A c_B}{c_{AB}} = \frac{\overleftarrow{k}_A}{\overrightarrow{k}_{AB}} = K, \tag{15.37}$$

das Massenwirkungsgesetz.

Diese Ableitung ist sehr einfach, setzt aber die Überlegungen zur mikroskopischen Reversibilität voraus, und die Anwendung auf Vielkomponentensysteme ist nicht unmittelbar einzusehen. Wir haben deshalb die thermodynamische Ableitung des Massenwirkungsgesetzes vorgezogen. Wir sehen aber nun, daß bei den Elementarreaktionen die kinetische Ableitung völlig gleichberechtigt ist. Die Gleichgewichtskonstante ergibt sich einfach als Quotient der Geschwindigkeitskonstanten der Hin- und Rückreaktion:

$$K = \frac{\overrightarrow{k}}{\overleftarrow{k}}. \tag{15.38}$$

Nochmals angewendet auf die Reaktion $2\,A \rightleftarrows A\text{-}A$ ergibt sich:

Hinreaktion: $\qquad -\dfrac{dN_A}{dt} = \overrightarrow{k}_{A-A}\, c_A^2 = 2\,\dfrac{dN_{A-A}}{dt}$

Rückreaktion: $\qquad \dfrac{dN_A}{dt} = \overleftarrow{k}_A\, c_{A-A} = -2\,\dfrac{dN_{A-A}}{dt}. \tag{15.39}$

Im Gleichgewicht ist $\overrightarrow{k}_{A-A}\, c_A^2 = \overleftarrow{k}_A\, c_{A\text{-}A}$, woraus folgt:

$$\frac{c_A^2}{c_{AA}} = \frac{\overleftarrow{k}}{\overrightarrow{k}} = K. \tag{15.40}$$

15.4 Die Temperaturabhängigkeit der Geschwindigkeitskonstanten

Viel einfacher als die Beziehung zwischen Reaktionsgeschwindigkeit und Konzentration läßt sich der Zusammenhang zwischen der Reaktionstemperatur und der Geschwindigkeitskonstanten darstellen. Er ist nämlich in beinahe allen Fällen durch ein einziges Gesetz, die *Arrhenius-Gleichung*, gegeben. Ausnahmen davon, die etwa bei Hochtemperatur-Reaktionen oder bei Kettenreaktionen auftreten, werden wir aber auch kennenlernen. Die Arrhenius-Gleichung gestattet uns zudem, den für die gesamte Reaktionskinetik so wichtigen Begriff der *Aktivierungsenergie* herzuleiten.

Mit Hilfe von empirischen Daten stellte Arrhenius im Jahre 1889 für die Temperaturabhängigkeit der Geschwindigkeitskonstanten die folgende Gleichung auf:

$$\frac{d(\ln k)}{dT} = \frac{E}{\mathcal{R}T^2};\tag{15.41}$$

E = molare Energie in kJ kmol^{-1}

Die Integration dieser Gleichung liefert unter der meist näherungsweise zutreffenden Annahme E = konstant:

$$\ln k = -\frac{E}{\mathcal{R}T} + B \qquad \text{oder} \qquad k = k_0\,e^{-\frac{E}{\mathcal{R}T}};\tag{15.42}$$

k_0, B = Konstanten ($k_0 = \exp B$).

Die Schreibweise $\ln k$ ist nicht ganz korrekt, da unter dem Logarithmus nur eine unbenannte Zahl stehen sollte. Formell kann diese Schwierigkeit dadurch beseitigt werden, daß k durch die Einheit der entsprechenden Geschwindigkeitskonstanten dividiert wird, z. B. $1\,\mathrm{s}^{-1}$ bei Reaktionen erster Ordnung. Man würde dann in diesem Falle schreiben: $\ln(k/\mathrm{s}^{-1})$. Der Einfachheit halber wird jedoch im folgenden die Schreibweise $\ln k$ beibehalten.

Die Ähnlichkeit zwischen der Gl. (15.41) und der van't Hoffschen Gl. (14.52) für die Temperaturabhängigkeit der Gleichgewichtskonstanten ist auffallend.

Bei der Ableitung des Massenwirkungsgesetzes (Abschn. 15.3) haben wir gesehen, daß die Gleichgewichtskonstante K_p der Quotient aus den Geschwindigkeitskonstanten für die Hin- und die Rückreaktion ist ($K_p = \vec{k}/\overleftarrow{k}$). Wir können jetzt Gl. (15.41) sowohl für die Hinreaktion [$d(\ln \vec{k})/dT = \vec{E}/\mathcal{R}T^2$] wie für die Rückreaktion [$d(\ln \overleftarrow{k})/dT = \overleftarrow{E}/\mathcal{R}T^2$] anschreiben und erhalten durch Subtraktion der beiden Ausdrücke:

$$\frac{d(\ln \vec{k} - \ln \overleftarrow{k})}{dT} = \frac{d(\ln \vec{k}/\overleftarrow{k})}{dT} = \frac{d(\ln K_p)}{dT} = \frac{\vec{E} - \overleftarrow{E}}{\mathcal{R}T^2}.\tag{15.43}$$

Ein Vergleich von Gl. (15.43) mit Gl. (14.52) ergibt die wichtige Beziehung

$$\Delta H = \vec{E} - \overleftarrow{E};\tag{15.44}$$

ΔH = Reaktionsenthalpie in kJ kmol^{-1}.

Zur Deutung dieser Gleichung nehmen wir die einfache Reaktion A + B → C. Die Reaktionsenthalpie ist die Differenz der Enthalpie der Produkte H_ω und der Enthalpie der Ausgangsstoffe H_α. Aus Abb. 15.3 ersehen wir nun, daß der Übergang vom Energieniveau α zum Niveau ω nicht direkt begangen werden kann, sondern daß den Molekülen zuerst die Energie $\vec{E}$, welche Aktivierungsenergie genannt wird, zugeführt werden muß. Im aktivierten Zustand (Übergangszustand) reagieren die Moleküle miteinander, und dabei wird pro kilomol Produkt die Energie $\overleftarrow{E}$ freigesetzt.

Wird beispielsweise in irgendeiner Reaktion atomares Chlor gebraucht, so wird ein Teil der Aktivierungsenergie zur Spaltung oder auch nur zur Lockerung der

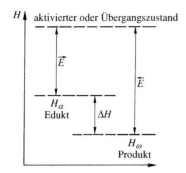

Abb. 15.3   Die Aktivierungsenergie.

Bindung im Chlormolekül Cl_2 verwendet. Bei der schon erwähnten Reaktion $H_2 + I_2 \rightarrow 2\,HI$ werden mit der Aktivierungsenergie vor allem die Jodmoleküle durch teilweise Aufspaltung der Molekülbindung in den reaktionsfähigen Zustand versetzt.

Bei adiabat durchgeführten, exothermen Reaktionen genügt eine einmalige Aktivierung der Ausgangsstoffe; nachher unterhält sich die Reaktion ohne weitere Energiezufuhr von selbst, d. h. mit der freiwerdenden Reaktionswärme werden stets neue Ausgangsmoleküle aktiviert.

Für einfache Gasreaktionen läßt sich die Arrhenius-Gleichung mit Hilfe der kinetischen Gastheorie herleiten. Wir betrachten dazu die bimolekulare Reaktion $A + A \rightarrow A_2$, d. h. beim Zusammenstoßen vereinigen sich jeweils zwei gleiche Ausgangsmoleküle A zu einem neuen Molekül A_2.

Zur Durchführung der Rechnung ist es notwendig, einerseits die gesamte Anzahl der Zusammenstöße zweier A zu kennen und andererseits zu wissen, wie viele dieser Zusammenstöße erfolgreich sind, d. h. zu einem Molekül A_2 führen.

Für die Zahl der Stöße haben wir bereits hergeleitet:

$$Z_{AA} = 2\,N^2\,\pi\,d^2\,\sqrt{\frac{\mathscr{R}T}{\pi\,\mathscr{M}}} = 2\,N_L^2\,c_A^2\,\pi\,d^2\,\sqrt{\frac{\mathscr{R}T}{\pi\,\mathscr{M}}}\,, \qquad (15.45)$$

denn $N = N_L\,c_A$.

$$Z_{AA} = 3.54\,\sqrt{\frac{\mathscr{R}T}{\mathscr{M}}}\,d^2\,N_L^2\,c_A^2\,. \qquad (15.46)$$

Nach den obigen Darlegungen führen nur diejenigen Zusammenstöße zu einer neuen Verbindung, bei denen die beteiligten Moleküle die Aktivierungsenergie $\vec{E}$ besitzen. Der Bruchteil aller Moleküle, welche pro Kilomol bei der Temperatur T mindestens diese Aktivierungsenergie besitzen, ist durch den Boltzmann-Faktor $\exp(-\vec{E}/RT)$ (hierzu Grassmann [A. 5, § 5.6]) gegeben. Mit steigender Temperatur nimmt also die Anzahl reaktionsfähiger Moleküle exponentiell zu. Der Boltzmann-Faktor entspricht also unserem F in Gl. (15.20).

Durch den Zusammenstoß zweier Moleküle A wird ein Molekül A-A gebildet, was wir bei der Ableitung von Z_{AA} bereits berücksichtigt haben.

Durch Multiplikation von Z_{AA} mit F, dem Boltzmann-Faktor, erhält man jetzt die Anzahl der zur Reaktion führenden Stöße:

$$Z = Z_{AA}\, e^{-\frac{\vec{E}}{\mathscr{R}T}} = 3{,}54 \sqrt{\frac{\mathscr{R}T}{\mathscr{M}}}\; d^2 N_L^2 c_A^2\, e^{-\frac{\vec{E}}{\mathscr{R}T}} = a\sqrt{T}\, c_A^2\, e^{-\frac{\vec{E}}{\mathscr{R}T}} \; ; \quad (15.47)$$

a faßt sämtliche für eine bestimmte Molekülart konstanten Faktoren zusammen.

Die von uns gewählte bimolekulare Reaktion verläuft nach dem Reaktionsgesetz zweiter Ordnung; aus diesem Gesetz erhält man für eine Anzahl erfolgreicher Zusammenstöße (pro Kubikmeter und Sekunde)

$$Z = -\frac{1}{2}\frac{dc_A}{dt}\, N_L = \frac{1}{2}\, k\, c_A^2\, N_L . \qquad (15.48)$$

Der Faktor $1/2$ berücksichtigt, daß für einen Zusammenstoß jeweils zwei Moleküle A nötig sind. Mit Gl. (15.47) und (15.48) ergibt sich für die Geschwindigkeitskonstante:

$$k = \frac{2\,a}{N_L}\sqrt{T}\, e^{-\frac{\vec{E}}{\mathscr{R}T}} = b\sqrt{T}\, e^{-\frac{\vec{E}}{\mathscr{R}T}} \; ; \qquad (15.49)$$

$b = 2\,a/N_L$.

Diese molekularkinetische Berechnung der Geschwindigkeitskonstanten lieferte also im wesentlichen die Arrhenius-Gl. (15.42). Die einzige Abweichung besteht darin, daß die Konstante k_0 durch den temperaturabhängigen Ausdruck $b\sqrt{T}$ ersetzt wurde. Daß der Unterschied allerdings nicht groß ist, sieht man durch Vergleich der Gl. (15.41) mit der logarithmierten und dann nach T abgeleiteten Gl. (15.49):

$$\frac{d(\ln k)}{dT} = \frac{\frac{1}{2}\mathscr{R}T + \vec{E}}{\mathscr{R}T^2}. \qquad (15.50)$$

Für den Großteil der Reaktionen ist $1/2\,\mathscr{R}T \ll E$, $(1/2\,\mathscr{R}T \approx 300$ bis 500 kcal/kmol; $E \approx 10\,000$ bis $100\,000$ kcal/kmol)[1], und damit erhält man auch auf diesem Wege die Arrhenius-Gleichung.

Erst bei hohen Temperaturen werden sich dann, wie schon einleitend bemerkt wurde, größere Abweichungen ergeben.

Die experimentell bestimmte Reaktionsgeschwindigkeit kann von der gleichen Größenordnung wie die molekularkinetisch berechnete sein; im allgemeinen ist sie aber kleiner. Oft ist es möglich, dies mit der *sterischen Hinderung* zu erklären. Darunter versteht man die Tatsache, daß nicht alle Zusammenstöße, bei denen die Aktivierungsenergie groß genug ist, erfolgreich sind, sondern daß die Moleküle zusätzlich noch an ganz bestimmten Stellen aufeinander treffen müssen. So ist es etwa beim Zerfall vonn Jodwasserstoff nach der Gleichung $HI + HI \rightarrow H_2 + I_2$

---

[1] 1 kcal = $4.187 \cdot 10^3$ J.

sicherlich am günstigsten, wenn die beiden Moleküle so zusammenstoßen, daß sich sowohl die zwei Wasserstoffatome als auch die zwei Jodatome direkt berühren.

Ist die molekularkinetisch berechnete Geschwindigkeit einer Reaktion viel kleiner als die gemessene, so deutet dies, wie wir später noch sehen werden, auf einen *katalytischen Einfluß* hin.

Für graphische Darstellungen eignet sich am besten die logarithmische Form der Arrhenius-Gleichung:

$$\ln k = \ln k_0 - \frac{\vec{E}}{\mathscr{R}T}. \tag{15.51}$$

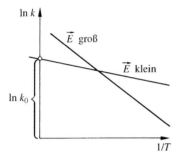

Abb. 15.4   Die Temperaturabhängigkeit der Geschwindigkeitskonstanten.

Wie in Abb. 15.4 gezeigt ist, trägt man auf der Abzisse $(1/T)$ und auf der Ordinate $(\ln k)$ auf. Die Steigung der entstehenden Geraden gibt dann den Wert $(-\vec{E}/\mathscr{R})$ an, während man aus dem Schnittpunkt mit der $(\ln k)$-Achse k_0 erhält.

Die Aktivierungsenergie $\vec{E}$ wird aus zwei experimentell für die Temperaturen T_1 und T_2 ermittelten Werte von k mit der folgenden Formel berechnet:

$$\ln \frac{k_1}{k_2} = \frac{\vec{E}}{\mathscr{R}} \frac{T_1 - T_2}{T_1 T_2}. \tag{15.52}$$

15.5 Reaktionsbeispiele

Reaktionen erster Ordnung

In ähnlicher Weise, wie nur Stöße mit einem Energieinhalt oberhalb einer bestimmten Grenze zur Reaktion führen, können auch einzelne Moleküle nur von einem bestimmten Anregungszustand aus zerfallen oder sich umlagern.

Eine Umlagerungsreaktion ist beispielsweise die Umlagerung von Cyclopropan unter Ringöffnung zu Propen: $(CH_2)_3 \rightarrow CH_3-CH=CH_2$. Zerfallsreaktionen verlaufen häufig, aber nicht immer, als Reaktionen erster Ordnung.

Als Beispiel für eine Reaktion erster Ordnung betrachten wir die Reaktion

$$2\,N_2O_5 \rightarrow 2\,N_2O_4 + O_2\,,$$

verallgemeinert

$$A \rightarrow \nu_D\,D + \nu_E\,E\,.$$

Für jede Temperatur ist der Bruchteil der Moleküle, die über die zum Zerfall notwendige Energie verfügen, genau festgelegt. In jedem infinitesimalen Zeitintervall zerfällt deshalb ein ganz bestimmter Anteil der vorhandenen Moleküle, und für die Zerfallsgeschwindigkeit von A ergibt sich ausgedrückt durch die Konzentration c_A des Stoffes A:

$$\frac{dc_A}{dt} = -k\,c_A\,. \tag{15.53}$$

Ist $c_{A,\,a}$ die Anfangskonzentration von A, so folgt hieraus durch Integration:

$$c_A = c_{A,\,a}\,e^{-kt}\,. \tag{15.54}$$

Den zeitlichen Anstieg der Konzentration c_D des Produktes D erhält man, indem man aufgrund der Beziehung

$$c_D = c_{D,\,a} + \nu_D\,(c_{A,\,a} - c_A) \quad \text{oder} \quad c_A = c_{A,\,a} - \frac{1}{\nu_D}\,(c_D - c_{D,\,a})\,; \tag{15.55}$$

$c_{D,\,a}$ = Anfangskonzentration von D in $kmol/m^3$,

die Konzentration c_A durch c_D ausdrückt. Damit erhält man

$$c_D - c_{D,\,a} = \nu_D\,c_{A,\,a}\,[1 - e^{-kt}]\,. \tag{15.56}$$

Wie beim radioaktiven Zerfall nimmt die Konzentration der Komponenten A also exponentiell mit der Zeit ab (Abb. 15.5).

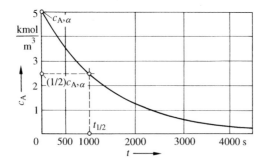

Abb. 15.5   Verlauf der Reaktion erster Ordnung $2\,N_2O_5 \rightarrow 2\,N_2O_4 + O_2 \ldots$

Als *Halbwertszeit der Reaktion* bezeichnet man diejenige Zeit, in der sich die Konzentration der Ausgangskomponente auf die Hälfte verringert hat:

$$c_A = \frac{1}{2}\,c_{A,\,a}\,.$$

Damit ergibt sich aus Gl. (15.54):

$$t_{1/2} = \frac{1}{k} \ln 2 = \frac{0,693}{k}.$$

(15.57)

Alle Reaktionen, die nach der Gl. (15.53) ablaufen, sind von erster Ordnung. Von Bedeutung für die Einteilung nach Reaktionsordnungen ist also nur das die Reaktion beschreibende mathematische Gesetz. Es ist aber nicht notwendig, daß eine Reaktion erster Ordnung nach einem so einfachen Mechanismus, wie er zur Herleitung der obenstehenden Gleichungen angenommen wurde, vor sich geht.

Zwischen Wärme- und Stoffaustauschvorgängen einerseits und Reaktionen erster Ordnung andererseits besteht eine formale mathematische Analogie: Ist ein Körper mit der Anfangstemperatur T_α über eine Wärmebrücke mit einem Wärmereservoir der Temperatur T_0 verbunden, so gilt für die Abkühlung

$$\frac{dT}{dt} = a(T_0 - T).$$

(15.58)

Die zeitunabhängige Konstante a wird dabei durch den Wärmedurchgangskoeffizienten zwischen dem sich abkühlenden Körper und dem Reservoir, durch die Übertragungsfläche und durch die Wärmekapazität des Körpers bestimmt. Die Temperatur T des Körpers nähert sich also, entsprechend Gl. (15.58), exponentiell dem Wert T_0.

Auch die säurekatalysierte Verseifung von Ethylacetat verläuft als Reaktion erster Ordnung, obwohl sie offensichtlich ein mehrmolekularer Vorgang ist:

$$CH_3COOC_2H_5 + H_2O \rightarrow CH_3COOH + C_2H_5OH.$$
$$\text{Ethylacetat} \qquad \text{Wasser} \qquad \text{Essigsäure} \qquad \text{Ethanol}$$

Die Reaktion verläuft aber in wäßriger Lösung nach dem Gesetz erster Ordnung. Das Wasser ist nämlich in einem solchen Überschuß vorhanden, daß seine Konzentration als konstant angesehen werden kann. Sie wird deshalb in der Geschwindigkeitskonstanten mitberücksichtigt.

Wie oben erwähnt, läuft der Großteil der chemischen Reaktionen nicht in einem Schritt ab, sondern die Gesamtreaktion läßt sich meist in verschiedene Stufen einteilen. Betrachten wir einmal die Zersetzung von Lachgas nach dem Reaktionsschema:

$$
\begin{array}{ll}
N_2O \;\; \rightarrow N_2 + O \;\;\Big] & \text{Erster} \\
N_2O \;\; \rightarrow N_2 + O \;\;\Big] & \text{Schritt} \\
O + O \rightarrow O_2 & \text{Zweiter Schritt} \\[4pt]
2\,N_2O \;\; \rightarrow 2\,N_2 + O_2 & \text{Gesamtreaktion}
\end{array}
$$

Der erste Schritt ist eine langsame Reaktion und folgt den Gesetzen erster Ordnung; da die Sauerstoffatome unbeständig sind, verläuft der zweite Schritt im Vergleich dazu sehr rasch. In einer solchen Folge von Reaktionen ist der langsamste Schritt maßgebend für die Geschwindigkeit der Gesamtreaktion. In unserem Falle gehorcht die Gesamtreaktion deshalb den Gesetzen erster Ordnung.

Nach erster Ordnung verläuft die monomolekulare, thermische Zersetzung vieler organischer Dämpfe, wie etwa diejenige von Dimethylether:

$$CH_3OCH_3 \rightarrow CH_4 + H_2 + CO \; .$$

Dimethylether   Methan   Wasser-   Kohlenstoff   monoxid

Die monomolekulare, thermische Zerlegung von Acetaldehyd in Methan und Kohlenmonoxid hingegen gehorcht dem Gesetz zweiter Ordnung:

$$CH_3CHO \rightarrow CH_4 + CO \; .$$

Hier liegt also ein wesentlich anderer Reaktionsmechanismus vor als bei der Zersetzung von Dimethylether, und dies zeigt wieder, daß im allgemeinen aufgrund der stöchiometrischen Reaktionsgleichung keine Aussage über das Reaktionsgesetz (Geschwindigkeitsgesetz, Geschwindigkeitsausdruck) gemacht werden kann.

Reaktionen zweiter Ordnung

Bei der bimolekularen Reaktion $A + B \rightarrow D + E + \ldots$ ist der Zusammenstoß von je einem Molekül A und B erforderlich, um ein D zu bilden. Die Wahrscheinlichkeit für das Zusammentreffen von A und B an einem bestimmten Ort ist proportional ihrer dortigen Häufigkeit und damit proportional dem Produkt ihrer Konzentrationen:

$$\frac{dc_D}{dt} = k\, c_A\, c_B = k\,(c_{A,\alpha} - c_D)(c_{B,\alpha} - c_D) \; . \tag{15.59}$$

Die Tatsache, daß nur ein Bruchteil der zusammenstoßenden Moleküle A und B über die notwendige Reaktionsenergie verfügt, ist in der Reaktionsgeschwindigkeitskonstanten k berücksichtigt.

Mit der Anfangsbedingung $t = 0$, $c_D = 0$ ergibt die Integration von Gl. (15.59):

$$k\,t = \frac{1}{c_{A,\alpha} - c_{B,\alpha}} \ln \frac{c_{B,\alpha}(c_{A,\alpha} - c_D)}{c_{A,\alpha}(c_{B,\alpha} - c_D)} \; . \tag{15.60}$$

Sind für die Reaktion zwei gleiche Moleküle erforderlich (A = B), so erhält man mit der Reaktionsgleichung $A + A \rightarrow D + E + \ldots$ die Differentialgleichung $(dc_D/dt) = k\, c_A\, c_A$. Es ist aber nun, da pro gebildetem Molekül D zwei Moleküle A verbraucht werden, $c_A = c_{A,\alpha} - 2\,c_D$, und wir erhalten somit $(dc_D/dt) = k\,(c_{A,\alpha} - 2\,c_D)^2$. Durch Integration folgt:

$$k\,t = \frac{c_D}{c_{A,\alpha}(c_{A,\alpha} - 2\,c_D)} \; . \tag{15.61}$$

Zur Halbwertszeit ist $c_D = c_{A,\alpha}/4$, und es ergibt sich:

$$t_{1/2} = \frac{1}{2\,k\,c_{A,\alpha}} \; . \tag{15.62}$$

Die Halbwertszeit ist also nicht mehr unabhängig von der Anfangskonzentration wie bei den Reaktionen erster Ordnung. Reaktionen, die nach den Gl. (15.59), (15.60) oder (15.61) ablaufen, sind von zweiter Ordnung.

Verläuft die Reaktion mit der Stöchiometrie

$$A + B \longrightarrow 2D.$$

so ist $c_A = c_{A,a} - c_D$ und $c_B = c_{B,a} - c_D$, es gelten also wieder die Gln. (15.59) und (15.60).

Als klassische Reaktion zweiter Ordnung gilt seit den Untersuchungen von Bodenstein die Jodwasserstoffbildung aus Jod und Wasserstoff; sie ist aber keineswegs bimolekular.

Ursprünglich stellte man sich vor, daß die Reaktion

$$H_2 + I_2 \longrightarrow 2HI$$

durch einen Zusammenstoß von Wasserstoff und Jod zustande käme, daß sich ein Übergangskomplex bilden würde, durch dessen symmetrischen Zerfall zwei Moleküle HI gebildet würden (s. Abb. 15.6):

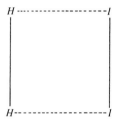

Abb. 15.6

Nach Arbeiten von Sullivan liegt aber ein Radikalmechanismus vor: Durch Reaktion einer Jodmolekel mit einem Stoßpartner werden in einer schnellen Gleichgewichtsreaktion Jodatome gebildet.

$$I_2 + M \underset{k_{-1}}{\overset{k_1}{\rightleftharpoons}} 2I + M.$$

Die Jodatome reagieren mit Wasserstoffmolekülen in einer ebenfalls schnellen Gleichgewichtsreaktion zu einem H_2I:

$$I + H_2 \underset{k_{-2}}{\overset{k_2}{\rightleftharpoons}} H_2I.$$

Es folgt eine langsame Reaktion mit der Geschwindigkeitskonstanten k_3, die zur Jodwasserstoffbildung führt:

$$H_2I + I \overset{k_3}{\longrightarrow} 2HI.$$

Geschwindigkeitsbestimmend ist die letzte Reaktion. Dann ist

$$\frac{dc_{HI}}{dt} = k_3 c_{H_2I} c_I = \frac{k_3 k_2}{k_{-2}} c_{H_2} c_I^2 = \frac{k_3 k_2 k_1}{k_{-1} k_{-2}} c_{H_2} c_{I_2}. \qquad (15.63)$$

Damit folgt die Jodwasserstoffbildung einem Zeitgesetz zweiter Ordnung, wie seit der klassischen Untersuchung von Bodenstein bekannt ist. Die Vermutung aber, damit sei eine bimolekulare Reaktion bewiesen, ist widerlegt.

Reaktionen dritter Ordnung

Eine der wenigen Reaktionen dritter Ordnung ist die Oxidation von Stickstoffmonoxid zu Stickstoffdioxid:

$$2\,NO + O_2 \rightharpoonup 2\,NO_2\,.$$

Das Geschwindigkeitsgesetz lautet hier:

$$\frac{d c_{NO_2}}{d t} = k\, c_{NO}^2\, c_{O_2}\,. \tag{15.64}$$

Da nach dem idealen Gasgesetz die Konzentrationen der verschiedenen Komponenten proportional ihren Partialdrücken p sind, kann man dieses Gesetz auch in der folgenden Form schreiben:

$$\frac{d p_{NO_2}}{d t} = k\, p_{NO}^2\, p_{O_2}\,. \tag{15.65}$$

Diese Reaktion ist nicht nur im Hinblick auf die Salpetersäurebildung durch Ammoniakverbrennung von Interesse, sondern vor allem auch, weil bei allen Verbrennungsvorgängen mit Hilfe von Luft geringe Mengen NO gebildet werden. NO ist aber praktisch nicht auswaschbar und erst nach Aufoxidation zu NO_2 zu entfernen.

Hierbei ist es interessant, einmal die Auswirkung des Druckes auf die Reaktionsgeschwindigkeit abzuschätzen. Der Partialdruck des Sauerstoffs in der Luft ist etwa $0{,}2 \cdot 10^5$ Pa. Enthält die Luft knapp 1 mol NO/m^3 (ca. 2 Vol.%), so ist dessen Partialdruck etwa $0{,}02 \cdot 10^5$ Pa. Die Geschwindigkeit der Stickstoffdioxid-Bildung ist dann $r_{NO_2} = k'\, 0{,}0004 \cdot 0{,}2 \cdot 10^{15}$.

Enthält die Luft aber nur $1/10$ mol NO, also etwa $2\,l/m^3$ (ca. 2 Vol.‰), so ergibt sich für $r_{NO_2} = k'\, 0{,}000004 \cdot 0{,}2 \cdot 10^{15}$; die Reaktionsgeschwindigkeit ist um den Faktor 100 langsamer geworden. Sind statt Promille nur ppm enthalten, so wird die Reaktionsgeschwindigkeit erneut um den Faktor 1 Million langsamer.

Die nähere Untersuchung der Nitroseoxidation führt zu dem seltenen Befund, daß die Reaktion mit steigender Temperatur langsamer wird, also eine negative Aktivierungsenergie hat. Trägt man die Reaktionsgeschwindigkeitskonstante k bzw. k' gegen $1/T$ im Arrhenius-Diagramm auf, so entsteht eine Gerade mit positiver Steigung! Das Geschwindigkeitsgesetz lautet:

$$\frac{d c_{NO_2}}{d t} = k\, c_{NO}^2\, c_{O_2}\,. \tag{15.66}$$

Wir unterstellen, daß es zwischen NO und seinem Dimeren N_2O_2 ein sich rasch einstellendes Gleichgewicht gibt, das ziemlich auf der Seite des monomeren NO liegt:

$$2\,NO \rightleftharpoons N_2O_2\,.$$

Die Gleichgewichtsbeziehung lautet

$$\frac{c_{N_2O_2}}{c_{NO}^2} = K\,. \tag{15.67}$$

Der schnellen Gleichgewichtseinstellung soll eine langsame Reaktion des Dimeren mit Sauerstoff folgen:

$$N_2O_2 + O_2 \rightarrow 2\,NO_2\,.$$

Die entsprechende (geschwindigkeitsbestimmende) Reaktionsgeschwindigkeit ist dann

$$\frac{d c_{NO_2}}{dt} = k_1\,c_{N_2O_2}\,c_{O_2}\,. \tag{15.68}$$

Substituiert man in diesem Geschwindigkeitsausdruck die N_2O_2-Konzentration mit Hilfe der Gleichgewichtsbeziehung (15.67), so erhält man

$$\frac{d c_{NO_2}}{dt} = k_1\,K\,c_{NO}^2\,c_{O_2}\,, \tag{15.69}$$

also wieder ein Geschwindigkeitsgesetz dritter Ordnung. Offensichtlich ist also $k = Kk_1$!

Nach Arrhenius ist aber

$$\ln k = \ln k_0 - \frac{1}{\mathscr{R}T}\,E_a\,. \tag{15.70}$$

Gleichzeitig ist jedoch auch wegen $k = k_1\,K$: $\ln k = \ln k_1 + \ln K$. Es gilt wieder nach Arrhenius:

$$\ln k_1 = \ln k_{1,0} - \frac{1}{\mathscr{R}T}\,E_{1,a}\,. \tag{15.71}$$

Für die Temperaturabhängigkeit von der Gleichgewichtskonstanten K gilt bekanntlich:

$$\ln K = -\frac{\Delta H^0}{\mathscr{R}T} + c = -\frac{\Delta H^0}{\mathscr{R}T} + \ln B\,. \tag{15.72}$$

Somit erhalten wir:

$$\ln k_0 - \frac{1}{\mathscr{R}T}\,E_a = \ln k_{1,0} - \frac{1}{\mathscr{R}T}\,E_{1,a} - \frac{\Delta H^0}{\mathscr{R}T} + \ln B$$

$$= \ln(k_{1,0}\,B) - \frac{1}{\mathscr{R}T}\,(E_{1,a} + \Delta H^0)\,. \tag{15.73}$$

Die gemessene Aktivierungsenergie E_a ist die scheinbare Aktivierungsenergie; diese setzt sich zusammen aus der Aktivierungsenergie $E_{1,a}$ und der Standardreaktionsenthalpie ΔH^0. Ist wie im vorliegenden Fall die Bildung des Dimeren N_2O_2 exotherm und ist $E_{1,a} < |\Delta H^0|$, so wird dieser Ausdruck in Gl. (15.73) negativ und damit auch die scheinbare Aktivierungsenergie E_a.

Solche Fälle treten generell dann auf, wenn dem geschwindigkeitsbestimmenden Reaktionsschritt ein sich schnell einstellendes Gleichgewicht vorgelagert ist. Technisch gesehen haben solche Systeme die oft unangenehme Konsequenz, daß eine Reaktionsbeschleunigung nur durch Abkühlung erreicht werden kann; leider ist Kühlung häufig teurer als Heizung.

Bei den bisher besprochenen einsinnig verlaufenden Reaktionen ist der Geschwindigkeitsausdruck von Bedeutung, um zu errechnen, nach welchen Zeiten – je nach Anfangsbedingung – welche Umsätze erreicht werden und welche Reaktorgrößen und -formen notwendig sind, um bestimmte Produktmengen zu erzeugen. Dabei hat man es neben den Produkten nur noch mit nicht umgesetzten Edukten zu tun. Diese müssen voneinander getrennt, die Edukte wieder zurückgeführt werden; nur reine Produkte sind verkaufsfähig.

Häufig spielen aber neben der eigentlichen Hauptreaktion Parallel- und Folgereaktionen oder auch unvollständig verlaufende, also Gleichgewichtsreaktionen eine Rolle. Alle Geschwindigkeits- und Gleichgewichtskonstanten haben aber „unterschiedliche" Temperaturabhängigkeiten, und mit der Verschiebung der Temperatur verschiebt sich das Verhältnis der Konstanten zueinander, und damit verschieben sich die Verhältnisse der Reaktionsgeschwindigkeiten zueinander und damit letztendlich die Produktspektren. Da der Verfahrensingenieur die Aufgabe hat, Produkte bestimmter Reinheit kostengünstig zu produzieren, kommt es nicht nur darauf an, die Bedingungen maximaler Ausbeute zu ermitteln, sondern gleichzeitig auch die Trenn- und Prozeßkosten zu minimieren. Hier liegen die Aufgaben des Verfahrensingenieurs, auch wenn die kinetische Beschreibung aufgrund von Laboruntersuchungen durch die Chemiker vollständig geliefert werden sollte.

15.6 Zusammengesetzte Reaktionen

Bis jetzt haben wir hauptsächlich einfache, einseitig verlaufende Reaktionen betrachtet. Im Gegensatz dazu spricht man von zusammengesetzten Reaktionen, wenn im selben Raumgebiet gleichzeitig mehrere Prozesse, die sich gegenseitig in verschiedenster Weise beeinflussen können, ablaufen. Damit gehören auch die in mehreren Schritten sich abspielenden Reaktionen, die wir schon in Abschn. 15.5 kennengelernt haben, zu den zusammengesetzten Reaktionen.

Die gegenseitige Beeinflussung der Reaktionen kann ganz unterschiedliche Ursachen haben: Ist beispielsweise eine Reaktion stark exotherm, so kann die Reaktortemperatur steigen, und nach der Arrhenius-Gleichung führt dies zu einer Erhöhung der Geschwindigkeitskonstanten aller sich abspielenden Reaktionen. Ebenfalls ist es möglich, daß einer der beteiligten Stoffe katalytisch auf eine andere Reaktion einwirkt.

Ist einer oder sind mehrere der Ausgangsstoffe für alle Reaktionen gemeinsam, so wird auch der zeitliche Konzentrationsverlauf der Ausgangsstoffe von sämtlichen Reaktionen beeinflußt. Dies ergibt dann meist wesentlich kompliziertere Geschwindigkeitsgesetze als diejenigen, welche in Abschn. 15.3 hergeleitet wurden.

Im folgenden werden wir nur zwischen *entgegengesetzten, parallelen, Stufen-* und *Kettenreaktionen* unterscheiden und diese vier Typen einzeln besprechen.

Entgegengesetzte Reaktionen. Eine entgegengesetzte Reaktion benutzten wir schon zur Herleitung des Massenwirkungsgesetzes in Abschn. 14.3. Jetzt nehmen wir als Beispiel die unvollständige, umkehrbar verlaufende Reaktion

$$A + B \underset{k_2}{\overset{k_1}{\rightleftharpoons}} AB.$$

Sobald sich aus A und B durch die Reaktion mit der Geschwindigkeitskonstanten k_1 ein wenig AB gebildet hat, setzt die entgegengesetzte Reaktion mit der Konstanten k_2 ein, und ein Teil von AB zerfällt wieder in A und B.

Für die bimolekulare Bildung von AB nach der obenstehenden Reaktionsgleichung gilt:

$$\frac{dc_{AB}}{dt} = k_1 c_A c_B = k_1 (c_{A,\alpha} - c_{AB})(c_{B,\alpha} - c_{AB}). \tag{15.74}$$

Der monomolekulare Zerfall von AB erfolgt nach der Gleichung:

$$\frac{dc_{AB}}{dt} = - k_2 c_{AB}. \tag{15.75}$$

Durch Überlagern beider Reaktionen erhält man die effektive Bildungsgeschwindigkeit von AB:

$$\left(\frac{dc_{AB}}{dt}\right)_{eff} = k_1 (c_{A,\alpha} - c_{AB})(c_{B,\alpha} - c_{AB}) - k_2 c_{AB}. \tag{15.76}$$

Im Gleichgewichtszustand ist $(dc_{AB}/dt)_{eff}$ Null. In diesem Fall liefert Gl. (15.76) das Massenwirkungsgesetz (s. Abschn. 14.3).

Dieses Schema zu Herleitung der Bildungsgleichung kann für beliebige entgegengesetzte Reaktionen verwendet werden. So erhält man für die Bildung von Jodwasserstoff nach

$$H_2 + I_2 \underset{k_2}{\overset{k_1}{\rightleftharpoons}} 2\,HI$$

die Gleichung

$$\frac{dc_{HI}}{dt} = k_1 c_{H_2} c_{I_2} - k_2 c_{HI}^2$$

$$= k_1 \left(c_{H_2,\alpha} - \frac{c_{HI}}{2}\right)\left(c_{I_2\alpha} - \frac{c_{HI}}{2}\right) - k_2 c_{HI}^2. \tag{15.77}$$

Parallele Reaktionen. Hauptsächlich in der organischen Chemie verlaufen viele Reaktionen nicht eindeutig, sondern aus denselben Ausgangsstoffen entstehen mehrere Produkte gleichzeitig nebeneinander. Die prozentuale Verteilung der Reaktionsprodukte hängt von der Bildungsgeschwindigkeit der einzelnen Stoffe ab, und diese wiederum kann durch Temperaturänderungen oder durch die Anwendung von Katalysatoren beeinflußt werden. Die meisten dieser Reaktionen laufen vollständig, also praktisch bis zum totalen Verbrauch der Ausgangsstoffe ab.

Die *Pyrolyse* (thermische Zersetzung unter Luftabschluß) von Isobutan bei etwa 430 °C (Abb. 15.7) liefert beispielsweise gleichzeitig Isobuten und Propylen (Fieser/Fieser [15.3]):

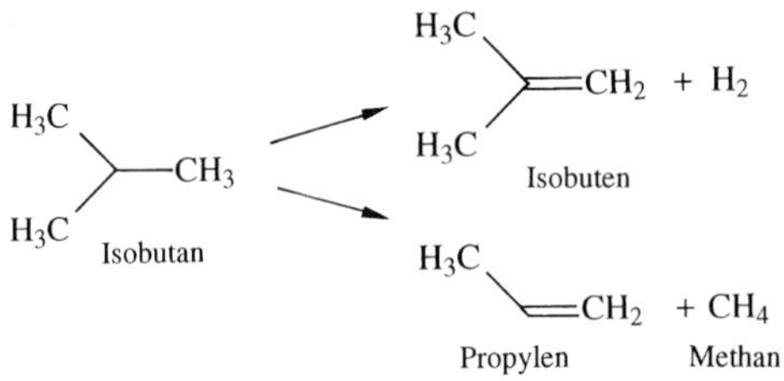

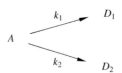

Abb. 15.7

Wir betrachten nun die allgemeine Reaktion in Abb. 15.8:

$$A \begin{array}{c} \overset{k_1}{\nearrow} D_1 \\ \underset{k_2}{\searrow} D_2 \end{array}$$

Abb. 15.8

Ist sie von erster Ordnung, so erhält man für das Verhältnis der Bildungsgeschwindigkeiten von D_1 und D_2:

$$\frac{\dfrac{dc_{D_1}}{dt}}{\dfrac{dc_{D_2}}{dt}} = \frac{k_1 c_A}{k_2 c_A} = \frac{k_1}{k_2} = \frac{k_{1,0}}{k_{2,0}} \frac{e^{-\frac{\vec{E}_1}{\mathscr{R}T}}}{e^{-\frac{\vec{E}_2}{\mathscr{R}T}}} . \tag{15.78}$$

Durch Logarithmieren ergibt sich

$$\ln \frac{k_1}{k_2} = \ln \frac{k_{1,0}}{k_{2,0}} - \frac{\vec{E}_1 - \vec{E}_2}{\mathscr{R}T} . \tag{15.79}$$

Aus dieser Formel ist ersichtlich, daß für $E_1 = E_2$ das Verhältnis der Reaktionsgeschwindigkeiten temperatur*un*abhängig ist.

Zum Schluß sei noch erwähnt, daß bei einfachen Parallelreaktionen wie etwa der Halogenierung von aliphatischen Kohlenwasserstoffen zu Mono-, Di-, Tri-...

usw. -Halogeniden auch statistische Berechnungen interessante Einblicke in den Reaktionsablauf gewähren können (Brötz [15.1], S. 76). Allerdings sind dazu einschneidende Vereinfachungen notwendig.

Stufen- oder Folgereaktionen. Wie wir schon aus Abschn. 15.2 wissen, sind Reaktionen mit mehr als drei beteiligten Molekülen nur durch Kombinationen verschiedener Schritte niedriger Molekularität möglich. So ist etwa die Ammoniaksynthese nach $N_2 + 3H_2 \rightarrow 2NH_3$ kaum in einem Schritt denkbar; in irgendeiner Stufe müssen nämlich die Stickstoff- und Wasserstoffmoleküle in Atome aufgespalten werden, die dann weiterreagieren.

Solche Reaktionen nennt man Stufen- oder Folgereaktionen. Bei ihnen sind die Produkte der einen Reaktionen Ausgangsstoffe für andere, die gleichzeitig verlaufen. Die mathematische Behandlung solcher Reaktionen ist nur dann einfach, wenn alle Stufen einseitig und monomolekular verlaufen. Kompliziertere Fälle hingegen lassen sich nur unter starken Vereinfachungen, wie etwa der Vernachlässigung der Konzentrationen von Zwischenprodukten, behandeln. Das einfachste Schema lautet:

$$A \xrightarrow{k_1} B \xrightarrow{k_2} C.$$

Nach dem Reaktionsgesetz erster Ordnung ist $(dc_A/dt) = -k_1 c_A$ und $(dc_c/dt) = k_2 c_B$. Damit erhält man für die zeitliche Änderung der Konzentration von B:

$$\frac{dc_B}{dt} = k_1 c_A - k_2 c_B. \tag{15.80}$$

Bei einer Reaktion erster Ordnung ist nach Gl. (15.54) $c_A = c_{A,\alpha} \exp(-k_1 t)$. Mit der Anfangsbedingung $t = 0$, $c_B = 0$ folgt durch Integration von Gl. (15.80):

$$c_B = c_{A,\alpha} \frac{k_1}{k_2 - k_1} [e^{-k_1 t} - e^{-k_2 t}]. \tag{15.81}$$

Sofern bei Reaktionsbeginn nur die Anfangskomponente A vorhanden ist, gilt für Reaktionen, bei denen das Volumen konstant bleibt,

$$c_{A,\alpha} = c_A + c_B + c_C.$$

Damit erhält man für c_C:

$$c_C = c_{A,\alpha} \left[1 - \frac{k_2}{k_2 - k_1} e^{-k_1 t} + \frac{k_1}{k_2 - k_1} e^{-k_2 t} \right]. \tag{15.82}$$

Unter der Annahme $c_{A,\alpha} = 1 \text{ kmol/m}^3$, $k_1 = 2 \cdot 10^{-3} \text{ s}^{-1}$ und $k_2 = 1 \cdot 10^{-3} \text{ s}^{-1}$ wurde mit diesen Formeln der zeitliche Konzentrationsverlauf der drei Komponenten A, B und C berechnet und in der Abb. 15.9 dargestellt. Ist man nur an B interessiert, stellt C also ein unerwünschtes Zerfallsprodukt von B dar, so muß die Reaktion im Zeitpunkt $\hat{t}$ unterbunden werden, zu welchem c_B ein Maximum durchläuft, (dc_B/dt) also Null ist.

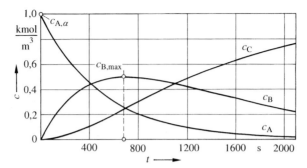

Abb. 15.9   Der zeitliche Verlauf einer einfachen Stufenreaktion.

Differenziert man die Gl. (15.80) nach t und setzt den Differentialquotienten gleich Null, so erhält man für $\hat{t}$:

$$\hat{t} = \frac{1}{k_2 - k_1} \ln \frac{k_2}{k_1} \tag{15.83}$$

Aus Gl. (15.82) ist außerdem ersichtlich, daß für $k_1 \gg k_2$ der zweite Summand vernachlässigt werden kann. In diesem Fall erhält man wieder das Reaktionsgesetz für eine einfache Reaktion erster Ordnung (Gl. (15.53) bis Gl. (15.55)), d. h. nur noch die zweite Reaktionsstufe ist für die Bildungsgeschwindigkeit von C maßgebend. Umgekehrt verhält es sich bei $k_2 \gg k_1$.

Kettenreaktionen. In Kettenreaktionen können alle bis jetzt besprochenen Arten von zusammengesetzten Reaktionen vorkommen. Das Charakteristische ist hier, daß in einer ersten Stufe unstabile Atome und Atomgruppen (*Kettenträger*) gebildet werden, die sehr rasch unter Bildung neuer Kettenträger weiterreagieren und schließlich in einer *Abbruchreaktion* beseitigt werden.

Die Instabilität, d. h., die große Reaktionsfähigkeit solcher, auch *Radikale* genannter Kettenträger, ist durch ein freies, ungepaartes Elektron bedingt. Allgemein wird die Entstehung von Radikalen durch die Gleichung R-R $\rightarrow$ R· + R· ausgedrückt. So wird beispielsweise bei der scheinbar einfachen Umsetzung von Wasserstoff und Chlor zu Chlorwasserstoff, $H_2 + Cl_2 \rightarrow 2\,HCl$, in einer ersten Stufe durch Erwärmen oder durch Bestrahlen mit energiereichem Licht der Zerfall einiger Chlormoleküle in Atome erreicht: $Cl_2 \rightarrow Cl· + ·Cl$.

Große Bedeutung haben Kettenreaktionen sowohl bei der im nächsten Abschnitt zu besprechenden Polymerisationstechnik als auch bei der Erklärung von Explosionsvorgängen erlangt. Als Beispiel einer technisch wichtigen Kettenreaktion sei die Herstellung von Bromethan aus Ethylen und Bromwasserstoff über die folgenden vier Stufen erwähnt [15.9]:

1.	HBr	$\rightarrow$ H· + Br·	Startreaktion;
2.	Br· + $H_2C=CH_2$	$\rightarrow$ $BrH_2C-CH_2^·$	Reaktionskette oder
3.	$BrH_2C-CH_2^·$ + HBr	$\rightarrow$ BrH_2C-CH_3 + Br·	Ausbreitungsreaktion;
4.	Br· + H·	$\rightarrow$ HBr	Abbruchreaktion;
Σ	HBr + $H_2C=CH_2$	$\rightarrow$ BrH_2C-CH_3	stöchiom. Formel.

In der ersten Stufe, der Startreaktion, wird durch Einwirkung von γ-Strahlen Bromwasserstoff in die Atome (Radikale) gespalten. In den folgenden zwei Stufen, den Ausbreitungsreaktionen, reagiert zuerst das Bromatom mit Ethylen und das dabei entstehende Radikal schließlich mit Bromwasserstoff zu Bromethan. Dabei entsteht wieder ein Bromatom, mit welchem die Reaktionskette von neuem beginnen kann. Die Reaktionskette kann schließlich durch Überwiegen von Abbruchreaktionen des in Stufe 4 gezeigten Typs abgebrochen werden. (Die Geschwindigkeit der Abbruchreaktionen kann mit den in Abschn. 15.7 erwähnten Methoden beeinflußt werden.)

Das wesentliche an den Kettenreaktionen ist also das Vorhandensein von Radikalen als Träger des chemischen Geschehens sowie die sich wiederholenden Stufen 2 und 3. Je mehr aufeinander folgen, desto größer ist die *Kettenlänge* und um so typischer die Kettenreaktion. Wird schon nach einmaligem Durchlaufen von 2 oder 3 das unstabile Atom durch eine Abbruchreaktion entfernt, so haben wir eine gewöhnliche, offene Stufenreaktion vor uns.

Eine gut untersuchte Kettenreaktion ist der Zerfall von Phosgen in Kohlenmonoxid und Chlor bei 400 °C nach der Bruttogleichung

$$COCl_2 \rightarrow CO + Cl_2.$$

Das hier beobachtete Zeitgesetz kann durch das Zusammenwirken der folgenden Reaktionsstufen erklärt werden:

1. $Cl_2 \rightleftharpoons 2\,Cl^{\cdot}$;
2. $COCl_2 + Cl^{\cdot} \rightarrow COCl^{\cdot} + Cl_2$;
3. $COCl^{\cdot} \rightarrow CO + Cl^{\cdot}$.

Der Schritt 1 bedeutet von links nach rechts die Startreaktion und in umgekehrter Richtung die Abbruchreaktion. Geschwindigkeitsbestimmend für den Gesamtvorgang ist die langsamste Stufe, in unserem Fall Stufe 2 mit dem Reaktionsgesetz

$$-\frac{dc_{COCl_2}}{dt} = k\,c_{COCl_2}c_{Cl}. \tag{15.84}$$

Stellt sich das Gleichgewicht in der Stufe 1 im Vergleich zum Reaktionsschritt 2 rasch ein, so gilt nach dem Massenwirkungsgesetz (s. Abschn. 14.3) stets:

$$K_c = \frac{c_{Cl}^2}{c_{Cl_2}} \quad \text{oder} \quad c_{Cl} = \sqrt{K_c\,c_{Cl_2}}. \tag{15.85}$$

Setzt man dies in die Gl. (15.84) ein, so ergibt sich:

$$-\frac{dc_{COCl_2}}{dt} = k\,c_{COCl_2}\sqrt{K_c\,c_{Cl_2}} = k'\,c_{COCl_2}\sqrt{c_{Cl_2}}. \tag{15.86}$$

Da auch die Stufe 3 rasch verläuft, haben wir damit für den Phosgenzerfall ein Geschwindigkeitsgesetz 1,5-ter Ordnung gefunden, welches auch experimentell bestätigt wurde.

Das für den ersten Schritt gebrauchte Chlor wird entweder durch einige vor dem Einsetzen der Kettenreaktion zerfallende Moleküle Phosgen gebildet oder es kann dem Reaktionsgemisch von außen zugegeben werden. Im ersten Fall beschleunigt sich die Reaktion nach einer gewissen Zeit von selbst; man spricht dann von einer *Autokatalyse.*

Auch komplizierte Reaktionsgesetze, wie etwa dasjenige für die Bromwasserstoffbildung (s. Abschn. 15.2), können durch ähnliche Überlegungen erklärt werden.

Wie oben erwähnt, fand Bodenstein, daß die Kinetik der Bromwasserstoffbildung

$$H_2 + Br_2 \rightarrow 2\,HBr$$

durch den Ausdruck

$$\frac{dc_{HBr}}{dt} = \frac{k\,c_{H_2}\,\sqrt{c_{Br_2}}}{1 + k'\,\dfrac{c_{HBr}}{c_{Br_2}}} \tag{15.87}$$

beschrieben wird. Christiansen, Herzfeld und Polanyi schlugen zur Deutung folgenden Mechanismus vor:

1. Brom dissoziiert in zwei Bromatome mit einer Geschwindigkeitskonstanten k_1:

$$Br_2 \overset{k_1}{\rightarrow} 2\,Br^{\cdot}.$$

Die Bromatome resp. Bromradikale sind ungleich reaktionsfreudiger als die Brommoleküle.

2. Die Bromradikale erzeugen durch Umsetzung mit Wasserstoffmolekülen Bromwasserstoff und Wasserstoffatome resp. Wasserstoffradikale (Geschwindigkeitskonstante k_2):

$$Br^{\cdot} + H_2 \overset{k_2}{\rightarrow} HBr + H^{\cdot}.$$

3. Die Wasserstoffatome reagieren mit Brommolekülen (Geschwindigkeitskonstante k_3) unter Bildung von HBr und Bromradikalen,

$$H^{\cdot} + Br_2 \overset{k_3}{\rightarrow} HBr + Br^{\cdot},$$

die wieder für die unter 2. beschriebene Reaktion zur Verfügung stehen.

4. Durch Reaktion zwischen H und HBr können Wasserstoffmoleküle gebildet werden. Dabei wird wieder ein Bromradikal erzeugt, das über die Reaktion nach 2. wieder ein Wasserstoffradikal erzeugen kann (Geschwindigkeitskonstante k_4):

$$H^{\cdot} + HBr \overset{k_4}{\rightarrow} H_2 + Br^{\cdot}, \quad k_4 = k_{-2}.$$

Diese Reaktion ist die Umkehrung der Reaktion unter 2!

5. Zum Kettenabbruch kommt es, wenn die Umkehrung der unter 1. beschriebenen Reaktion aus 2 Bromatomen ein Brommolekül rückbildet:

$$2\,Br^{\cdot} \overset{k_5}{\rightarrow} Br_2, \quad k_5 = k_{-1}.$$

Die Reaktionen unter 2. und 3. beschreiben die Bildung von HBr; die Reaktion nach 4. beschreibt die Vernichtung von HBr; daher gilt:

$$\frac{\mathrm{d}c_{\mathrm{HBr}}}{\mathrm{d}t} = k_2\, c_{\mathrm{Br}}\, c_{\mathrm{H}_2} + k_3\, \underline{c_{\mathrm{H}}}\, c_{\mathrm{Br}_2} - k_{-2}\, \underline{c_{\mathrm{H}}}\, c_{\mathrm{HBr}}. \tag{15.88}$$

In dieser Gleichung treten (unterstrichen!) die Konzentrationen c_{Br} und c_{H} auf, die so klein sind, daß sie nicht gemessen werden können. Sie werden aber beschrieben durch:

$$\frac{\mathrm{d}c_{\mathrm{Br}}}{\mathrm{d}t} = 2k_1\, c_{\mathrm{Br}_2} - k_2\, c_{\mathrm{Br}}\, c_{\mathrm{H}_2} + k_3\, c_{\mathrm{Br}_2}\, c_{\mathrm{H}} + k_{-2}\, c_{\mathrm{H}}\, c_{\mathrm{HBr}} - 2k_{-1}\, c_{\mathrm{Br}}^2 \tag{15.89}$$

und

$$\frac{\mathrm{d}c_{\mathrm{H}}}{\mathrm{d}t} = k_2\, c_{\mathrm{Br}}\, c_{\mathrm{H}_2} - k_3\, c_{\mathrm{Br}_2}\, c_{\mathrm{H}} - k_{-2}\, c_{\mathrm{H}}\, c_{\mathrm{HBr}}. \tag{15.90}$$

Wie schon erwähnt, sind c_{Br} und c_{H} sehr klein: dann müssen aber auch ihre Änderungen im Vergleich zu allen anderen Konzentrationsänderungen als sehr klein angenommen werden. Bodenstein hat nun vorgeschlagen, als *Näherung* die Änderungsgeschwindigkeit gleich Null zu setzen; dies wird als *Quasistationaritätsansatz* bezeichnet. Damit ergeben sich für c_{Br} und c_{H} (die einfachen algebraischen Gleichungen) als *Näherungslösungen*:

$$0 = 2k_1\, c_{\mathrm{Br}_2} - k_2\, c_{\mathrm{Br}}\, c_{\mathrm{H}_2} + k_3\, c_{\mathrm{Br}_2}\, c_{\mathrm{H}} + k_{-2}\, c_{\mathrm{H}}\, c_{\mathrm{HBr}} - 2k_{-1}\, c_{\mathrm{Br}}^2 \tag{15.91}$$

und

$$0 = k_2\, c_{\mathrm{Br}}\, c_{\mathrm{H}_2} - k_3\, c_{\mathrm{Br}_2}\, c_{\mathrm{H}} - k_{-2}\, c_{\mathrm{H}}\, c_{\mathrm{HBr}}. \tag{15.92}$$

Aus der Addition der vorstehenden Gleichungen folgt

$$2k_1\, c_{\mathrm{Br}_2} - 2k_{-1}\, c_{\mathrm{Br}}^2 = 0 \tag{15.93}$$

oder

$$c_{\mathrm{Br}} = \sqrt{\frac{k_1\, c_{\mathrm{Br}_2}}{k_{-1}}}. \tag{15.94}$$

Durch Einsetzen von c_{Br} in die Näherungslösung für c_{H} (15.92) ergibt sich

$$c_{\mathrm{H}} = \frac{k_2\, \sqrt{\dfrac{k_1}{k_{-1}}}\, c_{\mathrm{H}_2}\, \sqrt{c_{\mathrm{Br}_2}}}{k_3\, c_{\mathrm{Br}_2} + k_{-2}\, c_{\mathrm{HBr}}}. \tag{15.95}$$

Einsetzen der Werte für c_{Br} und c_{H} in die Differentialgleichung für c_{HBr} ergibt

$$\frac{\mathrm{d}c_{\mathrm{HBr}}}{\mathrm{d}t} = \frac{2k_2\, \sqrt{\dfrac{k_1}{k_{-1}}}\, c_{\mathrm{H}_2}\, \sqrt{c_{\mathrm{Br}_2}}}{1 + \dfrac{k_{-2}\, c_{\mathrm{HBr}}}{k_3\, c_{\mathrm{Br}_2}}}. \tag{15.96}$$

Wir setzen jetzt:

$$2 k_2 \sqrt{\frac{k_1}{k_{-1}}} = 2 k_2 \sqrt{K} = k \tag{15.97}$$

und

$$\frac{k_{-2}}{k_3} = k', \tag{15.98}$$

dann ergibt sich

$$\frac{dc_{HBr}}{dt} = \frac{k c_{H_2} \sqrt{c_{Br_2}}}{1 + \dfrac{k' c_{HBr}}{c_{Br_2}}}. \tag{15.99}$$

Dies war zu beweisen. Der vorgeschlagene Mechanismus ist also geeignet, das experimentell gefundene Geschwindigkeitsgesetz zu deuten. Von allgemeiner Bedeutung ist dabei das Prinzip der Quasistationarität. Es ist hilfreich bei allen Kettenreaktionen und findet besonders bei der Kinetik der radikalischen Polymerisation vielfach Anwendung. Fast ein Drittel der Chemieproduktion sind Polymere.

In den beiden folgenden Paragraphen werden wir nun zwei der wichtigsten Fälle von Kettenreaktionen, die *Polymerisationen* und die *Explosionen*, kennenlernen.

15.7 Polymerisationen

Bei der Polymerisation entsteht, ausgehend von aktivierten *Grundmolekülen (Monomeren)*, durch einen insgesamt Hunderte bis Tausende von Monomeren ergreifenden *Kettenwachstumsprozeß* ein hochmolekulares Produkt, das gegenüber dem Ausgangsstoff stark veränderte physikalische und chemische Eigenschaften aufweist [15.20].

Beispielsweise bildet sich durch Zusammenhängen von z Ethylenmolekülen das Polyethylen (Abb. 15.10) mit $z -CH_2-CH_2-$ Einheiten in der Kette:

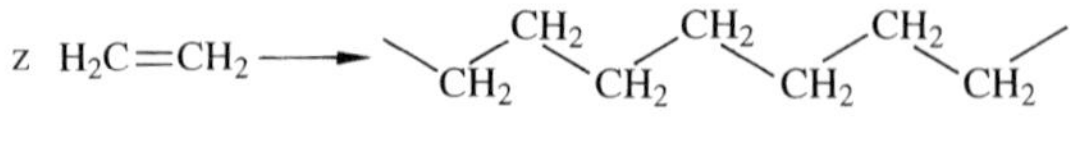

Abb. 15.10

Ein Elektronenpaar der Doppelbindung wird dabei für die Verbindung zweier Ethylenmoleküle verwendet. Das Verhältnis der Atome bleibt in Polymeren dasselbe wie im Monomeren, im obigen Fall ist also immer $(C:H) = (1:2)$.

Zur Polymerisation eignen sich vor allem Monomere mit Doppel- oder Dreifachbindungen, wie Ethylen ($H_2C=CH_2$), Styrol ($H_5C_6-CH=CH_2$), Butadien ($H_2C=CH-CH=CH_2$) usw.

Wie bei den Polymerisationen die Startreaktion, das Kettenwachstum und die Abbruchreaktion zusammenwirken können, sei nun am Beispiel der Herstellung von Polyvinylchlorid gezeigt.

Startreaktion: Ein dem zu polymerisierenden Ausgangsstoff zuzugebender Initiator zerfällt in instabile Zwischenprodukte, Radikale. Als Radikalbildner für die Polymerisationsreaktion von Vinylchlorid eignet sich Ammoniumpersulfat.

Kettenwachstum: Das Radikal, im folgenden wiederum mit R˙ gekennzeichnet, verbindet sich mit dem Vinylchlorid, indem es ein Elektron der Doppelbindung beansprucht. Das überzählige Elektron reagiert mit einem weiteren Vinylchlorid usw. (Abb. 15.11):

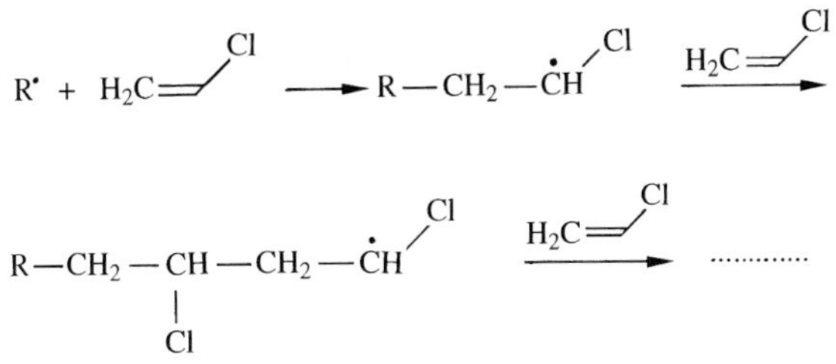

Abb. 15.11

Kettenabbruch: Zwei ungesättigte Ketten, oder ein Radikal und eine ungesättigte Kette, verbinden sich miteinander.

Manchmal kann ohne Initiator gearbeitet werden. Bei der Polymerisation von Styrol genügt schon leichtes Erwärmen oder Belichten des Ausgangsproduktes, um die Reaktion einzuleiten. Die Reaktion kann hier durch den Zusammenschluß von Anfang und Ende der Molekülkette, also durch Ringbildung, abbrechen. Eine andere Möglichkeit ist die Reaktion der Radikalgruppe mit stets vorhandenen Verunreinigungen.

Ist eine Polymerisation durch Kettenabbruchreaktionen einmal zum Stillstand gekommen, so läßt sie sich nicht ohne weiteres wieder in Gang setzen; alle reaktionsfähigen Gruppen sind nämlich jetzt abgesättigt.

Zur Formulierung einer Geschwindigkeitsgleichung schreibt man einen Katalog der (vorerwähnten und ggf. weiterer) Elementarreaktionen auf, z. B.:

Startreaktion	$R\text{-}R$	$\rightarrow 2\,R˙,$	$k_s;$
Wachstumsreaktion	$R˙ + M$	$\rightarrow RM˙,$	$k_w;$
	$RM˙ + M$	$\rightarrow RM_2˙,$	$k_w;$
	$RM_n˙ + M$	$\rightarrow RM_{n+1}˙,$	$k_w;$
Abbruchreaktion	$RM_n˙ + RM_m˙$	$\rightarrow P_{n+m},$	$k_a;$
	$RM_n˙ + RM_m˙$	$\rightarrow P_n + P_m,$	$k_a'.$

Für die Wachstumsreaktion kann man jetzt formulieren:

$$- \frac{dc_M}{dt} = k_w \, c_{R\cdot} \, c_M,$$ (15.100)

wobei $c_{R\cdot}$ gleich ist der Summe über alle $c_{RM_n\cdot}$.

Um diese Gleichung zu lösen, braucht man $c_{R\cdot}$. Offenbar werden Radikale durch die Startreaktion gebildet und durch die Abbruchreaktion vernichtet. Man macht daher für

$$\frac{dc_{R\cdot}}{dt} = k_s \, c_{RR} - k_a \, c_{R\cdot}^2 - k_a' \, c_{R\cdot}^2$$ (15.101)

den Quasistationaritätsansatz nach Bodenstein (s. Gl. 15.91 u. 15.92):

$$k_s \, c_{RR} = (k_a + k_a') \, c_{R\cdot}^2.$$ (15.102)

Aus dieser algebraischen Gleichung ergibt sich $c_{R\cdot}$ als Näherungslösung.

Wie wir gleich sehen werden, sind ggf. weitere Elementarreaktionen, die sich aus der Produktstruktur zu erkennen geben, zu berücksichtigen. Außerdem entstehen Makromoleküle P_n unterschiedlicher Größe. Die Größenverteilung wird analytisch bestimmt; sie bestimmt ihrerseits maßgeblich die Produkteigenschaften. Aus der Form der Größenverteilung kann auf k_a und k_a' geschlossen werden.

Da Polymerisationen in vielen Fällen unter Volumenabnahme stattfinden, bewirken Druckerhöhungen eine Steigerung der Ausbeute. Durch Temperaturerhöhung wird die Kettenlänge der Polymerisate reduziert; einerseits entstehen vermehrt Radikale, die als Kettenausgangspunkte dienen, und andererseits werden durch die intensivere thermische Bewegung lange Ketten wieder aufgespalten.

Durch die Beherrschung der drei Stufen Aktivierung (Startreaktion), Kettenwachstum und Kettenabbruch können heute die Eigenschaften von Polymeren in großen Bereichen variiert werden. So ist Polyethylen ebenso als Schmieröl mit einer molaren Masse von $4 \cdot 10^2$ kg/kmol wie auch als Festkörper mit einer molaren Masse bis 10^6 kg/kmol erhältlich.

Hochdruckpolyethylen wird bei Drucken zwischen 1000 und 7000 bar hergestellt. Als Reaktoren werden lange, dickwandige Rohre benutzt. Wir ziehen zur weiteren Erörterung eine Originalarbeit mit heran.

Neben Start, Wachstums- und Abbruchreaktionen treten vor allem sog. *Verzweigungsreaktionen* auf. Am gestreckten Molekülfaden können Seitenketten erheblicher Länge ausgemacht werden. Sie stören die Kristallisation des Produktes. Solches Hochdruckpolyethylen hat deshalb eine niedrige Dichte (low density polyethylene).

In der als Faksimile beigefügten Originalarbeit (s. Anhang S. 455) ist in Abb. 1 der Temperaturverlauf längs eines Rohrreaktors skizziert. Die Reaktion kann offenbar nicht isotherm geführt werden.

Um den Reaktionsverlauf im Rohrreaktor zu verstehen, stellen wir uns den Rohrreaktor in sehr viele Scheibchen der Dicke dx aufgeteilt vor. Die Scheibe mit der Dicke dx stellt ein Volumenelement $dV = \pi R_i^2 \, dx$ dar.

Wir haben bisher unterstellt, daß die Reaktionsbedingungen innerhalb eines betrachteten Volumens überall gleich seien; wir unterstellen auch jetzt, daß in unserem Volumenelement d V einheitliche Reaktionsbedingungen herrschen. Durch die Rohrwand soll Wärmeübergang stattfinden können. Für den Wärmetransport aus unserem Volumenelement steht also die Innenoberfläche $2\pi R_i\,\mathrm{d}x$ und die Außenoberfläche $2\pi R_a\,\mathrm{d}x$ zur Verfügung. Stoff- oder Wärmetransport durch die Stirnfläche unseres Volumenelementes soll ausgeschlossen sein (keine Rückvermischung). Wir versuchen zunächst eine Simulation des gemessenen Temperaturverlaufes. Dazu stellen wir uns vor, daß wir nach jedem Zeitdifferential d t ein neues Volumenelement unter Anfangsbedingungen in das Rohr schieben. Von den Reaktionen, die stattfinden, findet die Wachstumsreaktion ungleich häufiger statt als alle anderen Reaktionen. Wir machen also nur einen kleinen Fehler, wenn wir nur die Reaktionsenthalpie der Wachstumsreaktion berücksichtigen.

Um Berechnungen zum Wärmedurchgang anzustellen, brauchen wir nach

$$\dot{Q} = Fk(T_{F,i} - T_{F,a}),\tag{15.103}$$

die für den Wärmedurchgang zur Verfügung stehende Fläche F, die Temperaturdifferenz und den k-Wert. Wir wissen nun aber auch, daß der k-Wert zwei Wärmeübergänge und mindestens eine Wärmeleitung umfaßt, daß die Einzelwiderstände mit Hilfe dimensionsloser Kenngrößengleichungen berechnet werden können und daß Stoff- und Systemeigenschaften die dimensionslosen Kenngrößen bestimmen. Damit ist zum einen klar, daß sich während einer Reaktion der k-Wert auch ändern kann (z. B. wenn, wie bei Polymerisationen üblich, die Viskosität stark ansteigt) und daß vorsorglich eine ganze Reihe von Stoff- und Systemkonstanten bestimmt werden müssen, um einen k-Wert abschätzen und ein fruchtbares Gespräch zwischen Chemiker und Verfahrenstechniker führen zu können.

Die für die Wärmeübertragung aus einem Volumenelement der Dicke d x in unserem Strömungsrohr zur Verfügung stehende Fläche ist mit R_a als äußerem Rohrradius:

$$F = 2 R_a \pi\,\mathrm{d}x\tag{15.104}$$

und die durch diese Fläche übertragene Wärmemenge ist dann

$$\mathrm{d}Q_{ü} = 2 R_a \pi\,\mathrm{d}x\,k(T_{F,i} - T_{F,a})\,\mathrm{d}t.\tag{15.105}$$

Das Volumenelement selbst hat das Volumen

$$\mathrm{d}V = R_i^2 \pi\,\mathrm{d}x,\tag{15.106}$$

so daß die volumenbezogene übertragene Wärme sich ergibt zu

$$\frac{\mathrm{d}Q_{ü}}{\mathrm{d}V} = 2\left(\frac{R_a}{R_i^2}\right) k(T_{F,i} - T_{F,a})\,\mathrm{d}t.\tag{15.107}$$

Wir setzen für $2(R_a/R_i^2) = f$; f hat die Dimension Länge^{-1} und ist die auf das Volumen bezogene Fläche, also:

$$\frac{\mathrm{d}Q_{ü}}{\mathrm{d}V} = fk(T_{F,i} - T_{F,a})\frac{\mathrm{d}x}{\dot{v}}\tag{15.108}$$

wegen $\mathrm{d}t = \mathrm{d}x/\dot{v}$ ($\dot{v}$ ist also die Lineargeschwindigkeit). Nun wird in dem Volumenelement durch die Reaktion aber auch Wärme erzeugt, und zwar gilt wegen der auf den Molumsatz bezogenen Reaktionsenthalpie

$$\mathrm{d}Q_{\mathrm{R}} = \mathrm{d}n\,(-\Delta H_{\mathrm{R}}).\tag{15.109}$$

Gegebenenfalls ist über verschiedene Stoffmengenumsätze und Reaktionsenthalpien zu summieren.

Für die im Volumenelement $\mathrm{d}V$ erzeugte Wärmemenge gilt

$$\frac{\mathrm{d}Q_{\mathrm{R}}}{\mathrm{d}V} = \left[\frac{\mathrm{d}n}{R_i^2\,\pi\,\mathrm{d}x}\right](-\Delta H_{\mathrm{R}}).\tag{15.110}$$

Es sei $\mathrm{d}Q_{\mathrm{R}} + \mathrm{d}Q_{\ddot{\mathrm{U}}} = \mathrm{d}Q_{\mathrm{sum}}$, dann ist

$$\frac{\dot{v}\,\mathrm{d}Q_{\mathrm{sum}}}{\mathrm{d}V\,\mathrm{d}x} = \frac{\dot{v}}{\mathrm{d}x}\left[\frac{\mathrm{d}n}{R_i^2\,\pi\,\mathrm{d}x}\right](-\Delta H_{\mathrm{R}}) + f k\,(T_{\mathrm{F},i} - T_{\mathrm{F,a}}).\tag{15.111}$$

Die durch die Wärmemenge pro Volumen bedingte Temperaturerhöhung ist

$$\mathrm{d}T = \frac{\mathrm{d}Q_{\mathrm{sum}}}{\mathrm{d}V\rho c_p},\tag{15.112}$$

so daß sich schließlich ergibt:

$$\frac{\dot{v}\rho c_p\,\mathrm{d}T}{\mathrm{d}x} = \dot{v}\,\frac{\mathrm{d}[\text{Konz}]}{\mathrm{d}x}(-\Delta H_{\mathrm{R}}) + f k\,(T_{\mathrm{F},i} - T_{\mathrm{F,a}})\tag{15.113}$$

denn $\mathrm{d}n/R_i^2\pi\mathrm{d}x = \mathrm{d}[\text{Konz}]$.

Wir ziehen nun eine Originalarbeit zu Rate. Die Arbeit von Luft und Steiner, beides Schüler von Schönemann, der als erster eine Hochdruckpolyethylenanlage *vor* Inbetriebnahme berechnet hat, ist als Faksimile im Anhang abgedruckt. Soweit wir uns hier im Text auf Gleichungen dieser Arbeit beziehen, sind diese in { } angegeben.

Hinzuweisen ist auf die Gl. {1a} bis {1h}; sie stellen den vollständigen Satz von Elementarreaktionen dar, mit dessen Hilfe die Geschwindigkeitsgl. {2a} bis {2e} gewonnen wurden.

Neben dem Abbruch durch Rekombination {1d} ist auch der Abbruch durch Disproportionierung {1c} berücksichtigt. Durch Rekombination zweier Polymerradikale entsteht ein Polymermolekül, durch Disproportionierung entstehen aus zwei Polymer*radikalen* auch zwei Polymer*moleküle*.

Leider, aber das ist beim Lesen von Originalarbeiten häufig so, müssen wir uns mit Nomenklaturproblemen kurz auseinandersetzen. In diesem Buch bezeichnen wir alle Konzentrationen mit c und unterscheiden diese dann durch Indizes, also z. B. c_{M} für die Monomerkonzentration. Häufig schreiben Chemiker statt c_{M} aber [M]. In der Originalarbeit sind die üblichen eckigen Klammern zur Kennzeichnung der Konzentrationen aber weggelassen.

Auf die Gl. {3}, {4} und {5} wollen wir jetzt nicht eingehen. Sie sind ohne Bedeutung für die Berechnung des Temperaturverlaufes und des Umsatzes längs unseres Rohrreaktors.

Die in der Originalarbeit bevorzugte Benutzung von Gewichtsbrüchen anstelle von Konzentrationen ist nicht unüblich, soll aber hier einmal nachvollzogen werden, weil dadurch auf Klippen beim Lesen von Originalarbeiten aufmerksam gemacht wird.

Die Gl. {2 a} bis {2 e} sind unmittelbar verständlich.

Die Stoffmengenkonzentration c_M oder [M] ist ja n_M/Volumen. Multiplizieren wir die Stoffmenge n_M des Monomeren mit dem Molekulargewicht MG_M des Monomeren, so ergibt sich daraus die Masse des Monomeren m_M. In der Originalarbeit ist etwas unglücklich das Molekulargewicht mit M_M bezeichnet. Multipliziert man das Volumen mit der Dichte ρ, so erhält man die Gesamtmasse. Also:

$$c_M = [M] = \frac{n_M}{\text{Volumen}} \frac{MG_M \, \rho}{MG_M \, \rho}$$

$$= \left\{ \frac{n_M \, MG_M}{\text{Volumen} \, \rho} \right\} \frac{\rho}{MG_M} = g_M \frac{\rho}{MG_M}. \tag{15.114}$$

denn in { } steht Monomerenmasse/Gesamtmasse, und das ist der Gewichtsbruch des Monomeren g_M. Damit wird aber auch

$$r_M = \frac{d[M]}{dt} = \frac{d\{g_M\}}{dt} \frac{\rho}{MG_M} = \dot{r}_M \frac{\rho}{MG_M}. \tag{15.115}$$

In unserer Gl. (15.116 a) ist das fettgedruckte Glied

$$\dot{v} \rho c_p \frac{dT}{dx} = \frac{\mathbf{d[Konz]}}{\mathbf{d}t} (-\Delta H_R) + fk(T_{F,i} - T_{F,a}); \tag{15.116 a}$$

$d[Konz]/dt$ identisch mit $\dot{r}_M (\rho/MG_M)$.

Substituieren wir dies in Gl. (15.116a), so erhalten wir

$$\dot{v} \rho c_p \frac{dT}{dx} = \rho \dot{r}_M \frac{-\Delta H_R}{MG_M} + fk(T_{F,i} \, T_{F,a}). \tag{15.116 b}$$

Während $(-\Delta H_R)$ die stoffmengenbezogene Reaktionenthalpie ist, stellt $(-\Delta H_R)/MG_M$ die auf das *Gramm* bzw. die *Masse* bezogene Reaktionsenthalpie dar. Bis auf den Divisor MG_M ist die Gl. (15.116b) identisch mit der Gl. {7 b}. Beim Rechnen mit Gewichtsbrüchen ist auch die Reaktionsenthalpie massebezogen.

Offenbar ist zur Berechnung der Geschwindigkeitsausdruck für $d[M]/dt$ nötig. Da wir wissen, daß es sich um eine Radikalreaktion handelt, setzen wir für die Wachstumsreaktion an:

$$R^\cdot + M \quad \rightarrow R\text{-}M_1^\cdot \quad = P_1^\cdot;$$
$$R\text{-}M^\cdot + M \rightarrow R\text{-}M_2^\cdot \quad = P_2^\cdot;$$
$$R\text{-}M_n^\cdot + M \rightarrow R\text{-}M_{n+1}^\cdot = P_{n+1}^\cdot.$$

und formulieren als Geschwindigkeitsgesetz

$$-\frac{d[M]}{dt} = k_W[M] \sum [P_n^\cdot] = k_W[M][P^\cdot] \quad \text{mit} \quad \sum [P_n^\cdot] = [P^\cdot]. \tag{15.117}$$

Tab. 15.1   Berechnung der Konzentrationen (als Gewichtsbrüche) längs eines PE-Rohrreaktors.

Ort m	Monomer Gw.Bruch	Initiator Gewichtsbruch		Radikale Gewichtsbruch		Temp. in K	Polymer-grad	Umsatz in %
0	1,00	35,00	exp -6	0,00		343,00		0,00
10	1,00	35,00		9,55	exp-12	372,00		0,00
20	1,00	35,00		281,52		396,30	3265	0,00
30	1,00	35,00		3,27	exp -9	414,85	3265	0,00
40	1,00	34,98		20,46		429,52	3261	0,00
50	1,00	34,91		85,20		441,32	3249	0,00
60	1,00	34,73		267,08		450,97	3219	0,00
70	1,00	34,35		644,77		458,53	3159	0,02
80	1,00	33,64		1,35	exp -6	464,98	3058	0,03
90	1,00	32,45		2,47		470,39	2915	0,07
100	1,00	30,76		4,13		475,34	2731	0,16
110	1,00	28,33		6,34		480,04	2524	0,30
120	1,00	25,01		9,16		484,89	2309	0,52
130	0,99	20,73		12,43		490,14	2107	0,87
140	0,99	15,45		15,86		496,03	1939	1,45
150	0,98	9,56		18,78		502,73	1825	2,01
160	0,97	4,20		20,10		510,02	1792	2,82
170	0,96	1,02		18,90		517,09	1860	3,72
180	0,95	111,20	exp -9	16,16		522,69	1996	4,57
190	0,95	4,80		13,54		526,60	2137	5,34
200	0,94	101,66	exp-12	11,57		528,99	2253	6,00
210	0,93	1,09		10,04		530,34	2349	6,59
220	0,93	9,36	exp-15	8,87		530,87	2427	7,11
230	0,92	72,32	exp-18	7,93		530,82	2491	7,58
240	0,92	535,96	exp-21	7,15		530,33	2547	8,00
250	0,92	5,39		6,52		529,54	2593	8,38
260	0,91	64,34	exp-24	5,98		528,51	2634	8,73
270	0,91	1,15		5,54		527,36	2668	9,05
280	0,91	26,21	exp-27	5,14		526,08	2699	9,35
290	0,90	885,45	exp-30	4,81		524,79	2726	9,61
300	0,90	37,38		4,51		523,45	2750	9,87
320	0,90			4,02		520,83	2791	10,31
340	0,89			3,64		518,36	2825	10,70
360	0,89			3,32		516,06	2853	11,05
380	0,89			3,06		513,97	2878	11,35
400	0,88			2,83		512,10	2809	11,64
420	0,88			2,64		510,44	2918	11,89
440	0,88			2,47		503,97	2935	12,13

Für eine solche Berechnung wird ein Zeitdifferential vorgegeben und für weitere Differentiale Grenzen vorgeschrieben. Wird eine der Begrenzungen überschritten, wird das Zeitdifferential halbiert; war es zweimal gleich, wird es versuchsweise verdoppelt. Bei obiger Rechnung war das T-Differential stets kleiner 0,2 Grad, das Differential des Monomeren-Gewichtsbruches stets kleiner 1/1000, das Differential der Radikalkonzentration stets kleiner 1/1000 des Anfangswertes.

Man beachte den unvollständigen Umsatz und die relativ geringe Veränderung der Radikalkonzentration zwischen 100 u. 300 m Länge.

Für die Radikalbildung unterstellen wir

$$O_2 + M \rightarrow 2\,R^{\cdot}$$

und für die Radikalvernichtung

$$P_n^{\cdot} + P_m^{\cdot} \rightarrow P_{n+m},$$

woraus sich als Geschwindigkeitsausdruck ergibt:

$$\frac{d[P^{\cdot}]}{dt} = 2\,k_s[M][O_2] = k_a[P^{\cdot}]^2. \tag{15.118}$$

Die Gl. (15.117) und (15.118) werden in die Berechnung einbezogen; für jede neue Temperatur sind die Geschwindigkeitskonstanten neu zu berechnen (ggf. ist auch die Druckabhängigkeit der Geschwindigkeitskonstanten zu berücksichtigen).

Es muß also nicht unbedingt mit der Quasistationaritätsannahme gerechnet werden; die Berechnung mit Hilfe von Differentialgleichungen bestätigt aber auch die Berechtigung der Quasistationaritätsannahme.

Das Ergebnis einer solchen Berechnung ist in Tab. 15.1 wiedergegeben.

Die einfache Rechnung liefert

- ein Temperaturprofil längs des Reaktors,
- das Konzentrationsprofil der *Initiator*konzentration längs des Reaktors,
- das Konzentrationsprofil der *Radikal*konzentration längs des Reaktors und
- das Konzentrationsprofil der *Monomer*konzentration längs des Reaktors;

außerdem das mittlere Molekulargewicht, das bei einem bestimmten Umsatz gerade gebildet wird. Die Anzahl der Monomereinheiten, die im Mittel in einem Makromolekül enthalten sind, ergibt sich nämlich einfach zu

$$P_n = \frac{d[M]/dt}{k_a[P^{\cdot}]^2} = \frac{k_W[M][P^{\cdot}]}{k_a[P^{\cdot}]^2}. \tag{15.119}$$

In Gl. (15.119) wird die Anzahl der Wachstumsschritte innerhalb einer bestimmten differentiellen Zeit durch die Anzahl der Abbruchschritte innerhalb der gleichen differentiellen Zeit dividiert. Das Ergebnis ist die mittlere Zahl von Monomereinheiten in einem Molekül.

Im Nenner müssen alle Geschwindigkeitsausdrücke auftreten, durch die individuelles Wachstum von Molekülen beendet wird, also auch (wenn vorhanden) Übertragungsreaktionen.

Übertragungsreaktionen beenden „individuelles Wachstum" von Molekülen, aber beenden nicht die kinetische Kette.

15.8 Explosionen

Bei exothermen Reaktionen ist eine Steigerung der Geschwindigkeit bis zum explosionsartigen Verlauf möglich. Als Grundlage zur Erklärung dieser Verhaltensweise können die beiden Grenzfälle *Wärmeexplosion* und *Kettenexplosion* dienen, wobei die praktisch wichtigsten Fälle dann meist eine Kombination dieser beiden darstellen.

Die Wärmeexplosion. Hier ist die zeitliche Wärmeerzeugung der Reaktion größer als der abgeführte Wärmestrom. Damit erhöht sich die Temperatur im Reaktionsgefäß, und nach der Arrhenius-Gl. (15.41) kann dies die Reaktionsgeschwindigkeit bis zur Explosion steigern.

Das Zustandekommen einer solchen Explosion ist also nicht nur durch die Art des Reaktionsgemisches bedingt, sondern ebenso wichtig sind die Wärmeaustauschverhältnisse im Reaktorinneren. So kann etwa bei Gasgemischen die Explosionsgefahr herabgesetzt werden durch Zugabe von nicht reagierendem Kohlendioxid, das die Wärmekapazität des Systems vergrößert; die Beimischung von Heliumgas erhöht die Wärmeleitfähigkeit des Systems und wirkt dadurch explosionshemmend.

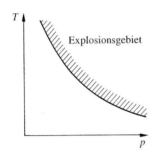

Abb. 15.12   Explosionsgrenze bei einer Wärmeexplosion.

In der Abb. 15.12 wurde der Verlauf der Explosionsgrenze bei Wärmeexplosionen eines Gasgemisches als Funktion des Druckes schematisch aufgetragen. Mit steigendem Druck nimmt die volumenbezogene erzeugte Wärme zu, und damit sinkt die zur Explosion erforderliche Temperatur (*Zündpunkt*).

Die Kettenexplosion. Im Gegensatz zu Wärmeexplosionen braucht sich bei Kettenexplosionen das Reaktionsgemisch während der Explosion nicht unbedingt zu erwärmen. Kennzeichnend für diese Art Explosion sind jedoch die während der Reaktion sich bildenden freien Radikale.

Als Beispiel für eine Kettenexplosion wollen wir die Knallgasreaktion betrachten, die nach der stöchiometrischen Gleichung

$$2\,H_2 + O_2 \rightarrow 2\,H_2O$$

abläuft. Durch experimentelle Untersuchungen wurden für diese Reaktion unter anderem die folgenden Einzelschritte gefunden:

1. H_2 $\rightarrow H^{\cdot} + {}^{\cdot}H$;
2. $H^{\cdot} + O_2$ $\rightarrow OH^{\cdot} + O{:}$;
3. $O{:} + H_2$ $\rightarrow OH^{\cdot} + H^{\cdot}$;
4. $OH^{\cdot} + H_2$ $\rightarrow H_2O + H^{\cdot}$;
5. $H^{\cdot} + {}^{\cdot}H + (M) \rightarrow H_2 + (M)$.

Damit die Reaktion überhaupt beginnen kann, sind in der ersten Stufe durch Erhitzen oder durch Einwirkung von Licht Radikale (hier: Wasserstoffatome) zu bilden.

(Es wird auch vermutet, daß durch eine noch nicht in allen Einzelheiten aufgeklärte Wandreaktion $H_2 + O_2 \rightarrow OH^{\cdot} + OH^{\cdot}$ zwei OH-Radikale gebildet werden.) Jedes dieser Wasserstoffatome erzeugt in der zweiten Stufe zwei Radikale, deren eines ($O^{\cdot}$) in der Stufe 3 seinerseits zwei Reaktionsträger hervorbringt. Wir haben es also mit einer *Kettenverzweigung*, d. h., einer gewaltigen Vermehrung der Reaktionsträger zu tun, und dies führt schließlich zur Explosion.

In der Stufe 4 bleibt die Anzahl der Reaktionsträger konstant (für jedes verbrauchte $OH^{\cdot}$ entsteht genau ein $H^{\cdot}$), während dann Stufe 5 eine Kettenabbruchreaktion darstellt. (M) ist ein sogenannter *Dreierstoßpartner*; stoßen nämlich zwei Wasserstoffatome zusammen, so wird dabei gerade soviel Energie frei, wie auch zum Zerfall des entstehenden Wasserstoffmoleküls benötigt wird. Um ein eben gebildetes Molekül zu stabilisieren, muß also ein Teil der Energie an einen dritten Körper, beispielsweise an die Gefäßwand, abgegeben werden. Dies erklärt auch, warum das Entstehen von Kettenexplosionen sowohl von Gefäßdimensionen als auch von der Beschaffenheit der Gefäßwände abhängt. Mit wachsenden Gefäßabmessungen gelangt nämlich bei konstantem Druck ein immer kleinerer Bruchteil der Kettenträger an die Wand, wodurch ihre kettenabbrechende Wirkung abnimmt und sich die Explosionsgrenze zu niedrigeren Temperaturen verschiebt. Andererseits fördert beispielsweise ein Kaliumbelag auf einer Gefäßwand den Kettenabbruch und erhöht so die Explosionstemperatur.

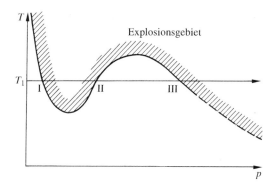

Abb. 15.13   Explosionsgrenze bei einer Kettenexplosion.

Durch geschicktes Ausnützen dieser Tatsachen wird es möglich, Kettenexplosionen innerhalb gewisser Grenzen zu beherrschen. So ist etwa der Kunstgriff, allzu große Explosionsgeschwindigkeiten im Verbrennungsmotor durch Zugabe eines Dreierstoßpartners in den Brennstoff herabzusetzen, schon lange bekannt: Man mischt dem Benzin Bleitetraethyl zu; dieses zerfällt bei den herrschenden Temperaturen in Ethylradikale sowie feinst verteiltes Bleioxid wodurch unerwünschte Radikal-Kettenreaktionen abgefangen werden.

Abb. 15.13 zeigt schematisch die in vielen Fällen beobachtete Abhängigkeit der Explosionstemperatur vom Druck. Bei den kleinsten Drücken ist die freie Weglänge der Moleküle und Radikale groß, es treten öfters Dreierstöße mit der Wand auf, und damit ergibt sich eine hohe Explosionstemperatur. In diesem Bereich ist der Einfluß der Wandbeschaffenheit auf die Reaktion sehr groß. Mit wachsendem Druck behindern sich aber die Teilchen auf ihrem Weg zur Wand immer mehr, der Wandeinfluß wird kleiner, und die Explosionstemperatur sinkt. Bei weiterer Druckzunahme kommt man in ein Gebiet mit steigender Explosionstemperatur: Hier nehmen die Kettenabbrüche durch Zusammenstöße von drei Molekülen im Vergleich zur Neubildung von Radikalen durch Kettenverzweigungen wieder zu. Als Dreierstoßpartner wirken die Gasmoleküle; deshalb können auch bei Kettenexplosionen Fremdgaszusätze von großer Bedeutung für den Reaktionsverlauf sein. Die Gefäßwand hat in diesem Gebiet keinen Einfluß mehr auf die Explosionsgrenze. Bei noch höheren Drücken wird der Wärmeaufstau im Reaktionsgemisch wesentlich, und die Kurve geht in diejenige für Wärmeexplosionen über (gestrichelt eingezeichnet).

Erhöht man also in einem Reaktionsgemisch bei festgehaltener Temperatur (T_1) den Druck allmählich, so durchschreitet man im allgemeinen Fall die drei Explosionsgrenzen I, II und III. Bei einem stöchiometrischen Knallgasgemisch liegt für $\vartheta = 500\,°C$ die erste Explosionsgrenze (I) etwa bei $p = 490$ Pa und die zweite (II), für dieselbe Temperatur, ungefähr bei 5400 Pa.

Das hier für die Druckabhängigkeit der Explosionstemperatur Gesagte galt für stöchiometrisch zusammengesetzte Gemische. Explosionen können aber auch in nichtstöchiometrischen Gemischen auftreten. Enthält beispielsweise Luft einen Ethylethergehalt von 1 bis 50 Vol.% (diese Anhaltswerte sind natürlich stark abhängig von den Umgebungsbedingungen), so kann das Gemisch bei Zündung explodieren. Den kleineren Wert nennt man *untere*, den größeren *obere Zündgrenze* (oft auch *untere* und *obere Explosionsgrenze*).

Außerhalb dieser Zündgrenzen explodiert das Gemisch nicht mehr. Die Angabe solcher Zündgrenzen findet man hauptsächlich in der Literatur über Unfallverhütung in den Betrieben (z. B. Meyer [15.21], Unfallverhütung [15.22]). Sie gelten im allgemeinen für Gemische bei Umgebungstemperatur ($\approx 20\,°C$) und Umgebungsdruck (≈ 760 Torr) bei örtlichem Überschreiten des Zündpunktes (bei Ethylether-Luft-Gemisch $\approx 200\,°C$).

15.9 Heterogene Reaktionen

Bei der Herleitung aller bis jetzt besprochenen kinetischen Gesetze, den Gesetzen für homogene Systeme, nahmen wir an, daß eine ideale Durchmischung der Reaktionspartner vorlag, d. h., daß die Wahrscheinlichkeit für eine Reaktion an allen Stellen des Systems gleich groß war. Wesentlich anders verhalten sich heterogene Systeme. Hier sind die Reaktionspartner in mehreren Phasen vorhanden, und die Umsetzungen können nur an den *Phasengrenzflächen* stattfinden, an denen die verschiedenen Stoffe zusammenstoßen. Aus diesem Grund sind für die hier auftretenden Reaktionsgeschwindigkeiten nicht mehr nur die chemischen Eigenschaften der Reaktionsteilnehmer und eventuell noch die Art des Lösungsmittels maßgebend, sondern die Geschwindigkeit des Stofftransportes zum Reaktionsort gewinnt entscheidenden Einfluß auf den Gesamtvorgang. Bei der Behandlung heterogener Reaktionen ist also das Zusammenwirken der folgenden drei Stufen zu betrachten:

1. Antransport der Ausgangsstoffe in die Reaktionszone;
2. Umsetzung;
3. Wegtransport der Produkte aus der Reaktionszone.

Im Grenzfall, in dem die Antransportgeschwindigkeit der Ausgangsstoffe viel größer ist als die chemische Reaktionsgeschwindigkeit, erhält man wieder die Gesetze der homogenen Kinetik. Im entgegengesetzten Grenzfall (Transportgeschwindigkeit ≪ chemische Reaktionsgeschwindigkeit) ist nur noch der Stofftransport für das herrschende kinetische Gesetz verantwortlich.

Im folgenden wollen wir uns die Zusammenhänge zwischen Stofftransport und chemischer Reaktion anhand dreier charakteristischer Beispiele klarmachen. Da eine auch nur annähernd vollständige Behandlung aller hier vorkommenden Möglichkeiten zuviel Platz beanspruchen würde, sei besonders auf die Darstellungen der heterogenen Reaktionskinetik bei Brötz [15.1] und in der Literatur [15.23], [15.26], [15.27], [15.28] hingewiesen.

Als erstes untersuchen wir den Verlauf der Reaktion bei der Auflösung einer kompakten Platte aus einem Metalloxid (Mo) in einer Säure (S), wobei ein Metallsalz (Ms) und Wasser entstehen. Ist die Reaktion umkehrbar, so lautet die Reaktionsgleichung:

$$\text{Mo} + \text{S} \underset{k_2}{\overset{k_1}{\rightleftharpoons}} \text{Ms} + \text{H}_2\text{O} \, .$$

(Beispiel: $\text{MgO} + 2\,\text{HCl} \rightleftharpoons \text{MgCl}_2 + \text{H}_2\text{O}$)

Im ersten Schritt muß Säure aus dem Lösungsinneren an die Metalloxidplatte herangeführt werden; dieser Transportvorgang läßt sich mit dem Diffusionsgesetz von Fick berechnen.

Wir bezeichnen die Säurekonzentration im Inneren der stark umgerührten Lösung mit $c_{a,S}$, diejenige an der Metalloxidplatte mit $c_{i,S}$ und den Säurestrom mit $\dot N_S$ (Dimension kmol s^{-1}).

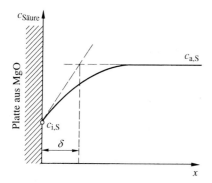

Abb. 15.14   Die Diffusionsschicht.

Im stationären Zustand ist der zeitliche Verbrauch der Säure durch die Reaktion gerade gleich dem ankommenden Säurestrom, d. h. $c_{a,S}$, $c_{i,S}$ und $\dot{N}_S$ bleiben zeitlich konstant. Wie schon in 7.5 dargelegt wurde, kann man jetzt eine fiktive Diffusionsschicht der Dicke δ (Dimension m) einführen (Abb. 15.14) und erhält dann durch Anwendung des Fickschen Gesetzes für den Säurestrom:

$$\dot{N}_S = D\,A\,\frac{c_{a,S} - c_{i,S}}{\delta}\,; \tag{15.120}$$

D = Diffusionskoeffizient in m²/s;
A = Oberfläche der Metalloxidplatte in m².

Verläuft die Reaktion der Säure mit dem Metalloxid, das in der Lösung an der Oberfläche die konstante Sättigungskonzentration $c_{i,Mo}$ aufweist, nach einem Gesetz erster Ordnung, so ergibt sich unter Berücksichtigung der Rückreaktion für den zeitlichen Verbrauch der Säure an der ganzen Oberfläche A:

$$\dot{N}_S = k_1\,A\,c_{i,S} - k_2\,A\,c_{i,Ms}\,. \tag{15.121}$$

Die Dimension der Geschwindigkeitskonstanten ist hier nicht s^{-1}, wie in Abschn. 15.3, sondern m/s.

Durch Gleichsetzen der rechten Seiten von Gl. (15.120) und (15.121) ergibt sich:

$$D\,A\,\frac{c_{a,S} - c_{i,S}}{\delta} = k_1\,A\,c_{i,S} - k_2\,A\,c_{i,Ms}\,,$$

$$c_{i,S} = \frac{D\,c_{a,S} + k_2\,\delta\,c_{i,Ms}}{D + \delta\,k_1}\,. \tag{15.122}$$

Setzen wir nun $c_{i,S}$ in Gl. (15.121) ein, so erhalten wir für die in der Zeiteinheit an der Oberfläche A umgesetzte Anzahl kmol Säure die Beziehung:

$$\dot{N}_S = \frac{c_{a,S} - \dfrac{k_2}{k_1}\,c_{i,Ms}}{\dfrac{1}{A\,k_1} + \dfrac{\delta}{A\,D}}\,. \tag{15.123}$$

Durch Anwendung des Massenwirkungsgesetzes (s. Abschn. 14.3) auf unsere Reaktion ergibt sich

$$\frac{c_{i,Ms}}{c'_{i,S}} = K_c = \frac{k_1}{k_2}\,;\quad c'_{i,S} = \frac{k_2}{k_1}\,c_{i,Ms}\,; \tag{15.124}$$

$c'_{i,S}$ ist hier diejenige Säurekonzentration, die nach dem Erreichen des Gleichgewichtszustandes vorhanden wäre. Im Zähler der Gl. (15.123) steht also die „treibende" Konzentrationsdifferenz $\Delta c = c_{a,S} - c'_{i,S}$; je größer sie ist, desto schneller verläuft die Reaktion.

Den Ausdruck $1/(A\,k_1)$ nennt man *Reaktionswiderstand* W_R, und $\delta/(A\,C)$ ist der *Widerstand für den Stoffaustausch* W_D. Damit nimmt Gl. (15.123) die allgemeine Form an:

$$\dot{N} = \frac{\Delta c}{W_R + W_D}\,. \tag{15.125}$$

Sie ist analog dem Ohm*schen Gesetz* aufgebaut (Stromstärke = Spannung/Wider-stand).

In unserem Beispiel, der Auflösung einer Metalloxidplatte durch Säure, wie auch in vielen anderen Fällen, kann die Gleichgewichtskonzentration der angreifenden Komponente ($c'_{i,S}$) vernachlässigt werden, d. h., das Gleichgewicht liegt ganz auf der Seite der Produkte; es läßt sich also Δc durch $c_{a,S}$ ersetzen. Ferner werden jetzt die schon am Anfang dieses Paragraphen erwähnten Tatsachen verständlich: Für $W_D \gg W_R$, also etwa bei großem k_1, ist nur noch der Stofftransportwider-stand für die Reaktionsgeschwindigkeit maßgebend; umgekehrt verhält es sich bei $W_R \gg W_D$.

Gl. (15.125) kann auch auf die Reaktion eines Gases mit einem Festkörper ange-wendet werden. Als Beispiel betrachten wir die Oxidation eines Metalles durch ein in die Metalloberfläche eindringendes Gas. Die Dicke δ der dabei entstehenden, kompakten Oxidschicht wachse proportional dem Umsatz: $A (d\delta/dt) \sim (dn_{Oxid}/dt)$. Da das angreifende Gas vor der Reaktion durch diese Oxidschicht hindurch-diffundieren muß, nimmt der Diffusionswiderstand mit der Zeit zu und damit die Wachstumsgeschwindigkeit ab; in jedem Augenblick ist aber $\dot{N} \sim (dn_{Oxid}/dt)$. (Den häufig auftretenden Fall, daß Metallionen durch die Oxidschicht nach außen dif-fundieren, lassen wir hier außer acht.)

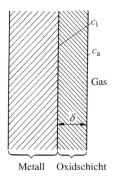

Abb. 15.15   Oxidschicht auf einem Metall.

Nach Abb. 15.15 bezeichnen wir die Konzentration des Gases über dem Festkör-per mit c_a. Da die Reaktionsgeschwindigkeit viel größer ist als die Diffusionsge-schwindigkeit, kann man W_R gegen W_D vernachlässigen, und deshalb ist die Kon-zentration des Gases unmittelbar über der reinen Metalloberfläche gerade gleich der Gleichgewichtskonzentration c'_i. Jetzt erhält man aus Gl. (15.125):

$$\dot{N}_{Gas} = \frac{c_a - c'_i}{\delta/A D} = A\, \varepsilon\, \frac{d\delta}{dt}; \qquad (15.126)$$

D = Diffusionskoeffizient des Gases im Metalloxid in m²/s;
ε = Proportionalitätsfaktor.

c_i' darf vernachlässigt werden, und damit ergibt sich die Integration der Gl. (15.126):

$$\delta = \sqrt{\frac{2D}{\varepsilon} c_a t + \delta_a^2} \, . \tag{15.127}$$

Die Integrationskonstante δ_a ist gleich der Schichtdicke zur Zeit $t = 0$.

Dieses parabolische Zeitgesetz ($\delta \sim \sqrt{t}$) für das Wachstum der Schichtdicke konnte experimentell bestätigt werden. Häufig ist allerdings der Exponent der Zeit t kleiner als 0,5.

Solche Oxidschichten, wie wir sie hier erwähnten, haben oft eine große praktische Bedeutung. So ist beispielsweise der Luft ausgesetztes Aluminium stets von einer dünnen Oxidschicht überdeckt, welche die Diffusion stark behindert und ihm deshalb eine gute Beständigkeit gegen weitere Angriffe verleiht. Oft wird die Oxidschicht durch anodische Oxidation sogar noch künstlich verdickt (Eloxieren!). Das Eisen hingegen bildet beim Rosten keine zusammenhängende Deckschicht und wird deshalb an feuchter Luft rasch bis in den Kern oxidiert.

Auch aus dem folgenden Beispiel, in dem wir uns nur kurz mit der Reaktionskinetik bei der Verbrennung von Kohle zu Kohlenmonoxid (CO) und Kohlendioxid (CO_2) befassen wollen, geht das Zusammenwirken von chemischer Reaktionsgeschwindigkeit und Stofftransportgeschwindigkeit klar hervor (Brötz [15.1] und Rossberg/Wicke [15.24]).

Die experimentellen Untersuchungen wurden dabei mit einem auf die gewünschte Temperatur geheizten Rohr aus spektralreiner Kohle vorgenommen, durch welches das Oxidationsmittel (Luft und Stickstoff-Sauerstoff-Gemische verschiedener Zusammensetzung) hindurchströmte. Mit den Ergebnissen der quantitativen Analyse der aus dem Rohr wegströmenden Abgase konnte die effektive Geschwindigkeitskonstante k_{eff} der Reaktion berechnet werden. Diese Geschwindigkeitskonstante ist vom Stofftransportwiderstand in der hydrodynamischen Grenzschicht an der Kohle und dem chemischen Reaktionswiderstand abhängig; je größer k_{eff} ist, desto größer ist der flächenbezogene zeitliche Sauerstoffverbrauch.

Trägt man den Logarithmus von k_{eff} gegen die reziproke Reaktionstemperatur auf, so erhält man, wie Abb. 15.16 zeigt, drei verschiedene Bereiche. (Die Übergangsgebiete wurden in dieser schematischen Darstellung weggelassen.)

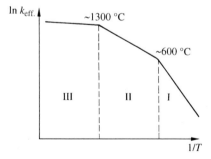

Abb. 15.16 Die Temperaturabhängigkeit der effektiven Geschwindigkeitskonstanten bei der Verbrennung von Kohle.

Im Bereich I ist die Reaktionsgeschwindigkeit noch so klein, daß die Stofftransportgeschwindigkeit ausreicht, den verbrauchten Sauerstoff rasch zu ersetzen. Die Kinetik des Vorgangs wird also nur durch die Reaktionsgeschwindigkeit bestimmt, und diese verändert sich als Temperaturfunktion gemäß der Arrhenius-Gleichung. Aus der Neigung der Geraden kann die Aktivierungsenergie der Reaktion bestimmt werden.

Bei steigender Temperatur nimmt auch die Reaktionsgeschwindigkeit zu, und jetzt macht sich der Diffusionswiderstand des Sauerstoffs in den Poren der Kohle bemerkbar (Bereich II). Die Konzentration des Sauerstoffs im Inneren der Kohle nimmt gegen den Reaktionsort hin ab; daher wächst die Geschwindigkeit weniger rasch an, als es bei gleichmäßiger Gasverteilung zu erwarten wäre.

Im Bereich III wird bei noch höherer Temperatur soviel Sauerstoff verbraucht, daß auch die hydrodynamische Grenzschicht an der Kohlenoberfläche an Sauerstoff verarmt, d. h., es baut sich hier eine geschwindigkeitsbestimmende Diffusionsschicht auf. Da der Diffusionskoeffizient nicht stark von der Temperatur abhängt ($D \sim T^{1,5}$ bis $T^{2,0}$), bleibt die Reaktionsgeschwindigkeit in diesem Gebiet beinahe konstant. Hier steigt jedoch die effektive Verbrennungsgeschwindigkeit mit der Gasgeschwindigkeit an, da mit ihr die Diffusionsschichtdicke abnimmt.

Unter praktischen Bedingungen hat man es häufig mit kugeligen oder angenähert kugeligen Teilchen, z. B. Erzkörnern, zu tun. Typische Beispiele, bei denen die Form und ursprüngliche Abmessung des (Erz-)Teilchens erhalten bleiben kann, sind die Röstprozesse sulfidischer Erze, z. B.

$$2\,ZnS_{fest} + 3\,O_{2,\,gas} \rightharpoonup 2\,ZnO_{fest} + 2\,SO_{2,\,gas}$$

oder

$$4\,FeS_{2,\,fest} + 11\,O_{2,\,gas} \rightharpoonup 2\,Fe_2O_{3,\,fest} + 8\,SO_{2,\,gas}$$

oder Verfahren der Direktreduktion, wie sie wahrscheinlich an Bedeutung gewinnen:

$$Fe_3O_{4,\,fest} + 4\,H_{2,\,gas} \rightharpoonup 3\,Fe_{fest} + 4\,H_2O_{gas}\,.$$

In allen diesen Fällen reagiert ein Gas, in dem die gasförmige Komponente A enthalten ist, mit einem Festkörper, in dem B vorhanden ist, nach einer stöchiometrischen Beziehung:

$$A_{gas} + b\,B_{fest} \rightharpoonup Gase + Festprodukte\,.$$

Ein Teilchen, das schon teilweise reagiert hat, läßt sich wie in Abb. 15.18 darstellen.

Der Stofftransport erfolgt aus dem Hauptgasstrom mit der Konzentration c_A zunächst durch den Gasgrenzfilm, der das Teilchen mit dem Anfangsradius R umgibt (vgl. Abb. 15.17).

Es folgt die Diffusion von A durch die im Verlaufe der Reaktion (bei gleichbleibendem Außendurchmesser $2R$) immer dicker werdende Asche-(Produkt-)Schicht bis an die Oberfläche des noch nicht umgesetzten Kernes (core); der Kern habe zu einem bestimmten Zeitpunkt den Radius r_c. Die Dicke der Ascheschicht ist zu diesem Zeitpunkt $R - r_c$. An der Oberfläche des Kernes reagiert A mit B, und die festen Reaktionsprodukte verbleiben als „Asche", die gasförmigen Reaktionsprodukte diffundieren gasförmig ab. Natürlich können wieder die verschiedensten Teilschritte geschwindigkeitsbestimmend sein. Für die Reaktionsführung ist es wichtig, den geschwindigkeitsbestimmenden Schritt zu erkennen.

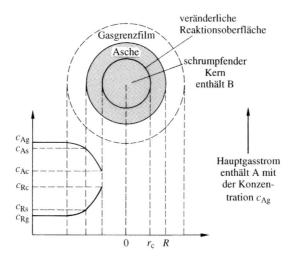

Abb. 15.17 Darstellung der Reaktanden- und Produkte-Konzentrationen für eine Reaktion A (gas) + bB (fest) ↔ rR (gas) + sS (fest) für ein Teilchen mit konstant bleibendem Durchmesser (Aufbau einer Ascheschicht) aber schrumpfendem Kern.

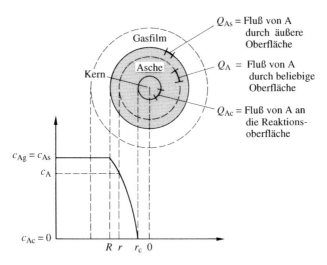

Abb. 15.18 Darstellung eines reagierenden Festkörperteilchens für den Fall, daß die Diffusion durch die entstehende Ascheschicht der geschwindigkeitsbestimmende Schritt ist.

Wir betrachten einmal den interessanten Fall, daß die Diffusion durch die Asche geschwindigkeitsbestimmend ist. Die Konzentration der gasförmigen Komponente A im Hauptgasstrom sei $c_{A,g}$. Da die Diffusion durch den Gasgrenzfilm schnell sein soll (also nicht geschwindigkeitsbestimmend) im Vergleich zur Diffusion durch die Asche (in unserem Falle das bereits entstandene Oxid), ist $c_{A,g} = c_{A,s}$, wenn $c_{A,s}$ die Konzentration des gasförmigen Eduktes an der Aschenoberfläche ist.

In der Ascheschicht erfolgt dann der Abfall der Konzentration c_A von $c_{A,s}$ auf $c_{A,c}$, den Konzentrationswert an der Oberfläche des noch nicht umgesetzten Eduktes. Der Durchmesser des noch nicht umgesetzten Eduktes, des Kernes, des „shrinking core", wird ständig kleiner, er ist $2r_c$ und wird schließlich 0: $R > r_c > 0$.

Der Zustrom von A (der „Fluß") muß durch alle Kugelschalen um den Kern gleich sein. Wegen der hohen Dichte des „core" im Vergleich zum anströmenden Gas betrachten wir für einen Augenblick den Kern als konstant.

Der Verbrauch der andiffundierenden Komponente A ist jetzt gegeben durch

$$-\frac{dN_A}{dt} = 4\pi r^2 Q_A = 4\pi R^2 Q_{A,s} = 4\pi r_c^2 Q_{A,c} = \text{const}. \tag{15.128}$$

Den Fluß von A durch die Ascheschicht beschreiben wir wieder mit dem Fickschen Gesetz:

$$Q_A = D_{eff}\frac{dc_A}{dr}. \tag{15.129}$$

Aus der Kombination der beiden vorstehenden Gleichungen folgt

$$-\frac{dN_A}{dt} = 4\pi r^2 D_{eff}\frac{dc_A}{dr}. \tag{15.130}$$

Jetzt wird über die Ascheschicht von R bis r_c und über die Konzentration von $c_{A,g} = c_{A,s}$ bis $c_{A,c}$ integriert:

$$-\frac{dN_A}{dt}\int_R^{r_c}\frac{dr}{r^2} = 4\pi D_{eff}\int_{c_{A,g}}^{c_{A,c}} dc_A. \tag{15.131}$$

Somit ist

$$-\frac{dN_A}{dt}\left(\frac{1}{r_c} - \frac{1}{R}\right) = 4\pi D_{eff} c_{A,g}. \tag{15.132}$$

Diese Gleichung, integriert über die Zeit, sollte den gesuchten Zusammenhang liefern. Die Gleichung enthält die drei Variablen t, N_A und r_c. Mit Hilfe der stöchiometrischen Gleichung können wir dN_A zunächst eliminieren, denn es ist

$$-dN_B = -b\,dN_A \tag{15.133}$$

und wegen $N_B = \rho_B V$, wenn ρ_B die molare Dichte von B im Festkörper und V dessen Volumen ist, ist auch

$$-dN_B = -b\,dN_A = -\rho_B\,dV$$

$$= -\rho_B d\left(\frac{4\pi r_c^3}{3}\right) = -\rho_B 4\pi r_c^2\,dr_c; \tag{15.134}$$

damit ist

$$-\frac{dN_A}{dt} = -\frac{1}{b}\rho_B 4\pi r_c^2\frac{dr_c}{dt}. \tag{15.135}$$

Mit Gl. (15.132) folgt nun

$$-\frac{1}{b}\,\rho_B 4\pi r_c^2\,\frac{dr_c}{dt}\left(\frac{1}{r_c}-\frac{1}{R}\right)=4\pi D_{eff}c_{A,g} \tag{15.136}$$

oder

$$-\rho_B r_c^2\left(\frac{1}{r_c}-\frac{1}{R}\right)dr_c = b\,D_{eff}c_{A,g}\,dt. \tag{15.137}$$

Die Integration der linken Seite von $r_c = R$ bis r_c und der rechten Seite von $t = 0$ bis $t = t$ liefert

$$t=\frac{\rho_B R^2}{6\,b\,D_{eff}c_{A,g}}\left[1-3\left(\frac{r_c}{R}\right)^2+2\left(\frac{r_c}{R}\right)^3\right]. \tag{15.138}$$

Offensichtlich ist für vollständigen Umsatz $r_c = 0$; für $r_c = 0$ wird der Ausdruck in eckigen Klammern gleich 1 und damit die Zeit für vollständigen Umsatz

$$\tau=\frac{\rho_B R^2}{6\,b\,D_{eff}c_{A,g}}. \tag{15.139}$$

Somit ist

$$\frac{t}{\tau}=1-3\left(\frac{r_c}{R}\right)^2+2\left(\frac{r_c}{R}\right)^3. \tag{15.140}$$

Wenn die Diffusion durch den Gasgrenzfilm geschwindigkeitsbestimmend ist, liefert eine ähnliche Betrachtung

$$\frac{t}{\tau}=1-\left(\frac{r_c}{R}\right)^3. \tag{15.141}$$

Wenn die chemische Reaktion an der Oberfläche des Kernes zum geschwindigkeitsbestimmenden Schritt wird, dann ergibt sich

$$\frac{t}{\tau}=1-\frac{r_c}{R}. \tag{15.142}$$

Wenn die chemische Reaktion geschwindigkeitsbestimmend ist, ist es gleichgültig, ob ein Teilchen von einer Ascheschicht umgeben ist oder nicht; in jedem Falle ist es ja von einem Gasgrenzfilm umgeben.

Für den Fall aschefreier kleiner Teilchen, z. B. Kohlestaub oder Öltröpfchen, kann der Gasgrenzfilm geschwindigkeitsbestimmend sein. Schrumpft das Teilchen von einem Anfangsradius R_0 auf einen Radius R nach der Zeit t, so wird gefunden:

$$\frac{t}{\tau}=1-\left(\frac{R}{R_0}\right)^2. \tag{15.143}$$

Die angegebenen Beziehungen stellen im Diagramm r_c/R *versus* t/τ charakteristische Kurven dar, mit deren Hilfe eine Zuordnung der experimentell gefundenen Verhältnisse zu den Modellmechanismen erfolgen kann. Leider muß hier auf ausführlichere Darstellungen verwiesen werden (z. B. Levenspiel [15.26]).

15.10 Die Katalyse

Katalysatoren sind Stoffe, welche die Geschwindigkeit von Reaktionen beeinflussen, aber am Ende der Reaktion wieder qualitativ wie quantitativ unverändert erscheinen und demzufolge nicht in die Bruttoreaktionsgleichung eingehen.

Ein Gemisch aus Schwefeldioxid, Sauerstoff und Wasser reagiert nur unmerklich langsam zu Schwefelsäure:

$$2\,SO_2 + O_2 + 2\,H_2O \rightarrow 2\,H_2SO_4\,.$$

Gibt man aber noch ein wenig Stickstoffdioxid (NO_2) zu, so läuft die Reaktion auch bei Raumtemperatur rasch ab; die Reaktionsgeschwindigkeit ist dabei proportional der Konzentration dieses Katalysators. Wegen der Abhängigkeit der Reaktionsgeschwindigkeit von der Katalysatorkonzentration muß sich der Reaktionsmechanismus, und damit auch das reaktionskinetische Gesetz, geändert haben.

Je nachdem, ob die Geschwindigkeit der Reaktion durch einen Katalysatorzusatz erhöht oder erniedrigt wird, spricht man von *positiver* oder *negativer Katalyse*.

Durch geeignete Wahl verschieden wirkender Katalysatoren können Reaktionen zu ganz verschiedenen Produkten hin gelenkt werden. So zerfällt etwa Ethylalkohol bei 300 °C über einem Kupferkatalysator in Acetaldehyd und Wasserstoff, über Aluminiumoxid hingegen in Ethylen und Wasser (Fieser/Fieser [15.3]):

$$C_2H_5OH \rightarrow CH_3CHO + H_2 \quad \text{(Cu-Katalysator)};$$
$$C_2H_5OH \rightarrow C_2H_4 \quad\;\; + H_2O \;\;\text{(Al}_2\text{O}_3\text{-Katalysator)}\,.$$

Die Wirksamkeit eines Katalysators K beruht vielfach auf seiner Fähigkeit, mit den Ausgangsstoffen A und B Zwischenverbindungen nach folgendem Schema zu bilden:

$$
\begin{aligned}
A \;\; + K &\rightarrow AK\,,\\
\underline{AK + B \;\;} &\underline{\rightarrow AB + K\,,}\\
A \;\; + B &\rightarrow AB\,.
\end{aligned}
$$

Bei einer positiven Katalyse ist die insgesamt erforderliche Aktivierungsenergie zur Vereinigung von A und B über AK kleiner als bei der direkten Reaktion, und dies bedeutet nach der Arrhenius-Gleichung eine Erhöhung der Reaktionsgeschwindigkeit. Da sowohl die Hin- wie die Rückreaktion in gleichem Maße beschleunigt werden, ändert sich weder die Lage des chemischen Gleichgewichtes (s. Abschn. 14.3) noch die Reaktionsenthalpie ΔH (Abb. 15.3) eines katalysierten Prozesses.

Außer auf der Bildung von Zwischenverbindungen kann die katalytische Wirkung auch auf mehr physikalischen Effekten beruhen. So ist etwa das Dipolmoment des Lösungsmittels für den Ablauf bestimmter Reaktionen von großer Bedeutung.

Negative Katalysen kommen bei Kettenreaktionen vor: Wir lernten schon in Abschn. 15.8 bei den Kettenexplosionen die geschwindigkeitsdämpfende Wirkung von Dreierstoßpartnern kennen.

In einer **homogenen Katalyse** bildet das Reaktionsgemisch mit dem Katalysator eine einzige Phase; so wirken bei der Verbrennung von Kohlenmonoxid zu Kohlendioxid mit Sauerstoff schon Spuren von Wasserdampf katalytisch. Sehr häufig sind säure- oder basenkatalysierte Reaktionen anzutreffen, wobei im ersten Fall der reaktionsbestimmende Schritt der Übergang eines Protons ($H^\oplus$) vom Katalyt auf einen Reaktionspartner ist. Dies beobachten wir beispielsweise bei der Dehydratisierung von Alkohol zu Ethylen (Abb. 15.19):

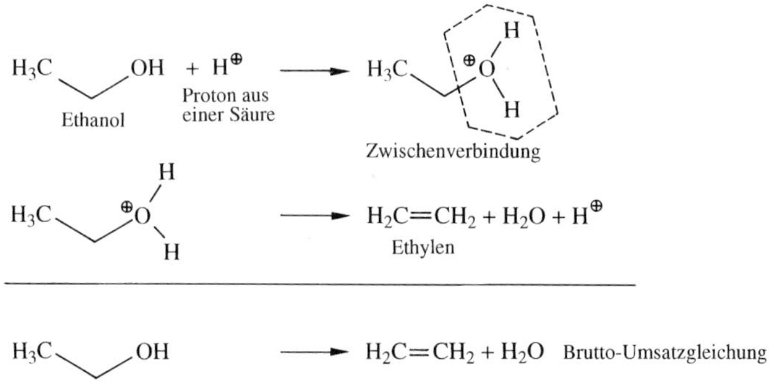

$$H_3C\diagdown OH + H^\oplus \longrightarrow H_3C\diagdown \overset{\oplus}{O} \begin{matrix} H \\ \\ H \end{matrix}$$

Ethanol   Proton aus einer Säure

Zwischenverbindung

$$H_3C\diagdown \overset{\oplus}{O}\diagup{}^H_H \longrightarrow H_2C{=}CH_2 + H_2O + H^\oplus$$

Ethylen

$$H_3C\diagdown OH \longrightarrow H_2C{=}CH_2 + H_2O \quad \text{Brutto-Umsatzgleichung}$$

Abb. 15.19

Ein interessantes Beispiel einer homogen-katalytischen Reaktion ist die Insertion eines Diolefins in eine Li-C-Bindung. Ist einmal die Struktur

$$Li-CH_2-CH{=}CH-CH_2-R$$

entstanden, so wird durch Insertion von beispielsweise $CH_2{=}CH-CH{=}CH_2$ an der Li$-$C-Bindung

$$Li-CH_2-CH{=}CH-CH_2-R$$
$$\uparrow$$
$$+ \;CH_2{=}CH-CH{=}CH_2$$
$$\longrightarrow \quad Li-CH_2-CH{=}CH-CH_2-CH_2-CH{=}CH-CH_2-R$$

diese Struktur immer wieder reproduziert. Die die Reaktivität bestimmende Li-C-Struktur bleibt insgesamt unverändert; Kennzeichen eines katalytischen Prozesses.
    Es entsteht aus

$$Li\text{-}CH_2-CH{=}CH-CH_2-(CH_2-CH{=}CH-CH_2)_n-R$$
$$+ \;CH_2{=}CH-CH{=}CH_2$$
$$\longrightarrow \quad Li-CH_2-CH{=}CH-CH_2-(CH_2-CH{=}CH-CH_2)_{n+1}-R$$

durch nacheinanderfolgende Insertion immer eines Monomeren an die Li$-$C-Bindung. Die Änderung der Konzentration der katalytisch wirkenden Li$-$C-Bindungen ist also Null (wie bei allen katalytischen Prozessen), dagegen ändert sich natürlich die Monomerkonzentration. Da auf diese Art und Weise wachsende Polymermoleküle entstehen, spricht man von „living polymers". Man darf vermuten, daß sich die Monomerkonzentration c_M nach einem Geschwindigkeitsgesetz erster Ordnung ändert:

$$-\frac{dc_M}{dt} = k_W\, c_{Li\text{-}C}\, c_M = k'_W\, c_M\,. \tag{15.144}$$

Ob ein Geschwindigkeitsgesetz erster Ordnung vorliegt, testet man auf der Basis folgender Überlegung:
Die Gl. (15.144) wird umgeformt zu

$$-\frac{dc_M}{c_M} = k'_W\, dt\,. \tag{15.145}$$

Die Integration führt, wenn zum Zeitpunkt $t = 0$ begonnen wird, auf der rechten Seite zu $k'_W t$ und auf der linken Seite, da zur Zeit $t = 0$ für $c_M = c_{M(0)}$ und zur Zeit t für $c_M = c_{M(t)}$ gilt, zu $\ln c_{M(0)} - \ln c_{M(t)}$. Vorzeichenumkehr liefert dann

$$\ln c_{M(t)} - \ln c_{M(0)} = \ln \frac{c_{M(t)}}{c_{M(0)}} = -k'_W\, t\,. \tag{15.146}$$

Trägt man also $\ln (c_{M(t)}/c_{M(0)})$ versus t auf, so entstehen Geraden mit der Neigung $-k'_W$.

Die folgende einer Originalarbeit entnommene Abb. 15.20 zeigt, daß die Erwartung gut erfüllt ist: Es handelt sich um eine Reaktion erster Ordnung in Bezug auf das Monomere (hier Isopren anstelle von Butadien). Durch Division der Neigung $-k'_W = -k_W \cdot c_{Li-C}$ durch c_{Li-C} sollte nun für eine bestimmte Temperatur $k_W =$ const erhalten werden. Interessanterweise ist dies aber nicht der Fall.

Offensichtlich ist die Reaktionsgeschwindigkeit nicht linear von der Katalysatorkonzentration abhängig. Man führt nun Versuche bei konstanter Monomerkonzentration mit unterschiedlichen Katalysatorkonzentrationen durch. Die Gleichung

$$-\frac{dc_M}{dt} = k_W\, c_{Li-C}\, c_M \tag{15.147}$$

verallgemeinern wir zu

$$-\frac{dc_M}{dt} = k_W\, c^n_{Li-C}\, c_M\,, \tag{15.148}$$

wobei nun n eine beliebige Reaktionsordnung in Bezug auf c_{Li-C} sein kann. Für eine konstant gewählte Monomerkonzentration c_M ist das Produkt $k_W\, c_M = k''_W$ wieder eine Konstante. Es gilt

$$-\frac{dc_M}{dt} = k_W\, c^n_{Li-C}\, c_M = k''_W\, c^n_{Li-C}\,. \tag{15.149}$$

Durch Logarithmieren ergibt sich

$$\lg -\frac{dc_M}{dt} = \text{const} + n\, \lg c_{Li-C}\,. \tag{15.150}$$

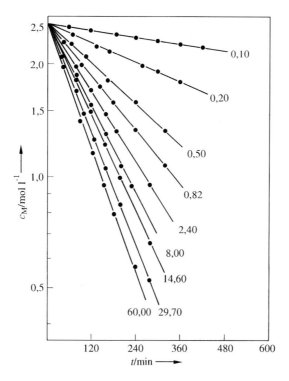

Abb. 15.20 Lebendes Polyreaktionssystem aus Li-Organyl und Isopren: Darstellung der Versuchsergebnisse in einem ln c/t-Diagramm. Die Geraden belegen die 1. Ordnung in Bezug auf das Monomere (Isopren). Die Zahlen an den Kurven geben die Katalysatorkonzentration (Lithiumpolyisoprenyl) in mmol/l an.

Trägt man nun lg $(-\mathrm{d}c_\mathrm{M}/\mathrm{d}t)$ gegen lg $(c_{\mathrm{Li-C}})$ auf, so sollte eine Gerade mit der Neigung n entstehen. Das Verfahren ist allgemein zur Bestimmung beliebiger Reaktionsordnungen geeignet.

Die Auswertung einer großen Zahl von Versuchen liefert Abb. 15.21. In dieser Abbildung ist $(-\mathrm{d}c_\mathrm{M}/\mathrm{d}t)$ als v_{br} bezeichnet.

Offensichtlich haben wir es mit einer von der Katalysatorkonzentration (und vom Lösungsmittel) abhängigen Reaktionsordnung zu tun. Die Erklärung liegt darin, daß Lithiumorganyle LiR eigenassoziiert vorliegen. Es bestehen Gleichgewichte der Art

$$n\,\mathrm{LiR} \rightleftharpoons (\mathrm{LiR})_n,$$

wobei n Werte bis zu 6 annehmen kann. Zur Vereinfachung unterstellen wir einmal, daß nur unimeres LiR (c_{LiR}) und „hexameres" $(\mathrm{LiR})_6$ $(c_{(\mathrm{LiR})_6})$ vorliegen würde. Dann ist die durch Titration feststellbare Konzentration $c_{\mathrm{Li,\,titr.}}$ gegeben durch:

$$c_{\mathrm{Li,\,titr.}} = c_{\mathrm{LiR}} + 6\,c_{(\mathrm{LiR})_6}. \tag{15.151}$$

Offensichtlich interessiert nun die Frage, ob vielleicht das „unimere" oder das „hexamere" die eigentlich katalytisch aktive Spezies ist.

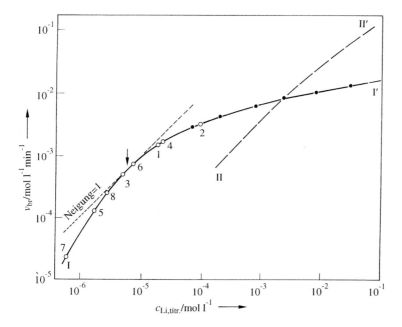

Abb. 15.21 Lebendes Polyreaktionssystem aus Li-Organyl und Isopren: Darstellung der Bruttoreaktionsgeschwindigkeit v_{br} für eine Isoprenkonzentration von 2,57 mol/l in Abhängigkeit von der titrierten Lithiumisoprenylkonzentration. Die ausgezogene Kurve I−I′ gilt für n-Heptan, die Kurve II−II′ für Diethylether als Lösungsmittel.

Selbstverständlich gilt auch das Massenwirkungsgesetz

$$\frac{c_{\mathrm{LiR}}^6}{c_{(\mathrm{LiR})_6}} = K. \tag{15.152}$$

Bei sehr großer Verdünnung wird wohl alles Hexamere in Unimeres zerfallen sein, und es gilt $c_{\mathrm{Li,\,titr.}} \approx c_{\mathrm{LiR}}$. Ist das Unimere der eigentliche Katalysator, dann muß bei sehr großer Verdünnung die Reaktionsordnung 1 gefunden werden.

Bei hoher Konzentration gilt $c_{\mathrm{Li,\,titr.}} \approx 6\,c_{(\mathrm{LiR})_6}$. Mit dieser Näherung lautet das Massenwirkungsgesetz

$$\frac{c_{\mathrm{LiR}}^6}{c_{(\mathrm{LiR})_6}} = \frac{c_{\mathrm{LiR}}^6}{\dfrac{1}{6}\,c_{\mathrm{Li,\,titr.}}} = K. \tag{15.153}$$

Dies führt zu

$$c_{\mathrm{LiR}}^6 = \frac{K}{6}\,c_{\mathrm{Li,\,titr.}} \tag{15.154}$$

oder

$$c_{\mathrm{LiR}} = \sqrt[6]{\frac{K}{6}}\ \sqrt[6]{c_{\mathrm{Li.\,titr.}}}. \tag{15.155}$$

Ist das unimere der eigentliche Katalysator, so muß bei hoher Konzentration eine Abhängigkeit nach der 6. Wurzel aus der titrierbaren Lithiumorganylkonzentration gefunden werden. Dies ist tatsächlich der Fall. (Daß die Lithiumorganyle durch Eigenassoziation hexamere bilden können, ist inzwischen auch durch Molekulargewichtsbestimmungen und durch Röntgenstrukturanalysen bewiesen.)

Bei der **heterogenen Katalyse** bilden das Reaktionsgemisch und der Katalysator mindestens zwei Phasen: Für die Ammoniaksynthese aus Wasserstoff und Stickstoff wird etwa Eisen als Katalysator verwendet. Bei der Oxidation von Schwefeldioxid zu Schwefeltrioxid setzt man Katalysatoren aus Vanadiumoxid ein.

Bei der heterogenen Katalyse spielen auch die Stofftransportvorgänge am Katalysator eine sehr große Rolle. Da im allgemeinen bei festen Katalysatoren die Reaktion nur an den *aktiven* Stellen vor sich gehen kann, ist oft die Belegungsdichte des Festkörpers mit den reaktionsfähigen Molekülen für das Geschwindigkeitsgesetz maßgebend. Sind bei einem gewissen Gasdruck sämtliche dieser Stellen besetzt, so wird auch eine Drucksteigerung keine Reaktionsbeschleunigung bringen: Es herrscht ein Gesetz nullter Ordnung.

Dagegen ist die Reduktion von Kohlendioxid mit Wasserstoff nach der Gleichung

$$CO_2 + H_2 \underset{1000\,°C}{\longrightarrow} CO + H_2O$$

an einem Platin-Kontakt bei niederen Drücken sowohl der Konzentration von CO_2, wie auch derjenigen von H_2 proportional. Bei einer Drucksteigerung jedoch wird am Platin vorwiegend CO_2 absorbiert, so daß zur Aktivierung von H_2 nicht mehr genügend freie Plätze vorhanden sind und dementsprechend die Reaktionsgeschwindigkeit sinkt.

Frühe Arbeiten von Suhrmann und Wedler zeigen Leitfähigkeitsänderungen von dünnen Metallfilmen bei Belegung mit H_2, CO, C_2H_4. Dies belegt Elektronenübergänge zwischen Oberfläche und Adsorbat. Daraus wird die gängige Vorstellung abgeleitet, daß die katalytische Wirkung auf einer Erniedrigung der Aktivierungsenergie beruht.

Im Gegensatz zum behandelten „shrinking core" bleibt beim Katalysator-Korn die äußere Oberfläche S_{ex} konstant.

Reaktionswiderstände entstehen durch

- Filmdiffusion der Edukte;
- Porendiffusion der Edukte;
- Reaktion an der inneren Oberfläche;
- Porendiffusion der Produkte;
- Filmdiffusion der Produkte.

Die heterogene Katalyse findet an der Oberfläche von „Katalysatoren" statt. In einem Reaktionsvolumen ist daher möglichst viel Oberfläche unterzubringen; dies gelingt durch poröse Körper mit großer „innerer" Oberfläche. Die äußere Oberfläche kann oft gegenüber der inneren Oberfläche vernachlässigt werden. Die Bestimmung der inneren Oberfläche ist ein wichtiger Teilschritt der Katalysatorcharakterisierung (BET-Methode und Porosimetrie). Besonders interessant sind Katalysatoren mit wohldefinierten Hohlräumen, die die selektive Adsorption von Edukten gestatten (z. B. Zeolithe).

Bei gegebenem Katalysator ist es wichtig herauszufinden, welcher Widerstand die Reaktionsgeschwindigkeit begrenzt. Heterogene Katalysatoren sind oft auf keramischen Trägern aufgebracht. Keramik ist ein schlechter Wärmeleiter. Die Reaktionswärme beeinflußt die Reaktionsgeschwindigkeit *und* die Gleichgewichtslage und muß ggf. abtransportiert werden wie die anderen „Produkte" auch.

Immer ist ein Katalysatorkörper von einem Gasgrenzfilm umgeben. Wenn der Filmdiffusionswiderstand bestimmend ist, dann gilt:

$$-\frac{1}{S_{ex}}\frac{dN_A}{dt} = k_g(c_{Ag} - c_{Ae}),$$ (15.156)

wobei c_{Ae} die Gleichgewichtskonzentration an der Oberfläche ist. k_g ergibt sich mit Hilfe der Kriteriengleichung für den Stoffübergang (s. Abschn. 7.12). Durch Veränderung der Strömungsgeschwindigkeit u des Hauptstromes besteht die Möglichkeit herauszufinden, ob die Filmdiffusion eine Rolle spielt, denn durch eine Änderung von u verändert sich ja auch die Filmdicke.

Wenn ein Molekül adsorbiert wird und dadurch sein Zerfall eingeleitet wird, ist das ein Fall von *single site mechanism*; aber auch, wenn ein solches Molekül mit einem anderen Molekül aus der Gasphase reagiert, ist ein single site mechanism gegeben.

Wenn das adsorbierte Molekül mit einem anderen, ebenfalls adsorbierten Molekül reagiert, dann liegt ein *dual site mechanism* vor.

Von Modellvorstellungen ausgehend und unter Beachtung der verschiedenen Adsorptionsisothermen ist eine große Anzahl von (theoretischen) Gleichungen für die Reaktionsgeschwindigkeit RG entwickelt worden (sog. Hougen-Watson-Gleichungen, vgl. dazu [15.28]).

Die Hougen-Watson-Gleichungen haben die Standardform

$$RG = k(T)\frac{\text{treibende Konzentrationsdifferenz}}{\text{Reaktionswiderstand}}.$$ (15.157)

Für technische Zwecke sind sie viel zu kompliziert. Beachtet man, daß unter technischen Bedingungen ohnehin nur in ganz kleinen Bereichen Extrapolationsversuche gemacht werden dürfen, dann kommt man mit sehr einfachen Gleichungen des Typs

$$-r_A = k\frac{c_A - c_{Ae}}{(1 + k_1 c_A)^n};$$ (15.158)

c_{Ae} = Gleichgewichtskonzentration;
n = Reaktionsordnung;

gut zurecht.

Die Abb. 15.22 zeigt schematisch eine Katalysatorpore.

Wir betrachten den Fall, daß der Porendiffusionswiderstand zu beachten ist, d. h. daß innerhalb einer Katalysatorpore ein Konzentrationsgefälle entsteht.

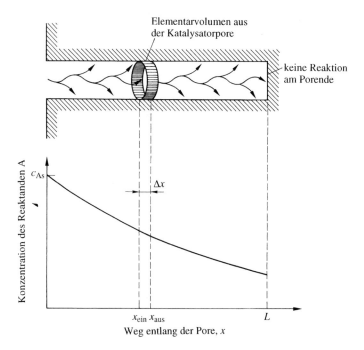

Abb. 15.22   Schematische Darstellung einer zylindrischen Katalysatorpore (vgl. Abb. 15.23).

Für ein Volumenelement der Dicke Δx gilt nach unserem Prinzip, daß alles, was in ein Volumenelement hinein (ein) geht, aus diesem auch wieder herausgeht (aus) oder durch Reaktion verschwinden muß (vgl. Abb. 15.23):

$$-\pi r^2 D \left(\frac{dc_A}{dx} \right)_{aus} + \pi r^2 D \left(\frac{dc_A}{dx} \right)_{ein} + k_s c_A (2 \pi r \Delta x) = 0 . \qquad (15.159)$$

Dabei ist k_s die oberflächenbezogene Geschwindigkeitskonstante der Reaktion des Eduktes A (die hier nach erster Ordnung unterstellt ist; Dimension von k_s: Länge/ Zeit). Die Gleichung wird auf beiden Seiten durch $\pi r \Delta x$ dividiert:

$$-\frac{rD}{\Delta x} \left(\frac{dc_A}{dx} \right)_{aus} + \frac{rD}{\Delta x} \left(\frac{dc_A}{dx} \right)_{ein} + 2 k_s c_A = 0 \qquad (15.160)$$

oder

$$\frac{1}{\Delta x} \left[\left(\frac{dc_A}{dx} \right)_{aus} - \left(\frac{dc_A}{dx} \right)_{ein} \right] - \frac{1}{rD} 2 k_s c_A = 0 . \qquad (15.161)$$

Nun lassen wir Δx nach dx gehen und erhalten so die zweite Ableitung

$$\frac{d^2 c_A}{dx^2} - \frac{2 k_s c_A}{rD} = 0 . \qquad (15.162)$$

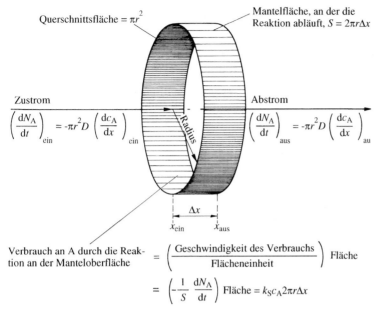

Verbrauch an A durch die Reaktion an der Manteloberfläche $= \left(\dfrac{\text{Geschwindigkeit des Verbrauchs}}{\text{Flächeneinheit}} \right)$ Fläche

$$= \left(-\dfrac{1}{S} \dfrac{dN_A}{dt} \right) \text{Fläche} = k_S c_A 2\pi r \Delta x$$

Abb. 15.23 Veranschaulichung der Entwicklung der Stoffbilanz für die Elementarzelle einer Katalysatorpore. k_s ist die oberflächenbezogene Geschwindigkeitskonstante für eine Reaktion 1. Ordnung; k_s hat die Dimension Länge durch Zeit.

Zwischen der (vertrauten) volumenbezogenen Geschwindigkeitskonstante k, der massebezogenen k_m und der oberflächenbezogenen k_s besteht der Zusammenhang

$$k V = k_m W = k_s S ; \tag{15.163}$$

k hat bekanntlich die Dimension einer reziproken Zeit. Das Volumen gibt man in m^3 an, die Masse in kg, die Oberfläche in m^2. Natürlich haben alle Produkte der Gl. (15.163) die gleiche Dimension.

Für eine zylindrische Katalysatorpore gilt nun nach Gl. (15.163), wenn L die Länge der Pore ist,

$$k = k_s \frac{\text{Oberfläche}}{\text{Volumen}} = k_s \frac{2\pi r L}{\pi r^2 L} = \frac{2 k_s}{r} . \tag{15.164}$$

Gl. (15.164) eingesetzt in Gl. (15.162) gibt

$$\frac{d^2 c_A}{dx^2} - \frac{k}{D} c_A = 0 , \tag{15.165}$$

eine Differentialgleichung, deren Lösung bekannt ist:

$$c_A = M_1 e^{mx} + M_2 e^{-mx} \quad \text{mit} \quad m = \sqrt{\frac{k}{D}} = \sqrt{\frac{2 k_s}{D r}} . \tag{15.166}$$

Um die Konstanten M_1 und M_2 zu ermitteln, müssen wir die Randbedingungen betrachten:

> Am Anfang der Pore ist $x = 0$ und $c_A = c_{As}$,
>
> am Ende der Pore ist $x = L$ und $dc_A/dx = 0$,

denn es kann ja aus der geschlossenen Pore nichts austreten.

Man erhält unter diesen Voraussetzungen für die Konstanten

$$M_1 = \frac{c_{As}\, e^{-mL}}{e^{mL} + e^{-mL}} \quad \text{und} \quad M_2 = \frac{c_{As}\, e^{mL}}{e^{mL} + e^{-mL}}. \tag{15.167}$$

Die immer wieder auftretende Größe mL wird Thiele-Modul genannt. Uns interessiert der Konzentrationsgradient der Komponente A innerhalb der Pore, also c_A/c_{As} (Gl. (15.167) in Gl. (15.166)).

$$\frac{c_A}{c_{As}} = \frac{e^{-mL}e^{mx} + e^{mL}e^{-mx}}{e^{mL} + e^{-mL}}. \tag{15.168}$$

Man erhält unter Benutzung der Exponentialdarstellung der Winkelfunktionen:

$$\frac{c_A}{c_{As}} = \frac{e^{m(L-x)} + e^{-m(L-x)}}{e^{mL} + e^{-mL}} = \frac{\cosh m(L-x)}{\cosh mL}. \tag{15.169}$$

Man sieht, daß man auch die hyperbolischen Funktionen einmal braucht.

In der Literatur findet man nun häufig Angaben dieses Quotienten, aufgetragen gegen die Teillänge einer Pore x/L. Dabei wird der Thiele-Modul als Parameter benutzt.

Mit Hilfe solcher Darstellungen kann man den Effektivitätsfaktor bestimmen: Dieser gibt das Verhältnis der *tatsächlichen Reaktionsgeschwindigkeit* zu der *Reaktionsgeschwindigkeit, die ohne Behinderung durch Porendiffusion auftreten würde*, an.

Für eine Reaktion erster Ordnung kann mit Hilfe von Gl. (15.169) der Effektivitätsfaktor zu

$$\frac{\bar{c}_A}{c_{As}} = \frac{\tanh mL}{mL} = E \tag{15.170}$$

angegeben werden. Für $mL < 0{,}5$ gibt es praktisch keinen Konzentrationsabfall. Die folgende Abb. 15.24 für c_A/c_{A0} versus Porentiefe x/L mit dem Thiele-Modul als Parameter ist dem vorzüglichen Lehrbuch von Levenspiel [15.26] entnommen.

Damit $mL = L\sqrt{(k/D)}$ klein wird, muß L und/oder k klein sein oder der Diffusionskoeffizient D sehr groß!

Ein gut wärmeleitendes Katalysatorkorn verhält sich wie ein kleiner adiabater Reaktor. Es kann also wärmer (bei exothermer Reaktion) oder kälter (bei endothermer Reaktion) als seine Umgebung sein. Der Temperatursprung ΔT ist dann im *Grenzfilm*.

Die durch Reaktion entwickelte Wärmemenge ist (siehe Gl. 15.5)

$$Q_{\text{entw.}} = V_{\text{Pellet}}\,(-r_{A, V_s \text{ beobachtet}})\,(-\Delta H_R). \tag{15.171}$$

Die abgeführte Wärmemenge ist

$$Q_{\text{abgef.}} = h\, S_{\text{Pellet}}\,(T_g - T_s). \tag{15.172}$$

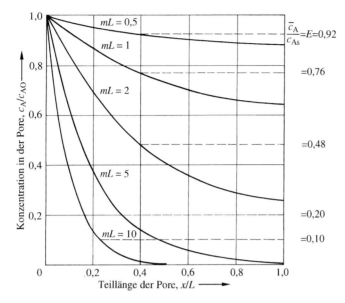

Abb. 15.24   Reaktanden-Konzentration als Funktion der Porentiefe und mittlere Reaktanden-konzentration mit Thiele-Modul mL als Parameter.

Durch Gleichsetzen von Gl. (15.171) und Gl. (15.172) mit $V_{\text{Pellet}}/S_{\text{Pellet}} = L$ ergibt sich

$$T_g - T_s = \Delta T_{\text{Film}} = L\,(-r_{A,V_s\,\text{beobachtet}})\,\frac{-\Delta H_R}{h}. \tag{15.173}$$

Wenn *innerhalb des Korns* unterschiedliche Temperaturen auftreten, dann ist auch innerhalb der heißeren Volumenelemente die Reaktionsgeschwindigkeit größer als in den kälteren.

Der Stofftransport erfolgt durch Diffusion, der Wärmetransport erfolgt durch Leitung, folglich müssen T und c_A die gleiche Verteilung innerhalb eines Pellets haben:

$$-k_{\text{eff}}\,\frac{dT}{dx} = D_{\text{eff}}\,\frac{dc_A}{dx}\,(-\Delta H_R) \tag{15.174}$$

woraus folgt

$$-\frac{dT}{dx} = \frac{D_{\text{eff}}}{k_{\text{eff}}}\,(-\Delta H_R)\,\frac{dc_A}{dx} \tag{15.175}$$

und nach Integration von der Oberfläche bis zum Zentrum

$$T_{\text{Zentrum}} - T_s = \frac{D_{\text{eff}}}{k_{\text{eff}}}\,(-\Delta H_R)\,(c_{As} - c_{A,\,\text{Zentrum}}). \tag{15.176}$$

Von Carberry, Weisz und Hicks wurden für nichtisotherme Pellets die Effektivitäts-faktoren berechnet; sie können Werte größer 1 annehmen und Hystereseerschei-nungen auslösen.

Für Gas/Festkörper-Systeme zeigten aber auch Hutchings und Carberry [15.25] und McGreavy et al., daß Reaktionen, die schnell genug sind, um nichtisotherme Effekte auszulösen, den Temperaturgradienten vor allem im Grenzfilm und nicht im Innern des Pellet ausbilden.

Eine weiterführende Erörterung dieser interessanten Verhältnisse findet sich bei Levenspiel [15.26].

Anhang

Zur Berechnung von Molekulargewichtsverteilungen beim Hochdruck-Polyäthylen-Verfahren

Von G. Luft und R. Steiner[*]

Aus dem Institut für Chemische Technologie der Technischen Hochschule Darmstadt

Für die Auslegung und den Betrieb von Hochdruck-Polyäthylen-Reaktoren ist es interessant, die Zusammenhänge zwischen den Synthesebedingungen und den erzielbaren Produkteigenschaften formelmäßig erfassen und interpretieren zu können. Es wird gezeigt, wie sich die Molekulargewichtsverteilung der Produkte – als eine für die anwendungstechnischen Eigenschaften wichtige Grundgröße – mittels eines geeigneten kinetischen Modells, das mehrere Übertragungs- und Abbruchsschritte umfaßt, berechnen läßt. Für den als Beispiel gewählten Rohrreaktor ergibt sich aus diesen Rechnungen eine merkliche Änderung der Molekulargewichtsverteilung über die Reaktorlänge und eine starke Abhängigkeit von der Geschwindigkeit der Teilreaktionen.

For the design and operation of high pressure polyethylene reactors it proves interesting to record and to interpret the relations between the reaction conditions and the attainable qualities of the product. It is shown how the molecular weight distribution – one important basic factor of the physical properties – can be calculated by means of an appropriate kinetic model that comprises various transfer and termination steps. In the tubular reactor selected as example such calculations revealed a considerable change in molecular weight distribution along the length of the reactor and a strong dependence on the rate of the different reaction steps.

1. Einleitung

Für die Berechnung des *Umsatz- und Temperaturverlaufes* in technischen *Hochdruck-Polyäthylen-Reaktoren* genügt im allgemeinen ein sehr einfaches kinetisches Modell. Bei Initiierung mit *Sauerstoff* wird angenommen, daß die Reaktion in einem Start-, einem Wachstums- und zwei Abbruchsschritten

$$\text{Start} \qquad M + I \xrightarrow{k_S} R_1$$
$$\text{Wachstum} \quad R_j + M \xrightarrow{k_W} R_{j+1}$$
$$\text{Abbruch} \qquad R_j + R_k \xrightarrow{k_{A1}} P_j + P_k \quad \textit{(Disproportionierung)}$$
$$\qquad\qquad\quad R_j + R_k \xrightarrow{k_{A2}} P_{j+k} \quad \textit{(Kombination)}$$

[*] Oberingenieur Dr. *Gerhard Luft* und *Priv.-Doz. Dr. Rudolf Steiner*, Institut für Chemische Technologie der Technischen Hochschule, 61 Darmstadt, Hochschulstraße 2.

erfolgt und daher der Verbrauch an *Monomeren* und *Initiator* bei *quasistationärem* Reaktionsverlauf durch die Reaktionsgeschwindigkeitsgleichungen

$$r_{Br} = -\frac{dM}{dt} = k_{Br} M^{3/2} I^{1/2}$$

$$r_S = -\frac{dI}{dt} = k_S M I \qquad \text{mit } k_{Br} = k_W \left(\frac{k_S}{k_A}\right)^{1/2}$$

zu beschreiben ist [1], wobei die Geschwindigkeitskonstanten für die Brutto- und Startreaktion temperatur- und druckabhängige Größen sind [2]. Wird die Reaktion durch *Peroxide* oder *Azoverbindungen* initiiert, so besteht der Startschritt in einem Zerfall des Initiators zu zwei wachstumsfähigen Radikalen:

$$I \xrightarrow{k_S} 2 R_1$$

Da ferner auch das zur Dosierung dieser Stoffe erforderliche Lösungsmittel die Bruttoreaktionsgeschwindigkeit beeinflussen kann, ergeben sich etwas andere formalkinetische Gleichungen [3]:

$$r_{Br} = -\frac{dM}{dt} = k_{Br} M I^{1/2} L^{-\alpha}$$

$$r_S = -\frac{dI}{dt} = 2 k_S I$$

Für die Berechnung von *Molekulargewichtsverteilungen* müssen diese kinetischen Modelle aber wesentlich verfeinert werden, weil neben den einfachen Start-, Wachstums- und Abbruchschritten sicher auch *Übertragungsschritte* und vielleicht auch *Depolymerisationsreaktionen* stattfinden [4], die die Molekulargewichtsverteilung und den Verzweigungsgrad der Produkte maßgeblich beeinflussen können. So ist insbesondere eine Übertragung des aktivierten Zustandes auf das Monomere, aber auch auf einen Kettenregler *("Moderator")* oder das Polymere (Langkettenverzweigung) sowie eine intramolekulare Übertragung (Kurzkettenverzweigung) denkbar, womit sich für die O₂-initiierte Äthylen-Hochdruckpolymerisation folgendes erweitertes Reaktionsschema ergibt:

Start	$M + I \xrightarrow{k_S} R_1$	(1a)
Wachstum	$R_j + M \xrightarrow{k_W} R_{j+1}$	(1b)
Abbruch	$R_j + R_k \xrightarrow{k_{A1}} P_j + P_k$ *(Disproportionierung)*	(1c)
	$R_j + R_k \xrightarrow{k_{A2}} P_{j+k}$ *(Kombination)*	(1d)
Übertragung	$R_j + M \xrightarrow{k_{U1}} P_j + R_1$ *(auf Monomeres)*	(1e)
	$R_j + X \xrightarrow{k_{U2}} P_j + R_1$ *(auf Kettenregler)*	(1f)
	$R_j + P_k \xrightarrow{k_{U3}} P_j + R_k$ *(auf Polymeres)*	(1g)
	$R_j \xrightarrow{k_{U4}} R_j$ *(intramolekular)*	(1h)

Im folgenden soll die Berechnung von Molekulargewichtsverteilung auf der Basis dieses *kinetischen Modells* erläutert werden, wobei zumindest die Schritte (1a) und (1f) zu berücksichtigen sind, um zu technisch verwertbaren Ergebnissen zu gelangen. Bei genaueren Rechnungen müssen auch die Übertragungsschritte (1g) und (1h) einbezogen werden, was dann allerdings einen erheblich größeren Rechenaufwand verursacht.

2. Berechnungsgrundlagen

Für das aus den Gleichungen (1a) und (1f) bestehende Reaktionsschema lassen sich zunächst folgende Geschwindigkeitsgleichungen formulieren, die die zeitliche Änderung der Initiator-, Monomer-, Regler-, Radikal- und Polymerkonzentration angeben:

$$r_I = \frac{dI}{dt} = -k_S M I \tag{2a}$$

$$r_M = \frac{dM}{dt} = -k_S M I - k_W R M - k_{U1} R M \tag{2b}$$

$$r_X = \frac{dX}{dt} = -k_{U2} R X \tag{2c}$$

$$r_{R_j} = \frac{dR_j}{dt} = k_W R_{j-1} M - k_W R_j M - \tag{2d}$$
$$(k_{A1} + k_{A2}) R_j R - k_{U1} R_j M - k_{U2} R_j X$$

$$r_{P_j} = \frac{dP_j}{dt} = k_{A1} R_j R + \frac{1}{2} k_{A2} \sum_{n=1}^{j-1} R_n R_{j-n} \tag{2e}$$
$$+ k_{U1} R_j M + k_{U2} R_j X$$

wobei $R = \sum_{j=1}^{\infty} R_j$ die Summe aller Radikale vom Polymerisationsgrad j = 1 bis ∞ darstellt.

Die Anwendung des *Bodensteinschen Theorems* über die Quasistationarität der Radikalkonzentration liefert für deren Gesamtkonzentration die Beziehung

$$R = \left(\frac{k_S M I}{k_{A1} + k_{A2}}\right)^{1/2} \tag{3}$$

und für die Konzentration der Radikale vom Polymerisationsgrad j den Ausdruck

$$R_j = \beta (1 + \xi)^{-j} \tag{4}$$

mit

$$\beta = \frac{k_S M I + k_{U1} R M + k_{U2} R X}{k_W M}$$

$$\xi = \frac{(k_{A1} + k_{A2}) R + k_{U1} M + k_{U2} X}{k_W M}$$

Damit ergibt sich die gesuchte zeitliche Änderung der Konzentration des Polymeren P_j zu:

$$\frac{dP_j}{dt} = \beta \left[k_{A1} R + \frac{1}{2} k_{A2} \beta (j-1) + k_{U1} M + k_{U2} X\right](1 + \xi)^{-j} \tag{5}$$

Für die praktische Berechnung ist es zweckmäßig, als Konzentrationseinheit den Gewichtsbruch zu benutzen. Die Umrechnung kann nach den Beziehungen

$$M = \frac{g_M \varrho}{M_M}, \qquad I = \frac{g_I \varrho}{M_I}, \qquad X = \frac{g_X \varrho}{M_X}$$

$$R_j = \frac{g_{Rj} \varrho}{M_M j}, \qquad P_j = \frac{g_{Pj} \varrho}{M_M j} \quad \text{und} \quad R = \frac{\varrho}{M_M} \sum_{j=1}^{\infty} \frac{g_{Rj}}{j}$$

erfolgen, so daß sich als endgültiges Gleichungssystem zur Ermittlung der Molekulargewichtsverteilung ergibt:

$$r_I^{\bullet} = \frac{dg_I}{dt} = -\frac{k_S}{M_M} g_M g_I \varrho \tag{6a}$$

$$r_M^{\bullet} = \frac{dg_M}{dt} = -\frac{k_S}{M_I} g_M g_I \varrho - \frac{k_W + k_{U1}}{M_M} g_M \varrho \sum_{j=1}^{\infty} \frac{g_{Rj}}{j} \tag{6b}$$

$$r_X^{\bullet} = \frac{dg_X}{dt} = -\frac{k_{U2}}{M_M} g_X \varrho \sum_{j=1}^{\infty} \frac{g_{Rj}}{j} \tag{6c}$$

$$r_{Pj}^{\bullet} = \frac{dg_{Pj}}{dt} = j \beta^{\bullet} \varrho \left[\frac{k_{A1}}{M_M} \sum_{j=1}^{\infty} \frac{g_{Rj}}{j} + \frac{1}{2} \frac{k_{A2}}{M_M} \beta^{\bullet}(j-1) + \frac{k_{U1}}{M_M} g_M \right.$$
$$\left. + \frac{k_{U2}}{M_X} g_X\right] (1 + \xi^{\bullet})^{-j} \tag{6d}$$

mit

$$\beta^{\bullet} = \frac{k_S}{k_W} \frac{M_M}{M_I} g_I + \frac{k_{U1}}{k_W} \sum_{j=1}^{\infty} \frac{g_{Rj}}{j} + \frac{k_{U2}}{k_W} \frac{M_M}{M_X} \frac{g_X}{g_M} \sum_{j=1}^{\infty} \frac{g_{Rj}}{j}$$

$$\xi^* = \frac{(k_{A1} + k_{A2})}{k_W \, g_M} \sum_{j=1}^{\infty} \frac{g_{Rj}}{j} + \frac{k_{U1}}{k_W} + \frac{k_{U2}}{k_W} \frac{g_X}{g_M} \frac{M_M}{M_X}$$

und

$$\sum_{j=1}^{\infty} \frac{g_{Rj}}{j} = \left[\frac{k_S \, g_I \, g_M \, M_M}{(k_{A1} + k_{A2}) \, M_I} \right]^{1/2}$$

Um damit für einen stationär betriebenen Rohr- und Rührkesselreaktor (neben dem Umsatz und der Reaktionsgeschwindigkeit) die Molekulargewichtsverteilung des Produktes berechnen zu können, müssen diese Gleichungen (6a–d) in die Massen- und Energiebilanzen für den entsprechenden Reaktortyp

Rohrreaktor:

$$v \frac{dg_i}{dx} = r_i^* \qquad (7a)$$

$$\varrho \, c_p \, v \frac{dT}{dx} = \varrho \sum r_i^* \, (-\Delta H_{Ri}) - k \, f \, (T - T_a) \qquad (7b)$$

Rührkesselreaktor:

$$\frac{1}{\tau} \, (g_i - g_{i0}) = r_i^* \qquad (8a)$$

$$\frac{\varrho \, c_p}{\tau} \, (T - T_0) = \varrho \sum r_i^* \, (-\Delta H_{Ri}) - k \, f \, (T - T_a) \qquad (8b)$$

eingebaut und die so erhaltenen Gleichungssysteme gelöst werden. Im Falle eines Rohrreaktors geschieht dies üblicherweise durch eine schrittweise simultane Integration der Differentialgleichungen (7) auf einem Digitalrechner oder durch eine Simulation des Reaktionsverlaufes auf einem Analogrechner. Beim Rührkesselreaktor ist das sich ergebende Gleichungssystem vom Typ der Gleichungen (8) meist transzendent und muß daher iterativ gelöst werden.

Bei dem hier diskutierten kinetischen Modell ist vorteilhaft, daß sich für die Bildung des Polymeren vom Polymerisationsgrad j mit Gl. (5) bzw. (6d) eine Beziehung ergibt, in der nur die Konzentrationen des Monomeren, des Initiators und des Reglers auftreten, nicht aber die Konzentrationen von Polymeren mit einem anderen Polymerisationsgrad als j. Dadurch ist es möglich, zur Ermittlung der Molekulargewichtsverteilung e i n z e l n e ausgewählte Polymerisationsgrade zu berechnen. Würde man hingegen auch die Übertragungsschritte (1g) und (1h) mit berücksichtigen, so erhielte der nach gleicher Vorgehensweise errechenbare Ausdruck für P_j im Gegensatz zu Gl. (5) auch noch die Konzentrationen aller kürzerkettigen Polymeren vom Polymerisationsgrad $1 < j$:

$$\frac{dP_j}{dt} = (k_{A1} \, R + k_{U1} \, M + k_{U2} \, X + k_{U3} \, P) \cdot$$

$$\cdot \left[\beta \, (1 + \xi)^{-j} + \gamma \sum_{l=1}^{l} P_l \, (1 + \xi)^{-(j-l+1)} \right] +$$

$$+ \frac{1}{2} \, k_{A2} \sum_{m=1}^{j-1} \left[\beta \, (1 + \xi)^{-m} + \gamma \sum_{l=1}^{m} P_l \, (1 + \xi)^{-(m-l+1)} \right] \cdot$$

$$\cdot \left[\beta \, (1 + \xi)^{-(j-m)} + \gamma \sum_{l=1}^{j-m} P_l (1 + \xi)^{-(j-m-l+1)} \right] -$$

$$- k_{U3} \, R \, P$$

mit

$$\beta = \frac{k_S \, M \, I + k_{U1} \, R \, M + k_{U2} \, R \, X}{k_W M}$$

$$\gamma = \frac{k_{U3} \, R}{k_W M}$$

$$\xi = \frac{(k_{A1} + k_{A2}) \, R + k_{U1} \, M + k_{U2} \, X + k_{U3} \, P}{k_W M}$$

$$P = \sum_{j=1}^{\infty} P_j$$

Dieses Gleichungssystem ist nur dann exakt lösbar, wenn die Gewichtsbrüche für die Polymeren a l l e r Polymerisationsgrade errechnet oder spezielle Näherungsverfahren entwickelt werden [5]. Ein solches umfassendes Modell liefert dann aber auch Angaben über den Gehalt des Polymeren an Kurz- und Langkettenverzweigungen, die für die anwendungstechnischen Eigenschaften mitentscheidend sind.

3. Kinetische Konstanten

Gemäß der Beziehung für die simultane Druck- und Temperaturabhängigkeit der Geschwindigkeitskonstanten [2]

$$k_i = k_i^o \exp \left[- \frac{E_i + \Delta V_i \, (p - p_0)}{R \, T} \right]$$

benötigt man zur Berechnung der Molekulargewichtsverteilung nach obigem Schema Zahlenwerte für mindestens 6 Häufigkeitsfaktoren, 6 Aktivierungsenergien und 6 Aktivierungsvolumina. Entsprechende Richtwerte sind in Tab. 1 angegeben.

Diese Werte sind als Nachrechnungen von Molekulargewichtsverteilungen sowie Temperatur- und Umsatzprofilen technischer Reaktoren abgeschätzt worden. Die Fehlerbreite dieser Abschätzung ist aber sicher relativ groß, so daß eine genaue kinetische Erfassung der einzelnen Teilreaktionen durch gezielte Experimente im Labormaßstab eine sehr lohnende Aufgabe wäre.

4. Ergebnisse und Diskussion

Es wurden Molekulargewichtsverteilungen für einen Rohrreaktor mit einem Innendurchmesser von d_i = 35 mm, einem Außendurchmesser von d_a = 71 mm und einer Länge von $1 \approx 440$ m berechnet, wobei der Durchsatz etwa G = 10 t/h Äthylen betrug, was einer Strömungsgeschwindigkeit von v = 5 – 6 m/sec entspricht.

Abb. 1 zeigt das für den Reaktor errechnete Temperaturprofil, das sich durch Lösung der Massen- und Energiebilanzen gemäß Gl. (6) und (7) ergab. Dabei wurden die Eintrittskonzentrationen zu

$$g_{M_0} = 0{,}995 \qquad g_{I_0} = 35 \cdot 10^{-6} \qquad g_{X_0} = 0{,}005$$

und die Eintrittstemperatur zu T_0 = 70 °C gewählt und vorausgesetzt, daß nur die Wachstumsreaktion eine merkliche Wärmetönung liefert.

Die Stoffwerte des Reaktionsgemischs wurden aus Daten für reines Äthylen und reines Polyäthylen be-

Tabelle 1. Zahlenwerte für die kinetischen Konstanten.

Teilschritt	k_i [cm³/mol sec]	E_i [cal/mol]	ΔV_i [cm³/mol]
Start (S)	$1{,}8 \cdot 10^{18}$	39 000	– 12
Wachstum (W)	$1{,}6 \cdot 10^7$	7 900	– 15
Abbruch durch Disproportionierung (A 1)	$4{,}5 \cdot 10^6$	4 800	– 6
Abbruch durch Kombination (A 2)	$4{,}5 \cdot 10^6$	4 800	– 6
Übertragung auf Monomeres (U 1)	$4{,}9 \cdot 10^3$	7 900	– 15
Übertragung auf Regler (U 2)	$4{,}0 \cdot 10^3$	8 000	– 10

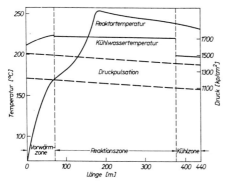

Abb. 1. Berechnetes Temperaturprofil des Rohrreaktors.

Abb. 2 (rechts). Änderung der Molekulargewichtsverteilung
beim Durchlaufen der Reaktionszone.

a nach 30 m Reaktionszone
b nach 60 m Reaktionszone
c nach 120 m (Endzustand)

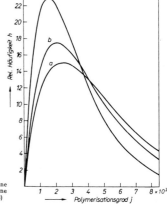

rechnet, wobei diese teilweise extrapoliert oder aus
Diagrammen entnommen werden mußten:

Dichte

$$\varrho = \frac{1}{g_A/\varrho_A + g_{PA}/\varrho_{PA}}$$

$$\varrho_A = 1995{,}85 - 601{,}2 \log \frac{p}{1000} + 593{,}3 \log \frac{1}{T} -$$

$$- 335{,}8 \log \frac{p}{1000} \log \frac{1}{T} \qquad \text{(aus [6])}$$

$$\varrho_{PA} = \frac{1}{9{,}61 \cdot 10^{-4} + 7{,}0 \cdot 10^{-7} \, T - 5{,}3 \cdot 10^{-8} \, p}$$

(aus [8], extrapoliert)

Spezifische Wärme

$$c_p = g_A \, c_{pA} + g_{PA} \, c_{pPA}$$

$$c_{pA} = 0{,}405 + 5{,}3 \cdot 10^{-4} \, T - 4{,}6 \cdot 10^{-6} \, p \qquad \text{(aus [6])}$$

$$c_{pPA} = 0{,}280 + 8{,}0 \cdot 10^{-4} \, T \qquad \text{(aus [8], extrapoliert)}$$

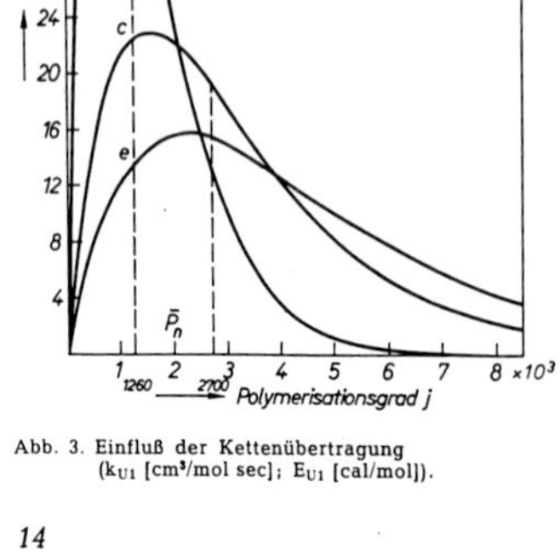

Viskosität

$$\log \eta = g_A \log \eta_A + g_{PA} \log \eta_{AP}$$

$$\eta_A = 1{,}045 \cdot 10^{-5} - 1{,}06 \cdot 10^{-6} \, (T - 347)^{0,3} +$$

$$+ 1{,}93 \cdot 10^{-6} \left(\frac{p}{1000}\right)^{0,8} \qquad \text{(aus [9])}$$

$$\eta_{PA} = 0{,}229 + 2{,}015 \cdot 10^{3} \frac{1}{T} + 3{,}4 \cdot 10^{-4} p$$

(aus [10] und [11])

Wärmeleitfähigkeit

$$\lambda = g_A \, \lambda_A + g_{PA} \, \lambda_{PA} - 0{,}72 \, (\lambda_{PA} - \lambda_A) \, g_A \, g_{PA}$$

$$\lambda_A = 5{,}4 \cdot 10^{-2} + 3{,}6 \cdot 10^{-5} p + 1{,}4 \cdot 10^{1} \, T \qquad \text{(aus [12])}$$

$$\lambda_{PA} = 0{,}236 + 2{,}5 \cdot 10^{-5} p + 9{,}0 \frac{1}{T} \qquad \text{(aus [11])}$$

Die Wärmedurchgangszahl ist dabei, um der wärme-
hemmenden Reaktorinnenwandbelegung gerecht zu
werden, in Abhängigkeit vom Umsatz zwischen etwa
k = 400 kcal/m²h °C (am Eintritt in die Reaktionszone) und k = 150 kcal/m²h °C (am Reaktoraustritt)
variiert worden (vgl. z. B. [13]).

In den Abbildungen 2–4 sind die *berechneten differentiellen Molekulargewichtsverteilungen* dargestellt.
Abb. 2 zeigt zunächst die Änderung der Molekulargewichtsverteilung beim Durchlaufen der Reaktionszone, wobei auffällt, daß sich mit zunehmender
Reaktorlänge das Maximum der Verteilungskurven und
damit auch der mittlere Polymerisationsgrad zu kleineren Werten hin verschiebt. Dies hängt damit zusammen, daß die höhere Temperatur am Ende der
Reaktionszone den Kettenstart und die Übertragung
gegenüber dem Abbruch durch Kombination begünstigt, was zur Bildung von kurzkettigen Polymeren führt.

Um den Einfluß der verschiedenen Reaktionsschritte zu demonstrieren, wurden außerdem die
in Tabelle 1 angegebenen Werte noch variiert. So
zeigt Abb. 3 den Einfluß einer verstärkten oder ab-
geschwächten Kettenübertragung: wird der Häufig-
keitsfaktor k_{U1} angehoben (z. B. auf den 3,3-fachen
Wert), so erhält man merklich kürzerkettige Produkte
(Zahlenmittel des Polymerisationsgrades $\bar{P}_n = 1260$
statt 2700), und umgekehrt resultieren bei geringerer
Übertragung höhere Molekulargewichte. Die Form

Abb. 3. Einfluß der Kettenübertragung
(k_{U1} [cm³/mol sec]; E_{U1} [cal/mol]).

c $k_{U1} = 4{,}9 \cdot 10^{3}$
d $k_{U1} = 1{,}6 \cdot 10^{4}$
e $k_{U1} = 1{,}6 \cdot 10^{3}$

der Verteilungskurven ist ferner noch stark davon abhängig, ob der Kettenabbruch bevorzugt durch Kombination oder Disproportionierung erfolgt (Abb. 4). Vergleicht man die Kurven f, g und h dieses Bildes – die zur Vereinfachung sämtlich unter Vernachlässigung der Übertragungsschritte berechnet wurden –, so ist zu erkennen, daß bei überwiegender Kombination (Kurve h) das Häufigkeitsmaximum zu höheren Polymerisationsgraden verschoben ist, während stärkere Disproportionierung (Kurve g) zu niedrigeren Molekulargewichten führt.

Diese Berechnungen können auch relativ leicht auf reaktionstechnisch anspruchsvollere Verfahrensvarianten, wie z. B. auf eine Reaktion mit *Kaltgasnachdosierung* oder mit *Doppelinitiierung*, ausgedehnt werden, die man zur Erzielung höherer Umsätze und breiterer Molekulargewichtsverteilungen angewendet (vgl. z. B. [14]). Im Falle der Kaltgasnachdosierung müssen bei der Lösung der Massen- und Energiebilanzen lediglich die sprunghaften Konzentrations- und Temperaturänderungen an den Dosierstellen mit berücksichtigt werden.

5. Zusammenfassung

In die Berechnung der Molekulargewichtsverteilung, die zusammen mit Angaben über den Verzweigungsgrad (Kurz- und Langkettenverzweigungen) und die Kristallinität Rückschlüsse auf die Produkteigenschaften erlaubt, müssen bei der Hochdruck-Polyäthylen-Synthese mehrere Kettenübertragungs- und Abbruchschritte einbezogen werden. Die Form der erhaltenen Verteilungskurven hängt stark von der Geschwindigkeit der einzelnen Reaktionsschritte ab. Daher kann durch Vergleich mit experimentell ermittelten Molekulargewichtsverteilungen nicht nur die Richtigkeit des zugrundeliegenden Reaktionsschemas geprüft werden, sondern es können bei Vorliegen eines genügend umfangreichen Materials auch die Zahlenwerte der verschiedenen kinetischen Konstanten ermittelt werden.

Symbolverzeichnis

c_p	spez. Wärme [cal/g grd]
E	Aktivierungsenergie [cal/mol]
f	spez. Wärmeübertragungsfläche [cm²/cm³]
g	Gewichtsbruch [–]
ΔH_R	Reaktionsenthalpie [cal/g]
I	Initiatorkonzentration [mol/cm³]
j	Polymerisationsgrad [–]
k	Reaktionsgeschwindigkeitskonstante [cm³/mol sec] oder [sec⁻¹]
k	Wärmedurchgangszahl [cal/cm² sec °C] oder [kcal/m² h °C]
L	Lösungsmittelkonzentration [mol/cm³]
M	Monomerkonzentration [mol/cm³]
p	Druck [kp/cm²]
P	Polymerkonzentration [mol/cm³]
$\overline{P}_n$	mittlerer Polymerisationsgrad (Zahlenmittel) [–]
R	Radikalkonzentration [mol/cm³]
R	Gaskonstante [cal/mol °C]
r	Reaktionsgeschwindigkeit [mol/cm² sec]
r*	Reaktionsgeschwindigkeit [sec⁻¹]
T	Temperatur [°K]
t	Zeit [sec]
v	Lineargeschwindigkeit [cm/sec]
ΔV	Aktivierungsvolumen [cm³/mol]
X	Reglerkonzentration [mol/cm³]
x	Ortskoordinate [cm]
λ	Wärmeleitfähigkeit [cal/cm sec °C] oder [kcal/m h °C]
η	Viskosität [kg sec/m²]
ϱ	Dichte [g/cm³]
τ	Verweilzeit [sec]

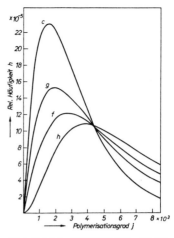

Abb. 4. Einfluß des Kettenabbruchschritts und kinetischer Vereinfachungen [cm³/mol sec].

Kurve	c	f	g	h
k_S	$1{,}8 \cdot 10^{18}$	$1{,}8 \cdot 10^{18}$	$1{,}8 \cdot 10^{18}$	$1{,}8 \cdot 10^{18}$
k_W	$1{,}6 \cdot 10^7$	$1{,}6 \cdot 10^7$	$1{,}6 \cdot 10^7$	$1{,}6 \cdot 10^7$
k_{A1}	$4{,}5 \cdot 10^6$	$4{,}5 \cdot 10^6$	$9{,}0 \cdot 10^6$	0
k_{A2}	$4{,}5 \cdot 10^6$	$4{,}5 \cdot 10^6$	0	$9{,}0 \cdot 10^6$
k_{U1}	$4{,}9 \cdot 10^3$	0	0	0
k_{U2}	$4{,}0 \cdot 10^3$	0	0	0

Indices:

A	Äthylen
a	außen
A1	Abbruch durch Disproportionierung
A2	Abbruch durch Kombination
Br	Bruttoreaktion
I	Initiator
i	laufender Index
j, k	Polymerisationsgrad
l, m, n	laufende Indices
M	Monomeres
o	Standardwert, Eingangswert
P	Polymeres
PA	Polyäthylen
R	Radikal
S	Start
U1	Übertragung auf Monomeres
U2	Übertragung auf Regler
U3	Übertragung auf Polymeres
U4	Übertragung, intramolekular
W	Wachstum
X	Regler

Schrifttum

1. *R. Steiner*, Dissertation, Darmstadt 1963; *G. Luft*, Chemie-Ing.-Techn. **41** (1969) 712.
2. *R. Steiner* u. *G. Luft*, Chem. Engng. Sci. **22** (1967) 119.
3. *R. Steiner*, *F. Wöhler* u. *K. Schoenemann*, Chem. Engng. Sci. **22** (1967) 537.
4. *S. Goebel*, in: Kunststoff-Handbuch, Band IV (Herausgeber: R. Vieweg / A. Schley / A. Schwarz), Carl Hanser Verlag, München 1969.
   R. A. V. Raff, in: Ethylene and its Industrial Derivatives (Herausgeber: S. A. Miller). Ernest Benn Ltd., London 1969.
5. *F. Seidelbach*, Diplomarbeit, TH Darmstadt (1970, in Vorbereitung).
6. *H. Benzler* u. *A. v. Koch*, Chemie-Ing.-Techn. **27** (1955) 71.
7. *W. Parks* u. *R. B. Richards*, Trans. Faraday Soc. **45** (1949) 203.
8. *R. A. V. Raff* u. *J. B. Allison*, Polyethylene. Interscience Publishers, New York 1956.
9. VDI-Wärmeatlas, Blatt Da 13, Fig. 2.
10. *G. J. Dienes* u. *H. F. Klemm*, J. appl. Physics **17** (1946) 458.
11. Unveröffentlichte Daten.
12. *E. J. Owens* u. *G. Thodos*, A.I.Ch.E. Journal **6** (1960) 676.
13. *M. Rätzsch*, Plaste u. Kautschuk **16** (1969) 815.
14. BASF, DOS 1 807 493 (11. 6. 1970).

16 Reaktoren

Hansjörg Sinn

Literatur: Brötz/Schönbacher [16.1]; Westerterp/Swaaij/Beenckers [16.3]; Levenspiel [16.4]; Denbigh/Turner [16.7]; Ullmann [16.9]; Ullmann [16.10]; Danckwerts [16.11]

16.1 Einleitung

Mit diesem letzten Kapitel sind wir beim zentralen Problem der chemischen Technik angelangt, der Dimensionierung der Reaktionsapparate. Hier wird es nun nötig, unsere bis jetzt erworbenen Kenntnisse über Wärmeaustausch, Stoffaustausch, Trennverfahren, Verweilzeitspektren und Reaktionskinetik in geschickter Weise zu verknüpfen. Darüber hinaus erfordert eine erfolgreiche Planung von Reaktoren, wie übrigens auch von ganzen chemischen Anlagen, ein intuitives Verständnis für das Zusammenwirken der einzelnen Vorgänge. Dies zeigen viele Beispiele aus der Praxis. Das Interesse an den Methoden zur Vorausberechnung von Reaktionsapparaten ist in neuerer Zeit stark angestiegen. Heute lösen sich auf vielen Gebieten (z. B. in der Arzneimittelindustrie) Produkte wie Produktionsverfahren derartig rasch ab, daß neue Anlagen so schnell wie möglich abgeschrieben werden müssen. So steht meist nicht mehr genügend Zeit zur Verfügung, um eine Produktionsanlage in langwieriger Kleinarbeit aus der Laborapparatur über die Pilot-Anlage zu entwickeln. In der chemischen Industrie entfallen mehr als 50% des Gesamtumsatzes auf Produkte, die zehn Jahre vorher noch nicht hergestellt wurden. Dazu kommt noch, daß bei den modernen, oft sehr groß dimensionierten Anlagen nachträgliche Änderungen, die wegen ungenügender Planung notwendig werden, recht kostspielig sind. Es ist deshalb anzustreben, Betriebsverhalten und Wirtschaftlichkeit neuer Anlagen unmittelbar aus Laboratoriumsexperimenten vorherzusagen. Bei der Entwicklung einer Anlage muß auch eine Sicherheitsanalyse erfolgen [16.12].

16.2 Einteilung der Reaktoren

Die Reaktionsapparate können nach den verschiedensten Gesichtspunkten eingeteilt werden.

Zuerst ist zwischen Reaktoren für den *chargenweisen* (*absatzweisen*) und den *kontinuierlichen Betrieb* zu unterscheiden. Die Vor- und Nachteile dieser beiden Betriebsarten werden wir in Abschn. 16.3 erläutern.

Eine feinere Unterteilung erhält man, wenn noch der Aggregatzustand der beteiligten Reaktionspartner in Betracht gezogen wird. Mit den drei Aggregatzuständen g = gasförmig, l = flüssig und s = fest ergeben sich bei Verwendung von je zwei davon die folgenden Möglichkeiten:

Aggregatzustände	Beispiel
g–g	Reaktor für die Ammoniaksynthese: $N_2 + 3H_2 \rightarrow 2NH_3$
g–l	Reaktor für die Herstellung von Hexachlorcyclohexan durch Einleiten von Chlor in Benzol: $C_6H_6 + 3Cl_2 \rightarrow C_6H_6Cl_6$
g–s	Reaktor für die Wassergasherstellung: $C + H_2O \rightarrow CO + H_2$
l–l	Apparat zur Neutralisation von saurem Industrieabwasser mit Kalkmilch: $Ca(OH)_2 + 2HCl \rightarrow CaCl_2 + 2H_2O$
l–s	Apparate zur Textilveredlung
s–s	Sinterapparate für die Zementherstellung (Drehrohröfen)

Auf Grund der verschiedenartigen Führung der Stoffströme kann auch zwischen *Gleichstrom-*, *Querstrom-* und *Gegenstromverfahren* unterschieden werden. Gegenstromverfahren sind allerdings erst dann von Vorteil, wenn sich in der Strömungsrichtung ein Konzentrationsgefälle aufbauen kann; dies ist aber nur bei nicht zu starker Längsdurchmischung der beiden Phasen möglich.

Der Einfachheit halber werden wir in unseren weiteren Ausführungen nur zwischen Reaktionsapparaten für den chargenweisen und den kontinuierlichen Betrieb unterscheiden, und bei den letzteren den *einzelnen Rührkessel*, die *Rührkesselkaskade* und den *Rohrreaktor* betrachten. Durch Symbole ist dieses Aufteilungsprinzip in der Abb. 16.1 dargestellt.

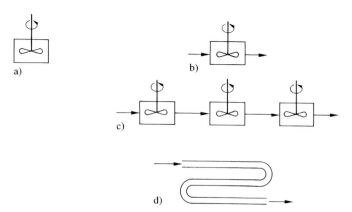

Abb. 16.1   Grobes Einteilungsschema für Reaktoren. a) Homogener, instationärer Rührkessel (vgl. 16.5.1); b) Homogener, stationärer Rührkessel (vgl. 16.5.2); c) Rührkesselkaskade (vgl. 16.5.3); d) Reaktionsrohr (vgl. 16.5.4).

Mit solchen idealisierten Typen von Reaktoren hat man es in der Praxis zwar nur in den wenigsten Fällen zu tun. Man kann jedoch die auftretenden Probleme so vereinfachen, daß sie mit den an den Idealtypen entwickelten Rechenmethoden behandelt werden können. Die für das einfache Modell berechneten Lösungen werden dann zwar das wirkliche Geschehen im Reaktor nur näherungsweise quantitativ beschreiben. Sie sind uns aber trotzdem wertvoll, da sie uns z. B. über die Richtung der Ausbeuteänderung bei einer Änderung von Druck, Temperatur, Strömungsgeschwindigkeit usw. Aufschluß geben.

16.3 Chargenweiser und kontinuierlicher Betrieb (Satzbetrieb und Fließbetrieb)

Vor der Berechnung eines Reaktionsapparates ist grundsätzlich zu entscheiden, ob das gewünschte Produkt chargenweise oder kontinuierlich hergestellt werden soll. Wenn auch heute im allgemeinen der Fließbetrieb vorgezogen wird, so erfordert der Entscheid doch ein gegenseitiges Abwägen aller Vor- und Nachteile beider Betriebsarten. Dazu mögen die folgenden Ausführungen dienen.

Beim absatzweisen Betrieb bleibt die Reaktionsmasse während der gesamten Reaktionszeit den gewählten Druck- und Temperaturbedingungen ausgesetzt. Das bei Reaktionsbeginn entstandene Produkt verweilt also während längerer Zeit unter möglicherweise ungünstigen Verhältnissen im Reaktor, wodurch seine Qualität leidet. Im Gegensatz dazu kann man beim kontinuierlichen Betrieb durch Wahl von Reaktortypen mit passendem Verweilzeitverhalten dafür sorgen, daß die Endstoffe sofort aus der Reaktionszone entfernt werden, so daß man sie gleich weiterverarbeiten kann. Dies ermöglicht dann etwa, ein instabiles Reaktionsprodukt durch rasches Abschrecken auf Temperaturen abzukühlen, bei denen es beständig ist. So ist die Herstellung von Acetylen durch *Cracken* von Kohlenwasserstoffen ein stark endothermer Prozeß, der hohe Temperaturen erfordert; diese erhält man durch teilweises Verbrennen der Ausgangsstoffe. Um optimale Ausbeuten an Acetylen zu erreichen, müssen Folgereaktionen möglichst vermieden werden. Deshalb werden die Reaktionsprodukte sofort nach ihrer Entstehung, d. h. in Bruchteilen von Sekunden, in einem *Sprühturm* oder auch in einem *Ölsumpf* von etwa 1500 °C auf Temperaturen unter 250 °C abgeschreckt, bei denen sie dann beständig sind. Für Gleichgewichtsreaktionen ergeben sich beim Fließbetrieb insofern noch günstigere Verhältnisse, als durch das ständige Entfernen der Produkte aus der Reaktionszone das Gleichgewicht fortwährend neu gestört wird. Durch stetes Abdestillieren eines niedrig siedenden Produktes ist dies allerdings oft auch beim chargenweisen Arbeiten möglich.

Da im Gegensatz zu kontinuierlich arbeitenden Anlagen die Bedienung einer Anlage für Satzbetrieb höhere Anforderungen an das Betriebspersonal stellt, ergeben sich größere Lohnkosten. Auch die Automatisierung erfordert hier mehr Aufwand, denn es muß nach einem *Zeitprogramm* gearbeitet werden, während beim Fließbetrieb auf *Zeitkonstanz* geregelt wird.

Dieses Arbeiten nach Zeitprogramm bringt entweder eine sehr ungleichmäßige Beanspruchung der Hilfseinrichtungen, wie der Energieversorgung, der Einfüll-

und Entnahmevorrichtungen oder der Aufbereitungsanlagen (Destillationskolonnen, Kristallisatoren, usw.) und damit eine unwirtschaftliche Ausnützung mit sich, oder es sind dem Reaktor vor- und nachgeschaltete Zwischengefäße notwendig, um einen kontinuierlichen Betrieb der Hilfseinrichtungen zu gestatten. Zudem werden durch das wechselweise Aufheizen und Abkühlen die Apparaturen mechanisch stärker beansprucht als bei den kontinuierlichen Verfahren, bei denen örtlich stets dieselben Temperaturen herrschen. Beim Fließbetrieb läßt sich auch der Wärmeaustausch mit der Umgebung besser überblicken.

Da bei gleicher Produktionsmenge das Apparatevolumen beim Fließbetrieb viel kleiner als beim Satzbetrieb wird, ist der Fließbetrieb für große Durchsätze, wie sie etwa bei der Kunststoffherstellung vorkommen, besser geeignet. Zusätzlich werden damit auch die Sicherheitsrisiken (Explosionsgefahr) kleiner, weil sich jeweils weniger Produkt im gefährdeten Reaktor befindet.

Wegen der kleineren Amortisationskosten wird aber der Chargenbetrieb noch oft beibehalten, so besonders bei kleinen Produktionsmengen, wie z. B. in der pharmazeutischen Industrie. Eine diskontinuierlich arbeitende Anlage läßt sich auch universeller verwenden als eine kontinuierlich arbeitende, d. h. sie kann viel rascher auf neue Bedürfnisse umgestellt werden. So wird in der Farbstoffindustrie oft ein großes Sortiment an Farbstoffen abwechslungsweise in denselben Rührgefäßen hergestellt.

Manchmal ist es noch nicht möglich, das Chargenverfahren durch ein betriebssicheres kontinuierliches zu ersetzen. Dies ist z. B. beim Thomas-Konverter zur Stahlerzeugung der Fall. Ebenfalls lohnt sich die Einführung von kontinuierlichen Stufen in Produktionsketten oft nicht, die aus betriebstechnischen Gründen noch absatzweise arbeitende Glieder, wie etwa Sedimentierbehälter, enthalten.

Die Berechnung von absatzweise arbeitenden Apparaten ist meist insofern komplizierter, als alle Variablen wie Temperatur, Druck und Konzentration von der Zeit abhängen. Treten dann noch Abhängigkeiten von den Raumkoordinaten hinzu, so führt dies auf partielle Differentialgleichungen. Beim Fließbetrieb braucht man dagegen meist nur die Abhängigkeit von einer Raumkoordinate zu berücksichtigen und gelangt so oft zu gewöhnlichen Differentialgleichungen.

16.4 Die drei Stufen der Reaktionskinetik

Der in einem Reaktor ablaufende Prozeß läßt sich in die folgenden drei Stufen aufteilen:

1. Die turbulente Durchmischung der Ausgangsstoffe,
2. der zusätzliche Konzentrationsausgleich durch Diffusion und
3. die eigentliche chemische Reaktion.

Um eine Reaktion in einem gewünschten Sinne zu beeinflussen, ist zuerst abzuklären, welche dieser Teilvorgänge geschwindigkeitsbestimmend sind. Erst dann läßt sich entscheiden, ob etwa der Zusatz eines Katalysators, eine Temperaturänderung oder eine Änderung der Durchmischung eine Verbesserung bewirken. Wesentliches über das Zusammenwirken von Stoffaustausch und chemischer Reaktion wurde schon in Abschn. 15.9 erwähnt.

Der erste Schritt, die turbulente Durchmischung, ist bei erzwungener Konvektion von der *Reynolds-Zahl* und dem *Turbulenzgrad* des strömenden Reaktionsgutes abhängig. Treten größere Temperatur- oder Dichteunterschiede auf, so setzt ein weiterer Ausgleich durch freie Konvektion ein, für welche die *Grashof-Zahl* (s. Abschn. 2.4) maßgebend ist. Sowohl durch Erhöhung der Strömungsgeschwindigkeit wie durch Wirbeleinbauten, Rührwerke, Homogenisiervorrichtungen usw. läßt sich die Durchmischung verbessern.

Die Schnelligkeit der Diffusion ist durch den Diffusionskoeffizienten bestimmt und läßt sich deshalb nur in vorgegebenen Grenzen beeinflussen. Bei Flüssigkeiten ist der Diffusionskoeffizient der Viskosität näherungsweise umgekehrt proportional. Er steigt deshalb mit wachsender Temperatur rasch an (Grassmann [A. 5], § 5.6). So beträgt er beispielsweise für Natriumchlorid in Wasser bei 5 °C $0,89 \cdot 10^{-9}$ und bei 30 °C $1,84 \cdot 10^{-9}\,\mathrm{m^2/s}$. Die *molekulare Mischung* der Stoffe ineinander ist sowohl vom Diffusionskoeffizienten als auch von der Zeit abhängig, die für den Ausgleich zur Verfügung steht. Der vollkommene Ausgleich aller Konzentrationsdifferenzen wird asymptotisch erst nach unendlich langer Zeit erreicht.

Der dritte Schritt, die eigentliche chemische Reaktion, läßt sich nur in Ausnahmefällen nach den in Kap. 15 dargelegten Methoden vorausberechnen. Meist muß der Reaktionsablauf in Laboratoriumsversuchen geklärt werden. Bei der Übertragung der Resultate auf den Industriemaßstab ist zu berücksichtigen, daß bei Laborversuchen wegen der kleineren Gefäßdimensionen *Wandreaktionen* eine größere Bedeutung haben können.

16.5 Dimensionierung von Reaktoren

Bei der Berechnung eines chemischen Reaktors beginnen wir meist mit den in Abschn. 1.2 abgeleiteten Bilanzgleichungen, die wir als Bilanz der Ausgangsstoffe und Energiebilanz etwa in folgender Form ansetzen:

Eintretender Stoffmengenstrom der Ausgangsstoffe	Austretender Stoffmengenstrom der nicht umgesetzten Ausgangsstoffe	In der Zeiteinheit reagierende Stoffmengen der Ausgangsstoffe	Zeitliche Zunahme der Ausgangsstoffe im Bilanzgebiet
	=	+	+

und

In das Bilanzgebiet eintretender „Wärmestrom"	Das Bilanzgebiet verlassender „Wärmestrom"	In der Zeiteinheit verbrauchte Reaktionswärme	Zeitliche Zunahme der Enthalpie des Bilanzgebietes
	=	+	+

Unter „Wärmestrom" verstehen wir hier die Summe folgender Ströme:

1. Die durch Leitung in das Bilanzgebiet eingeführten bzw. aus ihm entnommenen Wärmeströme;

2. die zusammen mit den Massenströmen ein- und austretenden Enthalpieströme (Dabei sind – beispielsweise durch Rührwerke – zugeführte mechanische Leistungen, sowie kinetische und potentielle Energien der Mengenströme vernachlässigt).

Bei den Enthalpieströmen ist darauf zu achten, daß die Nullpunkte der Enthalpieskalen auf dieselbe Temperatur zu beziehen sind wie die Reaktionsenthalpien.

Bevor wir mit Hilfe dieser zwei Bilanzgleichungen die Berechnung des für eine bestimmte Produktionsmenge erforderlichen Reaktionsvolumens in Angriff nehmen können, ist es zweckmäßig, noch die beiden Begriffe *Umsatz* und *Volumenfaktor* einzuführen.

Der Umsatz U_A einer Komponente A im Reaktionsgemisch ist definiert durch:

$$U_A \equiv (N_{A,\alpha} - N_A)/N_{A,\alpha}; \tag{16.1}$$

$N_{A,\alpha}=$ Stoffmenge A bei Reaktionsbeginn in kmol;
N_A = zum Zeitpunkt t noch vorhandene Stoffmenge A in kmol.

Ist A vollständig aufgebraucht ($N_A = 0$), so wird $U_A = 1$, oder, wie es vielfach auch ausgedrückt wird, $U_A = 100\%$.

Fließt einem kontinuierlich arbeitenden Reaktor, dessen Gehalt an A konstant bleibt, ein Stoffmengenstrom $N^*_{A,\alpha}$ (in kmol/s) zu, verläßt ihn der nicht umgesetzte Stoffmengenstrom $N^*_{A,\omega}$, so beträgt der Umsatz:

$$U_A = (N^*_{A,\alpha} - N^*_{A,\omega})/N^*_{A,\alpha}. \tag{16.2}$$

Vielfach ist es notwendig, die während einer Reaktion auftretende Änderung des Volumens der Reaktionsmasse zu berücksichtigen. (Im Gegensatz dazu wurde in Kap. 15 stets V = konstant vorausgesetzt.) Unter der Annahme, daß das Volumen linear mit dem Umsatz anwächst, ergibt sich bei konstantem Druck und konstanter Temperatur:

$$V = V_\alpha(1 + \varepsilon_A U_A); \tag{16.3}$$

V = Volumen des Reaktionsgemisches beim Umsatz U_A in m³;
V_α = Anfangsvolumen des Reaktionsgemisches in m³;
ε_A = auf den Umsatz von A bezogener Volumenfaktor.

Der Volumenfaktor ε_A läßt sich leicht aus der Volumenveränderung bei 100-prozentigem Umsatz ($U_A = 1$) berechnen:

$$\varepsilon_A = (V_\omega - V_\alpha)/V_\alpha; \tag{16.4}$$

V_ω = Endvolumen des Reaktionsgemisches in m³.

Bei Volumenabnahme wird ε negativ. So erhält man etwa bei der Reaktion $N_2 + 3H_2 \rightarrow 2NH_3$, wenn die Ausgangsstoffe in stöchiometrischen Mengen gemischt werden und bei Reaktionsbeginn noch kein Ammoniak vorliegt, für den Volumenfaktor den Wert $(-1/2)$. Enthalten die reagierenden Stoffe noch ein inertes Trägergas, so besitzt ε einen anderen Wert als im reinen Reaktionsgemisch.

Gemäß Gl. (15.2) für die Reaktionsgeschwindigkeit, $r_A = (1/V)(dN_A/dt)$, verstehen wir in den folgenden Abschnitten unter V stets das Volumen des Reaktionsgemisches, und nicht dasjenige des Reaktors. V ist demnach das für den Reaktor erforderliche *Minimalvolumen*.

Wir werden zuerst nur die Stoffbilanzgleichung auf unser Problem anwenden und annehmen, das Geschwindigkeitsgesetz der homogenen Reaktion sei als Funktion der Temperatur bekannt. Das *thermische Verhalten* der Reaktoren, das sich mittels der Energiebilanz vorhersagen läßt, werden wir in Abschn. 16.6 qualitativ betrachten.

Im Hinblick auf den verfügbaren Raum ist es hier nicht möglich, die Beeinflussung der Reaktionsgeschwindigkeit durch Veränderung der Stofftransportverhältnisse in Reaktoren für homogene und heterogene Reaktionen zu besprechen. Wir können auch nicht näher auf die Probleme der Konstruktion, des Betriebes und der Wirtschaftlichkeit eingehen, welche bei jeder optimalen Reaktorgestaltung gelöst werden müssen.

16.5.1 Der homogene, instationäre Rührkessel

Wie in Abschn. 16.3 gezeigt wurde, besitzen diese absatzweise arbeitenden Reaktionsgefäße noch heute große Bedeutung. Hier ergibt sich praktisch von selbst eine einheitliche Verweilzeit, denn im Vergleich zur gesamten Aufenthaltsdauer des Reaktionsgutes sind die Zeiten für das Füllen und Entleeren fast immer zu vernachlässigen.

Der Rührkessel sei ideal durchmischt; als Bilanzgebiet darf also das gesamte, vom Ausgangsstoff A erfüllte Volumen genommen werden. Während der Reaktion strömt dem Reaktor weder A zu noch strömt A weg. Deshalb kann die Stoffbilanz folgendermaßen geschrieben werden:

$$\begin{bmatrix}\text{In der Zeiteinheit rea-}\\ \text{gierende Stoffmenge A}\end{bmatrix} = \begin{bmatrix}\text{Zeitliche Abnahme}\\ \text{von A im Bilanzgebiet}\end{bmatrix} = -\begin{bmatrix}\text{Zeitliche Zunahme von}\\ \text{A im Bilanzgebiet}\end{bmatrix}$$

Durch Einführung der durch Gl. (15.2) definierten Reaktionsgeschwindigkeit r_A (in $kmol/(m^3 s)$) erhält man daraus:

$$r_A V = dN_A/dt. \tag{16.5}$$

Schreiben wir Gl. (16.1) in der Form $N_A = N_{A,a}(1 - U_A)$ und differenzieren wir diesen Ausdruck nach der Zeit t, so ergibt sich:

$$dN_A/dt = d[N_{A,a}(1 - U_A)]/dt = -N_{A,a}(dU_A/dt). \tag{16.6}$$

Durch Gleichsetzen von Gl. (16.5) und (16.6) folgt:

$$r_A V = -N_{A,a}(dU_A/dt).$$

Durch Integration gewinnt man daraus die für einen bestimmten Umsatz U_A erforderliche Reaktionszeit:

$$t = N_{A,a}\int_0^{U_A} \frac{-dU_A}{r_A V}. \tag{16.7}$$

Sowohl r_A wie auch V bleiben unter dem Integrationszeichen, denn beide werden sich im allgemeinen in Funktion von U_A ändern. Gl. (16.7) kann sowohl auf *isotherm* wie auf *nichtisotherm* geführte Prozesse angewandt werden.

Bleibt das Volumen des Reaktionsgutes konstant, so ergibt sich aus Gl. (16.7):

$$t = \frac{N_{A,\alpha}}{V} \int_0^{U_A} \frac{-dU_A}{r_A} = c_{A,\alpha} \int_0^{U_A} \frac{-dU_A}{r_A}. \tag{16.8}$$

Aus Gl. (16.6) erhält man $dU_A = -dN_A/N_{A,\alpha}$, und mit $V = $ const folgt: $dU_A = -dc_A/c_{A,\alpha}$. Durch Einsetzen dieses Ausdrucks in Gl. (16.7) findet man:

$$t = \int_{c_{A,\alpha}}^{c_A} \frac{dc_A}{r_A}. \tag{16.9}$$

Ist das Volumen V nach Gl. (16.3) eine lineare Funktion des Umsatzes, so erhält man durch Einsetzen in Gl. (16.7):

$$t = N_{A,\alpha} \int_0^{U_A} \frac{-dU_A}{r_A V_\alpha (1 + \varepsilon_A U_A)} = c_{A,\alpha} \int_0^{U_A} \frac{-dU_A}{r_A (1 + \varepsilon_A U_A)}. \tag{16.10}$$

16.5.2 Der homogene, stationäre Rührkessel

Dem homogenen, stationären Rührkessel fließen die Ausgangsstoffe kontinuierlich zu, und die Produkte werden ständig abgezogen. Wegen der idealen Durchmischung ist die Reaktionsgeschwindigkeit überall gleich, und als Bilanzgebiet kann auch hier wieder das vom Reaktionsgut erfüllte Rührkesselvolumen betrachtet werden.

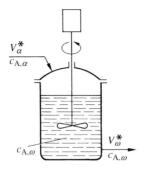

Abb. 16.2   Der homogene, stationäre Rührkessel.

Dem Rührkessel fließe der Volumenstrom V_α^* mit der Konzentration $c_{A,\alpha}^*$ der Komponente A zu, während ihn V_ω^* mit $c_{A,\omega}$ verlasse (Abb. 16.2). Der zu-, bzw. wegfließende Stoffmengenstrom von A ist also $N_{A,\alpha}^* = V_\alpha^* c_{A,\alpha}$ und $N_{A,\omega}^* = V_\omega^* c_{A,\omega}$. Wegen der idealen Durchmischung ist die Konzentration von A im Gefäßinneren gleich $c_{A, \omega}$. Bei stationärem Betrieb bleibt die Stoffmenge A im Rührkessel konstant, und man erhält als Stoffbilanz für die Komponente A:

| Zulaufender Stoffmen-genstrom A | = | Austretender Stoffmen-genstrom A | + | In der Zeiteinheit rea-gierende Stoffmenge A |

oder in mathematischen Symbolen:

$$N^*_{A, \alpha} = N^*_{A, \omega} - r_A V.$$

Durch Einsetzen von Gl. (16.2) folgt $N^*_{A, \alpha} U_A = - r_A V$. Daraus berechnet sich der Umsatz zu:

$$U_A = (- r_A V)/N^*_{A, \alpha} = (- r_A V)/(V^*_\alpha c_{A, \alpha}). \tag{16.11}$$

Diese für die Reaktorberechnung grundlegende Gleichung zeigt, daß sich der homogene, stationäre Rührkessel sehr gut zur Bestimmung der Reaktionsgeschwindigkeit r_A in Funktion der Konzentration $c_{A, \omega}$ eignet. Durch Variation von $N^*_{A, \alpha}$ läßt sich die Konzentration von A im Rührgefäß beliebig verändern. Aus $c_{A, \alpha}$ und $c_{A, \omega}$ wird dann U_A ermittelt, so daß r_A berechnet werden kann.

Bezeichnen wir den Quotienten V/V^*_α mit τ_r, so kann man Gl. (16.11) folgenderweise schreiben:

$$\tau_r = V/V^*_\alpha = (c_{A, \alpha} U_A)/(- r_A). \tag{16.12}$$

Bei konstanter Dichte ρ des Stoffstromes (d. h. für $\varepsilon = 0$; $V^*_\alpha = V^*_\omega$) ist τ_r identisch mit der in Abschn. 13.1 definierten mittleren Verweilzeit $\bar{t}_r$.

16.5.3 Die Rührkesselkaskade

In der Rührkesselkaskade, die aus einer Serie hintereinandergeschalteter, homogener, stationärer Rührkessel besteht, ändert sich die Konzentration der Reaktionsteilnehmer sprunghaft von einem Gefäß zum nächsten. Ein Vorteil dieser Anordnung ist, daß die Reaktionsbedingungen von Ort zu Ort der Umsetzung optimal angepaßt werden können.

Das Ziel der folgenden Rechnung ist, den Gesamtumsatz in einer Rührkesselkaskade in Funktion der Reaktionsgeschwindigkeit r, der Kesselzahl n und der mittleren Verweilzeit zu bestimmen. Dazu nehmen wir an, die Reaktionsmasse sei volumenbeständig ($\varepsilon = 0$; $\tau_r = \bar{t}_r$), und die n Gefäße seien alle volumengleich ($\bar{t}_r$ = mittlere Verweilzeit eines Kessels = const).

Wir wenden nun Gl. (16.12) auf den n-ten Reaktor an. Wie auch aus Abb. 16.3 hervorgeht, ist dann $c_{A, \alpha}$ durch $c_{A, n-1}$ zu ersetzen, und man erhält:

$$\tau_r = \bar{t}_r = (c_{A, n-1} U_{A, n})/(- r_{A, n}); \tag{16.13}$$

$U_{A, n}$ = Umsatz im n-ten Rührkessel.

Der Umsatz im n-ten Rührkessel beträgt nach Gl. (16.2):

$$U_{A, n} = (N^*_{A, n-1} - N^*_{A, n})/N^*_{A, n-1}.$$

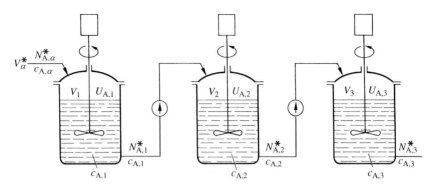

Abb. 16.3   Die Rührkesselkaskade.

Dividieren wir Zähler und Nenner der rechten Seite dieser Gleichung durch den Volumenstrom V_a^*, der gemäß Voraussetzung über die ganze Kaskade konstant ist, so ergibt sich:

$$U_{A,n} = (c_{A,n-1} - c_{A,n})/c_{A,n-1}.$$ (16.14)

Durch Einsetzen von Gl. (16.14) in Gl. (16.13) folgt:

$$\bar{t}_r = (c_{A,n-1} - c_{A,n})/(-r_{A,n}).$$ (16.15)

Für eine Reaktion erster Ordnung mit $r_A = (dc_A/dt) = -k\,c_A$ erhält man aus Gl. (16.15):

$$\bar{t}_r = (c_{A,n-1} - c_{A,n})/(k\,c_{A,n})$$

oder

$$c_{A,n-1}/c_{A,n} = 1 + k\,\bar{t}_r.$$ (16.16)

Wir wollen nun die für einen Kessel der Kaskade gewonnenen Gesetze auf die gesamte, n-stufige Rührkesselkaskade anwenden. Voraussetzungsgemäß ist die mittlere Verweilzeit $\bar{t}_r$ in allen Rührgefäßen gleich groß. Das Verhältnis von Anfangs- zu Endkonzentration ist demnach:

$$\frac{c_{A,a}}{c_{A,n}} = \frac{c_{A,a}}{c_{A,1}}\,\frac{c_{A,1}}{c_{A,2}}\,\ldots\ldots\,\frac{c_{A,n-1}}{c_{A,n}} = (1 + k\,\bar{t}_r)^n.$$ (16.17)

Der *Gesamtumsatz* $\bar{U}_{A,n}$ in allen n Rührkesseln ist bestimmt durch die Gleichung:

$$\bar{U}_{A,n} = \frac{N_{A,a}^* - N_{A,n}^*}{N_{A,a}^*} = \frac{c_{A,a} - c_{A,n}}{c_{A,a}} = 1 - \frac{c_{A,n}}{c_{A,a}}.$$ (16.18)

Einsetzen von Gl. (16.17) in (16.18) liefert:

$$\bar{U}_{A,n} = 1 - \frac{1}{(1 + k\,\bar{t}_r)^n}.$$ (16.19)

Dieser Zusammenhang ist in Abb. 16.4 graphisch dargestellt, und es läßt sich folgendes erkennen: Für einen einzelnen Rührkessel ($n = 1$) beträgt bei $k\,\bar{t}_r = 2$ der

Umsatz 0,66. Wird für dieselbe Reaktion (k = const) die Rührkesselgröße verdoppelt, so verdoppelt sich auch $\bar{t}_r$, und $k\,\bar{t}_r$ wird 4; der Umsatz beträgt dann 0,80. Das Volumen kann aber auch durch Hintereinanderschalten zweier gleich großer Rührkessel verdoppelt werden (n = 2), wobei $k\,\bar{t}_r$ konstant bleibt; der Umsatz ist aber jetzt 0,89.

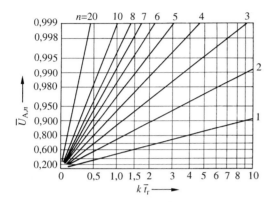

Abb. 16.4   Diagramm zur Ermittlung des Umsatzes in einer Kaskade aus n gleich großen, ideal durchmischten Rührgefäßen bei einer Reaktion erster Ordnung. Nach Schoenemann [16.5].

Sieht man vom apparativen Mehraufwand und von einer eventuell ungünstigeren Wärmeökonomie ab, so wirkt sich also bei gleichem Durchsatz die Vergrößerung einer Apparatur durch Hintereinanderschalten mehrerer Gefäße auf den Umsatz günstiger aus als die entsprechende Volumenerhöhung eines Einzelkessels. Im Zusammenhang mit Abschn. 13.1 (besonders Abb. 13.3) kann dies auch wie folgt ausgedrückt werden: je enger das Verweilzeitspektrum, um so größer der Umsatz.

Es läßt sich zeigen (Brötz [16.1], S. 307), daß in einer Reaktorkaskade mit gegebenem Gesamtvolumen bei einer Reaktion erster Ordnung der Gesamtumsatz dann am größten ist, wenn alle Gefäße gleiche Volumina besitzen. Für eine Reaktion zweiter Ordnung liegen die günstigsten Bedingungen bei einem Verhältnis von 1 : 2 vor, d. h. der nachgeschaltete Reaktor muß immer das doppelte Volumen des vorhergehenden haben. Für Reaktionen dritter Ordnung sollte das Verhältnis 1 : 3 sein, usw.

Ein elegantes Verfahren zur Bestimmung der für einen gewünschten Umsatz erforderlichen Anzahl ideal durchmischter Rührkessel stellt die graphische Methode von Jones und Weber dar (dazu Kramers/Westerterp [16.3], S. 33 und van Krevelen [16.6]). Ihre Anwendung setzt voraus, daß durch einen Versuch mit einem absatzweise arbeitenden Behälter die Funktion $c_A = f(t)$ experimentell ermittelt wurde. Ferner sei $c_{A,\alpha}$ gegeben, während $c_{A,\omega}$ vorgeschrieben wird, d. h. es soll ein bestimmter Umsatz erreicht werden.

Nach Abb. 16.3 lautet die Bilanz des ersten Rührkessels (Index 1):

$$N^*_{A,\alpha} - N^*_{A,1} = -\,r_{A,1}V_1\,.$$

Verändert sich das Volumen des Reaktionsgutes während der Reaktion nicht ($\varepsilon = 0$), so läßt sich diese Gleichung auch folgendermaßen schreiben:

$$V_\alpha^* (c_{A,\alpha} - c_{A,1}) = -r_{A,1} V_1 .$$

Für unsere Rechnung ist folgende Schreibweise geeigneter:

$$\frac{c_{A,\alpha} - c_{A,1}}{-r_{A,1}} = \frac{V_1}{V_\alpha^*} = t_r . \tag{16.20}$$

Dies ist offenbar die auf den Rührkessel 1 angewandte Gl. (16.12).

Die graphische Lösungsmethode ist in Abb. 16.5 wiedergegeben: Kurve 1 stellt die im Laborversuch gefundene Beziehung $c_A = f(t)$ dar. Daraus wurde Kurve 2 konstruiert, welche den negativen Wert der Reaktionsgeschwindigkeit ($-dc_A/dt$) oder abgekürzt ($-r_A$) in Funktion der Zeit darstellt. Kurve 3 gibt schließlich ($-r_A$) als Funktion der Konzentration c_A im Reaktorinneren an; sie wird aus 1 und 2 mittels den eingezeichneten Hilfslinien erhalten.

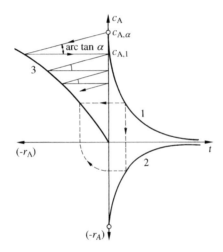

Abb. 16.5   Die graphische Bestimmung der Anzahl ideal durchmischter Rührkessel in einer Kaskade nach Jones und Weber. Erläuterung im Text.

Gehen wir von $c_{A,\alpha}$ aus und schneiden die Kurve 3 mit einer Geraden, deren Neigung (arctg α) bis auf einen Maßstabsfaktor durch $(c_{A,\alpha} - c_{A,1})/(-r_{A,1}) = t_r$ gegeben ist, so gibt uns der Schnittpunkt gemäß Gl. (16.20) die Konzentration $c_{A,1}$ in der ersten Stufe der Rührkesselkaskade an. Diese Konzentration übertragen wir durch eine Horizontale auf die c_A-Achse, und von dem hier entstehenden Schnittpunkt können wir wieder eine Gerade mit der Neigung (arctg α) legen. Damit erhalten wir die Konzentration im zweiten Rührkessel. So fortfahrend kann leicht die zur Erreichung von $c_{A,\omega}$ benötigte Anzahl Reaktoren von gleichem Volumen (t_r = const) bestimmt werden.

Die Volumina der einzelnen Reaktoren dürfen aber auch beliebig gewählt werden; je nach der resultierenden mittleren Verweilzeit besitzen dann die den einzelnen Gefäßen entsprechenden Geraden in Abb. 16.5 verschiedene Neigungen.

Mit dieser Methode läßt sich also der Zusammenhang zwischen Verweilzeit, Reaktorvolumen, Anzahl Rührkessel sowie Konzentrationen in den Kaskadenstufen festlegen. Ein Vorteil liegt in der Möglichkeit, durch passende Wahl der Rührkesselvolumina auf leichte Art unerwünschte Konzentrationsbereiche, die sich vielleicht durch eine ungewöhnliche Viskosität auszeichnen (beispielsweise *Strukturviskosität* von Kolloiden bei bestimmten Konzentrationen), überspringen zu können. Damit kann ein optimales Betriebsverhalten der Kaskade erreicht werden. Schwierigkeiten können sich ergeben, wenn neben der Umsetzung der betrachteten Komponente A zum erwünschten Produkt noch Parallel- oder Folgereaktionen ablaufen. Eine praktische Anwendung wird z. B. von Simmrock [16.8], S. 574, im Zusammenhang mit der Optimierung einer Glycerin-Synthese erläutert.

16.5.4 Das Reaktionsrohr

Beim Reaktionsrohr reagiert der Ausgangsstoff, während er ein Rohr durchströmt. Die Konzentration der Ausgangsstoffe nimmt also mit zunehmendem Abstand vom Eintritt kontinuierlich ab, diejenige der Produkte (vgl. als Beispiel Tab. 15.1) zu. Dieses Verfahren wird häufig bei Gasreaktionen, wie etwa bei der Ammoniaksynthese oder der Polyethylenherstellung, angewandt. Bei letzterer tritt das monomere Ethylen, mit etwa 0,01 Volumenprozent als Katalysator wirkendem Sauerstoff vermischt, in den Reaktor ein und reagiert bei einem Druck von etwa 2000 bar und einer Temperatur von 200 °C; das entstehende Polymerisat wird am Reaktorausgang abgetrennt.

Die Hochdruckpolymerisation von Ethylen zeigt auch, daß für eine Reaktion verschiedene Reaktoren geeignet sein können. Sie wird in der Industrie nicht nur in Reaktionsrohren, die von einem Kühlmantel umgeben sind, durchgeführt, sondern oft auch nach dem Rührkesselprinzip in *Hochdruckautoklaven*, die durch eine in das Reaktionsgut eingespritzte Wärmeträgerflüssigkeit gekühlt werden. Vor- und Nachteile besitzen beide Methoden: Im Autoklaven etwa ist die Temperaturverteilung viel einheitlicher als im Rohr, bei dem die Temperatur in der Hauptreaktionszone maximal ist und nach beiden Seiten abfällt. Dafür weist der Autoklav ein ungünstig breites Verweilzeitspektrum auf, während im Rohrreaktor die Verweilzeit aller Teilchen ungefähr gleich ist.

Für die Berechnung des Reaktionsrohres setzen wir einen konstanten Rohrquerschnitt sowie eine ideale Kolbenströmung voraus. Geschwindigkeit und Konzentration des strömenden Mediums sind also an allen Stellen eines Querschnitts gleich und von der Längsdurchmischung wird abgesehen.

Da die Konzentration im Rohr eine Ortsfunktion ist, müssen wir die Bilanz nach Abb. 16.6 über ein Volumenelement dV erstrecken. Wie beim homogenen, stationären Reaktor lautet hier die Stoffbilanz:

Zulaufender Stoffmengenstrom A	=	Weggehender Stoffmengenstrom A	+	In der Zeiteinheit reagierende Stoffmenge A

oder in mathematischen Symbolen geschrieben:

$$N_A^* = (N_A^* + dN_A^*) - r_A \, dV.$$

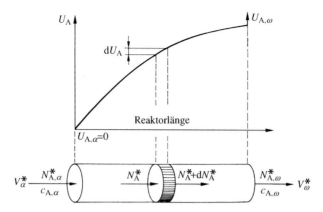

Abb. 16.6   Der Umsatz in einem Reaktionsrohr.

Daraus erhält man:

$$-dN_A^* = -r_A\,dV.\tag{16.21}$$

Wendet man Gl. (16.2) auf das Volumenelement dV an, so erhält man $dU_A = -(dN_A^*/N_{A,a}^*)$. Durch Einsetzen in Gl. (16.21) ergibt sich:

$$N_{A,a}^*\,dU_A = -r_A\,dV.\tag{16.22}$$

Bei der Integration dieser Gleichung über das gesamte Reaktorvolumen ist zu beachten, daß r_A eine Funktion des Umsatzes ist, während $N_{A,a}^*$ konstant bleibt:

$$\int_0^V dV = V = N_{A,a}^* \int_0^{U_{A,\omega}} \frac{dU_A}{-r_A}.\tag{16.23}$$

Diese Formel gibt das für einen bestimmten Reaktor erforderliche Minimalvolumen an, wenn der eintretende Molstrom $N_{A,a}^*$ vorgegeben ist und ein bestimmter Umsatz $U_{A,\omega}$ erreicht werden soll. Mit $N_{A,a}^* = V_a^* c_{A,a}$ erhält man für τ_r (definiert durch Gl. (16.12)):

$$\tau_r = \frac{V}{V_a^*} = c_{A,a} \int_0^{U_{A,\omega}} \frac{dU_A}{-r_A}.\tag{16.24}$$

Um Gl. (16.23) auf eine Reaktion mit variablem Volumen anzuwenden, betrachten wir eine einfache Reaktion n-ter Ordnung. Bei ihr ist $-r_A = k\,c_A^n$. Eingesetzt in Gl. (16.23) ergibt dies:

$$V = N_{A,a}^* \int_0^{U_{A,\omega}} \frac{dU_A}{k\,c_A^n} = \frac{N_{A,a}^*}{k} \int_0^{U_{A,\omega}} \frac{dU_A}{c_A^n} = \frac{V_a^* c_{A,a}}{k} \int_0^{U_{A,\omega}} \frac{dU_A}{c_A^n}.\tag{16.25}$$

Mit Hilfe der Gl. (16.2) und (16.3) können wir c_A folgendermaßen ausdrücken (in Gl. (16.3) müssen dazu die Volumina durch die entsprechenden Volumenströme ersetzt werden):

$$c_A = \frac{N_A^*}{V^*} = \frac{N_{A,\alpha}^*(1 - U_A)}{V_\alpha^*(1 + \varepsilon_A U_A)} = \frac{c_{A,\alpha}(1 - U_A)}{(1 + \varepsilon_A U_A)}.$$

Setzen wir c_A in Gl. (16.25) ein, so ergibt sich schließlich:

$$V = \frac{V_\alpha^*}{k\, c_{A,\alpha}^{n-1}} \int_0^{U_{A,\omega}} \frac{(1 + \varepsilon_A U_A)^n \, d U_A}{(1 - U_A)^n}. \tag{16.26}$$

Bei einer Reaktion nullter Ordnung ($n = 0$) erhält man daraus für das erforderliche Reaktorvolumen:

$$V = V_\alpha^*(c_{A,\alpha}/k)\, U_{A,\omega} = (1/k)\, N_{A,\alpha}^*\, U_{A,\omega}. \tag{16.27}$$

Selbst wenn sich das Volumen des Reaktionsgemisches mit dem Umsatz ändert, beeinflußt ε das Reaktorvolumen nicht. Der Grund dafür liegt darin, daß der Umsatz durch Zeit in jedem Volumteil des Reaktors gleich ist.

Für eine nicht umkehrbare Reaktion erster Ordnung ($n = 1$) erfordert der Umsatz $U_{A,\omega}$ das Reaktorvolumen:

$$V = \frac{V_\alpha^*}{k} \left\{ (1 + \varepsilon_A) \ln \frac{1}{1 - U_{A,\omega}} - \varepsilon_A\, U_{A,\omega} \right\} \tag{16.28}$$

und im Falle $\varepsilon = 0$:

$$V = \frac{V^*}{k} \ln \frac{1}{1 - U_{A,\omega}}. \tag{16.29}$$

Will man den in einem Reaktionsrohr vom Volumen V erreichbaren Umsatz berechnen, so erhält man aus dieser Gleichung:

$$U_{A,\omega} = 1 - \exp(-V k/V_\alpha^*) = 1 - \exp(-\bar{t}_r k). \tag{16.30}$$

Gehorcht die Reaktionsgeschwindigkeit r_A keinem einfachen Gesetz, so muß zur Auswertung der Gl. (16.23) der Ausdruck $(d U_A/-r_A)$ graphisch integriert werden. Der Wert dieses Integrals entspricht der schraffierten Fläche in Abb. 16.7.

Die Abb. 16.7 ist auch gut zum Vergleich von Rohrreaktor (Gl. 16.23), Idealkessel und Kesselkaskade (Gl. 16.11) geeignet, denn das Rechteck O, $U_{A,\omega}$, P, K korrespondiert zum Volumen des „Idealkessels" wie die schraffierte Fläche zum „Rohrvolumen". Für ein Geschwindigkeitsgesetz

$$r = -k\, c_A^2 \quad (k = \text{const, isotherme Reaktion})$$

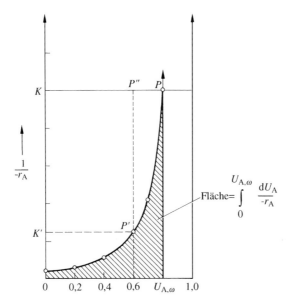

Abb. 16.7   Graphische Integration des Ausdruckes $dU_A/-r_A$. Werte nach Tab. 16.1.

mit der Definition des Umsatzes $c_A = c_{A,\alpha}(1 - U_A)$ sind in der Tab. 16.1 Werte für $U_{A,\omega}$, $-(1/r_A)$, $[-(1/r_A) \cdot U_{A,\omega}]$ und der Wert des Integrals über $dU_A/(1 - U_A)^2$ zwischen 0 und $U_{A,w}$ notiert:

Tab. 16.1

U_A	$-(1/r_A)$	$-(1/r_A) \cdot U_{A,\omega}$	$\int_0^{U_{A,\omega}} dU_A/(1 - U_A)^2$
0,2	1,56	0,31	0,25
0,4	2,78	1,11	0,67
0,6	6,25	3,75	1,50
0,7	11,11	7,78	2,33
0,8	25,0	20,0	4,0
0,9	100	90	9,0

   Um 80% Umsatz zu erreichen benötigt man 4 Volumeinheiten Rohrreaktor. Um den gleichen Umsatz in <u>einem</u> Idealkessel zu erreichen, müßten 20 Volumeinheiten Idealkessel eingesetzt werden. Würde man in einem ersten Kessel 60% Umsatz erreichen wollen, so würden dafür 3,75 Volumeinheiten Idealkessel nötig sein (Fläche $U_{0,6}$, P', K', 0); ein nachgeschalteter zweiter Kessel müßte, um den Umsatz auf 80% zu erhöhen $25 \cdot 0,2 = 5$ Volumeinheiten umfassen, entsprechend der Fläche ($U_{0,6}$, U_ω, P, P''). Insgesamt würde diese Zweier-Kaskade also mit 8,75 Volumeinheiten den 80%igen Umsatz erreichen (anstelle von 20 Volumeinheiten bei nur einem Kessel).

Wollte man den Auslauf aus dem 1. Kessel mit 60% Umsatz in einem Rohr weiter bis zu 80% Umsatz reagieren lassen, so wären für das dem Kessel nachgeschaltete Rohr nur 2,5 Volumeinheiten vonnöten, nämlich (4,0–1,5) Einheiten. Man überzeugt sich leicht, daß Kessel und Rohr bei gleichem Volumen nicht gegeneinander austauschbar sind. Die 2,5 Volumeinheiten Rohrreaktor vorgeschaltet ergäben 71% Umsatz.

Bei der Kesselkaskade wird bei vorgegebener Kesselzahl das zweckmäßige Verhältnis der Kesselvolumina zueinander dadurch gefunden, daß man für die Fläche $K - P'' - P' - K'$, das Maximum sucht. Für eine ausführlichere Diskussion s. [15.26]. Die Maximumsuche gelingt relativ schnell und leicht graphisch (Auswiegen der Flächen und Probieren). Das Verfahren ist insbesondere dann zweckmäßig, wenn die Darstellung von $-1/r_A$ versus U_A nicht aus einem isotherm durchgeführten Versuch stammt. Grundsätzlich wären solche Versuchsergebnisse dann in einem Raum mit den Koordinaten $-1/r_A$, U_A, T darzustellen, denn zu jedem Punkt der Kurve $-1/r_A$ versus U_A gehört eine bestimmte Temperatur T. Die bisher benutzten Darstellungen sind die Projektionen der Raumkurve auf die $-1/r_A/U_A$-Ebene. Bei der Maßstabsvergrößerung ist zu beachten, daß der zugrundegelegte Temperaturverlauf mit dem Umsatz eingehalten bzw. erzwungen wird. Dies weist uns darauf hin, daß für die Festlegung der Abmessungen eines Reaktors auch die Temperaturführung entscheidend ist, daß also neben den bisher benutzten Stoffbilanzgleichungen auch die Wärmebilanzgleichungen zu berücksichtigen sind. Dies geschieht qualitativ im nächsten Abschnitt. Hier soll noch auf einen anderen Unterschied von Rohrreaktor und Kessel hingewiesen werden: Liegen bei einer Reaktionsmischung Parallelreaktionen vor, die in unterschiedlicher Weise von der Konzentration des Eduktes c_A abhängen, z. B.

1.　　$A \rightarrow B$;　　$dc_B/dt = k_1 c_A = (-dc_A/dt)_1$,

2.　　$2A \rightarrow C$;　　$dc_C/dt = k_2 c_A^2 = (-dc_A/dt)_2$,

so verändert sich das Verhältnis der Bildungsgeschwindigkeiten mit dem Umsatz von A. Wird $c_A = c_{A,a}(1 - U_A)$ in die Gleichungen eingesetzt so erhalten wir schließlich

3.　　$(dc_C/dt)/(dc_B/dt) = c_{A,a}(k_2/k_1)(1 - U_A)$.

Unterstellen wir einmal $c_{A,a}(k_2/k_1) = 1$, so erkennt man, daß sich das Verhältnis der Bildungsgeschwindigkeiten von 1 bei einem Umsatz nahe bei 0 zu 0,5 beim Umsatz 50% und 0,1 beim Umsatz 90% verändert. Wählt man also den Kessel so, daß 50% Umsatz an A erzielt werden, so besteht die Produktmischung aus 50% A, 16,6% C und 33,3% B. Wählt man den Kessel so, daß 90% Umsatz erreicht werden, so enthält die Produktmischung noch 10% A, und 8,2% C und 81,8% B. Durch die Wahl eines Kessels und noch mehr durch die Wahl eines hohen Umsatzes wird die Parallelreaktion mit der höheren Ordnung unterdrückt. Überlegen Sie die Konsequenzen für das Rohr unter Beachtung, daß

$$(-dc_{A\Sigma}/dt) = (-dc_A/dt)_1 + (-dc_A/dt)_2 = r$$

ist.

16.6 Wärmeumsatz und Stabilität von Reaktoren

Die in den Reaktoren verbrauchte oder erzeugte Wärme muß zu- oder abgeführt werden. Dafür stehen zwei Möglichkeiten zur Verfügung.

1. Heizung bzw. Kühlung des Reaktors;
2. Entnahme der Reaktionsprodukte bei erniedrigter bzw. erhöhter Temperatur.

Ändern im Laufe der Reaktion einzelne Komponenten ihren Aggregatzustand, so ist auch die dazu verbrauchte *latente Wärme* einzubeziehen.

Bei *adiabater* Führung der Reaktion verbleibt im exothermen Fall die entstehende Wärme im Stoffstrom und bewirkt eine Temperaturerhöhung. Dadurch ändern sich nicht nur die physikalischen Konstanten des Gemisches im Reaktionsraum, sondern es tritt auch ein Wechselspiel zwischen der Temperaturerhöhung und der dadurch bedingten Steigerung der Reaktionsgeschwindigkeit nach der Arrhenius-Gleichung ein (dazu Abschn. 15.4). Bei *isothermer* Betriebsweise bleibt die Temperatur im Reaktionsraum konstant; die Wärme wird hier nicht allein mit dem weggehenden Stoffstrom, sondern auch durch eingebaute Wärmeaustauscher entfernt.

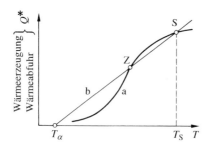

Abb. 16.8 Wärmeerzeugung und Wärmeabfuhr in Funktion der Reaktionstemperatur bei adiabater Reaktionsführung.

Für die folgende Betrachtung gehen wir von einem adiabaten, stationär betriebenen und ideal durchmischten Rührgefäß aus, in dem eine exotherme Reaktion abläuft. Die Temperatur des eintretenden Stoffstromes bezeichnen wir mit T_α, diejenige des weggehenden Stoffstromes mit T_ω; T_ω ist größer als T_α. In Abb. 16.8 wird die vom Reaktionsgut im Gefäßinnern erzeugte Wärmemenge pro Zeit in Funktion der Temperatur qualitativ durch die Kurve a dargestellt. Bei niedrigen Temperaturen ist die Reaktionsgeschwindigkeit und damit auch die Reaktionswärme, noch zu vernachlässigen. Wird die Temperatur in der Reaktionszone erhöht, so steigen nach der Arrhenius-Gleichung (Gl. (15.41)) die Umsatzgeschwindigkeit und die Wärmeerzeugung exponentiell an. Da aber höchstens alle durch den zufließenden Volumenstrom herangebrachten Stoffmengen des Ausgangsstoffes reagieren können, strebt die Kurve später einem Grenzwert zu. Dieser Grenzwert ist erreicht, wenn der durch den Reaktor strömende Ausgangsstoff vollständig umgesetzt wird, bzw. das der jeweiligen Temperatur entsprechende Gleichgewicht erreicht ist. (Die Berechnung solcher Kurven ist bei Brötz [16.1], S. 345 angegeben.)

Den durch den austretenden Massenstrom M^* abgeführten Wärmestrom Q^* kann man mit der folgenden Gleichung berechnen:

$$Q^* = M^* c_p (T_\omega - T_\alpha).$$

Ist die spezifische Wärmekapazität c_p der austretenden Reaktionsmasse von der Temperatur unabhängig, so wird diese Gleichung durch eine Gerade — die Gerade b in Abb. 16.8 — dargestellt.

Um im Gefäß eine chemische Umsetzung durchzuführen, muß der ankommende Stoffstrom zuerst mit einer Hilfsheizung, die mit steigender Temperatur mehr und mehr durch die frei werdende Reaktionswärme unterstützt wird, auf die Temperatur des Punktes Z gebracht werden. Hier sind die Reaktionswärme und die abgeführte Wärme gleich groß. Wird jetzt die Hilfsheizung ausgeschaltet, so bewirkt eine kleine Erniedrigung der Temperatur ein Auslöschen der Reaktion; Z wird deshalb *Zündpunkt* genannt. Eine kleine Erhöhung der Temperatur bei Z läßt die Wärmeerzeugung größer als die Abfuhr werden, und T steigt bis zum nächsten Gleichgewicht bei S. Im Gegensatz zum labilen Betriebspunkt Z ist S aber stabil, denn nach jeder zufälligen Temperaturschwankung stellt sich von selbst wieder die Temperatur T_S ein.

Verallgemeinert kann man sagen, daß ein Betriebspunkt dann stabil ist, wenn die Neigung der Wärmeabfuhrkurve größer ist als diejenige der Wärmeerzeugungskurve. Bei einem labilen Betriebspunkt verhält es sich umgekehrt.

Da in S die Wärmebilanz in stabilem Gleichgewicht ist, spielt sich die Reaktion hier *autotherm* ab, d. h. die erforderliche Reaktionstemperatur wird, wie etwa bei Verbrennungsreaktionen, mit Hilfe der erzeugten Reaktionswärme aufrechterhalten.

Variieren wir die Durchflußgeschwindigkeit des Reaktionsgutes, so verändert sich einerseits — da jetzt im Reaktionsgefäß ein anderer Umsatz erreicht wird — der Verlauf der Kurve a, und andererseits dreht sich wegen der veränderten Wärmeabfuhr die Gerade b um T_α. (Mit wachsender Durchflußgeschwindigkeit dreht sich b entgegen dem Uhrzeigersinn.) Es kann sich dabei die in Abb. 16.9 gezeigte Lage ergeben: Die beiden Kurven haben keinen gemeinsamen Punkt mehr; beim Ausschalten der Hilfsheizung wird die Reaktion zum Stillstand kommen. Für autotherme Reaktionen können also die Betriebsbedingungen nicht beliebig gewählt werden.

Wird bei der in dieser Abbildung gezeigten Situation das zuströmende Reaktionsgemisch durch Ausnützung eines Teils der Reaktionswärme vorgewärmt, so läßt sich T_α soweit nach rechts verschieben, bis sich wieder Schnittpunkte von b

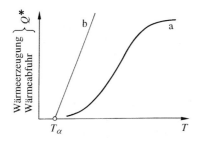

Abb. 16.9 Wärmeerzeugung und Wärmeabfuhr in einem Reaktor ohne stabilen Betriebspunkt.

mit *a* ergeben. In Abb. 16.10 ist als Beispiel die Durchführung eines solchen *inneren Wärmeaustausches* bei der Ammoniaksynthese gezeigt. Das Gemisch aus Stickstoff und Wasserstoff tritt unten in den Reaktor ein und strömt durch die in den heißen Katalysator eingebetteten Wärmeaustauschrohre nach oben; die vorgewärmten Gase reagieren nachher in der Katalysatorschicht, und das Ammoniak wird unten abgeführt. Neben dem Reaktor ist noch schematisch die Temperatur der beiden Gasströme als Funktion des Ortes aufgetragen.

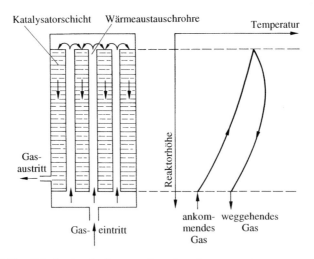

Abb. 16.10   Schnitt durch einen Reaktor für die Ammoniaksynthese mit innerem Wärmeaustausch und schematischem Temperaturverlauf in diesem Reaktor. Nach Van Krevelen [16.6].

Stark exotherme Reaktionen können oft nicht mehr adiabat durchgeführt werden. Dann muß man eine Kühlung in den Reaktor einbauen.

In erster Näherung wird der mit der Kühlung abgeführte Wärmestrom durch eine Gerade dargestellt (Abb. 16.11, Gerade *c*). Maßgebend für die Wärmeabfuhr ist jetzt die durch Summierung von *b* und *c* entstehende Gerade *d*, die in dem hier dargestellten Fall die Kurve *a* in den drei Schnittpunkten S_1, S_2 und S_3 schneidet; von diesen sind S_1 und S_3 stabil. Unter Umständen ist aber die zu S_3 gehörende Temperatur bereits so hoch, daß der Katalysator oder das Reaktionsgefäß beschädigt würde; dann entspricht S_3 keinem brauchbaren Betriebszustand mehr.

Die Lage von *d* läßt sich beliebig wählen: Veränderung der Kühlwassertemperatur ergibt eine Parallelverschiebung, Erhöhung oder Erniedrigung der Kühlwassergeschwindigkeit verändert den Wärmedurchgangskoeffizienten und bewirkt damit eine Drehung von *d* um den Schnittpunkt mit der Abszisse.

Bei einer genaueren Betrachtung des Wärmeaustausches in einem Reaktor muß man sowohl die Veränderung der Stoffwerte und der Wärmedurchgangskoeffizienten mit der Temperatur als auch die Wärmeleitung durch die Reaktorwand sowie die Wärmestrahlung berücksichtigen. Obwohl *c* und *d* dann nicht mehr linear verlaufen, ändert sich prinzipiell an den bis jetzt erwähnten Tatsachen nichts.

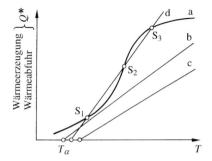

Abb. 16.11 Wärmeerzeugung und Wärmeabfuhr in Funktion der Reaktionstemperatur bei nichtadiabater Reaktionsführung.

Wie in Abb. 16.12 gezeigt, verläuft bei umkehrbaren Reaktionen (dazu Abschn. 14.1) die Wärmeerzeugungskurve *glockenförmig*. Wird nämlich, von T_{max} ausgehend, die Temperatur weiter gesteigert, so erlangt die Rückreaktion mehr und mehr Bedeutung, und die Wärmeerzeugung wird bei T_{Gl}, der Gleichgewichtstemperatur des zufließenden Reaktionsgemisches, Null. Von den beiden eingezeichneten Schnittpunkten S_1 und S_2 ist nur der zweite stabil. − Einen möglichst großen zeitlichen Umsatz erhält man, wenn die Gerade *b* so verschoben wird, daß S_2 in die Nähe von T_{max} kommt.

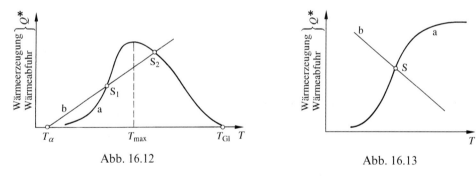

Abb. 16.12   Abb. 16.13

Abb. 16.12 Wärmeerzeugung und Wärmeabfuhr in Funktion der Reaktionstemperatur bei einer exothermen Gleichgewichtsreaktion.

Abb. 16.13 Wärmeverbrauch und Wärmeabfuhr in Funktion der Reaktionstemperatur bei einer endothermen Reaktion.

Bei endothermen Reaktionen ergibt die für die Umsetzung verbrauchte Wärme in Funktion der Temperatur wieder eine S-förmige Kurve (Kurve *a* in der Abb. 16.13). Bei konstanter Temperatur des Heizmediums nimmt, wie die Gerade *b* zeigt, mit steigender Temperatur im Reaktorinnern die pro Zeiteinheit übertragene Wärmemenge ab. Die Kurve *a* und die Gerade *b* besitzen einen einzigen Schnittpunkt: Dieser gibt den sich von selbst einstellenden stabilen Betriebszustand an.

Für jedes Reaktionssystem gibt es bei einer bestimmten Temperatur T und einer bestimmten Zusammensetzung c eine wohldefinierte (freilich zu messende) Reaktionsgeschwindigkeit r. Man kann also die Reaktionsgeschwindigkeit r als Funktion von T und c in einem c, T-Diagramm auftragen.

Da es sich immer um Wertetripel T, c, r handelt, kann man selbstverständlich auch Darstellungen c als Funktion von T und r, oder T als Funktion von c und r wählen.

Die Abb. 16.14 zeigt eine Darstellung von r im c, T-Diagramm.

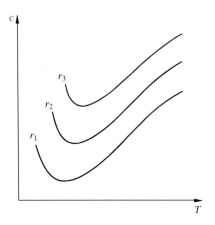

Abb. 16.14 Gängige Darstellung der Wertetripel (T, c, r) Temperatur, Zusammensetzung, (Konzentration) und Reaktionsgeschwindigkeit für eine homogene Reaktion, wie sie experimentell zu ermitteln sind. Auf der Grundlage solcher Darstellungen werden dann die Wertetripel (T, U, r) und $(T, U, -1/r)$ berechnet und dargestellt (vgl. Abb. 16.15 bis 16.17).

Für eine gegebene Anfangszusammensetzung $(c_{A, a}, c_{B, a}, \ldots)$ und unter Verwendung von A als Leitkomponente, sehen dann für verschiedene Reaktionsgeschwindigkeiten die Darstellungen U_A versus T aus, wie in Abb. 16.15 dargestellt. Be-

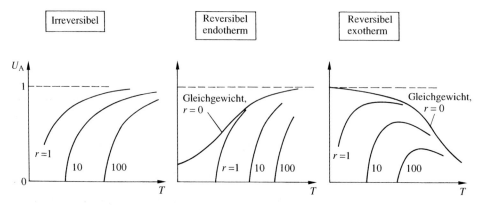

Abb. 16.15 Allgemeiner Verlauf der Temperatur/Umsatz-Kurven für verschiedene Reaktionstypen. Im Gleichgewichtszustand ist die Reaktionsgeschwindigkeit 0.

kanntlich ist es jederzeit möglich die Konzentrationen c als Umsatz U auszudrücken. Je nachdem, ob es sich um eine irreversible Reaktion, eine exotherme oder eine endotherme Gleichgewichtsreaktion handelt, nehmen die Temperatur-Umsatz-Kurven die gezeigten Formen an. Logischerweise ist im Gleichgewicht die Reaktionsgeschwindigkeit 0.

Die Reaktorgröße für eine vorgegebene Produktionsmenge und einen vorgegebenen (einzuhaltenden) Temperaturverlauf wird nun auf folgende Art und Weise gefunden:

1. Man zeichne den Reaktionsweg in das U_A, T-Diagramm ein. Diese Linie ist die (ausgewählte) Operationslinie für das betrachtete Verfahren. (In der Abb. 16.16 links).
2. Man lese die Reaktionsgeschwindigkeiten r entlang der Operationslinie für verschiedene U_A ab. Aus r wird $-1/r$ gebildet.

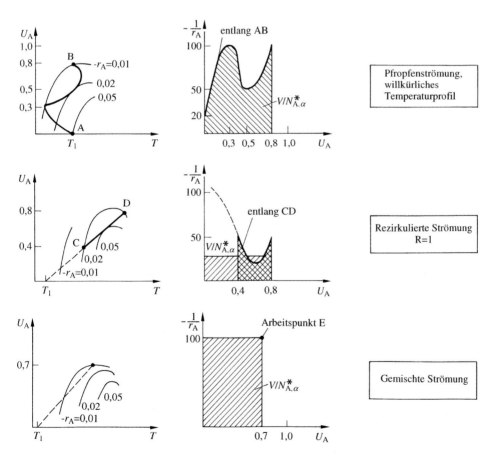

Abb. 16.16   Ableitung der Reaktorgröße für Strömungsrohr mit willkürlicher T-Führung, Rückführungsreaktor (vgl. 16.7), kontinuierlich betriebener idealer Rührkessel. T_1 ist die Eingangstemperatur.

3. Man trage nun die Wertepaare U_A; $(-1/r)$ in dem uns schon wohlbekannten Diagramm $(-1/r)$ versus U_A auf.

4. Die Fläche unter der Kurve im $(-1/r_A)$, U_A-Diagramm ist das Integral

$$\int (dU_A / - r_A) = V / N^*_{A,\alpha}. \tag{16.31}$$

In der eben besprochenen Abbildung ist ein willkürlicher Temperaturverlauf zwischen A und B bei einem Reaktor mit Pfropfströmung gewählt worden.

Das Verfahren funktioniert immer, bei jeder beliebigen Kinetik (die allerdings bekannt sein muß), bei jedem Temperaturverlauf, bei jedem Reaktortyp, sei es ein Kessel, sei es eine Kesselkaskade oder sei es ein Strömungsrohr. Die Operationslinie $C-D$ gilt für eine nichtisotherm geführte Reaktion mit Pfropfströmung und 50%iger Rückführung und im Falle des Rührkessels degeneriert die Operationslinie zu einem Punkt (weil im ideal durchmischten Kessel nur eine Reaktionsgeschwindigkeit auftritt).

Wenn man nun die Frage nach dem optimalen Temperaturverlauf stellt, muß zuerst definiert werden, was darunter verstanden werden soll. Wir wollen als optimalen Temperaturverlauf denjenigen ansehen, der das kleinste Verhältnis $V / N^*_{A,\alpha}$ erzeugt. Um dieses Ziel zu erreichen, muß für jede beliebige Zusammensetzung diejenige Temperatur gewählt werden, die eine maximale Reaktionsgeschwindigkeit bedingt. Der Lageort der maximalen Reaktionsgeschwindigkeiten wird durch die Analyse der $r(T,c)$-Kurven erhalten.

Für irreversible Reaktionen steigt die Reaktionsgeschwindigkeit mit der Temperatur bei jeder beliebigen Zusammensetzung. Man muß daher jederzeit bei der höchsten (zulässigen[1]) Temperatur arbeiten. Der optimale Temperaturverlauf ist daher bei T_{max} isotherm (vgl. in Abb. 16.17 linkes Bild).

Gleiches gilt für die reversiblen endothermen Reaktionen; hier ist die möglichst hohe Temperatur auch noch wegen der Gleichgewichtslage angezeigt: Gleichgewichtsumsatz steigt mit T (vgl. in Abb. 16.17 mittleres Bild)!

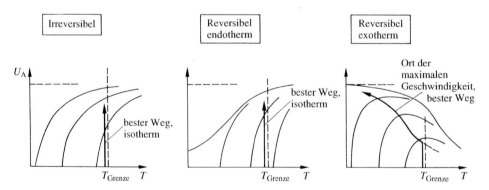

Abb. 16.17   Festlegung der Operationslinien (Betriebslinien) zwecks Bestimmung der Mindestgröße des Reaktors.

---

[1] Es könnte beispielsweise sein, daß beim Überschreiten einer bestimmten Temperatur ein unerwünschtes Nebenprodukt in unzulässiger Konzentration und Menge entsteht. Ein berüchtigtes Beispiel für einen solchen Fall ist die Dioxinbildung bei der Herstellung von Trichlorphenol.

Bei exothermen reversiblen Reaktionen fällt der Gleichgewichtsumsatz mit steigender Temperatur. Am Anfang der Reaktion, weit entfernt vom Gleichgewichtsumsatz, sollte daher die höchstmögliche Temperatur gewählt werden. Nahe am Gleichgewicht sollte die Temperatur erniedrigt werden um günstigere Gleichgewichtswerte zu ermöglichen. Der günstigste Temperaturverlauf wird gefunden, indem man die Maxima der Reaktionsgeschwindigkeitskurven miteinander verbindet (vgl. in Abb. 16.17 rechtes Bild).

16.7 Rückführungen

Unter einer Rückführung versteht man das vollständige oder teilweise Zurückbringen eines Produktstromes in den Strom der Ausgangsstoffe. In Abb. 16.18 ist schematisch eine solche Rückführung dargestellt. Ein Teil des den Reaktor verlassenden Produktes wird mit Hilfe der Pumpe, die in der Rückführleitung angebracht ist, zum Reaktoreingang zurückgefördert; der rückfließende Volumenstrom kann entweder durch Änderung der Pumpenleistung oder durch Verstellen des Ventils verändert werden.

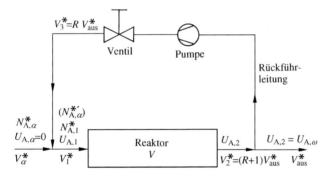

Abb. 16.18   Schematische Darstellung eines Rückführungskreislaufes mit den im Text benutzten Bezeichnungen. $N^*_{A,\alpha}{}'$ ist nachstehend definiert.

Als Rückführungsrate wird das Verhältnis

$$R = \frac{\text{rückgeführtes Volumen } V^*_3}{\text{ausgeschleustes Volumen } V^*_{aus}}$$

bezeichnet. Wir dürfen erwarten, daß für $R = 0$ (keine Rückführung = keine Rückvermischung) die Gesetze des Rohrreaktors, für $R = \infty$ die Gesetze des Idealkessels gelten (vollständige Rückvermischung).

Am Eingang des *Systems* herrsche: $N^*_{A,\alpha}, V^*_\alpha, U_{A,\alpha} = 0$;

am Eingang des *Reaktors* herrsche: $N^*_{A,1}, V^*_1, U_{A,1}$ und $N^*_{A,\alpha}{}'$;

am Ausgang des *Reaktors* sei der Umsatz: $U_{A,2}$,

das *System* wird mit dem Umsatz $U_{A,2} = U_{A,\omega}$ vom Volumenstrom V^*_{aus} verlassen.

Aus der Definition für R folgt $R\,V_{\text{aus}}^* = V_3^*$; dann ist der Volumenstrom, der den Reaktor verläßt, notwendigerweise $V_2^* = (R + 1)\,V_{\text{aus}}^*$.

$N_{A,\,\alpha}^{*\prime}$ ist derjenige Stoffmengenstrom an A, der in den Reaktor eintreten würde, wenn dieser mit eingeschaltetem Rückführungsstrom durchflossen wird, aber noch außer Betrieb ist, also kein Umsatz eintritt (gedanklich: bevor Katalysator zugefügt wird!). Es ist

$$N_{A,\,\alpha}^{*\prime} = R \cdot N_A^* + N_A^* = (R + 1)\,N_A^*. \tag{16.32}$$

Bekanntlich ist (s. die Zeile vor Gl. (16.26))

$$c_A = N_A^*/V^* = c_{A,\,\alpha}(1 - U_A)/(1 + \varepsilon_A\,U_A),$$

so daß

$$c_A/c_{A,\,\alpha} = (1 - U_A)/(1 + \varepsilon_A\,U_A)$$

oder

$$U_A = (1 - c_A/c_{A,\,\alpha})/(1 + \varepsilon_A\,c_A/c_{A,\,\alpha})$$

und entsprechend

$$U_{A,\,1} = (1 - c_{A,\,1}/c_{A,\,\alpha})/(1 + \varepsilon_A\,c_{A,\,1}/c_{A,\,\alpha}). \tag{16.33}$$

Der Stoffmengenstrom $N_{A,\,1}^*$ wird durch den Volumenstrom V_1^* transportiert und dieser setzt sich aus den Volumenströmen V_α^* und V_3^* zusammen. Da $V_3^* = R \cdot V_{\text{aus}}^*$, folgt

$$c_{A,\,1} = N_{A,\,1}^*/V_1^* = (N_{A,\,\alpha}^* + N_{A,\,3}^*)/(V_\alpha^* + R \cdot V_{\text{aus}}^*)$$

$$= [N_{A,\,\alpha}^* + N_{A,\,\alpha}^*(1 - U_{A,\,\omega})\,R]/[V_\alpha^* + V_\alpha^*(1 + \varepsilon_A\,U_{A,\,\omega})\,R]$$

$$= c_{A,\,\alpha}[(1 + R - U_{A,\,\omega}R)/(1 + R + \varepsilon_A\,U_{A,\,\omega}R)]. \tag{16.34}$$

Die Kombination von Gl. (16.33) mit Gl. (16.34) liefert

$$U_{A,\,1} = [R/(R + 1)]\,U_{A,\,\omega}. \tag{16.35}$$

Zusammen mit Gl. (16.23) und (16.32) liefert dies

$$V/N_{A,\,\alpha} = (R + 1) \int_{[R/(R+1)]\,U_{A,\,\omega}}^{U_{A,\,\omega}} (-1/r_A)\,\mathrm{d}\,U_A, \tag{16.36}$$

woraus sich V, das Volumen des Strömungsrohres, leicht ermitteln läßt. Die Verhältnisse sind in Abb. 16.19 dargestellt.

Mit einer derartigen Rückführung ist es möglich, den Ablauf des chemischen Prozesses wie folgt zu beeinflussen:

1. Durch die Beimischung von Produkt zum Ausgangsstoff werden die Konzentrationen der reagierenden Stoffe im Reaktor verkleinert. Dies setzt die Reaktionsgeschwindigkeit herab und vermindert damit die zeitbezogene Reaktionswärme.

2. Aus konstruktiven Gründen ist es oft günstiger, einen notwendigen Kühler in der Rückführleitung statt im Reaktor anzubringen. Durch Veränderung der Rückführmenge läßt sich die Temperatur im Reaktionsgefäß leicht auf einen gewünschten Wert einstellen. Wird der zurückgeführte Strom an *mehreren* Stellen des Reaktors wieder eingespritzt, so kann man dadurch eine gleichmäßige Temperaturverteilung im Reaktionsgut erzielen.

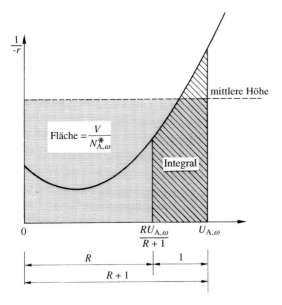

Abb. 16.19   Allgemeine Darstellung der Zusammenhänge im Rückführungsreaktor, von negativer reziproker Reaktionsgeschwindigkeit, Umsatz und Reaktionsvolumen. Diese Form der Darstellung gilt auch für nichtvolumenkonstante Reaktionen $\varepsilon \neq 0$.

3. Durch Rückführung wird es möglich, bei kleinen Produktionsmengen die Strömungsgeschwindigkeit im Reaktor zu erhöhen. Dies verbessert den Stoff- und Wärmeaustausch und damit auch die Qualität der Produkte. Die Pumpe ersetzt in diesem Fall einen im Reaktor angebrachten Rührer.

Vielfach kommen Rückführungen ohne unser besonderes Zutun zustande. Bei Verbrennungsvorgängen etwa wird einerseits Wärme durch Leitung von der Flammenfront an das zuströmende Gas übertragen, und andererseits diffundieren bei der Reaktion entstehende *Radikale* zurück und erhöhen die Reaktionsfähigkeit des Gemisches. Bei homogenen, stationären Rührkesseln bewirkt das Rührwerk eine Rückführung, indem es die Produkte ständig in innige Berührung mit den Ausgangsstoffen bringt.

16.8 Der Einfluß des Druckabfalls und des Verweilzeitspektrums

Durchströmt das Reaktionsgut eine Katalysatorschicht oder auch nur ein leeres Reaktionsrohr, so erfährt es einen Druckabfall. Dieser Druckabfall muß in zweifacher Hinsicht berücksichtigt werden:

1. Bei Reaktionen, die unter Volumenveränderung vor sich gehen, verschiebt sich dadurch das chemische Gleichgewicht.

2. Die durch den Druckabfall bedingte Volumenvergrößerung eines gasförmigen Reaktionsgemisches ist bei der Berechnung des Reaktorvolumens zu berücksichtigen.

Schließlich sei noch betont, daß auch die Form des Verweilzeitspektrums einen großen Einfluß auf das für eine bestimmte Umsetzung benötigte Reaktorvolumen hat. Dies sieht man leicht durch Vergleich eines Rohrreaktors mit einem idealen Rührkessel gleichen Volumens. Auch wenn bei beiden die mittlere Verweilzeit denselben Wert hat, so sind ihre Verweilzeitspektren doch ganz verschieden, und im Reaktionsrohr wird ein größerer Umsatz als im Rührkessel erreicht. In letzterem herrscht nämlich stets die Konzentration des weggehenden Stoffstromes, wodurch die Reaktionsgeschwindigkeit beeinträchtigt wird. (Für eine Reaktion erster Ordnung etwa kann dies durch Vergleich der nach den Gl. (16.11) und (16.30) berechneten Umsätze gezeigt werden.) Je höher die Reaktionsordnung ist, desto ausgesprochener unterscheiden sich die Umsätze.

Wie in Abschn. 13.1 dargelegt wurde, kann durch Vermehrung der Rührgefäße in einer Kaskade die Streuung um die mittlere Verweilzeit verkleinert werden, bis das Verweilzeitspektrum bei unendlicher Kesselzahl gleich dem im idealen Reaktionsrohr ist. Da allerdings der Aufwand an Hilfseinrichtungen mit steigender Anzahl Gefäße sehr groß wird, werden die Kaskaden trotzdem meist nur mit wenigen Reaktoren gebaut.

In der Praxis wird man Reaktoren mit idealer Durchmischung oder mit idealer Kolbenströmung kaum begegnen. So wird ein *Festbettkatalysator* in einem Rohrreaktor eine Verbreiterung des Verweilzeitspektrums bewirken. Auch können sich in Rührkesseln mit eingebauten Wärmeaustauschern Toträume bilden, die ebenfalls Abweichungen vom idealen Verweilzeitspektrum verursachen. Sind aber diese Abweichungen nicht zu groß, so dürfen die bis jetzt hergeleiteten Formeln verwendet werden. Bei stärkeren Abweichungen muß man auf Grund eines experimentell gefundenen Verweilzeitspektrums den Reaktorinhalt in Anteile mit verschiedener Aufenthaltsdauer aufteilen und deren Einzelumsätze mit dem reaktionskinetischen Gesetz bestimmen. Der Gesamtumsatz ist dann die Summe dieser Einzelumsätze.

Auf die Verbreiterung des Verweilzeitspektrums durch einen Festbettkatalysator wurde schon hingewiesen. Starke Veränderungen treten nämlich immer dann auf, wenn sich in einem Reaktor der chemischen Reaktion Transportvorgänge, z. B. von Phase zu Phase oder an Phasenoberfläche, überlagern, wie es in allen mehrphasigen Systemen der Fall ist. Für eine einführende, aber ausführlichere Diskussion wird auf [15.26] und [15.27] verwiesen.

Zur Orientierung werden

- Fluid (Gas- oder Flüssigkeit)/Feststoff-Systeme
- Fluid/Fluid-Systeme und
- Gas/Flüssig/Fest-Systeme

unterschieden.

Festbettreaktoren werden für heterogen-katalysierte Reaktionen eingesetzt. Bei starker Wärmetönung einer Reaktion bedarf es der Zwischenkühlung, ggf. (wegen der Temperaturabhängigkeit des Gleichgewichtes) der Zwischenabsorption eines Produktes. Ein signifikantes Beispiel ist das Doppelkontaktverfahren zur Schwefelsäureproduktion (s. [16.10] dort Bd. 6, S. 167).

Wegen der günstigen Verhältnisse von Oberfläche zu Volumen werden auch sehr schlanke Strömungsrohre als Reaktoren benutzt und bis zu 10 000 Rohre zur Durchsatzsteigerung parallel geschaltet. Da sich alle 10 000 Rohre gleich verhalten, genügt es, ein Rohr zu optimieren.

Für Gas/Feststoff-Reaktionen findet zunehmend der *Wirbelschichtreaktor* Verbreitung. Die Wärmetransportprobleme sind in Kap. 2 ausführlich beschrieben. Ungelöste Probleme bestehen wegen Dispersion und Blasenkoaleszenz und der Feststoffrückvermischung. Zu bedenken ist auch, daß beispielsweise bei der Wirbelschichtverbrennung mehrere Reaktionen gleichzeitig ablaufen: Entgasung der Kohle und Verbrennung der Entgasungsprodukte, Abrieb der Kohle und Verbrennung an der Kohleoberfläche.

Hohe Relativgeschwindigkeiten zwischen Gas und Feststoff führen zu Verbesserung von Stoff- und Wärmetransport und bilden sogenannte *zirkulierende Wirbelschichten* aus (Abb. 2.21). Ihr Verweilzeitverhalten ähnelt dem Idealkessel.

Im Gegensatz dazu ähnelt beim Schachtofen (z. B. Hochofen) das Verweilzeitverhalten dem Strömungsrohr. Das Gas strömt gegen ein sich langsam bewegendes Festbett. Es bilden sich zeitlich konstante axiale Temperatur- und Konzentrationsgradienten aus. Auch der Drehrohrofen (Zementherstellung) hat ein dem Strömungsrohr ähnelndes Verweilzeitspektrum.

Unter den Fluid/Fluid-Systemen sind alle im Kap. 7 beschriebenen Prozesse der Absorption und der Gaswaschung zu nennen. Voraussetzung ist der Kontakt der beiden fluiden Phasen.

Die Dispersion von Gas in der Flüssigkeit geschieht im Rührkessel, der Bodenkolonne und insonderheit in der Blasensäule (s. [16.11]).

Die Zerteilung von Flüssigkeit im Gas geschieht im Sprühturm und Strahlwäscher (vgl. auch Abb. 7.19, 7.20).

Es kann aber auch die Flüssigkeit als dünner Film mit dem Gas in Kontakt gebracht werden: Rieselkolonne, Fallfilmreaktor.

Blasensäulen stellen Stoffaustausch- und Reaktionsapparate dar, in denen eine oder mehrere Gase mit einer flüssigen Phase in Kontakt bzw. zur Reaktion gebracht werden, oder mit einer in der flüssigen Phase gelösten oder suspendierten Komponente abreagieren. Sie bestechen durch einfache Bauweise und günstige Wärmeübertragung. In der einfachsten Ausführung besteht der Blasensäulenreaktor aus einem senkrecht stehenden Zylinder mit vorgelegter oder strömender flüssiger Phase, in die über Gasverteiler das Gas eingespeist wird. Die jährliche Menge chemischer Zwischen- und Endprodukte, die in Blasensäulen hergestellt werden, liegt über 10 Millionen Tonnen. Blasensäulen werden bevorzugt für Oxidationen, Hydrierungen, Chlorierungen und Gaswäschen eingesetzt, neuerdings für biochemische, insbesondere fermentative Prozesse. Der Blasensäulenreaktor ist für Reaktionen mit relativ geringer Geschwindigkeit im gesamten Flüssigkeitsvolumen zu bevorzugen.

Bei schnellen Reaktionen läuft die chemische Reaktion ausschließlich in der Nähe der Phasengrenze ab, und die Gesamtreaktion wird durch die Größe der Austauschfläche bestimmt. In eine zusammenhängende Gasphase wird die Flüssigkeit über eine Düse dispergiert (vgl. auch Abschn. 7.10.4 und selektives Auswaschen).

Schließlich sind Reaktoren, bei denen drei Phasen, nämlich Gas, Flüssigkeit und Feststoff, z. B. Feststoff als Katalysator, beteiligt sind, keineswegs selten. Es werden unterschieden:

- *Dreiphasenfestbettreaktor* mit Katalysator als Füllkörperschüttung und dispergiertem Gas in zusammenhängender Flüssigphase (Sumpfreaktor).
- Wenn über eine katalytisch wirkende Füllkörperschüttung Gas und Flüssigkeit (üblicherweise) im Gleichstrom geführt werden, liegt der *Rieselreaktor* vor.
- In der Dreiphasen-Wirbelschicht (Feststoffpartikel, Flüssigkeit und Gas) kann sowohl Flüssigkeit als auch Gas für die Fluidisierung verantwortlich sein. Sie ist als *quasi gradientenfreier Reaktor* bei Reaktionen mit starker Wärmetönung dem Festbett überlegen.
- Bei den *Suspensionsreaktoren*, die entweder als Blasensäule oder als Rührkessel ausgebildet sind, werden sowohl Gas als auch Feststoff in der zusammenhängenden Flüssigphase verteilt.

Aufgaben zu Kapitel 16

16.1 a) Berechne den Gesamtumsatz einer Kaskade aus n Rührkesseln gleichen Volumens für Reaktionen nullter Ordnung.
b) Vergleiche für denselben Durchsatz den Umsatz in der Kaskade mit dem eines einzelnen Rührkessels gleichen Volumens.

16.2 Eine volumenkonstante, irreversible Reaktion erster Ordnung werde isotherm in verschiedenen Reaktoren durchgeführt. Die Geschwindigkeitskonstante k sei $2 \cdot 10^{-3}\,\text{s}^{-1}$, die mittlere Verweilzeit 500 s. Berechne den Umsatz im
a) idealen Reaktionsrohr;
b) homogenen, instationären Rührkessel;
c) homogenen, stationären Rührkessel;
d) realen Reaktor mit dem in Abb. 16.20 skizzierten Verweilzeitspektrum.

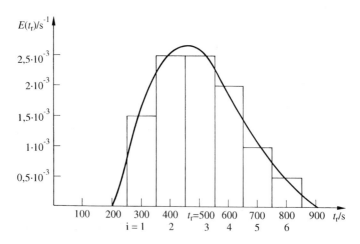

Abb. 16.20   Verweilzeitspektrum des in Aufgabe 16.2.d betrachteten realen Reaktors.

Lösungen zu den Aufgaben der einzelnen Kapitel

Lösungen zu Kapitel 1

1.1 Da die auftretenden Gase als ideal betrachtet werden dürfen und gleiche Stoffmengen idealer Gase bei gleichem Druck und gleicher Temperatur gleiche Volumina einnehmen, folgt in diesem Fall aus der Erhaltung der Stoffmengen auch ein Erhaltungssatz für die Volumenströme. Bezeichnet V_L^* bzw. V_N^* den Volumenstrom der Luft- bzw. der N_2-Fraktion in m^3/h, so ergeben sich also die beiden Bilanzgleichungen:

$V_L^* = V_N^* + 120$ (Erhaltung der Gesamtstoffmenge)

$V_L^* \cdot 0{,}21 = V_N^* (1 - 0{,}96) + 120 \cdot 0{,}995$ (Erhaltung der O_2-Stoffmenge).

Durch Elimination von V_N^* folgt:

$$V_L^* = 120 \, \frac{0{,}995 - (1 - 0{,}96)}{0{,}21 - (1 - 0{,}96)} = 120 \, \frac{0{,}955}{0{,}17} = 674 \, m^3/h \,.$$

1.2 Da der Behälter mit dem Volumen V_B als dicht vorausgesetzt werden darf, ist $M_\alpha^* = 0$. Damit folgt aus Gl. (1.1) $M_\omega^* = - \, dM/dt$. Nach der Gasgleichung $p \, V_B = M R T$ folgt $M = p V_B/(R T)$ und $M_\omega^* = V_\omega^* \cdot \rho = V_\omega^* \cdot p/(R T)$. Damit ergibt Gl. (1.2):

$$\frac{V_\omega^* p}{R T} = - \, \frac{d}{dt} \left(\frac{p V_B}{R T} \right) \quad \text{oder} \quad dt = - \, \frac{V_B}{V^*} \, \frac{dp}{p}$$

und daraus durch Integration

$t = - (V_B/V_\omega^*) \ln (p/p_0) \quad \text{oder} \quad p = p_0 \exp (- V_\omega^* t/V_B) \,.$

Mit $V_\omega^* = 0{,}04 \, m^3 \, s^{-1}$ und $V_B = 0{,}8 \, m^3$ also die Zahlenwertgleichung

$p = p_0 \exp (- t/20)$ mit t in s.

1.3 $w = 204/(204 + 100) = 0{,}671$;

$\mathcal{M} = 12 \cdot 12{,}011 + 11 \cdot 18{,}015 = 342{,}3 \, kg/kmol.$

$x = (204/342{,}3)/(204/342{,}3 + 100/18{,}015) = 0{,}596/(0{,}596 + 5{,}555) = 0{,}0969.$

$X = 204/100 = 2{,}04.$

Lösungen zu Kapitel 2

2.1 Gl. (2.2):

$$M_\text{P}^* = \frac{h_{\text{A}e,\omega} - h_{\text{A}e,\alpha}}{h_{\text{P},\alpha} - h_{\text{P},\omega}} \cdot M_{\text{A}e}^* = \frac{-116 - 286}{0 - 433} \cdot 14\,200 = 13\,200 \text{ kg/h}\,.$$

2.2 a) Gl. (2.15):

$$\Delta T_{\text{m,lg}} = \frac{\Delta T_\alpha - \Delta T_\omega}{\ln\left(\Delta T_\alpha / \Delta T_\omega\right)} = \frac{25 - 10}{\ln\left(\dfrac{25}{10}\right)} = \frac{15}{0,915} = 16,4\,^\circ\text{C}\,.$$

b) $\Delta T_{\text{m,geom}} = \sqrt{\Delta T_\alpha \cdot \Delta T_\omega} = \sqrt{25 \cdot 10} = 15,8\,^\circ\text{C},$

$$f_{\text{geom}} = \frac{16,4 - 15,8}{16,4} \cdot 100 = 3,7\%\,.$$

c) $\Delta T_{\text{m,arith}} = 0,5\,(\Delta T_\alpha + \Delta T_\omega) = 0,5\,(25 + 10) = 17,5\,^\circ\text{C}$

$$f_{\text{arith}} = \frac{16,4 - 17,5}{16,4} \cdot 100 = -6,7\%\,.$$

Wie man bemerkt, sind die Fehler für die Praxis vernachlässigbar klein.

2.3 Der zu übertragende Wärmestrom Q_{12}^* weist folgenden Wert auf:

$$Q_{12}^* = M_\text{P}^* \cdot r = \frac{10\,000}{3600} \cdot 663\,000 = 1\,840\,000 \text{ W}\,.$$

Der benötigte Kühlwasserstrom errechnet sich daraus zu

$$M_{\text{KW}}^* = \frac{Q_{12}^*}{c_p\,(T_{\text{KW},\omega} - T_{\text{KW},\alpha})} = \frac{1\,840\,000}{4187\,(50 - 25)} = 17,6 \text{ kg/s}\,(= 63\,300 \text{ kg/h})\,.$$

Die mittlere Temperaturdifferenz wird nach Gl. (2.15):

$$\Delta T_{\text{m}} = \frac{(118 - 25) - (118 - 50)}{\ln\left[(118 - 25)/(118 - 50)\right]} = \frac{93 - 68}{\ln\,(93/68)} = 80\,^\circ\text{C}\,.$$

Als nächstes gilt es, den Wärmeaustauscher mittels des überschlägigen Wärmedurchgangskoeffizienten $k = 800 \text{ W}/(\text{m}^2\,\text{K})$ grob auszulegen. Auf Grund dieser Vordimensionierung kann dann die genauere Berechnung durchgeführt und der konstruktive Vorentwurf entsprechend verbessert werden. Ein nochmaliges Durchrechnen des Wärmeaustauschers ist bei einiger Übung kaum nötig. Es ergibt sich somit eine ungefähre Austauschfläche nach Gl. (2.14):

$$F = 1\,840\,000/(800 \cdot 80) = 28,8 \text{ m}^2\,.$$

Um nach Gl. (2.22) den kühlwasserseitigen Wärmeübergangskoeffizienten α_i berechnen zu können, ist es nötig, nähere Angaben über die Ausbildung der Austauschfläche (Rohrdurchmesser, Rohrlänge) zu kennen. Aus der festgelegten Strömungsgeschwindigkeit $w = 1\,\mathrm{m/s}$ für das Kühlwasser läßt sich vorerst der gesamte Strömungsquerschnitt F_i bestimmen:

$$F_i = \frac{M_{\mathrm{KW}}^*}{w \cdot \rho} = \frac{17,6}{1 \cdot 993} = 0,0177\,\mathrm{m}^2\,.$$

Das Zweiwegbündel mit den Rohrabmessungen $d_a \times s = 20 \times 2\,\mathrm{mm}$ zählt somit n Rohre:

$$n = 2\,\frac{F_i}{(\pi/4)\,d_i^2} = 2\,\frac{0,0177}{(\pi/4)\,(0,016)^2} = 176\,.$$

Die Länge L der Rohre beläuft sich danach mit $d_{\mathrm{m}} = 18\,\mathrm{mm}$ auf:

$$L = \frac{F}{n\,\pi\,d_{\mathrm{m}}} = \frac{28,8}{176\,\pi\,0,018} = 2,9\,\mathrm{m}\,.$$

Es soll hier nicht weiter auf konstruktive Einzelheiten wie Normlängen der Rohre, Manteldurchmesser, Rohrteilung usw. eingegangen werden. Der interessierte Leser findet sie in der angeführten Literatur. Es soll nun vielmehr das eigentliche Ziel der Aufgabe in Angriff genommen werden, nämlich die Berechnung des kühlwasserseitigen Wärmeübergangskoeffizienten α_i nach Gl. (2.22). Aus den Rohrabmessungen und den Stoffgrößen ergeben sich folgende Werte für die Kennzahlen Re und Pr:

$$\mathrm{Re} = \frac{w \cdot d_i \cdot \rho}{\eta} = \frac{1 \cdot 0,016 \cdot 993}{0,68 \cdot 10^{-3}} = 23\,200\,,$$

$$\mathrm{Pr} = \frac{\eta \cdot c_p}{\lambda} = \frac{0,68 \cdot 10^{-3} \cdot 4187}{0,625} = 4,55$$

und nach Gl. (2.22):

$$\mathrm{Nu} \equiv \frac{\alpha_i\,d_i}{\lambda} = 0,032 \cdot (23\,200)^{0,8} \cdot (4,55)^{0,30}\left(\frac{0,016}{2,9}\right)^{0,054} = 118\,,$$

$$\alpha_i = 118 \cdot \frac{0,625}{0,016} = 4600\,\mathrm{W/(m^2\,K)}\,.$$

Fortsetzung s. Aufgabe 3.2.

Lösungen zu Kapitel 3

3.1 Wir führen folgende Abkürzungen ein:

$$A = 1,86,\ B = q^{*\,0,72},\ C = p^{0,24}\,.$$

Man hat nun lediglich dafür zu sorgen, daß die Zahlenwerte von B und C unverändert bleiben, wenn man die Wärmestromdichte q^* und den Druck p

anstatt in technischen in SI-Einheiten einsetzt; man braucht dann nur α vom technischen in das SI-System umzurechnen:

$$B = \left\{ q^* \, (\text{in } W/m^2) \cdot 0{,}860 \left(\frac{\text{kcal}/(m^2 h)}{W/m^2} \right) \right\}^{0{,}72},$$

$$B = 0{,}860^{0{,}72} \, q^{*0{,}72} = 0{,}897 \cdot q^{*0{,}72},$$

$$C = \left\{ p \, (\text{in } N/m^2) \cdot 1{,}02 \cdot 10^{-6} \left(\frac{\text{at}}{N/m^2} \right) \right\}^{0{,}24},$$

$$C = (1{,}02 \cdot 10^{-5})^{0{,}24} \cdot p^{0{,}24} = 0{,}0634 \, p^{0{,}24}.$$

Mit $1 \, \text{kcal}/(m^2 h K) = 1{,}163 \, W/(m^2 K)$ folgt $\alpha_{SI} = 1{,}163 \, \alpha_{techn}$

$$\alpha_{SI} = 1{,}163 \cdot 1{,}86 \cdot (0{,}987 \, q^{*0{,}72}) \, (0{,}0634 \, p^{0{,}24}),$$

$$\alpha_{SI} = 0{,}123 \, q^{*0{,}72} \, p^{0{,}24}.$$

Erwartungsgemäß blieben durch den Übergang zu SI-Einheiten die Exponenten von q^* und p unverändert; lediglich die dimensionsbehaftete Konstante nahm einen anderen Zahlenwert an.

3.2 Der Wärmeübergangskoeffizient α_a bei Kondensation an einem waagrechten Rohr ist durch Gl. (3.20) als Funktion der Stoffgrößen des Kondensats sowie der Differenz zwischen der Kondensationstemperatur T_S und der äußeren Wandtemperatur $T_{W,a}$ gegeben.

Die mittlere Temperatur der äußeren Rohrwand $\bar{T}_{W,a}$ berechnen wir mittels der Gl. (2.4) und (2.7) (vgl. auch Abb. 2.2) über die Temperatur $\bar{T}_{W,i}$ der inneren Rohrwand. Wie man sich an Hand der Gl. (2.8) leicht überzeugt, darf bei dem gewählten dünnwandigen Rohr die Krümmung der Rohrwand für die Wärmeübertragungsrechnungen vernachlässigt werden:

$$\bar{T}_{W,i} = \frac{Q^*_{12}}{\alpha_i F} + \bar{T}_{KW} = \frac{1\,840\,000}{4600 \cdot 28{,}8} + 27{,}5 = 51 \, °C,$$

$$\bar{T}_{W,a} = \frac{Q^*_{12}}{F(\lambda_R/s)} + \bar{T}_{W,i} = \frac{1\,840\,000}{28{,}8\,(18/0{,}002)} + 51 = 58 \, °C.$$

Damit ergibt sich für den dampfseitigen (= äußeren) Wärmeübergangskoeffizienten (Gl. (3.20)):

$$\alpha_a = 0{,}725 \left[\frac{9{,}81 \cdot 795 \cdot 0{,}155^3 \cdot 663\,000}{2{,}14 \cdot 10^{-6} \cdot 0{,}02\,(118 - 58)} \right]^{0{,}25} = 1200 \, W/(m^2 K).$$

An Hand von Gl. (2.13) prüfen wir nun, ob unsere Annahme in Aufgabe 2.3 von $k = 800 \, W/(m^2 K)$ richtig war:

$$k = \left[\frac{1}{1200} + \frac{0{,}002}{18} + \frac{1}{4600} \right]^{-1} = 860 \, W/(m^2 K).$$

Der berechnete Wärmedurchgangskoeffizient ist um etwa 8% größer als der ursprünglich angenommene. Der Kondensator ist somit um 8% überdimensioniert, was einem Sicherheitszuschlag von 8% entspricht.

Lösungen zu Kapitel 4

4.1 Nach Gl. (4.10) beträgt die reversible Trennarbeit für die vollkommene Trennung in reine Komponenten

$$A_v = -n\,\mathscr{R}\,T\,(y_1 \ln y_1 + y_2 \ln y_2)$$
$$= -n\,\mathscr{R}\,T\,(0,79 \ln 0,79 + 0,21 \ln 0,21) = 0,513\,n\,\mathscr{R}\,T\,.$$

Da die beiden Fraktionen nicht rein sind, ist die aufzuwendende Trennarbeit um die folgenden Anteile kleiner:

$$A_0 = -n_0\,\mathscr{R}\,T\,(0,08 \ln 0,08 + 0,92 \ln 0,92) = 0,279\,n_0\,\mathscr{R}\,T\,,$$

$$A_N = -n_N\,\mathscr{R}\,T\,(0,96 \ln 0,96 + 0,04 \ln 0,04) = 0,168\,n_N\,\mathscr{R}\,T\,.$$

Die Stoffmengen der beiden Fraktionen n_0 und n_N ergeben sich aus Massen- und Stoffbilanz für N_2 zu:

$$\left.\begin{array}{l} n = n_0 + n_N, \\ 0,79\,n = 0,08\,n_0 + 0,96\,n_N \end{array}\right\} \begin{array}{l} n_N = 0,8\,n, \\ n_0 = 0,2\,n. \end{array}$$

Die molare reversible Trennarbeit $\mathscr{A}$ wird somit:

$$\mathscr{A} = \frac{A_v - n_0\,A_0 - n_N\,A_N}{n} = \mathscr{R}\,T\,\frac{0,513\,n - 0,2\,n \cdot 0,279 - 0,8\,n \cdot 0,168}{n}$$

$$= 0,325\,\mathscr{R}\,T = 0,325 \cdot 8,314 \cdot 293 = 786\,\text{kJ/kmol}\,.$$

4.2 a) Nach Gl. (4.20) gilt für gelöste Salze:

$$P_L \approx p_{LM} = (1 - i x_S)\,P_{LM}\,,$$

$$P_{LM} = 18\,\text{mm Hg} = 18 \cdot 133 = 2394\,\text{Pa}\,,$$

$$i = 2\,,$$

$$x_S = w_S\,\frac{\mathscr{M}_m}{\mathscr{M}_S} = 0,035 \cdot 18/58 = 0,01086\,,$$

$$P_L = (1 - 2 \cdot 0,01086)\,2394 = 2342\,\text{Pa}\,.$$

b) Nach Gl. (4.21) gilt angenähert:

$$\Delta T_S \cong \frac{\mathscr{R}\,T^2}{\mathscr{M}\,r_W}\,i\,x_S; \qquad \begin{array}{l} T = 373\,\text{K}\,, \\ \mathscr{M} \approx 18\,\text{kg/kmol}\,, \\ r_W = 2250\,\text{kJ/kg}\,, \end{array}$$

$$\Delta T_S \cong \frac{8314 \cdot 373^2}{18 \cdot 2250 \cdot 10^3} \cdot 0,0217 = 0,62\,°\text{C}\,.$$

Da Wasser unter einem Druck von 760 mm Hg bei 100 °C siedet, weist die Salzlösung eine leicht erhöhte Siedetemperatur von 100,62 °C auf.

4.3 a) Um den Mischvorgang isotherm durchführen zu können, müßte dem System pro kg Lösung die Mischungswärme $q_t = c_{p,m}\,\Delta T$ entzogen werden:

$$q_t = -c_{p,m}\,\Delta T = -3,35 \cdot 7,5 = -25,12\,\text{kJ/kg}\,.$$

b) Die Zunahme der Entropie setzt sich zusammen aus der Mischungsentropie ΔS_m und der Zunahme ΔS_T infolge der höheren Mischungstemperatur.

$$\Delta S_m = -\frac{\mathscr{R}}{\mathscr{M}_m} \sum y_i \ln y_i = -2 \cdot \frac{8314}{26} \cdot 10^{-3} \cdot 0,5 \cdot \ln 0,5 = 0,221 \text{ kJ/(kg K)},$$

$$\Delta S_T = \int_{T_1}^{T_2} \frac{c_{p,m} \, dT}{T} = c_{p,m} \ln T_2/T_1 = 3,35 \ln \frac{300,5}{293} = 0,08,$$

$$\Delta S = \Delta S_m + \Delta S_T = 0,30 \text{ kJ/(kg K)}.$$

4.4 Trage in Abb. 4.12 M_a auf der 30 °C-Isotherme bei $w_a = 0,8$ und M_b auf der 20 °C-Isotherme bei $w_b = 0,6$ ein. Die Verbindungsgerade $M_a M_b$ ist im Verhältnis 70 zu 30 zu teilen (längerer Abschnitt bei M_b) und liefert den Mischpunkt M_m.

M_m entspricht einer Zusammensetzung $w_m = 0,68$ und einer Temperatur T_m von ungefähr 26 °C.

Lösungen zu Kapitel 5

5.1 Diese Aufgabe läßt sich am leichtesten mit Hilfe eines h, w-Diagrammes lösen (vgl. Abb. L. 1).

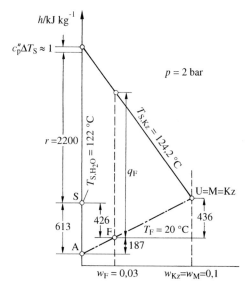

Abb. L. 1

Die Annahme, daß der Verdampferinhalt vollständig durchmischt sei, ist gleichbedeutend mit der Annahme, daß die Umlaufmenge $\dot{M}_U^*$ (Abb. 5.2) unendlich groß sei. Damit folgt auch: $w_U = w_M = w_{Kz}$; die Punkte U, M und Kz fallen also im h, w-Diagramm zusammen. Um sie dort eintragen zu können, benötigen wir die Siedetemperatur der Lösung im Verdampfer. Sie liegt um die Siedepunktserhöhung ΔT_S über der Siedetemperatur T_{S, H_2O} des reinen Wassers, die bei 2 bar 122 °C beträgt. T_S berechnet sich nach Gl. (4.21). Der Stoffmengenanteil x_S des Salzes ergibt sich nach Tab. 1.1 zu:

$$x_S = \frac{w_S / \mathcal{M}_S}{\sum (w_j / \mathcal{M}_j)} = \frac{0{,}1/58}{0{,}1/58 + 0{,}9/18} = 0{,}033 \,.$$

Damit wird

$$\Delta T_S = \frac{\mathcal{R} T^2}{\mathcal{M} r} \, i \, x_S = \frac{8314 \, (122 + 273)^2}{18 \cdot 2\,200\,000} \, 2 \cdot 0{,}033 = 2{,}2 \,°C$$

und

$$T_{S, Kz} = 122 + 2{,}2 = 124{,}2 \,°C \,.$$

Daraus folgt:

$$h_{Kz} = h_F + c_p' (T_{S, Kz} - T_F) = h_F + 4{,}18 \, (124{,}2 - 20) = h_F + 436 \, \text{kJ/kg} \,.$$

Nach dem Strahlensatz wird:

$$h_A = h_F - 436 \, \frac{0{,}03}{0{,}1 - 0{,}03} = h_F - 187 \, \text{kJ/kg} \,.$$

Die Enthalpie am Siedepunkt S des reinen Wassers beträgt:

$$h_S = h_F + c_p' (T_{S, H_2O} - T_F) = h_F + 4{,}18 \, (122 - 20) = h_F + 426 \, \text{kJ/kg} \,.$$

Die für 1 kg Brüdendampf aufzubringende Wärmemenge beträgt somit:

$$q_B = 613 + 2200 + 8 = 2818 \, \text{kJ/kg} \,.$$

Die für 1 kg Zulauf aufzubringende Wärme ergibt sich nach dem Strahlensatz zu

$$q_F = 2814 \, \frac{0{,}07}{0{,}1} = 1970 \, \text{kJ/kg} \,.$$

Und nach Gl. (5.4) folgt schließlich die für 1 kg Konzentrat notwendige Wärmemenge zu

$$q_{Kz} = 1970 \, \frac{0{,}1}{0{,}03} = 6570 \, \text{kJ/kg} \,.$$

Der Heizdampf muß bei einer Temperatur von $122 + 2{,}2 + 20 = 144{,}2 \,°C$ zur Verfügung stehen.

5.2 Nach Abb. 5.10 darf man so lange eindampfen, wie $x_{Blase} \geqq 52\%$ ist.

Ammoniakmenge in der Blase bei Destillationsbeginn:

$$M_{NH_3, \alpha} = 0,9 \cdot 400 = 360 \text{ kg}.$$

Wassermenge in der Blase bei Destillationsbeginn = Wassermenge in der Blase bei Destillationsende:

$$M_{H_2O, \alpha} = M_{H_2O, \omega} = 400 - 360 = 40 \text{ kg}$$

Ammoniakmenge in der Blase bei Destillationsende:

$$x_\omega = 0,52 = \frac{M_{NH_3, \omega}/\mathcal{M}_{NH_3}}{M_{NH_3, \omega}/\mathcal{M}_{NH_3} + M_{H_2O, \omega}/\mathcal{M}_{H_2O}},$$

$$M_{NH_3, \omega} = \frac{0,52\,(M_{H_2O, \omega}/\mathcal{M}_{H_2O})}{(1-0,52)/\mathcal{M}_{NH_3}} = \frac{0,52\,(40/18)}{0,48/17} = 41 \text{ kg}.$$

Man kann somit $360 - 41 = 319$ kg Ammoniak oder rund 89% der ursprünglich in der Blase enthaltenen Menge gewinnen.

Lösungen zu Kapitel 6

6.1 a) Kopfprodukt = Leichtersiedendes = Produkt mit tieferem Siedepunkt = Wasser ($T_S = 100\,°C$).

b) Zunächst rechnen wir den Zulaufstrom von kg/h in kmol/h und seine Zusammensetzung von Gew.% in Mol.% um:

$$N^*_{F, W} = (M^*_F \cdot w_{F, W})/\mathcal{M}_W = (520 \cdot 0,72)/18 = 20,8 \text{ kmol/h},$$

$$N^*_{F, E} = (M^*_F \cdot w_{F, W})/\mathcal{M}^*_E = (520 \cdot 0,28)/60 = 2,4 \text{ kmol/h},$$

$$N^*_F = N^*_{F, W} + N^*_{F, E} = 2,4 + 20,8 = 23,2 \text{ kmol/h},$$

$$x_F = N^*_{F, W}/N^*_F = 20,8/23,2 = 0,896.$$

Gesamtbilanz: $N^*_F = N^*_D + N^*_S$;

Wasserbilanz: $N^*_F \cdot x_F = N^*_D \cdot x_D + N^*_S \cdot x_S$.

Lösen wir die 1. Gleichung nach N^*_S auf, setzen den dafür gefundenen Ausdruck in der 2. Gleichung ein und lösen diese schließlich nach N^*_S auf, so ergibt sich (vgl. auch Abschn. 6.3.6):

$$N_S = N^*_F (x_D - x_F)/(x_D - x_S)$$

$$= 23,2\,(0,98 - 0,896)/(0,98 - 0,03) = 2,05 \text{ kmol/h},$$

$$N^*_D = 23,2 - 2,05 = 21,15 \text{ kmol/h}.$$

c) Gl. (6.17): $v = N^*_{L, V}/N^*_D = 57,35/21,15 = 2,71$,

Gl. (6.18): $y_V = \dfrac{2,71}{3,71} x_V + \dfrac{0,98}{3,71}$.

Gleichung der Verstärkungsgeraden: $y_V = 0,73\,x_V + 0,26$.

6.2 Nachdem die Gleichgewichtslinie ins McCabe-Thiele-Diagramm (Abb. L.2) eingetragen ist, kann man die Schnittpunktsgerade einzeichnen (Abschn. 6.3.5): Sie geht einerseits durch den Punkt F und schneidet andererseits die Abszissenachse im Punkte $x = x_F/\mu$, wobei

$$\mu \equiv 1 + (\mathscr{H}'_{S,F} - \mathscr{H}'_F)/r = 1 + \mathscr{C}'_{p,F}(T_{S,F} - T_F)/r$$

ist.

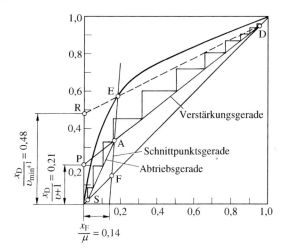

Abb. L. 2   Auslegung der Rektifizierkolonne im McCabe-Thiele-Diagramm.

Nach der Mischungsregel berechnet sich die molare Wärmekapazität des Zulaufs zu

$$\mathscr{C}'_{p,F} = 0{,}15 \cdot (2700 \cdot 32) + 0{,}85\,(4190 \cdot 18) = 77\,000 \text{ J/kg K} = 77 \text{ kJ/kg K}.$$

Somit: $\mu = 1 + 77\,(88 - 50)/38\,000 = 1{,}077$.

Und $x_F/\mu = 0{,}15/1{,}077 = 0{,}14$.

Die Gerade durch D und E schneidet die Ordinatenaxe im Punkte R:

$$x_D/(v_{min} + 1) = 0{,}48\,,$$

woraus sich das Mindestrücklaufverhältnis zu $v_{min} = 0{,}98$ ergibt.

Für die Verstärkungssäule wählen wir ein Rücklaufverhältnis von $v = 3{,}5$, berechnen den Ordinatenabschnitt $x_D/(v + 1) = 0{,}95/(3{,}5 + 1) = 0{,}21$ und zeichnen durch die Punkte D und P die Verstärkungsgerade. Durch ihren Schnittpunkt A mit der Schnittpunktsgeraden und den Punkt S legen wir schließlich noch die Abtriebsgerade und können nun mit der Stufenkonstruktion beginnen.

Es ergeben sich 3 Abtriebs- und 7 Verstärkungsböden. Berechnung des Heizwärmebedarfs:

Nach Gl. (6.22) ist $Q_B^* = N_{G,A}^* \cdot r$

und nach Gl. (6.11) $N_{G,V}^* = N_{L,V}^* + N_D^* = (v + 1)\,N_D^*$.

Um N_D^* nach Gl. (6.28) berechnen zu können, müssen wir zuerst den Zulaufstrom von kg/h in kmol/h umrechnen: Die molare Masse des Zulaufs ergibt sich nach Gl. (1.24) zu:

$$\mathcal{M}_m = (0{,}15 \cdot 32) + (0{,}85 \cdot 18) = 20{,}1 \text{ kg/kmol} .$$

Somit ist $N_F^* = 285/20{,}1 = 14{,}2 \text{ kmol/h}$,

$$N_D^* = \frac{0{,}15 - 0{,}02}{0{,}95 - 0{,}02} \, 14{,}2 = 1{,}98 \text{ kmol/h} ,$$

$$N_{G,V}^* = (3{,}5 + 1) \, 1{,}98 = 8{,}9 \text{ kmol/h} ;$$

und schließlich (Gl. (6.35)):

$$N_{G,A}^* = 8{,}9 + (1{,}077 - 1) \, 14{,}2 = 10{,}0 \text{ kmol/h} .$$

Daraus ergibt sich der Heizwärmebedarf zu:

$$Q_B^* = 10{,}0 \cdot 38\,000 = 380\,000 \text{ kJ/h} = 105{,}6 \text{ kW} .$$

6.3 Gl. (6.42):

$$n_{th,min}' = \frac{\lg \left[\dfrac{0{,}99}{1 - 0{,}99} \, \dfrac{1 - 0{,}02}{0{,}02} \right]}{\lg (1{,}28)} - 1 = 34 \text{ Böden} .$$

Gl. (6.41):

$$v_{min} = \frac{1}{1{,}28 - 1} \left[\frac{0{,}99}{0{,}35} - 1{,}28 \, \frac{1 - 0{,}99}{1 - 0{,}35} \right] = 10 .$$

Nach dem Diagramm von Gilliland (Abb. 6.22) ergibt sich folgende Tabelle:

v =	10	12	14	16	18	20	30	∞
n_{th} =	∞	66	55	51	49	47	40	34

6.4 Nach Gl. (6.66) ist

$$u_{max}'' = \frac{6{,}05 \cdot 10^2}{0{,}04^{0{,}2}} \sqrt{\frac{743}{2{,}31}} \cdot 0{,}30 = 1{,}13 \text{ m/s} .$$

Damit folgt:

$$M_{G,max}^* = \frac{\pi}{4} \, 0{,}6^2 \cdot 1{,}13 \cdot 2{,}31 = 0{,}74 \text{ kg/s} = 2660 \text{ kg/h} .$$

6.5 Siehe Abb. L. 3.

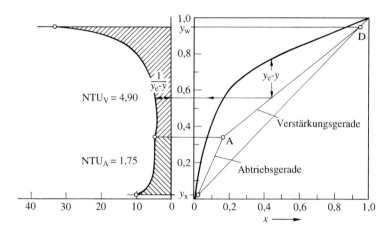

Abb. L. 3   Berechnung der Zahl der Übergangseinheiten durch graphische Integration:

$$NTU = \int_{y_a}^{y_\omega} dy/(y_e - y).$$

Lösungen zu Kapitel 7

7.1 a) Ausbeute $= \dfrac{N_L^* (X_\omega - X_\alpha)}{N_G^* Y_\alpha} = 0{,}95 ,$

$$N_L^* = \frac{11\,300}{205} = 55 \text{ kmol/h} , \quad X_\alpha = 0 ,$$

$$N_G^* = 250 \text{ kmol/h} , \quad Y_\alpha = 0{,}05 ,$$

$$X_\omega = \frac{0{,}95\, N_G^*\, Y_\alpha}{N_L^*} = \frac{0{,}95 \cdot 250 \cdot 0{,}05}{55} = 0{,}216 .$$

Y_α aus Stoffbilanz für Benzol:

$$N_L^* (X_\omega - X_\alpha) = N_G^* (Y_\alpha - Y_\omega) ,$$

$$Y_\omega = Y_\alpha - \frac{N_L^*}{N_G^*} (X_\omega - X_\alpha) = 0{,}05 - \frac{55}{250} \cdot 0{,}216 = 0{,}0025 .$$

7.1 b) Absorbierter Benzolmengenstrom ΔN_B^*:

$$\Delta N_B^* = N_G^* (Y_\alpha - Y_\omega) = 250\,(0{,}05 - 0{,}0025) = 11{,}9 \text{ kmol/h} .$$

Frei werdende Kondensationsenthalpie Q_B^*:

$$Q_B^* = \Delta N_B^* \cdot r_B = 11{,}9 \cdot 30{,}8 \cdot 10^3 = 366 \cdot 10^3 \text{ kJ/h} .$$

Erwärmung des Waschmittels um ΔT:

$$\Delta T = \frac{Q_B^*}{N_L^* \cdot \mathscr{C}_{p,\,L}} = \frac{366 \cdot 10^3}{55 \cdot 255} = 26\,°C,$$

Austrittstemperatur $T_\omega = 15 + 26 = 41\,°C$.

7.1 c) Mittlere Temperatur $T_m = \frac{1}{2}\,(41 + 15) = 28\,°C$.

Unter den angenommenen Voraussetzungen (Waschmittel nicht flüchtig, ideale Lösung) geht das Henrysche in das Raoultsche Gesetz über.

$$p_i = x_i H_i \rightarrow p_i = x_i P_i \rightarrow H_i = P_i,$$
$$H_i = 16 \cdot 10^3\,Pa \quad \text{bei} \quad T = 28\,°C.$$

Steigung $m = Y/X$

$$p_i = y p \approx Y p \quad \text{(für kleine Stoffmengenanteile)},$$

$$Y = \frac{p_i}{p} = \frac{H_i}{p}\,x_i \approx \frac{H_i}{p}\,X_i,$$

$$Y/X = m = \frac{H_i}{p} = \frac{16 \cdot 10^3\,Pa}{720 \cdot 133} = 0{,}167\,.$$

7.1 d) Nach Gl. (7.6) gilt für die Bilanzlinie:

$$Y = X\,\frac{N_L^*}{N_G^*} + Y_\omega - X_\alpha\,\frac{N_L^*}{N_G^*} = X\,\frac{55}{250} + 0{,}0025 - 0 = 0{,}22\,X + 0{,}0025,$$

Steigung $a = \dfrac{N_L^*}{N_G^*} = \dfrac{55}{250} = 0{,}22$.

7.1 e) Anzahl der theoretischen Trennstufen (Gl. (7.53))

$$n_{th} = \frac{\lg\left[\left(1 - \dfrac{m}{a}\right)\left(\dfrac{Y_\alpha - m X_\alpha}{Y_\omega - m X_\alpha}\right) + \dfrac{m}{a}\right]}{\lg \dfrac{a}{m}}$$

$$= \frac{\lg\left[\left(1 - \dfrac{0{,}167}{0{,}22}\right)\left(\dfrac{0{,}05}{0{,}025}\right) + \dfrac{0{,}167}{0{,}22}\right]}{\lg \dfrac{0{,}22}{0{,}167}} = \frac{\lg 5{,}56}{\lg 1{,}31} = 6{,}3\,.$$

7.1 f) Bei einer konstanten Waschmitteltemperatur $T = 15\,°C$ wird

$$H_i = P_i = 8{,}0 \cdot 10^3\,Pa \quad \text{und} \quad m = \frac{H_i}{p} = \frac{8{,}0 \cdot 10^3}{720 \cdot 133} = 0{,}0835\,.$$

Für n_{th} ergibt sich nach Gl. (7.53):

$$n_{th} = \frac{\lg\left[\left(1 - \frac{0,0835}{0,22}\right)\left(\frac{0,05}{0,0025}\right) + \frac{0,0835}{0,22}\right]}{\lg \frac{0,22}{0,0835}} = \frac{\lg 12,78}{\lg 2,63} = 2,65\,.$$

Bei isothermer Durchführung ist damit die nötige Trennstufenzahl 2,4 mal kleiner gegenüber der adiabatischen Betriebsweise.

7.2 Gasseitiger Übergangskoeffizient β_c'':

$$\mathrm{Sh} = \frac{\beta_c'' \cdot d}{D''} = 0,032\,\mathrm{Re}^{0,8} \cdot \mathrm{Sc}^{0,33}\left(\frac{d}{L}\right)^{0,054},$$

$$\mathrm{Re} = \frac{w'' \cdot d}{v''} = \frac{5 \cdot 0,03}{1,5 \cdot 10^{-5}} = \frac{0,15}{1,5}\,10^5 = 1 \cdot 10^4,$$

$$\mathrm{Sc} = \frac{v''}{D''} = \frac{1,5 \cdot 10^{-5}}{25 \cdot 10^{-6}} = 0,6\,,$$

$$\frac{d}{L} = 0,03/3 = 10^{-2}\,,$$

$$\beta_c'' = \frac{0,032 \cdot 25 \cdot 10^{-6}}{3 \cdot 10^{-2}} \cdot (10^4)^{0,8} \cdot (0,6)^{0,33} \cdot (10^{-2})^{0,054} = 2,78 \cdot 10^{-2}\,\mathrm{m/s}\,;$$

Flüssigkeitsseitiger Übergangskoeffizient β_c':

$$\beta_c' = 2\sqrt{\frac{D'}{\pi \cdot t}}\,, \quad t = \frac{3}{0,5} = 6\,\mathrm{s}\,,$$

$$\beta_c' = 2\sqrt{\frac{1,0 \cdot 10^{-9}}{\pi \cdot 6}} = 2\sqrt{5,3 \cdot 10^{-11}} = 1,46 \cdot 10^{-5}\,\mathrm{m/s}\,;$$

Stoffdurchgangskoeffizient k_c':

$$\frac{1}{k_c'} = \frac{1}{\beta_c'} + \frac{1}{H_c \cdot \beta_p''}\,,$$

$$\beta_p'' = \beta_c'' \cdot \frac{\rho_m''}{p \cdot \mathscr{M}_m''} = 2,78 \cdot 10^{-2} \cdot 1,75 \cdot 10^{-7} = 4,86 \cdot 10^{-9}\,\mathrm{kmol/(Ns)}\,,$$

$$\frac{1}{k_c'} = \frac{1}{1,46 \cdot 10^{-5}} + \frac{1}{4,1 \cdot 10^3 \cdot 4,86 \cdot 10^{-9}} = 6,8 \cdot 10^4 + 5,0 \cdot 10^4 = 1,18 \cdot 10^5\,,$$

$$k_c' = 8,47 \cdot 10^{-6}\,\mathrm{m/s}\,.$$

Lösungen zu Kapitel 8

8.1 a) Lösung s. Abb. L. 4.

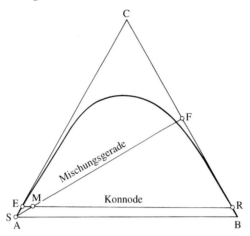

Abb. L. 4   Konstruktion der Konoden mit Hilfe der Hilfslinie.

8.1 b) Punkt G auf dem linken Ast der Löslichkeitsgrenzlinie in Abb. L. 4 entspricht der gesättigten Chlorbenzolphase mit einem Acetongehalt (C) von 55%. Der Zustandspunkt H der mit ihr im Gleichgewicht stehenden wäßrigen Phase ist gleich dem Schnittpunkt der Konode durch G mit dem rechten Ast der Löslichkeitsgrenzlinie. Die Konode durch G kann mit Punkt P_1 auf der Hilflinie konstruiert werden. Die beiden Phasen weisen dann folgende Zusammensetzung auf (in Gew.%):

Tab. L. 1.

Chlorbenzolschicht (Punkt G)			wäßrige Schicht (Punkt H)		
A	B	C	A	B	C
41	4	55	2	53	45

8.2 Der Zustandspunkt M des Gemisches (s. Abb. L. 5) im Mischer-Abscheidergefäß ergibt sich als Schnittpunkt der Mischungsgeraden FS (F = Zustandspunkt des Feeds, S = Zustandspunkt des Lösungsmittels A) mit der Konode RE durch Punkt R (R = Zustandspunkt der Raffinatphase mit einem Acetongehalt (C) von 5%.) Mit Hilfe der Länge der Strecken $\overline{FM}$, $\overline{MS}$, $\overline{ME}$ und $\overline{RM}$ lassen sich die folgenden Mengen berechnen:

$$M_S = M_F \frac{\overline{FM}}{\overline{MS}} = 9120\ \text{kg},$$

$$M_R = (M_S + M_F) \frac{\overline{ME}}{\overline{RM} + \overline{ME}} = 470\ \text{kg},$$

$$M_E = M_R \frac{\overline{RM}}{\overline{ME}} = (M_S + M_F) - M_R = 9650 \text{ kg};$$

Zusammensetzung der Extraktphase E:

94,0% Chlorbenzol (A),

  0,5% Wasser (B),

  5,5% Aceton (C).

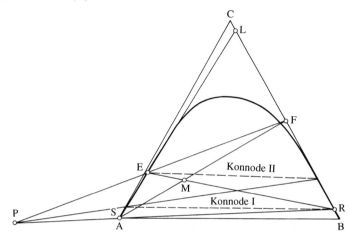

Abb. L. 5   Einstufen-Extraktion.

8.3 a) Man konstruiere den Polpunkt P (vgl. Abb. L.6) mit Hilfe der Verbindungsgeraden FE (E = Zustandspunkt der Extraktphase) und der Verbindungsgeraden RS (R = Zustandspunkt der Raffinatphase). Durch eine Stufenkonstruktion, beginnend mit der Konnode I usw. kann die Stufenzahl ermittelt werden:

$$n_{th} = 2,$$

$$M_S^* = M_F^* \frac{\overline{FM}}{\overline{MS}} = 1580 \text{ kg/h}.$$

b) Aus Abb. L.6 ergibt sich für die Zusammensetzung der Extraktphase E:

76% Chlorbenzol (A),

  1% Wasser (B),

23% Aceton (C).

Entzieht man der Extraktphase E das Lösungsmittel A, so verschiebt sich
der Zustandspunkt L auf der Verbindungsgeraden AE. Bei vollkommener
Entfernung des Lösungsmittels entspricht dem Endprodukt der Zustandspunkt L in Abb. L.6.

$$M_L^* = M_E^* \frac{\overline{SE}}{\overline{SL}} = (M_S^* + M_F^*) \frac{\overline{RM}}{\overline{RE}} \cdot \frac{\overline{SE}}{\overline{SL}} = 495 \text{ kg/h}.$$

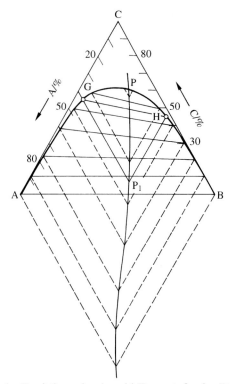

Abb. L. 6   Ermittlung der Anzahl Trennstufen im Dreiecksdiagramm.

Lösungen zu Kapitel 10

10.1 Die Fragen können mit Hilfe von Abb. 10.2 beantwortet werden.

a) $X = 0,014$ kg Wasser/kg Luft;

b) Im Lufterhitzer bleibt die absolute Feuchte der Luft erhalten. Damit liegt die Zustandsänderung auf der Vertikalen durch den Punkt $\vartheta = 30\,°C$; $\varphi = 0,5$; ihr Endpunkt ist der Schnittpunkt mit der Linie $\vartheta = 80\,°C$. Wir lesen bei $\vartheta = 80\,°C$ ab:

$X = 0,014$ kg/kg (unverändert); $\varphi_{End} = 0,05$.

c) Wir lesen in Abb. 10.2 ab:

$h_{1+X} = 120$ kJ/kg bei $80\,°C$,

$h_{1+X} = 66$ kJ/kg bei $30\,°C$,

also ist

$Q^* = M^* \Delta h = 400\,(120 - 66) = 2,16 \cdot 10^4$ kJ/h;

$Q^* = 6,0$ kW.

10.2 a) Die Gutsoberfläche nimmt die Kühlgrenztemperatur an. Sie beträgt beim gegebenen Luftzustand gemäß Abb. 10.2 $\vartheta_K = 42,5\,°C$.

b) $Re_L = u\,L/v = 5 \cdot 1/(22,5 \cdot 10^{-6}) = 2,2 \cdot 10^5$; $Re_L^{0,8} = 1,878 \cdot 10^4$;

$Pr = v/a = v\rho c_p/\lambda = 22,5 \cdot 10^{-6} \cdot 0,96 \cdot 1008/(3,16 \cdot 10^{-2}) = 0,69$;

$Nu_L = 0,037 \cdot 1,878 \cdot 10^4 \cdot 0,69 = 480$;

$\alpha = Nu_L\,\lambda/L = 480 \cdot 3,16 \cdot 10^{-2}/1 = 15,2\,W/m^2\,K$.

c) Die analoge Gleichung für den Stoffübergang lautet:

$Sh_L = 0,037 \cdot Re_L^{0,8} \cdot Sc$.

Lösung zu Kapitel 12

12.1 Der diffusive Wasserfluß durch die dichte Membran beträgt:

$V_d^* = v_d^* \cdot A = 1\,l/m^2\,h \cdot 2 \cdot 10^{-3}\,m^2 = 2\,ml/h$.

Der viskose konvektive Wasserfluß durch die Leckstelle ist durch die Hagen-Poiseuille-Gleichung gegeben:

$$V_k^* = \frac{\Delta p}{\Delta x}\,\frac{\pi\,r\,p^4}{8\,\eta}$$

$$= \frac{10^7\,N/m^2 \cdot \pi \cdot (10^{-6})^4}{4 \cdot 10^{-5}\,m \cdot 128 \cdot 10^{-3}\,N\,s/m^2}$$

$$= 6,136 \cdot 10^{-12}\,m^3/s$$

$$= 22,09 \cdot 10^{-3}\,ml/h\,.$$

Somit nimmt der Wasserfluß beim Auftreten einer 1 µm Pore nur um 1,1% zu!

Das Rückhaltevermögen für die dichte Membran (rein diffusiver Stofftransport) beträgt gemäß Aufgabenstellung:

$$R = 1 - \frac{c_{d\,Permeat}}{c_{Feed}} = 99,81\%\,.$$

Daraus läßt sich der Konzentrationsreduktionsfaktor R' berechnen:

$$R' = \frac{c_{Feed}}{c_{d\,Permeat}} = 526,3\,.$$

Mit den Wasserflüssen sind folgende Salzflüsse gekoppelt:

Diffusiver Salzfluß: $Q_d^* = V_d^* \cdot c_{d\,Permeat} = V_d^* \cdot \dfrac{c_{Feed}}{526}$;

Viskoser Salzfluß: $Q_k^* = V_k^* \cdot c_{Feed}$.

Eine Stoffbilanz liefert die Konzentration auf der Produktseite bei Vorhandensein einer Pore:

$$(V_d^* + V_k^*)\,\bar{c} = V_d^* \cdot c_{d\,\text{Permeat}} + V_k^* \cdot c_{\text{Feed}};$$

Mit $c_{d\,\text{Permeat}} = c_{\text{Feed}}/526$ wird der neue Konzentrationsreduktionsfaktor

$$\begin{aligned}
R' &= \frac{c_{\text{Feed}}}{\bar{c}} \\
&= \frac{V_d^* + V_k^*}{V_d^*/526 + V_k^*} \\
&= \frac{2\,\text{ml/h} + 0.022\,\text{ml/h}}{2\,\text{ml/h}/526 + 0.022\,\text{ml/h}} \\
&= 78.1
\end{aligned}$$

Das Rückhaltevermögen verschlechtert sich somit auf:

$$\begin{aligned}
R &= 1 - \frac{\bar{c}}{c_{\text{Feed}}} \\
&= 1 - \frac{1}{78} \\
&= 98.72\%
\end{aligned}$$

Beispiel:

Feedkonzentration	$1{,}0$	mol l^{-1};
Permeatkonzentration bei fehlstellenfreier Membran	$1{,}9 \cdot 10^{-3}$	mol l^{-1};
Permeatkonzentration bei Membran mit zusätzlichem Loch	$12{,}8 \cdot 10^{-3}$	mol l^{-1}.

Daraus ergibt sich eine Verschlechterung der Produktqualität um 670%.

Lösung zu Kapitel 13

13.1 a) Mittlere Verweilzeit:

$$\left.\begin{aligned}
\bar{t}_r &= V_{\text{Rohr}}/V^* = L/\bar{u}, \\
\bar{u} &= \int_{r=0}^{R} u(r)\,2\,\pi\,r\,dr/\pi\,R^2 = \int_{r=0}^{R} u_0[1 - (r/R)^2]\,2\,\pi\,r\,dr/\pi\,R^2 = u_0/2 \\
\bar{t}_r &= 2\,L/u_0.
\end{aligned}\right\} \quad (1)$$

$\bar{u}$ = mittlere Strömungsgeschwindigkeit in m/s.

b) Verweilzeitspektrum:

Nach Gl. (13.6) ist das Verweilzeitspektrum gegeben durch

$$E(t_r) = \frac{1}{V^*} \frac{dV^*}{dt_r} . \tag{2}$$

Durch ein Flächenelement $2\pi r\, dr$ strömt der Volumenstrom pro Zeiteinheit

$$dV^* = u(r)\, 2\pi r\, dr = u_0[1 - (r/R)^2]\, 2\pi r\, dr , \tag{3}$$

woraus durch Integration der gesamte, durch das Rohr strömende Volumenstrom folgt:

$$V^* = \int_{r=0}^{R} u(r)\, 2\pi r\, dr = u_0\pi R^2/2 . \tag{4}$$

Die Verweilzeit des Fluids in einem Zylinder der Länge L und der Dicke dr beträgt:

$$t_r = L/u(r) = L/\{u_0[1 - (r/R)^2]\} \tag{5}$$

und differenziert:

$$dt_r = 2\, \frac{L}{u_0}\, \frac{r}{R^2[1 - (r/R)^2]^2}\, dr . \tag{6}$$

Durch Einsetzen von Gl. (3), (4), (5) und (6) in Gl. (2) finden wir

$$E(t_r) = 2L^2/u_0^2\, t_r^3$$

und mit Gl. (1) folgt schließlich

$$E(t_r) = \bar{t}_r^2/2\, t_r^3 . \tag{7}$$

Bei der Ermittlung des Verweilzeitspektrums ist zu beachten, daß in unserem Fall für $t_r < L/u_0 = \bar{t}/2$ die normierte Verteilungsfunktion $E(t_r) = 0$ ist und Gl. (7) darum nur für $t_r \geqq L/u_0$ gilt.

Um das Ergebnis zu überprüfen, benützen wir Gl. (13.9), nach der folgende Beziehungen erfüllt sein müssen:

$$\int_{t_r=0}^{\infty} E(t_r)\, dt_r = 1 \quad \text{und} \quad \int_{t_r=0}^{\infty} E(t_r)\, t_r\, dt_r = \bar{t}_r .$$

In unserem Falle ist:

$$\int_{t_r=0}^{\infty} E(t_r)\, dt_r = \int_{t_r=\bar{t}_r/2}^{\infty} \bar{t}_r^2/(2\, t_r^3)\, dt_r = -\left. \frac{\bar{t}_r^2}{4}\, t_r^{-2}\, \right|_{\bar{t}_r/2}^{\infty} = 1$$

und

$$\int\limits_{t_r=0}^{\infty} E(t_r)\,t_r\,\mathrm{d}t_r = \int\limits_{t_r=\bar{t}_r/2}^{\infty} \frac{\bar{t}_r^2}{2\,t_r^3}\,t_r\,\mathrm{d}t = -\frac{\bar{t}_r^2}{2}\,\frac{1}{t_r}\Bigg|_{\bar{t}_r/2}^{\infty} = \bar{t}_r$$

Lösungen zu Kapitel 14

14.1 Gleichgewichtskonstante bei 873 K (vgl. Gl. (14.20)):

$$K_{p,873} = \frac{(p_{CO})^2}{p_{CO_2}} = \frac{(0{,}23\cdot10^5)^2}{(0{,}77\cdot10^5)} = 6870\ \mathrm{N/m^2}\,.$$

Gleichgewichtskonstante bei 1073 K (s. Gl. 14.54):

$$\ln\frac{K_{p,2}}{K_{p,1}} = -\frac{\Delta H}{\mathscr{R}}\left(\frac{1}{T_2}-\frac{1}{T_1}\right),$$

$$\ln\frac{K_{p,1073}}{K_{p,873}} = -\frac{172\cdot10^6}{8315}\left(\frac{1}{1073}-\frac{1}{873}\right) = 4{,}42\,,$$

$$K_{p,1073} = K_{p,873}\cdot\exp(4{,}42) = 5{,}69\cdot10^5\ \mathrm{N/m^2}\,.$$

Partialdrücke (vgl. Gl. (4.3)):

$$p = p_{CO_2}+p_{CO}\qquad p_{CO_2}=p-p_{CO}\,,$$

$$K_p = \frac{(p_{CO})^2}{(p-p_{CO})}\,.$$

Auflösen nach p_{CO}:

$$(p_{CO})^2 + K_p\,p_{CO} - K_p\,p = 0\,,$$

$$p_{CO} = \frac{-K_p+\sqrt{K_p^2+4\,K_p\,p}}{2}$$

$$= \frac{-5{,}69\cdot10^5+\sqrt{(5{,}69\cdot10^5)^2+4\cdot5{,}69\cdot10^5\cdot10^5}}{2}\,,$$

$$p_{CO} = 0{,}868\cdot10^5\ \mathrm{N/m^2}\,;\quad p_{CO_2}=0{,}132\cdot10^5\ \mathrm{N/m^2}\,.$$

Lösungen zu Kapitel 16

16.1 a) Gl. (16.15): $t_r = (c_{A,n-1}-c_{A,n})/(-r_{A,n})\,;$

Reaktionsgesetz nullter Ordnung: $r_A = -k\,c_A^0 = -k\,.$

Einsetzen: $c_{A,n-1}-c_{A,n} = k\,t_r\,.$

Für die Kaskade ist

$$c_{A,\alpha} - c_{A,n} = (c_{A,\alpha} - c_{A,1}) + (c_{A,1} - c_{A,2}) + \dots$$

$$\dots + (c_{A,n-1} - c_{A,n}) = n k \bar{t}_r,$$

$$\bar{U}_{A,n} = \frac{c_{A,\alpha} - c_{A,n}}{c_{A,\alpha}} = \frac{n k \bar{t}_r}{c_{A,\alpha}}.$$

b) Aus diesem Resultat folgt unmittelbar: Da $n\bar{t}_r$ (Kaskade) $= \bar{t}_r$ (Rührkessel) ist, wird in beiden derselbe Umsatz erzielt. Im Gegensatz zu Reaktionen höherer Ordnung bietet hier die Kaskade keinen Vorteil.

16.2 a) Gl. (16.30):

$$U_{A,\omega} = 1 - \exp(-\bar{t}_r k),$$

$$\bar{t}_r k = 500 \cdot 2 \cdot 10^{-3} \cdot = 1,$$

$$U_{A,\omega} = 1 - \exp(-1) = 0{,}63.$$

b) Gl. (16.8):

$$t = c_{A,\alpha} \int_0^{U_A} \frac{-\,dU_A}{r_A}.$$

Reaktion erster Ordnung: $r_A = -k c_A = -k c_{A,\alpha}(1 - U_A)$.

Einsetzen in Gl. (16.8):

$$\bar{t} = \frac{1}{k} \int_0^{U_{A,\omega}} \frac{dU_A}{1 - U_A} = -\frac{1}{k} \ln(1 - U_{A,\omega}),$$

$$U_{A,\omega} = 1 - \exp(-tk).$$

Der Vergleich mit Gl. (16.30) zeigt, daß in diesen beiden Reaktortypen derselbe Umsatz erreicht wird.

c) Gl. (16.19) wie auch Abb. 16.4 ergeben für $k\bar{t}_r = 1$ und $n = 1$

$$U_{A,\omega} = 0{,}5.$$

Der hier erreichte Umsatz ist wesentlich kleiner als bei den vorher betrachteten Reaktoren.

d) Der Reaktor wird aufgeteilt in 6 parallelgeschaltete Pfropfströmungsreaktoren mit der Verweilzeit t_r, durch die je ein Stoffmengenstrom dN^* der Konzentration c_A strömt. Damit gilt für die Endkonzentration des Gesamtreaktors:

$$c_{A,\omega} = \frac{1}{N^*} \int_0^{N^*} c_A \, dN^*.$$

Mit $\dfrac{\mathrm{d}N^*}{N^*} = E(t_\mathrm{r})\,\mathrm{d}t_\mathrm{r}$ und $c_\mathrm{A} = c_{\mathrm{A},\alpha}(1-U_\mathrm{A})$

folgt

$$1 - U_{\mathrm{A},\omega} = \int_0^\infty (1 - U_\mathrm{A})\,E(t_\mathrm{r})\,\mathrm{d}t_\mathrm{r}$$

U_A gemäß Gl. (16.30) einsetzen, ergibt:

$$1 - U_{\mathrm{A},\omega} = \int_0^\infty \exp(-t_\mathrm{r}k)\,E(t_\mathrm{r})\,\mathrm{d}t_\mathrm{r}$$

oder als Summe:

$$U_{\mathrm{A},\omega} = 1 - \sum_{i=1}^n \exp(-t_{\mathrm{r},i}k)\,E(t_\mathrm{r})_i\,\Delta t_{\mathrm{r},i}.$$

Tab. L. 2.

i	$t_{\mathrm{r},i}k$	$\exp(-t_{\mathrm{r},i}k)$	$\exp(-t_{\mathrm{r},i}k)\,E(t_\mathrm{r})_i\,\Delta t_{\mathrm{r},i}$
1	0,6	0,549	0,0823
2	0,8	0,449	0,1123
3	1,0	0,368	0,0920
4	1,2	0,301	0,0602
5	1,4	0,247	0,0247
6	1,6	0,202	0,0101

$$\sum_{i=1}^6 \exp(-t_{\mathrm{r},i}k)\,E(t_\mathrm{r})_i\,\Delta t_{\mathrm{r},i} = 0{,}382,$$

$$U_{\mathrm{A},\omega} = 1 - 0{,}382 = 0{,}618.$$

Der Umsatz ist also nur wenig kleiner als im idealen Reaktor.

Literatur

Allgemeine Literaturübersicht

[A.1]   D'Ans, J. und Lax, E.: Taschenbuch für Chemiker und Physiker, 4. Aufl., Springer-Verlag, Berlin/Göttingen/Heidelberg (ab 1983)

[A.2]   Bosnjakovic, F.: Technische Thermodynamik, I. Teil, 7. Aufl. (1988), II. Teil, 5. Aufl. mit Diagramm-Mappen (1971), Verlag Th. Steinkopff, Dresden und Leipzig

[A.3]   Coulson, J. M. und Richardson, J. F.: Chemical Engineering, Bd. I, 4. Aufl. (1990), Bd. II, 3. Aufl. (1978), Bd. III, 3. Aufl. (1971), Bd. IV, 3. Aufl. (1977), Pergamon Press, London

[A.4]   Eggert, J., Hock, L. und Schwab, G. M.: Lehrbuch der Physikalischen Chemie, 9. Aufl., S. Hirzel Verlag, Stuttgart (1968)

[A.5]   Grassmann, P.: Physikalische Grundlagen der Verfahrenstechnik, 3. Aufl. der Physikalischen Grundlagen der Chemie-Ingenieur-Technik, Verlag H. R. Sauerländer, Aarau und Frankfurt a. M. (1983)

[A.6]   Henglein, F. A.: Grundriss der Chemischen Technik, 12. Aufl., Verlag Chemie, Weinheim/Bergstrasse (1968)

[A.7]   Kassatkin, A. G.: Chemische Verfahrenstechnik, Bd. I, 5. Aufl. (1962), Bd. II, 5. Aufl. (1962), VEB Deutscher Verlag für Grundstoffindustrie, Leipzig

[A.8]   Landolt-Boernstein: Zahlenwerte und Funktionen aus Physik, Chemie, Astronomie, Geophysik und Technik, 6. Aufl., 4 Bd., Springer-Verlag, Berlin/Göttingen/Heidelberg, ab 1950

[A.9]   Perry, J. H.: Chemical Engineers' Handbook, 6. Aufl., McGraw-Hill Book Company, New York/Toronto/London (1984)

[A.10] Ullmann's Encyclopedia of Industrial Chemistry, 5. neubearb. Aufl., Verlag Chemie, Weinheim/Bergstrasse, Vol. B1: Fundamentals of Chemical Engineering, Vol. B2: Unit Operations I, Vol. B3: Unit Operations II, insgesamt 36 Bd., (ab 1985)

[A.11] Vauck, W. R. A. und Mueller, H. A.: Grundoperationen chemischer Verfahrenstechnik, 9. Aufl., Deutscher Verlag für Grundstoffindustrie (1992), 10. Aufl. (1994)

[A.12] Linde, D. R.: Handbook of Chemistry and Physics, 75. Auflage, CRC-Press, Boca Raton (1994)

Nachschlagewerke und umfassende Darstellungen des Gesamtgebietes

[1]   Cremer, W. and Davies, T. bzw. Watkins, S. B.: Chemical Engineering Practice, Butterworth Scient. Publ., London, verschiedene Bände ab 1956

[2]   Eucken, A. und Jakob, M.: Der Chemieingenieur, 12 Bd., Akademische Verlagsgesellschaft Geest und Portig, Leipzig (1932 bis 1940)

[3]   Kirk, A. F. und Othmer, D. F.: Encyclopedia of Chemical Technology, J. Wiley and Sons, New York/London, 3. Auflage, ab 1978

[4]   McKetta (Ed.): Encyclopedia of Chemical Processing and Design, Marcel Dekker, Inc., New York/Basel, 42 Bände ab 1976

[5]   Grundlagen der chemischen Technik, Otto Salle Verlag, Frankfurt a. M. und Verlag Sauerländer, Aarau, Frankfurt a. M., Salzburg, ab 1955 sind folgende Werke dieser Reihe erschienen: Grassmann, P.: Physikalische Grundlagen der Verfahrenstechnik [A.5]. Fuchs, O.: Physikalische Chemie als Einführung in die chemische Technik. Piatti, L.: Werkstoffe der chemischen Technik. Gregorig, R.: Wärmeaustauscher. Kneule, F.: Das Trocknen. Loncin, M.: Grundlagen der Verfahrenstechnik in der Lebensmittelindustrie. Brauer, H.: Grundlagen der Einphasen- und Mehrphasenströmungen. Brauer, H.: Stoffaustausch einschließlich chemischer Reaktionen. Mach, E.: Planung und Einrichtung chemischer Fabriken. Rautenbach, R., Albrecht, R.: Membrantrennverfahren (1981). Deckwer, W. D.: Reaktionstechnik in Blasensäulen (1985). Blass, E.: Entwicklung verfahrenstechnischer Prozesse (1989)

Referierende Zusammenfassungen

[6]   Fortschritte der Verfahrenstechnik, herausgegeben durch VCH Verlagsgesellschaft mbH, Weinheim (erscheint jährlich)

[7]   Advances in Chemical Engineering, herausgegeben von J. Wei u. a., Academic Press, San Diego/London, 15 Bände bis 1990

[8]   Verfahrenstechnische Berichte, herausgegeben durch Bayer AG, Leverkusen und BASF Aktiengesellschaft Ludwigshafen

Literatur zu den einzelnen Kapiteln

[1.1]   Grassmann, P.: Chem. Ing. Techn. 37, 181/186 bes. 183 (1965)

[1.2]   Hougen, O.A. and Watson, K. M.: Chemical Process Principles bes. Bd. 1, John Wiley and Chapman and Hall, New York/London, 3. Aufl. (1964)

[1.3]   Anderson, L.B. and Wetzel, L.A.: Introduction to Chemical Engineering, McGraw-Hill Book Comp. New York, Toronto, London (1961)

[1.4]   Baehr, H. D.: Thermodynamik, 8. Auflage, Springer Verlag, Berlin/Heidelberg/New York (1992)

[1.5]   Schmidt, E. Stephan, K. und Mayinger, F.: Technische Thermodynamik, 11. neubearbeitete Aufl., Springer Verlag Berlin/Heidelberg/New York (1975)

[1.6]   Handbuch der Kältetechnik, in 12 Bänden, herausgegeben von R. Plank, Springer-Verlag, Berlin/Göttingen/Heidelberg (ab 1954)

[1.7]   Energie und Exergie, herausgegeb. von der VDI-Fachgruppe Energietechnik, VDI-Verlag, Düsseldorf (1965)

[1.8]   Mayinger, F.: Strömung und Wärmeübergang in Gas-Flüssigkeitsgemischen, Springer Verlag Berlin/Heidelberg/New York (1982)

[1.9]   Wells, G. L.: Safety in Process Design, John Wiley, New York (1980)

[1.10] Blass, E.: Entwicklung verfahrenstechnischer Prozesse, Kap. 4, Verlag Salle und Sauerländer, Frankfurt (1989)

[1.11] Handbuch der gefährlichen Güter, Bd. 1 bis 4, Springer Verlag, Berlin/Heidelberg/New York (1992)

[1.12]   Technische Vorschriften für Druckbehälter, Schweiz. Verein für Druckbehälterüberwachung SVDB, Zürich (1992)

[1.13]   AD-Merkblätter, Vereinigung der techn. Ueberwachungsvereine e. V., Essen, Beuth, Berlin (1979)

[1.14]   ESCIS-Sicherheitshefte: Schriftenreihe der Expertenkommission für Sicherheit in der chemischen Industrie der Schweiz, laufend ab 1982

[1.15]   Roth/Weller: Gefährliche chemische Reaktionen, Ecomed, Landsberg (1992)

[1.16]   Roth: Wassergefährliche Stoffe, Ecomed, Landsberg (1982/1991)

[1.17]   VDI-VDE Richtlinie Nr. 2180, Sicherung von Anlagen der Verfahrenstechnik, Düsseldorf (1972)

[1.18]   Bock, H.: Thermische Verfahrenstechnik, Sammlung Göschen, Bd. 1209 bis 1211, W. de Gruyter Verl. (1964 u. 65)

[1.19]   Crowl, D. A. and Louvar, J. F.: Chemical Process Safety: Fundamentals with Applications, Prentice Hall Int. Series, New Jersey (1990)

[2.1]   Baehr, H. D.: Thermodynamik, 7. Aufl., Springer-Verlag, Berlin/Göttingen/Heidelberg (1989)

[2.2]   Baehr, H. D.: Der Begriff der Wärme im historischen Wandel und im axiomatischen Aufbau der Thermodynamik, Brennstoff/Wärme/Kraft **15**, 1/7 (1963)

[2.3]   Hausen, H.: Wärmeübertragung im Gegenstrom, Gleichstrom und Kreuzstrom, Springer-Verlag, Berlin/Göttingen/Heidelberg 2. Aufl. (1976)

[2.4]   Brown, G. G. and Associates: Unit Operations, John Wiley and Chapman and Hall, New York/London (1950)

[2.5]   Eckert, E.: Wärme- und Stoffaustausch, Springer-Verlag, Berlin/Göttingen/Heidelberg, 3. Aufl. (1966)

[2.6]   Fishenden, M. and Saunders, O. A.: An Introduction to Heat Transfer, Clarendon Press, London (1950)

[2.7]   Gregorig, R.: Wärmetauscher, 2. erw. Aufl., H. R. Sauerländer & Co., Aarau/Frankfurt a. M. (1973)

[2.8]   Groeber/Erk/Grigull: Die Grundgesetze der Wärmeübertragung, Springer-Verlag, 3. Aufl., 2. Nachdruck (1988)

[2.9]   Hofmann, E.: Wärme- und Stoffaustausch, im Handbuch der Kältetechnik (Bd. 6) s. [1.6]

[2.10]   Jakob, M.: Heat Transfer, Vol. 1, John Wiley & Sons, Inc., New York (1949)

[2.11]   McAdams, W. H.: Heat Transmission, McGraw-Hill Book Company, Inc., New York/London 3. Aufl. (1954)

[2.12]   Michejew, M. A.: Grundlagen der Wärmeübertragung, VEB Verlag Technik, Berlin (1962)

[2.13]   Rohsenow, W. M. and Choi, H. Y.: Heat, Mass and Momentum Transfer, Prentice Hall, Inc., Englewood Cliffs, New Jersey (1961)

[2.14]   Schack, A.: Der industrielle Wärmeübergang, Stahleisen M. B. H., Düsseldorf, 4. Aufl. (1953)

[2.15]   VDI-Wärmeatlas, herausgegeben vom Verein Deutscher Ingenieure, Verfahrenstechnische Gesellschaft im VDI, VDI-Verlag, Düsseldorf, 6. Auflage (1991)

[2.16]   Weiss, S.: Verfahrenstechnische Berechnungsmethoden, Teil I: Wärmeübertrager, Verlag Chemie, Weinheim (1987)

[2.17]   Kraussold, H.: VDI-Forschungsheft Nr. 351, Berlin (1931)

[2.18]   Jakob, Z. B. M.: Z. ges. Kälteind. **33**, 21 (1926)

[2.19]   Jakob, Z. B. M.: Zur Definition der Wärmewiderstände, Z. ges. Kälteind. **34**, 141 (1927)

[2.20] Kern, D. Q.: Process Heat Transfer, McGraw-Hill Book Company, New York/Toronto/London (1950)

[2.21] Sieder, E. N. and Tate, G. E.: Heat Transfer and Pressure Drop of Liquids in Tubes, Ind. Engng. Chem. **28**, 1429/1435 (1936)

[2.22] Kraussold, H.: Der konvektive Wärmeübergang, Technik 3, 205/213 und 257/261 (1949)

[2.23] Fraas, A. P. and Ozisik, M. N.: Heat Exchanger Design, J. Wiley & Sons, New York/London/Sidney (1965)

[2.24] Kaufmann, W.: Technische Hydro- und Aeromechanik, Springer-Verlag, Berlin/Göttingen/Heidelberg (1958)

[2.25] Titze, H.: Elemente des Apparatebaues, Springer-Verlag, Berlin/Göttingen/Heidelberg (1963)

[2.26] Vollbrecht, H., Oberstedt, H. W. und Klamroth, K.: Röhrenwärmeaustauscher mit Verdrängerkörpern, Chem. Ing. Tech. **33**, 19/22 (1961)

[2.27] Dumet, G. A.: Plattenwärmeaustauscher, Dechema Monographien [1.5], Bd. 26, 168/198 (1956)

[2.28] Cable, J. W.: Induction and Dielectric Heating, Reinhold Publishing Company, New York (1954)

[2.29] Bruenig, A.: Graphit-Wärmetauscher in der Verfahrenstechnik, Diplomarbeit im Laboratorium für Thermische Grundverfahren, Technische Hochschule München, Direktor: Prof. Dr. F. Kneule (1961)

[2.30] Minor, W. R.: Heat Exchangers with Tubes of Teflon, Petro/Chem. Engr. **38**, 2, 34/39 (1966)

[2.31] Walter, F.: Handbuch der technischen Elektrochemie Bd. IV, 1. Teil: Die Grundlagen der elektrischen Ofenheizung, Akadem. Verlagsgesellschaft Geest & Portig, Leipzig (1950)

[2.32] VDI-Bericht Nr. 153: Wärmeübertragungsanlagen, Grundlagen, Aufbau und Betrieb, Düsseldorf (1970)

[2.33] Voznik, H. P. and Uhl, V. W.: Molten Salt for Heat Transfer, Chem. Engng. **70**, 11, 129/135 (1963)

[2.34] Kunii, D. and Levenspiel, O.: Fluidization Engineering, 2. Aufl., Butterworth-Heinemann, Boston/London (1991)

[2.35] Geldart, D. (Ed.): Gas Fluidization Technology, John Wiley & Sons, Chichester New York (1986)

[2.36] Michel, W.: Wirbelschichttechnik in der Energiewirtschaft, Deutscher Verlag für Grundstoffindustrie, Leipzig (1992)

[2.37] Reh, L.: Trends in Research and Industrial Application of Fluidization, Verfahrenstechnik **11**, 381/384 (1977) und **11**, 425/428 (1977)

[2.38] Reh, L.: Verbrennung in der Wirbelschicht, Chem. Ing. Tech. **40**, 509/515 (1968)

[2.39] Wunder, R. und Mersmann, A.: Wärmeübergang zwischen Gaswirbelschichten und senkrechten Austauschflächen, Chem. Ing. Tech. **51**, 241 (1979)

[2.40] Schluender, E. U.: Wärmeübergang an bewegte Kugelschüttungen bei kurzfristigem Kontakt, Chem. Ing. Tech. **43**, 651/654 (1971)

[2.41] Baskakov, A. P. et al.: Heat Transfer to Objects Immersed in Fluidized Beds, Powder Technol. **8**, 273/282 (1973)

[2.42] Hausen, H.: Ein allgemeiner Ausdruck für den Wärmedurchgang durch ebene, zylindrische und kugelförmig gekrümmte Wände, Arch. ges. Wärmetechnik **2**, 123/124 (1951)

[2.43] Martin, H.: Wärme- und Stoffübertragung in der Wirbelschicht, Chem. Ing. Tech. **52**, 199/209 (1980)

[3.1]   Brown, G. G. and Associates: Unit Operations [2.4]
[3.2]   Rohsenow, M. W. and Choi, H. Y.: Heat, Mass and Momentum Transfer [2.13]
[3.3]   Fishenden, M. and Saunders, O. A.: An Introduction to Heat Transfer [2.6]
[3.4]   Gregorig, R.: Wärmeaustauscher [2.7]
[3.5]   Groeber/Erk/Grigull: Die Grundgesetze der Wärmeübertragung [2.8]
[3.6]   Hartnett, J. P.: Recent Advances in Heat and Mass Transfer, McGraw-Hill Book Comp., London (1961)
[3.7]   Ibele, W.: Modern Developments in Heat Transfer, Academic Press, New York/London (1963)
[3.8]   Jakob, M.: Heat Transfer [2.10]
[3.9]   McAdams, W. H.: Heat Transmission [2.11]
[3.10]   VDI-Wärmeatlas [2.15]
[3.11]   Kern, D. Q.: Process Heat Transfer [2.20]
[3.12]   Tong, L. S.: Boiling Heat Transfer and Two Phase Flow, J. Wiley & Sons, New York/London/Sidney (1965)
[3.13]   Chinelli, M. T. and Bonilla, Ch. F.: Heat Transfer to Liquids Boiling under Pressure, Trans. Amer. Inst. Chem. Engrs., 41, 755/787 (1945)
[3.14]   Bonilla, Ch. F. and Perry, Ch. W.: Heat Transmission to Boiling Binary Liquid Mixtures, Trans. Amer. Inst. Chem. Engrs. 37, 685/705 (1941)
[3.15]   Jakob, M. und Linke, W.: Der Wärmeübergang beim Verdampfen von Flüssigkeiten an senkrechten und waagrechten Flächen, Phys. Z. 36, 267/280 (1935)
[3.16]   Mayinger, F.: Strömung und Wärmeübergang in Gas-Flüssigkeitsgemischen, Springer-Verlag, Wien/New York (1982)
[3.17]   Chen, J. C.: Correlation for boiling heat transfer to saturated fluids in convective flow, Ind. Eng. Chem. Process Des. Develop. 5, 3, 322/329 (1966)
[3.18]   Forster, H. K. and Zuber, N.: Dynamics of vapour bubbles and boiling heat transfer, AIChE-Journal 1, 4, 531/535 (1955)
[3.19]   Lockhart, R. W. and Martinelli, R. C.: Proposed correlation of data for isothermal two-phase, two-component flow in pipes, Chem. Engng. Progr. 45, 39/48 (1949)
[3.20]   Mueller-Steinhagen, H. and Heck, K.: A simple friction pressure drop correlation for two-phase flow in pipes, Chem. Eng. Process. 20, 297/308 (1986)
[3.21]   Rant, Z.: Verdampfen in Theorie und Praxis, 2. Aufl., Sauerländer, Aarau/Frankfurt (1977)
[3.22]   Eckert, E.: Wärme- und Stoffaustausch [2.5]
[3.23]   Michejew, M. A.: Grundlagen der Wärmeübertragung [2.12]
[3.24]   Shea, F. L. and Krase, N. W.: Dropwise and Film Condensation of Steam, Trans. Amer. Inst. Chem. Engrs. 36, 463/490 (1940)
[3.25]   Nusselt, W.: Die Oberflächenkondensation des Wasserdampfes, Z. VDI 60, 541/546 und 569/575 (1916)
[3.26]   Short, B. E. and Brown, H. E.: Condensation of Vapours on Vertical Banks of Horizontal Tubes, Proc. Gen. Discussion Heat Transfer, 27/31, London (1951)
[3.27]   Kopp, J. H.: Ueber den Wärme und Stoffaustausch bei Mischkondensation, Diss. ETH, Nr. 3656, Zürich (1965)

[4.1]   Schmidt, E.: Technische Thermodynamik, 11. Aufl., Springer-Verlag, Berlin (1975)
[4.2]   Reid, R. C., Prausnitz, J. M. and Poling, B. E.: Properties of Liquids and Gases, McGraw Hill Book Co., New York (1987)
[4.3]   Perry, R. H.: Perry's Chemical Engineers' Handbook, 6. Aufl., McGraw Hill Book Co., New York (1984)
[4.4]   Lide, D. R.: CRC Handbook of Chemistry and Physics, 73. Auflage, CRC Press, Florida (1992)

[4.5]   Landolt-Börnstein: Zahlenwerte und Funktionen, 6. Aufl., Springer-Verlag, Berlin (1960)

[4.6]   Kirk, R. E. and Othmer, D. F.: Encyclopedia of Chemical Technology, Wiley & Sons, New York (1991)

[4.7]   Plank, R.: Handbuch der Kältetechnik, Springer-Verlag, Berlin (1956)

[4.8]   Behrens, D. and Eckermann, R.: Vapor-Liquid Equilibrium Data Collection, DE-CHEMA Deutsche Gesellschaft für Chemisches Apparatewesen, Frankfurt (1977)

[4.9]   Kortüm, G. und Lachmann, H.: Einführung in die Chemische Thermodynamik, 7. Aufl., VCH Verlagsgesellschaft mbH, Weinheim (1981)

[4.10]   Grassmann, P.: Probleme der Süsswasser-Gewinnung, Verfahrenstechnik **6**, 10, 1/6 (1972)

[4.11]   Bošnjaković, F.: Technische Thermodynamik, 2. Teil, 12. Bd., 5. Aufl., Verlag Theodor Steinkopff, Dresden (1971)

[4.12]   Bošnjaković, F.: Diagramm-Mappe, Technische Thermodynamik, 2. Teil, 12. Bd., 5. Aufl., Verlag Theodor Steinkopff, Dresden (1965)

[4.13]   Rant, Z.: Verdampfen in Theorie und Praxis, 2. Aufl., Sauerländer-Verlag, Frankfurt (1977)

[4.14]   VDI-Wärmeatlas, 5. Aufl., VDI-Verlag, Düsseldorf (1988)

[4.15]   D'Ans, J. und Lax, E.: Taschenbuch für Chemiker und Physiker, 4. Aufl., Springer-Verlag, Berlin (1983)

[4.16]   Rathmann, D., Bauer, J. and Thompson, P. A.: A Table of Miscellaneous Thermodynamic Propertie for Various Substances, Max-Planck-Institut für Strömungsforschung, Göttingen (1978)

[4.17]   Cussler, E. L.: Multicomponent Diffusion, Elsevier Scientific Publishing Co., Amsterdam (1976)

[4.18]   Hetsroni, C.: Handbook of Multiphase Systems, McGraw Hill Book Co., New York (1982)

[4.19]   Mayinger, F.: Strömung und Wärmeübergang in Gas-, Flüssigkeits-Gemischen, Springer-Verlag, Wien (1982)

[5.1]   Billet, R.: Grundlagen der thermischen Flüssigkeitszerlegung, Bibliographisches Institut, Mannheim (1962)

[5.2]   Billet, R.: Verdampfertechnik, Bibliographisches Institut, Mannheim (1965)

[5.3]   Bošnjaković, F.: Technische Thermodynamik, II. Teil [A.2]

[5.4.]   Billet, R.: Industrielle Destillation, Verlag Chemie, Weinheim (1973)

[5.5]   Kirschbaum, E.: Destillier- und Rektifiziertechnik, Springer-Verlag, Berlin/Göttingen/Heidelberg (4. erw. Aufl. 1969)

[5.6]   Rant, Z.: Verdampfen in Theorie und Praxis [3.21]

[5.7]   Billet, R. in: Ullmann, 5. Aufl., Vol. B3, S. 3-1 bis 3.15; VCH-Verlagsgesellschaft m. b. H., Weinheim (1988)

[5.8]   VDI-GET-Informationsschrift ,Mechanische Brüdenkompression', VDI Düsseldorf (1988)

[5.9]   Ju Chin Chu, Shu Lung Wang, Sherman, L. Levy, Rajendra, Paul: Vapor-Liquid Equilibrium Data Book, J. W. Edwards, Ann Arbor, Michigan (1956)

[5.10]   Kogan, W. B. und Friedmann, W. M.: Handbuch der Dampf-Flüssigkeits-Gleichgewichte, VEB Deutscher Verlag der Wissenschaften, Berlin (1961)

[5.11]   Gmehlin, J. and Onken, U.: Vapor-Liquid Equilibrium Data Collection, DE-CHEMA, Frankfurt (1977)

[5.12]   Fuchs, O.: Physikalische Chemie als Einführung in die chemische Technik [5]

[5.13]   Handbook of Chemistry and Physics, 69th Edition, CRC Press, Inc., Cleveland (1988)

[6.1]   Badger, W. L., Banchero, J. T.: Introduction to Chemical Engineering, McGraw-Hill Book Company, Inc., New York/Toronto/London (1955)

[6.2]   Billet, R.: Grundlagen der thermischen Flüssigkeitszerlegung [5.1]

[6.3]   Billet, R.: Industrielle Destillation [5.4]

[6.4]   Bošnjaković, F.: Technische Thermodynamik [5.3]

[6.5]   Hengestebeck, R. J.: Distillation, Reinhold Publishing Corporation, New York (1961)

[6.6]   Kirschbaum, E.: Destillier- und Rektifiziertechnik [5.5]

[6.7]   Norman, W. S.: Absorption, Distillation and Cooling Towers, Longmans, London (1961)

[6.8]   Sawistowski and Smith, W.: Mass Transfer Calculations, John Wiley & Sons, New York/London (1963)

[6.9]   Stage, H. und Bose, K.: Belastungsverhältnisse in Füllkörpersäulen, Springer-Verlag, Berlin/Göttingen/Heidelberg (1962)

[6.10] Treybal, R. E.: MassTransfer Operations, McGraw-Hill Book Company, Inc., New York/Toronto/London, 2. Aufl. (1968)

[6.11] Walas, St. M.: Chemical Process Equipment, Butterworths, Boston/London/Singapore/Sydney/Toronto/Wellington (1988)

[6.12] Grassmann, P.: Chem. Ing. Techn. **29**, 497 (1957)

[6.13] Plüss, R. and Grassmann, P.: Chimia **27**, 6, 330 (1973)

[6.14] Fenske, M. R.: Ind. Engng. Chem. **24**, 482 (1932)

[6.15] Gilliland, E. R.: Ind. Engng. Chem. **32**, 1102/1120 (1940)

[6.16] McCormick, J. E.: Chemical Engineering Sept. **26**, 75 (1988)

[6.17] Brown, E. G. and Souders, M.: Ind. Engng. Chem. **26**, 98 (1934)

[6.18] Carey, I. S.: Chem. Metallurg. Engng. **46**, 314 (1939)

[6.19] Murch, D. P.: Ind. Engng. Chem. **45**, 2616 (1953)

[6.20] Sherwood, T. K., Shipley, G. H. and Holloway, F. A. L. Ind. Eng. Chem. **30**, 765 (1938)

[6.21] Leva, M.: Chem. Engng. Progr. Sympo. Ser. **50**, 51/90 (1954)

[6.22] Eckert, J. S.: Chem. Engng. Progr. **57**, 9, 54 (1961)

[6.23] Mersmann, A.: Chem. Ing. Techn. **37**, 218 (1965)

[6.24] Mersmann, A. und Deixler, A.: Chem. Ing. Techn. **58**, 1, 19 (1986)

[6.25] Stichlmair, J., Bravo, J. L. and Fair, J. R.: Gas Separation & Purification **3**, March, 19 (1989)

[6.26] Maćkoviac, J.: Fluiddynamik von Kolonnen mit modernen Füllkörpern und Packungen für Gas-Flüssigkeits-Systeme, Verlag Salle & Sauerländer, Frankfurt (1990)

[6.27] Mackoviac, J.: Staub, Reinhaltung der Luft **50**, 455 (1990)

[6.28] Bravo, J. L., Rocha, J. A. and Fair, J. R.: Hydrocarbon Processing **1**, 91 (1985)

[6.29] Vital, T. J., Grossel, S. S. and Olsen, P. I.: Hydrocarbon Processing **10**, 55; **11**, 147; **12**, 75 (1984)

[6.30] Trigueros, D., Coronado-Velasco, C. and Gomez-Munoz, A.: Chem. Eng. August 129 (1989)

[6.31] Furter, W.: Extractive Distillation by Salt Effect, Adv. Chemistry Series **115**, 35 (1972)

[6.32] Doherty, M. F. and Buzard, G.: Trans Ind. Chem. E. **70**, Part A, Sept., 488 (1992)

[7.1]   Morris, G. A. and Jackson, J.: Absorption Towers, Butterworths Scientific Publications, London (1953)

[7.2]   Ramm, M. W.: Absorptionsprozesse in der chemischen Industrie, Verlag Technik, Berlin (1952)

[7.3]   Sawistowski, H. and Smith, W.: Mass Transfer Process Calculations [6.8]

[7.4]   Sherwood, T. K. and Pigford, R. L.: Absorption and Extraction, McGraw-Hill Book Company, New York (1952)

[7.5]   Thormann, K.: Absorption, Springer-Verlag, Berlin/Göttingen/Heidelberg (1959)

[7.6]   Nonhebel, G.: Gas Purification Processes for Air Pollution Control, Newnes Butterworths, London (1972)

[7.7]   Danckwerts, P. V.: Gas-Liquid-Reactions, McGraw Hill, New York (1970)

[7.8]   Strauss, W.: Industrial Gas Cleaning, Pergamon Press, London (1966)

[7.9]   Valentin, F. H. H.: Adsorption in Gas-Liquid Dispersions, E. + F. N. Spon Ltd. London (1967)

[7.10]   Haase, R.: Thermodynamik der Mischphasen, Springer-Verlag, Heidelberg (1956)

[7.11]   Mai, K. L. und A. L. Babb: Ind. Engng. Chem. **47**, 1749 (1955)

[7.12]   Treybal, R. E.: Mass Transfer Operations [6.10]

[7.13]   Brauer, H.: Stoffaustausch einschliesslich chemischer Reaktionen, Verlag Sauerländer, Aarau + Frankfurt/M. (1971)

[7.14]   Whiteman, W. E. and Lewis, W. K.: Ind. Engng. Chem. **16**, 1215 (1924)

[7.15]   Hybie, R.: Trans. Amer. Inst. Chem. Engrs. **31**, 365 (1935)

[7.16]   Danckwerts, P. V.: Ind. Engng. Chem. **43**, 1460 (1951)

[7.17]   Torr, H. L. and Marchello, J. M.: A. I. Ch. E. Journal **5**, 97 (1958)

[7.18]   Colburn, A. P.: Ind. Engng. Chem. **22**, 967 (1930)

[7.19]   Ranz, W. E.: Describing chemical engineering systems, McGraw Hill, New York (1970)

[7.20]   Chilton, T. H. and Colburn, A. P.: Ind. Engng. Chem. **27**, 255 (1935)

[7.21]   Norman, W. S.: Absorption, Distillation and Colling Towers [6.7]

[7.22]   Brötz, W. und Schönbucher, A.: Technische Chemie, Verlag Chemie, Weinheim (1982)

[7.23]   Bratzler, K. und Doerges, A.: Gasreinigung und Gastrennung durch Absorption, in Ullmanns Encyklopädie [A.10], 3. Aufl., Bd. 2

[7.24]   Levenspiel, O.: Chemical Reaction Engineering, John Wiley and Sons, New York (1972)

[8.1]   Thornton, J. D.: Science and Practice of Liquid-Liquid Extraction, Clarendon Press, Oxford (1992)

[8.2]   Rydberg, J., Musikas, C. and Choppin, G. R.: Principles and Practices of Solvent Extraction, Marcel Dekker Inc., New York (1992)

[8.3]   Blumenberg, R.: Liquid-Liquid Extraction, Academic Press, London (1988)

[8.4]   Gerhartz, W.: Ullmann's Excyclopedia of Industrial Chemistry, 5. Aufl., Bd. B3, VCH Verlagsgesellschaft, Weinheim (1988)

[8.5]   McKetta, J. J.: Encyclopedia of Chemical Processing and Design, 21. Bd., Marcel Dekker, New York (1984)

[8.6]   Lo, T. C., Malcom, H. I. B. and Hanson, C.: Handbook of Solvent Extraction, John Wiley & Sons, New York (1983)

[8.7]   Hager, J. P.: EPD Congress, The Mineral, Metals & Materials Society, Pennsylvania (1993)

[8.8]   Sekine, T.: Solvent Extraction, Elsevier, Amsterdam (1990)

[8.9]   Vauck, W. R. A. und Müller, H. A.: Grundoperationen chemischer Verfahrenstechnik, Deutscher Verlag für Grundstoffchemie (1992)

[8.10]   Francis, A. W.: J. Am. Chem. Soc. **76**, 393 (1954)

[8.11]   Francis, A. W.: Liquid-Liquid Equilibriums, Interscience Publisher, New York (1963)

[8.12] Sorensen, J. and Arlt, W.: Liquid-Liquid Equilibrium Data Collection, DECHEMA Deutsche Gesellschaft für Chemisches Apparatewesen, Frankfurt, Part 1 (1979), Part 2 and 3 (1980)

[8.13] Landolt-Börnstein: Zahlenwerte und Funktionen, 6. Aufl., II. Bd., 2. Teil, Springer Verlag, Berlin (1960)

[8.14] Perry, R. H.: Perry's Chemical Engineer's Handbook, 6. Aufl., McGraw Hill Book Co., New York (1984)

[8.15] D'Ans, J. und Lax, E.: Taschenbuch für Chemiker und Physiker, 4. Aufl., Springer Verlag, Berlin (1983)

[8.16] Hunter, T. G. and Nash, A. W.: J. Soc. Chem. Ind. **53**, 95 T (1934)

[8.17] Grassmann, P.: Physikalische Grundlagen der Verfahrenstechnik, 3. Aufl., Sauerländer Verlag, Aarau (1983)

[8.18] Sauter, J.: Forsch. Arb. Ing. Wes. **279** (1926)

[8.19] Nedungadi, K.: On the Performance of a Liquid-Liquid Extractor column Packed with Sulzer SMV Static Mixers, Diss. ETH Nr. **9406**, Zürich (1991)

[8.20] Houlihan, R. and Landau, J.: Can. J. Chem. Eng. **52**, 758 (1974)

[8.21] Sakiadis, B. C. and Johnson, A. I.: Ind. Eng. Chem. **46**, 1229 (1954)

[8.22] Widmer, F.: Tropfengrösse, Tropfenverhalten und Stoffaustausch in pulsierenden Füllkörper-Extraktions-Kolonnen, Diss. ETH Nr. **3872**, Zürich (1966)

[8.23] Widmer, F.: Chem. Ing. Tech. **37**, 39/43 (1965)

[8.24] Bensalem, A.-K.: Hydrodynamics and Mass transfer in Reciprocated Plate Extraction Column, Diss. ETH Nr. **7721**, Zürich (1985)

[8.25] Scheibel, E. G.: Chem. Eng. Prog. **44**, 681 (1948)

[8.26] Scheibel, E. G.: AIChE J. **2**, 74 (1956)

[8.27] Scheibel, E. G.: US Patent 3,389,970 (1968)

[8.28] Kumar, A.: Hydrodynamics and Mass transfer in Kühni-Extractors, Diss. ETH Nr. **7806**, Zürich (1985)

[8.29] Todd, D. B.: Chem. Eng. **69**, 156 (1962)

[8.30] Stichelmair, J.: Chem. Ing. Tech. **52**, 253 (1980)

[8.31] Mecklenburrgh, J. C. and Hartland, S.: The Theory of Backmixing, John Wiley & Sons, London (1975)

[8.32] Hanson, C.: Recent Advances in Liquid-Liquid-Extraction, Pergamon Press, Oxford (1971)

[8.33] Mc Hugh, M. and Krukonis, V.: Supercritical Fluid Extraction, Butterworth, Boston (1986)

[8.34] Stahl, E., Quirin, K.-W. und Gerard, D.: Verdichtete Gase zur Extraktion und Raffination, Springer-Verlag, Berlin (1987)

[8.35] Zehnder, B. H.: NIR-Spektroskopische Bestimmung von Stoffaustauschkoeffizienten und Gleichgewichtslöslichkeiten in Fluid-Fluid-Systemen unter überkritischen Bedingungen, Diss. ETH Nr. **9657**, Zürich (1992)

[8.36] Brunner, G.: Chem. Ing. Tech. **59**, 12/22 (1987)

[8.37] King, M. B. and Bott, T. R.: Extraction of Natural Products Using Near-Critical Solvents, Chapman & Hall, London (1993)

[8.38] Brunner, G. und Peter, S.: Chem. Ing. Tech. **53**, 529/42 (1981)

[8.39] Hodel, M.: Untersuchungen zum Einsatz der on-line 'Supercritical Fluid Chromatography' für die Messung von Hochdruck-Phasengleichgewichten und zur Bestimmung des Betriebsverhaltens einer SF-Gegenstrom-Extraktionskolonne, Diss. ETH Nr. **9301**, Zürich (1990)

[8.40] Rathmann, D., Bauer, J. and Thompson, P. A.: Table of Miscellaneous Thermodynamic Properties, Max-Planck-Institut für Strömungsforschung, Bericht 6, Göttingen (1978)

[8.41] Meier, U.: 'Supercritical Fluid Chromatography' als schnelle und genaue Methode zur Bestimmung der Hochdruck-Phasengleichgewichte von Gemischen mit überkritischen Komponenten, Diss. ETH Nr. **9656**, Zürich (1992)

[8.42] VDI-Wärmeatlas, 5. Aufl., VDI-Verlag, Düsseldorf (1988)

[8.43] Lurgi Handbuch, Lurgi Gesellschaften, Frankfurt am Main (1970)

[8.44] Zehnder, W. H.: Inf. Chem. **8**, 87/86 (1970)

[9.1]   Bratzler, K.: Adsorption von Gasen und Dämpfen, Verlag Th. Steinkopff, Dresden/Leipzig (1944)

[9.2]   Brauer, H.: Chem. Ing. Tech. **57**, 8, 650 (1985)

[9.3]   Brunauer, S.: The Adsorption of Gases and Vapors, Princeton University Press, Princeton (1944)

[9.4]   Richter, E. and Knoblauch, K.: Present Status of Research and Development on Adsorption in Europe, Bergbau-Forschung GmbH., Essen (1985)

[9.5]   Wedler, G.: Adsorption, Verlag Chemie, Weinheim/Bergstraße (1970)

[9.6]   Rodriguez, A. E., Levan, M. D. and Tondeur, D.: Adsorption: Science and Technology, Kluwer Academic Publishers, Dordrecht (1989)

[9.7]   Walas, S. M.: Chemical Process Equipment, Butterworths, Boston etc. (1988)

[9.8]   Brunauer, S., Emmett, P. H. and Teller, E.: J. Amer. Chem. Soc. **60**, 309 (1938)

[9.9]   Grübner, O., Jiru, P. und Ralek, M.: Molekularsiebe, VEB Deutscher Verlag der Wissenschaften, Berlin (1968)

[9.10] Knoblauch, E. und Richter, K.: Erdöl und Kohle − Erdgas − Petrochemie **39**, 6, 276 (1986)

[9.11] Schröter, H. J. and Jüntgen, H. in [9.6]

[9.12] Ruhl, E.: Chem. Ing. Techn. **43**, 15, 870 (1971)

[9.13] Riquarts, H.-P. und Leitgeb, P.: Chem. Ing. Tech. **57**, 10, 843 (1985)

[9.14] Bayer, E.: Gas-Chromatographie, Springer-Verlag Berlin, Göttingen, Heidelberg (1962)

[9.15] Kaiser, R.: Gas-Chromatographie, Bibliographisches Institut Mannheim (1969)

[9.16] Littlewood, A. B.: Gas Chromatography, Academic Press, New York, London (1962)

[9.17] Röck, H. und Köhler, W.: Ausgewählte moderne Trennverfahren mit Anwendungen auf organische Stoffe, Steinkopff-Verlag, Darmstadt (1963)

[9.18] Keulemann, A. J. M. und Cremer, E.: Gas-Chromatographie, Verlag Chemie, Weinheim (1959)

[9.19] Jentsch, D.: Gas-Chromatographie, Frankh, Stuttgart (1968)

[9.20] Dorfner, K.: Ionenaustauscher, de Gruyter, Berlin (1970)

[9.21] Helfferich, F.: Ionenaustauscher, Verlag Chemie, Weinheim (1959)

[9.22] Kunin, R.: Ion Exchange Resins, John Wiley & Sons, New York (1958)

[9.23] Abrams, I. M., De Dardel, F. and Grantham, J. G. in [A.10, Vol. 14, S. 437] Bd. A 14, 437

[9.24] Wutte, G., Bartetzko, J. und Wasel-Nielen, J.: VGB Kraftwerkstechnik **71**, 10, 962 (1991)

[10.1] Kneule, F.: Das Trocknen, 3. Aufl., Verlag H. R. Sauerländer & Co., Aarau und Frankfurt am Main (1975)

[10.2] Krischer, O., Kroell, K. und Kast, W.: Trocknungstechnik, Springer-Verlag, Berlin/Göttingen/Heidelberg, 3 Bände: Krischer, O. und Kast, W.: Die wissenschaftlichen Grundlagen der Trocknungstechnik, 3. Aufl. (1992); Kroell, K.: Trockner und Trocknungsverfahren, 2. Aufl. (1978); Kroell, K. und Kast, W.: Trocknen und Trockner in der Produktion (1989)

[10.3]   Loncin, M.: Grundlagen der Verfahrenstechnik in der Lebensmittelforschung [5]

[10.4]   Baehr, H. D.: Mollier-i, x-Diagramm für feuchte Luft, Springer-Verlag, Berlin/Göttingen/Heidelberg (1961)

[10.5]   Haeussler, W.: Kältetechnik **17**, 52/62 (1965)

[10.6]   Groeber, H., Erk, S. und Grigull, U.: Die Grundgesetze der Wärmeübertragung [2.8]

[10.7]   Alt, C.: Chem. Ing. Tech. **37**, 1229/1234 (1965)

[10.8]   Hubble, P. E.: Consider microwave drying, Chem. Engng. **89**, 125/127 (1982)

[10.9]   Kroell, K.: Trockner einteilen, ordnen, benennen, benummern, Schilde Schriftenreihe Bd. 6, Bad Hersfeld (1965)

[10.10] Mahler, K. und Stockburger, D.: Chem. Ing. Tech. **37**, 406/411 (1965)

[10.11] Krischer, O. und Mosberger, E.: Chem. Ing. Tech. **37**, 925/932, 1253/1258 (1965)

[10.12] Pehrson, R.: VDI-Z. **108**, 817/820 (1966)

[10.13] Schluender, E. U.: Int. J. Heat Mass Transfer **7**, 49/73 (1964)

[10.14] Widmer, F.: Chemiker-Zeitg. **95**, 772 (1971)

[10.15] Beckmann, G.: Dampf-Wirbelschicht-Trocknung; Entwicklung, Prinzip und Anwendung, Chem. Ing. Tech. **62**, 109/111 (1990)

[10.16] Neumann, K.: Grundriss der Gefriertrocknung, 2. Auflage, Musterschmidt-Verlag, Göttingen/Frankfurt/Berlin (1955)

[10.17] Rey, L. et al.: Traité de lyophilisation, Editions scientifiques Hermann, Paris (1960)

[10.18] Rey, L. et al.: Progrès récents en lyophilisation, Editions scientifiques Hermann, Paris (1962)

[10.19] Rey, L. et al.: Aspects théoriques et industriels de la lyophilisation, Editions scientifiques Hermann, Paris (1964)

[10.20] Rey, L.: Advances in freeze-drying, Editions scientifiques Hermann, Paris (1966)

[10.21] Fisher, R. R. (Ed.): Freeze-Drying of Foods, National Academy of Sciences − National Research Council, Washington, D. C. (1962)

[10.22] Anon: La cyophilisation des produits agricoles, Bd. I und II, herausgegeben von der Association française de chimurgie, Paris (1966)

[10.23] Goerling, P.: Untersuchungen zur Aufklärung des Trocknungsverhaltens pflanzlicher Stoffe, insbesondere von Kartoffelstücken, Diss. TH Darmstadt (1955)

[11.1]   Matz, G.: Kristallisation (Grundlagen und Technik), Springer-Verlag, Berlin/Heidelberg/New York (1969)

[11.2]   Mullin, J. W.: Crystallisation, Butterworths, London (1972)

[11.3]   van Hook, A.: Crystallisation − Theory and Practice, Reinhold Publishing Co., New York (1961)

[11.4]   Zief, M. and Wilcox, W. R.: Fractional Solidification, Vol. 1, Marcel Dekker, Inc., New York (1967)

[11.5]   Perry's Chemical Engineers' Handbook, 6th edition, McGraw-Hill Book Company, New York (1987)

[11.6]   Plank, R.: Handbuch der Kältetechnik, Bd. 2, Springer-Verlag, Berlin/Göttingen/Heidelberg (1953)

[11.7]   Benzler, H.: Kältetechnik **7**, 2, 66 (1955)

[11.8]   Miers, H. A. and Isaac, F.: J. chem. Soc. **89/I**, 413/454 (1906)

[11.9]   Gösele, W., Egel-Hess, W., Wintermantel, K., Faulhaber, F. R. and Mersmann, A.: Chem. Ing. Tech. **62**, 7, 544/552 (1990)

[11.10] Bennet, R. C.: Chem. Eng. Prog. **58**, 9, 76 (1962) und [11.5]

[11.11] Volmer, M. und Flood, H.: Z. phys. Chemie **170A**, 273/285 (1934)

[11.12] Pound, G. M.: Ind. Eng. Chem. **44**, 1278/1283 (1952)

[11.13] Kind, M. H.: Dissertation TU München (1989)

[11.14] Mersmann, A. und Kind, M.: Chem. Ing. Techn. **57**, 190/200 (1985)

[11.15] Bamforth, A. W.: Industrial Crystallisation, Leonard Hill, London (1965)

[11.16] Walas, St. M.: Chemical Process Equipment, Butterworths, Boston, Singapore, Sydney, Toronto, Wellington (1988)

[11.17] Bennet, R. C.: Crystallization, Design, Encycl. Chem. Processing and Design **13** 421/455 (1981)

[11.18] Mersmann, A.: Thermische Verfahrenstechnik, Springer-Verlag, Berlin (1980); sowie: Chem. Ing. Tech. **54**, 7, 631/643 (1982)

[11.19] Wintermantel, K.: Dissertation TH Darmstadt (1973)

[11.20] Jancic, S. J. and de Jong, E. J. (Ed.): Industrial Crystallization, Elsevier, Amsterdam (1984)

[11.21] Wellinghoff, G. und Wintermantel, K.: Chem. Ing. Tech. **63**, 9, 881/891 (1991)

[11.22] Rittner, S. und Steiner, R.: Chem. Ing. Tech. **57**, 2, 91/102 (1985)

[11.23] Chikin, Yu. and Lukhovitskij, V. I.: Russian Chemical Reviews **37**, 9, 728/736 (1968)

[11.24] Wintermantel, K.: Chem. Ing. Tech, 1493/86, Synopse: Chem. Ing. Tech. **58**, 6, 498/499 (1986)

[11.25] Dale, G. H.: Crystallization, Extractive and Adductive, Encycl. Chem. Processing and Design **13**, 456/506 (1981)

[11.26] Hoppe, A.: Advances in Petroleum Chemistry and Refining, J. J. McKetta (Ed.), Interscience 193/240, New York (1964)

[11.27] Schlenk, W., jr.: Liebigs Ann. d. Chemie **565**, 204/240 (1949)

[11.28] Pfann, W. G.: Zone Melting, 2. Aufl., John Wiley & Sons, New York (1960)

[11.29] Parr, N. L.: Zone Refining and Allied Techniques, G. Newness Ldt., London (1960)

[11.30] Schildknecht, H.: Zonenschmelzen, Verlag Chemie, Weinheim/Bergstraße (1964)

[11.31] Winnacker/Küchler: Chemische Technologie, 4. Aufl., C. Hanser-Verlag, München (1970)

[11.32] Rodewald, H. J.: Chimia **14**, 162/165 (1960)

[11.33] Wentorf, R. H. in: Progress in Very High Pressure Research, A. Weissberger (Ed.), J. Wiley & Sons, New York (1961)

[11.34] Collin, G. und Zander, M.: Chem. Ing. Tech. **63**, 539/547 (1991)

[12.1] Rautenbach, R. und Albrecht, R.: Membrantrennverfahren, Salle & Sauerländer (1981)

[12.2] Strathmann, H.: Trennung von molekularen Mischungen mit Hilfe synthetischer Membranen, Steinkopf Verlag, Darmstadt (1979)

[12.3] Cussler, E. L.: Multicomponent Diffusion, Elsevier Scientific Publishing Co., Amsterdam (1976)

[12.4] Kortüm, G. und Lachmann, H.: Einführung in die Chemische Thermodynamik, 7. Aufl., VCH Verlagsgesellschaft mbH, Weinheim (1981)

[12.5] Mulder, M.: Basic Principles of Membrane Technology, Kluwer Academic Publisher, Dordrecht (1991)

[12.6] Cen, Y., Meckl, K. und Lichtenthaler, R. N.: Chem. Ing. Tech. **65**, 901/13 (1993)

[12.7] Guerreri, G.: TransIChemE **70**, 504/8 (1992)

[12.8] Waldburger, R.: Kombination von Veresterung und Pervaporation in einem kontinuierlichen Membranreaktor, Diss. ETH Nr. 10305, Zürich (1993)

[12.9] Schirg, P.: Charakterisierung von Nanofiltrationsmembranen für die Trennung von wässrigen Farbstoff-Salzlösungen, Diss. ETH Nr. 9607, Zürich (1992)

[12.10] Chmiel, H.: Chem. Ing. Tech. **65**, 848/52 (1993)

[12.11] Schluep, T.: Die Abscheidung von Biopartikeln durch Ultraschallagglomeration und die dynamische Mikrofiltration mit alternierender Überströmung, Diss. ETH Nr. 10939, Zürich (1995)

[12.12] Egli, S.: Entwicklung und Charakterisierung von Composite-Membranen für die Nano- und Ultrafiltration, Diss. ETH Nr. 8816, Zürich (1989)

[12.13] Bank, M.: Basiswissen Umwelttechnik, Vogel Buchverlag, Würzburg (1993)

[12.14] Christen, D.: Struktur und Umkehrosmose-Eigenschaften einer Zellulosetriacetat-Membran nach Auswaschung niedermolekularer Zusatzstoffe, Diss. ETH Nr. **8557**, Zürich (1988)

[12.15] Böddeker, K. W.: Pervaporation durch Membranen und ihre Anwendung zur Trennung von Flüssiggemischen, Fortschr.-Berichte VDI-Reihe Nr. **3**, Nr. **129**. VDI-Verlag, Düsseldorf (1986)

[12.16] Rapin, J. L.: Third International Conference on Pervaporation Processes in the Chemical Industry, Bakish Materials Corporation, New Jersey (1988)

[12.17] Franke, M.: Auslegung und Optimierung von Pervaporationsanlagen zur Entwässerung von Lösungsmitteln und Lösungsmittelgemischen, Diss. RWTH, Aachen (1990)

[12.18] Egli, S., Ruf, A. und Buck, A.: Swiss Chem **6**, 9, 89−126 (1984)

[12.19] Thornton, J. D.: Science and Practice of Liquid-Liquid Extraction, Clarendon Press, Oxford (1992)

[13.1] Westerterp, K. R., Van Swaaij, W. P. M. and Beenackers, A. A. C.: Chemical Reactor Design and Operation, John Wiley and Sons, Chichester/New York (1984)

[13.2] Levenspeil, O.: Chemical Reactor Engineering, 2. Aufl., John Wiley and Sons, New York/London (1972)

[13.3] Pippel, W.: Verweilzeitanalyse in technologischen Strömungssystemen, Akademie Verlag Berlin (1978)

[13.4] Scott Fogler, H.: Elements of Chemical Reaction Engineering, Prentic Hall, New Jersey (1986)

[13.5] Baerns, M., Hofmann, H. und Renken, A.: Chem. Reaktionstechnik, 2. Aufl., G. Thieme Verlag Stuttgart (1992)

[13.6] Denbigh, K. G. and Turner, J. C. R.: Chemical Reactor Theory, 3. Aufl., Cambridge University Press, Cambridge/New York (1984)

[13.7] Smith, J. M.: Chemical Engineering Kinetics, 3. Aufl., Mc Graw Hill, New York (1981)

[13.8] Oppelt, W.: Kleines Handbuch technischer Regelvorgänge, 4. Auflage, Verlag Chemie, Weinheim/Bergstraße (1964)

[13.9] Spalding, D. B.: Chem. Engng. Sci. **9**, 74/77 (1958)

[13.10] Kramer, H. and G. Alberda: Chem. Engng. Sci. **2**, 173/181 (1953)

[13.11] Bode, H.: Verfahrenstechnik **4**, 402/405 (1970)

[13.12] White, E. T.: J. Imperial College Chem. Engng. Soc. **14**, 72/93 (1961/62)

[14.1] Barrow, G. M.: Physikalische Chemie, Bormann Verlag Wien (1978)

[14.2] Eggert, J., Hock, L. und Schwab, G. M.: Lehrbuch der physikalischen Chemie, 9. Auflage, Hirzel, Stuttgart (1968)

[14.3] Fuchs, O.: Physikalische Chemie als Einführung in die chemische Technik [5]

[14.4] Hargreaves, G.: Elementary Chemical Thermodynamics, 2. Aufl., Butterworths, London (1963)

[14.5] Kortüm, G.: Einführung in die chemische Thermodynamik, Vandenhoeck & Ruprecht, Göttingen, und Verlag Chemie, Weinheim/Bergstrasse (1966)

[14.6]   Wiberg, E.: Die chemische Affinität, Verlag W. de Gruyter, Berlin (1972)
[14.7]   Ulich, H. und Jost, W.: Kurzes Lehrbuch der physikalischen Chemie, 14. und 15.
         Auflage, Verlag D. Steinkopff, Darmstadt (1963)

[15.1]   Brötz, W. und Schönbacher, A.: Grundriß der chemischen Reaktionstechnik [7.22]
[15.2]   Eggert, J., Hock, L. und Schwab, C. M.: Lehrbuch der physikalischen Chemie [14.2]
[15.3]   Fieser, L. und M.: Lehrbuch der organischen Chemie, 4. Auflage, Verlag Chemie
         GmbH, Weinheim Bergstraße (1960)
[15.4]   Laidler, K. J.: Reaction Kinetics, Vol. I: Homogeneous Gas Reactions, Vol. II: Re-
         actions in Solution, Pergamon Press, London (1963)
[15.5]   Letort, M. in: Chemical Reaction Engineering, Bd. 1 der International Series of
         Monographs on Chemical Engineering, Dankwerts, P. V. and Badour, R. F. (Ed.),
         Pergamon Press, London (1957)
[15.6]   Ulich, H. und Jost, W.: Kurzes Lehrbuch der physikalischen Chemie [14.7]
[15.7]   Cremer, E. und Pahl, M.: Kinetik der Gasreaktionen, Verlag Walter de Gruyter &
         Co., Berlin (1961)
[15.8]   Fitzer, E. und Fritz, W.: Technische Chemie, Springer Verlag Berlin, Heidelberg/
         New York (1982)
[15.9]   Wedler, G.: Lehrbuch der physikalischen Chemie, 2. Aufl., VCH Weinheim (1985)
[15.10] Ebert, K., Ederer, H. und Isenhour, T. L.: Computer Applications in Chemistry,
         VCH Verlagsgesellschaft, Weinheim (1989)
[15.11] Jakubith, M.: Chemische Verfahrenstechnik, VCH Weinheim, New York/Basel/
         Cambridge (1991)
[15.12] Ullmann's Encyclopedia of Industrial Chemistry, 5. Aufl., Vol. B4: Principles of
         Chemical Reaction Engineering and Plant Design; VCH Publishers Inc., Weinheim
         (1992) [A10]
[15.13] Denbigh, K. G. und Turner, J. C. R.: Einführung in die chemische Reaktionsfüh-
         rung, Verlag Chemie, Weinheim (1973)
[15.14] Dankwerts, P. V.: Gas-liquid Reactions, Mc Graw Hill/New York (1970)
[15.15] Hill, C. G.: An Introduction to Chemical Engineering Kinetics and Reactor Design,
         John Wiley & Sons Inc., New York (1977)
[15.16] Westerterp, K. R., von Swaaij, W. P. M. and Beenackers, A. A. C.: Chemical Re-
         actor Design and Operation [13.1]
[15.17] Chmiel, H. (Hrsg.): Bioprozesstechnik 1 und 2, Gustav Fischer Verlag, Stuttgart
         (1991), Uni-Taschenbücher-UTB 1597 und 1834
[15.18] Schügerl, K.: Bioreaktionstechnik, Bd. 1 Grundlagen, Formalkinetik, Reaktorty-
         pen, und Prozessführung, Otto Salle Verlag, Frankfurt und Verlag Sauerländer,
         Aarau (1985)
[15.19] Schügerl, K.: Bioreaktionstechnik, Bd. 2, Bioreaktoren und ihre Charakterisierung,
         Otto Salle Verlag, Frankfurt und Verlag Sauerländer, Aarau (1991)
[15.20] Gnauck, B. und Fründt, P.: Einstieg in die Kunststoffchemie, 3. Aufl., München;
         Wien: Hanser (1991)
[15.21] Meyer, R.: Explosivstoffe, 6. Aufl., Verlag Chemie, Weinheim (1985), vgl. auch
         [16.12]
[15.22] Merkblätter, Richtlinien, Verordnungen und Gesetzestexte; erhältlich bei Berufsge-
         nossenschaft der chemischen Industrie, Jedermann Verlag, Heidelberg; VDI-Verlag
         Düsseldorf; Heymann Verlag Köln; Beuth Verlag Berlin
[15.23] Fischbeck, K. in: Eucken, A. und Jakob, M.: Der Chemie-Ingenieur, Bd. III, 1. Teil,
         Akademische Verlagsgesellschaft Leipzig (1937)
[15.24] Rossberg, M. und Wicke, E.: Chem. Ing. Techn. **28**, 181/189 (1965)

[15.25] Hutchings, J. and Carberry, J. J.: A. I. Ch. E. Journal **12**, 20 (1966)

[15.26] Levenspiel, O.: Chemical Reaction Engineering [13.2]

[15.27] Baerns, M., Hofmann, H. und Renken, A.: Chemische Reaktionstechnik, Georg Thieme Verlag, Stuttgart und New York (1987)

[15.28] Hougen, O. A. and Watson, K. M.: Chemical Process Principles [1.2]

[16.1]   Brötz, W. und Schönbacher, A.: Grundriss der chemischen Reaktionstechnik [7.22]

[16.2]   Chemical Reaction Engineering (Bd. I der International Series of Monographs on Chemical Engineering), Danckwerts, P. V. and Badour, R. F. (Ed.), Pergamon Press, London (1957)

[16.3]   Westerterp, K. R., von Swaaij, W. P. M. and Beenackers, A. A. C.: Chemical Reactor Design and Operation [13.1]

[16.4]   Levenspiel, O.: Chemical Reaction Engineering [13.2]

[16.5]   Schoenemann, K. und Hofmann, K.: Chem. Ing. Techn. **29**, 665/674 (1957)

[16.6]   Van Krevelen, D. W.: Chem. Ing. Techn. **27**, 124/134 (1955)

[16.7]   Denbigh, K. G. und Turner, J. C. R.: Einführung in die chemische Reaktionsführung [15.13]

[16.8]   Simmrock, K. H.: Chem. Ing. Techn. **43**, 571/583 (1971)

[16.9]   Ullmann's Encyclopedia of Industrial Chemistry, 5. Aufl., Vol. B4: Principles of Chemical Reaction Engineering and Plant Design [15.12]

[16.10] Ullmanns Encyklopädie der technischen Chemie, 4. Aufl., Band 6, Umweltschutz und Arbeitssicherheit, Verlag Chemie, Weinheim (1981)

[16.11] Dankwerts, P. V.: Gas-liquid Reactions [15.14]

[16.12] Steinbach, J.: Chemische Sicherheitstechnik, VCH Weinheim (1995)

Register